Hesse/Schrader

Testtraining 2000plus

Hesse/Schrader

Testtraining 2000plus

Einstellungs- und Eignungstests erfolgreich bestehen

STARK

Die Autoren

Jürgen Hesse,
Jahrgang 1951, ist geschäftsführender Diplompsychologe
im *Büro für Berufsstrategie*, Berlin.

Hans Christian Schrader,
Jahrgang 1952, ist Diplompsychologe in Berlin.

Anschrift der Autoren

Büro für Berufsstrategie
Hesse/Schrader
Oranienburger Straße 4–5
10178 Berlin
Tel. 030/28 88 57-0
Fax 030/28 88 57-36

ISBN 978-3-86668-394-5

www.stark-verlag.de
1. Auflage 2009

Übersicht über die Hauptkapitel

Inhalt

EINLEITUNG

Wer wird schon gerne getestet?

Insbesondere dann, wenn vom Testergebnis die eigene berufliche Zukunft abhängt. Um sich in einer solchen Situationen nicht gänzlich unwissend zu fühlen, hilft Ihnen dieses Buch. Es bereitet Sie sehr gezielt und höchst effektiv auf alle gängigen Testverfahren vor und ist bereits seit über zehn Jahren von sehr vielen Lesern für extrem nützlich befunden worden. Hier halten Sie die neueste Version des Standardwerks zur Testvorbereitung in Ihren Händen.

Welcher Tag war vorgestern ...

... wenn der Tag nach übermorgen zwei Tage vor Samstag liegt?

Einstellungs- und Auswahltests sind der absolute Horror einer jeden Bewerbungs- und Aufstiegssituation. Entgegen einer gern von Testanwendern verbreiteten Meinung, man könne sich auf Tests nicht vorbereiten, haben wir mit unseren über zwanzig Testtrainingsbüchern den Gegenbeweis angetreten und unzähligen Testkandidaten entscheidend geholfen. Vor allem aber das absurde Gefälle zwischen Testern und Getesteten wesentlich reduziert. Unsere testkritischen Einwände sind nicht ohne Resonanz geblieben. Von uns kritisierte Unternehmen und Institutionen haben ihre Testverfahren verändert, manche konnten sich sogar dazu durchringen, auf Tests ganz zu verzichten. Die ehemals unkritische Testgläubigkeit ist in ihren Grundfesten erschüttert. Dennoch – viel bleibt zu tun, unfaire Vorgehensweisen und dubiose Verfahren sind weiterhin anzuprangern.

Tests verlieren viel von ihrem Schrecken, wenn man weiß, was auf einen zukommt, was verlangt wird, worum es wirklich geht. Wer dann noch Zeit und Muße findet, die Testaufgaben vorher gründlich zu üben, fühlt sich souveräner, schneidet einfach besser ab.

Testtraining 2000plus hilft, Einstellungs- und Eignungstests erfolgreich zu bestehen. Dieses Buch ist ein Kompendium der gängigen wie auch der ganz neuen Testverfahren, angepasst an die aktuellen Entwicklungen auf dem Arbeitsmarkt und in der Testpraxis:

- sogenannte Intelligenz-Tests
- Leistungs-Konzentrations-Tests
- Berufseignungs-Tests
- Persönlichkeits-Tests
- Assessment-Center-Tests

Die CD-ROM

Mehrere hundert Aufgaben und 15 Testtypen finden Sie auch auf der CD-ROM, die Ihnen zeigen soll, wie ein computer- oder webgestütztes Testverfahren prinzipiell abläuft.

Im **Übungsmodus** gehen Sie der Reihe nach alle Aufgaben durch und bekommen direkt ein Feedback, ob Ihre Lösung richtig ist. Im **Testmodus** bekommen Sie keine inhaltliche Rückmeldung, sondern am Ende des Tests eine Auswertung. Der Testmodus läuft zeitgesteuert, Sie können damit also das reale Testverfahren »in Echtzeit« simulieren.

Ausführliche Lösungswege und Erfahrungsberichte

Zusätzlich bekommen Sie als Leser eine ausführliche Lösungserklärung im Internet unter *www.testtraining-spezial.de*. Dort finden Sie auch weitere Erfahrungsberichte von Bewerbern.

Unser Dank gilt den vielen Lesern und einigen Verbündeten aus den Personalabteilungen, die uns mit neuen Informationen versorgt haben. Wir sind auch zukünftig auf diese Form der Unterstützung angewiesen und an schriftlichen Berichten stets interessiert *(Unsere Adresse finden Sie vorne im Buch)*.

Zu diesem Buch – kurz aber wichtig

- Dieses Buch ist als Orientierungshilfe besonders für die geschrieben, die eine Bewerbungs-, Test- und somit Prüfungssituation vor sich haben.
- Es ist kein Buch, das man von vorne bis hinten lesen muss.

Mit der Materialfülle wollen wir Ihnen auf keinen Fall Angst machen. Wir haben diese Inhalte schließlich nicht erfunden und damit auch nicht zu verantworten, wissen aber aus unserer Erfahrung, dass Information, Aufklärung und Vorbereitungsmöglichkeiten eindeutig Angst reduzierend wirken.

Testaufgaben-Beispiele

Zur Einstimmung haben wir einige typische Testaufgaben für Sie zusammengestellt. Bitte beachten Sie: Es gibt jeweils nur eine richtige Antwort.

Allgemeinwissen

1. Beim Autofahren benötigt man vor allem …
   a) Geschick b) Ausdauer c) Vorsicht d) Aufmerksamkeit

2. Im Umgang mit Menschen sollte man vor allem … sein.
   a) aufgeschlossen b) vorsichtig c) gewandt d) zurückhaltend

Berufsbezogenes Allgemeinwissen

3. Welches Material ist der beste Wärmeleiter?
   a) Glas b) Kunststoff c) Metall d) Holz

4. Welcher Beruf ist älter?
   a) Bauer b) Schmied c) Heiler d) Jäger

5. Wie viele Einwohner hat Deutschland?
   a) ca. 50 Mio. b) ca. 60 Mio. c) ca. 80 Mio. d) über 100 Mio.

6. Wer ist der Erfinder von Mickey Maus?
   a) Donald Duck b) Walt Disney c) Steven Spielberg d) Ronald Reagan

Logik

7. Wenn drei Tage vor gestern Mittwoch war,
   welcher Tag wird morgen sein?

8. Wenn alle Krokodile fliegen können und alle Riesen Krokodile sind,
   können Riesen dann fliegen?
   a) ja b) nein

9. Und sind Riesen dann grün?
   a) ja b) nein

Wortgleichungen

Hier fehlt das Anfangs- und Endwort. Die Sätze sind aus den vorhandenen Lösungsmöglichkeiten so zu ergänzen, dass sie einen Sinn erhalten.

10. ...?... verhält sich zu Länge wie Gramm zu ...?...

a) Entfernung	1) Waage
b) Geschwindigkeit	2) Gewicht
c) Zentimeter	3) abwiegen
d) Abstand	4) Kilo

Sprichwörter und Analogien

11. Hier sind Sprichwörter mit ähnlicher Bedeutung zu erkennen.

Hochmut kommt vor dem Fall.

a) Wer sich selbst erhöht, der soll erniedrigt werden.
b) Wer über sich haut, dem fallen bald Späne in die Augen.
c) Wer bereuen kann, der hat seinen Hochmut eingebüßt.
d) Wer im Glashaus sitzt, soll nicht mit Steinen werfen.

Worteinfall

12. Denken Sie sich innerhalb 1 Minute so viele (reale) Worte mit dem Anfangsbuchstaben S und dem Endbuchstaben N aus wie möglich (z.B. »sagen«, »schön«, »Süden«, »Sebastian« etc.).

Textaufgaben

13. Ein Trinkvorrat reicht für 16 Personen 24 Tage aus. Wie viele Tage würde der Vorrat für 8 Personen ausreichen?

14. Zwei Brüder, die sich in ihrem Alter um lediglich 7 Jahre unterscheiden, sind zusammen 39 Jahre alt. Wie alt ist der jüngere Bruder?

Zahlenreihen

15. Es geht darum, eine nach bestimmten Regeln aufgebaute Folge von Zahlen richtig zu ergänzen:

a)	3	9	6	9	27	?	
b)	2	12	6	30	25	100	?
c)	80	40	42	40	20	?	

Zahlen verbinden

16. Versuchen Sie, mit einem Stift in 30 Sekunden bei 1 beginnend so viele Zahlen wie möglich in der richtigen Reihenfolge zu verbinden.

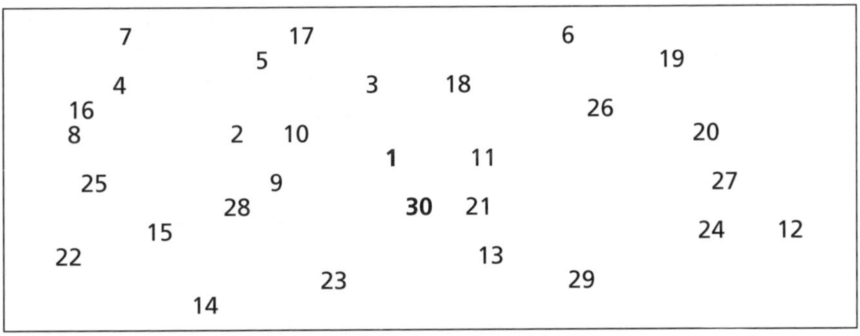

Kreativität

17. Schreiben Sie in 1 Minute alles auf, was grün ist!

Lösungen für die Testaufgaben-Beispiele

1. d
2. c
3. c
4. d
5. c
6. b
7. Montag
8. a
9. b
10. c2
11. b
12. Mindestens 8 Worte sind obligatorisch, gut ab 12, sehr gut ab 16 Begriffe
13. 48
14. 16
15. a) 24 (×3 −3 +3 ...)
b) 96 (×6 −6 ×5 −5 ×4 −4 ...)
c) 22 (:2 +2 −2 ...)
16. Möglichst bis 10, besser bis 16, sehr gut ab 25
17. Wenigstens 6, besser 9, sehr gut über 12 Begriffe

Vom Schwangerschafts-Test bis zum Test-ament

Über die großen und kleinen Prüfungen – das Leben, ein Test

Tests begleiten, ja beherrschen unser Leben. Vom Schwangerschaftstest über den medizinischen Apgar-Index-Test mit Bestimmung von Herzfrequenz, Atmung und Hautfarbe des Neugeborenen bis hin zum letzten Test. Nach dem Testament – vor dem höchsten Richter, unserem großen Boss, findet die allerletzte Prüfung statt: Himmel oder Hölle?

Zwischen Geburt und Tod liegen Schulreifetests (»Wie viele Räder hat ein Dreirad?«), diverse Mathe-, Geschichts- und Vokabeltests und eventuell der Berufsberatungstest beim Arbeitsamt. Ob Virchow oder Sauerbruch ihren Zulassungstest zum Medizinstudium erfolgreich überstanden hätten, weiß man nicht, aber dank der Werbung kennen alle die klinisch getestete Zahnpasta. Unterhaltsam soll der Illustriertentest sein (»Bin ich ein idealer Partner?«), manche schreckt der Doping-Test, während der Aids-Test bei allen Beklommenheit und Angst verbreitet.

Tests sind Prüfungen, und hat da nicht mal jemand gesagt, das ganze Leben sei eine Prüfung? Nein, es war Hape Kerkeling, der uns mit der Gewissheit beschenkte, das ganze Leben sei ein Quiz und wir nur die Kandidaten.

So erklärt sich vielleicht die Testomanie bundesdeutscher Arbeits- und Ausbildungsplatzvergeber – getreu dem alten Personalauslese-Rechtfertigungsmotto »Der richtige Mann auf den richtigen Platz«. (Aber was machen wir bloß mit den vielen Frauen?)

Da gibt es Allgemeinwissens-Tests, Assessment-Center-, Bank-, Baum-, Büro-Tests, EDV-, Farb-, Grundwissen-Tests, die vielen Intelligenz- und Konzentrations-Tests, Logik-, Lügen-, Manager-, Medizinstudienplatz-Tests (stopp, der wurde ja abgeschafft), Persönlichkeits-Tests und Personalfragebogen und und und ... bis hin zu den unzähligen selbst gestrickten, von Firmen und Berufsgruppen angewandten Testverfahren, um nur einige zu nennen. Ausgefragt und abgeblitzt: Obskure und abstruse Testaufgaben und Fragensammlungen entscheiden über Berufswünsche und Bewerberschicksale. »Gibt es in der Antarktis Eisbären?« oder »Kann man in Afrika Jaguare antreffen?« sind solche Fragen, diese stammen aus dem *Mannheimer Intelligenztest*, der z.B. Ausbildungsplatzbewerbern immer häufiger zur Beantwortung vorgelegt wird.

Woran liegt das? Eine typisch deutsche Art des Umgangs mit Bewerbern? Die Deutschen lieben, wie man weiß, das Quiz, und ihnen wird nicht ohne Grund eine starke Neigung zum autoritär-oberlehrerhaften Gehabe nachgesagt. Testen deshalb Personalchefs ihre Bewerber getreu den beliebten alten und neuen Fernsehvorbildern wie »Dalli dalli«, »Glücksrad« oder »Wer wird Millionär« und »Das Quiz« in Quizmaster-Manier?

Test-Kritik

Aus psychologischer, pädagogischer und juristischer Sicht muss die durch Einstellungstests gesteuerte Auswahlpraxis bei der Vergabe von Ausbildungs- und Arbeitsplätzen entschieden kritisiert werden.

So ist vom psychologischen Standpunkt eine Ableitung und Vorhersagbarkeit von Testerfolg auf Berufserfolg wissenschaftlich unhaltbar. Hinzu kommt, dass es sich bei den eingesetzten Tests in der Regel um völlig unzureichende, veraltete Verfahren mit höchst fragwürdiger theoretischer Grundlage handelt.

Paradebeispiel ist der *IST*, der Intelligenztest-Bestseller von Professor Amthauer, der z.B. eine kreative Antwort auf die Frage, was das Wichtigste am Fernseher sei, nicht zulässt. Wer hier pfiffig-logisch »Abstellknopf« ankreuzt, liegt beim Testautor daneben, der nur die Antwort »Bildröhre« gelten lässt. Aber auch Amthauers legendäre Fragen nach der Länge eines 10-Mark-Scheins (Es gab immer wieder Scheine mit veränderter Größe …) und der durchschnittlichen Größe eines sechsjährigen Kindes haben Tausende von Bewerbern straucheln lassen, zumal die richtigen Ankreuzmöglichkeiten aus den frühen fünfziger Jahren schnell veralteten. Auch die reanimierte, angeblich verbesserte Version Anfang der sechziger Jahre überlebte sich schnell.

»Testverfahren sind, sieht man genau hin, ein zu mächtiger Größe aufgeblasener Schwindel«, so der Psychologieprofessor Günter Rexilius von der Universität Wuppertal.

Arbeitgeber und Testanwender hinken hinter der laufenden Diskussion um das Unbehagen und die Unzulänglichkeit der bisherigen Intelligenzmodelle und -tests um Jahrzehnte hinterher. Sie sitzen dabei einer längst überholten Wissenschaftsgläubigkeit auf, in der Begriffe wie soziale Kompetenz und emotionale Intelligenz noch nicht vorkamen. Es ist eine Art moderner Aberglaube, der die testgesteuerte Personalauslese regiert. Er lässt sich nur mit dem alten Menschheitstraum erklären, in die Zukunft schauen zu wollen.

Was für Hobby-Astrologen die Schicksalsvorbestimmung aus den Konstellationen der Sterne, ist für selbst ernannte Personal-(Taschen-)Psychologen die von ihnen praktizierte (und von Bewerberseite viel beklagte) Praxis der so genannten Auslese- und Eignungsdiagnostik. Gemeinsamer Hintergrund dieser Astro-Personal-Psychologie: die infantile Allmachtsfantasie, man könne andere Menschen immer richtig beurteilen und ihr Verhalten in der Zukunft sicher vorhersagen.

Aus pädagogischer Sicht führt die gängige Einstellungstestpraxis mit ihren häufigen Ablehnungsbescheiden oft zu einer erheblichen Beeinträchtigung des Selbstwertgefühls des Bewerbers. Die pseudo-objektiven Testverfahren mit ihrem scheinbar wissenschaftlichen Charakter erwecken gerade bei jungen Bewerbern schnell den Eindruck, ein Nichtbestehen bedeute, man sei für den Beruf zu dumm. Unter dem Einfluss des Leistungsprinzips und der herrschenden Autoritäts- und Wissenschaftsgläubigkeit wird der Misserfolg allein an dem Getesteten festgemacht, nicht aber an den fragwürdigen Methoden.

Einer positiven Weiterentwicklungsmöglichkeit gerade von Jugendlichen, wenn es um einen Ausbildungsplatz geht, aber auch der Lernfähigkeit von Erwachsenen – z.B. in einem betriebsinternen Assessment-Center – wird durch die Momentaufnahme Eignungstest, die Endgültigkeitscharakter erhält, keine Chance gegeben. »Entweder lernt man nach einer Reihe enttäuschender Misserfolge, den elitären Erwartungen zu entsprechen, oder man zerbricht an seinen Selbstzweifeln«, ist das Resümee eines Hochschulabsolventen, der sich nach erfolgreichem BWL-Studium wiederholt vergeblich um einen Trainee-Platz beworben hatte.

Bewerbungsgeschädigte klagen über eine häufig erniedrigende und menschenunwürdige Behandlung bei Einstellungstestverfahren und Vorstellungsgesprächen. Da wird von »niederschmetternden Erlebnissen«, vom »Schlag vor den Kopf« und von »höchst nervenaufreibenden, belastenden und geradezu ausweglosen Situationen« berichtet, die den Bewerbungsmarathon zur Tortur werden lassen. Mangelnde Information, völlige Undurchschaubarkeit der Testsituation und merkwürdige bis sinnlose Fragen und Aufgaben ohne Bezug zum angestrebten Arbeitsplatz werden geschildert. Einbrüche in die Intimsphäre sind an der Tagesordnung und müssen erduldet werden.

Die an eine junge Bewerberin süffisant gestellte Frage »Sind Sie Jungfrau?« (Schlagfertige Antwort: »Nein, mein Sternzeichen ist Löwe.«) ist leider kein Einzelfall oder bedauerlicher Ausrutscher, wie man denken könnte.

Ohne mit der Wimper zu zucken verwenden Arbeitgeber und Personalchefs Persönlichkeitstests. Marktführer ist der *16 PF* des US-Psychologen Raymond B. Catell, den die Lufthansa in den sechziger Jahren »einfliegen«

und bis in die neunziger Jahre allen Bewerbern – von der Putzfrau bis zum Piloten – vorlegen ließ.

Die Frage »Was wären Sie lieber: Bischof, Oberst oder etwas dazwischen?«, die angeblich auf die Polaritäten Sensibilität (Bischof) versus Robustheit (Oberst) abhebt, ist nicht der einzige hanebüchene Punkt in diesem Test, der immer noch von vielen Firmen gegen Bewerber eingesetzt wird.

Da wird nicht nur ungeniert nach Hemmungen, Schlafstörungen, Klaustrophobie und quälenden Schuldgefühlen gefragt, sondern auch – ebenso unzulässig – die politische Einstellung ausgehorcht. Mit Formulierungen aus der Blütezeit des Kalten Krieges: »Ich halte es für klüger, die nationale Verteidigungsmacht zu stärken, als sich bloß auf die internationale Verständigungsbereitschaft zu verlassen.« Antwortmöglichkeiten: ja/dazwischen/nein. Auswertungskriterien: Wer sich für Aufrüstung entscheidet, handelt überlegt, wer für Verständigung eintritt, ist unbefangen bis unbeholfen.

Aus juristischer Sicht muss festgestellt werden, dass die heute gängige Einstellungstestpraxis überwiegend rechtswidrig gehandhabt wird. Die Hauptkritikpunkte: Die vorgeschriebene Beschränkung von Test- und Vorstellungsgesprächsfragen auf arbeitsplatzbezogene Fähigkeiten und Leistungsmerkmale wird bei weitem überschritten. Häufig kommt es zum rechtswidrigen Einsatz selbst gestrickter, willkürlich zusammengestellter Tests und wissenschaftlich nicht ausreichend abgesicherter Testverfahren. Juristisch grundsätzlich unzulässig sind Persönlichkeitstests wie z.B. der *16 PF*. In diesem Zusammenhang stellt der Lüneburger Rechtsprofessor Karl-Heinz Schmid fest, dass Bewerber sogar auf Schmerzensgeld klagen können, wenn sie sich durch solche Erkundigungen in ihrer Intimsphäre verletzt fühlen.

In etwa 90 Prozent der Fälle gibt es nicht einmal eine fachlich kompetente Leitung, Auswertung und Beurteilung bei diesen Testverfahren, die eigentlich nur von Fachpsychologen durchgeführt werden dürften.

Man stelle sich einmal vor, eine betriebsärztliche Untersuchung (»Bitte machen Sie sich frei!«) wird – wie sich für den Bewerber erst hinterher herausstellt – nicht von einem Mediziner, sondern von einem Personalsachbearbeiter durchgeführt ...

Unterbelichtet oder verwackelt

Ein so genannter Berufseignungs- oder Leistungstest ist mit seinem Ergebnis lediglich eine Momentaufnahme, vergleichbar einem Foto. Natürlich kann jemand eine Reihe von Kopfrechenaufgaben schlechter bewältigen, wenn er gerade Kopfschmerzen hat, und er wird manche der komplizierten Testaufgaben besser lösen, wenn er vorher genügend Zeit hatte, sich mit dem Lösungssystem vertraut zu machen. Innere und äußere Faktoren können also diese Momentaufnahme verzerrend beeinflussen.

Stellen wir uns ein Urlaubsfoto vor: Es ist – was ja vorkommen kann – verwackelt. Könnte nun ein so genannter objektiver Betrachter daraus Rückschlüsse ziehen, ob sich an unserem Urlaubsort ein Erdbeben ereignet hat? Oder wäre er halbwegs sicher in der Lage, aufgrund dieses oder sogar eines anderen, nicht verwackelten Fotos einzuschätzen, ob wir uns in diesem Urlaub besonders gut erholt haben oder im nächsten Jahr dort wieder hinfahren würden? Sicher nicht.

Das Verfallsdatum des Farbfilms kann überschritten sein und so die Farbblässe bewirkt haben. Eine falsche Handhabung des Fotoapparats – unkorrekte Belichtungszeit, Blende oder Entfernung – sind überzeugende Erklärungen für Fotos, die mit der von uns erlebten Realität nur noch sehr wenig zu tun haben. Das Gleiche trifft auch auf die heute praktizierten Personalauslese-Tests zu.

»Wie Firmen in einer Bewerbungssituation mit einem umgehen, vergisst man nicht so schnell«, berichtet ein leidgeprüfter Bewerber, der nach längerer Suche einen hoch qualifizierten Ausbildungsplatz gefunden hat, und fügt hinzu: »Mich überkommen immer böse Gedanken, wenn ich an so einer Firma vorbeikomme bzw. deren Produkte sehe.«

Bei allem Verständnis für die Situation der auswählenden Unternehmen – jeder möchte für sich nur die besten Mitarbeiter – rechtfertigt dies keinesfalls einen dermaßen rüden Umgang mit dem Mitmenschen. Viele Großunternehmen, mittlere und Kleinstfirmen sowie große Teile des öffentlichen Dienstes behandeln Bewerber wie Menschen zweiter Klasse. »Ich kam mir vor, als wäre ich ein Stück Vieh, das zur Schlachtbank geführt werden sollte«, schrieb uns eine Bewerberin.

Für Werbung und Imagepflege geben deutsche Unternehmen Milliarden aus. Da ist in der Regel der Kunde König, werden Reklamationen kulant bearbeitet, pflegt man meist einen kooperativen und kultivierten Umgangsstil mit Mitarbeitern – aber mit Bewerbern wird häufig immer noch rüde umgesprungen.

Wüssten die Abteilungen für Öffentlichkeitsarbeit und Presse sowie die Werbe- und Verkaufsabteilungen, möglicherweise auch die obersten Chefetagen mancher Großunternehmen, wie die im eigenen Haus praktizierten Bewerbungsverfahren ablaufen, fiele es schwer, sich vorzustellen, dass diese gleichgültig und gelassen blieben. Zu offensichtlich erscheint der

Zusammenhang zwischen dem unmöglichen Umgang mit Bewerbern und der daraus resultierenden langfristigen und nachhaltigen Imageschädigung für das Unternehmen.

Aber auch die Psychologie und ihre Berufsvertreter erleiden durch das Testunwesen Schaden. Massive Vertrauensverluste der Bewerber gegenüber dem gesamten Berufsstand sind ein schwer wiegender Effekt, der nicht gleichgültig lassen kann. Wer sich in einem so genannten psychologischen Testverfahren als gescheitert und ausgegrenzt erlebt, assoziiert mit dem Berufsbild Psychologe wohl kaum noch Unterstützung, Hilfe und Beratung. Hiervon sind vor allem die klinisch tätigen Psychologen betroffen.

Spießrutenlaufen

Aus psychoanalytischer Sicht manifestieren sich in der gängigen Praxis der Bewerberauslese sadistische Rituale. Sie erinnern an die Pubertäts- und Initiationsriten von Naturvölkern, bei denen die Aufnahme von Jugendlichen in den Erwachsenenstatus vom Überstehen quälender Prozeduren (z.B. Spießrutenlaufen) abhängig gemacht wurde.

Der Sadismus heutiger Arbeits- und Ausbildungsplatzanbieter zeigt sich nicht nur in der Tatsache, dass für zehn zu besetzende Stellen 500 Bewerber getestet werden, sondern auch u.a. im so genannten K.O.-Verfahren (bei dem man nach einem nicht bestandenen Testteil sofort nach Hause gehen kann), in der völligen Undurchschaubarkeit der Testsituation und in den häufig irrationalen Prüfungsanforderungen. Auch in dem enormen Zeitdruck bei der Aufgabenbearbeitung, der systematisch Konfusion und Angst erzeugt, wird er deutlich. Tests messen deshalb vor allem die Fähigkeit, Angst zu ertragen, nicht aber – wie durch den Anschein wissenschaftlicher Objektivität vorgetäuscht – intellektuelle Leistungen oder gar Berufseignung.

Die Bewerber werden in die psychisch hilflose Lage von Kleinkindern zurückversetzt und in eine Situation der Ohnmacht gebracht, in der sie ohne jegliche Hilfsmittel, Vorbereitung und meist auch ohne Möglichkeit der Kooperation mit anderen schwierige Aufgaben lösen müssen.

Die Rationalisierung »Der richtige Mann an den richtigen Platz« wird zum Vorwand und Deckmantel für (teilweise auf unbewussten Motiven basierende) sadistische Rituale genommen, die aus tiefen Ängsten herrühren, von der nachfolgenden bzw. aufsteigenden Generation verdrängt zu werden. Ein weiterer Hintergrund: In einer Passiv-Aktiv-Umkehrung kann man den Jugendlichen und Bewerbern in der Rolle des sadistischen Prüfers jetzt das rächend und triumphierend antun, was einem selbst in der Kindheit von Eltern und Lehrern traumatisch widerfuhr.

Prüfungen und Initiationsriten sind Ausdruck des »ewigen Kampfes der Generationen« (E. Stängel) und der Auseinandersetzung zwischen den Mächtigen und den Machtlosen in der Gesellschaft (O. Fenichel). Wer solche Prozeduren »erfolgreich« überstanden hat, bietet gute Gewähr, an die herrschenden Normen angepasst zu sein und auch in Zukunft nicht aufzumucken (»Lehrjahre sind keine Herrenjahre«).

Dazu noch einmal ein Betroffener: »Vielleicht sollten die Tests einmal bei denen durchgeführt werden, die sie veranlassen!«

Und ein weiterer, eigentlich grundlegender Gedanke: *Wir sind nicht auf der Welt, um so zu sein, wie andere uns haben wollen.*

Zum Sinn von Testtraining

Oder: Was das Gemeinsame von Elefant und Veilchen ist

Was ist der gemeinsame Oberbegriff, das Gemeinsame von Apfel und Apfelsine? Sie wissen es: Obst, beides ist essbar. Was aber um Gottes willen ist das Gemeinsame von Elefant und Veilchen? Bis Sie hier auf die richtige Lösung kommen, kann einige Zeit vergehen, und in einer realen Testsituation kostet es Sie vielleicht die alles entscheidenden Punkte. Die gesuchte Lösung lautet übrigens Lebewesen. Und das trifft auch auf die Gemeinsamkeit von Nashorn und Eiche zu.

Vor dem Erscheinen unseres ersten Buches zu dieser Thematik (*Testtraining für Ausbildungsplatzsucher*, 1985, Neuauflage 1999) wurde man getestet, ohne die Chance zu haben, sich realistisch auf die Prüfungssituation Einstellungstest vorbereiten oder sich überhaupt kritisch mit dem Testphänomen auseinandersetzen zu können.

Oftmals handelte es sich dabei um höchst fragwürdige, zum Teil sogar quälerische Testprozeduren, denen insbesondere junge Bewerber um einen Ausbildungsplatz hilflos und ohnmächtig ausgesetzt waren.

Angeregt durch kritische Nachfragen junger Menschen aus dem persönlichen Bekanntenkreis, begannen wir 1983 gründlich zu dieser Problematik zu recherchieren. Wir selbst standen gerade am Beginn unserer Berufstätigkeit als Psychologen und hatten unsere eigenen Bewerbungsgespräche noch gut im Gedächtnis.

Als wir dann einen solchen Einstellungstest in die Hände bekamen, mit dem junge Bewerber für einen Ausbildungsplatz ausgewählt werden sollten, waren wir – gelinde gesagt – recht erstaunt. Wir mussten uns fragen, ob wir – rund 15 Jahre älter und mit abgeschlossenem Psychologiestudium – eine Chance gehabt hätten, diesen Einstellungstest zu überstehen, d.h. zum Beispiel einen Ausbildungsplatz als Sozialversicherungsfachangestellter (Voraussetzung: Realschulabschluss) zu bekommen.

Die Tatsache, dass Bewerbern wegen der falschen Beantwortung von Fragen wie »Was ist das Gemeinsame von Gasometer und Aktentasche?« ein Ausbildungsplatz (z.B. bei der Bundesversicherungsanstalt für Angestellte in Berlin) vorenthalten wurde, regte uns gleichermaßen auf wie an. Das Ergebnis war unser erstes Buch, das inzwischen weit mehr als zwei Millionen Leser gefunden hat.

Unser Ziel war es, durch die erstmalige Veröffentlichung dieser fragwürdigen Testverfahren eine konkrete Vorbereitung und damit Hilfestellung für die betroffenen Bewerber zu ermöglichen. Außerdem sollte das Buch eine kritische Diskussion in Gang bringen und die gängige Test- und Wissenschaftsgläubigkeit infrage stellen. Dies erscheint uns weitgehend gelungen.

Wenn man weiß, worauf es bei Tests ankommt und was auf einen zukommen kann, ist man in der Lage, sich konkret vorzubereiten. Der häufig Hilflosigkeit, Überraschung und Angst auslösende Effekt von so genannten Eignungs- und Leistungstests wird so zum großen Teil reduziert.

Wenn man sich darüber hinaus verdeutlicht, dass diese Art von Tests – ob mit vermeintlich gutem oder schlechtem Ergebnis – keine wirkliche Vorhersage für die berufliche Zukunft zulässt, relativieren sich Schrecken und Stress für den (leid-)geprüften Testkandidaten.

Nicht wenige Firmen sahen aufgrund der in Gang gekommenen Diskussion ein, dass die von ihnen zum Teil auch selbst gestrickten Verfahren vollkommen untauglich waren, die angeblich intelligenten und damit »geeigneten« Bewerber auszulesen. Die so genannten Intelligenztests erlebten einen gewissen Niedergang – wenngleich es noch immer zu viele ignorante Anwender gibt, die der »Wissenschaftlichkeit« von völlig veralteten Intelligenztests aufsitzen. Deshalb ist diese umfangreiche Neuausgabe von *Testtraining 2000plus* notwendig.

Das Buch reagiert auf den festzustellenden Trend hin zu mehr Leistungs- und Konzentrationstests sowie zu Persönlichkeitstests. Auch dagegen kann man sich schützen. Das neue *Testtraining 2000plus* wird Ihnen dabei helfen.

Noch einmal kurz zusammengefasst: Eine Vorbereitung auf Tests ist ebenso sinnvoll wie notwendig. Übung macht den Meister! In einer beruflich und damit auch lebensgeschichtlich wichtigen Situation kommt es für den Bewerber darauf an, seine Interessen und Chancen wirklich wahrzunehmen. Denn das in der Auswahlsituation typischerweise auftretende Machtgefälle Arbeitgeber – Bewerber (Prüfer – Prüfling, Herr – Knecht) ist durch eine qualifizierte Prüfungsvorbereitung spürbar zu Gunsten des Bewerbers zu reduzieren. Dieses Buch trägt wesentlich dazu bei.

Jeder Schauspieler muss seine Rolle gut einstudieren, bevor er sich mit Aussicht auf Erfolg auf die Bühne wagen kann. Auch im Leben gibt es immer wieder »Bühnenauftritte«, bei denen es darauf ankommt, eine Rolle vorzubereiten und gut zu spielen. Hat man erst mal begriffen, dass das Gemeinsame von Elefant und Veilchen Lebewesen ist, kommt man sehr viel leichter auch auf die abstruse Gemeinsamkeit von Kleeblatt und Nashorn. Der Mensch ist lernfähig – sollte man jedenfalls hoffen.

Sinn und Unsinn von Testverfahren

Thema dieses Buches sind berufliche Eignungs- und Einstellungstestverfahren. Es geht also nicht um Illustrierten-Tests, die der Unterhaltung dienen (»Sind Sie eifersüchtig?«), oder um klinische Testverfahren, die in einer Beratungs- oder Therapiesituation zwischen Klient/Patient und Psychotherapeut (Psychologe/Psychiater) sinnvoll eingesetzt werden können.

Im Bereich beruflicher Eignungs- und Einstellungstests dokumentieren und kritisieren wir Auswahltestverfahren, die von Firmen/Institutionen (also Arbeitgebern) eingesetzt werden. Bisweilen wird die Auswahlprozedur delegiert, z.B. an eine spezielle Testgesellschaft (wie die Deutsche Gesellschaft für Personalwesen) oder an Personalberatungsfirmen.

Warum werden Testverfahren eingesetzt?

Testbefürworter argumentieren etwa so:

- Die auf Tests basierenden Personalentscheidungen sind gerechter, rationaler und transparenter als solche, die auf Zeugnisse, Gesprächseindrücke oder gar Graphologie zurückgreifen.
- Ein Vorzug von Tests besteht in der direkten Vergleichbarkeit der gezeigten Leistungen. Alle Bewerber haben die gleichen Chancen: Jeder bekommt die gleichen Testaufgaben, alle haben die gleiche Testbearbeitungszeit, und das Testergebnis wird nach dem gleichen Schema ausgewertet. Damit sind Tests objektiver.

- Einstellungstests werden regelmäßig auf ihre Vorhersagequalität (Gültigkeit/Validität) untersucht. Deshalb sind Eignungstests besonders fair.
- Man kann Schulnoten, Zeugnissen usw. nicht trauen. Sie ermöglichen auch keine Aussage über zukünftige Leistungen. Da kann nur ein Test helfen.
- Tests dienen dazu, dem Arbeitgeber teure Fehlentscheidungen bei der Bewerberauswahl zu ersparen. Sie helfen aber auch dem Bewerber, indem sie ihm ein Feedback darüber geben, ob er für eine bestimmte berufliche Aufgabe geeignet ist oder nicht.

Solche und ähnliche Argumente kann man immer wieder hören, wenn Testbefürworter sich bemühen, den Einsatz von Testverfahren bei der Personalauslese zu rechtfertigen.

Tests sind doch prima – oder kommen Ihnen gefühlsmäßig vielleicht doch ein paar Zweifel? Wenn Tests so gut wären, wie von einigen behauptet wird, dann müssten eigentlich doch auch wichtige Führungs- und Spitzenpositionen in Wirtschaft, Politik, Wissenschaft und Kultur per Eignungs- und Einstellungstest besetzt werden.

Haben Sie schon mal etwas davon gehört, dass Positionen wie die eines Topmanagers, Professors oder sogar die des Bundeskanzlers mittels eines Tests besetzt worden sind? Getestet werden in der Regel nur »die Kleinen«, die sich gegen derartige Prozeduren nicht wehren können. Ein Kultusminister (studierter Germanist), der sich freiwillig einem Rechtschreibtest unterzogen hatte, machte so viele Fehler, dass er nirgendwo eine Chance auf einen Ausbildungsplatz hätte. Und das noch vor der Rechtschreibreform! Zusammengefasst beziehen sich unsere wichtigsten Kritikpunkte auf:

Die Instrumente (Tests)

- die fragwürdigen theoretischen Grundlagen der Verfahren
  (wie »Intelligenz«, »Berufseignung« und »Persönlichkeit« genau definiert oder gar »gemessen« werden kann, ist in der Psychologie höchst umstritten)
- die fragwürdigen Testinhalte
  (meist völlig fehlender Bezug zum angestrebten Beruf)
- die fragwürdigen Aussagen/Vorhersagen aufgrund von Tests
  (von wissenschaftlicher Seite wird der Ableitung und Vorhersagbarkeit von Testerfolg auf Berufserfolg entschieden widersprochen, trotzdem werden Entscheidungen von oft »lebenslänglicher« Bedeutung von Tests abgeleitet)

Die Testsituation

Die erniedrigende Art des Umgangs mit dem Bewerber: Die Bewerber werden in der Regel in einer Herr-Knecht-Situation durch die Undurchschaubarkeit der Situation, sinnlose Fragen und Aufgaben, enormen Zeitdruck etc. systematisch geängstigt. »Gemessen« wird in diesen häufig sadistisch gefärbten Ritualen lediglich die Angsttoleranz.

Juristische Aspekte

Die juristischen Zulässigkeitsvoraussetzungen werden meist nicht erfüllt. Oft fehlt die fachlich kompetente Leitung der Tests: Laien statt Fachpsychologen. Es gibt keine Beschränkung auf arbeitsplatzbezogene Merkmale. Und der Einsatz selbst gestrickter und wissenschaftlich nicht ausreichend abgesicherter Verfahren sowie der Einsatz von Persönlichkeitstests ist rechtswidrig.

Noch eine Anmerkung

Einstellungstests wie in diesem Buch beschrieben halten wir über alle Maßen für zweifelhaft und unseriös. Die von uns kritisierten Intelligenz-, Konzentrations-, Leistungs- und Eignungstests sind nicht im Entferntesten in der Lage, das zu halten, was sie versprechen.

Durchaus anders verhält es sich bei Persönlichkeitstests.

Angewandt im klinisch-psychologischen Bereich, d.h. in einer Beratungs- bzw. Therapiesituation zwischen Psychotherapeut und Patient, können sie einen wertvollen Beitrag leisten. Hier, unter ganz anderen Voraussetzungen als in der Berufswelt, haben ausgewählte Persönlichkeitstests eine wirkliche Existenzberechtigung und können für beide (Testanwender und Getesteten) hilfreich sein.

Im beruflichen Feld eingesetzt, stellen sie hingegen eine wirkliche Bedrohung des Arbeitnehmers dar und sind in jeder Hinsicht – psychologisch, moralisch und juristisch – verwerflich.

Zum Umgang mit diesem Buch und den Testaufgaben

Bevor Sie loslegen

Der nun folgende umfangreiche Testaufgabenteil – von Allgemeinwissen über logisches Denken bis hin zu Persönlichkeitstests und Berichten aus der realen Testpraxis – ist nach einem bestimmten System aufgebaut:

Von entscheidender Bedeutung sind besonders die Kapitel *Logisches Denken und Abstraktionfähigkeit*, aber auch alle Aufgaben, die unter die Abschnitte *Spezielle intellektuelle Fähigkeiten* und *Leistungs-Konzentrations-Tests* fallen. Zunächst wird die Aufgabenstellung der Testaufgaben erklärt und durch Beispiele illustriert. Dann folgt die Angabe, wie viele Aufgaben in welcher Zeit zu bearbeiten sind. In der realen Testsituation ist es ganz ähnlich. Nur: Hier erfahren Sie nicht, wie viel Zeit Sie für wie viele Aufgaben haben.

Erst wenn Sie die Aufgabenstellung verstanden haben, dürfen Sie mit der Bearbeitung anfangen. Dann läuft die Uhr, und damit Sie das so realistisch wie möglich schon im Vorfeld üben können, empfehlen wir Ihnen, die Aufgabenbearbeitung hier im Buch einmal unter Zeitdruck mit einer Stoppuhr durchzuführen.

Ganz wichtig zu wissen: In den meisten Fällen werden Sie – hier im Buch wie in der realen Testsituation – die große Menge der Testaufgaben in der Kürze der Zeit nicht erfolgreich bearbeiten können. Das ist auch in der Realität so intendiert, d.h., man will Sie als Kandidaten zusätzlich unter Stress setzen, wenn Sie erleben müssen, wie wenig Sie eigentlich schaffen. Hinzu kommt, dass die Aufgaben in der Regel im Schwierigkeitsgrad ansteigen, sodass Sie immer langsamer vorankommen.

Für Ihre persönliche Auswertung berücksichtigen Sie bitte, dass 50 Prozent richtig gelöste Aufgaben (der Gesamtmenge eines Testaufgabentyps – z.B. *Allgemeinwissen, Figurenreihen fortsetzen, Dominoreihen*, etc.) schon recht befriedigend sind. 100 Prozent sind im Grunde genommen nie zu erreichen, und wenn Sie um die 60–70 Prozent liegen, können Sie wirklich mit Ihrer Leistung zufrieden sein.

Übrigens: Wer alles bzw. fast alles richtig löst, kann trotzdem nicht sicher sein, dass er sein angestrebtes Ziel erreicht, denn oftmals sind Testern und Personalchefs zu gute Kandidaten in höchstem Maße suspekt.

Weitere generelle Tipps zur Bearbeitung von Tests sowie spezielle Tricks zu einzelnen Aufgabentypen entnehmen Sie bitte dem Kapitel *Bearbei-*

tungshilfen. Unser Anliegen ist es vor allem, dass Sie sich mit den verschiedenen Aufgabentypen vertraut machen und somit besser wissen, was auf Sie zukommen kann. Wir wissen aus unserer langjährigen Praxis, dass der Lerneffekt groß ist. Ähnlichkeiten zwischen den Tests in diesem Buch und denen in realen Prüfungssituationen sind keineswegs zufällig.

In dieses Buch sind die Berichte und Erfahrungen zahlreicher Testteilnehmer eingeflossen, die uns geschrieben haben. Vielleicht berichten auch Sie uns einmal, wie Ihre Testerfahrungen sind. Dafür wären wir Ihnen dankbar und wünschen Ihnen jetzt zunächst einmal eine gute Vorbereitungszeit!

Im Internet können Sie ggf. neue Testberichte einsehen. Dort finden Sie auch weiterführende Hinweise zu Lösungsstrategien, einzelnen Aufgaben und eventuelle Korrekturen. Sie haben zudem die Möglichkeit, sich im Forum mit anderen Testkandidaten auszutauschen. Falls Sie selbst neue Infos zu Eignungs- und Einstellungstests haben, freuen wir uns, von Ihnen zu hören.

Internet: *www.testtraining-spezial.de*
E-Mail: *autoren@testtraining-spezial.de*

INTELLIGENZTESTS

Intelligenz ist zweifelsohne nützlich. Bleibt nur noch zu klären, was denn Intelligenz eigentlich ist. Und da gehen die wissenschaftlichen Theorien der bekanntesten Intelligenzforscher ziemlich weit auseinander. Einigkeit besteht jedoch in einem Punkt: Es gibt so etwas wie »intelligentes Verhalten«. Festgemacht wird es vor allem an der Art, wie Sie Probleme lösen. Kurz erklärt geht es um verbale, nummerische und figural-bildhafte Aufgabentypen, um Logik- und Abstraktionsfähigkeits-Aufgaben, mathematische und technische Probleme, um räumliches Vorstellungsvermögen und um Gedächtnisprüfungen sowie Kreativitäts-Herausforderungen.

Wir haben Ihnen hier weit über 1000 Aufgaben aus den neuesten, wichtigsten und am häufigsten eingesetzten IQ-Testverfahren zusammengestellt. Wenn Sie einen großen Teil dieser Aufgaben erfolgreich und in der vorgegebenen Bearbeitungszeit lösen, zeigen Sie damit »intelligentes Problemlösungs-Verhalten« und können Ihr Ergebnis mit den Leistungen anderer vergleichen.

Übersicht

Die so genannte Intelligenzleistung soll häufig mit folgenden Aufgabentypen ermittelt werden:

Logisches Denken, Abstraktionsfähigkeit
und praktisch-technische Intelligenz

Anhand von:

- verbalen Aufgabentypen
- nummerischen Aufgabentypen
- figural-bildhaften Aufgabentypen

Zum Beispiel mit folgenden Aufgabentypen:

- Logik- und Abstraktionsfähigkeit
- Rechenfähigkeit und Mathematisches Denken
- Technisches Verständnis
- Räumliches Vorstellungsvermögen
- Überprüfung der Merkfähigkeit
- Konzentrationsleistungsvermögen
- Kreativitätsaufgaben

Diese Aufgabentypen überprüfen folgende Operationen:

- Verarbeitungskapazität (komplexe Problemlösungs-Aufgaben)
- Bearbeitungsgeschwindigkeit (Leistungs-Konzentrations-Aufgaben)
- Merkfähigkeit (Gedächtnisüberprüfungs-Aufgaben)
- Einfallsreichtum (Kreativitätsaufgaben)

Allgemeinwissen

Wir haben es schon immer gewusst: Wir Deutschen lieben Quizshows. Ganz ähnlich geht es bei vielen Allgemeinwissenstests zu. Was unter dem so genannten Allgemeinwissen zu verstehen ist, bestimmen die Arbeitsplatzvergeber. Aber auch Psychologen neigen dazu, in ihren Testfragensammlungen willkürlich festzulegen, was man ihrer Meinung nach wissen sollte.

Meistens geht es um folgende Sachgebiete: Staat, Politik, Geschichte, Geographie, Wirtschaft, berühmte Persönlichkeiten, Schöngeistiges (Kunst/Literatur/Musik), manchmal auch Sport und Technik, Biologie, Physik und Chemie.

Von Minisammlungen (etwa 10 Fragen) am Anfang einer Testbatterie bis zu 200 Fragen (10 Gebiete à 20 Fragen) reicht die Palette. Oftmals werden die Fragensammlungen durch berufsspezifische Wissensfragen erweitert. Man kann sich viele Allgemeinwissensfragen ausdenken – unsere Beispiele jedoch stammen aus Originaltests der täglichen Testpraxis, geordnet nach Sachgebieten, unter Berücksichtigung von Wichtigkeit und Häufigkeit. Hier zunächst ein leichter Einstieg in Form eines Kurztests:

Kurztest Allgemeinwissen

Zum Start: Versuchen Sie einmal, die richtige Antwort zu geben.

1. Wie viele Einwohner hat die Bundesrepublik Deutschland?
2. Und viele Bundesländer?
3. Von wem wird der Bundespräsident gewählt?
4. Wer schrieb *Die Räuber*?
5. Und wer *Ansichten eines Clowns*?
6. Wofür steht der 3. Oktober in Deutschland?
7. Und wofür der 20. Juli 1944?
8. Wie schreibt man »ein Fünftel« in Prozent?
9. Wie heißen die vier Evangelien der Bibel?
10. Wer gilt als Erfinder des Buchdrucks in Deutschland?
11. Wer entdeckte das Penicillin?
12. In welchem Jahrhundert begann die Reformation?
13. Und in welchem Jahr die Französische Revolution?
14. Wer betrat als erster Mensch den Mond?
15. Und wo leben die Pinguine?
16. Und, was glauben Sie: Wie viele Ihrer Antworten sind korrekt?

Auswertung

Die Lösungen finden Sie auf Seite 565. Für jede richtige Antwort erhalten Sie 1 Punkt.

Und was glaubten Sie – wie viele Antworten Sie richtig hätten? Für eine gute Einschätzung (Abweichung nicht mehr als 2 Punkte von Ihrem realen Ergebnis, egal ob mehr oder weniger) dürfen Sie sich 1 Extrapunkt geben. Haben Sie das Ergebnis genau eingeschätzt, bekommen Sie sogar 2 Extrapunkte gutgeschrieben.

Satzergänzung

Ihnen werden Sätze vorgegeben, die durch eines der Lösungsworte a–f zu ergänzen sind. Nur ein Lösungswort ist richtig.

1. Beispiel:

Am meisten Ähnlichkeit haben Kaninchen mit ...

a) Hasen
b) Katzen
c) Eichhörnchen
d) Füchsen
e) Igeln
f) Frettchen

Lösung: a) Hasen

2. Beispiel:

Vor allem aus Mangel an ... sind Hochhäuser entstanden.

a) Sauerstoff
b) ästhetischem Empfinden
c) Baugrund
d) Bauholz
e) Architekten
f) Wohnungen

Lösung: c) Baugrund

Für die folgenden 49 Satzergänzungsaufgaben haben Sie 12 Minuten Zeit.

1. Beim Autofahren benötigt man besonders …

a) Vorsicht
b) Ausdauer
c) Geschick
d) Kraft
e) Aufmerksamkeit
f) Rücksicht

2. Am wichtigsten am Fernseher ist …

a) die Antenne
b) der Abstellknopf
c) die Transistoren
d) die Bildröhre
e) der Kontrastregler
f) der Lautstärkeregler

3. … ist keine Wettererscheinung.

a) der Nebel
b) das Gewitter
c) der Hagel
d) das Erdbeben
e) der Orkan
f) der Sturm

4. Als Verkehrsmittel ist das Flugzeug das …

a) unsicherste
b) leichteste
c) teuerste
d) größte
e) vernünftigste
f) schnellste

5. Letztlich werden Entscheidungen …

a) diskutiert
b) überlegt
c) getroffen
d) geplant
e) befolgt
f) vermieden

6. Am ehesten zu Lebzeiten muss der Ruf eines … begründet sein.

a) Komponisten
b) Malers
c) Bildhauers
d) Schauspielers
e) Dichters
f) Schriftstellers

7. Am wenigsten kann man über längere Zeit auf das … verzichten.

a) Fernsehen
b) Schlafen
c) Sprechen
d) Trinken
e) Essen
f) Gehen

→

8. Quecksilber ist ...

a) eine Legierung
b) ein Metall
c) ein Mineral
d) eine Lösung
e) ein Gemisch
f) eine Mixtur

9. Man kann sagen: Väter sind ... erfahrener als ihre Söhne.

a) nie
b) immer
c) gewöhnlich
d) grundsätzlich
e) selten
f) manchmal

10. ... gehört/gehören immer zu einer Prüfung.

a) Fragen
b) Antworten
c) Wissen
d) Fähigkeiten
e) ein Programm
f) ein Prüfender

11. Hat man Geld, hat man immer ...

a) Freude
b) Freunde
c) Sicherheit
d) Macht
e) Besitz
f) Konten

12. Am besten löst man ein Problem durch ...

a) Einfühlung
b) Verstand
c) Ausprobieren
d) Konzentration
e) Nachdenken
f) Aufgeben

13. Etwa ... beträgt der Anteil der Bundesrepublik Deutschland an der Festlandoberfläche der Erde.

a) 0,2 %
b) 0,5 %
c) 1,5 %
d) 2,3 %
e) 2,8 %
f) 3,2 %

14. Man braucht ..., wenn man arbeitet.

a) Verstand
b) Intelligenz
c) Werkzeuge
d) Chefs
e) Aufgaben
f) Ehrgeiz

15. … ist eine der häufigsten Ursachen eines Hochwassers.

a) Unglück
b) Katastrophe
c) Kälteeinbruch
d) Dammbruch
e) Wetterwechsel
f) Eisschmelze

16. Mit Menschen sollte man … im Umgang sein.

a) abwartend
b) vergnügt
c) aufgeschlossen
d) zurückhaltend
e) vorsichtig
f) gewandt

17. Eine für den Menschen ausgewogene Ernährung sollte zum größten Teil aus … bestehen.

a) Proteinen
b) Vitaminen
c) Fetten
d) Kohlenhydraten
e) Mineralstoffen
f) Spurenelementen

18. Eine mit Inhalten aus der Tierwelt gestaltete kurze Erzählung, die häufig eine Belehrung enthält, bezeichnet man als …

a) Anekdote
b) Roman
c) Fabel
d) Legende
e) Gleichnis
f) Symbol

19. Eine/ein … dient nicht der Regelung des Verkehrs auf der Straße.

a) Parkverbot
b) Bahnschranke
c) Einbahnstraße
d) Ampelanlage
e) Scheinwerfer
f) Verkehrspolizist

20. Die Differenz zwischen so genanntem bürgerlichem und astronomischem Jahr wird ausgeglichen durch das/die …

a) Schaltjahr
b) Kalenderjahr
c) Jahreszeiten
d) Monatslängen
e) Kirchenjahr
f) Sabbatjahr

21. Ein Gradierwerk wird eingesetzt zur …

a) Landvermessung
b) Stromgewinnung
c) Wasserverdunstung
d) Flussregulierung
e) Landgewinnung
f) Städteplanung

→

22. … gibt ein subjektives Gefühl der Sicherheit, obwohl objektiv die Reaktionszeiten länger werden.

a) Trauer
b) Freude
c) Koffein
d) Erfolg
e) Alkohol
f) Tein

23. Wassertürme haben die Funktion, das Wasser …

a) zu reinigen
b) zu kontrollieren
c) zu sammeln
d) unter Druck in die Wasserleitung zu bringen
e) aufzufangen
f) kühl zu halten

24. Mit dem Wort Unruh bezeichnet man einen Teil aus …

a) einer Uhr
b) einem Kompass
c) einem Motor
d) der menschlichen Seele
e) einem Seismographen
f) einem Computer

25. Generell gilt: Wasser ist immer … als Fett.

a) weicher
b) schwerer
c) härter
d) leichter
e) wärmer
f) kühler

26. Generell gilt: Eis ist immer … als Wasser.

a) flexibler
b) leichter
c) reiner
d) schwerer
e) klarer
f) unruhiger

27. Das Phänomen der … basiert auf der Tatsache, dass die Rotationsachse der Erde nicht senkrecht zur Erdbahnebene ist.

a) Gezeiten
b) Jahreszeiten
c) Mondfinsternis
d) Sonnenfinsternis
e) Erdabspaltung
f) Vulkanausbrüche

28. Grönland gehört zu …

a) Island
b) Kanada
c) Großbritannien
d) Dänemark
e) Niederlande
f) Schweden

29. Ein Byte hat … Bit.

a) 1
b) 8
c) 10
d) 100
e) 1000
f) 1 Mio.

30. Alkohol (Ethanol) enthält … Wasserstoffatome.

a) keine
b) 1
c) 3
d) 6
e) 10
f) 100

31. Der/das … ist kein Säugetier.

a) Katzenhai
b) Nilpferd
c) Seehund
d) Delfin
e) Pottwal
f) Walross

32. Rom wurde … gegründet.

a) etwa 1000 v. Chr.
b) 753 v. Chr.
c) 333 v. Chr.
d) 200 v. Chr.
e) 100 v. Chr.
f) alles falsch

33. Das Zeichen Σ steht für …

a) Eis
b) Energie
c) Synergie
d) Wurzel
e) Summe
f) Vorsicht

34. Die beiden griechischen Zeichen A und Ω stehen für …

a) Achtung
b) Ajax und Odysseus
c) Asterix und Obelix
d) IST und SOLL
e) Ampere und Ohm
f) Vollkommenheit

35. Ein Gigabyte hat ca. …

a) 1 Mio. Byte
b) 1 Mio. Kilobyte
c) 1 Mio. Megabyte
d) 10 Megabyte
e) 100 Kilobyte
f) alles falsch

→

36. Eine konstante Größe in der Relativitätstheorie ist die ...

a) Zeit
b) Geschwindigkeit
c) Masse
d) Beschleunigung
e) Menge
f) Lichtgeschwindigkeit

37. Das Zeichen für »unendlich« ist ...

a) O
b) U
c) ©
d) ∞
e) α
f) ϑ

38. Die Oper ... stammt nicht von Mozart.

a) *Freischütz*
b) *Don Giovanni*
c) *Cosi fan tutte*
d) *Zauberflöte*
e) *Hochzeit des Figaro*
f) *Entführung aus dem Serail*

39. Der Begriff ... steht nicht für ein Computer-Betriebssystem.

a) DOS
b) Windows 2000
c) Perl
d) OS/2
e) Unix
f) Mac-OS

40. ... trat das erste deutsche Parlament in der Paulskirche zusammen.

a) 1640
b) 1718
c) 1789
d) 1848
e) 1919
f) 1945

41. Der Roman *Der Steppenwolf* wurde geschrieben von ...

a) Grass
b) Böll
c) Hesse
d) Schrader
e) Rilke
f) Zweig

42. Die *Titanic* sank ...

a) 1900
b) 1910
c) 1912
d) 1920
e) 1933
f) 1945

43. Nur die ... sind ein germanischer Stamm.

a) Hunnen
b) Cherusker
c) Etrusker
d) Basken
e) Gallier
f) Slawen

44. 10 Zentimeter entsprechen ... Millimetern.

a) 10
b) 100
c) 1000
d) 10 000
e) 100 000
f) 1 000 000

45. Mit dem Begriff ... bezeichnet man Kalkablagerungen in den Arterien.

a) Ödeme
b) Thrombosen
c) Gastritis
d) Arthritis
e) Mongolismus
f) Arteriosklerose

46. Schwefelsäure enthält ... Sauerstoffatome.

a) keine
b) unzählige
c) 1
d) 2
e) 4
f) 5

47. Die Inka stammen aus dem heutigen ...

a) Nordamerika
b) Brasilien
c) Peru
d) Argentinien
e) Nicaragua
f) Mexiko

48. Die Stadt ... trug früher auch die Namen Byzanz und Konstantinopel.

a) Paris
b) Prag
c) Rom
d) Athen
e) Kairo
f) Istanbul

49. Berlin hat aktuell etwa ... Einwohner.

a) 1,5 Mio.
b) knapp 2 Mio.
c) etwa 3,5 Mio.
d) deutlich über 4,5 Mio.
e) 6 Mio.
f) 7 Mio.

Lösungen Seite 566

Einzelne Wissensgebiete

Aus 14 Wissensgebieten präsentieren wir Ihnen eine Aufgabensammlung. Aber: Bearbeiten Sie diese Aufgaben nur, wenn Sie genug Zeit und Muße haben. Die anschließend folgenden Aufgaben zum logischen Denken sind noch wichtiger, wenn Sie in Kürze einen Test absolvieren müssen.

Hier ein Überblick über die einzelnen Wissensgebiete:

1. Staat, Politik, Gesellschaft
2. Geschichte
3. Wirtschaft
4. Geographie
5. Technik
6. Physik
7. Kunst
8. Musik
9. Literatur
10. Sport
11. Biologie
12. Chemie
13. Mathematik
14. Bild-Symbolbedeutungen

Auch wenn einige Fragen abenteuerlich anmuten und Sie rätseln, was das alles mit der Qualifikation für bestimmte Berufe zu tun hat – es ist lohnend, sich das »Bildungsgut« anzueignen.

Versuchen Sie, die 14 Aufgabengebiete mit 160 Aufgaben in 60 Minuten durchzuarbeiten.

Staat, Politik, Gesellschaft

1. Die Staatsform der Bundesrepublik Deutschland heißt …
   a) Volksdemokratie
   b) parlamentarische Volksrepublik
   c) parlamentarische Demokratie
   d) Föderalismus

2. Wie viele neue Bundesländer hat die Bundesrepublik Deutschland am 3. Oktober 1990 hinzubekommen?
   a) 4
   b) 5
   c) 7
   d) 8

3. Von wem wird der Bundeskanzler der Bundesrepublik gewählt?
   a) durch das Volk
   b) durch die Bundesversammlung
   c) durch den Bundesrat
   d) durch den Bundestag

4. Von wem wird der Bundespräsident gewählt?
   a) vom Bundestag
   b) vom Bundesrat
   c) vom Volk
   d) von der Bundesversammlung

5. Wenn in unserem Land ein neues Gesetz entstanden ist, wird es zuletzt gegengezeichnet vom …
   a) Bundeskanzler
   b) Bundespräsidenten
   c) Bundestagspräsidenten
   d) von den Bundesministern

6. Wie bezeichnet man den Zusammenschluss mehrerer regierender Parteien?
   a) Opposition
   b) Fraktion
   c) Koalition
   d) Kabinett

→

7. Das Hauptarbeitsfeld eines Kommunalpolitikers ist ...
   a) sein Bundesland
   b) sein Heimatland
   c) die Gemeinde
   d) der Regierungsbezirk

8. Was versteht man unter einem Hammelsprung?
   a) Abstimmungsverfahren zur Wahl eines Parteivorsitzenden
   b) Auseinanderbrechen einer Fraktion
   c) Abstimmungsverfahren mit Ja- und Nein-Türen
   d) nichts von alledem

9. Wo ist der Sitz des Bundesverfassungsgerichts?
   a) Berlin
   b) Bonn
   c) Karlsruhe
   d) Den Haag

10. Bei welchem Amt wird ein Neugeborenes angemeldet?
    a) Ordnungsamt
    b) Standesamt
    c) Regierungspräsidium
    d) Einwohnermeldeamt

11. Wann wurde die Bundesrepublik gegründet?
    a) 1945
    b) 1946
    c) 1949
    d) 1947

12. Wann wurde in der Bundeswehr die allgemeine Wehrpflicht eingeführt?
    a) 1945
    b) 1949
    c) 1950
    d) 1956

13. Was bedeutet Föderalismus?
    a) Zentrale Regierungsform
    b) Zusammenfassung von Einzelstaaten zu einem Bundesstaat
    c) Planwirtschaft
    d) Zentralwirtschaft

14. Wie viele Bundesländer hat die Bundesrepublik?
    a) 10
    b) 15
    c) 12
    d) 16

15. Welches Ministerium ist nicht auf Bundesebene vertreten?
    a) Wirtschaft
    b) Finanzen
    c) Kultus
    d) Arbeit und Soziales

16. Welches Ressort nimmt seit Jahren den größten Haushaltsetat ein?
    a) Verteidigung
    b) Arbeit und Soziales
    c) Verkehr
    d) Wissenschaft und Bildung

17. Was ist das Bruttosozialprodukt?
    a) Messgröße für die Gesamtleistung einer Volkswirtschaft
    b) Ausdruck aus der Wirtschaftspsychologie
    c) Messgröße für das Steueraufkommen
    d) Messgröße für die Dienstleistungen der Kurzarbeiter

18. Wie lange ist die Amtszeit des Bundespräsidenten?
    a) 6 Jahre
    b) 2 Jahre
    c) 4 Jahre
    d) 5 Jahre

→

19. Wer wählt den Bundestagspräsidenten?
    a) Bundestag
    b) Bundesrat
    c) Bundesversammlung
    d) Bundesminister

20. Was bedeutet der Begriff »passives Wahlrecht«?
    a) Möglichkeit, gewählt zu werden
    b) an einer Briefwahl teilzunehmen
    c) Aussichtslosigkeit, durch seine Wahl etwas zu bewirken
    d) Verlust aktiver Wahlmöglichkeiten

21. Wer war der erste Bundeskanzler der BRD?
    a) Heuß
    b) Schumacher
    c) Adenauer
    d) Erhard

22. Die fest organisierte Verbindung von Abgeordneten der gleichen Partei im Bundestag wird bezeichnet als:
    a) Fraktion
    b) Sektion
    c) Parteiflügel
    d) Koalition

23. Wofür wurde u.a. das Schengener Abkommen geschlossen?
    a) ethische Kontrollinstanz bei Genversuchen
    b) Einführung des Euro
    c) Abbau der Grenzkontrollen innerhalb der EU
    d) Koordination der Frequenzen im Flugverkehr

24. Die Aufgabe der Bundesversammlung ist es, ...
    a) die zu wählenden Bundesrichter vorzuschlagen
    b) die Entscheidungen des Bundesrates zu kontrollieren
    c) die Wahl des Bundespräsidenten vorzunehmen
    d) übergreifende Polizeiaktivitäten zu koordinieren

25. Die UNESCO als Unterorganisation der UN hat ihren Sitz in …
   a) Paris
   b) Genf
   c) Brüssel
   d) Wien

26. Die USA unterstützten 1946 den Wiederaufbau Europas und insbesondere der BRD. Dies geschah mit Geldern aus dem …
   a) Dawes-Plan
   b) Marshall-Plan
   c) Morgenthau-Plan
   d) Clay-Roosevelt-Plan

27. Der Volksentscheid, meist aufgrund eines Volksbegehrens zustande gekommen, heißt (sofern in der Verfassung vorgesehen):
   a) Referendum
   b) Konsortium
   c) Distribution
   d) Kollusion

28. Auf wie viel Jahre wird der Bundeskanzler gewählt?
   a) 8 Jahre
   b) 4 Jahre
   c) 5 Jahre
   d) 2 Jahre

29. Wo ist der Sitz des Rates der EU?
   a) Genf
   b) Brüssel
   c) Straßburg
   d) Wien

30. Wo ist der Hauptsitz des Bundesverwaltungsgerichts?
   a) Berlin
   b) Frankfurt a. M.
   c) Karlsruhe
   d) Leipzig

Lösungen Seite 566

Geschichte

1. Wann endete der 2. Weltkrieg in Europa?
   a) März 1945
   b) April 1945
   c) Mai 1945
   d) Juni 1945

2. Woher kamen die Goten ihrer Stammessage nach?
   a) aus Skandinavien
   b) vom Balkan
   c) aus Vorderasien
   d) aus Lettland

3. Die Unabhängigkeitserklärung der USA war …
   a) 1769
   b) 1776
   c) 1793
   d) 1815

4. Mit der Flucht Mohammeds von Mekka nach Medina beginnt im Islam eine eigene Zeitrechnung. Wann fand dies nach unserer Zeitrechnung statt?
   a) 518 v. Chr.
   b) 400 v. Chr.
   c) 612 n. Chr.
   d) 622 n. Chr.

5. Die Schlagworte der französischen Revolution hießen …
   a) Freiheit, Gleichheit, Brüderlichkeit
   b) Frieden, Freiheit, Wohlstand
   c) Frieden, Freiheit, Gerechtigkeit
   d) Einigkeit und Recht und Freiheit

6. Wer gründete das Deutsche Reich?
   a) Hitler
   b) Bismarck
   c) Hindenburg
   d) Stresemann

7. Welches kleine, aber wichtige europäische Land hat seit 1815 keine Kriege mit seinen Nachbarn geführt?
   a) Holland
   b) Schweiz
   c) Dänemark
   d) Österreich

8. In welchem Jahrhundert fand die Reformation statt?
   a) 15. Jahrhundert
   b) 17. Jahrhundert
   c) 14. Jahrhundert
   d) 16. Jahrhundert

9. Welcher amerikanische Präsident beendete den Krieg zwischen den Süd- und Nordstaaten des Landes und schaffte die Sklaverei weitestgehend ab?
   a) Jefferson
   b) Lincoln
   c) Washington
   d) Roosevelt

10. Welche Nationalität hatte Kolumbus?
    a) Italiener
    b) Spanier
    c) Grieche
    d) Portugiese

Lösungen Seite 566

Wirtschaft

1. Die von einem Kreditnehmer zu zahlenden Kosten für einen Kredit bezeichnet man als …
   a) Dividende
   b) Zinsen
   c) Devisen
   d) Prämie

2. Was charakterisiert u.a. eine inflationäre Entwicklung?
   a) abnehmende Exporte
   b) Flucht in die Sachwerte
   c) Wachsen der Kaufkraft
   d) das Ansteigen der Sparneigung

3. Was versteht man unter dem Nettogewicht?
   a) das Gewicht einer Ware zum Zeitpunkt der Verpackung
   b) den Wert einer Ware exklusive Mehrwertsteuer
   c) das Gewicht einer Ware ohne Verpackung
   d) das Gesamtgewicht einer Ware

4. Was sind Subventionen?
   a) staatliche Zuschüsse
   b) indirekte Steuern
   c) eine Art Schutzzoll
   d) eine Art Investitionsabgabe

5. Wie bezeichnet man die gesamtwirtschaftliche Größe der in einem Jahr produzierten Sachgüter und Dienstleistungen?
   a) Sozialvermögen
   b) Sozialprodukt
   c) Volksvermögen
   d) Volkseinkommen

6. Was ist ein Wechsel?
   a) die Übertragung von Aktienmehrheiten
   b) die Verpflichtungserklärung eines Schuldners
   c) eine Veränderung der Konjunkturlage
   d) ein Begriff aus der Börsenwelt

7. Was ist ein Pfandbrief?
   a) eine festverzinsliche Schuldverschreibung
   b) Urkunde eines Leihhauses
   c) eine Hypothek
   d) Verpflichtungserklärung eines Schuldners

8. Was ist eine Hypothek?
   a) ein Zahlungsversprechen
   b) eine schwere Belastung
   c) eine Art Darlehen gegen Sicherheit an Grundstücken/Häusern
   d) ein Scheck auf eine zukünftige Wirtschaftsleistung

9. Was versteht man unter Dividende?
   a) einen bestimmten Steuersatz
   b) einen nicht zu versteuernden Lotteriegewinn
   c) einen Gewinnanteil an einer Aktiengesellschaft
   d) eine finanzielle Beteiligung an einer Gesellschaft

10. Eine Handelsvollmacht mit bestimmten Rechten und Pflichten bezeichnet man als …
    a) Valuta
    b) Matura
    c) Prokura
    d) Validität

Lösungen Seite 566

Geographie

1. Wo liegt Melbourne?
   a) USA
   b) Australien
   c) Afrika
   d) Großbritannien

2. Was ist die Tundra?
   a) eine gebirgige Landschaft
   b) eine wüstenähnliche Landschaft
   c) eine steinige Graslandschaft
   d) eine baumlose Kältesteppenlandschaft

3. Wie alt ist etwa die Erde?
   a) eine Million Jahre
   b) 10 Millionen Jahre
   c) mehr als 100 Millionen Jahre
   d) weniger als 1 Million Jahre

4. Wie viele Einwohner hat Deutschland?
   a) ca. 65 Millionen
   b) ca. 82 Millionen
   c) ca. 90 Millionen
   d) ca. 95 Millionen

5. Bei welcher Stadt fließt die Elbe in die Nordsee?
   a) Hamburg
   b) Cuxhaven
   c) Heiligenhafen
   d) Bremerhaven

6. Wie heißt die Hauptzwischenstation auf dem Weg von New Orleans nach Japan?
   a) Kuba
   b) Antillen
   c) Hawaii
   d) Neuseeland

7. Welches Gebirge liegt (am Rhein) dem Taunus gegenüber?
   a) Harz
   b) Hunsrück
   c) Eifel
   d) Teutoburger Wald

8. Durch welchen Gebirgszug werden das europäische und das asiatische Russland getrennt?
   a) Karpaten
   b) Kaukasus
   c) Ural
   d) Pyrenäen

9. Das Kap der Guten Hoffnung ist die Südspitze von …
   a) Südafrika
   b) Südamerika
   c) Indien
   d) Südkorea

10. Persiens heutiger Staatsname lautet …
    a) Syrien
    b) Irak
    c) Iran
    d) Sudan

Lösungen Seite 566

Technik

1. Wie viele Stunden zeigt die Skala einer Sonnenuhr an?
   a) 6 Stunden
   b) 8 Stunden
   c) 12 Stunden
   d) 24 Stunden

2. Bei welchem Wetter pflanzt sich Schall schneller fort?
   a) bei warmem
   b) bei kaltem
   c) bei feuchtem
   d) gleich

3. Von der Sonne bis zur Erde braucht Licht ...
   a) 8 Minuten 13 Sekunden
   b) 12 Minuten 30 Sekunden
   c) 1 Stunde 3 Minuten
   d) 2 Stunden 14 Minuten

4. Welche Funktion hat ein Transformator?
   a) Umspanner
   b) Speicher
   c) Gleichrichter
   d) keine Antwort ist richtig

5. Das ... ist ein Messinstrument für den Luftdruck.
   a) Hygrometer
   b) Barometer
   c) Thermometer
   d) Ergometer

6. Was ist weiches Wasser?
   a) Wasser ohne Kalkgehalt
   b) Wasser mit starkem Kalkgehalt
   c) Wasser mit mittlerem Kalkgehalt
   d) Wasser ohne Salze

7. Hausstrom hat in Mitteleuropa ... Hertz.
   a) 220
   b) 50
   c) 100
   d) kein Hertz

8. Der/das ... ist ein Messinstrument für Erdbeben.
   a) Quadrometer
   b) Seismograph
   c) Hygrometer
   d) Ergometer

9. Die Braunsche Röhre findet Verwendung im/in der ...
   a) Stereoanlage
   b) Telefon
   c) Oszilloskop
   d) Teleskop

10. Wie heißt das mechanische Teil, das eine Vor- und Rückwärtsbewegung eines Kolbens in eine Drehbewegung umsetzt?
    a) Pleuelstange
    b) Zylinder
    c) Schiebemuffe
    d) Zahnradkranz

Lösungen Seite 566

Physik

1. Was ist ein Ion?
   a) chemisches Element
   b) elektrisch geladenes Atom oder Molekül
   c) physikalische Maßeinheit für Elektrizität
   d) Messgröße für Volumina

2. Was ist ein Episkop?
   a) Gerät zum Projizieren von Bildern
   b) Untersuchungsgerät für Schallwellen
   c) Gerät zum Messen von Erdbeben
   d) ein Abhörgerät

3. Wie lautet der Fachausdruck für »nach innen gewölbt«?
   a) konkav
   b) introdux
   c) konvex
   d) alles falsch

4. Wie hoch ist die Temperatur des Drahtes in der Glühlampe?
   a) über 2000 Grad Celsius
   b) 1000 Grad Celsius
   c) 500 Grad Celsius
   d) 100 Grad Celsius

5. Wie schnell breitet sich Schall im Vakuum aus?
   a) ca. 300 m/sek
   b) ca. 1200 m/sek
   c) ca. 12 km/sek
   d) überhaupt nicht

6. Was ist ein Kondensierungsprozess?
   a) ein Verdichtungsprozess
   b) ein Entladungsprozess
   c) ein Entstehungsprozess
   d) ein Verschmelzungsprozess

7. Welches ist der beste Wärmeleiter?
   a) Glas
   b) Kunststoff
   c) Holz
   d) Metall

8. Welches Bauteil lässt keinen Gleichstrom durch?
   a) Widerstand
   b) Spule
   c) Transistor
   d) Kondensator

9. Wie lautet die Einheit zur Angabe der elektrischen Stromstärke?
   a) Volt (V)
   b) Coulomb (C)
   c) Watt (W)
   d) Ampère (A)

10. Bei welcher Temperatur liegt der absolute Nullpunkt?
   a) bei etwa 0 Grad Celsius
   b) bei etwa minus 333 Grad Celsius
   c) bei etwa minus 273 Grad Celsius
   d) bei etwa minus 400 Grad

Lösungen Seite 566

Kunst

1. Renoir gehörte zu den Malern, die das moderne Leben in der Großstadt malten. Die Stilgruppe heißt ...
   a) Expressionismus
   b) Impressionismus
   c) Realismus
   d) Naturalismus

2. Die vier Apostel (1526), ursprünglich als Altarflügel konzipiert, stammen von ...
   a) Cranach
   b) Dürer
   c) Grünewald
   d) Klee

3. In welchem Stil ist der Kölner Dom gebaut?
   a) Renaissance
   b) Romanik
   c) Gotik
   d) Klassizismus

4. Ein italienischer Renaissance-Maler, Mathematiker und Erfinder war ...
   a) Tizian
   b) Raffael
   c) Da Vinci
   d) Michelangelo

5. Die Sixtinische Kapelle im Vatikan malte vor allem ...
   a) Da Vinci
   b) Tizian
   c) Michelangelo
   d) Raffael

6. Welcher bedeutende flämische Künstler (1577–1640) malte u.a. das Bild *Kopf eines Kindes*?
   a) Rubens
   b) van Delft
   c) van Dyck
   d) van Gogh

7. Wie heißt die deutsche Grafikerin und Bildhauerin, die vor allem soziale Themen beeindruckend darstellte?
   a) Waldorf
   b) Zille
   c) Kollwitz
   d) Werner

8. Um 1888 wurde eine neue Pinseltechnik entwickelt. An der Punkt-Strich-Malerei erkennt man den Stil von…
   a) van Gogh
   b) Raffael
   c) Cézanne
   d) Nolde

9. Die byzantinische Epoche hat insbesondere die Kunstart der … entwickelt und gepflegt.
   a) Fresken
   b) Mosaike
   c) Ornamentik
   d) Aquarelle

10. Welcher französische Maler verwendete mit Vorliebe Motive aus der Inselwelt Polynesiens (Südsee)?
    a) Cézanne
    b) Gauguin
    c) Magritte
    d) Degas

Lösungen Seite 566

Musik

1. Welcher Notendreiklang ergibt einen C-Dur-Akkord?
   a) C – D – G
   b) D – F – A
   c) C – E – G
   d) C – D – E

2. Wer komponierte *Die Fledermaus*?
   a) Ralph Benatzky
   b) Leon Jessel
   c) Johann Strauß
   d) Wolfgang Amadeus Mozart

3. Wie viele Halbtonschritte hat eine Oktave?
   a) 10
   b) 12
   c) 8
   d) 7

4. Wie viele Saiten hat eine »normale« Gitarre?
   a) 4 Saiten
   b) 6 Saiten
   c) 8 Saiten
   d) 7 Saiten

5. Welches dieser Blechblasinstrumente ist ein Bassinstrument?
   a) Horn
   b) Trompete
   c) Fagott
   d) Tuba

6. Das Geburtsland des Jazz ist …
   a) Afrika
   b) Lateinamerika
   c) Nordamerika
   d) Europa

7. Bei welchem modernen russischen Komponisten erfuhr vor allem der Rhythmus eine neuartige Behandlung?
   a) Schostakowitsch
   b) Prokofieff
   c) Rasputin
   d) Strawinsky

8. Größter Meister der Barockmusik ist neben Bach auch …
   a) Haydn
   b) Mozart
   c) Händel
   d) Wagner

9. Wer komponierte den Liederzyklus *Die Winterreise*?
   a) Schubert
   b) Schumann
   c) Schulz
   d) Schostakowitsch

10. Welches ist eines der wirkungsvollsten Elemente der Jazzmusik?
   a) der Rhythmus
   b) die Synkope
   c) das Staccato
   d) der Gesang

Lösungen Seite 566

Literatur

1. Der bedeutendste Erziehungs- und Entwicklungsroman um 1800 war *Wilhelm Meisters Lehr- und Wanderjahre* und stammt von …
   a) Herder
   b) Schiller
   c) Goethe
   d) Busch

2. Über den 30-jährigen Krieg schrieb Schiller sein dreiteiliges Drama …
   a) *Don Carlos*
   b) *Wilhelm Tell*
   c) *Wallenstein*
   d) *Aida*

3. Ein bedeutender französischer Komödiendichter des 17. Jahrhunderts war …
   a) Balzac
   b) Molière
   c) Tartuffe
   d) Sartre

4. *Die Buddenbrooks*, die Familiengeschichte einer Lübecker Kaufmannsfamilie, schrieb um 1900 …
   a) Thomas Mann
   b) Stefan Zweig
   c) Hermann Hesse
   d) Günter Grass

5. Dürrenmatt warf die Frage nach der Eigenverantwortung der Wissenschaftler neu auf. Seine Komödie, die hinsichtlich der atomaren Aufrüstung zu denken gibt, hat den Titel …
   a) *Die Physiker*
   b) *Der Besuch der alten Dame*
   c) *Ein Engel*
   d) *Krieg und Frieden*

6. Wer schrieb *Die fromme Helene*?
   a) Kleist
   b) Busch
   c) Wagner
   d) Hesse

7. Wer schrieb den *Hauptmann von Köpenick*?
   a) Zuckmayer
   b) Valentin
   c) Böll
   d) Juhnke

8. Wer schrieb *Emilia Galotti*?
   a) Lessing
   b) Schiller
   c) Goethe
   d) Hebbel

9. Eine mittelalterliche Dichtung, die vor allem das Rittertum verherrlichte, war …
   a) *Parzival*
   b) *Der arme Heinrich*
   c) *Tristan und Isolde*
   d) *Schloss Grafenstein*

10. Zahlreiche Operntexte für Richard Strauss schrieb …
    a) Hofmannsthal
    b) Zuckmayer
    c) Grillparzer
    d) Schubert

Lösungen Seite 566

Sport

1. Wie setzt sich die nordische Kombination zusammen?
   a) Skisprung und Langlauf
   b) Taubenschießen und Abfahrtslauf
   c) Skispringen und Slalom
   d) Langlauf, Schießen, Abfahrtslauf

2. In welcher Sportart gibt es einen Penalty?
   a) Rugby
   b) Eishockey
   c) Hallenhandball
   d) Volleyball

3. In welcher dieser Sportarten spricht man von einem Libero?
   a) Völkerball
   b) Handball
   c) Fußball
   d) Basketball

4. Bei welcher Sportart kann man »einen Krebs fangen«?
   a) Rudern
   b) Schwimmen
   c) Tennis
   d) Wettangeln

5. Wie viele Spieler zählen zu einer Rugbymannschaft?
   a) 11 Spieler
   b) 15 Spieler
   c) 19 Spieler
   d) 20 Spieler

6. Körperloses Spiel ist höchstes Gebot beim ...
   a) Fußball
   b) Basketball
   c) Hallenhandball
   d) Hallenkopfball

7. Ein Box-Weltmeisterschaftskampf geht maximal über wie viele Runden?
   a) 10 Runden
   b) 15 Runden
   c) 12 Runden
   d) 20 Runden

8. Nach wie vielen Aufschlägen wechselt in der Regel beim Tischtennis der Aufschlag?
   a) 2
   b) 3
   c) 5
   d) 10

9. In welcher Sportart gibt es eine spanische Eröffnung?
   a) Cricket
   b) Schach
   c) Golf
   d) Fußball

10. Wie viele Feldspieler können beim Fußball in der Regel ausgewechselt werden?
    a) 2 Spieler
    b) 3 Spieler
    c) 4 Spieler
    d) alle Spieler

Lösungen Seite 567

Biologie

1. Was enthält Düngemittel für einen wichtigen Stoff?
   a) Stickstoff
   b) Kohlenstoff
   c) Sauerstoff
   d) Wasserstoff

2. Welche Tiere haben Facettenaugen?
   a) Säugetiere
   b) Insekten
   c) Fische
   d) Amphibien

3. Welcher Teil der Zelle spielt bei der Fortpflanzung die Hauptrolle?
   a) Zellflüssigkeit
   b) Zellmantel
   c) Zellmembrane
   d) Zellkern

4. Wie viele Chromosomen hat die menschliche Zelle?
   a) 38 Chromosomen
   b) 46 Chromosomen
   c) 48 Chromosomen
   d) 58 Chromosomen

5. Welcher Stoff sorgt dafür, dass Rasen grün ist?
   a) Chloroform
   b) Chlorophyll
   c) Chloräthylen
   d) Chlorodent

6. Wo befindet sich der Adamsapfel?
   a) am Kehlkopf
   b) am Schienbein
   c) neben der Milz
   d) am Brustbein

7. Was ist Thyroxin?
   a) ein Schlangengift
   b) ein Hormon der Schilddrüse
   c) ein Nebennierenrindenprodukt
   d) ein Hautvitamin

8. Was befindet sich im Innenohr?
   a) Labyrinth
   b) Trommelfell
   c) Schnecke
   d) Muschel

9. Wie heißt der Oberbegriff für Gallen- und Magensaft?
   a) Hormone
   b) Enzyme
   c) Sekrete
   d) Lauge

10. Eine maßgebliche Veränderung des Erbgutes eines Lebewesens bezeichnet man als …
    a) Mutation
    b) Modifikation
    c) Variation
    d) Adaption

Lösungen Seite 567

Chemie

1. Auf welchem Grundstoff baut sich die organische Chemie auf?
   a) Kohlenstoff
   b) Wasserstoff
   c) Stickstoff
   d) Sauerstoff

2. Woraus wird Benzin gewonnen?
   a) Erdöl
   b) Schwermetall
   c) Mineralien
   d) Erdgas

3. Was ist Quecksilber?
   a) eine silberglänzende ätzende Säure
   b) eine Legierung aus Silber und Eisen
   c) ein Element und Metall
   d) eine giftige Lauge

4. Wozu wird eine Pipette benutzt?
   a) als Umrührstab
   b) als Saugheber
   c) als Abfüllinstrument
   d) als Zerstäuber

5. Was versteht man unter Oxidation?
   a) Verbindung eines Stoffes mit Stickstoff
   b) Verbindung eines Stoffes mit Sauerstoff
   c) Verbindung eines Stoffes mit Kohlenstoff
   d) Verbindung eines Stoffes mit Wasserstoff

6. Was sind Moleküle?
   a) eine Verbindung von Atomen
   b) eine Sammlung von Elementen
   c) eine Einheit von Kühlstoffen
   d) eine Verbindung von Kohlenwasserstoff und Stickstoff

7. Was versteht man unter »Glukose«?
   a) eine Art Süßstoff
   b) Traubenzucker
   c) Einfachzucker
   d) eine Art Fruchtzucker

8. Wann wird Lackmuspapier rot?
   a) in Kontakt mit Säure
   b) in Kontakt mit Basen
   c) in Kontakt mit Sauerstoff
   d) in Kontakt mit Kälte

9. Wie viele Elemente kennt die Chemie?
   a) weniger als 100
   b) unzählige
   c) etwa 115
   d) mehr als 200

10. Was ist eine Emulsion?
    a) ein scharfes Reinigungsmittel
    b) eine fein verteilte Lösung von Stoffen in einer Flüssigkeit
    c) eine hoch explosive Mixtur
    d) eine elastische Kunststoffverbindung

Lösungen Seite 567

Mathematik

1. Wie nennt man alle Zahlen, die genau 2 verschiedene Teiler haben?
   a) Primzahlen
   b) reelle Zahlen
   c) natürliche Zahlen
   d) komplexe Zahlen

2. Ein Handwerker kann eine Arbeit in 14 Tagen erledigen, wenn er täglich 8 Stunden arbeitet. Wie viele Stunden müsste er täglich arbeiten, um bereits in 12 Tagen fertig zu sein?
   a) 9 h
   b) 9 h und 20 min
   c) 9 h und 30 min
   d) 9 h und 33 min

3. Welches Ergebnis hat diese Aufgabe: $\frac{3+4}{5+2}$
   a) 0
   b) 1
   c) $\frac{1}{2}$
   d) 2,6

4. Welches Ergebnis hat die folgende Aufgabe: $\frac{5 \times 8}{4 \times 0}$
   a) 0
   b) 1
   c) unlösbar
   d) 10

5. Wandeln Sie den Bruch $\frac{17}{25}$ in eine Dezimalzahl um!
   a) 0,50
   b) 0,68
   c) 68
   d) 6,8

6. Wandeln Sie die Dezimalzahl 0,65 in einen voll gekürzten Bruch um!
   a) $\frac{10}{100}$
   b) $\frac{13}{20}$
   c) $\frac{65}{10}$
   d) $\frac{65}{100}$

7. Wie viele Millimeter haben 10 Zentimeter?
   a) 100
   b) 1000
   c) 10 000
   d) 100 000

8. Welche Lösung ist richtig? 15 – (–5) = ?
   a) 20
   b) –20
   c) 10
   d) –10

9. Die Kreiszahl π ist definiert als:
   a) Verhältnis von Kreisumfang zu Kreisradius
   b) Verhältnis von Kreisumfang zu Kreisdurchmesser
   c) Verhältnis von Kreisfläche zu Kreisradius
   d) Verhältnis von Kreisfläche zu Kreisdurchmesser

10. Ein Ziegelstein wiegt 1 kg und einen halben Ziegelstein.
    Wie viel wiegt der Ziegelstein?
    a) 1 kg
    b) 1,5 kg
    c) 2 kg
    d) unlösbar

Lösungen Seite 567

Bild-Symbolbedeutungen

1. Dieses Symbol/Bild bedeutet:
   a) abschließbarer Koffer
   b) Vorsicht Schlüsselverlustgefahr!
   c) Gepäckschließfächer
   d) Schlüsselkoffer

2. Mit diesem Symbol verbindet man:
   a) die Lehre von der Astrologie
   b) eine Hippie-Flower-Power-Bewegung
   c) das wache ökologische Bewusstsein
   d) eine fernöstliche Religion

3. Dieses Zeichen soll ausdrücken:
   a) Sieg (englisch »Victory«)
   b) Ich schwöre bei meiner Ehre.
   c) Ihr seid mir alle egal.
   d) Hallo Pfadfinder, ich bin auch einer.

4. Mit diesem Zeichen will man …
   a) warnen vor tödlicher Gefahr
   b) aufmerksam machen auf evtl. Seeräuber
   c) auf eine alte Grabstätte hinweisen
   d) vor einer tödlich verlaufenden Krankheit warnen

5. Dieses Zeichen hat folgende Bedeutung:
   a) Vorsicht Gift!
   b) Vorsicht Arzt!
   c) Gesundheit
   d) Stab des Aeskulap

6. Dieses Symbol …
   a) warnt vor Strom
   b) warnt vor Radioaktivität
   c) warnt vor Chemieabfällen
   d) warnt vor starkem Wind

7. Dieses Zeichen steht für ...
   a) UNO
   b) UNESCO
   c) Umwelt
   d) UNICEF

8. Die Bedeutung dieses Zeichens hat etwas zu tun mit ...
   a) Windkraft
   b) Sonnenenergie
   c) Verkehrsregelung
   d) Müllvermeidung

9. Die Bedeutung dieses Zeichens steht für ...
   a) Anfang
   b) unendlich
   c) Ende
   d) Start

∞

10. Die Kombination dieser beiden Zeichen steht für ...
   a) Anfang und Ende
   b) Start und Ziel
   c) Ampère und Ohm
   d) IST und SOLL

Α Ω

Lösungen Seite 567

Allgemeinwissen: Spezialtest

Eine andere Art, verschiedene Wissensgebiete abzufragen, haben wir im Anschluss zusammengestellt. Die Fragen sind in zwei Kategorien eingeteilt:

- Persönlichkeiten (»Wer war ...?« oder »Wer ist ...?«)
- Entdeckungen, Erfindungen, Ereignisse

Für jeden 30 Fragen umfassenden Testteil haben Sie 10 Minuten Zeit.

Persönlichkeiten:

Wer war oder wer ist ...?

1. Ferdinand Lassalle
   a) Gründer des Deutschen Arbeitervereins
   b) bedeutender französischer Arzt
   c) Entdecker der Großen Antillen
   d) Gründer des Roten Kreuzes

2. Ignatius von Loyola
   a) spanischer Freiheitskämpfer
   b) Gründer des Deutschen Ritterordens
   c) Gründer des Jesuitenordens
   d) Steuermann unter Christoph Kolumbus

3. Oskar Kokoschka
   a) bedeutender Regisseur und Filmemacher
   b) bedeutender Grafiker und Maler
   c) Kunstauktionator in München
   d) bekannter Musiker und Komponist

4. Ernst Heinkel
   a) Erfinder des Turbostrahltriebwerks bei Flugzeugen
   b) Erfinder der Taschenuhr
   c) Erfinder der Turbinentechnik
   d) Waschmittelfabrikant

5. Carl Friedrich Gauß
   a) großer Mathematiker und Zahlentheoretiker
   b) Astronom und Physiker
   c) Naturwissenschaftler
   d) alle Lösungsvorschläge sind richtig

6. Alfred Nobel
   a) Museumsgründer
   b) Kunstforscher
   c) Preisstifter
   d) Politiker

7. Heinrich von Stephan
   a) Begründer des Weltpostvereins
   b) Erzbischof von Mainz
   c) Autor des Sachsenspiegels
   d) Wettkampfsportler

8. Leonardo da Vinci
   a) Erfinder des Luftreifens
   b) Erfinder des Sturzhelms
   c) Erfinder des Fallschirms
   d) Erfinder der Zwölftonmusik

9. Johannes Kepler
   a) Entdecker der Sonnenstrahlung
   b) Entdecker der Planetengesetze
   c) Entdecker der Mondkrater
   d) Entdecker der Mondanziehungskraft

10. Alexander Fleming
   a) Entdecker der Viren
   b) Erfinder der Buchdruckerkunst
   c) Entdecker des Penicillins
   d) Schöpfer der James-Bond-Figur

→

11. James Watt
    a) Erfinder der Dampfmaschine
    b) Erfinder des Revolvers
    c) Entdecker des Pulvers
    d) Erfinder der Glühbirne

12. Marie Curie
    a) Köchin
    b) Tänzerin
    c) Malerin
    d) Physikerin

13. Rosa Luxemburg
    a) Malerin
    b) Filmemacherin
    c) Politikerin
    d) Schriftstellerin

14. Käthe Kollwitz
    a) Politikerin
    b) Theologin
    c) Künstlerin
    d) Köchin

15. Indira Gandhi
    a) Musikerin
    b) Kirchenrechtlerin
    c) Politikerin
    d) Philosophin

16. Heinrich Schliemann
    a) Filmemacher
    b) Fußballer
    c) Archäologe
    d) Geschäftsmann

17. August Bebel
    a) Gründer der Bibelgesellschaft
    b) ehemaliger DDR-Politiker
    c) Sozialdemokratischer Parteiführer
    d) Arzt

18. Robert Koch
    a) Pseudonym für Dr. Oetker
    b) Bäcker
    c) Heilpraktiker
    d) Bakteriologe

19. Otto Hahn
    a) Chemiker
    b) Mediziner
    c) Ingenieur
    d) Agrarwissenschaftler

20. Ernest Mandel
    a) Maler und Romanautor
    b) Wirtschaftswissenschaftler und Schriftsteller
    c) Naturwissenschaftler und Sachbuchautor
    d) Fußballtrainer

21. Adam Smith
    a) amerikanischer Naturwissenschaftler und Philosoph
    b) britischer Moralphilosoph und Ökonom
    c) australischer Geschichtsforscher und Mineraloge
    d) englischer Rockmusiker

22. Wilhelm Conrad Röntgen
    a) Erfinder des Fotoapparats
    b) Entdecker des Tuberkelvirus
    c) Physiker
    d) Chemiker

→

23. Clara Schumann
    a) Schriftstellerin
    b) Malerin
    c) Musikerin
    d) Politikerin

24. Sophie Scholl
    a) Pädagogin
    b) Widerstandskämpferin
    c) Politikerin
    d) Musikerin

25. Konrad Lorenz
    a) Erdbebenforscher
    b) Kabarettist
    c) Pädagoge
    d) Verhaltensforscher

26. Carl Orff
    a) Schriftsteller
    b) Schauspieler
    c) Politiker
    d) Komponist

27. Werner Heisenberg
    a) österreichischer Komponist zeitgenössischer Musik
    b) schweizerischer Freiheitskämpfer
    c) Physiker und Nobelpreisträger
    d) Gourmet und Fernsehkoch

28. Konrad Zuse
    a) Pionier der elektronischen Datenverarbeitung
    b) berühmter Parapsychologe
    c) Motorrad-Ingenieur und Rennfahrer
    d) Flugzeugbauer und Raketenkonstrukteur

29. Charles-Edouard Le Corbusier
    a) französischer Maler und Bildhauer
    b) Architekt, frz.-schweiz. Städteplaner
    c) französischer Musiker (Pianist)
    d) schweizerischer Ingenieur

30. Julius Robert Oppenheimer
    a) Gründer einer berühmten Fastfood-Kette
    b) amerikanischer Marathonläufer
    c) deutscher Opernkomponist der Moderne
    d) amerikanischer Konstrukteur der 1. Atombombe

Lösungen Seite 567

Entdeckungen, Erfindungen, Ereignisse

1. Wer war der erste Mensch, der die Vermutung äußerte, die Erde sei eine Kugel, und der von Antipoden sprach?
    a) Aristoteles
    b) Pythagoras
    c) Demokrit
    d) Plato

2. Wie lang ist die chinesische Mauer?
    a) 1445 km
    b) 2450 km
    c) 4250 km
    d) 6250 km

3. Wer hat das Papier entwickelt?
    a) der ägyptische König Djoser
    b) der chinesische Hofbeamte Ts'ai-Lun
    c) Aschoka, der Enkel des indischen Königs Tschandragupta
    d) der jüdische Hohepriester und König Alexander Jannai

→

4. Wo wurde Porzellan ursprünglich entwickelt?
   a) Frankreich
   b) England
   c) China
   d) Russland

5. Welches Buch druckte Gutenberg, als er 1454 das Druckverfahren entwickelte?
   a) die Göttliche Komödie von Dante Alighieri
   b) den Katechismus
   c) die Bibel
   d) das Evangelium nach Matthäus

6. Wann entdeckte Kolumbus die Neue Welt?
   a) 12.10.1492
   b) 3.8.1494
   c) 10.12.1494
   d) 8.3.1492

7. Wer formulierte das Gravitationsgesetz?
   a) Isaac Newton 1687
   b) Galileo Galilei 1589
   c) Euklid 300 v. Chr.
   d) Pythagoras 520 v. Chr.

8. Wer konstruierte die erste Rechenmaschine, die alle 4 Rechenoperationen ausführen konnte?
   a) Blaise Pascal 1642
   b) Gottfried Wilhelm Leibniz 1693
   c) Isaac Newton 1666
   d) Benjamin Franklin 1733

9. Von wem stammt die erste Enzyklopädie in modernem Sinne?
   a) Dante Alighieri 1313
   b) Aristoteles 387 v. Chr.
   c) Konrad Duden 1880
   d) Denis Diderot 1751

10. Wer erfand den Heißluftballon?
   a) Leonardo da Vinci 1480
   b) Jean-Pierre-Francois Blanchard 1797
   c) Jean-Baptiste Biot und Joseph-Louis Gay-Lussac 1804
   d) die Brüder Joseph-Michel und Jaques-Etienne Montgolfier 1783

11. Wann wurde die erste elektrische Batterie gebaut?
   a) 1780 von Luigi Galvani
   b) 1581 von Galileo Galilei
   c) 1910 von Georges Claudes
   d) 1800 von Alessandro Volta

12. Wann wurde das Morsealphabet entwickelt?
   a) 1738
   b) 1836
   c) 1938
   d) 1638

13. Wer entwickelte die Technik der Fotografie?
   a) Arthur Holly Compton
   b) Franz Joseph Müller
   c) Alexander Graham Bell
   d) Louis-Jaques-Mandé Daguerre

14. Wer war der erste Arzt, der in Europa die Händedesinfektion vorschrieb, um die Sterblichkeit an Kindbettfieber zu senken?
   a) der Ungar Ignaz Phillip Semmelweis
   b) der Amerikaner Oliver Wendell Holmes
   c) der Deutsche Rudolf Virchow
   d) der Deutsche Heinrich Hoffmann

15. Was bezweckte die von dem französischen Chemiker Louis Pasteur 1856 entwickelte Prozedur?
   a) Gewinnung von ätherischen Ölen
   b) großflächige Desinfektion von Krankenhäusern
   c) Sterilisation von medizinischen Geräten
   d) Haltbarmachung von Lebensmitteln

→

16. Wer veröffentlichte 1858 die Abhandlung *Die Entstehung der Arten*, deren Theorie immer noch Gültigkeit besitzt?
    a) Charles Robert Darwin
    b) Irenäus Eibl-Eibesfeldt
    c) Konrad Lorenz
    d) Gregor Johann Mendel

17. Worum geht es bei den 3 Gesetzen, die Gregor Johann Mendel 1865 formulierte?
    a) Partialdruck der Gase
    b) Schallüberleitung
    c) Gravitation
    d) Vererbung

18. Wer erfand das Dynamit?
    a) die Chinesen
    b) Alfred Bernhard Nobel
    c) Ascanio Sobrero
    d) Samuel Colt

19. Wer erfand 1876 das Telefon?
    a) der Deutsche Franz Heiner Bachloh
    b) der Amerikaner Alexander Graham Bell
    c) der Franzose Jean Pierre Merlot
    d) der Engländer Robert Goldstein

20. Der deutsche Ingenieur Nikolaus August Otto konstruierte 1876 eine Maschine, die ein großer Fortschritt war und heute noch mit einigen Verbesserungen in Gebrauch ist. Es war
    a) der Dieselmotor
    b) das Telefon
    c) der Viertaktmotor
    d) der Phonograph

21. Wer erfand die erste brauchbare Glühbirne?
    a) Thomas Alva Edison 1879
    b) Jean-Joseph-Étienne Lenoir 1860
    c) Richard Jordan Gatling 1862
    d) Lewis Edson Watermann 1884

22. Welches Bakterium isolierte Robert Koch 1882?
   a) Mycobacterium tuberculosis, Erreger der TBC
   b) Vibrio cholerae, Erreger der Cholera
   c) Salmonella typhi, Erreger von Typhus
   d) Yersinia pestis, Erreger der Pest

23. Wer veröffentlichte 1895 die Schrift *Studien über die Hysterie* und legte damit den Grundstein der Psychoanalyse?
   a) Carl Gustav Jung und Sigmund Freud
   b) Josef Breuer und Sigmund Freud
   c) Eugen Bleuler
   d) Alfred Adler

24. Der Physiker Conrad Röntgen entdeckte die so genannten »X-Strahlen« im Jahr
   a) 1789
   b) 1925
   c) 1895
   d) 1684

25. Wer hatte 1905 die spezielle Relativitätstheorie aufgestellt?
   a) Edward Williams Morley
   b) Albert Abraham Michelson
   c) Albert Einstein
   d) Hendrik Antoon Lorentz

26. Im Jahre 1903 beschäftigte sich ein Wissenschaftler mit Lernvorgängen an Hunden. Er stellte sich die Frage, ob angeborene Verhaltensmuster und Reflexe durch andere Reaktionsmuster überlagert werden können. Es handelte sich um
   a) Thomas Hunt Morgan
   b) Gregor Johann Mendel
   c) Ernst Henry Starling
   d) Iwan Petrowitsch Pawlow

→

27. Wer hatte 1908 die Fließbandproduktion eingeführt, damit Automobile nicht mehr Luxusgüter blieben und für das große Publikum produziert werden konnten?
    a) Henry Ford
    b) Ettore Bugatti
    c) Carl Friedrich Benz
    d) Gottlieb Daimler

28. Wie hieß der erste Satellit, der in eine Umlaufbahn geschossen wurde?
    a) Apollo 1
    b) Andromeda 1
    c) Challenger 1
    d) Sputnik 1

29. Wer führte 1967 die erste Herztransplantation durch?
    a) Thomas Marchioro
    b) Theodor Hellbrügge
    c) Daniel Carleton Gajudsek
    d) Christiaan Neethling Barnard

30. Was passierte am 14. Juli 1789?
    a) Erstürmung der Bastille
    b) Geburt von Wolfgang Amadeus Mozart
    c) Oktoberrevolution
    d) Krönung Napoleons als Kaiser der Franzosen

Lösungen Seite 567

Wenn Sie noch mehr Testaufgaben zum Allgemeinwissen üben möchten, empfehlen wir Ihnen folgende unserer Bücher: *Das große Testtraining der Allgemeinbildung, Testtraining Allgemeinwissen, Testtraining Naturwissenschaften, Testtraining Technisches Verständnis.*

Logisches Denken und Abstraktionsfähigkeit

Unter dem Begriff »Logik« wird ein folgerichtiges, schlüssiges, gültiges, so genanntes »denkrichtiges« Denken bezeichnet, das zu einleuchtenden, offenkundig und selbstverständlich richtigen Schlussfolgerungen und Aussagen führt. Logisch, dass Testanwender gern über diese Art zu denken verfügen (möchten) und deshalb auch ihre Testkandidaten bezüglich dieser Qualitäten einer ausführlichen Prüfung unterziehen. Der *Unlogik* – d.h. ihres wissenschaftlich und menschlich höchst fragwürdigen Vorgehens – sind sie sich dabei natürlich nicht bewusst.

Das logische Denken und sein Verwandter, die Abstraktionsfähigkeit, sind »Highlights« in jedem Einstellungs-Testverfahren. Mit Hilfe unterschiedlicher Aufgabentypen versucht man, sich an Logik- und Abstraktionsfähigkeiten der Getesteten heranzupirschen. Es lassen sich grafische Aufgaben, Sprach- (z.B. Analogien) und Zahlenaufgaben (-reihen) unterscheiden.

Im jetzt folgenden Abschnitt beschäftigen wir uns mit typischen Aufgaben aus dem Testgebiet *Logisches Denken und Abstraktionsfähigkeit*.

Figurenreihen fortsetzen

Mit welcher Auswahlfigur unten (a, b, c, d oder e) kann man die Figurenreihe oben richtig fortsetzen?

1. Beispiel:

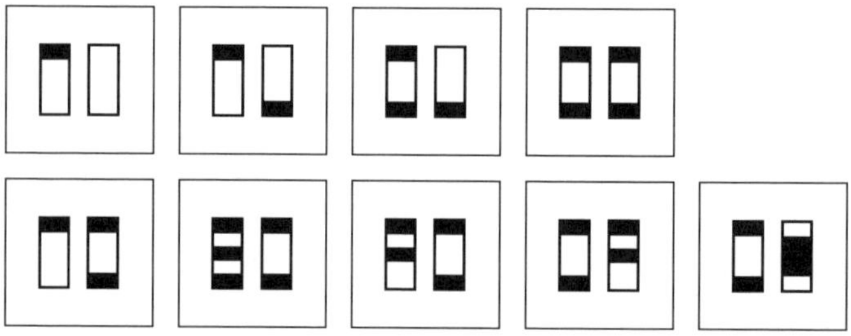

a b c d e

Lösung: b

Erklärung: Hier werden in die Rechtecke schwarze Balken eingefügt: Erst in das linke oben, dann in das rechte unten, dann in das linke unten und im vierten Bild rechts oben. Die Fortsetzung kann nur wie bei Lösungsvorschlag b erfolgen.

2. Beispiel:

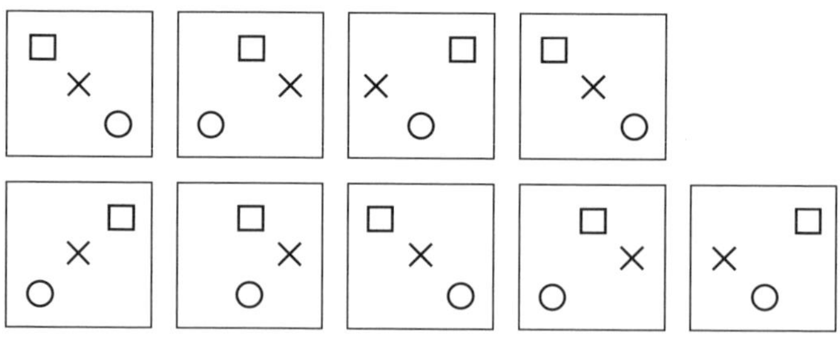

a b c d e

Lösung: d

Erklärung: Die Reihe hat bereits ab dem vierten Bild von vorne angefangen und setzt sich jetzt mit dem zweiten Bild fort.

Für die folgenden 12 Aufgaben haben Sie 6 Minuten Zeit.

1.

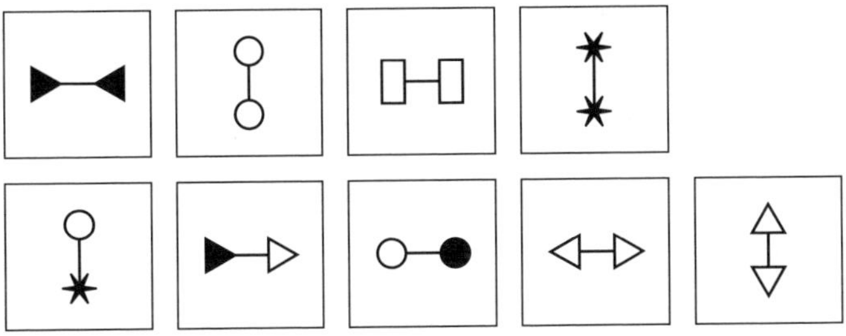

a b c d e

2.

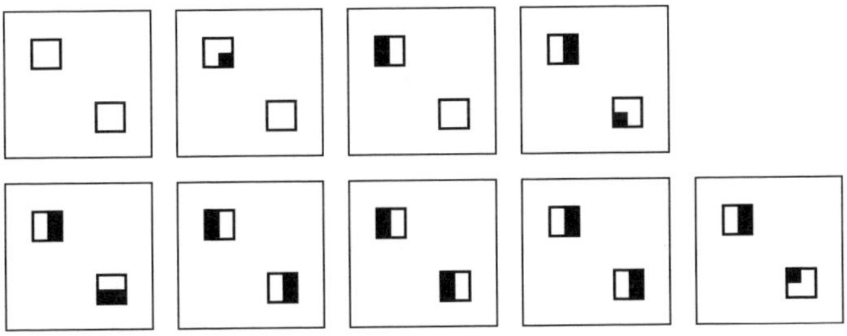

a b c d e

3.

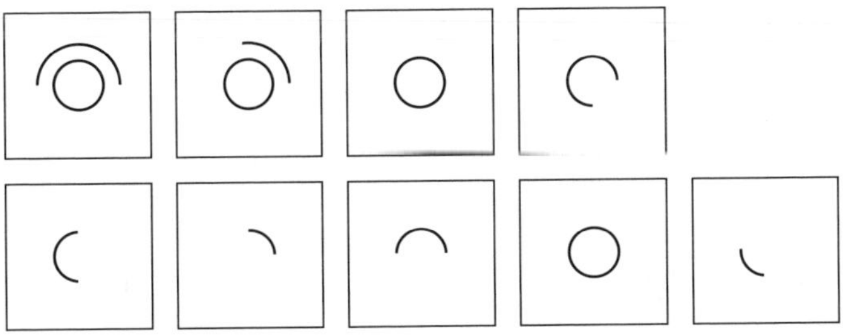

a b c d e

4.

a b c d e

5.

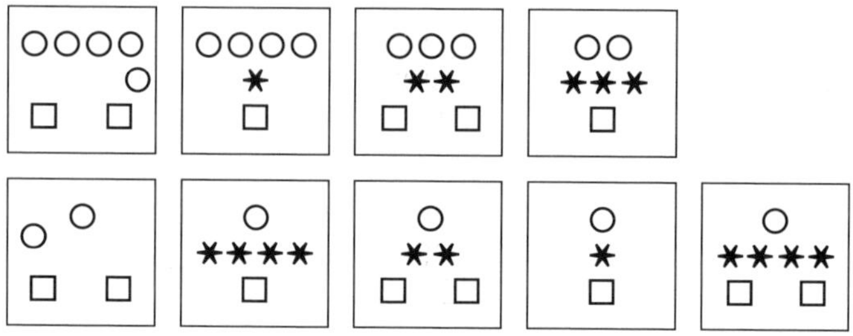

a b c d e

6.

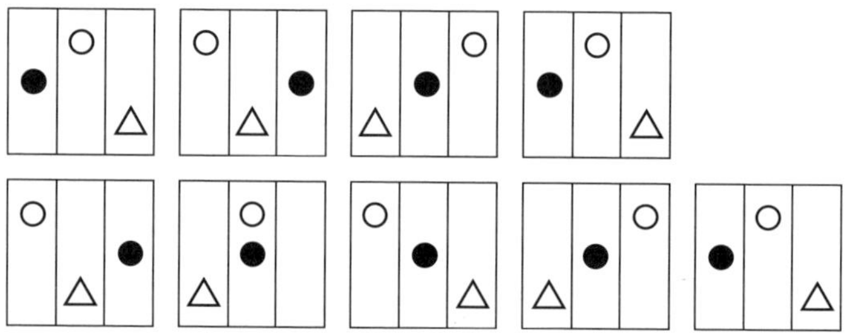

a b c d e

7.

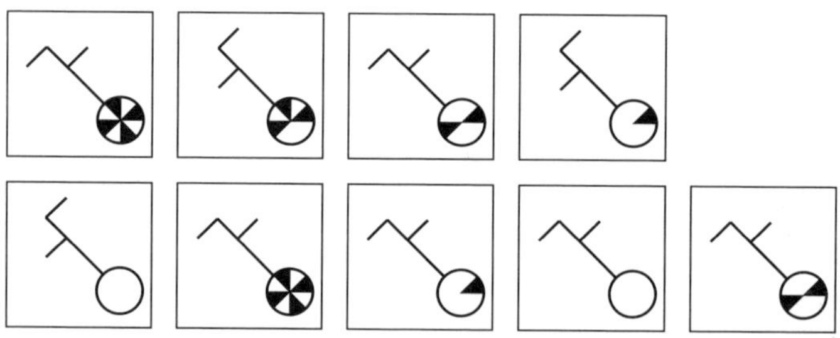

a b c d e

8.

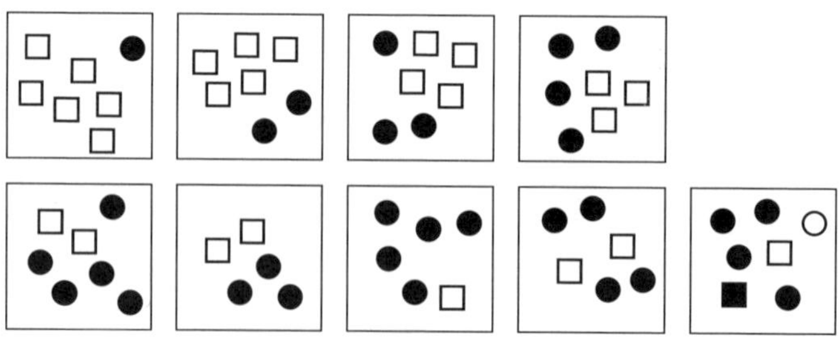

a b c d e

9.

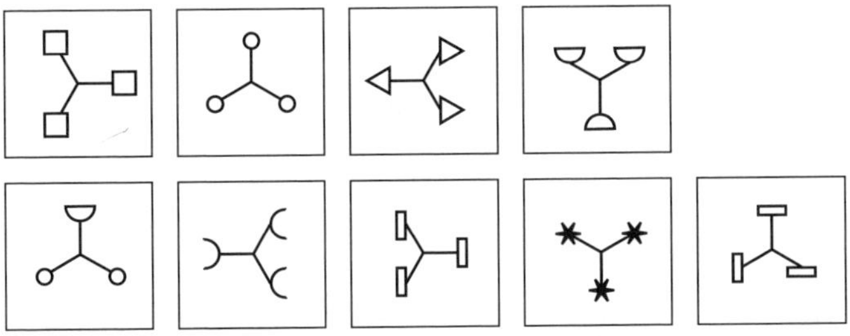

a b c d e

10.

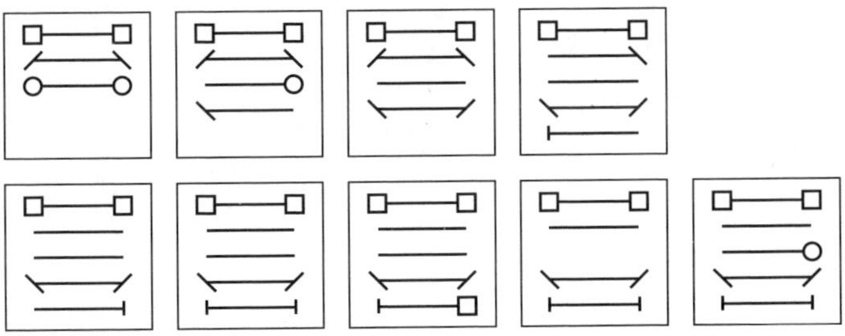

a b c d e

11.

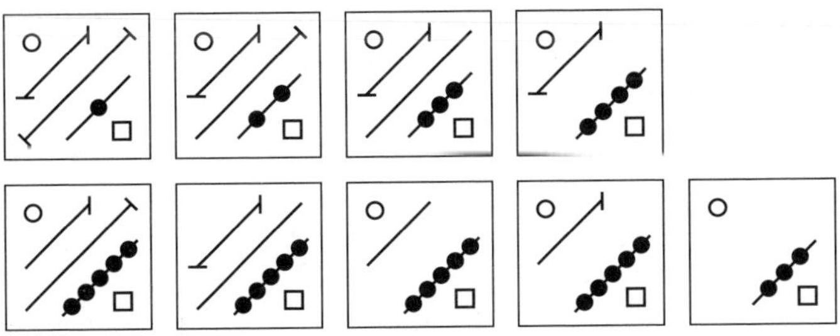

a b c d e

12.

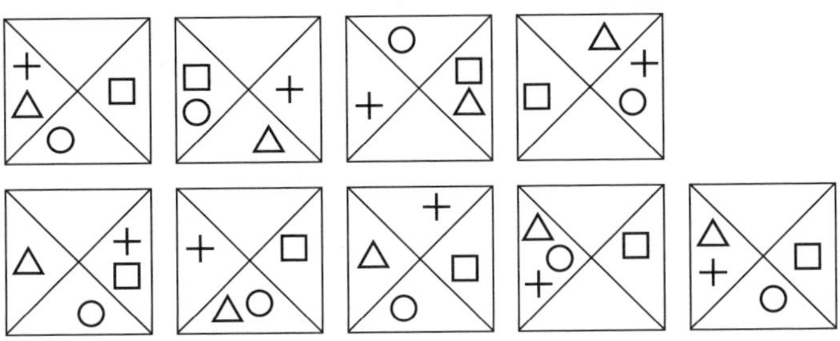

a b c d e

Lösungen Seite 568

Sinnvoll ergänzen

Sie sehen ein Rechteck mit 8 Figuren. Welcher der vorgegebenen 9 Lösungsvorschläge (rechts, a – i) passt als Einziger in das freie 9. Feld?

1. Beispiel:

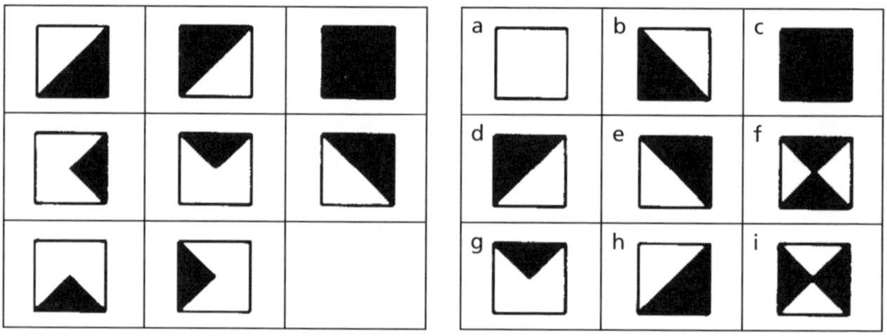

Lösung: b

Erklärung: Die schwarze Fläche der ersten Figur, addiert mit der schwarzen Fläche der zweiten Figur, ergibt, sozusagen als Summe, die dritte Figur. Dieses Prinzip gilt sowohl in vertikaler wie in horizontaler Richtung – ein wichtiger Hinweis für die generelle Bearbeitung dieses Aufgabentyps.

2. Beispiel:

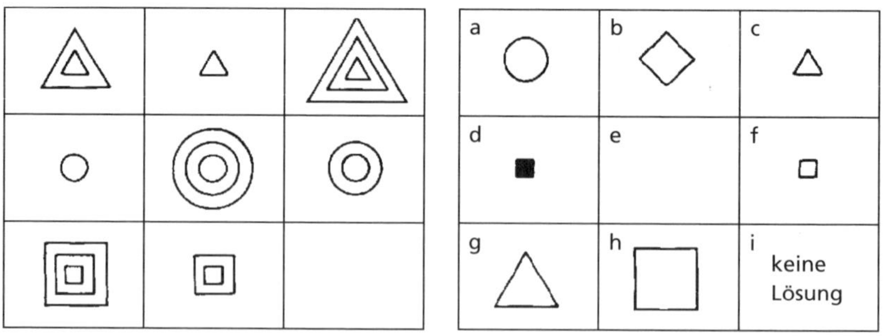

Lösung: f

Für die folgenden 20 Aufgaben haben Sie 20 Minuten Zeit.

1.

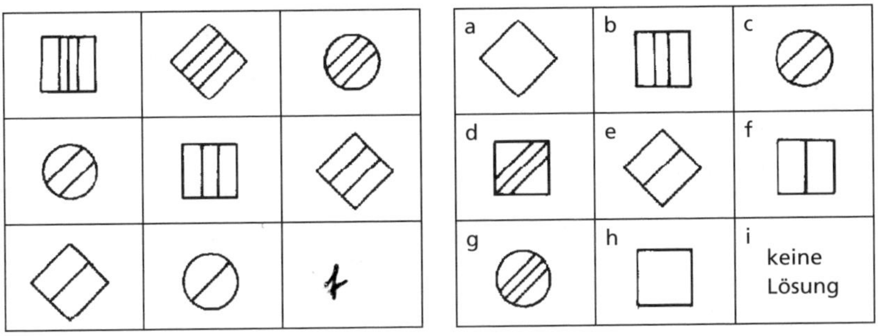
a
b
c
d
e
f
g
h
i
keine Lösung

2.

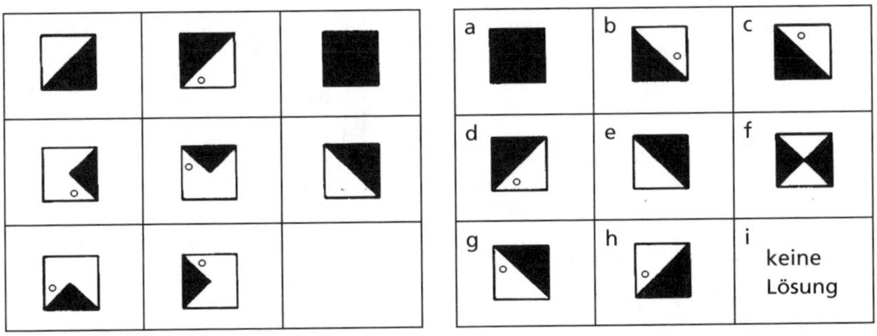
a
b
c
d
e
f
g
h
i
keine Lösung

3.

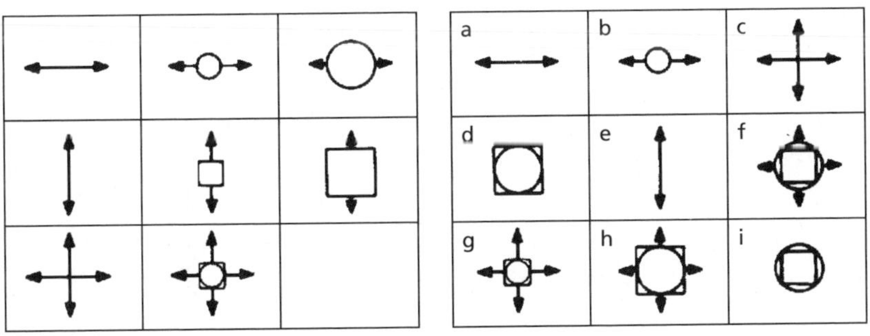
a
b
c
d
e
f
g
h
i

4.

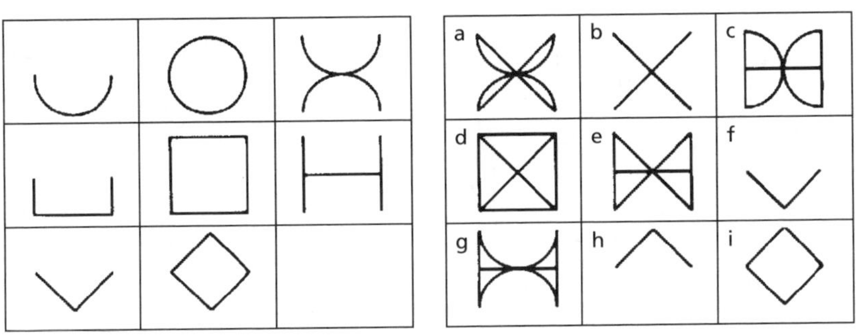
a
b
c
d
e
f
g
h
i

5.

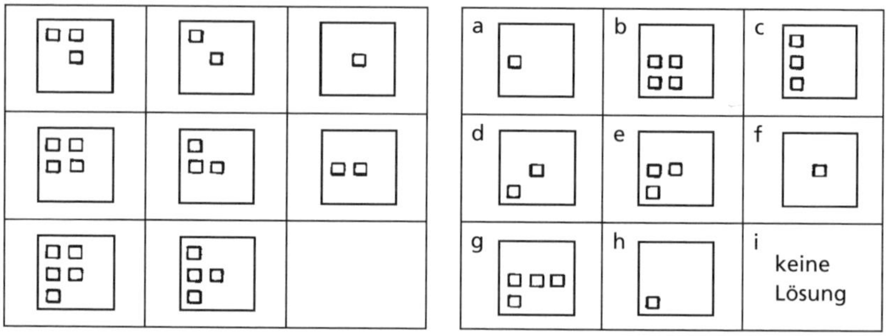
a
b
c
d
e
f
g
h
i
keine Lösung

6.

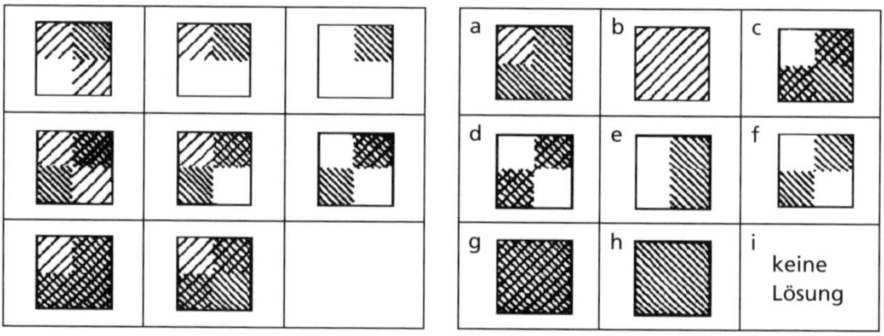
a
b
c
d
e
f
g
h
i
keine Lösung

7.

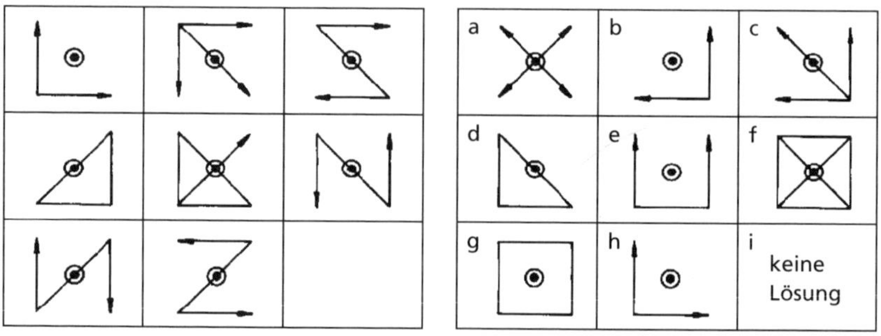
a
b
c
d
e
f
g
h
i
keine Lösung

8.

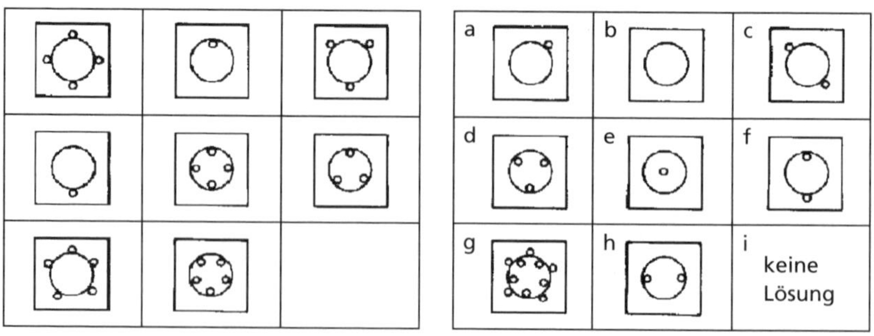
a
b
c
d
e
f
g
h
i
keine Lösung

9.

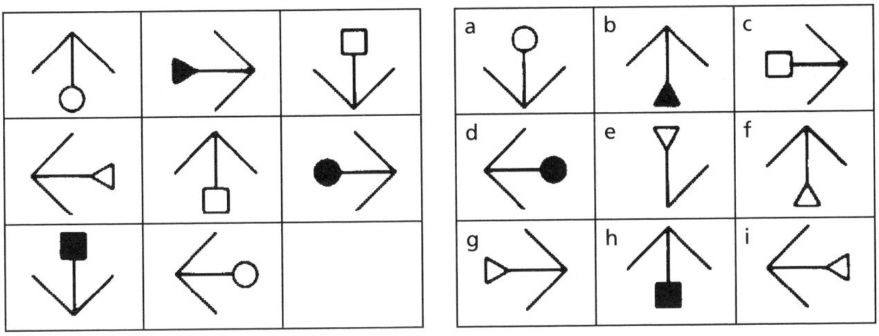
a
b
c
d
e
f
g
h
i

10.

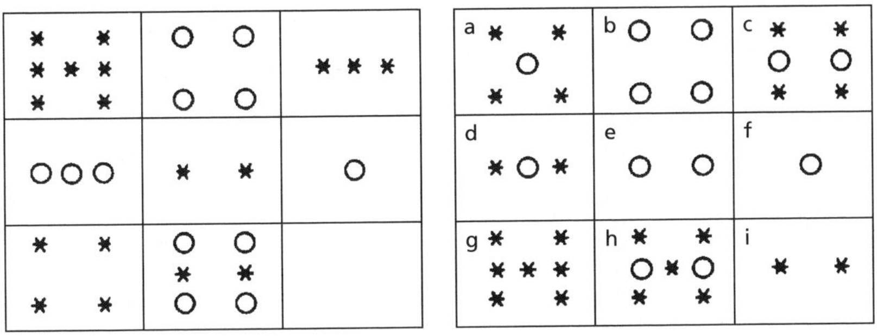
a
b
c
d
e
f
g
h
i

11.

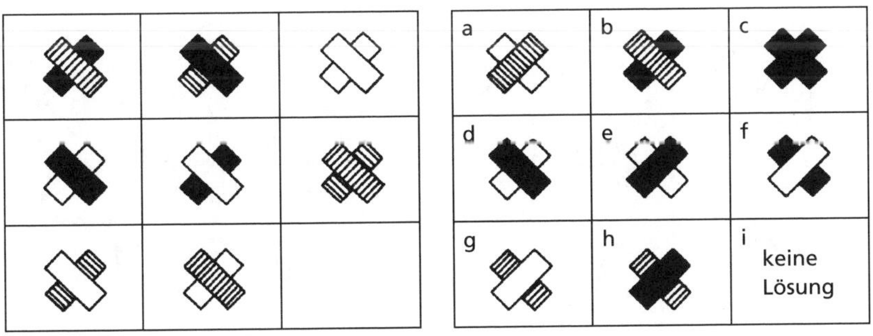
a
b
c
d
e
f
g
h
i
keine Lösung

12.

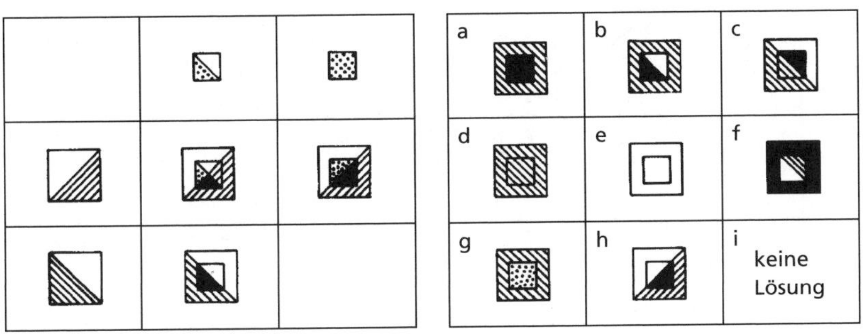
a
b
c
d
e
f
g
h
i
keine Lösung

13.

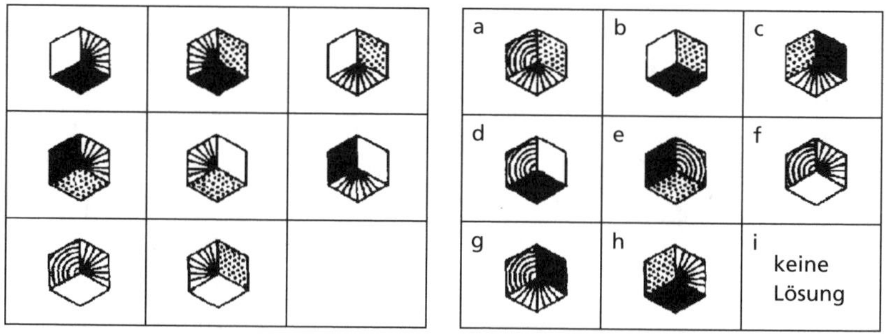
a
b
c
d
e
f
g
h
i
keine Lösung

14.

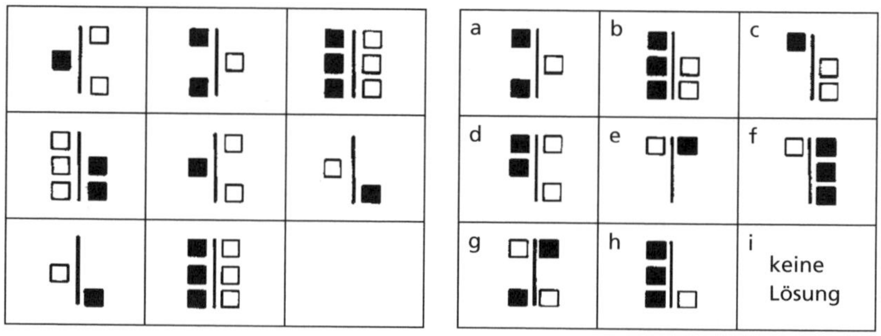
a
b
c
d
e
f
g
h
i
keine Lösung

15.

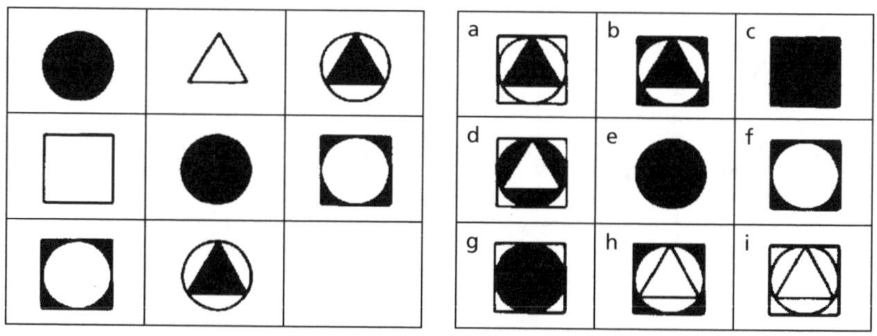
a
b
c
d
e
f
g
h
i

16.

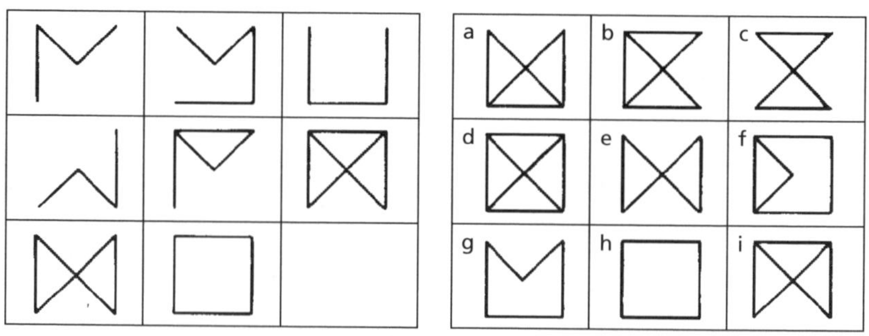
a
b
c
d
e
f
g
h
i

17.

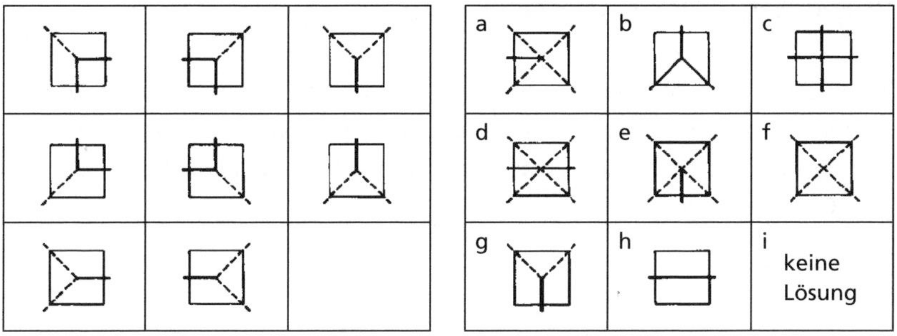

18.

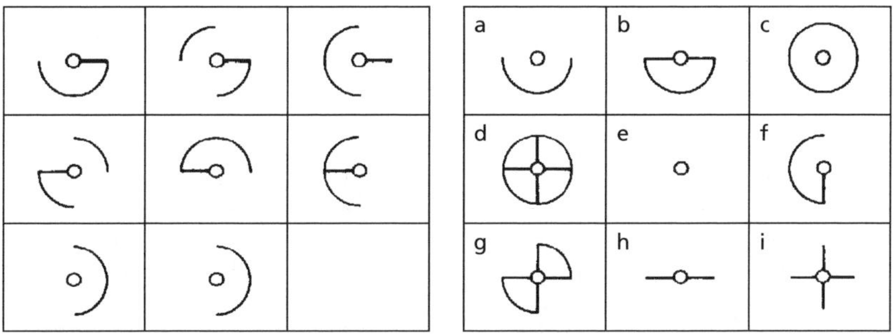

19.

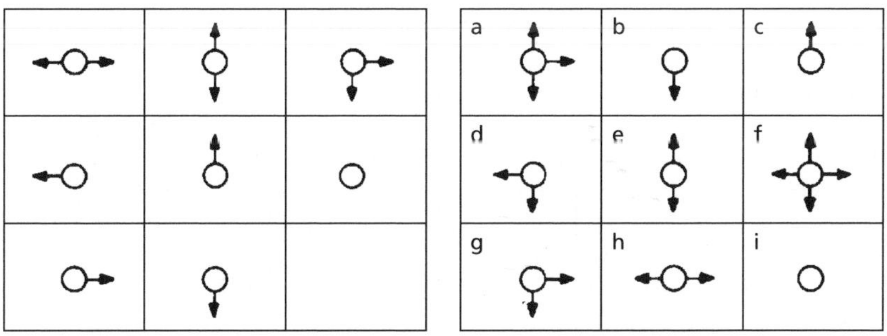

20.

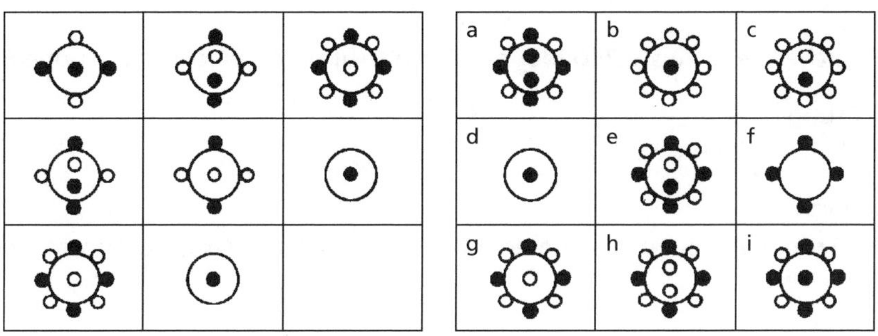

Lösungen Seite 568

Zugehörigkeiten identifizieren

Bei diesem Test bekommen Sie zwei Gruppen, A und B, vorgestellt, sowie 5 Auswahlbilder. Sie sollen nun die jeweilige Gemeinsamkeit der Gruppe A und der Gruppe B herausfinden und dann die 5 Auswahlbilder den jeweiligen Gruppen zuordnen.

1. Beispiel:

Gruppe A

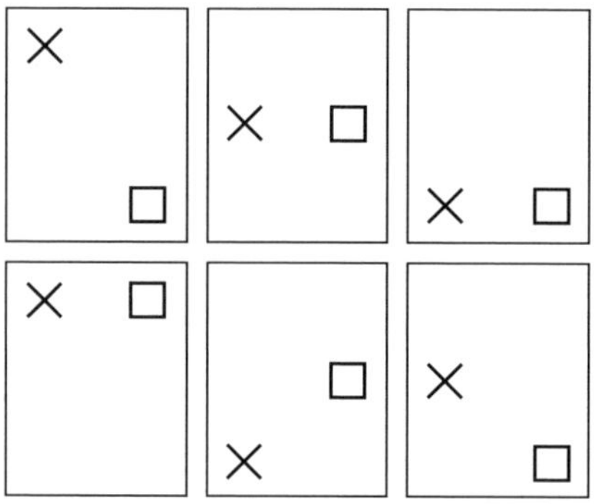

Gruppe B

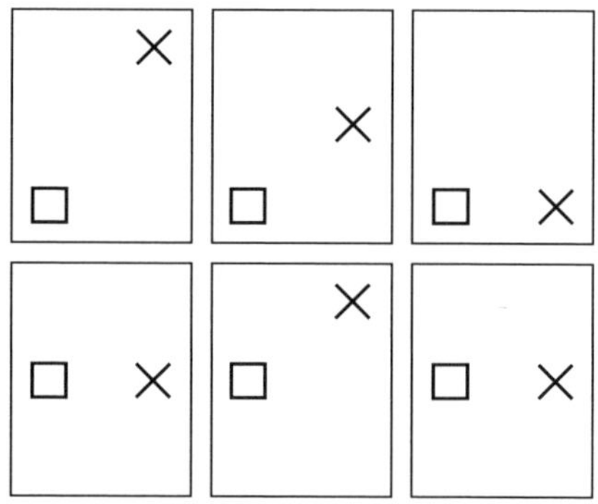

Auswahlbilder:

1. 2. 3. 4. 5.

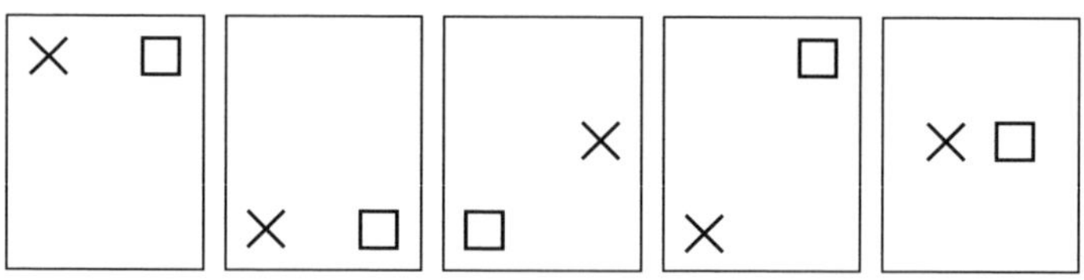

Welches der 5 Auswahlbilder gehört in Gruppe A, welches in Gruppe B?

Lösung:
1 A, 2 A, 3 B, 4 A, 5 A

Begründung:
In Gruppe A steht das X immer links vom Quadrat, in Gruppe B immer rechts.

2. Beispiel:

Gruppe A

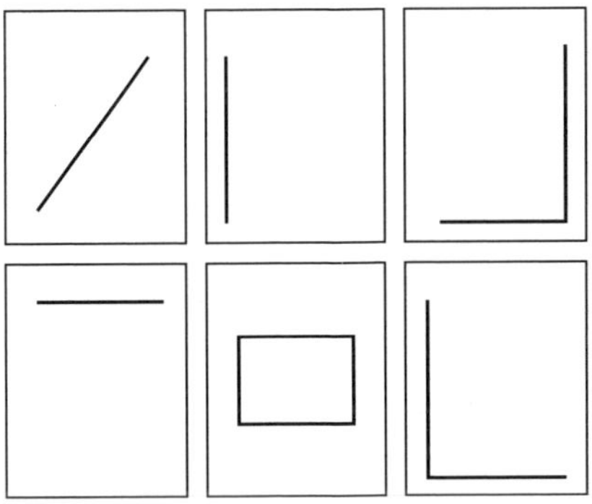

Gruppe B

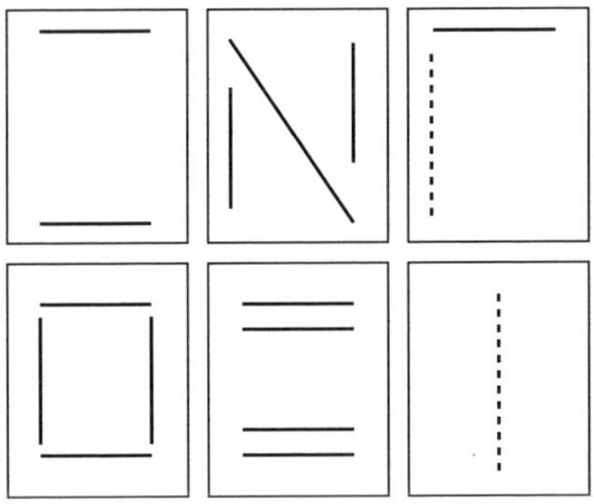

Auswahlbilder:

1. 2. 3. 4. 5.

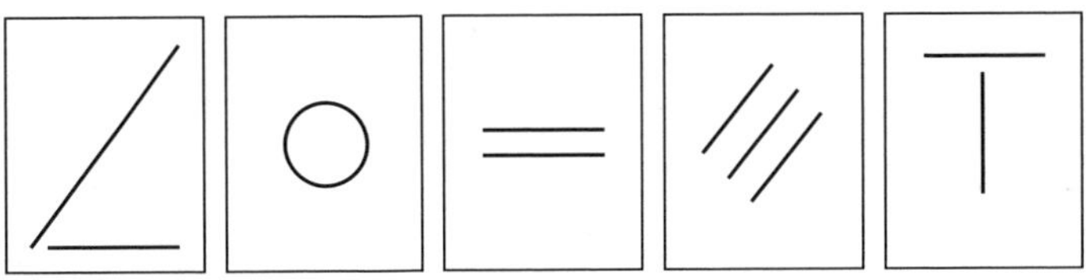

Welches der 5 Auswahlbilder gehört in Gruppe A, welches in Gruppe B?

Lösungen:
1 B, 2 A, 3 B, 4 B, 5 B

Begründung:
In Gruppe A gibt es immer nur eine Linie, in Gruppe B zwei oder mehr.

Lösen Sie nun die folgenden 3 Aufgaben. Sie haben 5 Minuten Zeit.

1. Aufgabe

Gruppe A

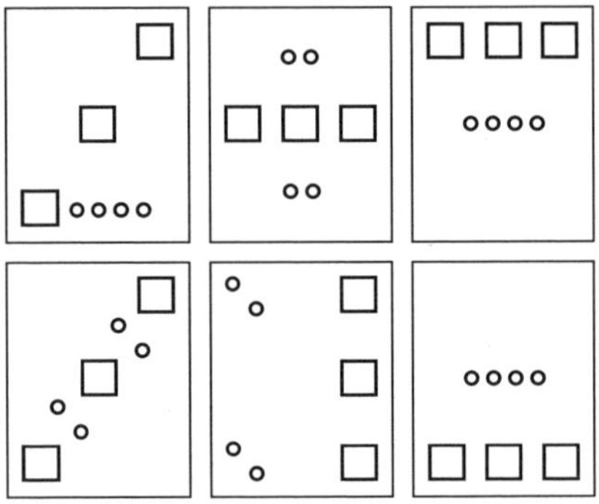

Gruppe B

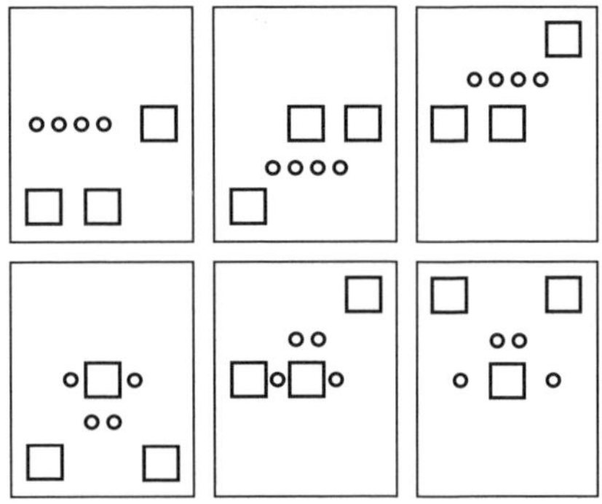

Auswahlbilder:

1. 2. 3. 4. 5.

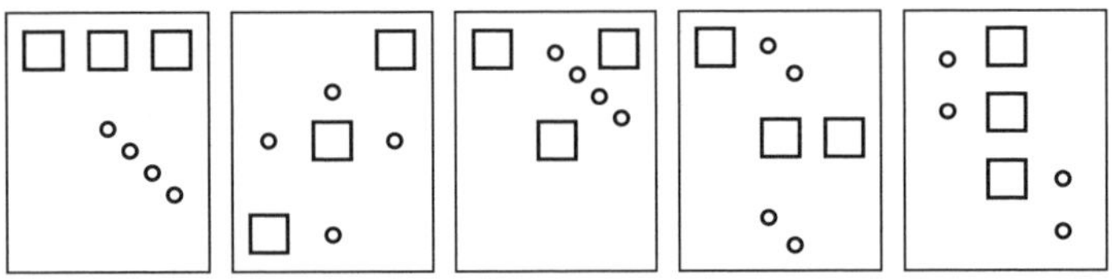

2. Aufgabe

Gruppe A

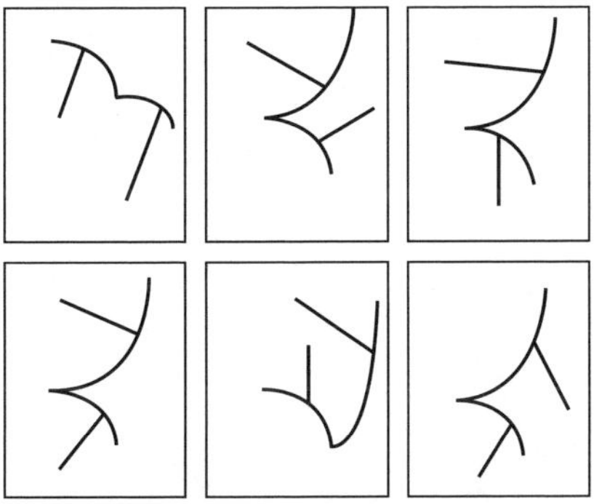

Gruppe B

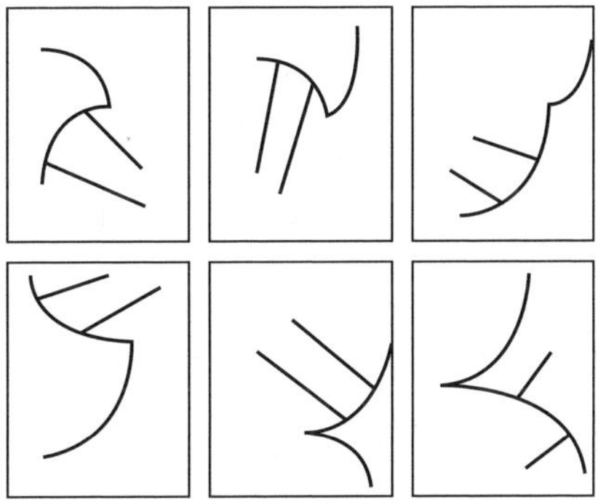

Auswahlbilder:

1. 2. 3. 4. 5.

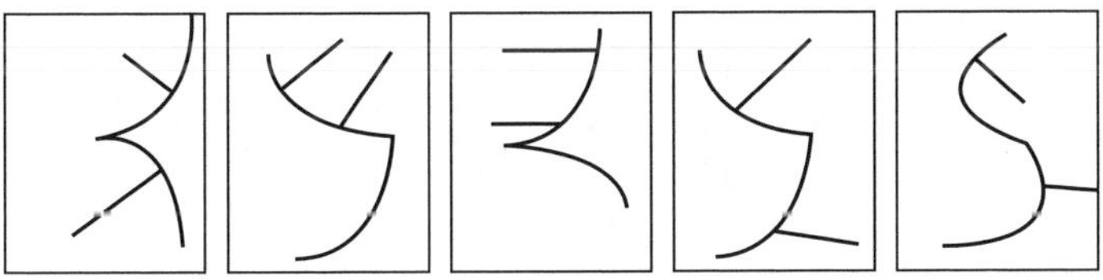

→

3. Aufgabe

Gruppe A

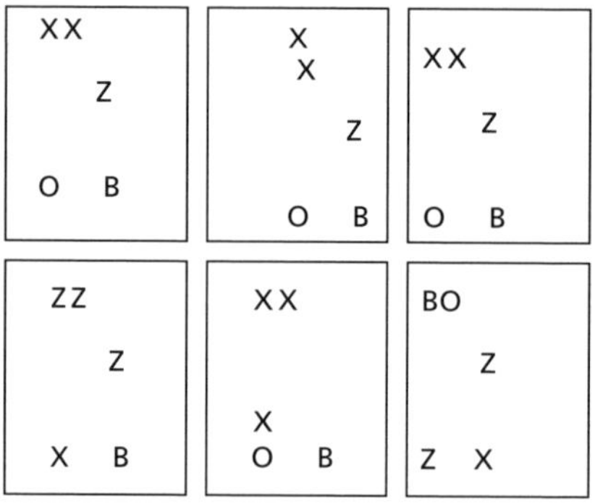

Gruppe B

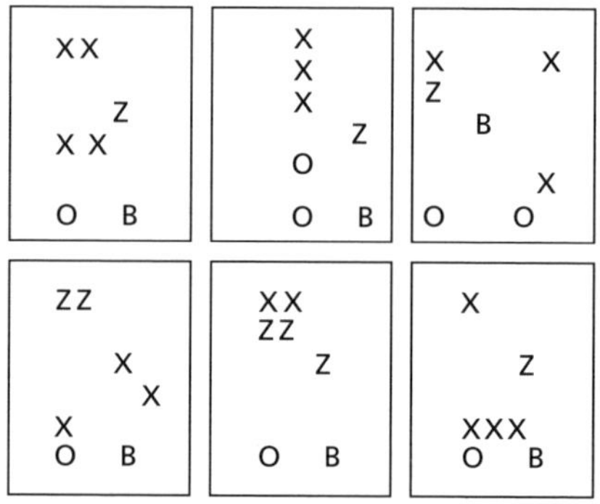

Auswahlbilder:

1. 2. 3. 4. 5.

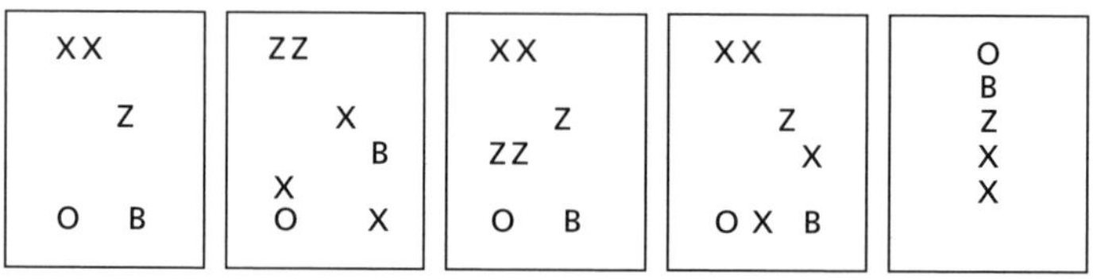

Lösungen Seite 568

Buchstabengruppen

Welche Buchstabengruppe (a, b, c, d oder e) ist nicht wie die vier anderen Gruppen nach einer bestimmten Regel zusammengesetzt?

1. Beispiel:

a	b	c	d	e
A A A B	B B B C	C C C D	D D E E	E E E F

Lösung: Gruppe d

2. Beispiel:

a	b	c	d	e
C B A Z	P O N M	U T S R	I H G F	E C B A

Lösung: Gruppe e

Erklärung: Das Alphabet wird jetzt rückwärts präsentiert, und in der Gruppe e ist der Anfangsbuchstabe E falsch, denn es müsste eigentlich das D sein.

Für die Bearbeitung der folgenden 10 Aufgaben haben Sie 5 Minuten Zeit.

	a	b	c	d	e
1.	L N N P	D N N T	P N N P	D N N T	Q N N X
2.	A A B A	A A A B	A A A C	A A A T	A A A U
3.	C D D C	K L L K	Q R R Q	U T T U	W X X W
4.	M O P Q	A C D E	U W X Y	D F G H	S R Q P
5.	A C D E	U W X Y	F H I J	P R S T	H I J K
6.	B C D A	O P Q N	V W X Y	D E F C	L M N K
7.	Y X V W	T S Q R	N O L M	H G E F	E D B C
8.	K C B L	M E D N	O G F P	Q I H R	S K O T
9.	O R U X	A D G J	M P S V	I L O R	L O R T
10.	M P S V	A D G J	O R U X	A D G J	N Q T V

Lösungen Seite 568

Buchstabenreihen

Bei der häufig eingesetzten Aufgabe »Buchstabenreihen« müssen Sie das Prinzip der Reihe erkennen und diese ergänzen.

1. Beispiel:

Ergänzen Sie die Buchstabenreihe logisch:

a d g j m p ? ?

Welcher Lösungsvorschlag ist der richtige?

1) s u
2) s v
3) s w
4) r u

Lösung: 2

Erklärung: Die Buchstabenreihe ist nach dem Prinzip aufgebaut, dass in der alphabetischen Reihenfolge jeweils zwei Buchstaben fehlen.

2. Beispiel:

q p o n m l k ? ?

1) i j
2) a b
3) r s
4) j i

Lösung: 4

Erklärung: Von q geht es im Alphabet rückwärts.

Für die folgenden 5 Aufgaben haben Sie 5 Minuten Zeit.

1. a n b c n d e f n g h i j ? ? ?

1) k n l
2) n l m
3) n k l
4) k l n

2. a z c y e x g w i v ? ? ?

1) k u m
2) u m v
3) m v k
4) v i w

3. f g f g d e h i h i f g ? ? ?

1) k l m
2) j k k
3) j i k
4) j k j

4. e d f f e g g f h ? ? ?

1) h i j
2) h g i
3) f g h
4) g h i

5. a d f i k n p s ? ? ?

1) u w z
2) t v w
3) u x z
4) u v w

Lösungen Seite 568

Zahlenreihen

Sehr häufig eingesetzt wird der Aufgabentyp »Zahlenreihen«, der ähnlich wie die »Buchstabenreihen« funktioniert.

1. Beispiel:

2 4 8 16 32 ?

Lösung: 64

Erklärung: Jede Zahl wird mit 2 multipliziert.

2. Beispiel:

5 4 8 7 14 13 26 ?

Lösung: 25

Erklärung: Ausgangszahl –1, Ergebnis mit 2 multipliziert, Ergebnis –1 usw.

Für die folgenden 10 Aufgaben haben Sie 15 Minuten Zeit.

A	3	9	6	9	27	?	
B	0	−1	1	3	−1	4	?
C	2	5	11	23	47	?	
D	2	12	6	30	25	100	?
E	80	40	42	40	20	?	
F	3	8	23	68	203	?	
G	1	$\frac{1}{2}$	$\frac{5}{2}$	5	$\frac{5}{2}$	$\frac{9}{2}$	?
H	7	15	0	8	−7	?	
I	81	9	18	2	11	?	
J	323	107	35	11	3	?	

Lösungen Seite 568

Zahlenmatrizen

Die folgende Aufgabe ist – ähnlich wie die vorangegangenen – eine Art Kombination aus Figuren- und Zahlenreihen.

1. Beispiel:

1	2	3
4	?	6
7	8	9

Lösung: 5

2. Beispiel:

5	6	7
7	8	9
9	10	?

Lösung: 11

Erklärung: Senkrecht jede Zahl mit 2, waagerecht jede Zahl mit 1 addiert.

Für die folgenden 10 Aufgaben haben Sie 10 Minuten Zeit.

A	0	2	4
	2	4	6
	4	6	?

B	5	8	11
	3	6	?
	1	4	7

C	40	25	10
	32	17	2
	24	9	?

D	216	36	6
	72	12	2
	24	4	?

E	16	4	1
	32	?	2
	64	16	4

F	3	12	48
	9	36	144
	?	108	432

G	77	64	51
	90	77	64
	?	90	77

H	9	8	6
	6	5	3
	2	1	?

I	18	35	52
	9	26	43
	?	17	34

J	6	24	8
	2	8	$8/3$
	8	32	?

Lösungen Seite 569

Dominoreihen

Welcher Dominostein aus der rechten Lösungsgruppe passt in die linke Dominogruppe? Gesucht wird der Stein, der durch seine Punktzahl oben und unten die linke Dominogruppe logisch sinnvoll ergänzt.

1. Beispiel:

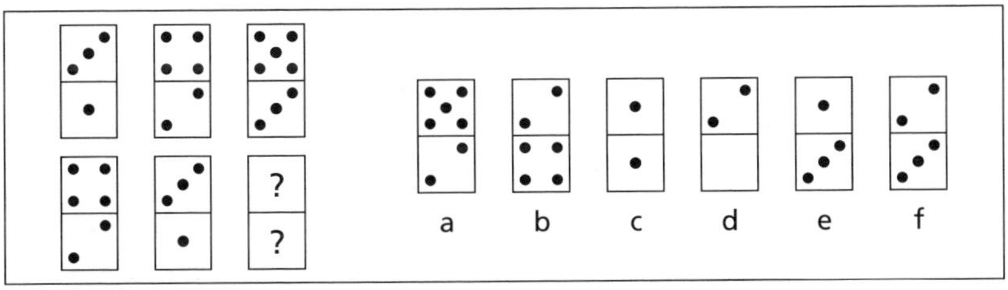

Lösung: d

Die erste Reihe Dominosteine baut sich im oberen (3–4–5 Punkte) wie im unteren Feld (1–2–3 Punkte) nach dem System +1 auf. Der Aufbau der zweiten Reihe Dominosteine ist entsprechend, aber nach dem System –1.

2. Beispiel:

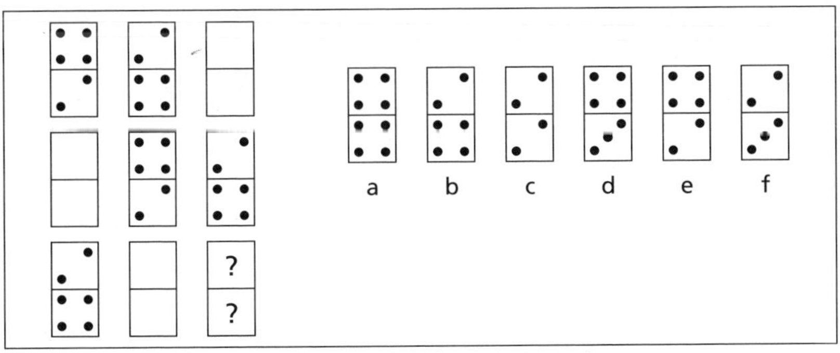

Lösung: e

Jetzt haben wir es mit drei Dominoreihen zu tun, die wir uns anschauen müssen. Auch hier gilt es, ein gemeinsames System festzustellen. Jede Reihe Dominosteine hat die Kombination 4–2, 2–4 (die Umkehrung) und einen 0–0-Stein. Diese Steinkombination wird lediglich unterschiedlich angeordnet. In der ersten Reihe ist der 0–0-Stein in der letzten Position, in der zweiten Reihe in der ersten, in der dritten Reihe in der zweiten Position.

Für die folgenden 15 Aufgaben haben Sie 10 Minuten Bearbeitungszeit.

1.

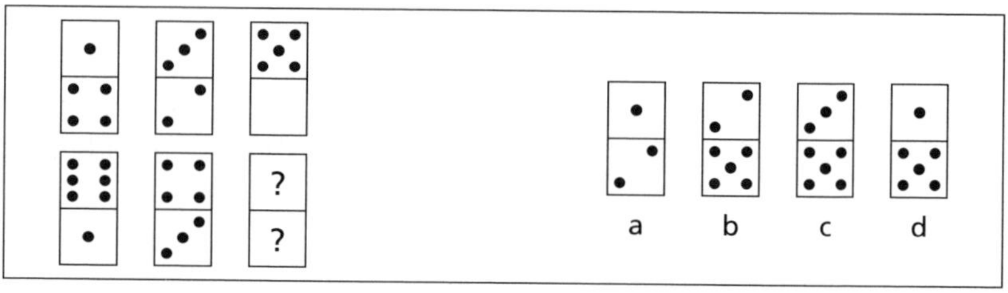

2.

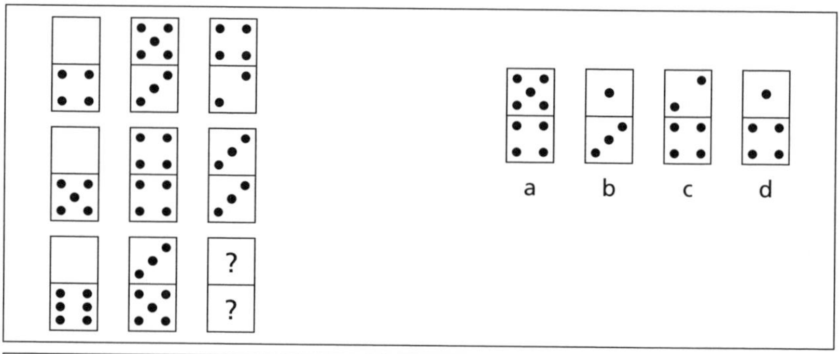

3.

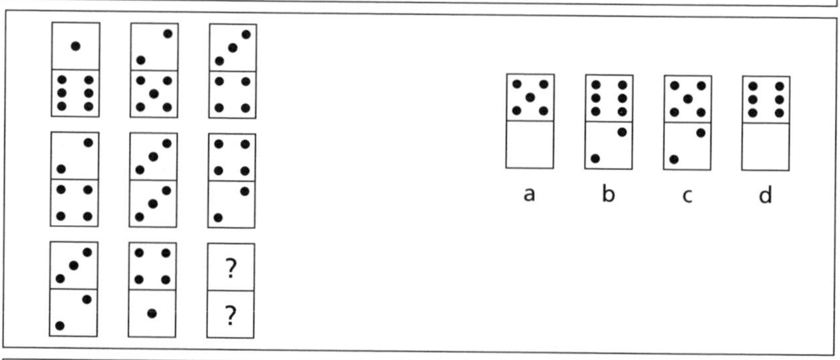

4.

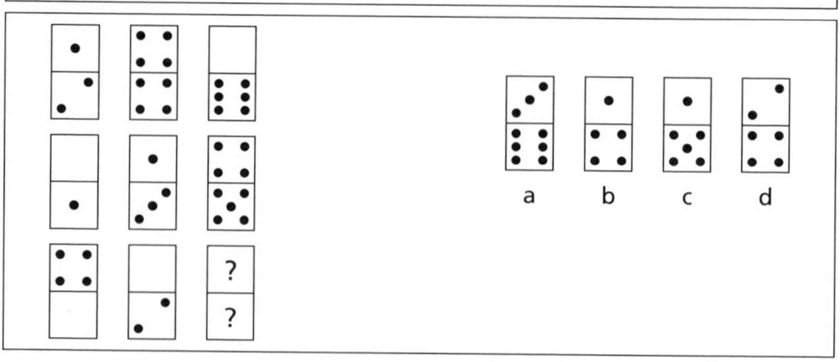

5.

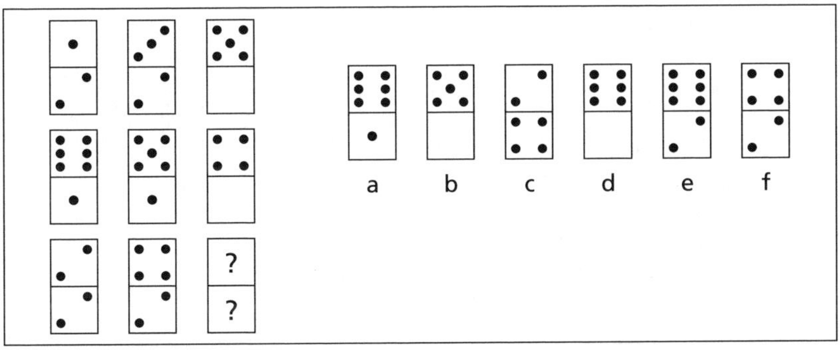

6.

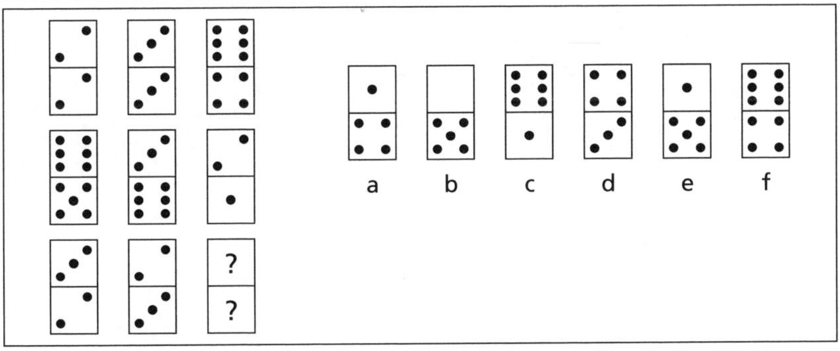

7.

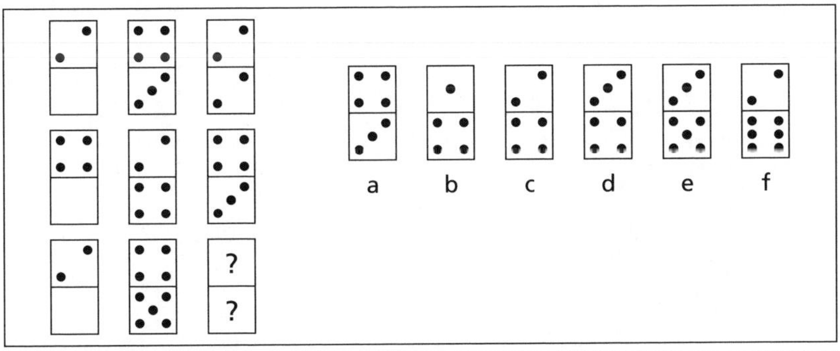

8.

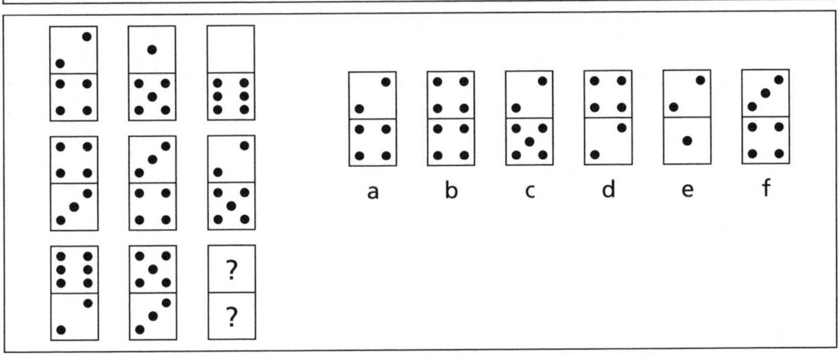

→

9.

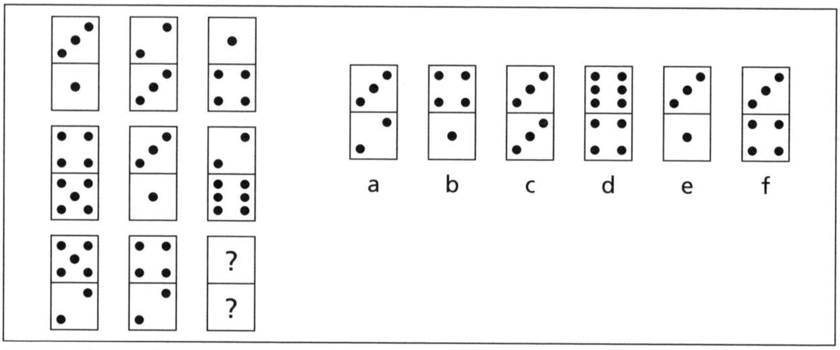

10.

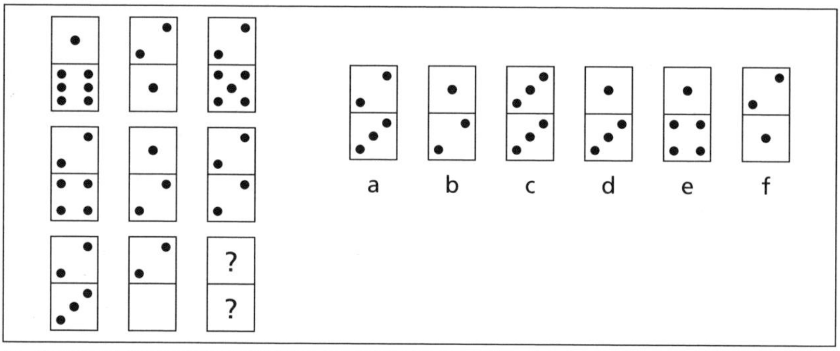

11.

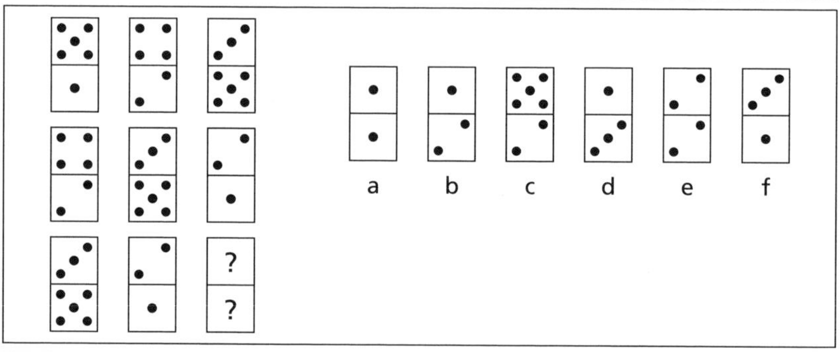

12.

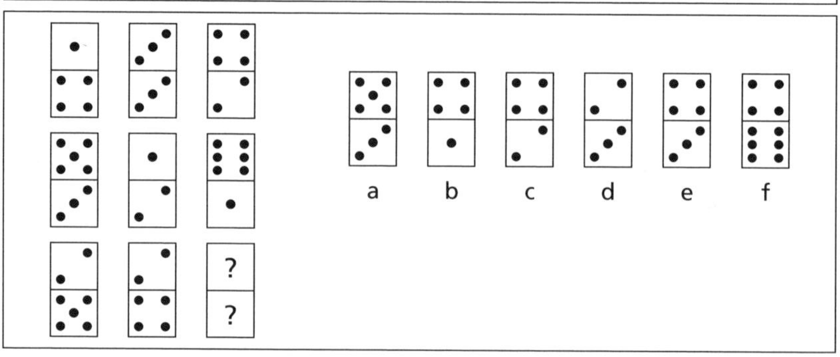

13.

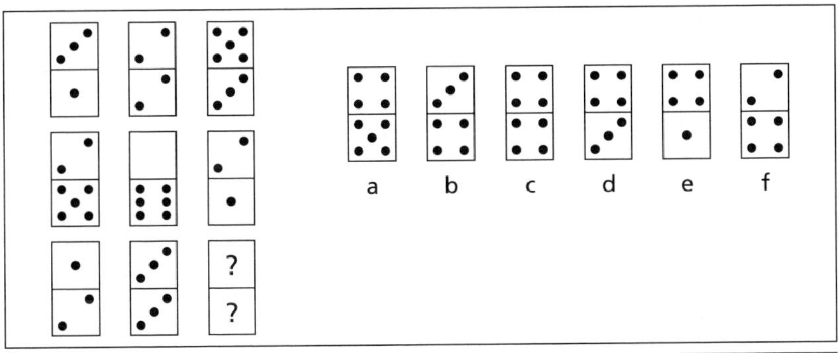

14.

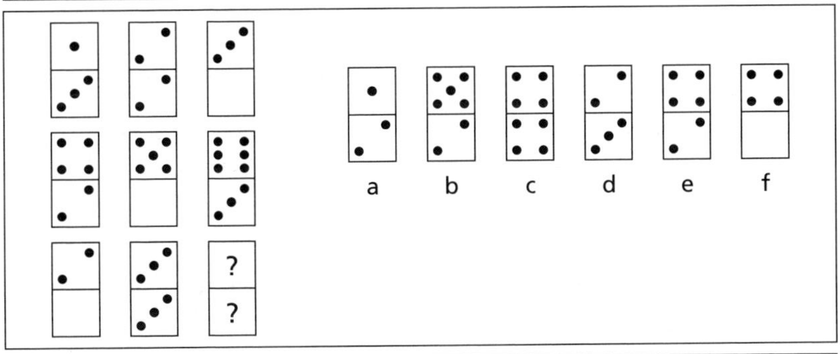

15.

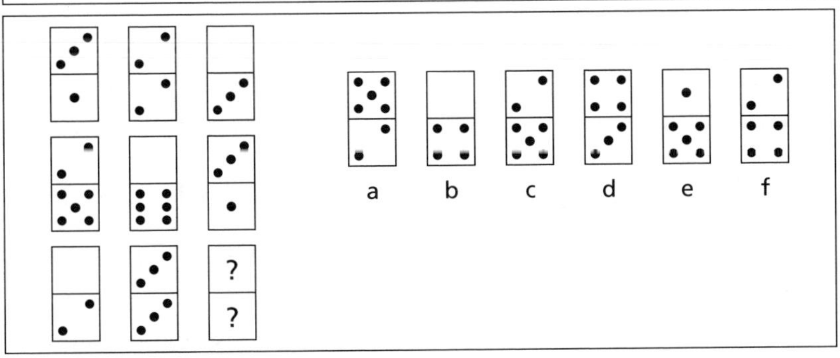

Lösungen Seite 569

Zahlensymbole

Bei dieser Aufgabe werden Zahlen durch bestimmte Symbole ersetzt. Einzelne Symbole entsprechen einer einstelligen Zahl (0 – 9), zwei nebeneinander stehende Symbole einer zweistelligen Zahl (10 – 99). Die Aufgabe besteht darin herauszufinden, welche der angebotenen Zahlen für ein bestimmtes Symbol eingesetzt werden muss, damit die Aufgabe richtig gelöst werden kann (Lösungsvorschläge neben dem zu entschlüsselnden Symbol).

1. Beispiel:

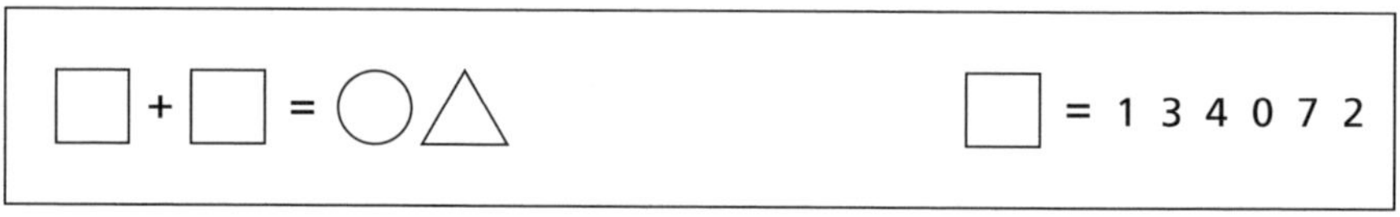

Lösung: 7
Nur wenn diese Zahl für das Quadrat eingesetzt wird, kann das Ergebnis zweistellig werden.

2. Beispiel:

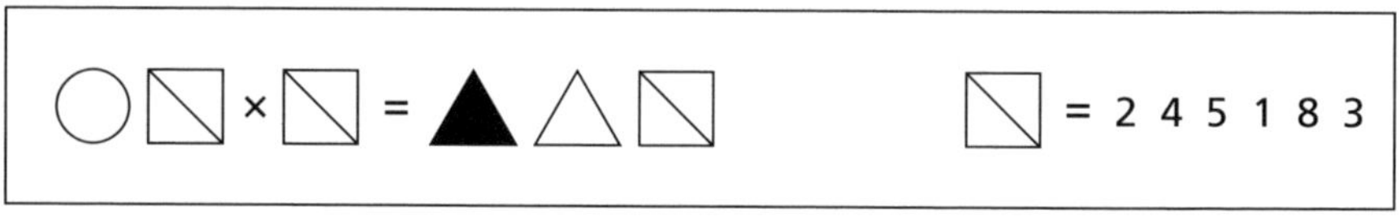

Lösung: 5
Denn nur die 5 bleibt als Einerstelle wie auch als Multiplikant im Ergebnis der Einerstelle 5.

Für die folgenden 26 Aufgaben haben Sie 10 Minuten Zeit.

1.

△ + △ + △ + △ = ○

△ = 3 7 0 4 2 5

2.

▽ − ○ = ▽

○ = 6 3 4 0 2 1

3.

○ × ○ = ⧄○

⧄ = 1 4 5 3 8 6

4.

```
  ○
− ⬡
− ⬡
− ⬡
− ⬡
―――
= ⬡
```

⬡ = 0 2 1 3 5 4

5.

```
  △□
+ △□
+ △□
+ △□
――――
= ○□
```

□ = 6 2 5 3 0 4

6.

▽⊘ : ⊘ = ⊘

⊘ = 1 3 0 4 2 5

7.

⧅ × △ = ⧅

⧅ ungleich 0

△ = 3 2 1 0 4 5

→

8.

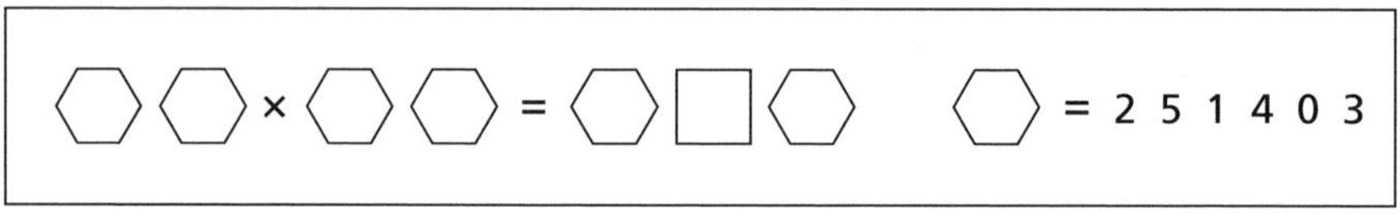

9.

10.

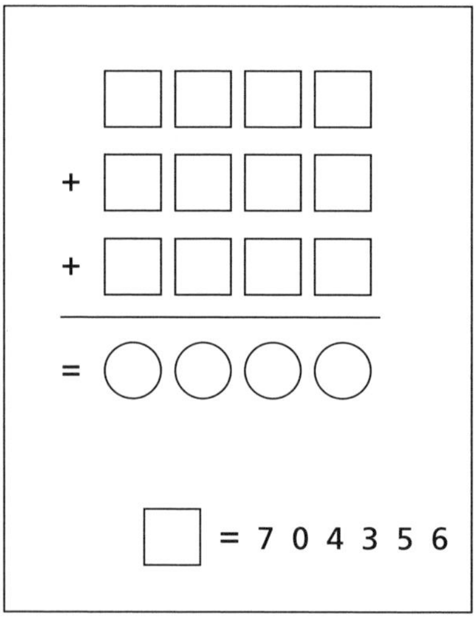

11.

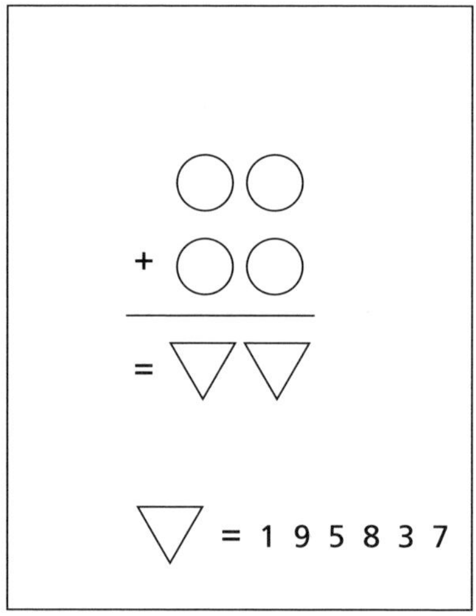

12.

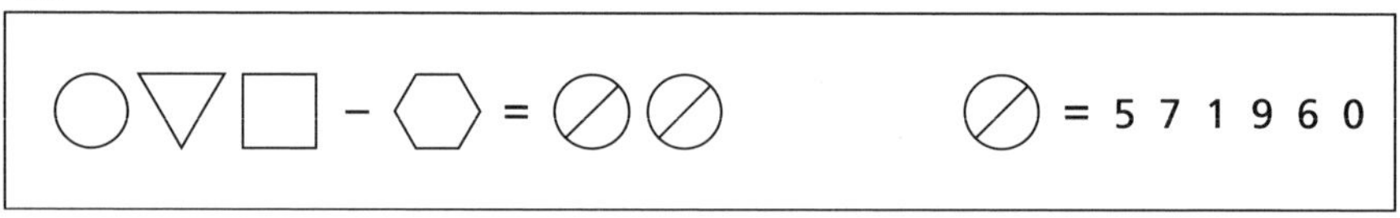

13.

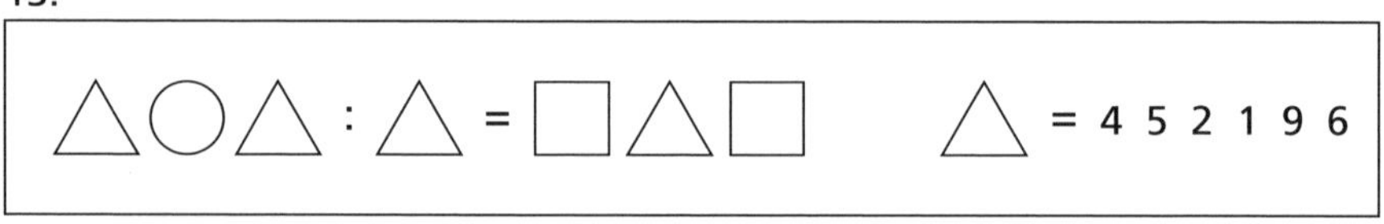

14.

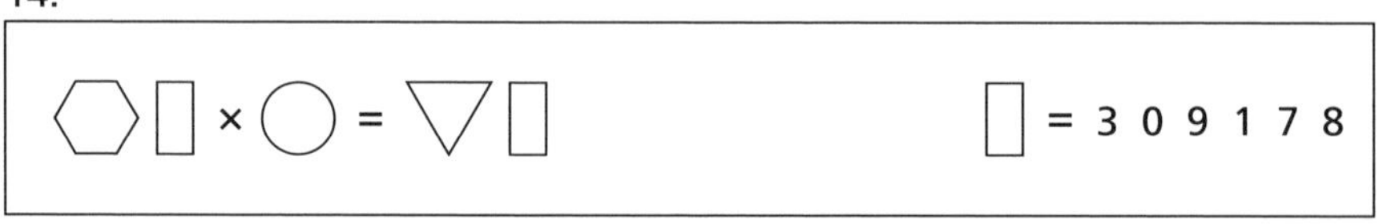

15.

□ × ○ + △ − △ = ◪○

○ = 1 3 9 0 7 5

16.

```
  ○○○
+ ○○○
+ ○○○
-----
= □□□
```

○ = 9 7 4 5 3 6

17.

```
  ◪
− ⬡
− ⬡
− ⬡
---
= ⬡
```

◪ = 3 6 9 4 5 2

18.

○□○ × □ = □▽□

○ = 3 6 1 7 4 2

19.

▯ × ⊕○ = ▯○

○ = 2 7 6 0 3 8

20.

□⬡ : ⬡ = ⬡

⬡ = 2 7 6 3 4 1

→

21.

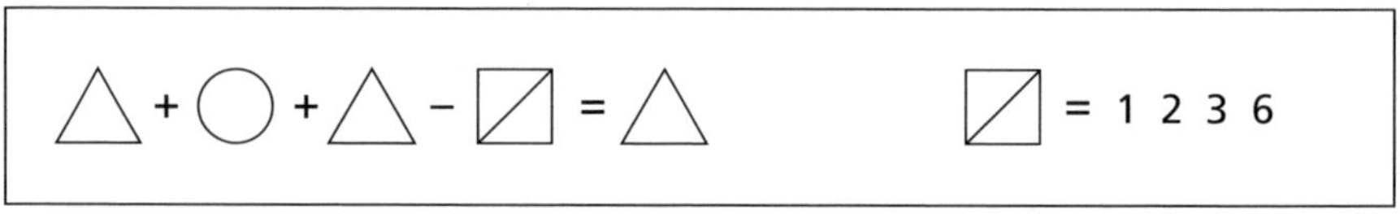

22.

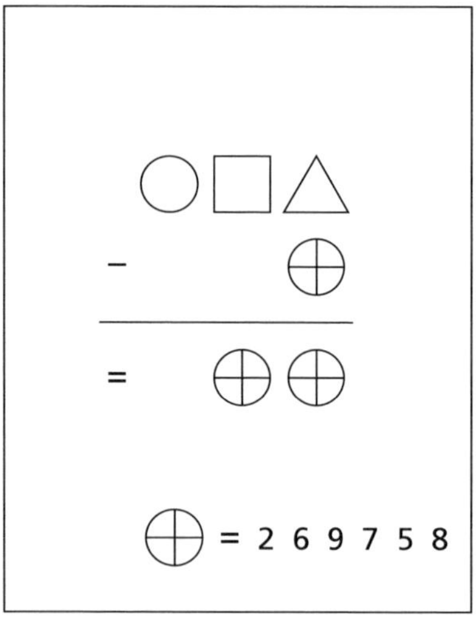

23.

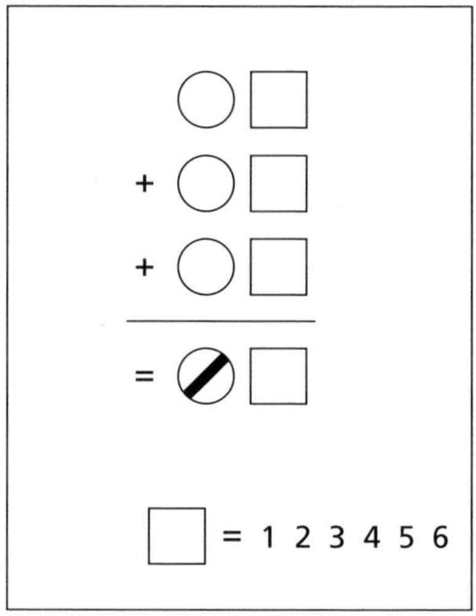

24.

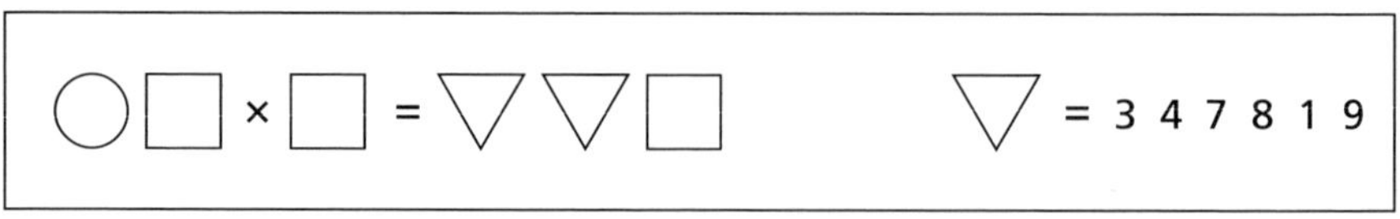

25.

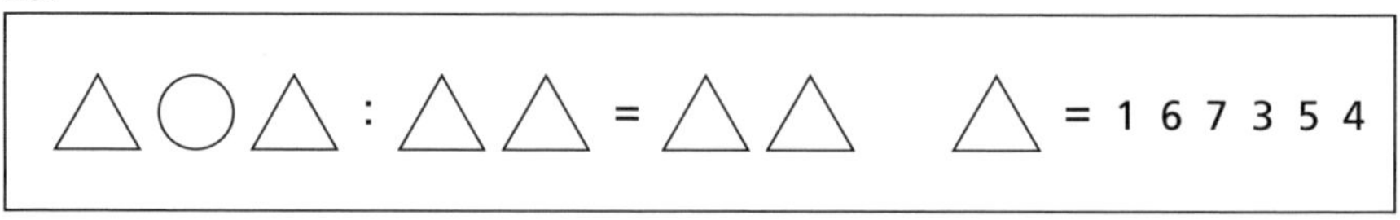

26.

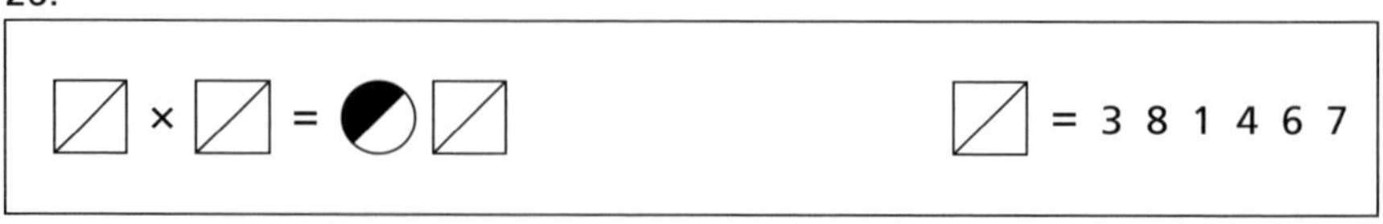

Lösungen Seite 569

Wochentage

Mit den Wochentagen kennen Sie sich aus. Ihre Aufgabe ist es jetzt, aufgrund einer Aussage den logisch richtigen Wochentag herauszufinden.

1. Beispiel:

Heute ist Montag.
Welcher Tag ist drei Tage nach gestern?

Lösung: Mittwoch

Erklärung: Wenn heute Montag ist, war demzufolge gestern Sonntag.
Drei Tage dazugerechnet ergibt Mittwoch.

2. Beispiel:

Vorgestern war fünf Tage vor Sonntag.
Welchen Tag haben wir heute?

Lösung: Donnerstag

Erklärung: Wenn vorgestern fünf Tage vor Sonntag war,
so muss heute drei Tage vor Sonntag sein, also Donnerstag.

3. Beispiel:

Übermorgen ist der vierte Tag nach Samstag.
Welcher Tag war vorgestern?

Lösung: Samstag

Erklärung: Wenn übermorgen der vierte Tag nach Samstag ist,
so ist heute der zweite Tag, nämlich Montag. Zwei Tage zurück = Samstag.

Für 10 Aufgaben haben Sie 10 Minuten Zeit.

1. Übermorgen ist der dritteTag nach Montag.
   Welcher Tag war vorgestern?

2. Morgen sind es noch vier Tage bis Sonntag.
   Welcher Tag ist übermorgen?

3. Gestern waren bis Sonntag noch fünf Tage.
   Welcher Tag ist morgen?

4. Der Tag, der vor vorgestern lag, liegt drei Tage nach Samstag.
   Heute ist also ...?

5. Übermorgen in einer Woche ist zwei Tage vor Dienstag.
   Vorgestern war ...?

6. Vorgestern waren es drei Tage vor Dienstag.
   Welchen Tag haben wir nach übermorgen?

7. Zwei Tage vor vorgestern war Dienstag.
   Welcher Tag wird übermorgen sein?

8. Wenn drei Tage vor gestern Mittwoch war,
   welcher Tag wird morgen sein?

9. Übermorgen ist fünf Tage vor Freitag.
   Welcher Tag war gestern?

10. Welcher Tag war vorgestern, wenn der Tag
    nach übermorgen zwei Tage vor Samstag liegt?

Lösungen Seite 569

Sprachanalogien

Aufgabe ist es, aus vorgegebenen Lösungsvorschlägen das Wort auszuwählen, das ein fehlendes Element in einer Wortgleichung sinnvoll ergänzt. Oder anders ausgedrückt: Drei Worte sind vorgegeben, bei denen zwischen dem ersten und zweiten eine gewisse Beziehung besteht. Aufgabe ist es, zwischen dem dritten und einem allein passenden Wahl- und Lösungswort eine Beziehung herzustellen.

1. Beispiel:

Dach verhält sich zu Keller wie Decke zu ...?

a) Teppich b) Leuchter c) Wand d) Boden

Lösung: d

2. Beispiel:

Gerade / Viereck = Kurve / ???

a) Fläche b) Kugel c) Quadrat d) Kreis e) Laufbahn f) Kegel

Lösung: d

Für die folgenden 35 Aufgaben haben Sie 15 Minuten Zeit.

1. Auto / Räder = Flugzeug / ???
a) Motor b) fliegen c) Tragflächen d) Pilot e) Düsen f) Kerosin

2. Muster / Entwurf = Maschine / ???
a) Antrieb b) kaputt c) Räder d) Arbeit e) Konstruktion f) Kraft

3. manchmal / oft = etwas / ???
a) mehr b) viel c) immer d) meistens e) wenig f) alles

4. Leder / Eisen = zäh / ???
a) flexibel b) schwer c) hart d) haltbar e) biegsam f) fest

5. Telegramm / Brief = Stichwort / ???
a) Nachricht b) Erzählung c) Zeile d) Information e) Satz f) Telefonat

6. Reportage / Dichtung = Foto / ???
a) Kunst b) Zeichnung c) Lyrik d) Gedicht e) Aquarell f) Gemälde

7. gestehen / verhören = diagnostizieren / ???
a) heilen b) Krankheit c) untersuchen d) Befund e) Behandlung f) vernehmen

8. Haus / Stein = Pflanze / ???
a) Zweig b) Blatt c) Samen d) Baum e) Zelle f) Wurzel

9. werben / verkaufen = Sport treiben / ???
a) trainieren b) jung bleiben c) Ehrgeiz d) gesund bleiben e) turnen f) siegen

10. Kanal / Fluss = Park / ???
a) Anlage b) Bäume c) Sträucher d) Landschaft e) Rasen f) Garten

11. gehen / schlendern = sprechen / ???
a) lallen b) plaudern c) schwafeln d) stottern e) springen f) weinen

12. Stoffwechsel / Natur = Verbrennung / ???
a) Maschine b) Kraft c) Motor d) Antrieb e) Kohle f) Leben

13. Wind / Sturm = rinnen / ???
a) strömen b) tröpfeln c) einsickern d) brausen e) duschen f) fließen

14. Ton / Melodie = Farbe / ???
a) Brillanz b) Kunstobjekt c) Gemälde d) Farbkasten e) Palette f) Foto

15. Molekül / Atom = Pfund / ???
a) Menge b) Last c) Zentner d) Gramm e) Gewicht f) Last

16. Gramm / Gewicht = Stunde / ???
a) Minuten b) Zeit c) Uhr d) Tag e) Jahr f) Monat

17. Wasser / Erosion = Alter / ???
a) Jugend b) Kindheit c) Falten d) Lebenszeit e) Pubertät f) Rente

18. chronisch / akut = dauerhaft / ???
a) ständig b) öfter c) zeitweilig d) langwierig e) schnell f) langsam

19. Flut / Damm = Regen / ???
a) Tropfen b) Schirm c) Wasser d) feucht e) kühl f) nass

20. liberal / radikal = gemäßigt / ???
a) gleichgültig b) verständnisvoll c) extrem d) engagiert e) plus f) fix

21. Seite / Buch = Satz / ???
a) Wörter b) Buchstaben c) Kapitel d) Inhalt e) Zeitung f) TV

22. Zunge / sauer = Nase / ???
a) salzig b) brenzlig c) kosten d) schmecken e) Ohr f) Auge

23. Haus / Treppe = Fluss / ???
a) Schiff b) Wasser c) Ufer d) Schleuse e) Hof f) Floß

24. schneiden / kleben = Trennung / ???
a) Spaltung b) Verbindung c) Teilung d) Lösung e) Ring f) Kirche

→

25. verlangen / Gier = wachsen / ???
a) sprießen b) Entwicklung c) Wucherung d) Vergrößerung
e) schnell f) kurz

26. Töne / Musik = Worte / ???
a) Stimmen b) Sprache c) Klänge d) Ausdruck e) Tenor f) Tod

27. Freude / Erfolg = Müdigkeit / ???
a) Arbeit b) Pause c) Reise d) Traum e) wach f) Gier

28. Diät / Übergewicht = Medikament / ???
a) Arzt b) Rezept c) Gesundung d) Krankheit e) Geduld f) Blut

29. Zorn / Affekt = Trauer / ???
a) Begeisterung b) Verärgerung c) Stimmung d) Verzweiflung
e) Wut f) Mut

30. Porträt / Karikatur = schildern / ???
a) deuten b) Kritik c) beleidigen d) übertreiben e) groß f) klein

Bei den folgenden Wortgleichungen fehlt das Anfangs- und Endwort. Die Sätze sind aus den vorhandenen Lösungsmöglichkeiten so zu ergänzen, dass sie einen Sinn erhalten.

Beispiel:

...?... verhält sich zu Blindheit wie Ohr zu ...?...

a) Auge	1) hören
b) Sehfähigkeit	2) Gehör
c) Brille	3) Taubheit
d) Blindenhund	4) Schwerhörigkeit

Lösung: a 3
(Auge verhält sich zu Blindheit wie Ohr zu Taubheit.)

31. …?… verhält sich zu Länge wie Gramm zu …?…

a) Entfernung	1) Waage
b) Geschwindigkeit	2) Gewicht
c) Zentimeter	3) abwiegen
d) Abstand	4) Kilo

32. …?… verhält sich zu niemand wie alles zu …?…

a) manche	1) mehr
b) jeder	2) immer
c) viele	3) nichts
d) einige	4) nie

33. …?… verhält sich zu Kreis wie Würfel zu …?…

a) Kegel	1) Quadrat
b) rund	2) sechs
c) Kugel	3) Rechteck
d) Kuppel	4) Rhombus

34. …?… verhält sich zu Herz wie Takt zu …?…

a) Pumpe	1) Dirigent
b) Pulsschlag	2) Komposition
c) Gesundheit	3) Musik
d) Leben	4) Musiker

35. …?… verhält sich zu Krankheit wie Schweiß zu …?…

a) Arzt	1) Erfolg
b) Tablette	2) Anstrengung
c) Fieber	3) Lob
d) Thermometer	4) Chef

Lösungen Seite 569

Grafikanalogien

Ging es bei der vorigen Aufgabe darum, bestimmte Begriffe auf rein sprachlicher Ebene miteinander in Bezug zu setzen, ist jetzt die gleiche Aufgabenstellung auf grafischer Ebene zu bewältigen.

1. Beispiel:

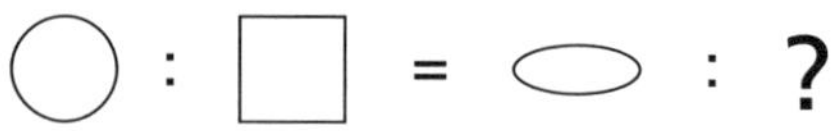

Lösungsvorschläge:

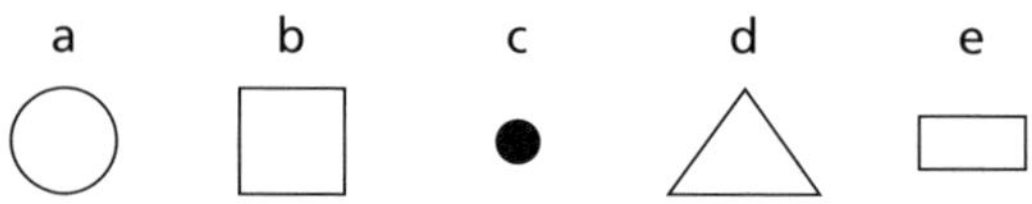

Lösung: e
Der Kreis verhält sich zum Quadrat wie die Ellipse zum Rechteck.

2. Beispiel:

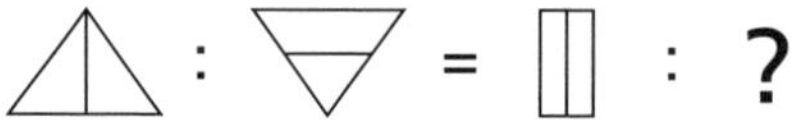

Lösungsvorschläge:

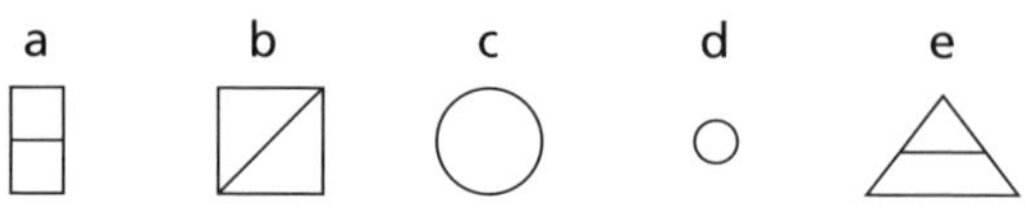

Lösung: a

Für die folgenden 24 Aufgaben haben Sie 10 Minuten Zeit.

a b c d e

1. 

2. 

3. 

4. 

5. 

6. 

7. 

8. 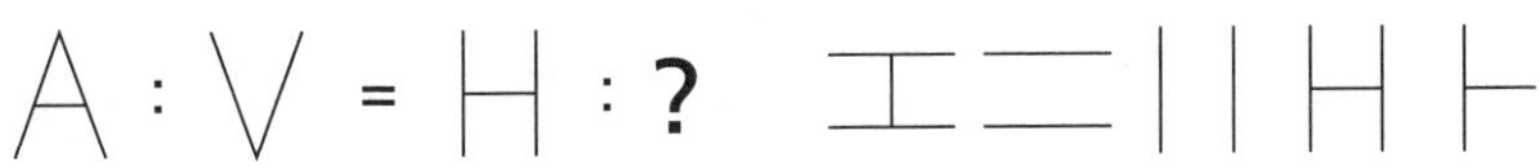

a b c d e

9.

10.

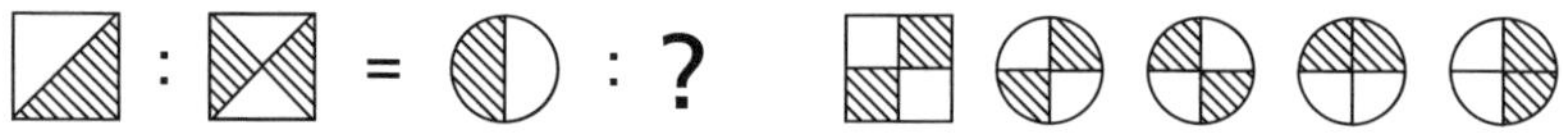

11.

12.

13.

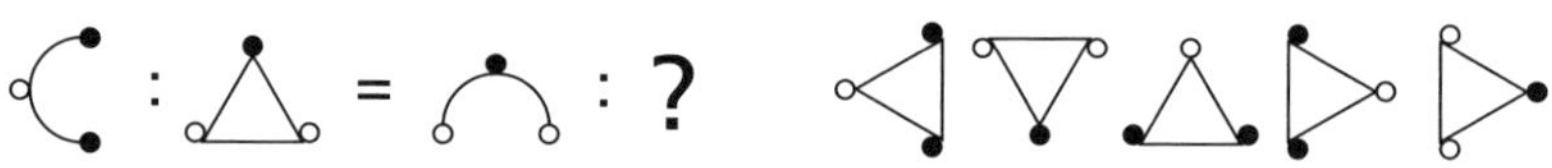

14.

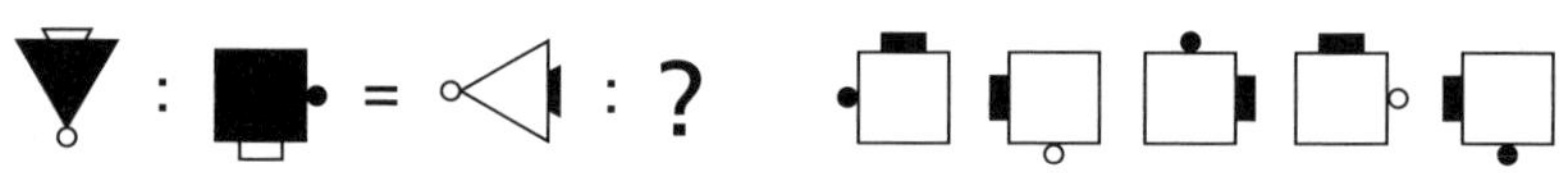

15.

16.

a b c d e

17. 

18. 

19. 

20. 

21. 

22. 

23. 

24. 

Lösungen Seite 569

Sprichwörter

Hier geht es darum, Sprichwörter mit ähnlicher Bedeutung zu erkennen.

1. Beispiel:

Wie man sich bettet, so liegt man.

a) Nach dem Essen soll man ruhn oder tausend Schritte tun.
b) Wer rastet, der rostet.
c) In den Eimer geht nicht mehr, als er fassen kann.
d) Wie in den Wald hineingerufen wird, so schallt es heraus.

Lösung: d

2. Beispiel:

Hochmut kommt vor dem Fall.

a) Wer sich selbst erhöht, der soll erniedrigt werden.
b) Wer über sich haut, dem fallen bald Späne in die Augen.
c) Wer bereuen kann, der hat seinen Hochmut eingebüßt.
d) Wer im Glashaus sitzt, soll nicht mit Steinen werfen.

Lösung: b

Für die folgenden 20 Aufgaben haben Sie 8 Minuten Zeit.

1. Wer sich in Gefahr begibt, kommt darin um.

a) Wer einmal lügt, dem glaubt man nicht.
b) Was Jupiter darf, darf der Ochse noch lange nicht.
c) Vorsicht ist besser als Nachsicht.
d) Wer sich unter die Kleie mischt, den fressen die Schweine.

2. Wie die Alten sungen, so zwitschern auch die Jungen.

a) Wer A sagt, muss auch B sagen.
b) Reden ist Silber, Schweigen ist Gold.
c) Junge fideln, wie Alte die Geigen gestimmt haben.
d) Jung gewohnt, alt getan.

3. Sorge dich nicht um die Wiege, ehe dein Kind geboren ist.

a) Ein ungelegtes Ei ist ein ungewisses Huhn.
b) Ein blindes Huhn findet auch ein Korn.
c) Frisch gewagt ist halb gewonnen.
d) Ehrlichkeit währt am längsten.

4. Kleinvieh macht auch Mist.

a) Kommt Zeit, kommt Rat.
b) Wer A sagt, muss auch B sagen.
c) Steter Tropfen höhlt den Stein.
d) Rom ist nicht an einem Tag erbaut worden.

5. Ein Unglück kommt selten allein.

a) Glück und Glas, wie schnell bricht das.
b) Unglück kennt keine Moral.
c) Wenn Unglück dir geschadet, denk nicht, es sei nun satt.
d) Jeder ist seines Unglückes Schmied.

→

6. Was ein Häkchen werden will, krümmt sich beizeiten.

   a) Altes Holz brennt am besten.
   b) Es ist noch kein Meister vom Himmel gefallen.
   c) Was Hänschen nicht lernt, lernt Hans nimmermehr.
   d) Gut Ding braucht Weile.

7. Wer zuletzt lacht, lacht am besten.

   a) Ende gut, alles gut.
   b) Jeder möchte alt werden, aber nicht alt sein.
   c) Die Mode kommt, die Mode geht.
   d) Unverhofft kommt oft.

8. Ein gesprungener Topf hält lange aus.

   a) Die Zeit heilt alle Wunden.
   b) Gut Ding braucht Weile.
   c) Was lange währt, wird endlich gut.
   d) Wer immer klagt, stirbt nicht so bald.

9. Wer zuerst kommt, mahlt zuerst.

   a) Morgenstunde hat Gold im Munde.
   b) Was du heute kannst besorgen, das verschiebe nicht auf morgen.
   c) Nur der schnellste Hund fängt den Hasen.
   d) Trinke, sobald du am Brunnen bist.

10. Ohne Fleiß kein Preis.

   a) Es ist nicht alle Tage Sonntag.
   b) Wer Heu machen will, wartet, bis die Sonne scheint.
   c) Wie man den Acker bestellt, so trägt er.
   d) Man lebt nicht immer im Schlaraffenland.

11. Überdruss kommt auch von Überfluss.

a) Übereilen bedeutet manchmal Verweilen.
b) Glück ist wie der Wind, es kommt und geht geschwind.
c) Mach den Bissen nicht größer als das Maul.
d) Nichts ist schwerer zu ertragen als eine Reihe von guten Tagen.

12. Ein Baum fällt nicht beim ersten Hieb.

a) Rom ist nicht an einem Tag erbaut worden.
b) Eine Schwalbe macht noch keinen Sommer.
c) Einer allein, das ist nicht fein.
d) Wer nur einen Teil hört, hört keinen.

13. Man muss das Eisen schmieden, solange es heiß ist.

a) Man muss eine Gelegenheit beim Schopfe packen.
b) Selbst getan ist bald getan.
c) Bei gutem Wind ist gut segeln.
d) Durch Zufall kann auch ein Krüppel einen Hasen fangen.

14. Ein Esel macht dem anderen den Hof.

a) Ein Esel schimpft den anderen Langohr.
b) Tauben und Krähen fliegen nie zusammen.
c) Man muss mit den Wölfen heulen.
d) Gleich und gleich gesellt sich gern.

15. Jung gewohnt, alt getan.

a) Wie die Alten sungen, so zwitschern jetzt die Jungen.
b) Wie die Saat, so die Ernte.
c) Es muss der Junge lernen, was der Alte können will.
d) Es ist noch kein Meister vom Himmel gefallen.

→

16. Eigener Herd ist Goldes Wert.

a) Morgenstunde hat Gold im Munde.
b) Es ist nicht alles Gold, was glänzt.
c) Wer reich ist, ist überall zu Hause.
d) Fremdes Feuer ist nirgendwo so hell wie der Rauch daheim.

17. Keiner kann aus seiner Haut.

a) Wer im Glashaus sitzt, sollte nicht mit Steinen werfen.
b) Vorsicht ist besser als Nachsicht.
c) Niemand kann über seinen eigenen Schatten springen.
d) Jeder Baum wirft seinen Schatten.

18. Hast du nicht Pfeile im Köcher, so mische dich nicht unter die Schützen.

a) Wie man in den Wald hineinruft, so schallt es heraus.
b) Mancher schießt ins Blaue und trifft ins Schwarze.
c) Auge um Auge, Zahn um Zahn.
d) Wer einen kleinen Mund hat, erstickt sehr leicht an großen Bissen.

19. Geteiltes Leid ist halbes Leid.

a) Ein Unglück kommt selten allein.
b) Schaden macht klug.
c) Wer nicht hören will, muss fühlen.
d) Wer im Schaden schwimmt, hat gern, dass andere mit ihm baden.

20. Der frühe Vogel fängt den Wurm.

a) Morgenstund hat Gold im Mund.
b) Was du heute kannst besorgen, das verschiebe nicht auf morgen.
c) Allem Anfang wohnt ein Zauber inne.
d) Jede Reise beginnt mit dem ersten Schritt.

Lösungen Seite 570

Unmöglichkeiten

Es werden sechs Behauptungen aufgestellt. Dabei sind entweder fünf richtig und eine falsch, oder aber fünf falsch und nur eine richtig. Aufgabe ist es, die eine richtige oder die eine falsche Behauptung herauszufinden.

1. Beispiel: Unmöglich ist es, dass ein Zebra ...

a) kleiner ist als ein Pferd
b) kariert gestreift ist
c) in einem Stall lebt
d) als Reittier dient
e) Gras frisst
f) traben kann

Lösung: b

Erklärung: Die Frage war: Welche Behauptung ist entweder als einzige richtig oder falsch? Als einzige richtig ist b, alle anderen Aussagen sind falsch (es ist z.B. sehr wohl möglich, dass ein Zebra kleiner ist als ein Pferd).

2. Beispiel: Es ist völlig unmöglich, dass ein Huhn ...

a) gackert
b) Eier legt
c) Milch gibt
d) Körner pickt
e) lange lebt
f) Federn hat

Lösung: c

Erklärung: Als einzige Aussage ist c richtig, alle anderen sind falsch.

Für die folgenden 15 Aufgaben haben Sie 10 Minuten Zeit.

1. Unmöglich ist es, dass eine Flüssigkeit

    a) verdampft
    b) kristallisiert
    c) vermischt werden kann
    d) eingefärbt wird
    e) sich in einem normalen Sieb transportieren lässt
    f) eingefroren wird

2. Unmöglich ist es, dass eine Flüssigkeit

    a) eine bestimmte Farbe annimmt
    b) einen Geruch aufnimmt
    c) eine bestimmte Gestalt annimmt
    d) eine spezielle Konsistenz erreicht
    e) ein Volumen hat
    f) eine Verbindung eingeht

3. Unmöglich ist es, ein Lied zu singen ohne ...

    a) Notenkenntnis
    b) Unterstützung
    c) Anteilnahme
    d) Energie zu verbrauchen
    e) Begleitung
    f) Anleitung

4. Auf keinen Fall kann man in der Antarktis ...

    a) auf Räuber stoßen
    b) russische Forscher antreffen
    c) englische Touristen sehen
    d) auf Eisbären treffen
    e) Eskimos antreffen
    f) Schlittschuh laufen

5. Auf keinen Fall kann man in Afrika ...

a) Farbige treffen
b) Schlangen sehen
c) Jaguare jagen
d) amerikanische Touristen beobachten
e) auf Fotosafari gehen
f) Eis essen

6. Ein Mensch kann auf keinen Fall ...

a) ewig leben
b) ohne Nahrung auskommen
c) ohne Sauerstoff leben
d) auf Fernsehen verzichten
e) wie ein Vogel fliegen
f) über sehr lange Zeit ohne Schlaf auskommen

7. Fische können auf keinen Fall auf dem Lande leben, weil ...

a) sie das Wasser zu sehr lieben
b) das Wasser bessere Nahrung für sie hat
c) sie von der Landwirtschaft nichts verstehen
d) sie an der Luft vertrocknen würden
e) sie Kiemen besitzen
f) sie nicht Traktor fahren können

8. Es ist völlig unmöglich, in einem Kühlschrank mit kleinem einfachen Eisfach ...

a) Esswaren aufzubewahren
b) Eiswürfel herzustellen
c) Eis zu schmelzen
d) hochprozentigen Rum gefrieren zu lassen
e) Fisch kurzzeitig frisch zu halten
f) Lebensmittel kühl zu halten

→

9. Es ist völlig unmöglich, dass ein Richter ...

a) immer Recht hat
b) sich nie irrt
c) selbst zum Verbrecher wird
d) unsterblich ist
e) seine Frau betrügt
f) nie einen Fehler macht

10. Auf keinen Fall kann ein Lichtstrahl ...

a) in seine Spektralfarben zerlegt werden
b) umgeleitet werden
c) reflektiert werden
d) verstärkt werden
e) durch ein Brennglas gebündelt werden
f) durch eine Konvexlinse zerstreut werden

11. Es ist völlig unmöglich, dass Schall sich ausbreitet ...

a) in Gasen
b) in geschlossenen Räumen
c) in luftleeren Räumen
d) in Flüssigkeiten
e) bei Nebel
f) bei Dunkelheit

12. Die Summe zweier positiver Zahlen ist unmöglich ...

a) gleich 0
b) durch 7 teilbar
c) kleiner als 2
d) größer als 2000000
e) größer als 1
f) kleiner als 1

13. Bei Gegenverkehr ist es wirklich unmöglich, dass ...

a) einem LKWs entgegenkommen
b) man selbst überholt wird
c) Autos am Straßenrand parken
d) Kraftfahrzeuge nur in eine Richtung fahren
e) die Polizei Anstoß nimmt
f) Sichtbehinderungen auftreten

14. Ein Atomkraftwerk kann unmöglich ...

a) einen Unfall haben
b) abgestellt werden
c) billigen Strom produzieren
d) ohne Sicherungsvorkehrungen auskommen
e) in Brand geraten
f) von Terroristen besetzt werden

15. Elektrischer Strom kann auf keinen Fall ...

a) gefährlich sein
b) in Gas umgewandelt werden
c) in Wärme umgewandelt werden
d) in kinetische Energie umgewandelt werden
e) teuer sein
f) Leben retten

Lösungen Seite 570

Schlussfolgerungen

Beantworten Sie bitte die folgenden Fragen unter Berücksichtigung der Informationen, die Sie bekommen.

1. Beispiel:

Welches Auto ist am schnellsten?

Auto A ist langsamer als Auto C.
Auto D ist langsamer als Auto B, aber schneller als Auto C.

Lösung: Auto B ist am schnellsten.

Erklärung:

1. Aussage:	A < C →	A ist kleiner/langsamer als C.
2. Aussage:	C < D < B	
Daraus folgt:	A < C < D < B →	Auto B ist am schnellsten.

2. Beispiel:

Welche Lampe ist die hellste?

Lampe A ist dunkler als Lampe B.
B ist heller als C.
C ist gleich hell wie D.
B ist heller als D.
D ist heller als A.

Lösung: Lampe B ist die hellste.

Es kann aber auch bei unseren Aufgaben vorkommen, dass keine eindeutige Aussage möglich ist.

Für 5 Aufgaben haben Sie 10 Minuten Zeit.

1. Schüler

Paul wäre der beste Schüler, wenn Robert nicht wäre.
Friederike und Simone haben immer die gleichen Noten.
Anna ist nicht besser als Simone.
Friederike ist ein bisschen besser als Anna.

Wer ist der/die schlechteste Schüler/in?

a) keine Lösung ist möglich
b) Friederike und Simone
c) Robert
d) Paul
e) Anna

2. Währungen

Der Jenn ist sehr stabil, aber nicht so wie das Fund.
Die Drachmän sind nicht so stabil wie die Rubbels.
Die Schillings sind zwar stabiler als das Fund,
die Drachmän sind jedoch noch fester.
Der Fronk ist nicht die stärkste Währung, aber doch recht begehrt.

Welche Währung ist die stärkste (= stabilste, festeste)?

a) Jenn
b) Fund
c) Drachmän
d) Rubbels
e) Fronk
f) keine Lösung ist möglich

3. Edelsteine

Topazine werden nicht am häufigsten gefunden,
jedoch häufiger als Diamantine.
Rubintine und Turkisine findet man gleich oft,
aber Ametistine werden doch häufiger gefunden.
Jedoch werden Ametistine seltener als Topazine gefunden.
Topazine sind viel schöner als Ametistine.
Granatine findet man nicht so oft wie Diamantine.

Welche Edelsteine findet man am seltensten?

a) Topazine
b) Rubintine und Turkisine
c) keine Lösung ist möglich
d) Turkisine
e) Diamantine
f) Granatine
g) Rubintine
h) Ametistine

→

4. Hunde

Rambo ist nicht der schnellste Hund, wenn es um die Wurst geht.
Waldi und Bonzo sind gleich schnell.
Ringo ist schneller als Bonzo, aber doch langsamer als Fiffi.
Rikki ist langsamer als Waldi, aber bedeutend schneller als Hektor.
Rambo ist schneller als Rikki, und Hektor ist ein guter Futterverwerter.

Welcher Hund kriegt die Wurst (am schnellsten)?

a) Rikki
b) Waldi
c) keine Lösung ist möglich
d) Fiffi
e) Rambo
f) Bonzo
g) Hektor
h) Ringo

5. Mahlzeit

Sechs Freunde haben eine Abmachung getroffen: Immer, wenn einige von ihnen gemeinsam essen gehen, wird für alle das gleiche Gericht bestellt. Da ihre Lieblingsgerichte sehr unterschiedlich sind, muss sich jeweils ein Freund nach dem anderen richten. Bernd zum Beispiel isst gern Suppen, aber zusammen mit Klaus isst er Braten. Emil und Detlef entscheiden sich zusammen immer für Fisch, wenn aber Andreas mitessen soll, bestellen die drei Salat. Klaus isst zusammen mit Detlef Spaghetti, obwohl er eigentlich lieber etwas anderes essen würde. Franz, der am liebsten Eierspeisen isst, richtet sich immer nach Bernd.

Was wird bestellt, wenn alle sechs Freunde zusammen essen gehen?

a) Hühnchen
b) Braten
c) Salat
d) Spaghetti
e) Fisch
f) keine Lösung ist möglich
g) Eierspeisen
h) Suppe

Lösungen Seite 570

Absurde Schlussfolgerungen

Jetzt geht es darum zu überprüfen, ob Schlussfolgerungen, die aufgrund bestimmter Behauptungen gezogen werden, formal richtig oder falsch sind. Die »reale Wirklichkeit« spielt dabei überhaupt keine Rolle, was die Sache erheblich erschwert und – wie so oft in Tests – Verwirrung stiftet.

1. Beispiel:

Alle Schnecken haben Häuser. Alle Häuser haben Schornsteine.
Schlussfolgerung: Deshalb haben alle Schnecken Schornsteine.
a) stimmt
b) stimmt nicht

Lösung: a

2. Beispiel:

Alle Schnecken sind Marathonläufer. Alle Marathonläufer können fliegen, weil sie Fische sind. Fische haben zwei Beine.
Schlussfolgerung: Alle Schnecken haben zwei Beine.
a) stimmt
b) stimmt nicht

Lösung: a

3. Beispiel:

Alle Mäuse essen Fisch. Fisch kann miauen.
Also: Mäuse können miauen.
a) stimmt
b) stimmt nicht

Lösung: b
Essen und können ist nicht das Gleiche. Es gibt Menschen, die zwar Fisch essen, aber deshalb noch lange nicht wie Fische schwimmen können!

Für die folgenden 16 Aufgaben haben Sie 15 Minuten Zeit.

1. Teil

Frage jeweils: Stimmt die Behauptung, oder stimmt sie nicht?

1. Alle Bleistifte können lesen. Bücher können schreiben.
   Behauptung: Bleistifte können Bücher schreiben.
   a) stimmt
   b) stimmt nicht

2. Bücher können schreiben, aber nicht lesen. Bleistifte können lesen, aber nicht schreiben. Brillen können lesen und schreiben.
   Behauptung: Brillen sind intelligenter als Bücher und Bleistifte.
   a) stimmt
   b) stimmt nicht

3. *Weitere Behauptung zu 2:* Bleistifte können von Brillen nicht zum Schreiben benutzt werden.
   a) stimmt
   b) stimmt nicht

4. Spione tauchen gerne unter. U-Boote auch.
   Behauptung: Spione sind U-Boote.
   a) stimmt
   b) stimmt nicht

5. *Weitere Behauptung zu 4:* U-Boote tauchen gerne.
   a) stimmt
   b) stimmt nicht

2. Teil

6. Einige Löwen sind aus Pappe.
   Pappe ist steif, brüllt aber nicht.

	a	b
a) Es gibt Löwen, die steif sind.	stimmt	stimmt nicht
b) Was steif ist, brüllt nicht.	stimmt	stimmt nicht
c) Einige Löwen brüllen nicht.	stimmt	stimmt nicht
d) Löwen, die nicht aus Pappe sind, brüllen.	stimmt	stimmt nicht
e) Pappe brüllt nicht.	stimmt	stimmt nicht
f) Einige Löwen sind steif.	stimmt	stimmt nicht

7. Alle Professoren sind Fliegen.
   Alle Fliegen können tauchen.

	a	b
a) Wer tauchen kann, ist ein Professor.	stimmt	stimmt nicht
b) Alle Fliegen sind Professoren.	stimmt	stimmt nicht
c) Alle Professoren können tauchen.	stimmt	stimmt nicht
d) Wer nicht tauchen kann, ist kein Professor.	stimmt	stimmt nicht
e) Einige Fliegen sind Professoren.	stimmt	stimmt nicht
f) Wer nicht tauchen kann, ist keine Fliege.	stimmt	stimmt nicht
g) Jeder Professor ist eine Fliege.	stimmt	stimmt nicht
h) Jede Fliege kann tauchen.	stimmt	stimmt nicht

8. Katzen können schwimmen,
   weil sie Flossen haben.
   Fische haben keine Flossen.

	a	b
a) Fische können schwimmen.	stimmt	stimmt nicht
b) Katzen haben Flossen.	stimmt	stimmt nicht
c) Katzen können mit Flossen schwimmen.	stimmt	stimmt nicht
d) Man kann ohne Flossen nicht schwimmen.	stimmt	stimmt nicht
e) Katzen und Fische haben nichts Gemeinsames.	stimmt	stimmt nicht
f) Katzen mögen Fische.	stimmt	stimmt nicht
g) Fische sind keine Katzen.	stimmt	stimmt nicht
h) Alle Fische können nicht schwimmen.	stimmt	stimmt nicht
i) Alle Fische sind Katzen.	stimmt	stimmt nicht

→

3. Teil

Welche Aussage ist logisch zulässig? Es können auch mehrere Aussagen richtig sein, ebenso wie es möglich ist, dass keine einzige Aussage innerhalb einer Aufgabe logisch richtig ist.

9. Alle Schnürsenkel sind leer.
   Was nicht voll ist, kann kein Schnürsenkel sein.
   a) Nur volle Schnürsenkel sind leer.
   b) Leere Schnürsenkel sind alles andere als voll.
   c) Nicht volle Schnürsenkel sind leer.
   d) Man kann sagen, dass einige Schnürsenkel leer sind.
   e) Es gibt keine Schnürsenkel, die nicht voll sind.

10. Es ist bekannt, dass Waschmaschinen brüllen können.
    Was nicht brüllen kann, kann auch nicht waschen.
    a) Alle Waschmaschinen können nicht waschen.
    b) Einige Waschmaschinen können brüllen.
    c) Einige Waschmaschinen können waschen.
    d) Wenn Waschmaschinen nicht brüllen könnten, könnten sie auch nicht waschen.
    e) Was wäscht, kann auch brüllen.

11. Im Winter heizen Telefone jede Woche, aber nur dienstags.
    Jeden Dienstag fällt Schnee.
    a) Wenn Schnee fällt, heizen Telefone.
    b) Jeden Dienstag im Winter heizen Telefone.
    c) Telefone heizen immer dienstags.
    d) Dienstags im Winter fällt Schnee.
    e) Wenn im Winter dienstags Schnee fällt, heizen Telefone.

12. Alle Bäume tragen ausschließlich dicke Kronen.
    Wer dicke Kronen trägt, war beim Zahnarzt.
    Wer beim Zahnarzt war, kennt Schmerz.
    a) Bäume kennen Schmerz.
    b) Bäume kennen keinen Schmerz.
    c) Wer dicke Kronen trägt, ist kein Baum.
    d) Wer Schmerz kennt, ist kein Baum.
    e) Kronen tragen Bäume, weil sie beim Zahnarzt waren.

13. Morgens sind immer alle Stühle blau.
Morgens ist blau unmöglich.
Was morgens unmöglich ist, kann stehen.
a) Alle Stühle sind unmöglich.
b) Alle Stühle können stehen.
c) Abends ist blau möglich.
d) Was nicht unmöglich ist, kann morgens stehen.
e) Morgens kann man auf Stühlen sitzen.

14. Nur schlechte Menschen betrügen oder stehlen.
Elfriede ist gut.
a) Elfriede betrügt.
b) Elfriede stiehlt.
c) Elfriede stiehlt nicht.
d) Elfriede betrügt und stiehlt.
e) Elfriede betrügt nicht.

15. Manche Menschen sind Europäer.
Europäer haben drei Beine.
a) Manche Menschen haben drei Beine.
b) Europäer, die Menschen sind, haben drei Beine.
c) Menschen mit zwei Beinen sind keine Europäer.
d) Europäer sind Menschen mit drei Beinen.
e) Europäer mit zwei Beinen sind manchmal Menschen.

16. Jedes Quadrat ist rund. Alle Quadrate sind rot.
Manche Ecken sind rund.
a) Es gibt Quadrate mit roten Ecken.
b) Es gibt Quadrate mit runden Ecken.
c) Es gibt runde rote Ecken.
d) Ecken in Quadraten sind rund und rot.
e) Rote Quadrate haben runde Ecken.

Lösungen Seite 570

Text-Schlussfolgerungen

Welche der Schlussfolgerungen ergeben sich Ihrer Meinung nach aus dem Text, ohne dass Sie Zusatzvermutungen anstellen müssen? Beachten Sie, dass auch mehrere Aussagen richtig sein können. Daher müssen Sie jede Aussage genau überprüfen.

Bitte schreiben Sie vor die Lösung ein »stimmt« (s), wenn Sie die Aussage für richtig halten.

Schreiben Sie vor die Lösung ein »stimmt nicht« (sn), wenn die Aussage Ihrer Meinung nach falsch ist.

1. Beispiel:

Feststellung: Zwischen der Beantragung eines Kabelanschlusses und der tatsächlichen Ausführung liegt oft eine große Zeitspanne.

Schlussfolgerungen:

sn Manchmal kann es bei der Ausführung zu Engpässen kommen, da sehr viele Menschen gleichzeitig einen Kabelanschlussauftrag erteilen. (stimmt nicht)

s Einige der Antragsteller müssen lange auf ihren Kabelanschluss warten. (stimmt)

2. Beispiel:

Feststellung: Die Pferde der deutschen Springreiter sind für die Weltmeisterschaft in bester Form.

Schlussfolgerungen:

sn Die Pferde der deutschen Springreiter bekommen sehr hochwertiges Futter, damit sie gute Leistungen bringen.

s Die deutschen Springreiter haben gute Siegchancen, da ihre Pferde in bester Form sind.

Für die folgenden 5 Aussagen haben Sie 5 Minuten Bearbeitungszeit.

1. Im Frühjahr werden mehr Ferienreisen zu Sonnenzielen gebucht als im Herbst oder Winter.

   a) Viele Urlauber glauben sich im Sommer besser erholen zu können, als sie dies im Winter im Skiurlaub tun könnten.
   b) Es ist auffällig, dass die Häufigkeit, mit der Urlaub zu Sonnenzielen gebucht wird, von der Jahreszeit abhängig ist.
   c) Insgesamt haben mehr Menschen Lust, Ferienreisen zu Sonnenzielen zu buchen als zu Winterzielen.
   d) Mehr Menschen wollen im Sommer auch zu Sonnenzielen fliegen als im Winter.

2. Die statistische Häufigkeit von Unfällen im Straßenverkehr steigt jährlich immer wieder an.

   a) Das Straßennetz müsste erweitert werden, weil es zu viele Autos gibt.
   b) Vor zehn Jahren gab es weniger Unfälle im Straßenverkehr als heute.
   c) Der Schaden für das Bruttosozialprodukt wird durch immer mehr Unfälle immer größer.
   d) Die Zahl der Autos im Straßenverkehr ist heute größer als vor zehn Jahren.

3. Obwohl die Gefahren von gesundheitlichen Schäden durch Alkohol allen Menschen hinlänglich bekannt sein müssten, steigt der Alkoholkonsum weiter an.

   a) Viele der Alkohol trinkenden Menschen glauben den Warnungen der Wissenschaftler nicht.
   b) Da Alkoholmissbrauch zu den Suchtkrankheiten zählt, bringen Warnungen keine Besserung.
   c) Viele Alkohol trinkende Menschen sterben an Leberschäden.
   d) Viele verdrängen mit dem Griff zur Flasche ihre Probleme.

→

4. Viele Menschen fahren auch kurze Wege mit dem Auto, obwohl sie wissen, dass dann am meisten Abgase entstehen, der Kraftstoffverbrauch am höchsten ist und die Umwelt am stärksten geschädigt wird.

   a) Viele Menschen haben kein Interesse an einer sauberen Umwelt.
   b) Hoher Kraftstoffverbrauch bedeutet hohe Umweltbelastungen.
   c) Autofahrer brauchen sich über die Umwelt keine Gedanken zu machen, da sie Kraftfahrsteuern zahlen.
   d) Kurze Wege mit dem Auto zurückzulegen belastet die Umwelt.

5. Die Frankfurter Messen ziehen jedes Jahr Millionen von Besuchern an.

   a) Die Frankfurter Messen sind qualitativ sehr gut, da sie viele Besucher haben.
   b) Viele Menschen reisen pro Jahr nach Frankfurt, um eine Messe zu besuchen.
   c) Wenn in Frankfurt eine Messe stattfindet, ist auf den umliegenden Autobahnen meistens Stau.
   d) Die Frankfurter Messen haben auf das Jahr gerechnet viele Besucher.

Lösungen Seite 570

Meinung oder Tatsache

Zurück zur Realität. Jetzt geht es darum, Meinungen von Tatsachen zu unterscheiden. Tatsachen sind so charakterisiert, dass sie sofort bzw. in relativ kurzer Zeit beweisbar wären, Meinungen dagegen müssen erst ausdiskutiert werden.

Beispiel:

Rauchen ist ungesund.

a) Tatsache b) Meinung

Lösung: a

Die Sterne lügen nicht.

a) Tatsache b) Meinung

Lösung: b

Für die folgenden 10 Aufgaben haben Sie 2 Minuten Zeit.

1. Der Weltraum ist unendlich.

   a) Tatsache b) Meinung

2. Geld verdirbt den Charakter.

   a) Tatsache b) Meinung

3. Menschen sind Soziallebewesen.

   a) Tatsache b) Meinung

4. Soziales Engagement hat einen christlichen Ursprung.

   a) Tatsache b) Meinung

5. Politik ist ein schmutziges Geschäft.

   a) Tatsache b) Meinung

6. Fernsehen bildet.

   a) Tatsache b) Meinung

7. Es gibt Menschen, die an ihr Horoskop glauben.

   a) Tatsache b) Meinung

8. Die Umweltzerstörung hat in den letzten Jahren zugenommen.

   a) Tatsache b) Meinung

9. Man sagt, dass Treibgas die Ozonschicht zerstört.

   a) Tatsache b) Meinung

10. Manche Zeitungen lügen.

    a) Tatsache b) Meinung

Lösungen Seite 570

Flussdiagramme

Die folgenden Übungsaufgaben sollen Ihnen Gelegenheit geben, sich mit einem bestimmten Aufgabentyp aus gängigen Eignungsverfahren (Fluss- oder Ablaufdiagramm) besser vertraut zu machen.

Eine Reihe von Problemstellungen und möglichen Lösungswegen werden in einem Flussdiagramm schematisch dargestellt. Zur Problemlösung gelangen Sie, indem Sie den Pfeilen des Flussdiagramms Schritt für Schritt folgen und das Schema begreifen.

Die »Bausteine« (Felder) des Flussdiagramms können sein: Handlungsschritte, Fragen, Antworten.

Ihre Aufgabe ist es, für die nummerierten ovalen »Bausteine« (Felder) aus einer vorgegebenen Lösungsmenge a–e jeweils den richtigen Text auszuwählen, sodass das gesamte Flussdiagramm einen stimmigen Problemlösungsablauf aufzeigt.

Sie finden also zu den lediglich mit einer Ziffer versehenen ovalen »Bausteinen« (Feldern) jeweils fünf aus Texten bestehende Lösungsvorschläge (a, b, c, d, e), von denen nur einer richtig ist. Diesen gilt es für jeden nummerierten »Baustein« (1–3) logisch richtig herauszufinden. Nochmals: Nur jeweils eine Lösung (für einen »Baustein«) ist richtig.

Beispiel:

Mit der Vorbereitung eines Bades kennen Sie sich aus. Sie müssen warmes und kaltes Wasser in die Wanne laufen lassen, die Temperatur überprüfen, ggf. Wasser ab- oder weiteres warmes oder kaltes Wasser zulaufen lassen, um dann endlich baden zu können.

In dem folgenden Flussdiagramm ist das Problem schematisch dargestellt. Zunächst wird Wasser in die Wanne gelassen, dann muss man entscheiden, ob die Wanne zu voll ist, die Temperatur überprüfen usw.

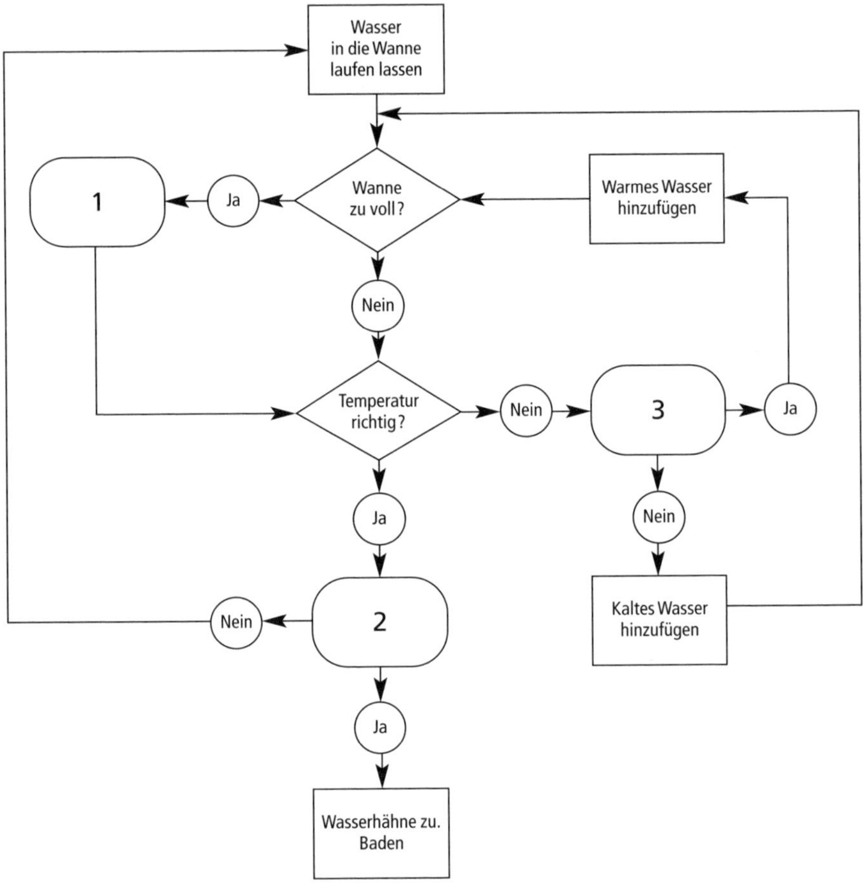

Welcher Text gehört in die Bausteine 1, 2 und 3, damit das Flussdiagramm logisch richtig vervollständigt ist?

1. Aufgabe:

Welcher Text gehört in den ovalen Baustein 1?

a) Warmes Wasser hinzufügen
b) Kaltes Wasser hinzufügen
c) Wanne zu voll?
d) Etwas Wasser ablaufen lassen
e) Zusätzliches Wasser hinzufügen

Lösung: d
Begründung: Lösung c kann es nicht sein, denn in diesem Feld kann keine Frage kommen. Die Lösungen a, b und e scheiden auch aus, da die ja eben als zu voll erkannte Wanne überlaufen würde.

2. Aufgabe:

Welcher Text gehört in den ovalen Baustein 2?
a) Wanne zu voll?
b) Wanne voll genug?
c) Wanne zu leer?
d) Temperatur ist zu kalt.
e) Temperatur ist richtig.

Lösung: b
Begründung: Die Lösungen d und e scheiden aus, weil das Feld eine Frage beinhalten muss (schließlich folgt ein JA oder NEIN). Lösung a scheidet aus, denn die Wanne kann nicht zu voll sein, das wird bereits am Anfang überprüft (Wanne zu voll?). Auch c kann nicht die richtige Lösung sein, denn das führt ja dazu, die Wasserhähne zu schließen und zu baden. Also kann die Wanne nicht zu leer sein.

3. Aufgabe:

Welcher Text gehört in den ovalen Baustein 3?
a) Temperatur zu kalt?
b) Temperatur zu warm?
c) Wanne zu voll?
d) Wanne ist voll.
e) Wasser ablaufen lassen.

Lösung: a
Begründung: Lösungen d und e entfallen, weil sie keine Fragen sind, aber der Anschluss JA und NEIN folgt. Lösung c scheidet aus, denn die Wanne ist bereits überprüft. Lösung b ist ebenfalls falsch, weil man bei zu warmem Wasser kein zusätzliches warmes Wasser hinzufügen würde.

Hier nun 4 Aufgaben mit insgesamt 12 Fragen. Sie haben 20 Minuten Zeit.

1. Lagerhallen

Eine Fabrik besitzt drei Lagerhallen:

Im Lager A befinden sich:	– Geschirr (Porzellan)
	– Gläser (Glas)
Im Lager B befinden sich:	– Industrieteile (Porzellan)
Im Lager C befinden sich:	– Steingut
	– Flaschen (Glas)

1.1. Welcher Text gehört in den ovalen Baustein 1?
a) Industrieteile?
b) Stück kann nicht getrennt werden.
c) Porzellan?
d) Geschirr?
e) Gläser?

1.2. Welcher Text gehört in den ovalen Baustein 2?
a) Gläser?
b) Flaschen?
c) Geschirr?
d) Stück ist aus Glas.
e) Industrieteile?

1.3. Welcher Text gehört in den ovalen Baustein 3?
a) Stück ist ein Teller.
b) Stück ist eine Flasche.
c) Industrieteile?
d) Stück ist aus Steingut.
e) Ist Stück eine Flasche?

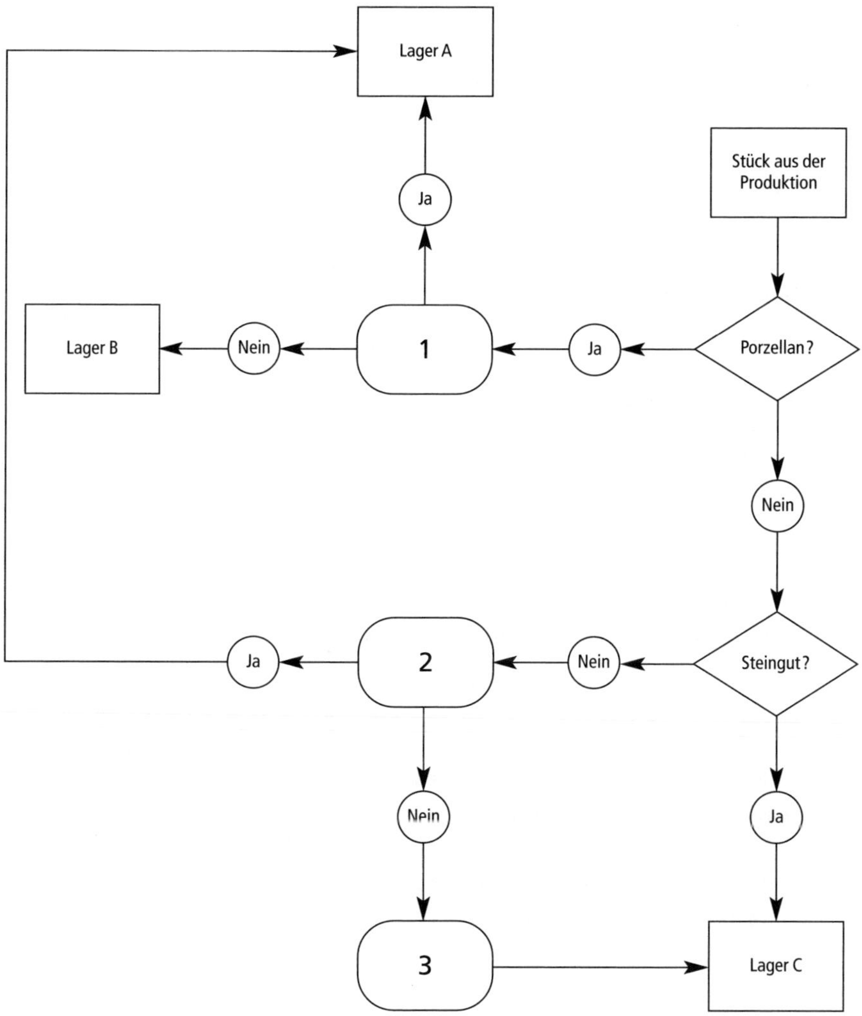
Lager A
Stück aus der Produktion
Ja
Lager B
Nein
1
Ja
Porzellan?
Nein
Ja
2
Nein
Steingut?
Nein
Ja
3
Lager C

→

2. Kurierdienst

Ein privater Kurierdienst hat folgende Tarife:

- Brief: Tarif A; mit Expresszuschlag Tarif B
- Päckchen bis 3 kg: Tarif B; mit Expresszuschlag Tarif C
- Paket über 3 kg: Tarif C; mit Expresszuschlag Tarif D

2.1. Welcher Text gehört in den ovalen Baustein 1?

a) Expresszuschlag bezahlen
b) Ist es ein Päckchen?
c) Ist es ein Paket?
d) Ist es ein Brief?
e) Express-Sendung?

2.2. Welcher Text gehört in den ovalen Baustein 2?

a) Tarif A
b) Tarif C
c) Päckchen ist zu schwer für die Sendung.
d) Tarif D
e) Brief schicken

2.3. Welcher Text gehört in den ovalen Baustein 3?

a) Firma »ASSO« ist pleite.
b) Tarif ist berechnet.
c) Kurierdienst kann Auftrag nicht entgegennehmen.
d) Tarif ist falsch berechnet.
e) Keine Sendung ist möglich.

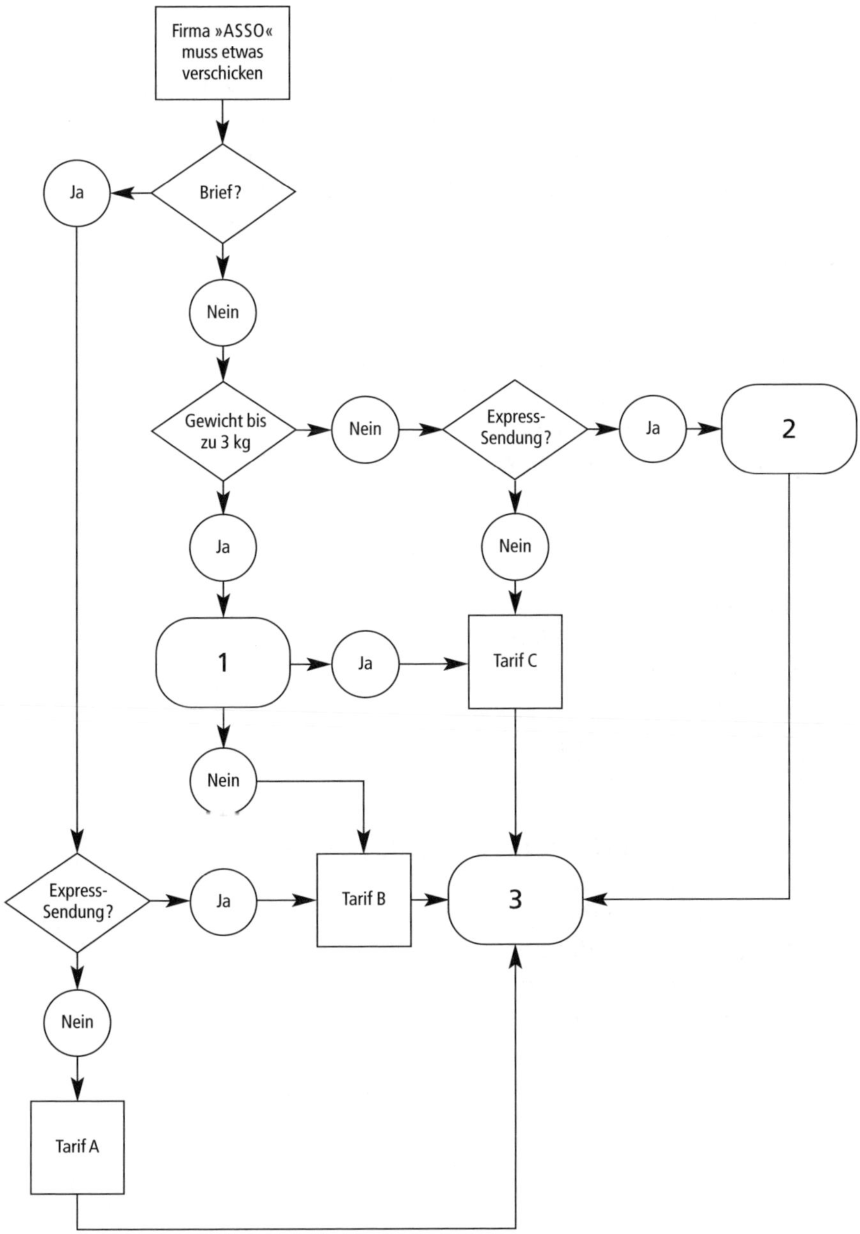

Firma »ASSO« muss etwas verschicken
Brief?
Ja
Nein
Gewicht bis zu 3 kg
Nein
Express-Sendung?
Ja
2
Ja
Nein
1
Ja
Tarif C
Nein
Express-Sendung?
Ja
Tarif B
3
Nein
Tarif A

→

3. Geschirrfabrik

In einer Fabrik wird handbemaltes Porzellangeschirr produziert. Die Stücke müssen zweimal gebrannt werden. Beim 1. Brennvorgang leicht beschädigte Stücke kommen unbemalt in den 2. Brennvorgang. Leicht beschädigte Stücke werden als 2.-Wahl-Ware (B-Produktion) verkauft und kommen in das Lager 2. Die 1.-Wahl-Ware (A-Produktion) wird dagegen im Lager 1 gelagert.

3.1. Welcher Text gehört in den ovalen Baustein 1?
- a) Stück kommt in das Lager 1.
- b) Stück kommt in das Lager 2.
- c) Stück wird weggeschmissen.
- d) Stück wird bemalt.
- e) Ist Stück kaputt?

3.2. Welcher Text gehört in den ovalen Baustein 2?
- a) Stück leicht beschädigt?
- b) Stück ist ein Teller.
- c) Stück zum Lager 1
- d) Erster Brennvorgang
- e) Stück wird bemalt.

3.3. Welcher Text gehört in den ovalen Baustein 3?
- a) Stück wird lasiert.
- b) Dritter Brennvorgang
- c) Stück aus A-Produktion?
- d) Lasur leicht beschädigt?
- e) Ist das Stück ein Teller?

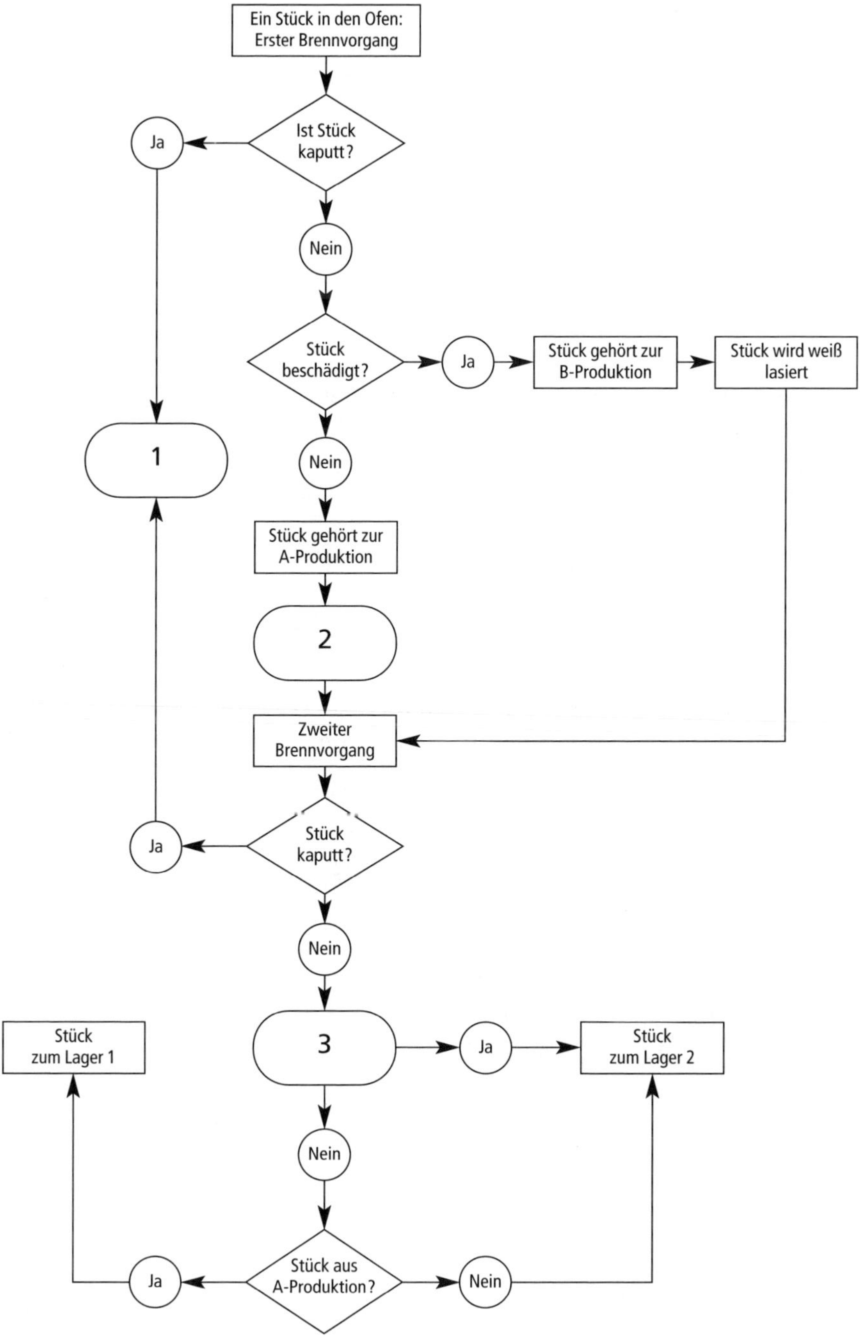
Ein Stück in den Ofen:
Erster Brennvorgang
Ist Stück kaputt?
Ja
Nein
Stück beschädigt?
Ja
Stück gehört zur B-Produktion
Stück wird weiß lasiert
1
Nein
Stück gehört zur A-Produktion
2
Zweiter Brennvorgang
Ja
Stück kaputt?
Nein
Stück zum Lager 1
3
Ja
Stück zum Lager 2
Nein
Ja
Stück aus A-Produktion?
Nein

→

4. Partnervermittlung

Die Eheanbahnungsagentur »Romeo und Julia« ist erfolgreich tätig. Da das Geschäft so gut läuft, sind die meisten ihrer (ehemaligen) Kunden bereits verheiratet. Zurzeit sind nur drei Personen zu vermitteln:

Frau K: mollig, rothaarig, 44 Jahre alt
Frau S: normalgewichtig, brünett, 33 Jahre alt
Herr V: 1,68 groß, 50 Jahre alt, schüchtern

4.1. Welcher Text gehört in den ovalen Baustein 1?
- a) Darf er einen Bart tragen?
- b) Darf sie brünett sein?
- c) Agentur vermittelt Telefonnummer von Frau K.
- d) Darf er 1,68 m groß sein?
- e) Darf sie rothaarig sein?

4.2. Welcher Text gehört in den ovalen Baustein 2?
- a) Agentur hat nichts zu vermitteln.
- b) Agentur vermittelt Telefonnummer von Frau S und Frau K.
- c) Agentur vermittelt Telefonnummer von Frau S.
- d) Agentur ist unseriös.
- e) Darf sie mollig sein?

4.3. Welcher Text gehört in den ovalen Baustein 3?
- a) Darf das Alter bis 44 sein?
- b) Darf sie brünett sein?
- c) Ist der Kunde ein reicher Mann?
- d) War der Kunde schon mal verheiratet?
- e) Agentur kann nichts vermitteln.

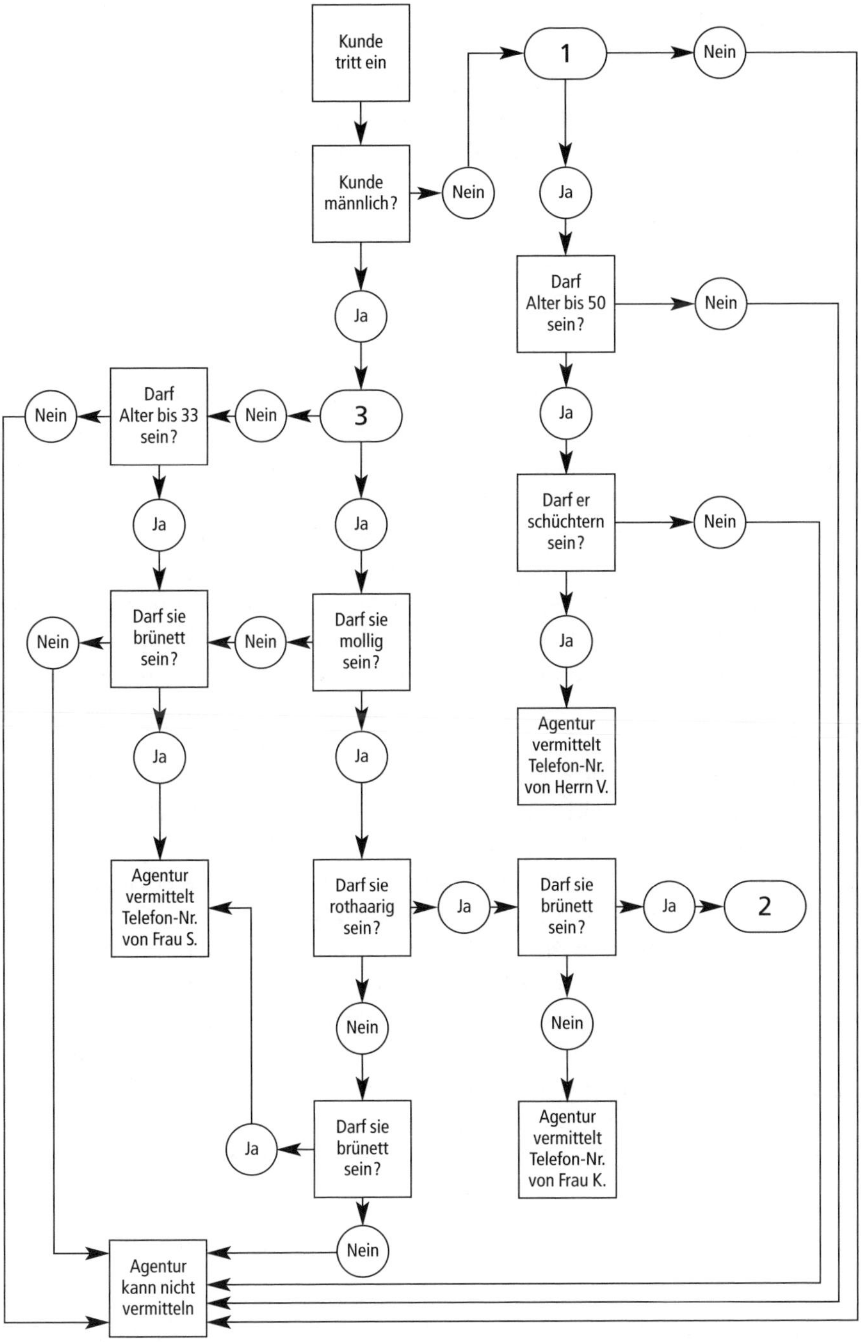

Lösungen Seite 571

Textanalyse

Lesen Sie bitte den folgenden Text und versuchen Sie, den Inhalt zu verstehen. Im Anschluss an den Text finden Sie 7 Sätze bzw. Aussagen (a–g), von denen lediglich einer Teilaspekte des Inhalts korrekt wiedergibt. Alle anderen Sätze enthalten inhaltlich etwas anderes, Falsches bzw. neue Informationen, die im Text nicht vorgegeben sind. Ihre Aufgabe ist es, den Satz bzw. die Aussage herauszufinden, die bestimmte Textinhalte korrekt wiedergibt.

Beispiel:
Zu den wichtigsten Entscheidungshilfen für Ihre persönliche Studien- und Berufswahl gehören neben der Information über die sachlichen und rechtlichen Aspekte der Ausbildung und späteren Berufsausübung Informationsschriften, Bücher, Hörfunk- und Fernsehbeiträge sowie das persönliche Gespräch und die Diskussion mit Freunden und Bekannten. In diesem für Sie nicht einfachen Entscheidungsprozess können auch Gruppenmaßnahmen der Berufsberatung sowie der Besuch von Studien- und Bildungsberatungsstellen in Schulen und Hochschulen, bei Beauftragten für Behindertenfragen als auch die Teilnahme an geeigneten Volkshochschulkursen weiterhelfen.

a) Entscheidungsprozesse für oder gegen die Studien- und Berufswahl gehören zu den wichtigsten Schritten im persönlichen Leben eines heranwachsenden Menschen.
b) Auch Hörfunk- und Fernsehsendungen können wichtige Entscheidungshilfen für die persönliche Berufswahl darstellen.
c) Durch Gruppenmaßnahmen der Beauftragten für Behindertenfragen können geeignete Volkshochschulkurse gefunden werden.
d) Der nicht einfache Entscheidungsprozess für die richtige Studienwahl wird besonders durch Freunde und Bekannte entscheidend beeinflusst.
e) Schriftliche Informationsmittel gehören neben anderen Medien sowie dem persönlichen Gespräch unter Freunden zu den wichtigsten Entscheidungshilfen beim Besuch von Studien- und Bildungsberatungsstellen.

Lösung: b
Nur diese Aussage gibt einen Teilaspekt des Textes richtig wieder.

Für die Bearbeitung der folgenden 3 Texte haben Sie 10 Minuten Zeit.

1. Text

Hauptmerkmale des Aufgabenbereichs Bankkaufmann lassen sich unterscheiden nach Beratungs- und Verkaufsaktivitäten im kundennahen Bereich sowie in Planung, Organisation und Verwaltung im bankinternen Bereich. Hauptfunktionen des kundennahen Bereichs sind u.a. Kontoführung, Einzahlungsverkehr, Geld- und Kapitalanlage, Auslands- und Kreditgeschäfte sowie die sonstige Beratungs- und Vermittlungstätigkeit beim Handel mit Geld, Devisen und Wertpapieren. Demgegenüber sind die Hauptaufgaben des bankinternen Bereichs durch die Organisation automatisierter Datenverarbeitung, Rechnungswesen, Revision sowie dem Personal- und Ausbildungswesen gekennzeichnet. Nach abgeschlossener Berufsausbildung besteht gegebenenfalls die Möglichkeit, ein berufsbegleitendes Studium an der Bankakademie zu absolvieren, dessen erste Stufe aus einem zweijährigen Lehrgang zur Vorbereitung auf die Prüfung zum Bankfachwirt besteht.

Welche der folgenden Aussagen gibt Teilaspekte des Textinhaltes als einzige korrekt wieder? Oder ist keine der Aussagen korrekt (Lösungsvorschlag: g)?

a) Hauptfunktion des kundennahen Tätigkeitsfeldes des Bankkaufmanns ist die Organisation von Datenverarbeitung und Rechnungswesen.
b) Geldgeschäfte durch Devisen und Wertpapiere sind Inhalt des berufsbegleitenden Aufbaustudiums an der Bankakademie.
c) Personal- und Ausbildungswesen gehören ebenso zu den Aufgaben im bankinternen Bereich wie Planung, Organisation und Verwaltung.
d) Die erste berufsbegleitende Stufe der Fortbildung an der Bankakademie beinhaltet die Möglichkeit, nach abgeschlossener Berufsausbildung vorwärtszukommen.
e) Nach abgeschlossener Berufsausbildung als Bankkaufmann hat man die Wahl zwischen zwei Bereichen und Arbeitsschwerpunkten.
f) Der kundennahe Bereich im Tätigkeitsfeld des Bankkaufmanns unterscheidet sich nur geringfügig vom bankinternen Bereich.
g) Keiner der hier aufgeführten Sätze a–f gibt den obigen Textinhalt korrekt wieder.

→

2. Text

Die Pädagogik (Erziehungswissenschaft) beschäftigt sich heutzutage mit allen Fragen der Entwicklung und Hinführung des Einzelnen zum selbständigen und verantwortlichen Leben in Gesellschaft und Gemeinschaft. Damit hat die Pädagogik zugleich der Erziehungswirklichkeit in der Familie und Gesellschaft und in den erzieherischen, insbesondere den schulischen und sozialpädagogischen Einrichtungen konsequent Rechnung zu tragen, wobei sie durch wichtige Nachbarwissenschaften wie Anthropologie, Biologie, Philosophie, Psychologie und Soziologie Unterstützung findet, da hier sowohl die Voraussetzungen als auch die Funktionen von Erziehungs- und Lernprozessen Aufklärung finden.

Welche der folgenden Aussagen gibt Teilaspekte des Textinhaltes als einzige korrekt wieder?

a) In erzieherischen sozialpädagogischen Einrichtungen hat die Pädagogik der Erziehungsrealität der Gesellschaft Rechnung zu tragen.
b) Die Erziehungswirklichkeit wird durch den Einzelnen in der Gesellschaft und Gemeinschaft bestätigt.
c) Die Pädagogik hat den angrenzenden Wissenschaften wie Anthropologie, Soziologie und Philosophie Rechnung durch Aufklärung zu tragen.
d) Die Biologie, Soziologie, Psychologie und andere Wissenschaften unterstützen die Pädagogik durch ihre Aufklärungsarbeit von Lernprozessen.
e) Heute beschäftigt sich die Pädagogik vor allem mit erziehungswissenschaftlichen Entwicklungen in Familie und Gesellschaft.
f) Sozialpädagogische Einrichtungen haben die Aufgabe, die Erziehungswirklichkeit im Leben von Gesellschaft und Gemeinschaft selbständig zu verantworten.
g) Keiner der hier aufgeführten Sätze a–f gibt den obigen Textinhalt korrekt wieder.

3. Text

Die Musikwissenschaft umfasst als aktuelles Studienfach im Unterschied zu den musikpraktischen und musikpädagogischen Studiengängen – als Beispiel dafür kann die Ausbildung zum Konzertpianisten bzw. der Bildungsweg zum Studienrat mit Hauptfach Ausrichtung Musik angeführt werden – vorrangig die theoretischen und historischen Aspekte der Musik. Dadurch bedingt gliedert sich die Musikwissenschaft einerseits in Musikgeschichte – auch als historische Musikwissenschaft bezeichnet –, andererseits in die systematische Musikwissenschaft sowie in die Musikethnologie, d.h. in die musikalische Volks- und Völkerkunde. Den Kern des musikwissenschaftlichen Studiums bildet jedoch eindeutig die Musikgeschichte, deren Hauptaufgabe es ist, die Entwicklung der Musik von der Antike bis zur Gegenwart zu erforschen. Ebenso gehört die intensive Beschäftigung mit dem Leben und den Werken führender Musiker dazu wie auch das Studium des Wandels der Stile und die Auseinandersetzung mit einzelnen Gattungen und historischen Epochen.

Welche der folgenden Aussagen gibt Teilaspekte des Textinhaltes als einzige korrekt wieder?

a) Die historische Musikwissenschaft ist ein Untergebiet des musikpraktischen Bildungswegs.
b) Aus musikethnologischer Sicht ist die musikalische Volks- und Völkerkunde ein musikpraktischer Aspekt systematischer Musikwissenschaftsuntersuchungen.
c) Die theoretischen und historischen Aspekte der Musik werden hauptsächlich im Studienfach Musikwissenschaft untersucht.
d) Schwerpunkt des musikwissenschaftlichen Studiums ist die Beschäftigung mit dem Leben und den Werken alter Meister.
e) Musiktheoretische und musikpraktische Studien stehen im Gegensatz zum musikwissenschaftlichen Studium.
f) Eine intensive Auseinandersetzung mit musikalischen Stilwandlungen und historischen Epochen ist Gegenstand musikethnologischer Untersuchungen.
g) Keiner der hier aufgeführten Sätze a–f gibt den obigen Textinhalt korrekt wieder.

Lösungen Seite 571

Interpretation von Schaubildern

Für die auf den nächsten Seiten folgenden 6 Schaubilder und Tabellen (A – F) und die dazugehörigen Fragen haben Sie insgesamt 15 Minuten Bearbeitungszeit.

A. Klima

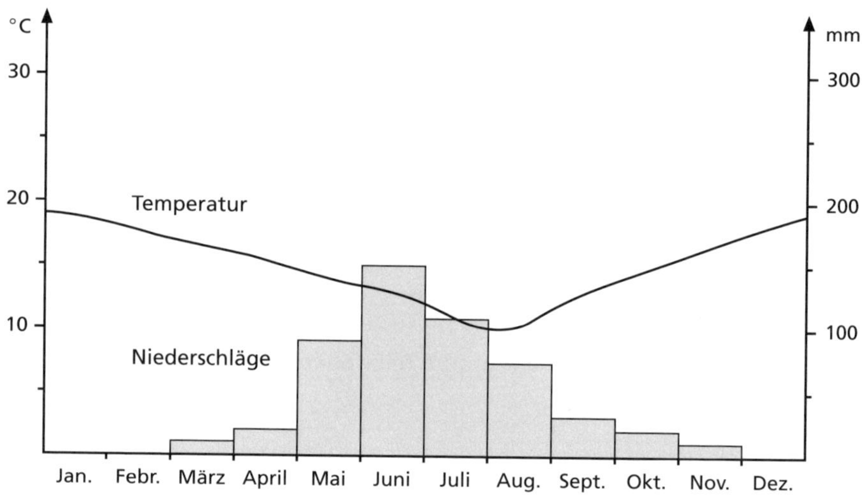

Das Diagramm zeigt Temperatur- und Niederschlagswerte im Jahresmittel in Santiago (Chile). Welche der folgenden Aussagen ist richtig bzw. falsch?

1. In Santiago herrscht ein gemäßigtes Klima.
   a) stimmt b) stimmt nicht

2. In den Monaten Juni bis September ist die Temperatur in Santiago am niedrigsten.
   a) stimmt b) stimmt nicht

3. Die meisten Niederschläge fallen in den Monaten Juni und Juli.
   a) stimmt b) stimmt nicht

4. Die Jahresdurchschnittstemperatur liegt bei ca. 19 Grad Celsius.
   a) stimmt b) stimmt nicht

B. Verstädterung

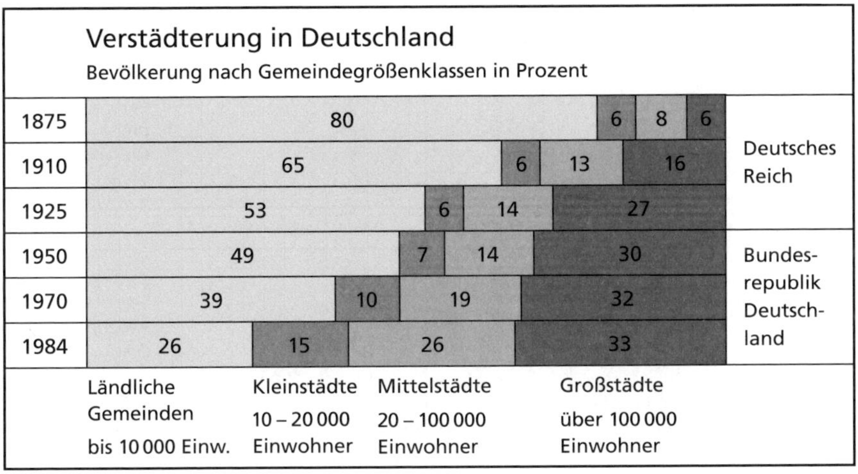

Welche der folgenden Aussagen gibt den Inhalt des Diagramms korrekt wieder?

1. 6 Prozent der Bevölkerung lebten 1875 in Großstädten.
   a) stimmt b) stimmt nicht

2. Der Anteil der städtischen Bevölkerung hat sich von 1875 bis 1984 vervielfacht.
   a) stimmt b) stimmt nicht

3. Der Anteil der Gemeinden unter 10 000 ist in einem Zeitraum von etwas mehr als 100 Jahren deutlich zurückgegangen.
   a) stimmt b) stimmt nicht

4. Ungefähr die Hälfte der Einwohner lebte 1970 in Großstädten.
   a) stimmt b) stimmt nicht

5. Zwischen 1875 und 1925 wuchsen die Großstädte am stärksten.
   a) stimmt b) stimmt nicht

6. Die Entwicklung ländlicher Gemeinden entspricht dem Wachstum der Großstädte am deutlichsten zwischen 1970 und 1985.
   a) stimmt b) stimmt nicht

→

C. Wirtschaft

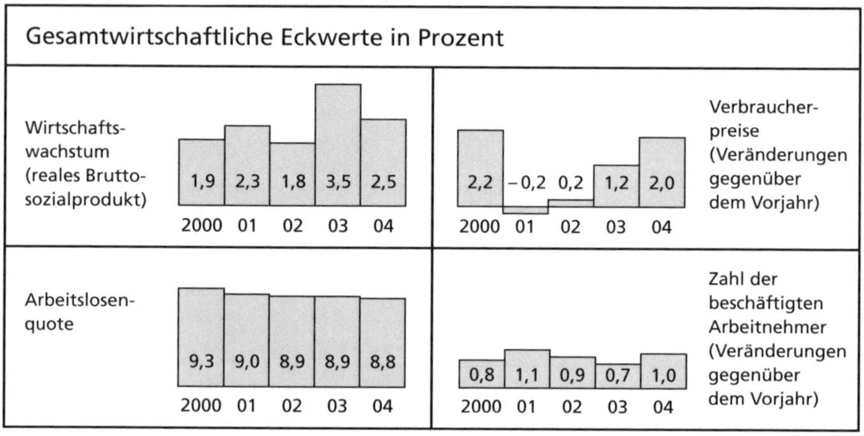

Unter der Bezeichnung »magisches Viereck« versteht man in der Volkswirtschaftslehre die Kombination folgender Daten: Wirtschaftswachstum, Verbraucherpreise, Arbeitslosenquote und Zahl der beschäftigten Arbeitnehmer.

Welche Aussagen sind aufgrund der oben dargestellten Grafik richtig oder falsch?

1. Zwischen 2002 und 2003 hat das Bruttosozialprodukt um 1,7 Mrd. Euro zugenommen.
   a) stimmt b) stimmt nicht

2. Das Wirtschaftswachstum hat um 1,7 Prozent zwischen 2002 und 2003 zugenommen.
   a) stimmt b) stimmt nicht

3. Seit 2002 kann man eine Beschleunigung des Preisanstiegs feststellen.
   a) stimmt b) stimmt nicht

4. 2003 lag die Zahl der Arbeitslosen etwas unter 9 Mio.
   a) stimmt b) stimmt nicht

5. 2001 sind die Verbraucherpreise gegenüber 2000 gefallen.
   a) stimmt b) stimmt nicht

D. Niederschläge und Temperaturen

Die folgende Übersicht zeigt die durchschnittlichen Jahresniederschläge (JN) für vier verschiedene Städte sowie deren Höchst- (HT) und Niedrigsttemperaturen (NT). Im Anschluss daran sollen Sie einige Fragen beantworten.

Jahr	K-Stadt			T-Stadt			M-Stadt			H-Stadt		
	HT	NT	JN	HT	NT	JN	HT	NT	JN	HT	NT	JN
1990	31	07	65	26	12	66	36	04	55	32	14	62
1991	34	06	66	28	16	68	39	05	33	28	17	68
1992	33	07	69	24	13	63	37	07	41	29	17	64
1993	32	07	73	25	18	65	41	06	46	31	13	67
1994	33	08	64	27	16	67	39	05	44	31	15	18

1. In welcher Stadt und in welchem Jahr war die höchste Tages-Durchschnittstemperatur?
2. In welchem Jahr hatte welche Stadt die geringste Jahres-Niederschlagsmenge?
3. Welche Stadt kann die größten Temperaturschwankungen in einem Jahr aufweisen, und wann war das?
4. Welche Stadt hatte in welchem Jahr 100 Prozent mehr Niederschlag als eine andere Stadt im selben Jahr?
5. Welche Stadt hatte von 1990 bis 1994 im Durchschnitt den meisten Niederschlag, und wie hoch war der Wert?
6. Wo war es in den Jahren 1990 bis 1994 durchschnittlich am kältesten?
7. Welche Stadt erreichte 1990 bis 1994 durchschnittlich den größten Höchsttemperaturendurchschnitt?
8. Welche Stadt hat in welchem Jahr durchschnittlich die tiefste Niedrigsttemperatur in Relation zum höchsten Jahresniederschlag?

→

E. Schöne Wirtschaft

Folgendes Wirtschaftsdiagramm zeigt die Entwicklung von Bruttosozialprodukt, Export-Import-Rate, Durchschnittseinkommen der Arbeitnehmer, Zahl der Arbeitslosen, Vorhandensein von Teilzeitarbeitsplätzen sowie die Inflationsrate für einen Zeitraum von vier Jahren (2086 bis 2089).

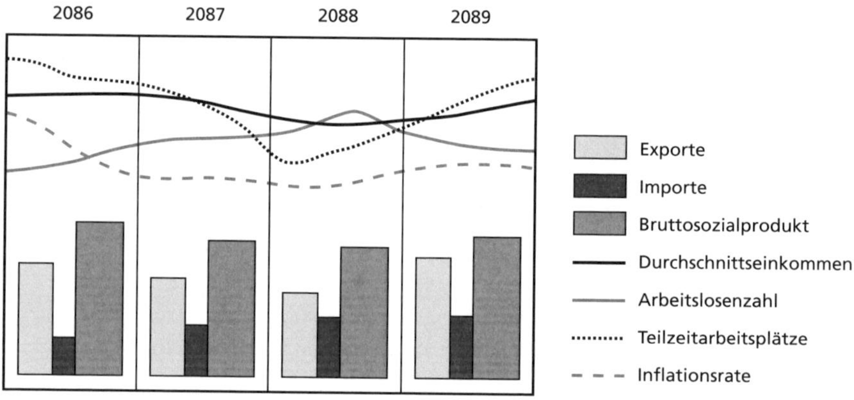

a) Dazu zunächst drei Fragen:

1. In welchem Zusammenhang stehen Zu- und Abnahme von Im- und Export in den Jahren 2086 bis 2089?

2. Wie verhält sich die Zahl der Teilzeitarbeitsplätze in Relation zu den Exportzahlen?

3. Welche Werte (maximal 3) bleiben über den dargestellten Zeitraum relativ stabil?

b) Überprüfen Sie folgende Aussagen (stimmt/stimmt nicht):

1. Im Laufe der Jahre 2086 bis 2089 verändert sich das Bruttosozialprodukt nur geringfügig.

2. Die Exportzahlen fallen gegen Ende der achtziger Jahre.

3. Die Arbeitslosigkeit hat 2087 ihren Höhepunkt.

4. Parallel mit der Arbeitslosenzahl entwickelt sich die Inflation.

5. Das Angebot an Teilzeitarbeitsplätzen verhält sich ähnlich wie die Entwicklung der Arbeitslosenzahlen, nur mit umgekehrten Vorzeichen.

6. Gegen Ende der achtziger Jahre deutet sich eine positive Stabilisierung der Wirtschaft an.

7. Die Importeure können mit dem Verlauf ihrer Wirtschaftsentwicklungszahlen nicht wirklich unzufrieden sein.

8. Entgegen Behauptungen von Gewerkschaftsseite bleibt das Durchschnittseinkommen relativ stabil.

9. Anfang 2088 ist das Teilzeitarbeitsplatzangebot auf seinem tiefsten Stand.

10. Der Höhepunkt einer kleinen wirtschaftlichen Rezession ist 2087 bereits überschritten.

→

F. Test-ament

Das Interpretieren von Todesursachenstatistiken zählt zu den »geschmackvollsten« und »einfühlsamsten« Aufgabenpräsentationen, die einem Testkandidaten in der Realität zugemutet werden. Damit Sie in der Stresssituation Test auch psychisch mit diesem belastenden Thema klarkommen, hier ein Vorab-Beispiel:

Die folgende Statistik-Tabelle beschäftigt sich u.a. mit verschiedenen Todesursachen innerhalb einer nicht näher benannten Bevölkerungsgruppe über einen fiktiven Zeitraum von 2150 bis 2250. Dabei geht es u.a. um die Sterblichkeitsrate bei internistischen Krankheitsbildern insgesamt (z.B. Tod durch Nierenversagen, Leberzirrhose usw.)

Es werden aber auch einzelne Todesursachen dargestellt, z.B. die Anzahl tödlich ausgegangener Verkehrsunfälle, Tod durch Drogen sowie der Tod durch drei spezielle Krankheiten: Herzinfarkt, Krebs und Aids. Zusätzlich wird die Geburtenzahl und die Neugeborenen-Sterblichkeitsrate angegeben.

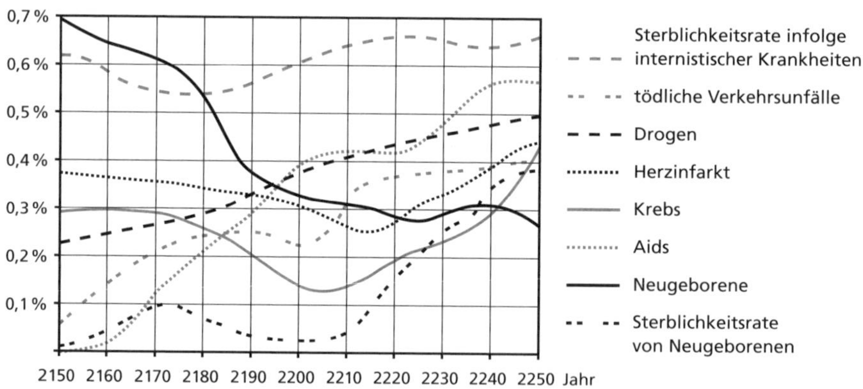

Beantworten Sie bitte zu diesem Diagramm folgende Fragen:

1. Was vermittelt das Diagramm bezüglich der Gesamtsterblichkeitsrate infolge internistischer Todesursachen in der Bevölkerung und der Geburtenrate insbesondere in den 70er und 80er Jahren?

2. Welche Sterblichkeitsrate steigt am stärksten innerhalb des Zeitraums von 2210 bis 2250?

3. Welche Todesarten übersteigen die Neugeborenenrate innerhalb des Zeitraums von 2180 bis 2220 (inkl.)?

4. Zu welchem Zeitpunkt sind Krebstod, tödliche Verkehrsunfälle und Tod durch Aids auf nahezu gleich hohem Niveau?

5. Welche Todesarten bleiben über einen längeren Zeitraum (mindestens 40 Jahre) konstant und steigen um weniger als 0,03 Prozent?

6. Welche Todesursache erreicht nach einem deutlich starken Anstieg eine Plateauphase für etwa 20 Jahre, um dann nach einem Anstieg erneut in eine Plateauphase einzutreten?

7. Welche Todesursache steigt am kontinuierlichsten im Laufe der Jahre 2150 bis 2250?

8. Zu welchem Zeitpunkt ist die Sterblichkeit der nicht näher bezeichneten Bevölkerungsgruppe am größten?

9. Welche Einzeltodesursache fordert insgesamt die meisten Toten?

10. Wie ist die Tendenz der Todesursachen insgesamt?

Lösungen Seite 571/572

Sprachsysteme

Hier sind 10 Aufgaben, in denen Sie mit einigen Wörtern einer erfundenen Fremdsprache und deren deutscher Übersetzung konfrontiert werden.

Es gilt, die Bedeutung der einzelnen Wörter und die grammatikalischen Regeln und Zusammenhänge der jeweiligen »Fremdsprache« zu erkennen. Die Aufgaben sind in drei Gruppen zusammengefasst, jede Gruppe bezieht sich auf eine andere Sprache.

Beachten Sie bitte, dass die grammatikalischen Regeln und der Satzbau der jeweiligen Fremdsprache sich möglicherweise von derjenigen der deutschen Sprache und auch untereinander sehr unterscheiden. Es sind nur die Regeln gültig, die sich aus den Zusammenhängen der vorgegebenen Sätze erschließen lassen; Ausnahmen gibt es nicht. Zur Verdeutlichung:

Beispiel:

fützuft = sie kommt
gütteft = sie geht
güttegü = ich gehe
defützuft = sie kam

Was heißt nun »Ich ging« in der fiktiven Fremdsprache?
a) degütteft
b) defützuft
c) defützugü
d) degüttegü
e) güttegü

Lösung: d

Warum ist d richtig? Die Ausdrücke für »sie kommt« und »sie geht«, beides im Präsens, weisen als einzige Gemeinsamkeit die Endung »ft« auf, also muss »ft« für »sie« stehen. Das erlaubt den Schluss, dass die Endung »gü« für »ich« steht: Damit scheiden die beiden ersten Lösungen aus. Vergleichen wir die Ausdrücke »sie kommt« und »sie kam« miteinander, so wird klar, dass die Vergangenheitsform des jeweiligen Verbs durch die Vorsilbe »de« ausgedrückt wird. So ist auch die Lösung (e) mit Sicherheit falsch. Da der Stamm von »gehen« offensichtlich »gütte« und nicht »fütz« (kommen) ist, bleibt dann als Lösung nur (d), denn Lösung (c) ist auch falsch.

Für 3 Aufgabengruppen haben Sie 10 Minuten Zeit.

1. Aufgabengruppe: Die Luopi-Sprache

wutezippe gag	=	die Frau läuft weg
chalchapschie wuteen	=	der Mann streichelt die Frau
böddlitzippe düot	=	der Hund läuft schnell
bültemüstie böddliten	=	die Katze ärgert den Hund

1. »Die Frau streichelt die Katze« heißt demzufolge:

   a) wutezippe bülte
   b) wutepschie chalchaen
   c) wutepschie bülteen
   d) bültemüstie bülteen
   e) bültepschie wuteen

2. »Der Mann ärgert den Hund« heißt dann:

   a) chalchamüstie böddliten
   b) chalchabülte böddliten
   c) chalchamüstie bülteen
   d) chalchapschie düot
   e) chalchapschie böddliten düot

3. »Die Katze läuft schnell weg vor dem Hund« kann dann nur heißen:

   a) bultezippe böddlitdüot gag
   b) bültemüstie gag böddlit düot
   c) bültemüstie böddlitzippe düot gag
   d) bültezippe böddlitgag düot
   e) bültezippe böddlitzippe düot

→

2. Aufgabengruppe: Die Daol-Sprache

yoülidana	=	ich aß
yüolidö	=	ihr trinkt
yoülidona	=	du aßest
yüolidüil	=	sie werden trinken
yoülidä	=	wir essen

4. »Er wird trinken« heißt demzufolge:

   a) yoülidüil
   b) yuöliduil
   c) yüolidu
   d) yüoliduil
   e) yöulidü

5. »Ich trank« heißt dann:

   a) yoülidöna
   b) yöulidana
   c) yüolido
   d) yüolidana
   e) yöulidö

6. »Sie aßen« heißt dann:

   a) yoülidüna
   b) yoüliduna
   c) yöulidüil
   d) yöulidüna
   e) yüolidüil

3. Aufgabengruppe: Die Wüwü-Sprache

pyhyari duomi	=	ich koche Eier
wühllyri ririmi	=	sie kochen Kartoffeln
gütto midiöllelepzi	=	der Koch brät den Fisch
zuotuomi ayuöq	=	der Kochtopf ist voll
duogütti diqö	=	ich fische gerne
ghnori zuotuoghnori ayuöq	=	der Blumentopf ist voller Blumen
kkaotuolepzi asyuöp	=	die Bratpfanne ist leer

7. »Der Fischer fischt Fische« heißt dann:

   a) gütti güttridiöllegüttri
   b) gütti migütti
   c) güttri güttrigütti
   d) güttri güttidiöllegütti
   e) gütti güttidiölle

8. »Ich brate gern Kartoffeln« heißt dann:

   a) duolepzi wühllyri diqö
   b) wühllyri güttoduo diqö
   c) ririmi güttolepzimi diqö
   d) wühllyri duolepzi diqö
   e) wühllyri lepzimi diqö

9. Was bedeutet dann der Satz »pyhyarituogütto ririlepzi«?

   a) der Koch kocht Fischeier
   b) ich koche gerne Fisch und Eier
   c) der Eiermann brät Fischeier
   d) sie braten Fischeier
   e) gebratener Fisch mit Eiern

10. Als Letztes: Wie würden Sie den Satz »Der Eiermann kocht Eierblumensuppe« ins Wüwü übersetzen, wenn Suppe = prödeyo ist?

Lösungen Seite 572

Intelligenz ist die Fähigkeit,

seine Umwelt zu akzeptieren.

Wilhelm Faulkner

Gestaltwahrnehmung

»Naht Ihr mir wieder, schwankende Gestalten«, heißt es bei Goethe. Nicht, dass der Begriff »Gestaltwahrnehmung« bei Ihnen falsche Assoziationen auslöst, hier geht es nicht um Figurprobleme, sondern es geht um das Erkennen von Formen in einer mehr oder weniger ungeordneten Menge.

Figuren erkennen

Das Beispiel zeigt Ihnen eine der vorgegebenen Figuren (a–e), die in mehrere Stücke zerschnitten wurde. Finden Sie heraus, welche von den vorgegebenen Musterfiguren a, b, c, d oder e aus den einzelnen Teilstücken zusammengesetzt werden kann, ohne dass Ecken überstehen oder Platz zwischen den Stücken bleibt.

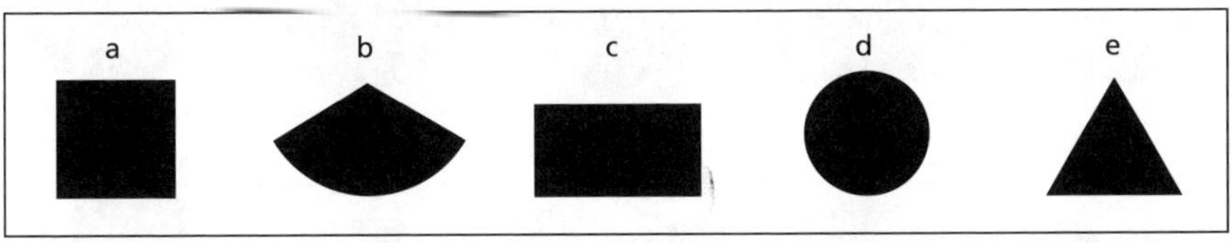

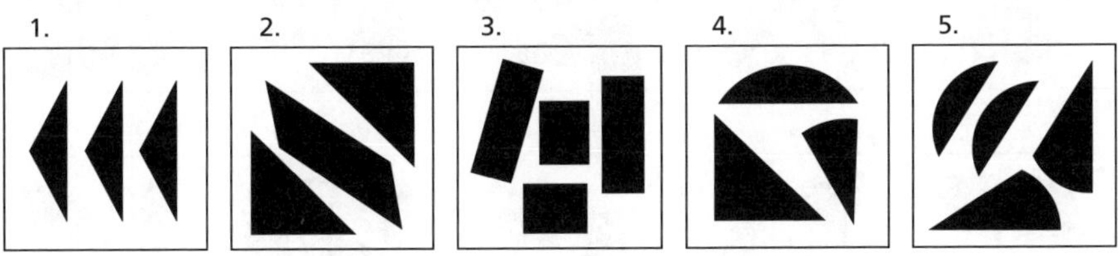

Lösungen: 1 e, 2 c, 3 a, 4 b, 5 d

Für die nun folgenden 20 Aufgaben haben Sie 6 Minuten Zeit.

A

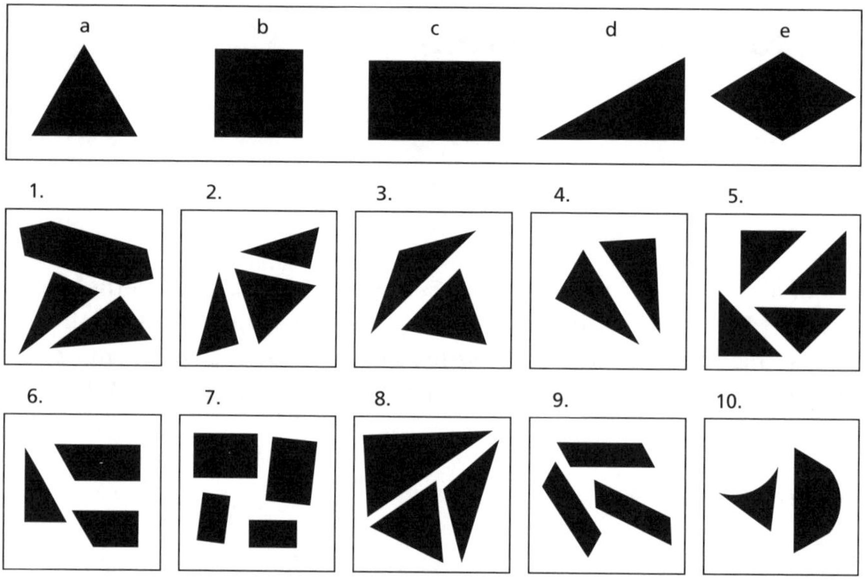

B

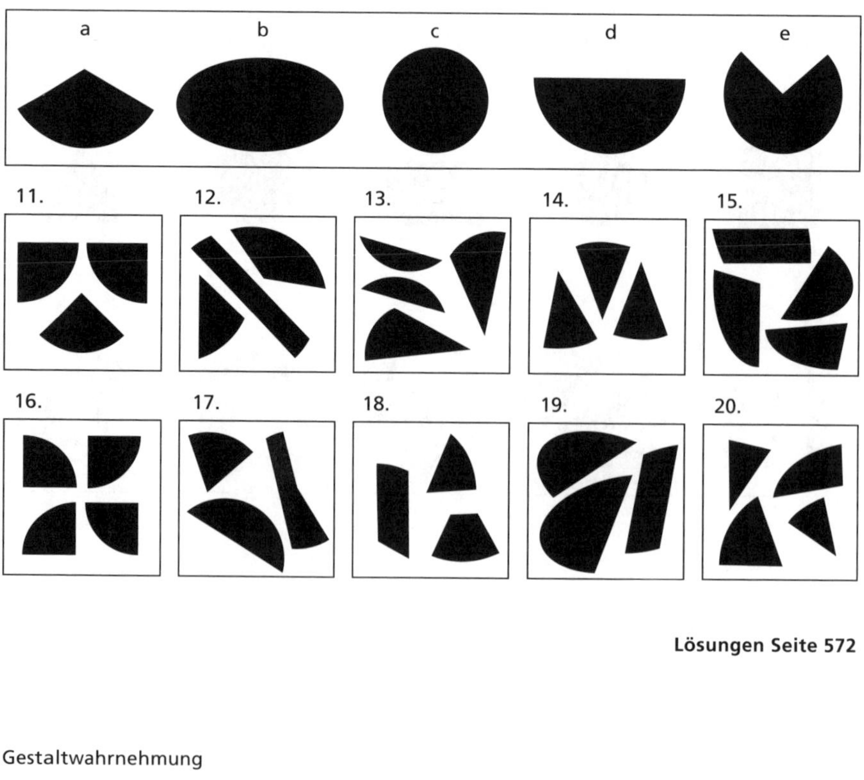

Lösungen Seite 572

Mosaiken prüfen

Bei dieser Aufgabe sollen Sie zwei Quadrate, den Plan rechts für ein Mosaik und das fertige Mosaik links, miteinander vergleichen und gegebenenfalls Fehler feststellen. Im Plan sind die Nummern der Mosaikbausteine eingetragen. Möglicherweise ist eine Nummer falsch, es kann aber auch sein, dass Plan und Mosaik genau übereinstimmen. Ihre Aufgabe ist es, das Feld A, B, C, D oder E zu benennen, in dem der falsche Mosaikbaustein ggf. sitzt.

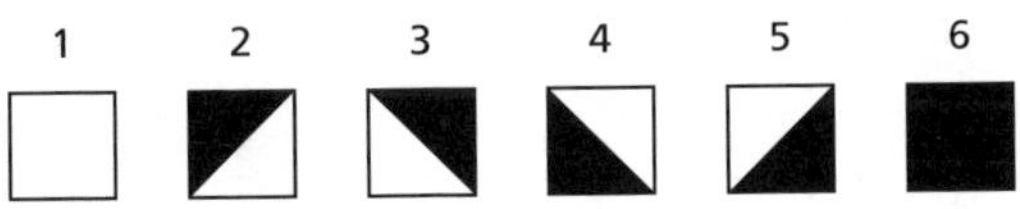

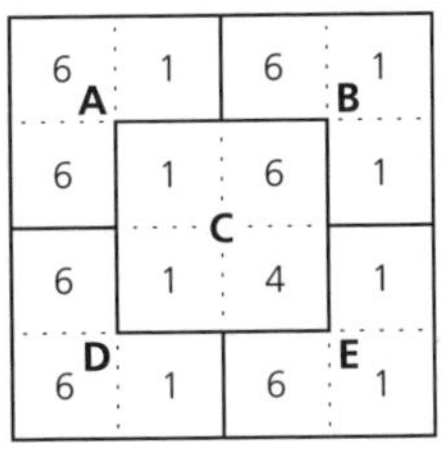

Lösungsvorschläge

A B C

D E ohne Fehler

Lösung: C
Im Feld C ist ein Mosaikbaustein falsch (die 4).

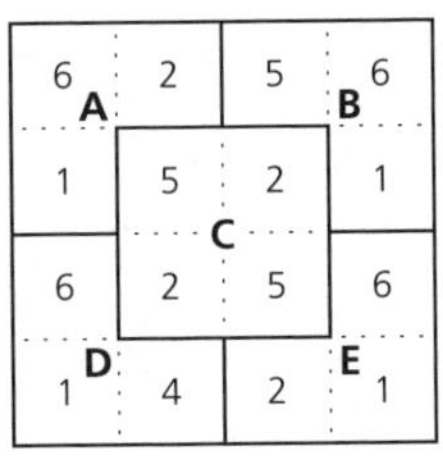

A B C

D E ohne Fehler

Lösung: D
Hier ist der Mosaikbaustein 4 im Feld D links unten falsch.

Für die folgenden 15 Aufgaben haben Sie 6 Minuten Bearbeitungszeit.

1 2 3 4 5 6

1.

6	1	6	1
6	6	1	6
6	1	6	1
1	6	1	6

A B C

D E ohne Fehler

2.

5	4	5	4
2	3	4	3
5	4	5	4
2	3	2	3

A B C

D E ohne Fehler

3.

4	5	4	5
2	3	2	3
1	6	1	6
1	1	6	1

A B C

D E ohne Fehler

4.

4	1	6	2
6	4	2	1
1	5	3	6
5	6	1	3

A B C

D E ohne Fehler

5.

3	2	3	2
5	4	5	4
3	2	3	2
5	3	5	4

A B C

D E ohne Fehler

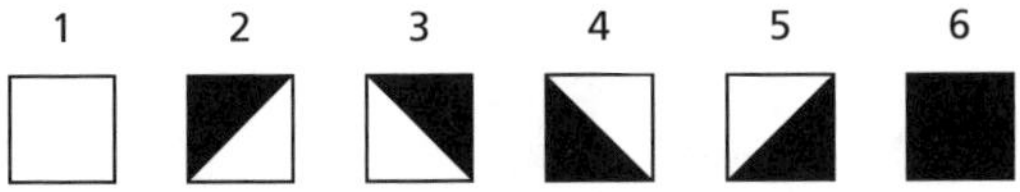

6.

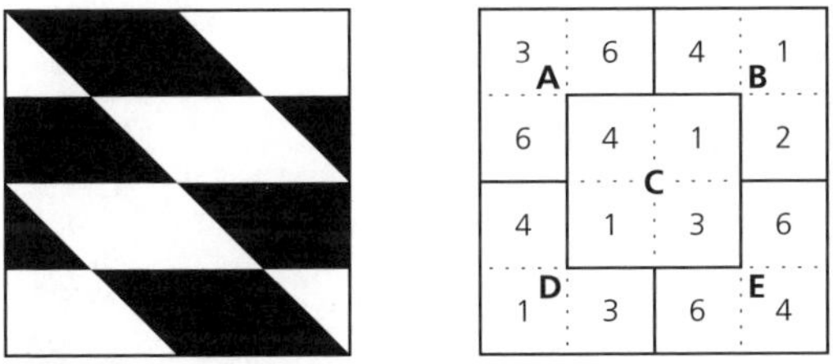

A B C

D E ohne Fehler

7.

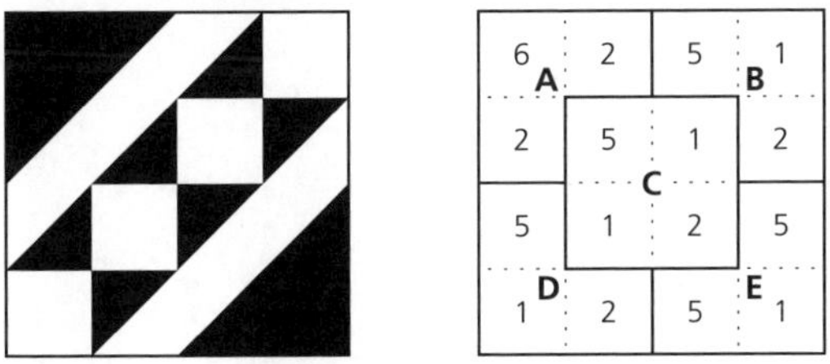

A B C

D E ohne Fehler

8.

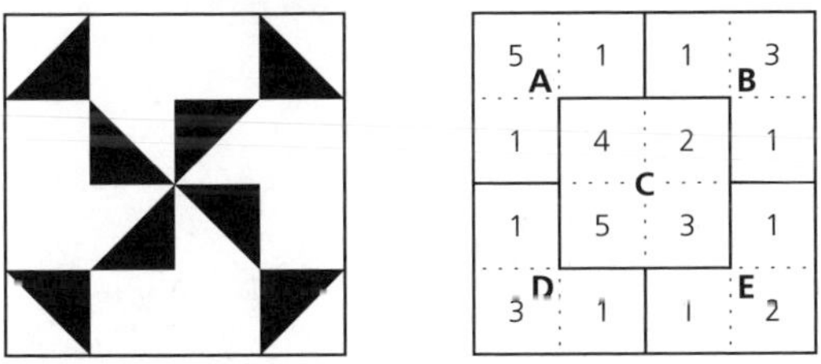

A B C

D E ohne Fehler

9.

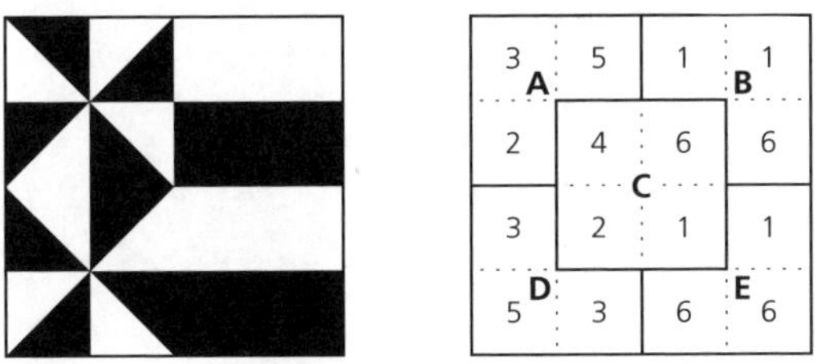

A B C

D E ohne Fehler

10.

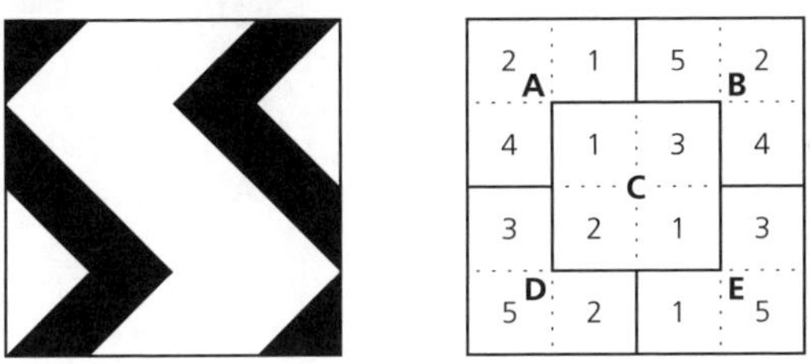

A B C

D E ohne Fehler

→

1 2 3 4 5 6

11.

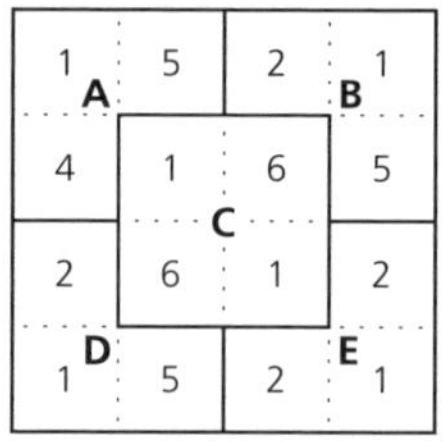

A B C

D E ohne Fehler

12.

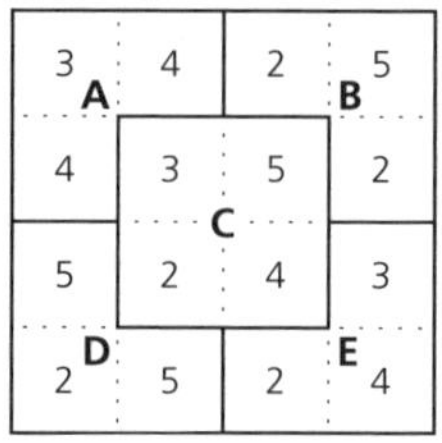

A B C

D E ohne Fehler

13.

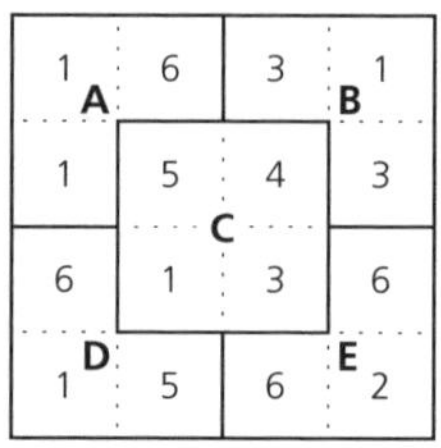

A B C

D E ohne Fehler

14.

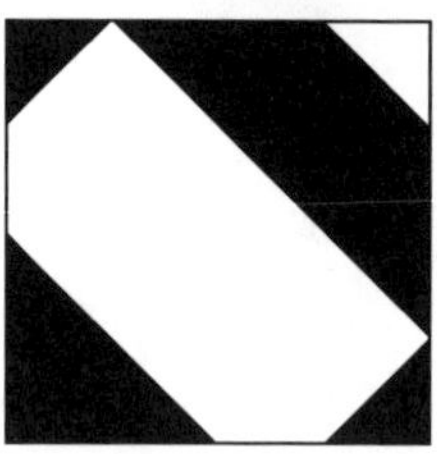

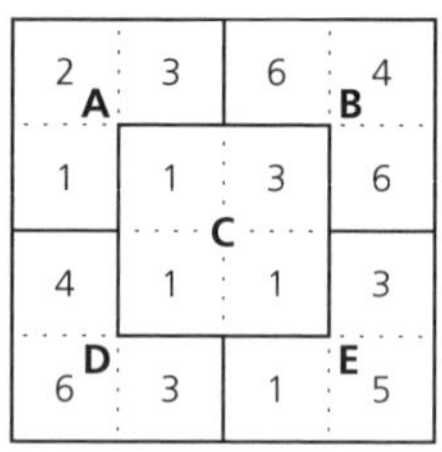

A B C

D E ohne Fehler

15.

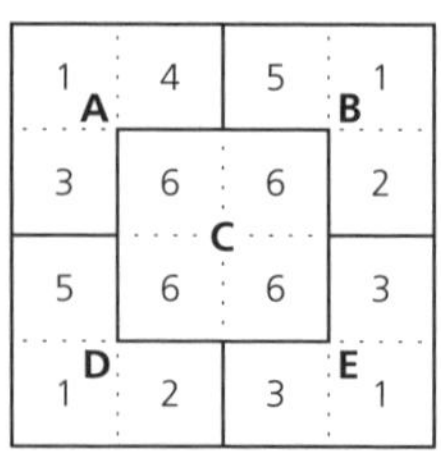

A B C

D E ohne Fehler

Lösungen Seite 572

Merkfähigkeit und Kurzzeitgedächtnis

Was wäre der Mensch ohne sein Gedächtnis – das sagten sich auch die Testpsychologen und entwickelten Aufgaben zur Überprüfung des Kurzzeitgedächtnisses. Nun gehört es zwar zu den glücklichen Eigenschaften eines Menschen, vergessen (und auch vergeben) zu können (vor allem auch den Testpsychologen, die sich solche Widrigkeiten ausdenken), aber hier kommt es jetzt genau darauf an, quasi auf Knopfdruck dummes Zeug wie sinnlose Zahlenreihen, absurde Begriffsammlungen und abstruse Geschichten über teilweise abnorme Persönlichkeiten zu memorieren.

Wörter merken

Bei diesem Test wird Ihr Kurzzeitgedächtnis gefordert. Sie haben jetzt 30 Sekunden Zeit, sich die folgenden Wörter einzuprägen. Bitte blättern Sie erst danach um.

Zahl	Straßenbahn
Zeit	Schnaps
Zierfisch	Hut
Haus	Foto
Himmel	Chemie
Kiste	Turbodiesel
Radar	Treppe
Spaceshuttle	Schublade
Schlüsselbein	Uhr
Rotwein	Tonne
Headhunter	Eisenbahn

→

Schreiben Sie jetzt alle Wörter auf, die Sie sich eben gemerkt haben. Sie haben für 22 Wörter 2 Minuten Zeit. Die Abfolge spielt keine Rolle.

1. ____________________
2. ____________________
3. ____________________
4. ____________________
5. ____________________
6. ____________________
7. ____________________
8. ____________________
9. ____________________
10. ____________________
11. ____________________
12. ____________________
13. ____________________
14. ____________________
15. ____________________
16. ____________________
17. ____________________
18. ____________________
19. ____________________
20. ____________________
21. ____________________
22. ____________________

Vergleichen Sie jetzt Ihre Wörter mit den Ausgangswörtern.

Auswertung Seite 573

Türkische Vokabeln

In einem Zeitfenster von 2 Minuten sollen Sie sich 20 türkische Vokabeln gut einprägen. Alternativ könnten es z.B. auch Fantasiewörter sein. Die Abfrage der Vokabeln findet in einem Multiple-Choice-Verfahren statt.

Sie haben 2 Minuten Zeit, sich die nachfolgenden Vokabeln zu merken.

Deutsches Wort	Türkische Übersetzung
Gehen	Gitmek
Tag	Gün
Lernen	Ögrenmek
Flugkapitän	Kaptan pilot
Technik	Teknik
Arbeiten	Calismac
Auto	Otomobil
Flughafen	Havaalani
Deutschland	Almanya
Triebwerk	Mekanizma

Deutsches Wort	Türkische Übersetzung
Flugzeug	Ucak
Essen	Yemek
Geld	Para
Radio	Radyo
Test	Deney
Schlafen	Uyumak
Fliegen	Ucmak
Nacht	Gece
Schule	Okul
Flug	Ucus

→

Bitte ordnen Sie nun den deutschen Wörtern ihre türkische Übersetzung zu:

Deutsches Wort	A	B	C	D
1. Flug	Ucus	Locus	Carus	Drus
2. Arbeiten	Calismac	Dschürgun	Ucak	Ögrenmec
3. Flughafen	Airomobil	Hava flag	Havaalani	Yemek
4. Gehen	Gün	Gitmek	Para	Ulko
5. Tag	Yemek	Hugago	Gün	Gece
6. Schule	Mekanizma	Erfo	Havaalani	Okul
7. Flugzeug	Ucak	Yemek	Para	Deney
8. Radio	Ucmak	Teknik	Radyio	Radyo
9. Flugkapitän	Kaptan Yemek	Kaptan Para	Kaptan Ucac	Kaptan pilot
10. Lernen	Para	Ögrenmek	Gün	Uyumak
11. Nacht	Gece	Hamide	Ucmak	Calide
12. Triebwerk	Eknis	Mekanizma	Hugago	Drus
13. Fliegen	Jugo	Haljaro	Ucmak	Rawad
14. Auto	Motomobil	Kotomobil	Rabomobil	Otomobil
15. Deutschland	Almanya	Alamagne	Almaja	Almayia
16. Essen	Hajo	Grobi	Yemek	Gece
17. Geld	Haja	Para	Lara	Gara
18. Test	Ikom	Radar	Jugio	Deney
19. Schlafen	Uyumak	Ugugu	Yumogo	Ujugomi
20. Technik	Tecnic	Tecnak	Tecna	Teknik

Lösungen Seite 573

Einzelheiten merken

Wieder geht es um Ihre Merkfähigkeit. Lesen Sie sich bitte den nun folgenden Text in Ruhe durch. Merken Sie sich möglichst viele Einzelheiten. Später werden Sie nach dem Textinhalt gefragt und sollten auch Details beantworten können.

Zum Durchlesen des Textes haben Sie 1 Minute Zeit.

Mario Biewald, Direktor einer Gummibärchenfabrik, ging nach fast 50 Jahren Betriebszugehörigkeit am 30.06.2000 in Rente. Aus diesem Anlass bekam er Glückwünsche von einer befreundeten Schokoladenwarenfabrik, einem Schuhladen, einer Bierbrauerei, einer Spedition und seinem Autohaus Stellmann.

Seine Abschiedsfeier fand im Parkhotel Bremen statt und ging bis in die frühen Morgenstunden. Diese Feier wurde von seinem Prokuristen und seinen beiden Sekretärinnen (Frau Hela Roelecke und Frau Marion Räßler) organisiert. Selbst der Bürobote, Herr Carsten Dressler, hatte mitgeholfen.

Aus der Familie des Direktors waren seine Ehefrau, seine Tochter, sein Schwager und eine Enkeltochter bis 2.00 Uhr nachts anwesend. Am 01.07.2000 flog Herr Biewald mit seiner engsten Familie für 3 Wochen in den Sommerurlaub auf die Malediven. Dort erholte er sich hervorragend.

Bitte beantworten Sie jetzt die Fragen auf der nächsten Seite.

→

Erinnern Sie sich an möglichst viele Einzelheiten aus dem vorigen Textfeld. Schreiben Sie bitte die Ihrer Meinung nach richtige Antwort rechts neben die Frage in das zugehörige Feld.

1. Wie hieß der Direktor der Fabrik mit Vornamen? ____________
2. Was produzierte die Fabrik? ____________
3. Welche Firmen gratulierten dem Direktor? ____________

   ____

   ____

   ____

   ____
4. Welchen Beruf hat Carsten Dressler? ____________
5. Wie lange war der Direktor in der Firma tätig? ____________
6. Wo fand die Abschiedsfeier statt? ____________
7. Wie hießen die beiden Sekretärinnen? ____________

   ____
8. Wie viele Familienmitglieder waren außer ihm bei der Feier? ____________
9. Welche Familienmitglieder waren es? ____________

   ____

   ____

   ____

   ____
10. Wie lange war die Familie bei der Feier anwesend? ____________
11. Wohin flog der Direktor in den Urlaub? ____________
12. Für wie lange flog der Direktor in den Urlaub? ____________

Lösungen Seite 573

Zahlen merken

Jetzt ist Ihr Kurzzeitgedächtnis für Zahlen gefragt. Bitte prägen Sie sich nun die folgenden zweistelligen Zahlen ein. Sie haben insgesamt 1 Minute Zeit!

44	34	21	85	73	79	75	41
53	84	32	12	14	19	98	67

Bitte verdecken Sie nun die oberen Zahlen mit einem Blatt und tragen Sie die gemerkten Zahlen in beliebiger Reihenfolge in die Lösungsfelder ein. Wieder haben Sie 1 Minute Zeit.

1. ________	9. ________
2. ________	10. ________
3. ________	11. ________
4. ________	12. ________
5. ________	13. ________
6. ________	14. ________
7. ________	15. ________
8. ________	16. ________

Zahlen wiedererkennen

Wieder geht es darum, sich Zahlen zu merken und diese nach einer kurzen Einprägphase in einem Zahlenfeld zu identifizieren.

Bitte merken Sie sich die folgenden Zahlen. Sie haben 1 Minute Zeit!

63456	32847
93857	98432
83522	23452
78634	34534
28378	74554

Bitte verdecken Sie nun die oberen Zahlen mit einem Blatt und markieren Sie in dem Zahlenfeld alle Zahlen, die Sie sich eben gemerkt haben, mit einem geraden, waagerechten Strich. Sie haben dafür 2 Minuten Zeit.

73362	98964	76453	75637	97842	65432
54216	76532	74554	43197	64113	32345
98643	75982	53213	54321	76642	54227
98432	23455	75652	42114	28378	76543
85643	87654	43678	63212	63323	42578
98664	36325	45232	67432	25335	43527
98965	54323	74346	86532	74554	42313
93857	78634	83522	32534	53425	52532
86754	36355	35744	53426	63425	54226
87644	74346	63525	67578	93857	33433

Lösungen Seite 573

Zahlenpaare merken

Sollten Sie sich nach den Testaufgaben überhaupt noch konzentrieren können, erwartet Sie nun eine weitere Herausforderung. Bitte merken Sie sich jetzt die folgenden 12 Zahlenpaare. Nach 2 Minuten Merkzeit werden wir Sie bitten, an Hand der linken Zahl die richtige rechte Zahl aus einem Zahlenfeld von 5 Zahlen wiederzuerkennen. Diese Zahl markieren Sie dann mit einem geraden, waagerechten Strich.

Beispiel:

zu merkende Zahlenpaare:

12 – 345

43 – 840

Rekapitulierung:

12 –	532	865	612	097	345
43 –	840	765	836	234	965

Bitte merken Sie sich die jetzt folgenden Zahlenpaare.
Sie haben 2 Minuten Zeit.

45 – 743	28 – 329
83 – 012	46 – 783
11 – 085	96 – 474
77 – 358	82 – 001
13 – 999	16 – 248
84 – 629	66 – 911

→

Unterstreichen Sie nun bitte rechts die richtige Zahl, die ursprünglich zur linken Zahl gehörte. Sie haben 2 Minuten Zeit.

84 –	745	628	112	452	629
83 –	012	678	565	637	986
96 –	845	474	666	132	087
16 –	976	667	248	452	811
11 –	111	723	810	894	085
45 –	743	734	853	642	841
82 –	001	765	932	010	764
66 –	911	752	134	532	671
13 –	643	965	245	999	535
77 –	947	532	358	865	614
46 –	252	521	783	445	245
28 –	564	643	329	642	532

Lösungen Seite 574

Geometrische Figuren und Zahlen merken

Auch hier haben Sie wieder eine neue Art von einem Merkfähigkeitstest vor sich. Diesmal sollen Sie sich Zahlen merken, die in bestimmten grafischen Symbolen abgebildet sind. Später müssen Sie Zahlen und Figuren wieder einander zuordnen. Natürlich ist es auch möglich, dass man diesen Test leicht abwandelt. So wäre es auch denkbar, dass Sie sich statt Zahlen Buchstaben oder andere Symbole wie ein Fahrrad, ein Auto u.ä. merken sollen.

Bitte prägen Sie sich nun die folgenden Figuren und Zahlen gut ein. Sie haben dazu 2 Minuten Zeit.

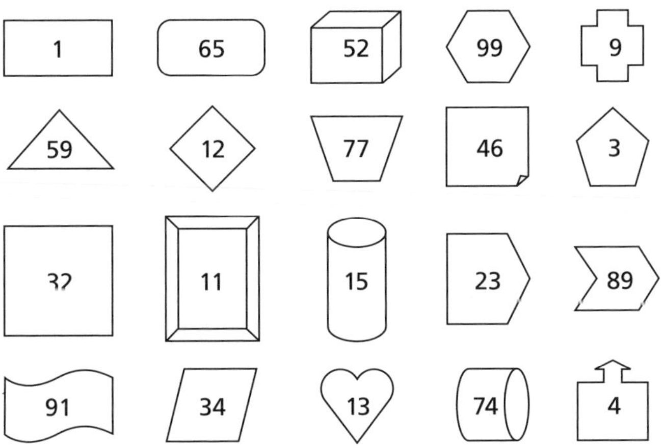

Tragen Sie jetzt in die geometrischen Figuren die zugehörigen Zahlen ein und vergleichen Sie diese anschließend mit den Originalzahlen. Sie haben für diese Aufgabe 1 Minute Zeit.

Auswertung Seite 574

Achtung: Versuchen Sie sich auch an der Testaufgabe auf Seite 551 ff.

Wegstrecken merken

Haben Sie Orientierungssinn? In diesem Test sollen Sie ihn beweisen. Ihnen wird ein Stadtplan oder auch eine einfache Skizze vorgegeben, in der ein bestimmter Weg von einer Wohnung zu einem Arbeitsplatz eingezeichnet ist. Diesen Weg sollen Sie sich innerhalb von 30 Sekunden merken. Danach folgt möglicherweise ein anderer Test, und nachdem eventuell eine ganze Zeit vergangen ist, sollen Sie den Weg in einen leeren Plan einzeichnen.

Ein Tipp zum Üben: Kopieren Sie den leeren Wegplan aus diesem Buch und lassen Sie sich von einem Helfer neue Wegstrecken erstellen. Mit Hilfe eines einfachen Zeichenprogramms können Sie sich am PC auch schnell neue »Stadtpläne« erstellen – oder sie kaufen sich einfach einen Stadtplan einer Ihnen unbekannten Stadt.

Prägen Sie sich den in diesem Plan eingezeichneten Weg gut ein und lösen Sie den folgenden Test. Zum Einprägen haben Sie 30 Sekunden Zeit.

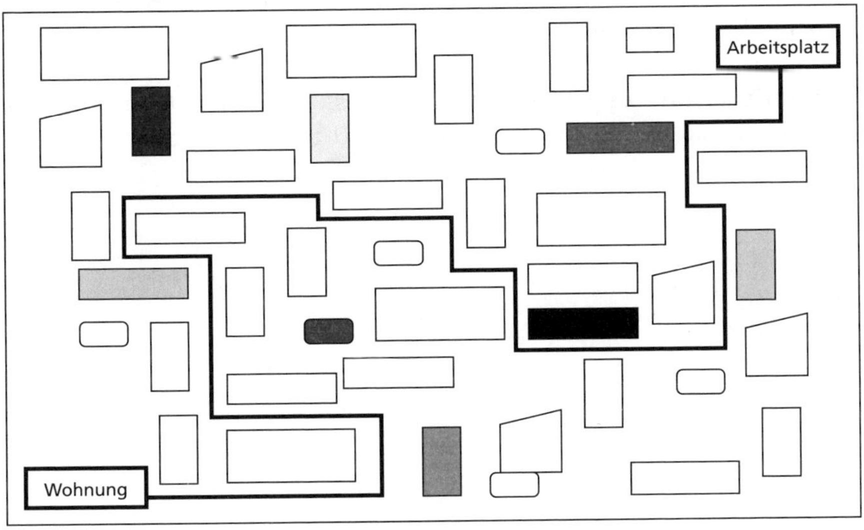

→

Bitte zeichnen Sie nun den Wegplan ein, den Sie sich gemerkt haben. Sie haben 30 Sekunden Zeit.

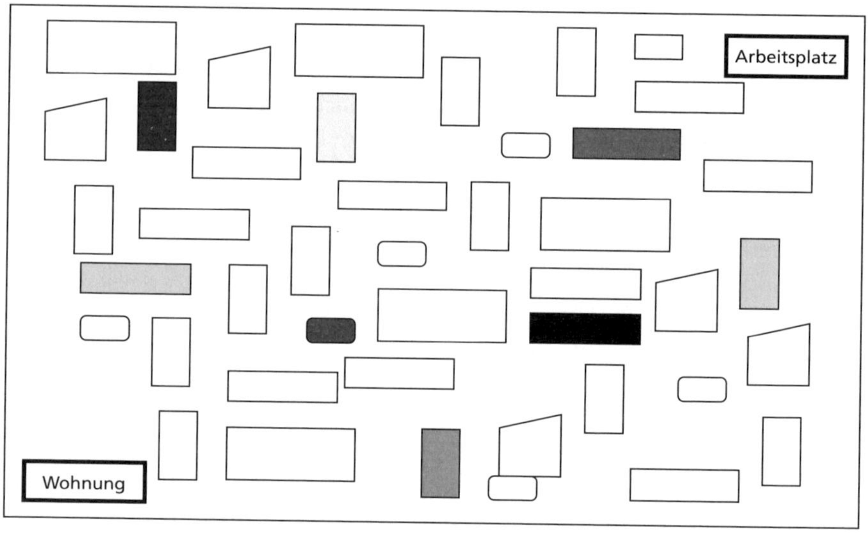

Nach Ablauf der Zeit vergleichen Sie bitte Ihre Lösung mit dem Ausgangsweg auf der vorigen Seite.

Wie zufrieden sind Sie mit Ihrer Gedächtnisleistung? Sehr gut, gut, befriedigend, knapp ausreichend oder mangelhaft? Urteilen Sie selbst.

Lebensdaten einprägen

Die nachfolgenden beiden Lebensgeschichten sowie die Fotos der handelnden Personen prägen Sie sich bitte gut ein. Dafür stehen Ihnen nach dem ersten Durchlesen 5 Minuten Zeit zur Verfügung.

Lebensgeschichte A

Emil Koll
geboren am 11.3.1959 in Sääs
Wohnort: Labonn
Telefon: 321 64 00

Emil Koll war der Älteste von fünf Geschwistern und musste schon früh seinen Eltern in der Gaststätte helfen. In seiner Freizeit bewies er ein beachtliches Zeichentalent. Mit 19 Jahren heiratete er eine junge, vorwärts strebende, aber leichtsinnige Reisende für Spirituosen, Frau Wepp. Schon nach zweieinhalb Jahren musste er einsehen, dass seine Ehe verfehlt war. Nach der Scheidung ging er zunächst zu seinen Eltern zurück und bildete sich durch den täglichen Besuch von Kursen in der Nachbarstadt Bulo als Modezeichner fort. Bald hatte er viel Erfolg in dieser Tätigkeit. Als er seine zweite Frau, Vera Puschmann, eine Kinderärztin, kennen lernte, gab er seine Tätigkeit auf.

Emil Koll

Vater von Emil Koll

Frau Wepp

→

Lebensgeschichte B

Adele Notzell
geboren am 8.12.1966 in Cann
Wohnort: Rantrum
Telefon: 723 45 00

Adele Notzell wollte, wie ihr Vater, den Lehrerberuf ergreifen. Von Jugend an interessierte sie sich für Technik. Nach einem vierjährigen Studium wurde sie Ingenieurin. Zunächst beschäftigte sie sich mit der Entwicklung neuzeitlicher Kühlmaschinen. Mit ihrer Kollegin, Fräulein Luna, erfand sie eine verbesserte Eiszubereitungsmaschine. Sie entwarf außerdem einen neuartigen und sehr preisgünstigen Seifenspender, der sehr sparsam im Stromverbrauch war. Später wechselte sie ihre Arbeitsstelle und kam in einen Großbetrieb für Motorräder in Dagblitz. Sie wurde Chefkonstrukteurin und arbeitete mit ihrem Mitarbeiterstab an Plänen für einen neuartigen Lärmschutz für Auspuffanlagen. Auf einer längeren Geschäftsreise lernte sie in Venedig ihren Mann kennen. Sie haben zwei Mädchen und zwei Jungen und sind glücklich verheiratet.

Mutter von
Adele Notzell

Fräulein Luna

2. Mann von
Adele Notzell

Tochter Notzell

Zahlen merken

Kleine Abwechslung! Für die nächste Aufgabe benötigen Sie einen Mitspieler, der Ihnen bei der Durchführung eines Zahlengedächtnistests hilft. Bitten Sie ihn, Ihnen die folgenden 10 Zahlenreihen vorzulesen. Ihre Aufgabe besteht darin, nach dem einmaligen deutlichen und lauten Vorlesen (ohne Versprecher) einer Zahlenreihe diese auswendig hinzuschreiben. Wir beginnen:

A 6 4 5 4 2
B 3 4 6 7 9 0
C 5 4 2 1 3 6
D 7 4 1 2 4 6 7
E 8 9 0 3 4 6 7 8
F 9 7 4 2 3 4 9 7 0
G 1 3 7 9 0 7 3 1 0 3
H 2 3 7 6 9 0 1 4 8 9 0
I 7 8 7 6 4 3 2 2 8 9 7
J 2 8 4 2 3 6 7 1 8 4 6

Auswendig lernen

Folgende Worte sollen Sie in 3 Minuten auswendig lernen:

a) Berufe: Eismann – Imker – Nachtwächter – Pfarrer – Uhrmacher
b) Städte: Aachen – Cuxhaven – Oldenburg – Quellbach – York
c) Bauwerke: Funkturm – Jagdhaus – Liederhalle – Scheune – Viadukt
d) Lebensmittel: Butter – Kartoffeln – Reis – Teigwaren – Wurst
e) Sport: Hockey – Golf – Marathonlauf – Degenfechten – Zehnkampf

Achtung! Bitte nicht umblättern,
bevor die Auswendiglernzeit beendet ist!

→

Das ist jetzt Ihre Aufgabe:

In welche Gruppe gehörte das Wort
mit dem Anfangsbuchstaben V?

a) in die Berufsgruppe
b) in die Städtegruppe
c) in die Bauwerkegruppe
d) in die Lebensmittelgruppe
e) in die Sportgruppe

Lösung: c (Viadukt – Bauwerke)

Für die nun folgenden Fragen haben Sie 5 Minuten Bearbeitungszeit.

1. In welche Gruppe gehörte das Wort
   mit dem Anfangsbuchstaben A?
   a) in die Berufsgruppe
   b) in die Städtegruppe
   c) in die Bauwerkegruppe
   d) in die Lebensmittelgruppe
   e) in die Sportgruppe

2. In welche Gruppe gehörte das Wort
   mit dem Anfangsbuchstaben B?
   a) in die Berufsgruppe
   b) in die Städtegruppe
   c) in die Bauwerkegruppe
   d) in die Lebensmittelgruppe
   e) in die Sportgruppe

3. In welche Gruppe gehörte das Wort
   mit dem Anfangsbuchstaben C?
   a) in die Berufsgruppe
   b) in die Städtegruppe
   c) in die Bauwerkegruppe
   d) in die Lebensmittelgruppe
   e) in die Sportgruppe

4. … das Wort mit dem Anfangsbuchstaben D?
   a) in die Berufsgruppe
   b) in die Städtegruppe
   c) in die Bauwerkegruppe
   d) in die Lebensmittelgruppe
   e) in die Sportgruppe

5. … das Wort mit dem Anfangsbuchstaben E?
   a) in die Berufsgruppe
   b) in die Städtegruppe
   c) in die Bauwerkegruppe
   d) in die Lebensmittelgruppe
   e) in die Sportgruppe

Bitte führen Sie die Aufgabe für die restlichen Buchstaben des Alphabets (außer X) fort:

6. F in a b c d e
7. G in a b c d e
8. H in a b c d e
9. I in a b c d e
10. J in a b c d e
11. K in a b c d e
12. L in a b c d e
13. M in a b c d e
14. N in a b c d e
15. O in a b c d e
16. P in a b c d e
17. Q in a b c d e
18. R in a b c d e
19. S in a b c d e
20. T in a b c d e
21. U in a b c d e
22. V in a b c d e
23. W in a b c d e
24. Y in a b c d e
25. Z in a b c d e

Lösungen Seite 574

Erinnern und identifizieren

Erinnern Sie sich noch an die Aufgabe »Lebensdaten einprägen« – die unsäglichen Lebensschicksale von Emil Koll und Adele Notzell? Nun sollen Sie feststellen, welche Details in der folgenden nacherzählten Lebensgeschichte unserer beiden Helden falsch wiedergegeben oder neu hinzugefügt worden sind (natürlich ohne irgendwelche Rückblätteraktionen).

Beispiel:
Welches Detail ist falsch?

Seit seiner Jugend (a) interessierte sich (b) Emil Koll (c)
für die Gaststätte seiner Eltern (d).

Lösung: Detail b ist falsch, denn Emil Koll interessierte sich nicht für die Gaststätte, sondern musste da helfen.

1. Bitte notieren Sie, welche Details in dem folgenden Text falsch sind, und arbeiten Sie dann weiter (insgesamt zu dieser Thematik 10 Minuten):

Emil Koll (a) musste nach drei Jahren (b) erkennen, dass seine
Ehe gescheitert war (c), und ging deshalb nach der Scheidung (d) zurück
zu seinen fünf Geschwistern (e). Er bildete sich zum Modezeichner (f) fort
und hatte in dieser Tätigkeit viel Erfolg (g), als er seine Frau, eine Tierärztin (h),
kennen lernte.

Vera Notzell (i) entwickelte mit ihrer Kollegin, Frau Luna (j),
einen neuen, verbesserten Seifenspender (k) und lernte in Venedig (l)
ihre zwei Kinder (m) kennen …

(Man möge uns verzeihen, aber dieser Schwachsinn ist einfach nicht zu ertragen. Uns ging es darum, Ihnen das System zu erklären.)

Weitere Fragen:

2. Wie viele Kinder hatten die Eltern von Emil Koll?
3. Welchen Beruf hat die zweite Frau von Emil Koll?
4. Welchen Beruf erlernte Emil Koll?
5. In welchem Alter heiratete Emil Koll zum ersten Mal?
6. Wie heißt Emil Kolls Frau aus erster Ehe?
7. Was besaßen die Eltern von Emil Koll?
8. In welchem Beruf arbeitete der Vater von Adele Notzell?
9. Wie lange studierte Adele Notzell Ingenieurwissenschaft?
10. Wie viele Kinder hat sie zusammen mit ihrem Ehemann?

Noch nicht genug: Welche der folgenden Einzelheiten kommt in einer der beiden Geschichten vor?

11.	a) Sass	b) Saß	c) Säs	d) Sääs
12.	a) Labonn	b) Bonn	c) Laboe	d) Labohn
13.	a) Nizza	b) Cann	c) Kahn	d) Kannes
14.	a) Rantrum	b) Rantram	c) Rant	d) Radebold
15.	a) 321 64 01	b) 321 64 00	c) 322 00 64	d) 328 12 89
16.	a) 723 45 00	b) 714 35 00	c) 676 76 76	d) 777 27 00
17.	a) 8.12.1961	b) 12.8.1966	c) 8.12.1966	d) 9.12.1973
18.	a) 3.11.1959	b) 29.3.1941	c) 11.3.1951	d) 11.3.1959

→

Erinnern Sie sich noch an die Fotos, können Sie noch die richtigen Namen zuordnen? Ordnen Sie bitte der folgenden Namensliste die richtige Foto-Nummer zu.

1. Emil Koll
2. Bruder von Emil Koll
3. Frau Wepp
4. Vera Puschmann
5. Adele Notzell
6. Vater von Adele Notzell
7. Kollegin Luna
8. Herr Notzell
9. Tochter Notzell
10. Eduard Zimmermann

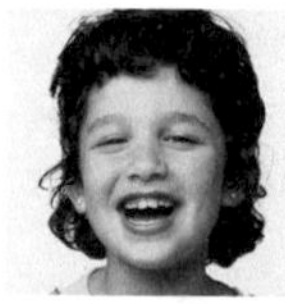
1

2

3

4

5

6

7

8

9

10

11

12

13

14

15

16

17

18

19

20

Lösungen Seite 574

Verbale Intelligenz und Sprachbeherrschung

Wort- und Sprachverständnis

In allen so genannten Intelligenztests kommen umfangreiche Aufgaben zum Wort- und Sprachverständnis vor. Dabei geht es um die Überprüfung Ihres Wortschatzes, um Ihre Fähigkeit, Wortbedeutungen zu erfassen sowie generell um Sprachgefühl und Sprachfantasie.

Wortauswahl

Von fünf Wörtern sind vier in einer gewissen Weise einander ähnlich. Finden Sie das fünfte Wort heraus, das nicht in diese Reihe passt.

1. Beispiel:

a) Tisch
b) Sessel
c) Schrank
d) Bett
e) Taube

Lösung: e
denn a, b, c und d
sind Möbel.

2. Beispiel:

a) Butter
b) Milch
c) Gras
d) Käse
e) Joghurt

Lösung: c
denn die anderen Begriffe
sind Lebensmittel.

Für die nächsten 23 Aufgaben haben Sie 5 Minuten Zeit.

1. a) Betrug
   b) Unterschlagung
   c) Schwindel
   d) Fälschung
   e) Trugschluss

2. a) kochen
   b) schneidern
   c) brauen
   d) schmieden
   e) lernen

3. a) sofort
   b) bald
   c) demnächst
   d) in Kürze
   e) übermorgen

4. a) Patient
   b) Klient
   c) Mandant
   d) Kunde
   e) Freund

5. a) Mikroskop
   b) Fenster
   c) Glas
   d) Fernglas
   e) Sonnenbrille

6. a) identisch
   b) kongruent
   c) gleich
   d) ähnlich
   e) symmetrisch

7. a) gefettet
   b) gepflegt
   c) gebohnert
   d) geschmirgelt
   e) gewaschen

8. a) Ansprache
   b) Abstimmung
   c) Monolog
   d) Rede
   e) Diskussion

9. a) verängstigt
   b) verunsichert
   c) beunruhigt
   d) bedroht
   e) verstimmt

10. a) Entwicklungsprozess
    b) Steigerung
    c) Fortschritt
    d) Reifungsprozess
    e) Wachstum

11. a) beispielhaft
    b) ausgezeichnet
    c) hervortretend
    d) mustergültig
    e) vorbildlich

12. a) Herberge
    b) Hotel
    c) Pension
    d) Restaurant
    e) Gasthof

13. a) überreichen
    b) übergeben
    c) übereignen
    d) überlassen
    e) aushändigen

14. a) Flugzeug
    b) Lift
    c) Treppe
    d) Fallschirm
    e) Leiter

15. a) Eheverbindung
    b) Gemeinschaft
    c) Brücke
    d) Grenze
    e) Fusion

16. a) windig
    b) regnerisch
    c) kalt
    d) bewölkt
    e) neblig

17. a) entscheiden
    b) quittieren
    c) planen
    d) beurteilen
    e) werten

18. a) gebohrt
    b) gehobelt
    c) geschliffen
    d) poliert
    e) gewalzt

19. a) Türschloss
    b) Wasserhahn
    c) Reißverschluss
    d) Schraubenzieher
    e) Korkenzieher

20. a) kochen
    b) schneidern
    c) schmieden
    d) pflügen
    e) lehren

21. a) Nylon
    b) Seide
    c) Leinen
    d) Wolle
    c) Baumwolle

22. a) schlendern
    b) flanieren
    c) spazieren
    d) spurten
    e) gehen

23. a) massiv
    b) korpulent
    c) dick
    d) groß
    e) fett

Lösungen Seite 575

Gleiche Wortbedeutungen

Zu dem vorgegebenen Wort ist ein zweites zu finden, das die gleiche oder eine sehr ähnliche Bedeutung hat.

1. Beispiel:

Kopf
a) Körper
b) Kugel
c) Haupt
d) Haar
e) Mensch
f) rund

Lösung: c

2. Beispiel:

Psyche
a) Saal
b) Gedächtnis
c) Gewissen
d) Seele
e) Antlitz
f) Kopf

Lösung: d

Für 28 Aufgaben haben Sie 5 Minuten Bearbeitungszeit.

1. kräftigen
   a) füttern
   b) mästen
   c) fördern
   d) stärken
   e) steigern
   f) sorgen

2. mindern
   a) verengen
   b) einengen
   c) verringern
   d) einschätzen
   e) vertiefen
   f) abziehen

3. Argwohn
   a) Ahnung
   b) Misstrauen
   c) Hinterlist
   d) Neid
   e) Falschheit
   f) Charakterschwäche

4. echt
   a) aufrichtig
   b) unverfälscht
   c) ehrlich
   d) anständig
   e) wirklich
   f) kostbar

5. unversehens
   a) zufällig
   b) achtlos
   c) plötzlich
   d) schnell
   e) blindlings
   f) konsequent

6. hämisch
   a) verschlagen
   b) verstohlen
   c) neidisch
   d) bitter
   e) schadenfroh
   f) spöttisch

7. willfährig
   a) gefällig
   b) nachgiebig
   c) gefügig
   d) bereitwillig
   e) gutwillig
   f) schwach

8. Quote
   a) Gewinn
   b) Zuweisung
   c) Zahlung
   d) Beitrag
   e) Leistung
   f) Anteil

9. schmähen
   a) demütigen
   b) verurteilen
   c) verachten
   d) bemäkeln
   e) beschimpfen
   f) beschuldigen

10. unterwürfig
   a) schmeichlerisch
   b) unwürdig
   c) bescheiden
   d) kriecherisch
   e) willenlos
   f) gefühllos

→

11. Publikation
   a) Publikumsveranstaltung
   b) Kneipe
   c) Buchhandlung
   d) Veröffentlichung
   e) Entwicklungsalter
   f) Pubertät

12. absurd
   a) Theater
   b) ungeschickt
   c) absolut
   d) abstrakt
   e) unverständlich
   f) widersinnig

13. verunstalten
   a) verletzen
   b) misshandeln
   c) beschädigen
   d) beschmutzen
   e) entstellen
   f) kaputtmachen

14. perfekt
   a) gescheit
   b) vollkommen
   c) begrenzt
   d) regelmäßig
   e) richtig
   f) treulos

15. kolossal
   a) erdrückend
   b) außerordentlich
   c) gewaltig
   d) eindrucksvoll
   e) unheimlich
   f) imposant

16. Delikt
   a) Delikatesse
   b) Vergehen
   c) Überbleibsel
   d) Beschlagnahme
   e) Gartengerät
   f) Gerichtsverhandlung

17. Trophäe
   a) Tierjagd
   b) exotische Pflanze
   c) Werkzeug
   d) Stammeszeichen
   e) Gewinn
   f) Siegeszeichen

18. pedantisch
   a) kleinlich
   b) kränklich
   c) streng
   d) soldatisch
   e) missvergnügt
   f) zu Fuß

19. irden
   a) vergänglich
   b) aus Ton
   c) zur Erde gehörig
   d) täuschend
   e) zu Ende
   f) menschlich

20. Eingabe
   a) Ausgabe
   b) Meldung
   c) Mitteilung
   d) Anliegen
   e) Gesuch
   f) Bericht

21. Traktat
   a) Quälerei
   b) Abhandlung
   c) landwirtschaftliche Maschine
   d) Vorschrift
   e) Kochkunst
   f) Vortrag

22. Gesinde
   a) Mädchenname
   b) Lumpenpack
   c) Teil einer Schraube
   d) Blumenstrauß
   e) Helfer
   f) Hausangestellte

23. Fuge
   a) Furche
   b) Flucht
   c) Schnaps
   d) landwirtschaftliches Gerät
   e) Graben
   f) Musikstück

24. Konvoi
   a) Südfrucht
   b) Verbindung
   c) Vertrauen
   d) Überzeugung
   e) Gastmahl
   f) Geleitzug

25. unablässig
   a) wiederholt
   b) unersättlich
   c) eindringlich
   d) ausdauernd
   e) fortwährend
   f) unnachgiebig

26. unzulänglich
   a) unsinnig
   b) unzweckmäßig
   c) unbedeutend
   d) unzureichend
   e) bruchstückhaft
   f) dürftig

27. Vorwand
   a) Entschuldigung
   b) Erklärung
   c) Notlüge
   d) Vorbehalt
   e) Vorkehrung
   f) Scheingrund

28. rührig
   a) abrundend
   b) strebsam
   c) gefühlvoll
   d) regsam
   e) übereifrig
   f) ergreifend

Lösungen Seite 575

Gemeinsamkeiten

Sieben Wörter sind vorgegeben. Finden Sie die beiden Wörter heraus, die einen gemeinsamen Oberbegriff haben. Sollten mehrere Lösungsmöglichkeiten sinnvoll erscheinen, wählen Sie bitte die Lösung, die am genauesten einen Oberbegriff oder eine Gemeinsamkeit definiert.

1. Beispiel:

a) Butter
b) Brot
c) Zeitung
d) Messer
e) Zigarette
f) Uhr
g) Baum

Lösung: a) Butter und b) Brot haben
den Oberbegriff Nahrungsmittel.

2. Beispiel:

a) Walkman
b) Zeitung
c) Bibliothek
d) Videospiel
e) CD-Spieler
f) Spielfilm
g) Telefon

Lösung: a) und e) mit dem Oberbegriff
Unterhaltungselektronik.

Für 18 Aufgaben haben Sie 7 Minuten Zeit.

1. a) Luft
   b) Teppich
   c) Tür
   d) Haus
   e) Tisch
   f) Stuhl
   g) Gardine

2. a) Auto
   b) Hotel
   c) Café
   d) Straße
   e) Büro
   f) Behausung
   g) Garten

3. a) Armut
   b) Elend
   c) Gefahr
   d) Durst
   e) Hunger
   f) Angst
   g) Krankheit

4. a) Gras
   b) Wurzel
   c) Tulpe
   d) Eiche
   e) Laub
   f) Rose
   g) Wald

5. a) Meer
   b) Strand
   c) Wal
   d) Seetang
   e) Schutt
   f) Qualle
   g) Delfin

6. a) Brille
   b) Sonne
   c) Blick
   d) Duft
   e) Auge
   f) Reiz
   g) Nase

7. a) Reiten
   b) Gymnastik
   c) Schwimmen
   d) Fußball
   e) Tennis
   f) Speerwerfen
   g) Ringen

8. a) Sparbuch
   b) Briefmarke
   c) Zahlkarte
   d) Quittung
   e) Aktie
   f) Pfandbrief
   g) Wechsel

9. a) Epoche
   b) Warnung
   c) Burg
   d) Frieden
   e) Zeitung
   f) Schule
   g) Termin

10. a) Mütze
    b) Eis
    c) Kälte
    d) Auto
    e) Taschenuhr
    f) Strumpf
    g) Winter

→

11. a) Kleiderschrank
    b) Reißverschluss
    c) Bank
    d) Türriegel
    e) Kleidungsstück
    f) Fensterscheibe
    g) Schlüsselbund

12. a) Dose
    b) Rad
    c) Kreis
    d) Knopfloch
    e) Knoten
    f) Stöpsel
    g) Deckel

13. a) Kunstwerk
    b) Zelt
    c) Lied
    d) Ruine
    e) Stein
    f) Rüstung
    g) Torso

14. a) Kinderlähmung
    b) Diabetes
    c) Skorbut
    d) Tod
    e) Fieber
    f) Krebs
    g) Rachitis

15. a) Schiff
    b) Rad
    c) Silo
    d) Bank
    e) Haus
    f) Tresor
    g) Werkstatt

16. a) Loch
    b) Stein
    c) Höhle
    d) Bau
    e) Allee
    f) Café
    g) Garten

17. a) Wurzel
    b) Strauch
    c) Buche
    d) Beere
    e) Blatt
    f) Himmel
    g) Birke

18. a) Rennbahn
    b) Wettkampf
    c) Ziel
    d) Lauf
    e) Zeit
    f) Start
    g) Schiedsrichter

Lösungen Seite 575

Wörter erkennen

Hier eine Übungsaufgabe, bei der Sie Ihr Abstraktionsvermögen trainieren. Sie bekommen eine Vielzahl von Wörtern, bei denen die Buchstaben durcheinander gewürfelt worden sind. Ihre Aufgabe ist nun, diese Wörter zu erkennen (nur in Gedanken!) und den *Anfangsbuchstaben* zu unterstreichen.

Zwei Beispiele:

G L D O (Gold)

E I N W (Wein)

Für die folgenden 24 Wörter haben Sie 5 Minuten Zeit.

1. G N Ö I K
2. S A S W R E
3. F F A K E E
4. P S U E P
5. Z L I P
6. L A B L N O
7. R E F E U H E R W
8. T T D S S T U G R E N N E I
9. N K R A
10. K R R Ü H A R F N E
11. G Z U
12. I Z I E L O P
13. H C R I K E
14. R E H C E R P S T U A L
15. P U T M O E R C
16. T O A U
17. S S A R E N T S B A N H
18. S C H I T
19. G A E R L
20. A B M U
21. T S R H U H L A F
22. P E M L A
23. H H H C A U S O
24. G Z F L E U U G

Lösungen Seite 575

Worteinfall

Denken Sie sich Worte mit dem Anfangsbuchstaben S und dem Endbuchstaben N aus (z.B. sagen, schreiben, Süden etc.).

Alle Wortklassen (Haupt-, Tätigkeits-, Eigenschaftswörter etc.) und ihre Abwandlungen sind zugelassen (Plural, Vergangenheit etc.), auch Eigen- und Städtenamen gelten. Sämtliche Wörter, wie sie in Zeitungen und Büchern Verwendung finden, gelten als richtige Lösung. Nicht zugelassen sind Wörter aus einer fremden Sprache oder aus einem deutschen Dialekt und natürlich sinnlose Wörter und willkürliche Neubildungen.

Für jede Aufgabe haben Sie 1 Minute Zeit.

1. Anfangsbuchstabe B
   Endbuchstabe E (z.B. Blase)
2. Anfangsbuchstabe S
   Endbuchstabe E (z.B. Sage)
3. Anfangsbuchstabe M
   Endbuchstabe N (z.B. Mann)
4. Anfangsbuchstabe A
   Endbuchstabe N
5. Anfangsbuchstabe T
   Endbuchstabe N
6. Anfangsbuchstabe K
   Endbuchstabe R
7. Anfangsbuchstabe S
   Endbuchstabe R
8. Anfangsbuchstabe G
   Endbuchstabe T
9. Anfangsbuchstabe M
   Endbuchstabe E
10. Anfangsbuchstabe S
    Endbuchstabe D

Hinweis Seite 575

Neue deutsche Rechtschreibung

Die Überprüfung der Rechtschreibkenntnisse gehört neben Rechentests zu den speziell bei jungen Bewerbern am häufigsten eingesetzten Bewerbungshürden. Grob zu unterscheiden sind:

- Diktate (ähnlich wie in der Schule)
- die Darbietung von schwierigen Worten, mit der Frage: richtige oder falsche Schreibweise?
- die Vorgabe von vier verschiedenen Schreibweisen eines Wortes oder Kurzsatzes mit der Aufgabe, die einzig richtige Schreibweise anzukreuzen.

Generell gibt es auch hier zwei Hauptgruppen von Rechtschreibtests: selbst gestrickte Verfahren und angeblich wissenschaftlich fundierte.

Nun könnten wegen der Rechtschreibreform auch die Tester verunsichert sein, was zur Folge hätte, dass Rechtschreibtests für einen Übergangszeitraum weniger eingesetzt werden.

Es gilt die neue Rechtschreibung, zu der Sie im Kapitel *Bearbeitungshilfen* mehr erfahren (siehe Seite 371 ff.).

Diktat

Bitte streichen Sie in den folgenden Sätzen die Rechtschreibfehler an. Sie haben 5 Minuten Zeit.

1. Wir wissen, das seid jahrzehnten viele Hundertmilionen Euro für Überflüssiges aufgewand werden.
2. Es ist also nichts Erstaunliches, wenn wir hören, das dem menschlichen Wollen enge Grenzen gesezt sind.
3. Die acht tausender des Himalaya wurden schon manchem Bergsteiger zum Verhengnis.
4. Dem Chemiker wurde angst und Bange, als er nach einigem überlegen merkte, etwas Neues entdeckt zu haben.
5. Der Automechaniker hatte den Wagen frühmorgens zum Reparieren abgeholt und am Abend wiederzurückgebracht.

Lösungen Seite 576

Richtige Schreibweise

Ist das Wort richtig geschrieben? Falls nicht, bitte die richtige Schreibweise notieren! Sie haben 5 Minuten Zeit.

1. allmehlich
2. tödlich
3. wohlweißlich
4. Kannone
5. Rhabarber
6. Depäsche
7. Gelantine
8. Sattelit
9. zusehends
10. atletisch
11. Gelleee
12. Galopprennbahn
13. unversehens
14. Theke
15. Metode
16. Filliale
17. Karosserie
18. Labürinth
19. Rododendrohn
20. Rytmus
21. Portmonaie
22. Wagabund
23. Wiederstand
24. Zyklohp
25. Synpathie

Lösungen Seite 576

Orthographie

Markieren Sie bitte die Schreibweisen, die nach der neuen Rechtschreibung richtig sind. Achtung: Unter Umständen ist hier ausnahmsweise mehr als nur eine Lösung korrekt. Sie haben 8 Minuten Zeit.

1. a) Gutmüthigkeit
   b) Guthmütigkeit
   c) Gutmütigkeit
   d) Gutmüdigkeit
   e) Gutmüdichkeit

2. a) unentgeldlich
   b) unentgeldtlich
   c) unendgeldlich
   d) unendtgeldlich
   e) unentgeltlich

3. a) Musikapele
   b) Musikkappelle
   c) Musikappelle
   d) Musikkapelle
   e) Musikkappele

4. a) entgültich
   b) entgültig
   c) endtgültig
   d) endgültig
   e) endgültik

5. a) vielversprechent
   b) vielversrpechendt
   c) viel versprechend
   d) vielversprächend
   e) vielversprechend

6. a) Tausendfüssler
   b) Tausentfüßler
   c) Tausendfüßler
   d) Tausentfüssler
   e) Tausend Füßler

7. a) naturgemeß
   b) naturgemäs
   c) naturgemess
   d) naturgemäß
   e) naturgemäss

8. a) Anäkdote
   b) Aneckdote
   c) Anegdote
   d) Anekdohte
   e) Anekdote

9. a) krehen
   b) krähän
   c) grähen
   d) kräen
   e) krähen

10. a) Indiskrätion
    b) Indiskrition
    c) Indiskretion
    d) Indeskrätion
    e) Indiskrähtion

→

11. a) Karusel
    b) Karussel
    c) Karusell
    d) Karussell
    e) Karrussel

12. a) Almosehn
    b) Allmose
    c) Almoosen
    d) Almoßen
    e) Almosen

13. a) Revormvorschlag
    b) Reformvorschlak
    c) Refornvorschlag
    d) Reformvorschlag
    e) Reform Vorschlag

14. a) ein einzelnes paar Socken
    b) ein einzelnes Paar Socken
    c) ein einzelnes Paarsocken
    d) ein Einzelnes Paar Socken
    e) ein Einzelnes paar Socken

15. a) Gewantheit
    b) Gewandtheit
    c) Gewandheit
    d) Gewandheidt
    e) Gewantheid

16. a) die grimmschen Märchen
    b) die Grimmschen Märchen
    c) die Grimm'schen Märchen
    d) die grimmischen Märchen
    e) die grimmigen Märchen

17. a) ein interessantes Dilemna
    b) ein interessantes Dilämma
    c) ein interessantes Dilemma
    d) ein interessantes Dilema
    e) ein interesantes Dilemna

18. a) sie kann gut Wäschewaschen
    b) sie kann gut Wäsche Waschen
    c) sie kann gut Wäsche waschen
    d) sie kann gut wäschewaschen
    e) sie kann gut wäsche waschen

19. a) zart besaitet
    b) zarth beseidelt
    c) zart beseidet
    d) zartbeseitet
    e) zartbesaitet

20. a) sie kamen gestern abend
    b) sie kamen gesternabend
    c) sie kamen Gestern abend
    d) sie kamen Gesternabend
    e) sie kamen gestern Abend

21. a) ein kuputter Farbrikschlod
    b) ein kaputer Farbrikschlot
    c) ein kaputter Fabrikschlot
    d) ein kapputter Fabrikschlot
    e) ein kaputter Fabrikschloht

22. a) Telegrambote
    b) Tellegrammbote
    c) Telegrammbote
    d) Tellegrambote
    e) Telegrammbothe

23. a) sein Schefchen ins trockene bringen
    b) sein Schäffchen ins Trockene bringen
    c) sein Schefchen ins Trockene bringen
    d) sein Schäfchen ins trockene bringen
    e) sein Schäfchen ins Trockene bringen

24. a) im Dunkeln ist gut Munkeln
    b) im dunkeln ist gut munkeln
    c) im Dunkeln ist gut munkeln
    d) im dunkeln ist gut Munkeln
    e) im Dunklen ist gut munklen

25. a) es geschah im Dunkel der nacht
    b) es geschah im dunkel der nacht
    c) es geschah im dunkel der Nacht
    d) es geschah im Dunkel der Nacht
    e) es gescha im Dunkel der nacht

26. a) eine unwiderstehliche Balettruppe
    b) eine unwiderstehliche Balletttruppe
    c) eine unwiederstehliche Balettruppe
    d) eine unwiderstehliche Ballett-Truppe
    e) eine unwiderstähliche Balettruppe

27. a) mit allem drum und Dran
    b) mit allem drum und dran
    c) mit Allem drum und dran
    d) mit allem Drum und Dran
    e) mit allem Drum und dran

28. a) das sicherste wird sein, dass Paket fest zu verschnüren
    b) das Sicherste wird sein, das Paket fest zu verschnüren
    c) das sicherste wird sein, das Paket festzuverschnüren
    d) das Sicherste wird sein, das Packet fest zu verschnüren
    e) das sicherste wird sein, dass Paket fest zu verschnürren

Lösungen Seite 576

Zeichensetzung

Hier müssen Sie sich entscheiden, ob an der vorgegebenen Stelle ein Komma zu setzen ist oder nicht.

Mit der neuen Rechtschreibung wird Ihnen mehr Freiheit bei der Verwendung des Kommas eingeräumt. Oft können Sie sich zwischen zwei Möglichkeiten entscheiden. Bitte richten Sie sich in Zweifelsfällen nach den Empfehlungen des Praxiswörterbuches der Duden-Redaktion.

Beispiel:

Ich glaube ( ) dass der Sommer dieses Jahr ( ) schön werden wird.

Lösung: Ich glaube (,) dass der Sommer dieses Jahr (0) schön werden wird.

Für die folgenden 20 Aufgaben haben Sie 5 Minuten Zeit.

1. Für eine verbindliche Antwort ( ) wäre ich Ihnen äußerst zu Dank verpflichtet.
2. Er sattelte das Pferd ( ) und ritt nach Hause.
3. Er sang ( ) und sang ( ) immer tiefer ( ) bis es nicht mehr weiter ging.
4. Bei Vertragsabschluss ( ) ist es am sichersten ( ) alle Vereinbarungen schriftlich festzuhalten.
5. Im Zusammenhang mit der steigenden Kriminalität ( ) nehmen die Verdächtigungen ( ) insbesondere was Ausländer anbetrifft ( ) beträchtlich zu.
6. Der Mannheimer Drehorgelmann ( ) von Hause aus mit der Rechtschreibung auf Kriegsfuß ( ) machte sein Instrument zu ( ) schloss den Wagen ein ( ) und fühlte den unwiderstehlichen Drang ( ) ein Bier trinken zu müssen ( ) oder wenigstens ( ) in einem Gasthaus einzukehren.
7. »Ich darf es nicht vergessen« ( ) dachte der Mann bei sich ( ) bevor er endlich einschlief ( ) und schon klingelte das Telefon.
8. Sie ist keine zartbesaitete Maid ( ) dachte er ( ) und nahm noch eine Beruhigungstablette ( ) bevor er sich weiter mit ihr unterhielt.
9. Ohne es zu wollen ( ) kam er der Lösung des Rätsels fast schon auf die Spur ( ) als er durch das Telefon abgelenkt wurde.
10. Er fuhr ( ) ohne zu gucken ( ) geradewegs ( ) mit seinem schönen neuen Fahrrad ( ) in die Hecke.

11. Für eine baldige Zusage ( ) wäre ich Ihnen sehr verbunden.
12. Aus diesem Grund sind gerade deshalb Pinguine geeignete Testobjekte für das Studium von Ausmaß ( ) Dauer und Bedingungen der Kältegewöhnung.
13. In der Bundesregierung hält sich leider niemand ( ) nicht einmal der ( ) Bundeskanzler ( ) für kompetent ( ) um eine derartige Prognose zu wagen.
14. Seine einzige Unterstützung bestand in dem Funkgerät ( ) falls dieses überhaupt funktionieren würde.
15. Am Aktienmarkt überwogen die Gewinne ( ) was namentlich für die Autopapiere und Chemiewerte galt.
16. Bei Vertragsabschluss ist es am besten ( ) sich alle gewünschten Zusätze schriftlich bestätigen zu lassen.
17. Die unmittelbare Nähe des Meeres ( ) garantierte immer eine frische Brise ( ) und versprach bei starker Hitze Kühlung.
18. In Zusammenhang mit den steigenden Produktionszahlen ( ) können auch die inländischen Unternehmen ( ) allen voran unsere Firma ( ) größere Aufträge verbuchen.
19. Wir hoffen ( ) mit diesem Buch ( ) ein deutlicheres Bewusstsein für die Lage der Auszubildenden geschaffen zu haben.
20. Wir hoffen sehr ( ) nun allseits ( ) Unterstützung zu finden.

Lösungen Seite 576/577

Rechtschreibvergleich

Die folgenden Aufgaben beschäftigen sich speziell mit der Rechtschreibreform. Ihre Aufgabe ist es, die alte Schreibweise in die neue zu bringen. Schreiben Sie die Sätze auf einem separaten Blatt jeweils in der neuen richtigen Schreibweise auf. In jedem Satz können mehrere jetzt neu zu schreibende Wörter enthalten sein. Sie haben 10 Minuten Zeit.

1. Wir sahen gestern abend eine Ballettänzerin.
2. Ich habe ähnliches bei ackerbautreibenden Völkern erlebt.
3. Ich will im besonderen erwähnen, dass es das beste ist, wenn wir auseinandergehen.
4. Er ist immer der alte geblieben, der gerne jemandem angst macht.
5. Egal ob bei arm oder reich – die blondgefärbte Blondine aß Delikatessgurken.
6. Der in der metallverarbeitenden Industrie tätige Panther war aus Pappmaché.
7. Die laubtragenden Bäume waren in Null Komma nichts entlaubt.
8. Der Rauhhaardackel fraß am liebsten Rauhfasertapete.
9. Der 80jährige hat bereits sein Schäfchen durch das Schalloch ins trockene gebracht.
10. Das schlimmste ist ein schlechtgelauntes Saxophon.

Lösungen Seite 577/578

Praktisch-technische Intelligenz

Dieser Abschnitt umfasst Aufgaben zur Rechenfähigkeit und zum mathematischen Denken, Aufgaben, die ein technisches Basisverständnis überprüfen, und last but not least soll Ihr räumliches Vorstellungsvermögen getestet werden.

Rechenfähigkeit und Mathematisches Denken

Neben der Rechtschreibung gehört die Rechenfähigkeit zu den so genannten Kulturtechniken, die in allen Personalausleseverfahren Überprüfungsgegenstand ist. Ansätze in dieser Richtung sind u.a. schon die Zahlenreihen und Zahlenmatrizenaufgaben gewesen, die wir im Abschnitt *Logisches Denken und Abstraktionsfähigkeit* vorgestellt haben. Neben den klassischen Grundrechenarten (Addition, Subtraktion, Multiplikation und Division) geht es um Bruch- und Dezimalrechnung, Prozent- und Zinsrechnung, Potenzieren, Wurzelziehen, in seltenen Fällen um Algebra. Einen breiten Raum nehmen Text- und Schätzaufgaben ein, während Geometrieaufgaben und das Umrechnen von Maßeinheiten seltener vorkommen.

Grundrechenarten

Bei den folgenden Aufgaben sollen Sie Ihre Rechenfähigkeit unter Beweis stellen. Sie haben 6 Minuten Zeit.

1. 33,24 + 1.725,11 + 845,23 + 2.936,12 =
   a) 5.529,70
   b) 5.539,71
   c) 5.439,70
   d) 5.539,70
   e) 4.539,70

2. 12.176,11 − 2.181,32 =
   a) 9.994,79
   b) 10.994,79
   c) 9.894,79
   d) 9.994,69
   e) 9.993,79

3. 11 × 13,125 =
   a) 144,365
   b) 143,375
   c) 134,375
   d) 144,375
   e) 14,375

4. 102,5 : 1,25 =
   a) 83
   b) 8,2
   c) 81
   d) 82
   e) 72

5. Welche Zahl ist um 1.000 kleiner als 177.909.483?
   a) 177.809.483
   b) 177.919.483
   c) 177.908.483
   d) 177.909.383
   e) 177.819.483

6. 14 × 8 = 7 × ?
   a) 14
   b) 16
   c) 15
   d) 18
   e) 22

7. −11 + 23 − (−1) =
   a) 10
   b) 11
   c) 12
   d) 13
   e) 33

8. 12 × (−4) =
   a) 48
   b) −48
   c) −38
   d) 38
   e) 0

Lösungen Seite 578

Schätzaufgaben

Die folgenden Rechenaufgaben sollen Sie mehr schätzen als ausrechnen. Deshalb haben Sie für 14 Aufgaben nur 5 Minuten Zeit.

1. 8.365 + 5.545 + 1.140 =
   a) 16.025
   b) 15.045
   c) 15.050
   d) 15.150
   e) 15.550
   f) 14.995

2. 7.320 + 2.675 + 7.533 =
   a) 21.155
   b) 20.150
   c) 19.995
   d) 20.005
   e) 19.555
   f) 17.528

3. 19.002 × 45.890 =
   a) 800.750
   b) 8.001.780
   c) 872.001.780
   d) 87.001.770
   e) 950.002.535
   f) 9.003.535

4. 55.455 + $^{5}/_{17}$ + 544 $^{2}/_{17}$ + 4.001 $^{10}/_{17}$ =
   a) 59.005 $^{1}/_{17}$
   b) 60.001
   c) 59.500
   d) 65.435 $^{2}/_{17}$
   e) 64.001
   f) 64.101 $^{1}/_{17}$

5. 48.825.412 – 41.940.437 =
   a) 555.555
   b) 6.884.975
   c) 38.749.750
   d) 4.950.753
   e) 4.125.655
   f) 4.002.354

6. 49 × 49 =
   a) 24.500
   b) 24.501
   c) 2.401
   d) 2.501
   e) 2.105
   f) 1.111

7. 311 × 811 + 45.501 =
   a) 25.223
   b) 101.222
   c) 220.571
   d) 297.722
   e) 350.455
   f) 400.503

8. 2,2 × 5,9 =
   a) 11,05
   b) 11,90
   c) 12,98
   d) 13,98
   e) 13,99
   f) 14,55

→

9. 199^2 =

a) 3.960
b) 29.507
c) 39.601
d) 49.602
e) 41.104
f) 40.201

10. $\sqrt{12.321}$ =

a) 11
b) 51
c) 111
d) 225
e) 550
f) 735

11. 17,25 + 13 + 0,75 + 0,005 =

a) 31,005
b) 310,05
c) 31,00
d) 20,00
e) 130,005
f) 30,80

12. 25,33 – 0,05 + 2 =

a) 27,38
b) 25,28
c) 25,38
d) 23,28
e) 23,38
f) 27,28

13. 7,5 – 0,025 + 11,425 =

a) –18,9
b) –3,95
c) 18,95
d) 18,9
e) 18,5
f) 19,425

14. 1.297 + ? = 9.289

a) 7.892
b) 7.998
c) 8.992
d) 7.992
e) 7.991
f) 8.121

Lösungen Seite 578

Dezimal- und Bruchrechnung

Für 15 Aufgaben haben Sie 17 Minuten Zeit.

1. $0{,}04 \times 0{,}02 =$
   a) 0,08
   b) 0,0008
   c) 0,008
   d) 0,006
   e) 0,6

2. $0{,}021 : 0{,}3 =$
   a) 0,063
   b) 0,07
   c) 0,7
   d) 0,007
   e) 0,63

3. $\frac{9}{4} : 0{,}025 =$
   a) 90
   b) 9.000
   c) 0,9
   d) 0,09
   e) 9

4. Wie oft ist 0,6 in 48 enthalten?
   a) 800-mal
   b) 40-mal
   c) 400-mal
   d) 8-mal
   e) 80-mal

5. $1\frac{3}{4} \times 2\frac{1}{4} =$
   a) $3\frac{15}{16}$
   b) $1\frac{1}{16}$
   c) 4
   d) $2\frac{3}{16}$
   e) $2\frac{1}{2}$

6. Verwandeln Sie $3\frac{2}{3}$ in Dezimalzahlen.
   a) $3{,}\overline{6}$
   b) 2,67
   c) 3,13
   d) 2,13
   e) 2,25

7. $4\frac{5}{8} - 1\frac{3}{4} =$
   a) $3\frac{1}{4}$
   b) $3\frac{2}{4}$
   c) $2\frac{7}{8}$
   d) $3\frac{2}{32}$
   e) $3\frac{7}{8}$

8. $\frac{3}{4} : \frac{1}{5} =$
   a) $2\frac{1}{2}$
   b) $\frac{4}{9}$
   c) $\frac{3}{20}$
   d) $3\frac{3}{4}$
   e) $3\frac{1}{4}$

9. $\frac{2}{3} + \frac{1}{2} =$
   a) $\frac{7}{6}$
   b) $5\frac{7}{8}$
   c) $\frac{3}{5}$
   d) $1\frac{1}{3}$
   e) $\frac{3}{4}$

10. $1\frac{3}{4} + 4\frac{1}{8} =$
    a) $5\frac{1}{3}$
    b) $5\frac{7}{8}$
    c) $5\frac{1}{2}$
    d) $5\frac{3}{4}$
    e) $5\frac{1}{8}$

11. $\frac{4}{4} \times \frac{1}{3} =$
    a) $\frac{4}{12}$
    b) $\frac{5}{8}$
    c) $2\frac{2}{5}$
    d) $\frac{5}{3}$
    e) 1

12. $\frac{5}{8} - \frac{1}{3} =$
    a) $\frac{1}{2}$
    b) $\frac{6}{24}$
    c) $\frac{4}{8}$
    d) $\frac{4}{5}$
    e) $\frac{7}{24}$

13. $0{,}05 - 0{,}005 =$
    a) 0,010
    b) 0,015
    c) 0,45
    d) 0,045
    e) 0,0045

14. $0{,}25 + \frac{1}{4} =$
    a) 1
    b) 1,2
    c) 0,45
    d) 0,5
    e) 0,75

15. $3\frac{1}{5} : 0{,}08 =$
    a) 4
    b) 4,0
    c) 40
    d) 0,4
    e) 0,04

Lösungen Seite 578

Maße und Gewichte

Für 6 Aufgaben haben Sie 5 Minuten Zeit.

1. 4 Pfund und 30 Gramm sind wie viel Gramm?

   a) 430
   b) 4.030
   c) 203
   d) 20,3
   e) 2.030

2. Ein Kanister hat folgende Innenmaße: Länge: 80 cm, Breite: 40 cm, Höhe: 60 cm. Wie viele Kubikdezimeter Wasser kann er enthalten?

   a) 0,192
   b) 192.000
   c) 1,92
   d) 192
   e) 19,2

3. Schreiben Sie 90 Zentner als Tonne.

   a) 9
   b) 4,5
   c) 45
   d) 0,45
   e) 0,9

4. Ein Pflasterer benötigt für eine Fläche von 50 m^2 Platten, deren Größe jeweils 10 × 20 cm beträgt. Wie viele Platten benötigt der Pflasterer?

   a) 500
   b) 2.500
   c) 50
   d) 250
   e) 5.000

5. Wie viele Stunden und Minuten sind 18.600 Sekunden?

   a) 5 Std. 10 Min.
   b) 3 Std. 10 Min.
   c) 31 Std.
   d) 5 Std.
   e) 3 Std.

6. Schreiben Sie 0,55 a als m^2.

   a) 550
   b) 55
   c) 5.500
   d) 1.100
   e) 5.5

Lösungen Seite 578

Textaufgaben

Diese Form des Denk- und Rechenproblems ist Ihnen sicherlich nicht unbekannt. Wir verzichten auf eine Beispielaufgabe und weitere Erklärungen und geben Ihnen für die Bearbeitung dieser 42 Aufgaben 75 Minuten Bearbeitungszeit.

1. Ein Motorroller verbraucht 6 Liter Benzin auf 100 km. Wie viel verbraucht er auf 250 km, und wie viele km kann er mit einem 24 Liter fassenden Tank fahren?

2. Ein Malergeselle renoviert ein Zimmer von 18 m^2 an einem Arbeitstag in 8 Stunden. Der Azubi schafft in der gleichen Zeit nur $1/3$ dieser Arbeitsleistung. Der Meister arbeitet noch schneller als der Geselle und liegt damit 25 Prozent höher in der Arbeitsleistung. Wie hoch ist die Differenz der geleisteten Arbeit (renovierter Raum in m^2) zwischen bestem und schlechtestem Ergebnis nach $1\,1/2$ Arbeitstagen?

3. Ein Händler kauft für 10.500 Euro Gewürzpartien. An jeder verkauften Gewürzpartie verdient er 100 Euro. Nach Verkauf seines Gesamtbestandes hat er 14.000 Euro umgesetzt. Wie viele Gewürzpartien hatte er?

4. Wie groß ist die monatliche Rate für die Bank bei einer jährlichen Zinsbelastung von 9,5 Prozent für eine Kreditsumme von 150.000 Euro (ohne Tilgung)?

5. Die Reaktionszeit eines Gefahrgutlastwagenfahrers beträgt eine Sekunde. Wie viele Meter fährt der Fahrer, wenn er mit einer Geschwindigkeit von 96 km/h fährt und plötzlich ein Stauende sieht, bevor er anfängt zu bremsen?

6. Ein Metallrohr von 90 m Länge ist so zu zerschneiden, dass das eine Stück $2/3$ der Länge des anderen beträgt. Wie lang ist das kürzere Stück Rohr?

7. Ein Löwe, ein Gepard und eine Hyäne fressen gemeinsam ein Zebra. Der Löwe alleine würde das Zebra in einer Stunde auffressen. Der Gepard bräuchte drei Stunden dafür und die Hyäne sechs. Wie viel Zeit brauchen sie, wenn sie das Zebra zusammen fressen?

→

8. Zwei Inline-Skater sehen sich zu einem Kurztreffen um 14.55 Uhr. Sie tauschen für 5 Minuten ihre Erfahrungen aus und setzen ihren entgegengesetzten Weg fort. Wie groß ist die Entfernung zwischen ihnen nach 80 Minuten, wenn der eine 12 km, der andere Inline-Skater 7,5 km in der Stunde zurücklegt?

9. Ein rechteckiges Grundstück hat eine Größe von 2.193 m^2 bei einer Front von 51 m Länge. Wie breit ist das Grundstück?

10. Ein Drittel dieser Testaufgaben ist leicht, ein Sechstel schwer. Wie viel Prozent der Aufgaben sind weder schwer noch leicht?

11. Eine Maus ist 4 Jahre alt. Nur $1/24$ hat sie von dieser Zeit außerhalb des Nestes verbracht. Wie viele Monate sind das?

12. Teilt man eine Zahl x durch 3,4 und erhält als Ergebnis 9,2, dann muss die Zahl x wie lauten?

13. Ein Trinkwasservorrat reicht für 12 Personen 16 Tage aus. Wie viele Tage könnten 6 Personen davon trinken?

14. Eine Steinsetzerfirma benötigt für einen Platz mit 500 m^2 Fläche Pflastersteine. Die Größe der Steine beträgt 10 × 15 × 20 cm (B × H × T). Wie viele Steine müssen bestellt werden?

15. Die Maße eines Hohlraumes betragen 4 m Länge, 20 cm Breite und 150 mm Höhe. Wie viel Kubikdezimeter hat der Hohlraum?

16. Bei einem Ehepaar beträgt der Altersunterschied zwischen den beiden Partnern 5 Jahre. Das Lebensalter der beiden addiert beträgt 75 Jahre. Wie alt ist der ältere Partner?

17. Eine Erbschaft von 52.000 Euro soll unter zwei Erben so verteilt werden, dass der jüngere Erbe einen dreimal so großen Erbteil wie der ältere Erbe bekommt. Wie groß ist der kleinere Erbteil in Euro?

18. Ein Lottogewinn von 576.000 Euro soll im Verhältnis 4 : 5 aufgeteilt werden. Wie groß ist der kleinere Gewinnanteil?

19. Von 30 Testaufgaben haben Sie 18 richtig. Wie viel Prozent sind das?

20. Wenn von 100 geborenen Kindern 63 Jungen sind, wie viele Prozent Mädchen wurden geboren?

21. Wenn man aus einem Liter Vollmilch 3 Prozent Fett gewinnen kann, wie viel Liter Milch werden dann benötigt, um 1,5 kg Fett zu gewinnen?

22. Ein Schreibwarenhändler verkauft Schreibhefte. Für zwei verlangt er so viel, wie ihn drei gekostet haben. Wie hoch ist der Gewinn in Prozent?

23. Während sich ein großes Zahnrad 36-mal dreht, muss sich ein kleineres 108-mal drehen. Wenn sich das kleinere Zahnrad aber 432-mal gedreht hat, wie viele Male muss sich dann das größere gedreht haben?

24. Ein Bauer exportiert $3/4$ seiner Kartoffeln ins Nachbardorf und verkauft $4/5$ des verbleibenden Restes in seinem Heimatdorf. Wie viel Prozent der Produktion bleiben noch übrig?

25. Wenn eine Flasche $7/8$ gefüllt ist, enthält sie Champagner im Wert von 84 Euro. Wie hoch ist der Wert der Flasche, wenn sie nur noch $1/2$ voll ist?

26. Wenn ein Mädchen 50 Cent hat und 15 Cent ausgibt, wie viel behält sie übrig?

27. Wie viele Kilometer fährt ein Radrennfahrer in 7 Stunden, wenn er es schafft, konstant 40 km/h zu fahren?

28. 15 Kisten Bananen wiegen 250 kg. Jede leere Kiste wiegt 3 kg. Wie viel wiegen die Bananen?

29. Ein Pferdewirt hat einen Kraftfuttervorrat, der für 7 Pferde 78 Tage reicht. Wie viele Tage reicht der Vorrat für 21 Pferde?

30. Drei Lutscher kosten 5 Cent. Wie viele Lutscher kann man für 50 Cent kaufen?

31. Ein Läufer kann 1,75 m in $1/4$ Sekunde laufen. Wie viele Meter kann er in 10 Sekunden laufen?

→

32. Wenn eine Scheune 15 m südlich von einem Brunnen steht und der Brunnen sich 30 m südlich von einem Haus befindet, wie viele Meter sind es dann von der Scheune zum Haus?

33. Wenn 4,5 laufende Meter Teppich 90 Euro kosten, wie viel Euro kosten dann 2,5 m?

34. Sieben Bauarbeiter können eine Arbeit in 6 Stunden beenden. Wie viele Leute braucht man, um die Arbeit in einer halben Stunde zu beenden?

35. Ein 48 cm langer Eisendraht dehnt sich beim Erwärmen auf 52 cm aus. Wie lang wird ein 72 cm langer Draht beim Erwärmen?

36. In einem Handwerksbetrieb werden 304 Kugelschreiber in 8 Stunden produziert. Wie viele werden in einer halben Stunde produziert?

37. Für eine Legierung nimmt man zwei Teile Silber und drei Teile Gold. Wie viel Gramm Silber braucht man bei der Herstellung von 15 Gramm dieser Legierung?

38. Für je 3 Euro, die Thorben hat, hat Katharina 5 Euro. Wenn sie zusammen 120 Euro haben, wie viel hat dann Katharina davon?

39. Michaela reitet mit ihrem Pferd Candy 60 m, während Yvonne mit ihrem Pferd Dusty 40 m weit reitet. Wie viele Meter reitet Michaela, wenn Yvonne 60 m reitet?

40. Inga hat $1/10$ ihres Geldes für Eis und 4-mal so viel für Süßigkeiten ausgegeben. Sie hat noch 3 Euro übrig. Wie viel Euro hatte sie vor ihrem Einkauf?

41. In zwei Kisten sind 43 Gläser Gurken verpackt. In einer Kiste sind neun Gläser mehr als in der anderen. Wie viele Gläser Gurken sind in der kleineren Kiste?

42. Eine Rolle Teppich von 60 m Länge soll so geschnitten werden, dass ein Stück $2/3$ der Länge des anderen beträgt. Wie lang ist das kürzere Stück?

Lösungen Seite 579

Zahlenreihen

Die folgenden Zahlenreihen sind nach einer bestimmten Regel aufgebaut. Ihre Aufgabe ist es, das nächste Glied (bei den Aufgaben x, y, z die zwei nachfolgenden) in einer Reihe herauszufinden.

Beispiel:	2	4	6	8	10	12	14	?

Die richtige Lösung ist 16. Die nächstfolgende Zahl wächst immer um 2.

Für die folgenden 26 Zahlenreihen haben Sie 20 Minuten Zeit, für die nachfolgenden 3 Blöcke jeweils 8 Minuten.

a)	3	4	6	9	13	18	24	?		
b)	4	5	6	8	10	13	16	20	24	?
c)	6	7	5	8	4	9	3	10	2	?
d)	3	9	10	5	15	16	8	24	25	?
e)	8	8	15	13	13	19	16	16	21	?
f)	1	2	3	5	8	13	21	?		
g)	9	12	16	20	25	30	36	42	?	
h)	114	57	60	30	34	17	22	11	?	
i)	2	3	6	11	18	27	?			
j)	8	7	7	5	10	7	21	17	?	
k)	15	19	22	11	15	18	9	?		
l)	8	15	24	35	48	63	?			
m)	4	5	7	4	8	13	?			
n)	27	9	6	18	21	7	4	?		
o)	39	13	6	30	10	3	?			
p)	84	21	63	65	64	16	48	50	?	
q)	200	100	105	35	40	10	?			
r)	3	6	10	30	35	140	146	730	?	
s)	75	80	40	45	15	20	5	10	?	
t)	17	14	7	21	18	9	?			
u)	199	150	108	73	45	24	?			
v)	3	5	2	8	13	7	?			
w)	34	33	66	22	18	90	15	8	?	
x)	12	19	17	17	23	20	20	25	?	?
y)	24	26	11	15	3	9	0	8	?	?
z)	11	13	17	25	32	37	47	58	?	?

→

1. Block

A	3	5	7	9	11	13	15	?
B	27	30	29	32	33	36	35	?
C	103	98	103	99	103	100	103	?
D	7	10	13	17	21	26	31	?
E	10	11	13	14	16	17	19	?
F	10	15	22	31	42	55	70	?
G	10	11	13	10	14	19	13	?
H	2	4	1	4	9	3	21	?
I	9	6	3	9	6	3	9	?
J	13	21	34	55	89	144	233	?

2. Block

A	2	4	3	9	8	64	63	?
B	10	5	20	10	30	15	30	?
C	54	52	26	24	12	10	5	?
D	18	20	40	42	84	86	172	?
E	100	50	52	26	28	14	16	?
F	10	20	40	30	60	120	110	?
G	33	30	15	45	42	21	63	?
H	20	5	9	36	40	10	14	?
I	12	9	27	30	10	7	21	?
J	18	20	10	14	6	12	6	?

3. Block

A	15	10	13	8	11	6	?	
B	5	3	6	2	7	1	?	
C	5	2	6	2	8	3	?	
D	16	4	8	9	3	6	?	
E	1	1	3	9	12	144	?	
F	−10	50	45	−180	−184	552	?	
G	5	4	7	6	10	9	?	
H	32	16	21	7	12	3	?	
I	18	9	36	28	112	105	?	
J	5	12	10	10	16	13	26	?

Lösungen Seite 579/580

Zahlenmatrizen

Zahlenmatrizen sind ähnlich wie Zahlenreihen zu bearbeiten. Man muss das Aufbauprinzip erkennen und die Fragezeichen sinnvoll ersetzen.

Beispiel:

1	2	3	4	
4	3	2	1	
1	2	?	4	Lösung: 3
4	?	2	1	Lösung: 3

Für die folgenden 9 Aufgaben haben Sie 15 Minuten Zeit.

A

2	4	6	8
3	5	7	9
1	3	?	7
?	6	8	?

B

48	51	17	20
51	54	18	21
54	57	?	22
?	60	20	23

C

3	11	7	9
9	11	7	15
15	?	19	21
27	29	25	?

D

156	148	37	39
64	56	14	16
24	16	?	6
12	4	1	?

E

12	34	56
23	?	67
34	56	78

F

16	64	68
12	48	?
8	32	36

G

5	3	6
2	?	1
8	0	9

H

1	4	9
16	25	?
49	64	81

I

52	55	58
67	64	61
?	73	76

Lösungen Seite 581

Gelassenheit ist die angenehmste Form des Selbstbewusstseins.

Marie von Ebner-Eschenbach

Technisches Verständnis

Hier ist sicher zunächst einmal der Hinweis angebracht, dass nicht bei jedem Personalausleseverfahren Fragen zum technischen Verständnis eingesetzt werden, sondern eher z.B. bei Ausbildungsberufen, in denen der Umgang mit Geräten, Werkzeugen und Maschinen im Mittelpunkt steht.

Technisch-physikalische Aufgaben

Beispiel:

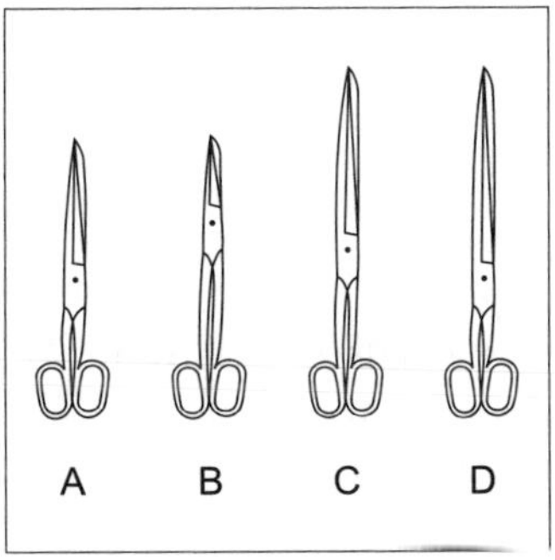

Mit welcher Schere kann man dicke Pappe besser schneiden?

a) A
b) B
c) C
d) D

Lösung: B

Für die folgenden 20 Aufgaben haben Sie 10 Minuten Zeit.

Noch ein Hinweis: Im Gegensatz zur sonst üblichen Praxis können falsche Lösungen mit Minuspunkten bestraft werden – also Vorsicht beim Raten!

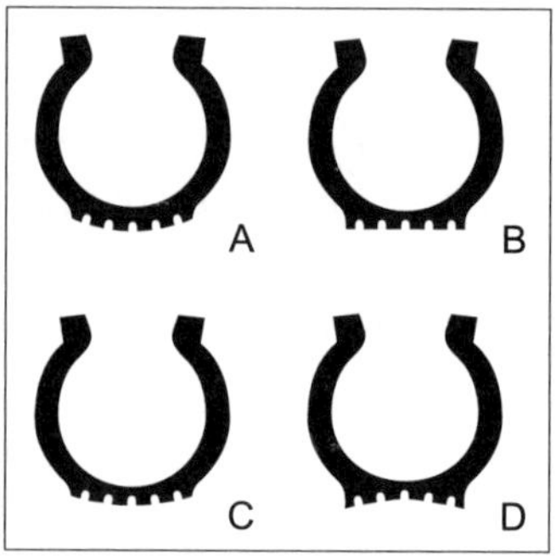

1. Welcher Autoreifen wurde mit zu hohem Luftdruck gefahren?
   a) A
   b) B
   c) C
   d) D

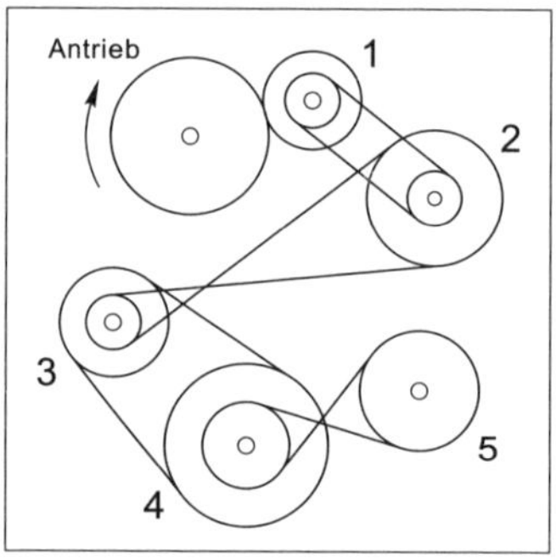

2. Welche Räder drehen sich entgegen der Antriebsrichtung?
   a) 1, 2, 4
   b) 1, 2, 5
   c) 2, 3, 4
   d) 2, 4, 5

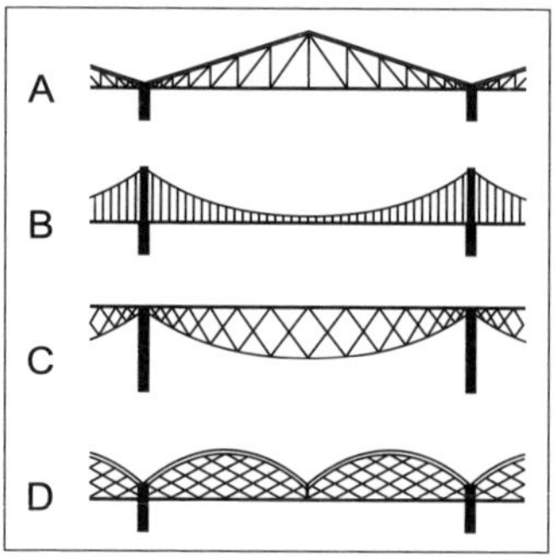

3. Mit welcher Brückenkonstruktion lässt sich eine größtmögliche Entfernung ohne Zwischenpfeiler überbrücken?
   a) A
   b) B
   c) C
   d) D

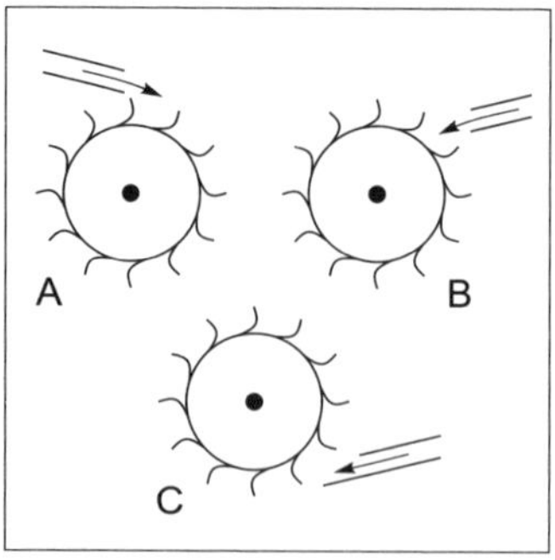

4. Welches Wasserrad liefert die größte Kraft?
   a) A
   b) B
   c) C

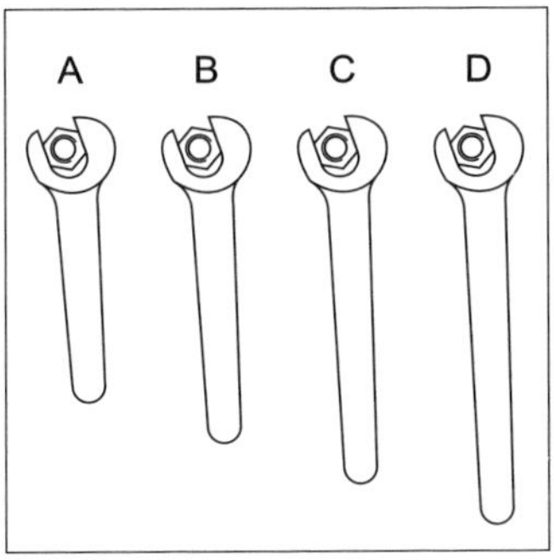

5. Mit welchem Schraubenschlüssel kann man die Mutter am festesten ziehen?
   a) A
   b) B
   c) C
   d) D

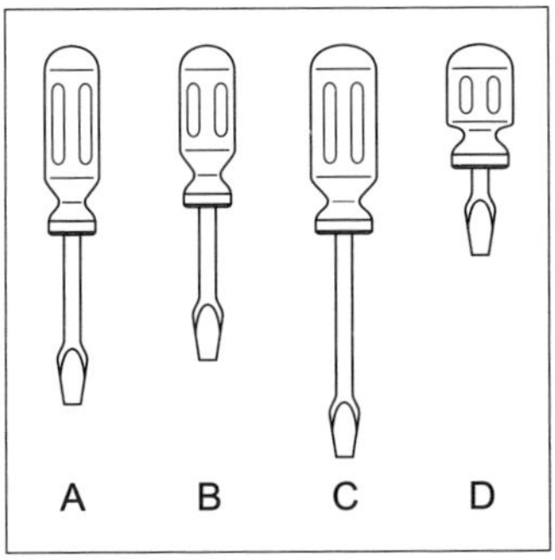

6. Welcher Schraubendreher ist am besten dazu geeignet, eine Schraube fest anzuziehen?
   a) A
   b) B
   c) C
   d) D

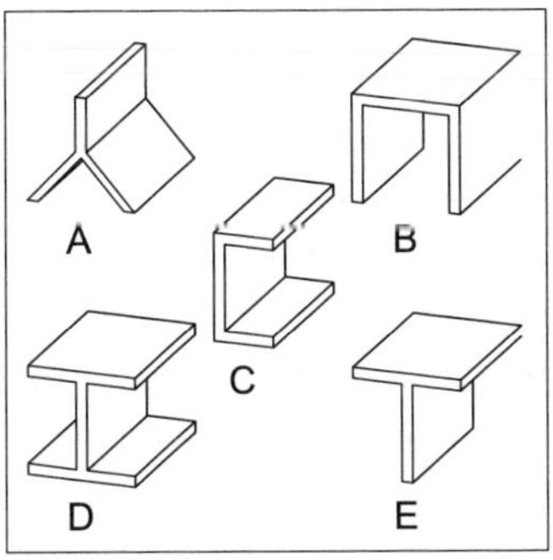

7. Welches Stahlträgerprofil hält die stärkste Belastung aus?
   a) A
   b) B
   c) C
   d) D
   e) E

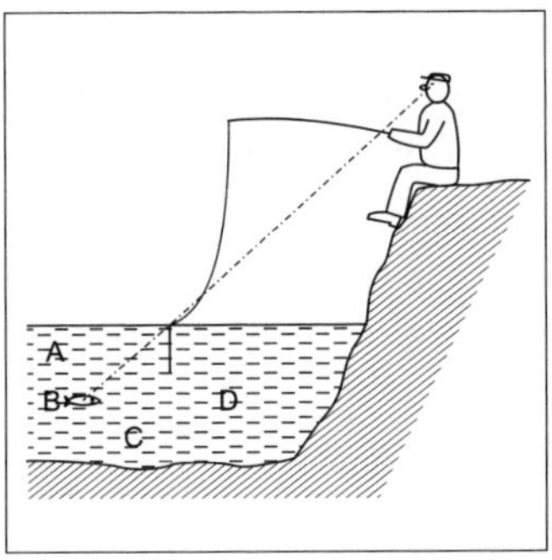

8. Der Angler sieht den Fisch an Punkt B. Wo befindet sich der Fisch wirklich?
   a) A
   b) B
   c) C
   d) D

→

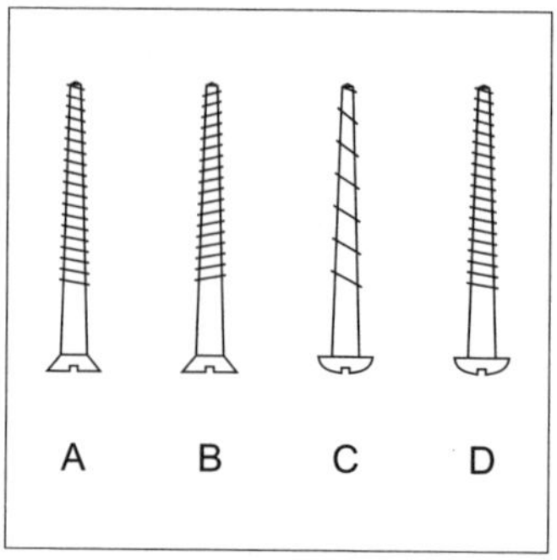

9. Welche Holzschraube ist zweckmäßig konstruiert?
   a) A
   b) B
   c) C
   d) D

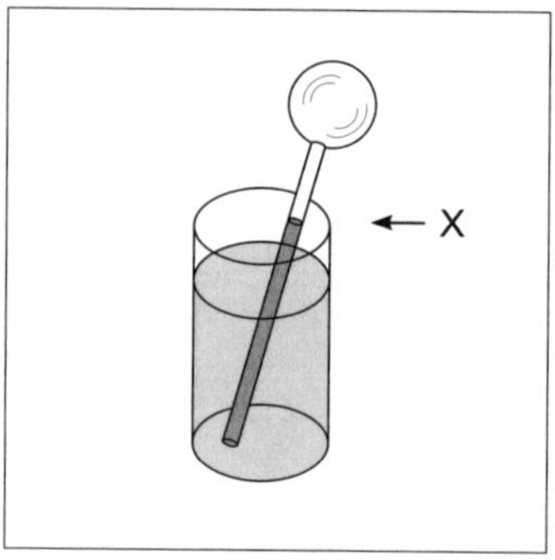

10. Was passiert, wenn man die Glaskugel einige Minuten in der Hand hält?
   a) Die Flüssigkeit steigt im Glasrohr bei X.
   b) Die Flüssigkeit verändert nicht ihre Höhe.
   c) Die Flüssigkeit sinkt im Glasrohr, steigt im Glas.

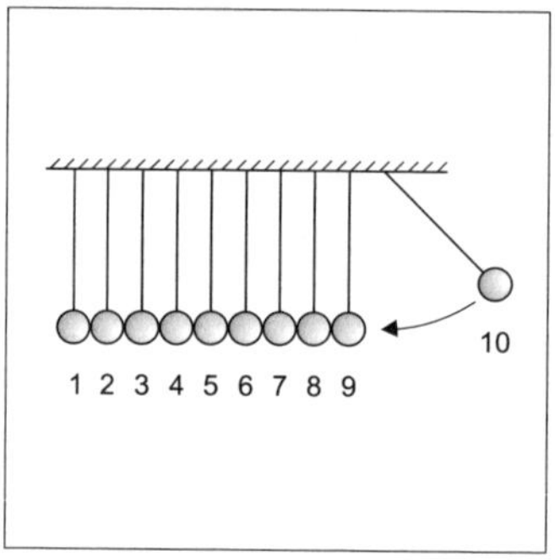

11. Was passiert, wenn die zehnte auf die neunte Kugel aufprallt?
   a) Neun Kugeln bewegen sich nicht, die zehnte prallt zurück.
   b) Nur die erste Kugel bewegt sich nach links.
   c) Alle Kugeln bewegen sich nach links.
   d) Neun Kugeln bewegen sich nach links, die zehnte Kugel prallt zurück.

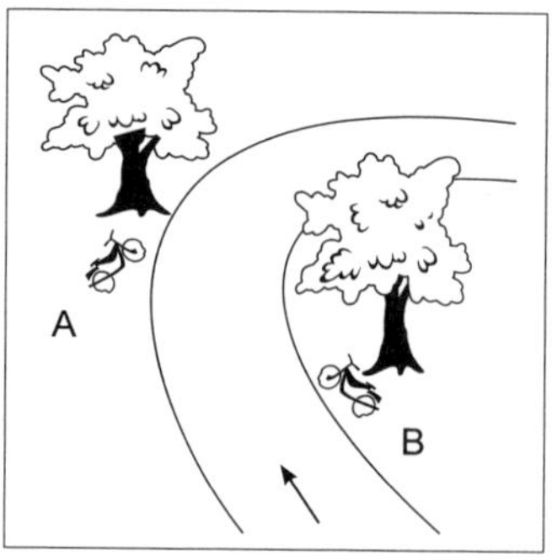

12. Zu welcher Seite wird ein Motorradfahrer wegen überhöhter Geschwindigkeit bei einer Rechtskurve geschleudert?
   a) A
   b) B

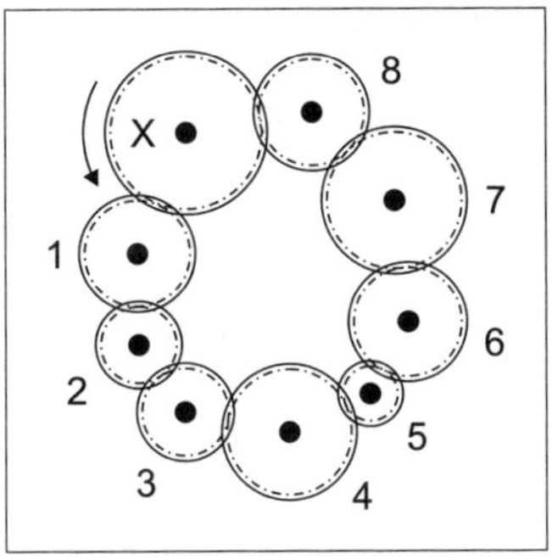

13. Welche Zahnräder drehen sich in die gleiche Richtung?
   a) alle
   b) 1, 3, 6, 8
   c) 2, 4, 6, 8
   d) Konstruktion funktioniert nicht

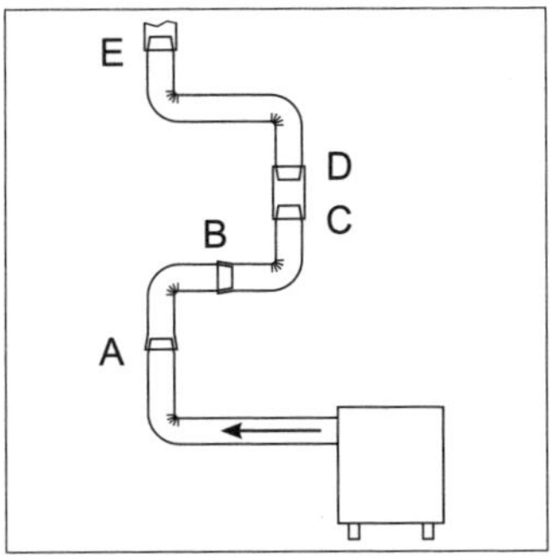

14. An welcher Stelle ist bei der Montage des Ofenrohres ein Fehler unterlaufen?
   a) A
   b) B
   c) C
   d) D
   e) E

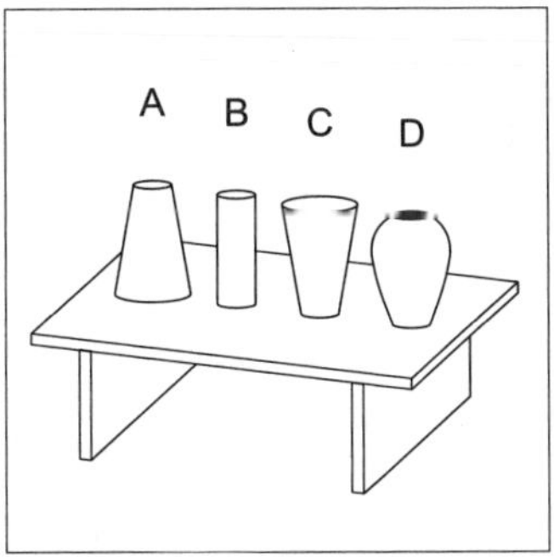

15. Welche Vase steht am sichersten?
   a) A
   b) B
   c) C
   d) D

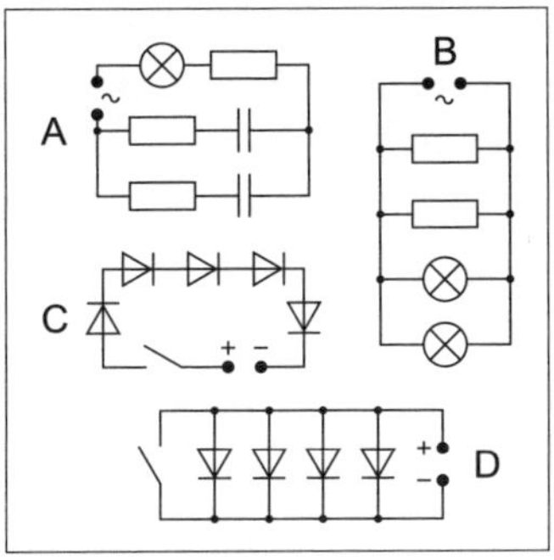

16. Welcher Stromkreis ist geschlossen?
   a) A
   b) A, B
   c) A, B, C
   d) A, B, D

→

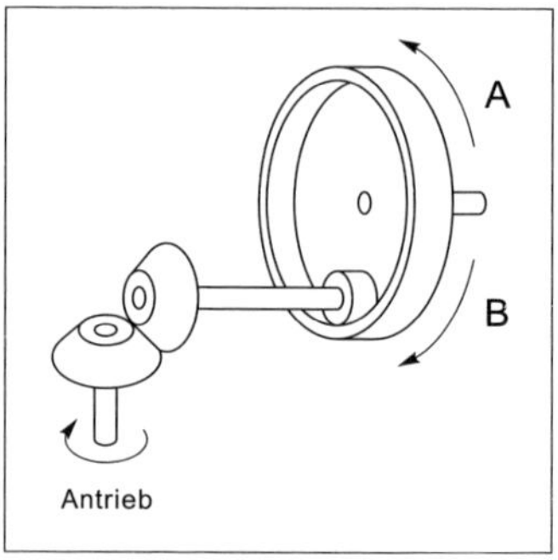

17. In welche Richtung dreht sich das große Rad?
    a) A
    b) B

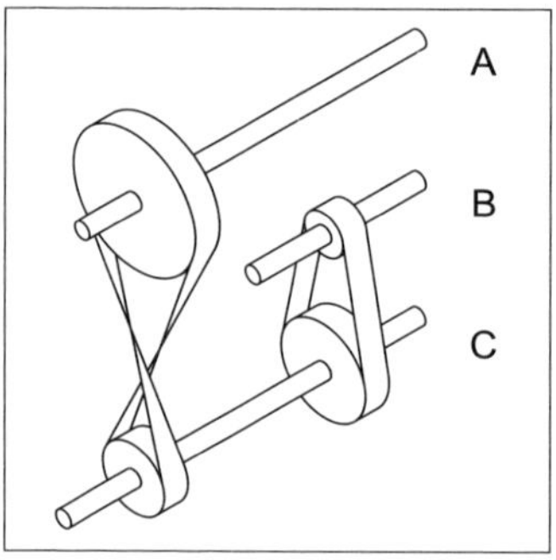

18. Welche Achse dreht sich am schnellsten?
    a) A
    b) B
    c) C

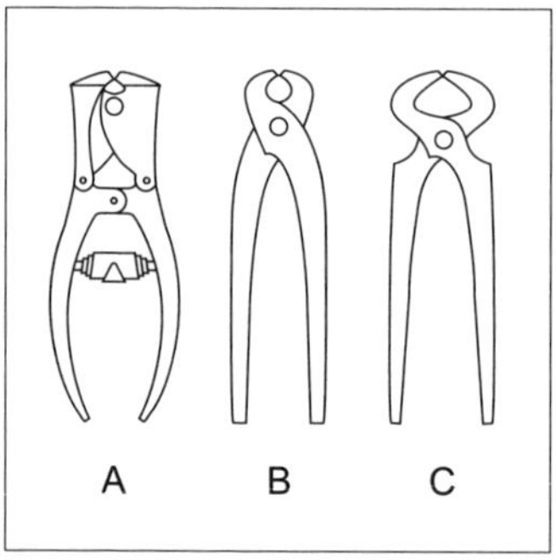

19. Mit welcher Drahtschneidezange lässt sich ein Draht am leichtesten durchschneiden?
    a) A
    b) B
    c) C

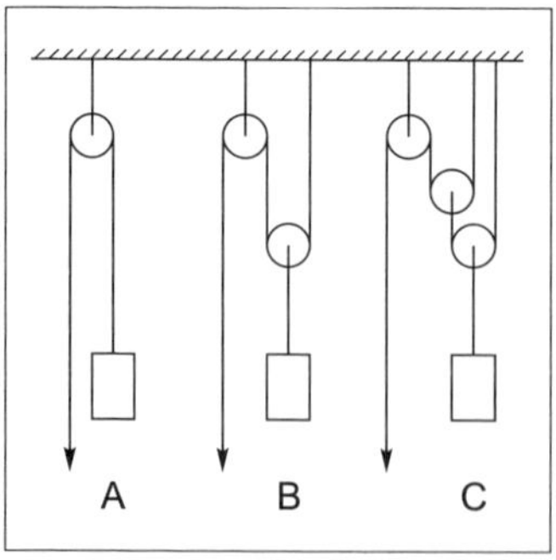

20. Mit welchem Flaschenzug benötigt man die geringste Kraftanstrengung zum Heben der Last?
    a) A
    b) B
    c) C

Lösungen Seite 582

Räumliches Vorstellungsvermögen

In diesem Abschnitt geht es um Ihre Fähigkeit, sich Formen und komplexe Bewegungsabläufe im Raum aufgrund von schriftlichen Darstellungen bzw. zweidimensionalen Zeichnungen vorstellen und diese analysieren zu können. Manche Aufgaben gehen schon in Richtung technisches Verständnis.

Spiegelbilder

Die folgenden Figuren lassen sich durch einfaches Verschieben zur Deckung bringen – bis auf eine. Diese muss man erst umklappen, bis auch sie durch Verschieben zur Deckung mit den anderen Figuren gebracht werden kann. Welche Figur das ist, sollen Sie herausfinden.

1. Beispiel:

a b c d e f

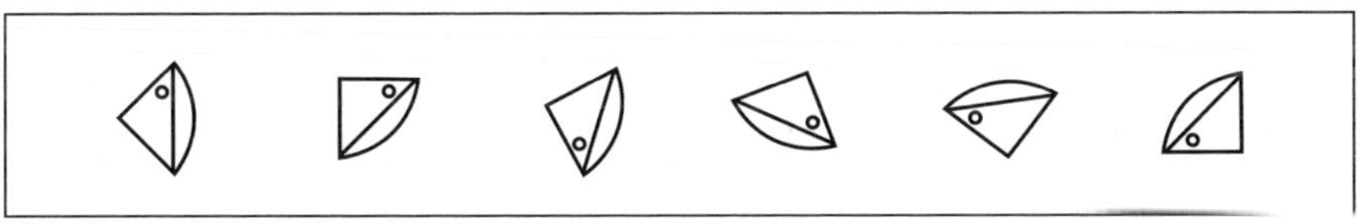

Lösung: c

2. Beispiel:

a b c d e f

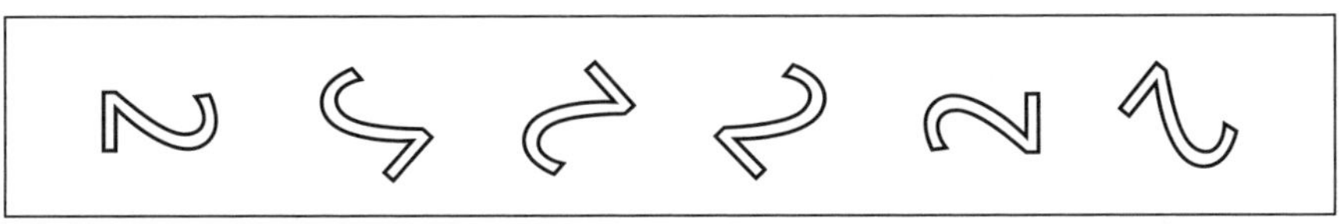

Lösung: b

Für die folgenden 50 Aufgaben haben Sie 20 Minuten Zeit.

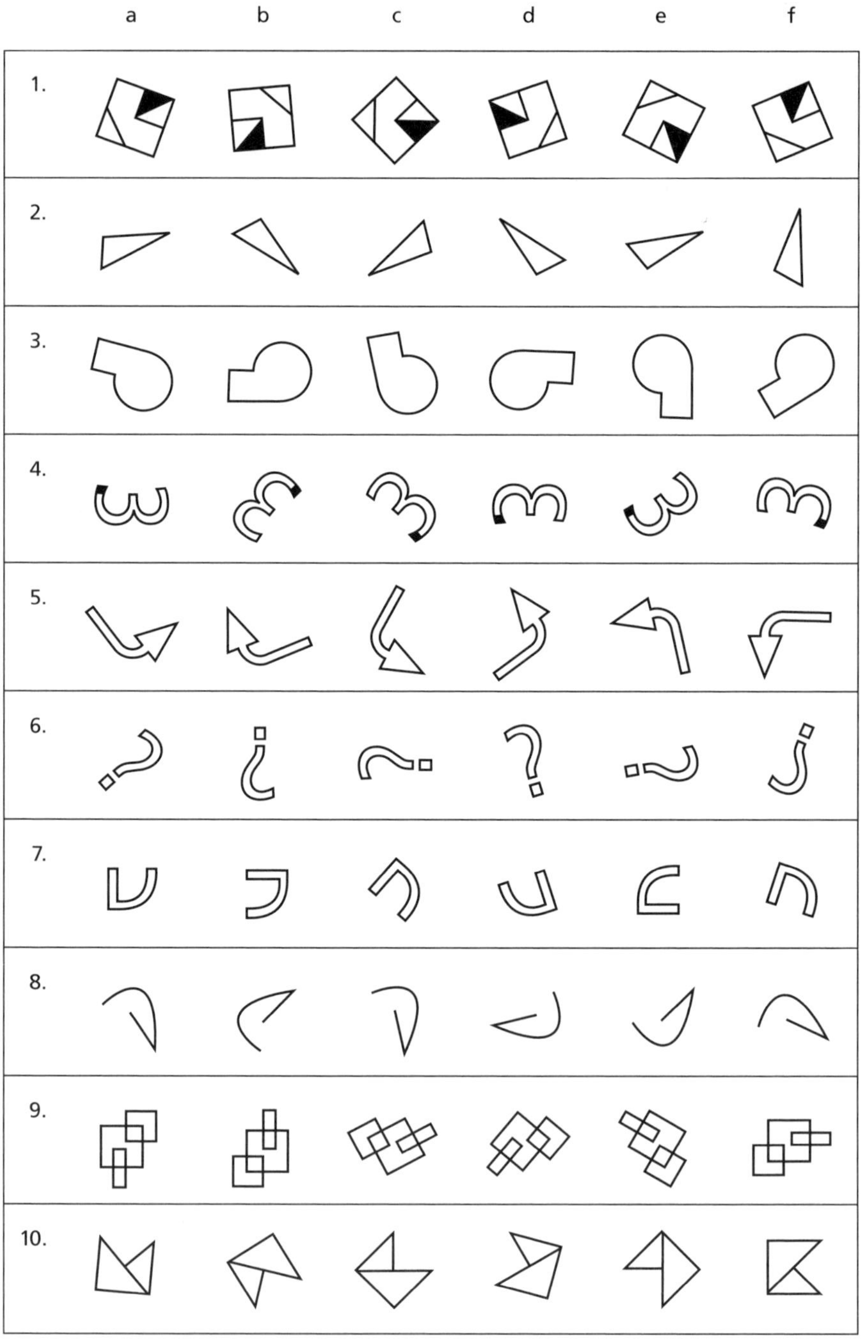
a b c d e f
1.
2.
3.
4.
5.
6.
7.
8.
9.
10.

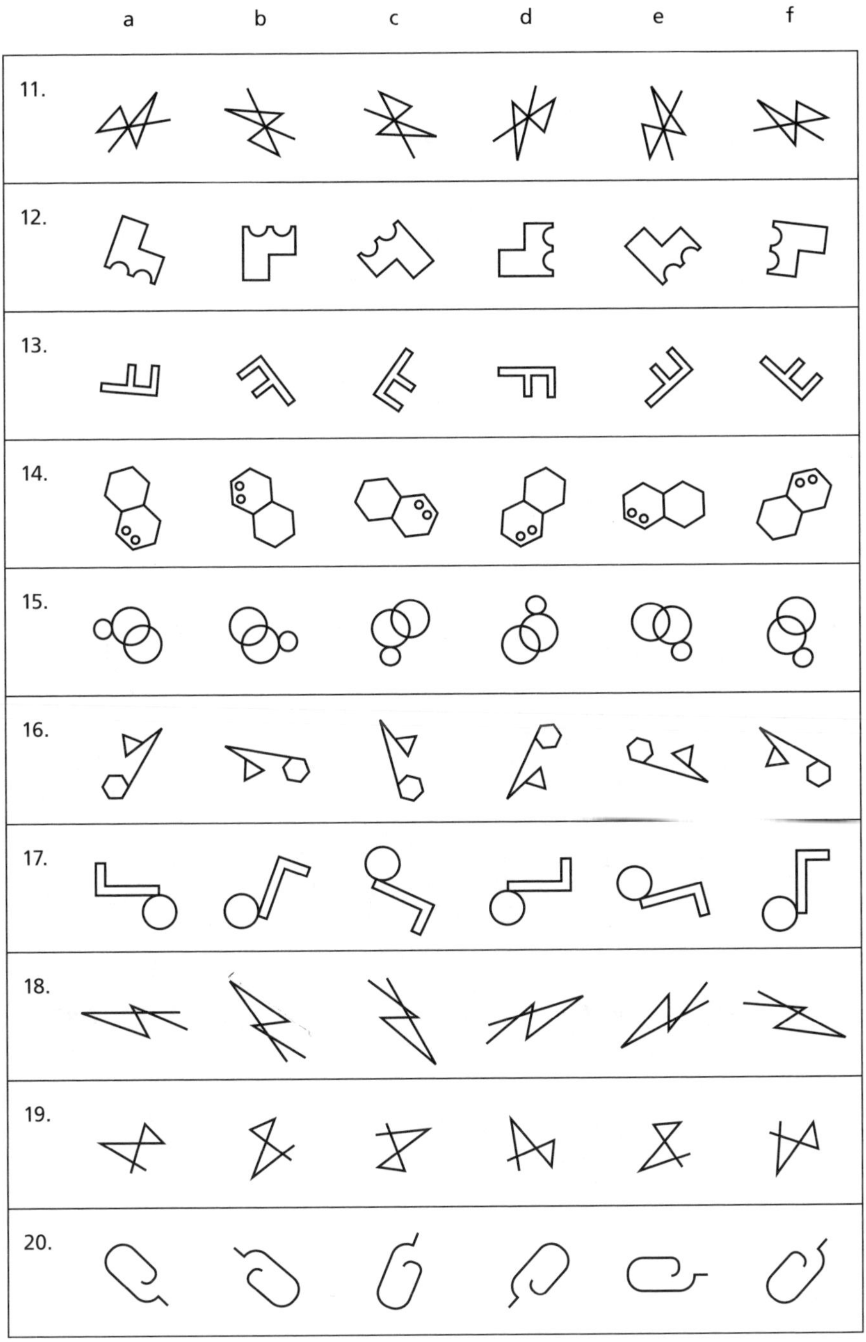
a
b
c
d
e
f
11.
12.
13.
14.
15.
16.
17.
18.
19.
20.

→

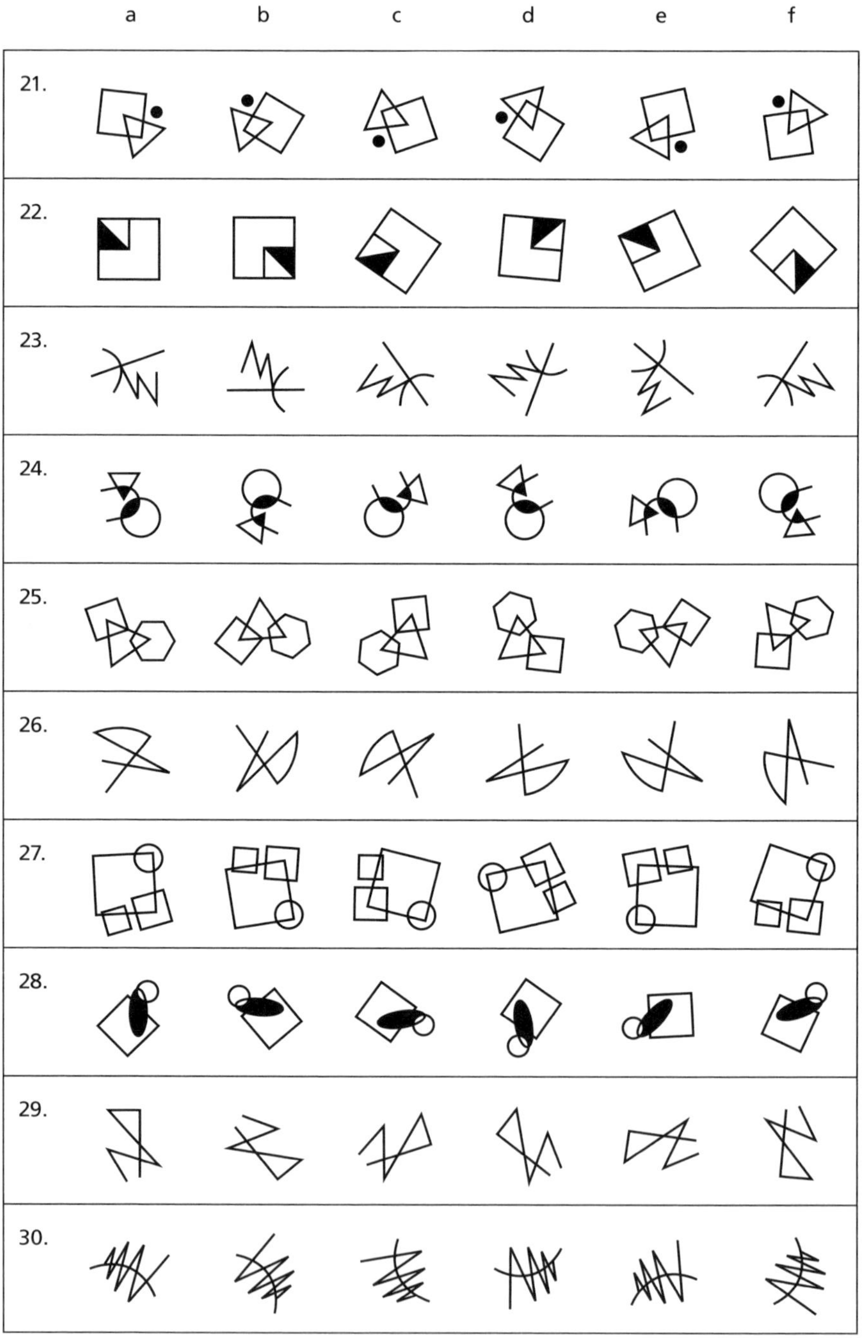
a b c d e f
21.
22.
23.
24.
25.
26.
27.
28.
29.
30.

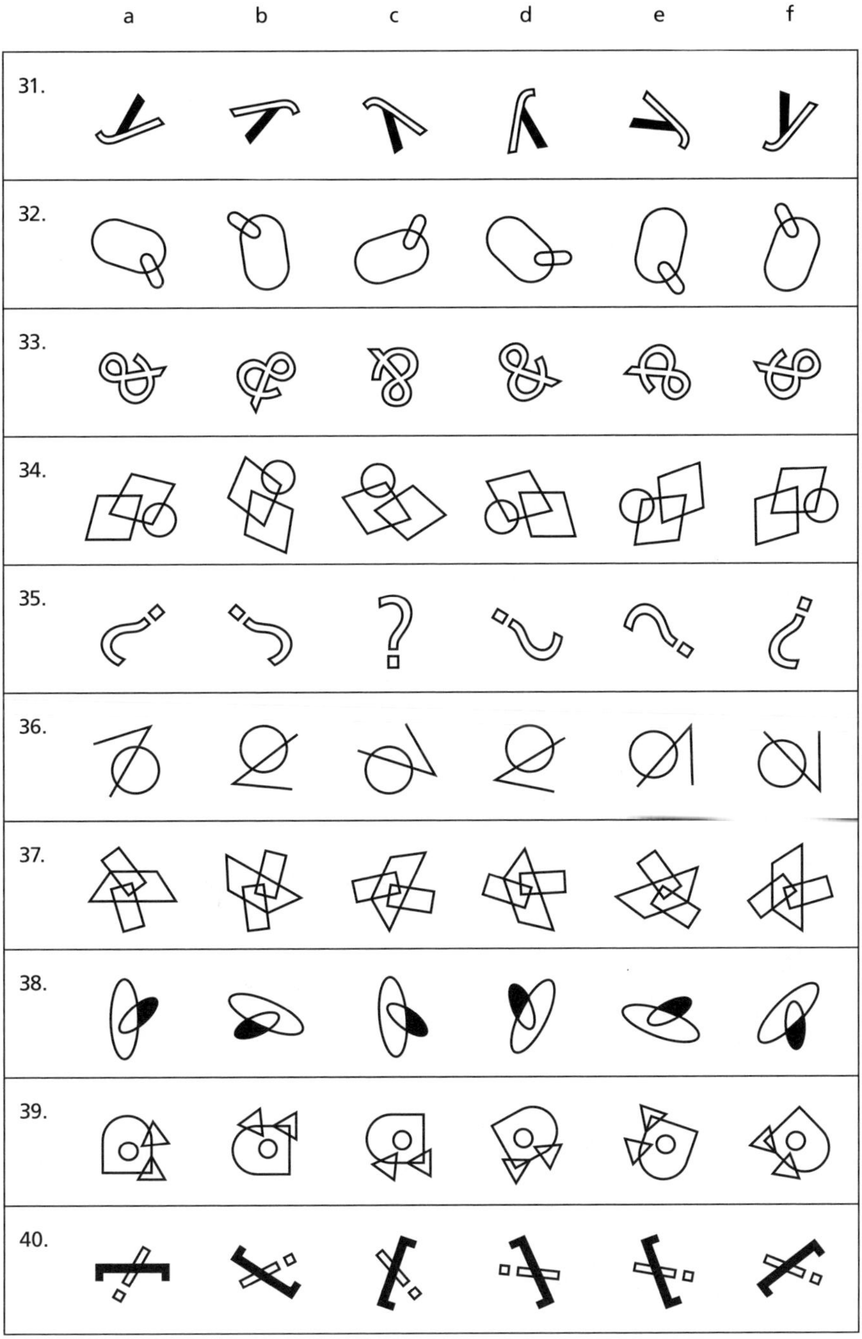
a b c d e f
31.
32.
33.
34.
35.
36.
37.
38.
39.
40.

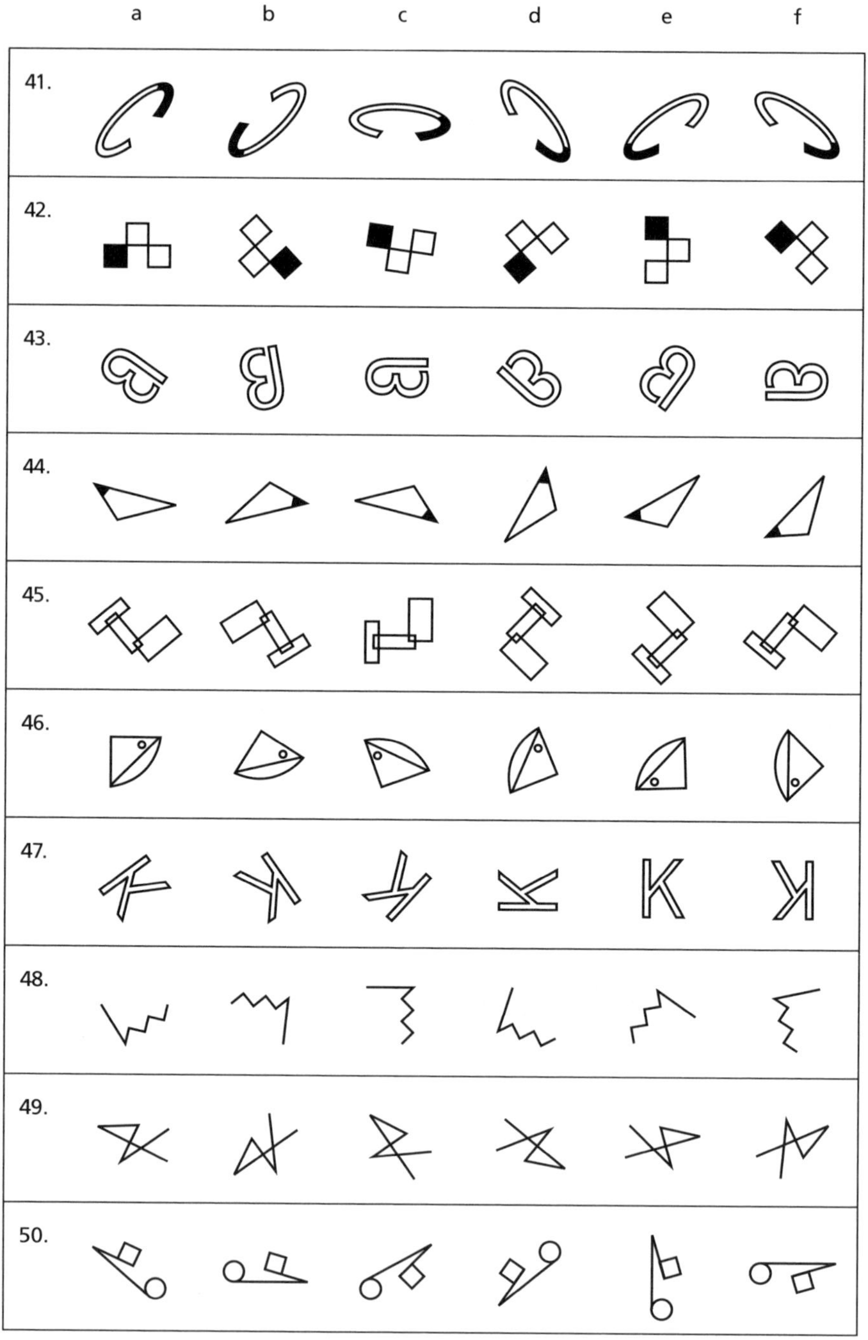

Lösungen Seite 582

Abwicklungen

Auch wenn Ihnen dieses Wort schon einmal in einem anderen Zusammenhang untergekommen ist, hier geht es um Fragen wie: Welcher der vier links dargestellten Körper kann aus der Faltvorlage rechts gebildet werden? Die Faltvorlage stellt immer die Außenseite des Körpers dar.

1. Beispiel:

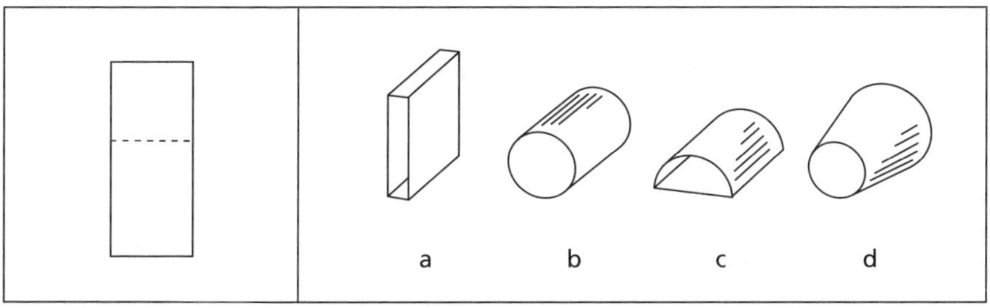

Lösung: c

2. Beispiel:

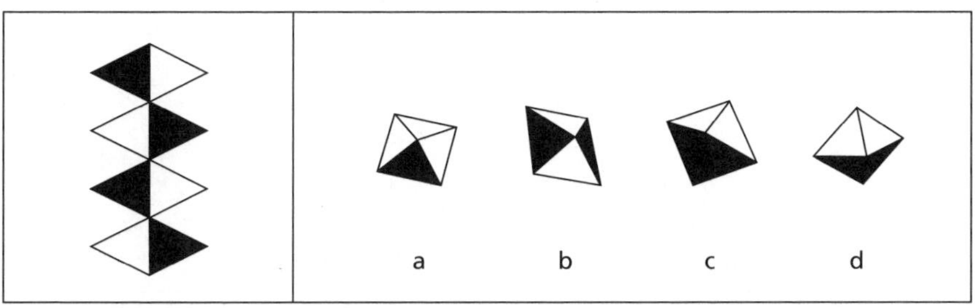

Lösung: b

Für die folgenden 20 Aufgaben haben Sie 10 Minuten Zeit.

1. 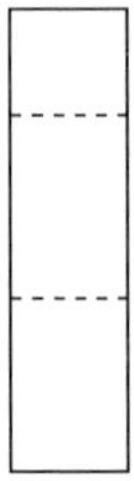	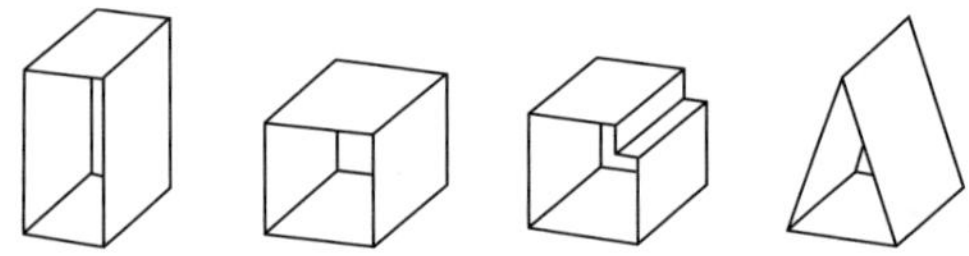 a b c d
2. 	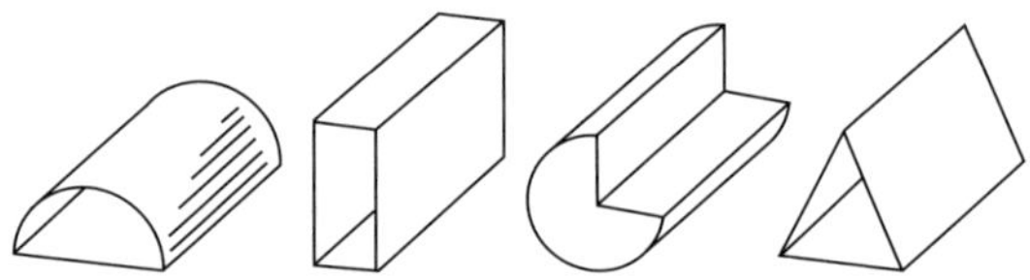 a b c d
3. 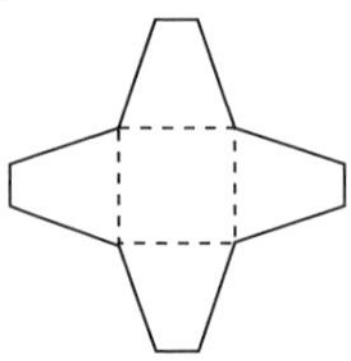	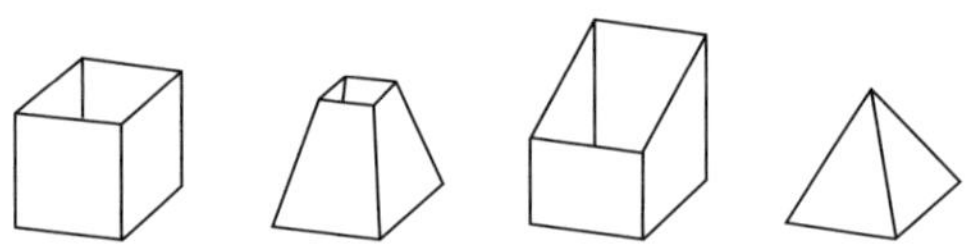 a b c d
4. 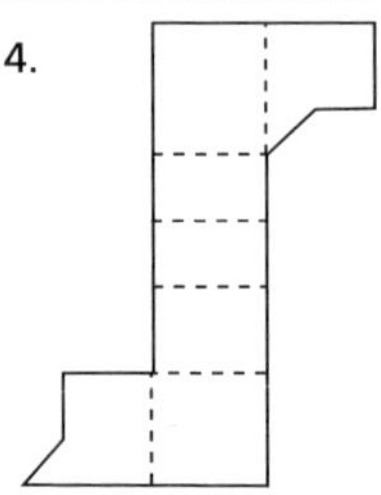	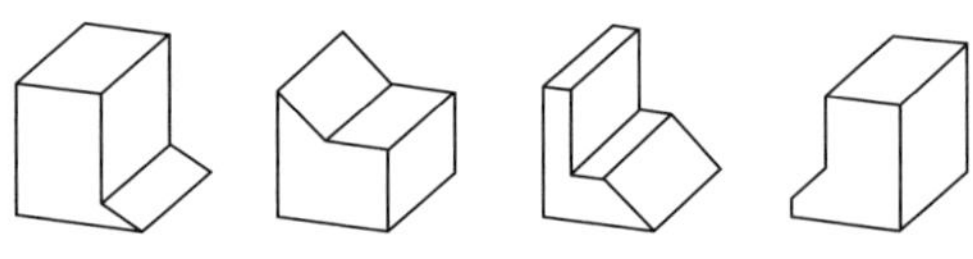 a b c d
5. 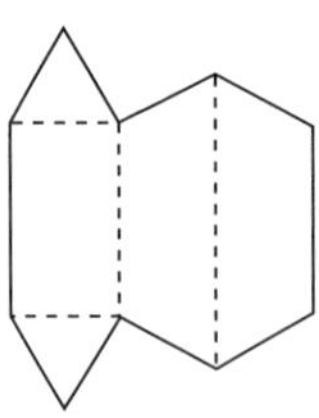	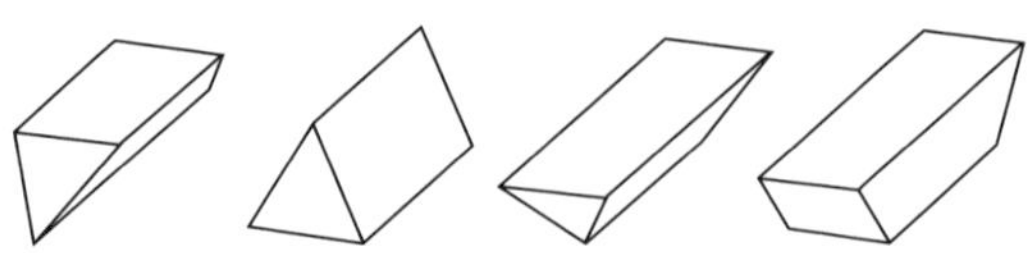 a b c d

6. 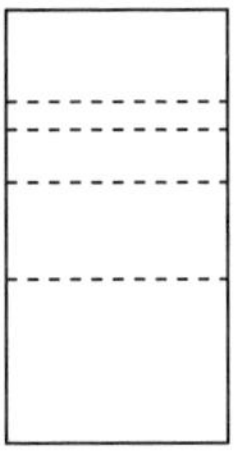	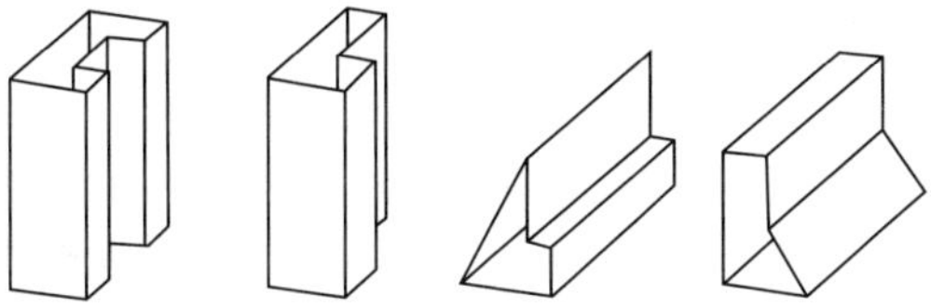 a b c d
7. 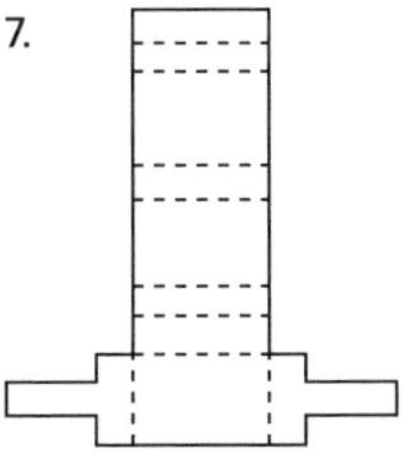	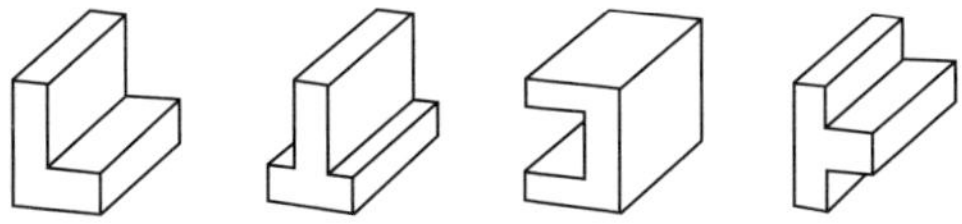 a b c d
8. 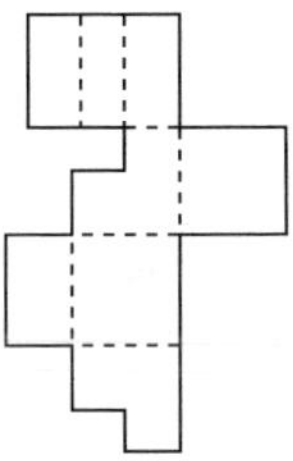	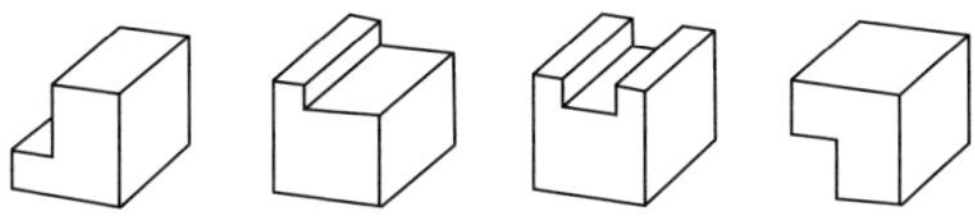 a b c d
9. 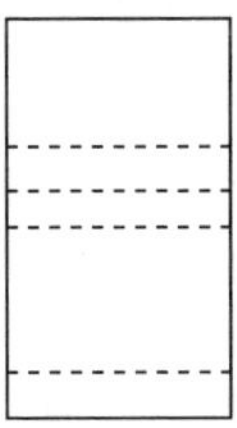	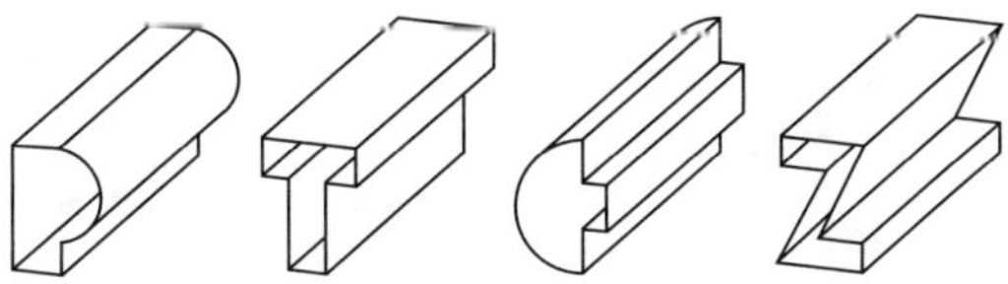 a b c d
10. 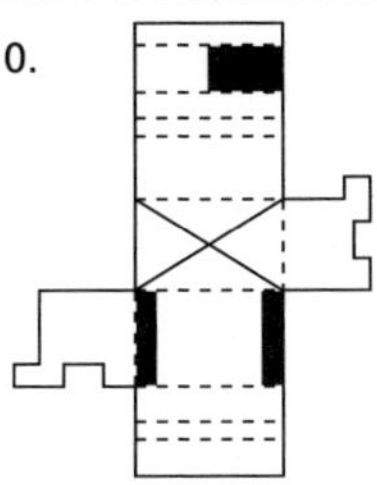	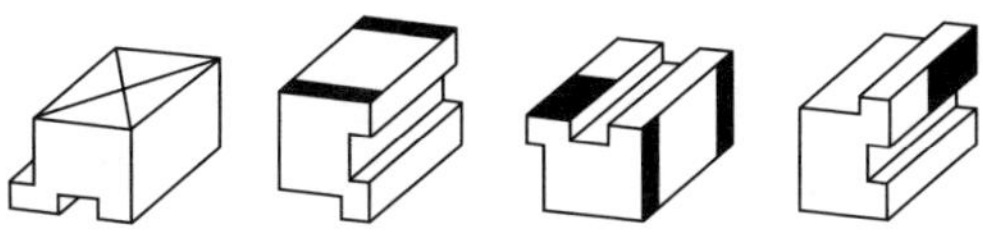 a b c d

→

11. 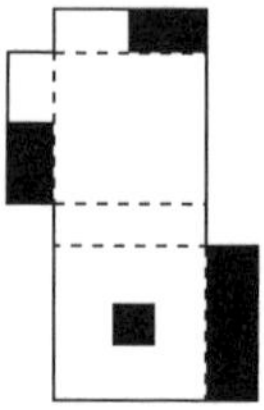	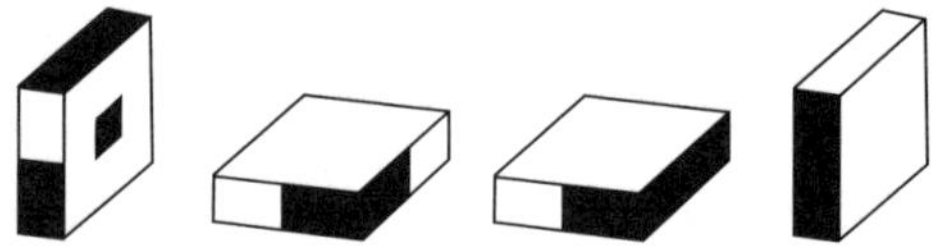 a b c d
12. 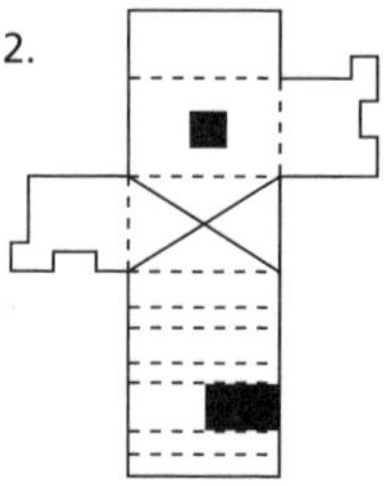	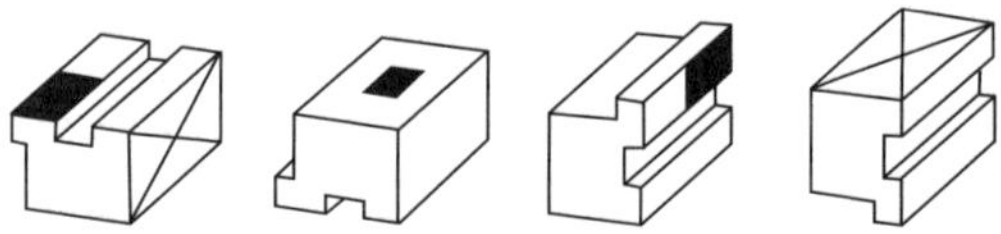 a b c d
13. 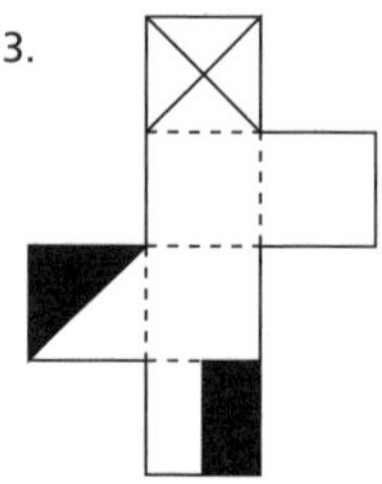	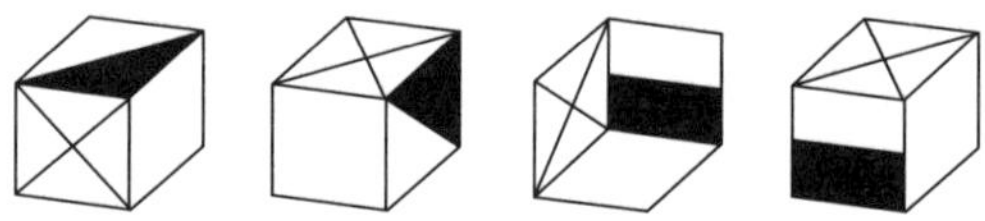 a b c d
14. 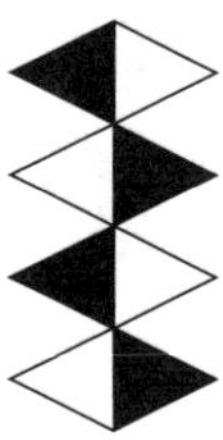	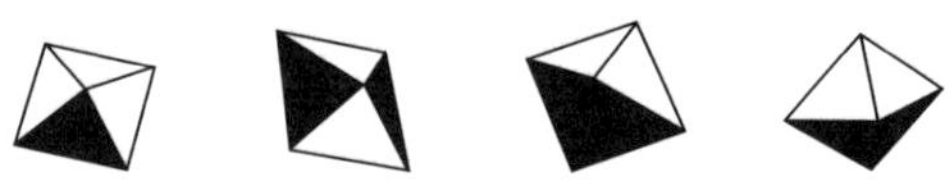 a b c d
15. 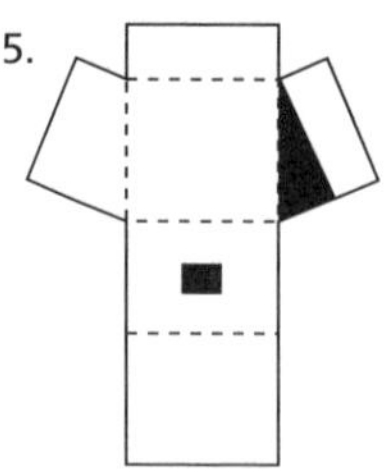	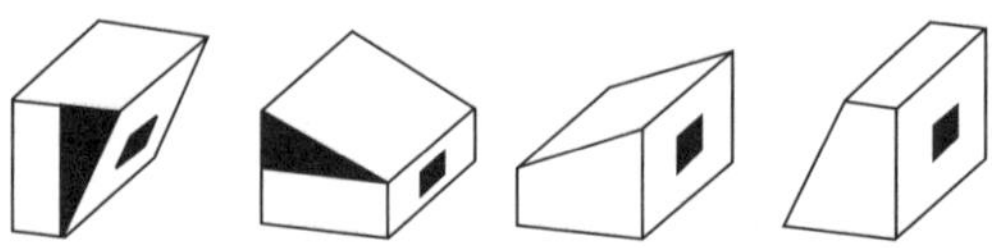 a b c d

16. 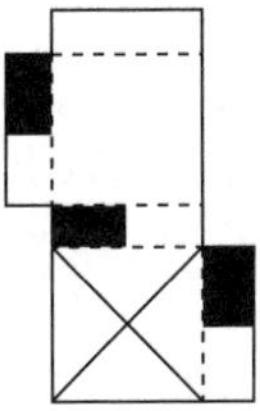	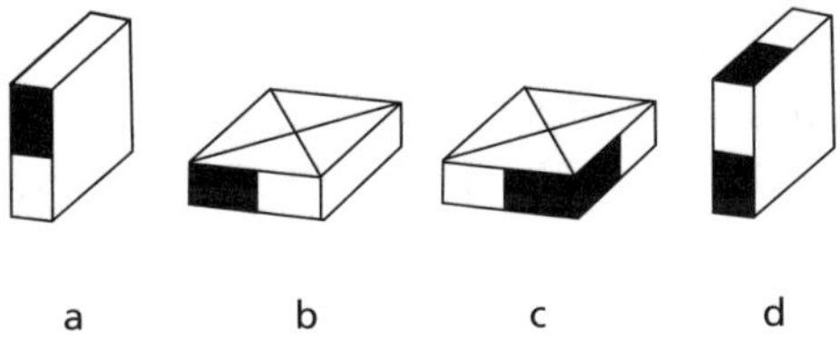
17. 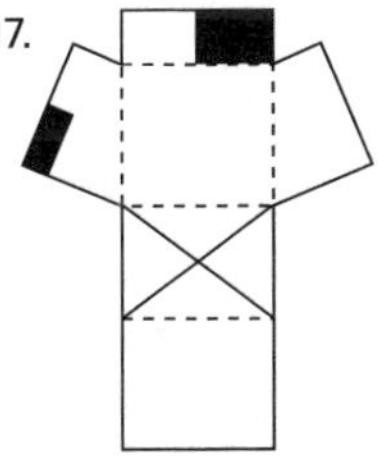	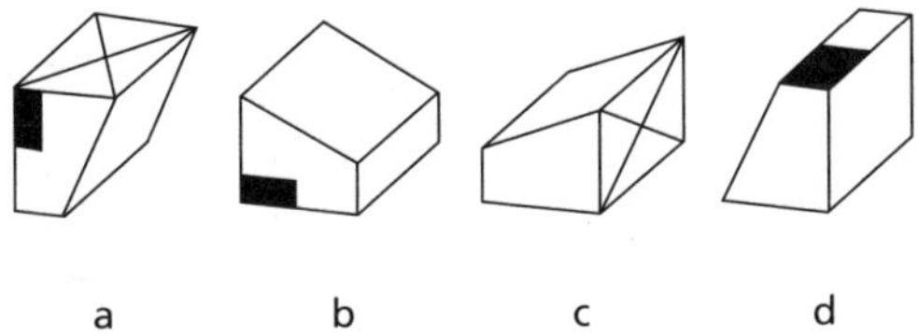
18. 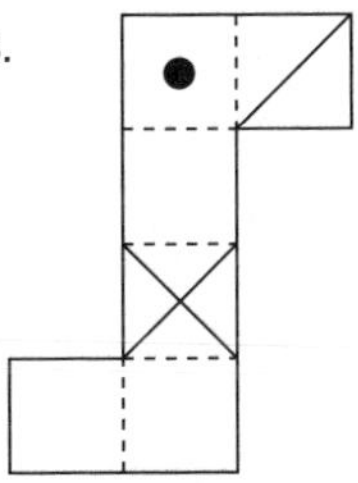	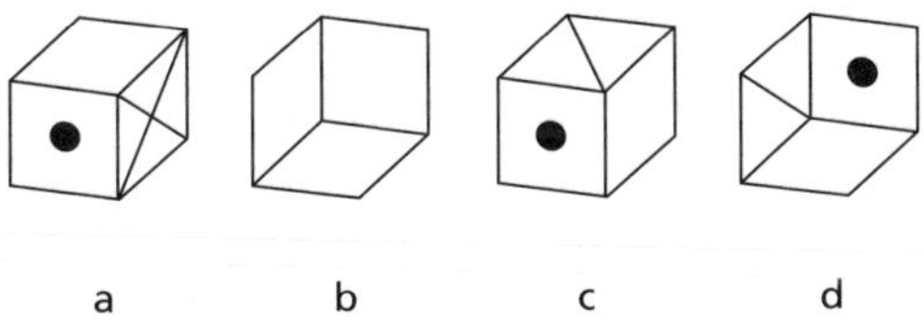
19. 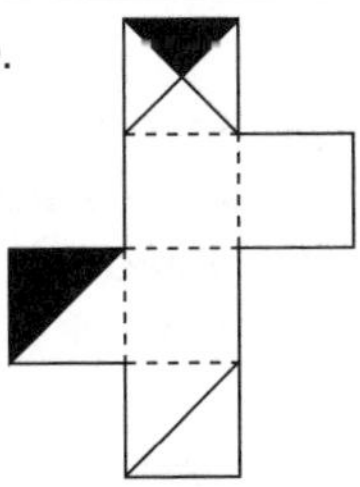	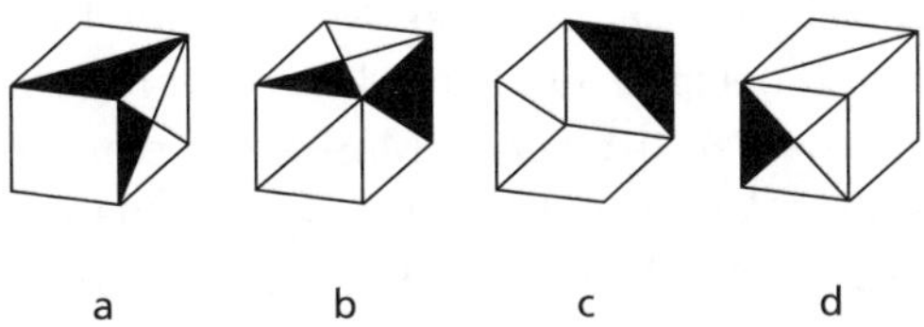
20. 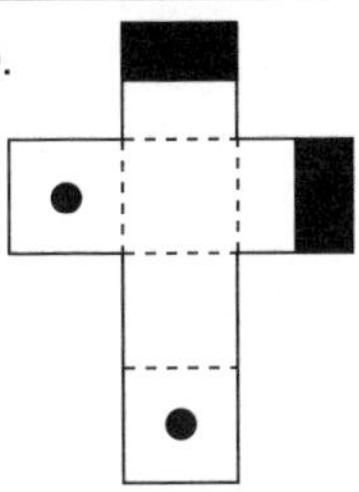	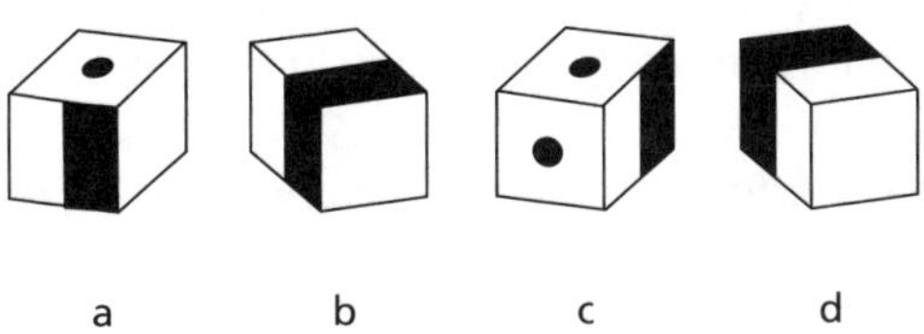

Lösungen Seite 582

Würfel

Ihnen werden vier Musterwürfel vorgegeben (a, b, c, d). Auf jedem sind sechs verschiedene Zeichen, drei davon können Sie sehen. Finden Sie heraus, welcher Musterwürfel a bis d sich in den Aufgabenwürfeln 1 bis 4 versteckt.

Beispiel:

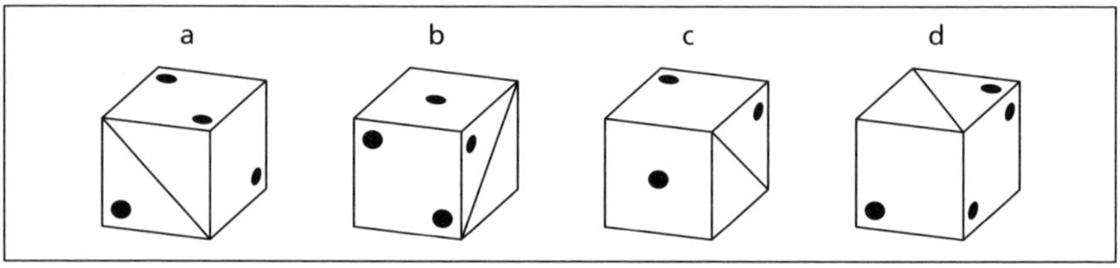

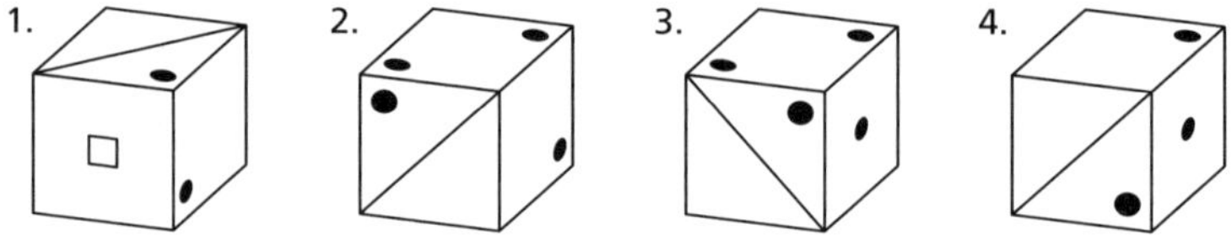

Lösungen: 1 c, 2 d, 3 b, 4 a

Bitte beachten Sie, dass der Würfel gedreht oder gekippt, aber auch gedreht *und* gekippt sein kann. Dabei kann auch maximal ein neues Zeichen (eine neue Seite) bei den Musterwürfeln sichtbar werden. Beachten Sie weiterhin, dass es sich um vier verschiedene Würfel handelt, auch wenn die Musterwürfel zum Teil gleiche Zeichen/Symbole tragen.

Für die folgenden 32 Aufgaben haben Sie 20 Minuten Zeit.

Zum weiteren Üben siehe auch den Test *Würfelrotation* auf Seite 548 ff.

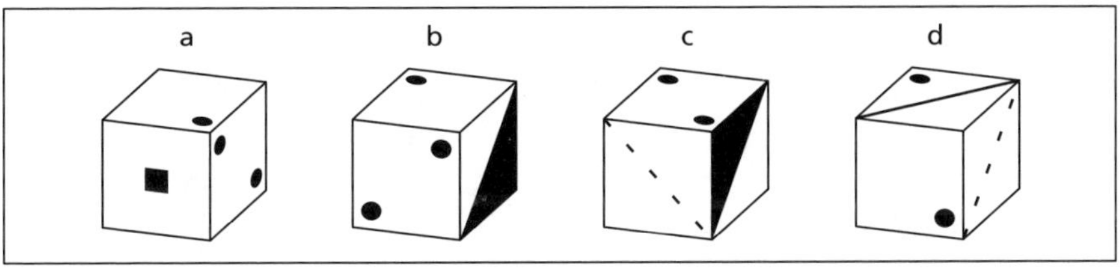
a
b
c
d

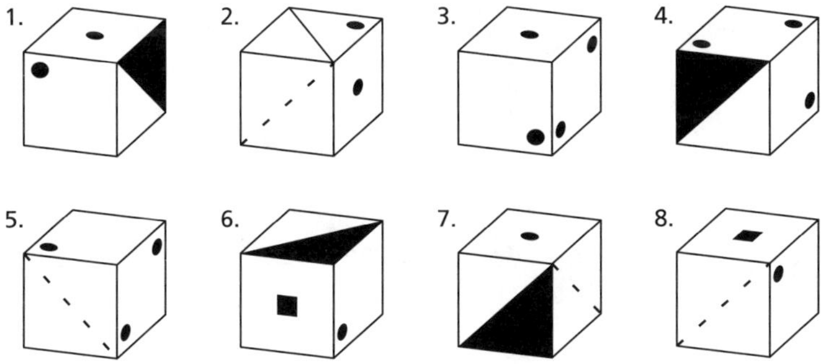
1.
2.
3.
4.
5.
6.
7.
8.

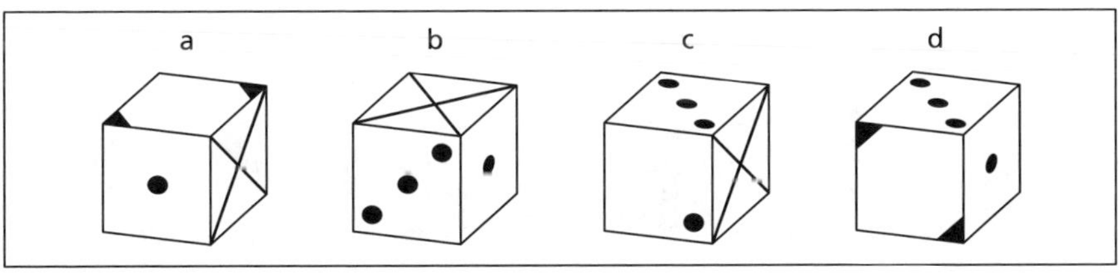
a
b
c
d

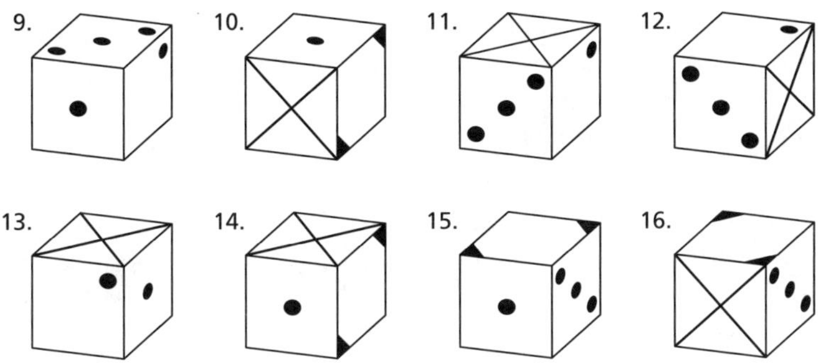
9.
10.
11.
12.
13.
14.
15.
16.

→

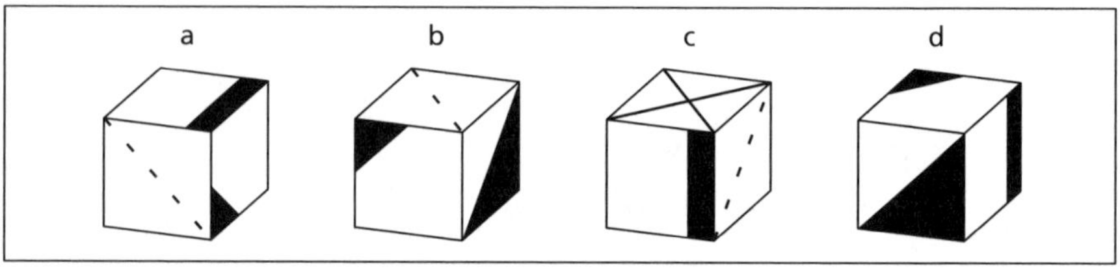

17. 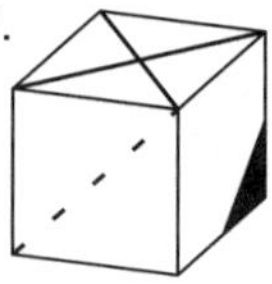

18. 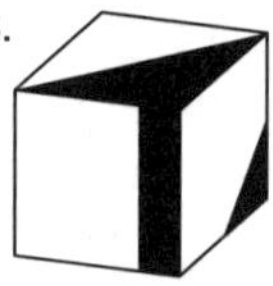

19. 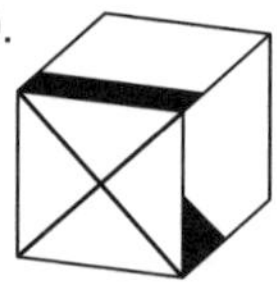

20. 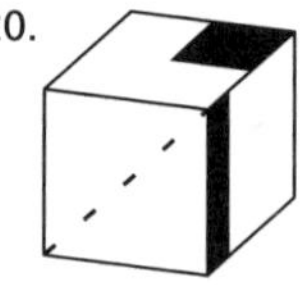

21. 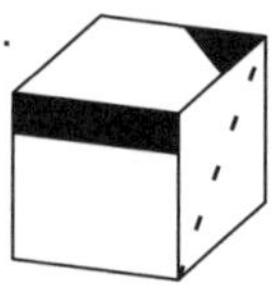

22. 

23. 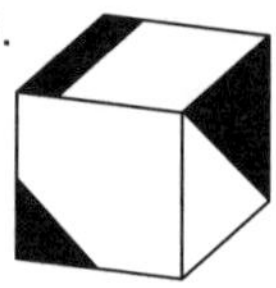

24. 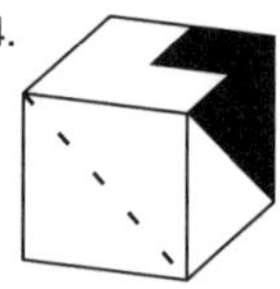

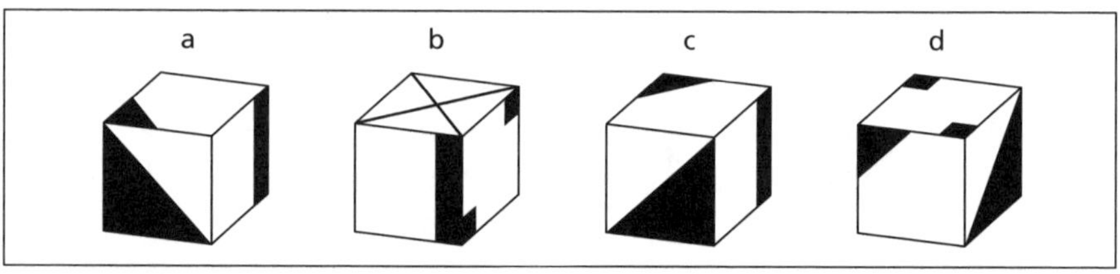

25. 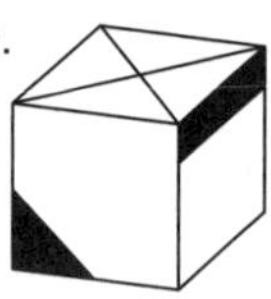

26. 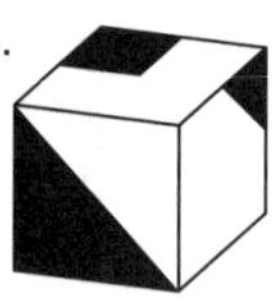

27. 

28. 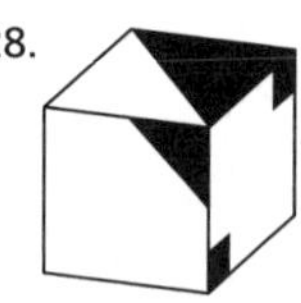

29. 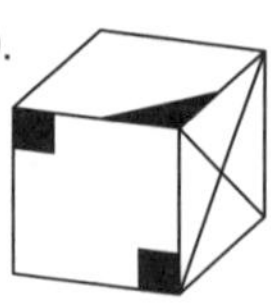

30. 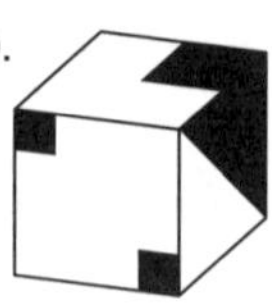

31. 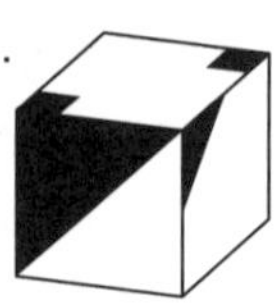

32. 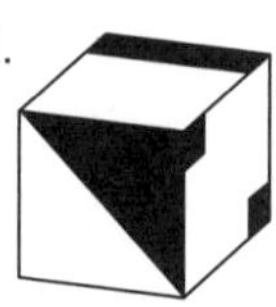

Lösungen Seite 582

LEISTUNGS-KONZENTRATIONS-TESTS

In zahlreichen Einstellungstests und Personalausleseverfahren werden Testaufgaben zur Überprüfung der Konzentrationsfähigkeit und des allgemeinen Leistungs- und Arbeitsverhaltens eingesetzt.

Zu schön, um wahr zu sein, wenn man Bewerbern eine Arbeitsaufgabe vorlegen könnte und ihnen beim Lösen – möglichst nicht länger als 30, maximal 60 Minuten – quasi über die Schulter schaut, um daraus zuverlässig vorhersagen zu können: Dieser Bewerber kann gut, schnell und konzentriert arbeiten.

Dieser Wunsch ist verständlich, aber deshalb nicht weniger unmöglich. Es ist unrealistisch, aus einem Arbeitsproben-Miniausschnitt Rückschlüsse auf das Lern- und Arbeitsverhalten ganz allgemein ziehen zu können. Und dennoch: So leicht lassen sich diese Testaufgaben trotz aller Vorbehalte nicht vom Tisch wischen. Hier geht es um das Konzentrations-Leistungs-Vermögen, Ihre Ausdauer und Belastbarkeit, um Ihren Sinn für Ordnung und Sorgfalt und um die Fähigkeit, sich die Arbeit gut zu organisieren.

Nach unserem Motto »Wissen, was alles auf einen zukommen kann und worauf es wirklich ankommt« möchten wir Ihnen hier die gängigsten Verfahren ausführlicher vorstellen und damit eine konkrete Übungsmöglichkeit anbieten. Wieder einmal gilt: Übung macht den Meister.

Buchstaben ergänzen

Hier werden Testverfahren eingesetzt, von denen sich die Anwender versprechen, etwas über das allgemeine Konzentrations- und Leistungsvermögen des Probanden zu erfahren.

Beliebt bei den Testanwendern sind das Prüfen von abgeschriebenen Adressen auf Richtigkeit oder das Lösen von einfachen Rechenaufgaben über einen längeren Zeitraum.

Der folgende Test wird von den meisten Bewerbern als sehr einfach eingestuft. Einziger Haken: Die Zeit zum Bearbeiten des Tests reicht hinten und vorne nicht, Sie werden nur im seltensten Fall alle Aufgaben lösen können.

Ihre Aufgabe wird nun sein, Wörter, in denen ein Buchstabe fehlt, zu ergänzen, also den fehlenden Buchstaben einzufügen.

Beispiele:

Ke*t*te
Rad*i*o
Co*m*puter

Für die folgenden Wörter haben Sie 1 Minute Zeit.

1. Ra_ar
2. Tel_fon
3. H_t
4. L_utsprecher
5. Fer_seher
6. Bi_chof
7. _chreibtisch
8. Han_y
9. Sp_rt
10. B_s
11. Tasta_ur
12. H_rd
13. Schu_lade
14. P_pier
15. Tre_pe
16. R_upe
17. Ge_anke
18. _erlag
19. _ogel
20. Bilderra_men
21. Kug_lschreiber
22. Ki_che
23. Ha_s
24. V_trine
25. M_us
26. Te_t
27. Feder_alter
28. Kab_l
29. Me_ster
30. Sch_ff
31. Festp_atte
32. Kal_nder
33. Schlü_sel
34. Kas_en
35. Fortb_ldung
36. U_laub
37. U_rmacher
38. Gol_schmied
39. Ret_ungswagen
40. Hu_schrauber
41. Ra_ete
42. Ellen_ogen
43. Stra_se
44. Flu_zeug
45. C_uch
46. Vid_o
47. Hausar_t
48. Lat_rne
49. Bu_g
50. F_sch
51. T_blett
52. Mu_ik
53. Fer_weh
54. Mo_orroller
55. Ant_nne
56. Schi_d
57. Dru_ker
58. Was_hmaschine
59. Ba_k
60. Fri_ur

Lösungen Seite 583

Zugehörigkeiten erkennen

Gleich werden wir Ihnen eine Reihe von scheinbar wahllos zusammengewürfelten Wörtern präsentieren. Ihre Aufgabe wird es sein, immer das Wort mit einem vorangestellten X zu markieren, welches einen Überbegriff des folgenden Begriffs darstellt. Zur Verdeutlichung ein Beispiel:

Bearbeiten Sie die Spalten von oben nach unten.

	Hut	X	Radio
	Fallschirm		Antenne
	Mauer	X	Dackel
X	Regenschirm		Rute
	Griff		Flugzeug

Der Regenschirm hat einen Griff, muss also markiert werden.
Das Radio hat eine Antenne, ist also auch richtig.
Der Dackel hat eine Rute (einen Schwanz). Also muss auch er mit einem X markiert werden.

Bitte bearbeiten Sie die nun folgenden 78 Wörter. Sie haben 1 Minute Zeit.

	T-Shirt		Computer		Regal
	Baumwolle		CD-ROM		Farbe
	Fisch		Kassette		Dose
	Schuppen		Arzt		Pudding
	Lager		Kittel		Milch
	Radio		Flasche		Feld
	Fernseher		Auto		Blume
	Radar		Kühlschrank		Flugzeug
	Heizung		Teppich		Flügel
	Wasser		Türklinke		Fenster
	Hut		Bär		Gardine
	Eimer		Fell		Nagel
	Sense		Auge		Schuhe
	Schere		Linse		Schlips
	Messer		Bett		Bild
	Klinge		Fenster		Bahn
	Wasser		Trockner		Schiene
	Tisch		Eis		Karte
	Tür		Strom		Mensch
	Pullover		Decke		Flohmarkt
	Kissen		Motor		Hose
	Treppe		Arbeit		Gemüse
	Ampel		Buch		Obst
	Wolken		Seite		Mop
	Uhr		Frosch		Schloss
	Urlaub		Markt		Schlüssel

Lösungen Seite 584

Symbole zuordnen

Jede Zahl ist einem spezifischen Symbol zugeordnet. Sie bekommen eine Zahlenreihe präsentiert, in der die Symbole fehlen. Sie sollen jeder Zahl wieder ihr spezifisches Symbol zuordnen (einzeichnen). Beachten Sie, dass Sie nur in der vorgegebenen Reihenfolge arbeiten dürfen. Im Test müssen Sie so schnell wie möglich arbeiten und werden meist nicht alle Aufgaben in der zur Verfügung stehenden Zeit bearbeiten können.

Beispiel:

Symbolleiste

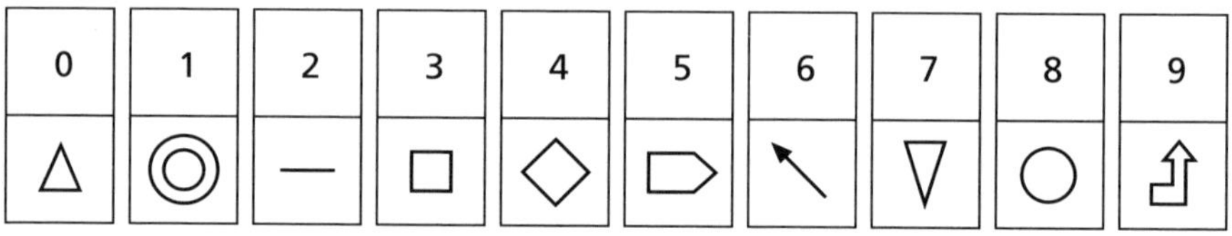

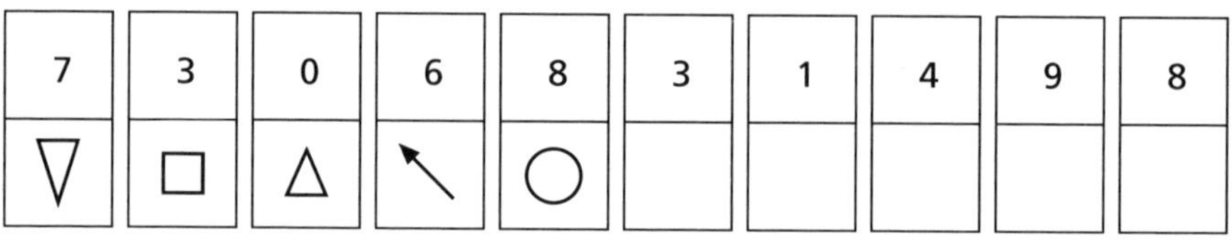

Bearbeiten Sie die nun folgenden vier Symbolreihen in der vorgegebenen Reihenfolge und so schnell wie möglich. Sie haben 1 Minute Zeit!

Symbolleiste

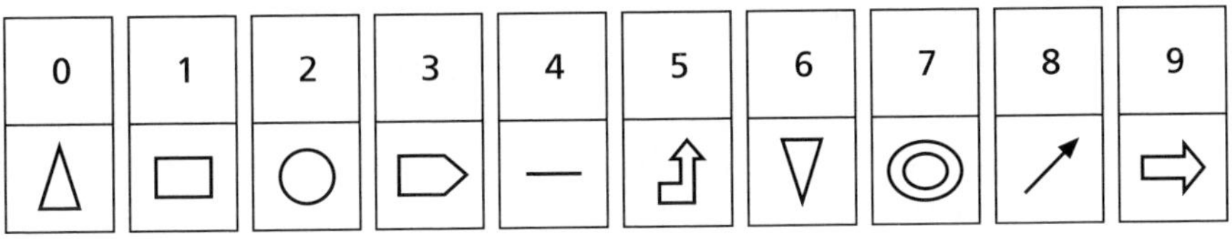

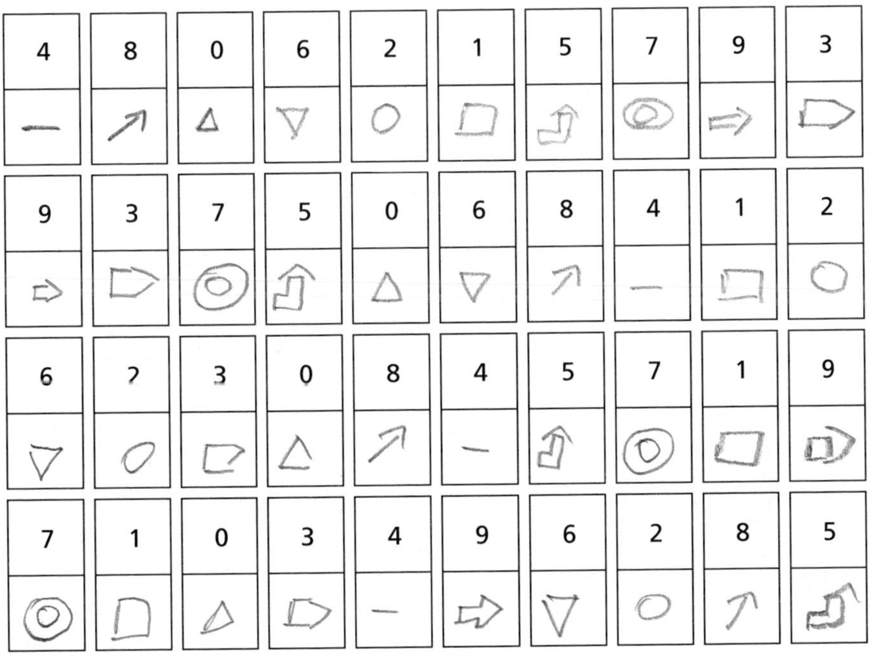

Lösungen Seite 585

Zahlen markieren

Dieser Test lässt sich sowohl in den Bereich der mathematischen als auch in den der Konzentrationstests einordnen.

Ihnen wird ein Zahlenfeld präsentiert, bei dem Sie bestimmte Zahlen mit einem geraden, waagerechten Strich markieren müssen. Dies können z.B. alle Primzahlen sein (Zahlen, die nur durch 1 und sich selbst teilbar sind) oder auch alle Zahlen, die nur durch 3 teilbar sind.

Arbeiten Sie immer in der vorgegebenen Pfeilrichtung.

Beispiel:

Unterstreichen Sie alle Zahlen, *die durch 7 teilbar sind.*

→	44	41	77	88	112	19	49	45	23	87	55
	67	2	64	96	73	266	643	76	13	56	134

1. Aufgabe

In dem nun folgendem Zahlenblock untersteichen Sie bitte alle Zahlen, *die durch 3 teilbar sind*. Für 10 Reihen haben Sie 1 ½ Minuten Zeit!

→	66	32	97	85	345	132	654	87	934	6321	74
	264	74	56	3	24	21	98	77	64	4265	75
	47	876	654	87	232	897	32	54	234	8776	76
	76	45	23	67	98	9	33	33	562	6	21
	345	15	96	476	3	983	74	853	74	24	27
	65	35	96	46	24	653	625	9734	63	254	426
	74	245	753	32	56	886	563	875	97	755	764
	43	54	332	657	878	976	65	232	465	8756	87
	785	458	9876	342	76	875	9754	426	74	845	65
	865	54	3258	908	5	754	425	854	54	32	9

2. Aufgabe

In dem nun folgenden Zahlenblock unterstreichen Sie bitte alle Zahlen, *die um 6 größer sind als die vorige Zahl.* Für 10 Reihen haben Sie 1 ½ Minuten Zeit!

→	56	62	54	5	77	83	88	54	2	9	12
	55	60	66	72	78	83	89	5	10	15	20
	20	37	40	64	45	33	39	46	55	62	66
	44	50	55	78	84	132	137	143	150	6	12
	56	34	56	42	48	87	34	65	71	56	62
	78	84	43	67	43	324	30	334	340	345	632
	561	647	653	687	695	701	864	870	887	892	900
	67	765	534	540	755	770	785	790	796	800	806
	6453	6559	6564	6670	6673	6679	6680	6758	6764	6453	6754
	7777	7778	7784	8534	8550	8566	4099	4104	4111	4117	4212

Selbstverständlich sind auch noch andere Varianten dieser Aufgaben denkbar. Einmal müssen Sie alle Zahlen markieren, die um eine bestimmte Zahl größer sind als die vorherige, ein anderes Mal um eine bestimmte Zahl kleiner, mal alle Zahlen, die nur durch bestimmte Zahlen teilbar sind usw. Wollen Sie mehr üben, so können Sie sich leicht selbst Aufgaben dieses Typs zusammenstellen.

Lösungen Seite 585/586

Rechenarten einfügen

Rechenarten kennen Sie sicherlich viele. In diesem Test bekommen Sie verschiedene Zahlen und ein Endergebnis präsentiert. In die Lücken zwischen den Zahlen müssen Sie die Rechenoperationen eintragen, die am Ende das angegebene Endergebnis ergeben. Dabei wird jeweils nur addiert und subtrahiert. Multiplikationen oder Divisionen finden nicht statt.

1. Beispiel:

5 __ 5 __ 10 = 20

Um die Aufgabe richtig zu lösen, müssen Sie jeweils im ersten und im zweiten Feld addieren, also ein »+« einfügen.

5 + 5 + 10 = 20

2. Beispiel:

25 __ 10 __ 2 = 17

Um die Aufgabe zu richtig lösen, müssen Sie erst subtrahieren, danach addieren.

25 – 10 + 2 = 17

Bitte lösen Sie die folgenden 20 Aufgaben innerhalb von 1 Minute. Arbeiten Sie so schnell Sie können!

a) 2 __ 4 __ 10 = 16

b) 25 __ 6 __ 1 = 20

c) 7 __ 7 __ 10 = 4

d) 19 __ 7 __ 2 = 14

e) 20 __ 30 __ 7 = 57

f) 17 __ 9 __ 2 = 6

g) 13 __ 1 __ 5 = 9

h) 6 __ 4 __ 3 = 7

i) 4 __ 3 __ 3 = 10

j) 9 __ 7 __ 11 = 13

k) 6 __ 6 __ 2 = 10

l) 11 __ 7 __ 3 = 1

m) 17 __ 5 __ 3 = 9

n) 13 __ 7 __ 3 = 9

o) 4 __ 8 __ 5 = 7

p) 13 __ 4 __ 5 = 22

q) 9 __ 3 __ 3 = 15

r) 17 __ 17 __ 20 = 14

s) 12 __ 3 __ 7 = 8

t) 8 __ 4 __ 2 = 14

Lösungen Seite 586

Ergebnisse erreichen

Der nächste Test wird mehr Ihre Konzentration als Ihre Rechenkünste fordern. Gegeben sind bei diesem Testverfahren lediglich *Endergebnisse*, die Sie durch zweimalige Subtraktion erreichen sollen. Varianten können natürlich auch zweimalige Addition, Addition und Subtraktion, Multiplikation usw. sein. Dies ist ganz der Fantasie der Tester überlassen. Aus diesem Grund empfehlen wir Ihnen auch, den Test selbst einmal abzuwandeln, d.h. mit anderen als den hier vorgestellten Aufgaben zu üben. Ziel des Tests ist es, in sehr kurzer Zeit möglichst viele Aufgaben zu erstellen. Da es bei diesem Test mehrere richtige Ergebnisse gibt, bitten wir Sie, die Aufgaben nach Testende selbst Korrektur zu lesen:

- Wie viele Aufgaben haben Sie geschafft?
- Haben Sie neue Aufgaben erstellt, oder sind welche doppelt?
- Sind die Rechnungen richtig ausgeführt worden?

Beispiel:

Erstellen Sie möglichst viele Rechenaufgaben, die nach zweimaliger Subtraktion das Ergebnis 12 haben.

36 – 12 – 12 = 12	48 – 24 – 12 = 12	96 – 48 – 36 = 12
20 – 4 – 4 = 12	40 – 20 – 8 = 12	usw.

Zur Hilfestellung, ob und wenn ja um wie viel Sie besser werden, sollten Sie sich die Anzahl der richtigen Aufgaben notieren und später, bei einem erneuten Durchgang, vergleichen. Mit der Zeit werden Sie sich steigern …

Bitte bearbeiten Sie nun die folgenden Übungsaufgaben.

1. Erstellen Sie möglichst viele verschiedene Rechenaufgaben, die nach zweimaliger Subtraktion das Ergebnis 28 ergeben. Sie haben 30 Sekunden Zeit.

__ – __ – __ = 28	__ – __ – __ = 28	__ – __ – __ = 28
__ – __ – __ = 28	__ – __ – __ = 28	__ – __ – __ = 28
__ – __ – __ = 28	__ – __ – __ = 28	__ – __ – __ = 28
__ – __ – __ = 28	__ – __ – __ = 28	__ – __ – __ = 28

2. Erstellen Sie möglichst viele verschiedene Rechenaufgaben, die nach aufeinander folgender Addition und Division das Ergebnis 40 ergeben. Sie haben 30 Sekunden Zeit.

__ + __ : __ = 40	__ + __ : __ = 40	__ + __ : __ = 40
__ + __ : __ = 40	__ + __ : __ = 40	__ + __ : __ = 40
__ + __ : __ = 40	__ + __ : __ = 40	__ + __ : __ = 40
__ + __ : __ = 40	__ + __ : __ = 40	__ + __ : __ = 40

3. Erstellen Sie möglichst viele verschiedene Rechenaufgaben, die nach aufeinander folgender Subtraktion und Multiplikation das Ergebnis 48 ergeben. Sie haben 30 Sekunden Zeit.

__ – __ × __ = 48	__ – __ × __ = 48	__ – __ × __ = 48
__ – __ × __ = 48	__ – __ × __ = 48	__ – __ × __ = 48
__ – __ × __ = 48	__ – __ × __ = 48	__ – __ × __ = 48
__ – __ × __ = 48	__ – __ × __ = 48	__ – __ × __ = 48

→

4. Erstellen Sie möglichst viele verschiedene Rechenaufgaben, die nach aufeinander folgender Addition und Multiplikation das Ergebnis 36 ergeben. Sie haben 30 Sekunden Zeit.

___ + ___ × ___ = 36	___ + ___ × ___ = 36	___ + ___ × ___ = 36
___ + ___ × ___ = 36	___ + ___ × ___ = 36	___ + ___ × ___ = 36
___ + ___ × ___ = 36	___ + ___ × ___ = 36	___ + ___ × ___ = 36
___ + ___ × ___ = 36	___ + ___ × ___ = 36	___ + ___ × ___ = 36

5. Erstellen Sie möglichst viele, verschiedene Rechenaufgaben, die nach aufeinander folgender Addition und Subtraktion das Ergebnis 47 ergeben. Sie haben 30 Sekunden Zeit.

___ + ___ − ___ = 47	___ + ___ − ___ = 47	___ + ___ − ___ = 47
___ + ___ − ___ = 47	___ + ___ − ___ = 47	___ + ___ − ___ = 47
___ + ___ − ___ = 47	___ + ___ − ___ = 47	___ + ___ − ___ = 47
___ + ___ − ___ = 47	___ + ___ − ___ = 47	___ + ___ − ___ = 47

6. Erstellen Sie möglichst viele verschiedene Rechenaufgaben, die nach zweimaliger Addition das Ergebnis 99 haben. Sie haben 30 Sekunden Zeit.

___ + ___ + ___ = 99	___ + ___ + ___ = 99	___ + ___ + ___ = 99
___ + ___ + ___ = 99	___ + ___ + ___ = 99	___ + ___ + ___ = 99
___ + ___ + ___ = 99	___ + ___ + ___ = 99	___ + ___ + ___ = 99
___ + ___ + ___ = 99	___ + ___ + ___ = 99	___ + ___ + ___ = 99

Auswertung Seite 586

Der Zwei-d/bq-Test

Bei den nun folgenden 30 Buchstabenreihen müssen alle d, die durch insgesamt zwei Striche gekennzeichnet sind, markiert werden. Dabei handelt es sich um folgende d:

```
" '
d d d
  ' "
```

d, die mehr oder weniger als zwei Striche haben (oben/unten), dürfen nicht markiert werden, ebensowenig wie b und q.

Für die folgenden 30 Zeilen haben Sie 8 Minuten Zeit. Bitte notieren Sie nach Testdurchführung am Zeilenrand jeweils die Anzahl der markierten d.

```
      '   '   ' ' " " "   '   "   ' ' "   " ' ' ' ' ' ' ' ' '
1.  d b q d q d q d q b b b d b d b d b d b d b d b d b d b d
    ' ' ' ' ' '         '   '   '   '   '   '   '   " " " " '

    '   ' " "   "   "   '   "   '   "   '   "   '   "   ' " '
2.  b q d q d q d q d q d q b d d d d d b d d d d d d d d b q
              "   "   "   "   "   "   "   "   "   "   "   " "

        "         '   '     ' "   '     '   "   '   '   "   '
3.  d d d d d q d b q d d d d d d d b q d b q d d d d d d d d
    '     "   ' '   '   '   '   '   '       '   '   ' ' ' ' "

    " ' '   "   ' '   ' " " " '   ' '   ' " " '   '   '   " "
4.  d d d d q d q d q d d d d d b b d b d b q d b q d b d d b
      '   ' " '   '     '   ' '   '   '   "   '   '   ' '   '

    ' "   ' '   '   '   ' ' " " '   ' " ' "   ' ' "   "   "
5.  b d d d q q d d d d d b d d d d d d d d d b d b d b d q q
        " '   '   "   '         ' ' ' ' '   ' ' ' '   ' ' ' '

    ' ' " ' "   '   '   '   '   "   ' '   '   ' " '   '   "
6.  b d b d b d b d q d q d q b d b d d d d b d b d b d b q d
      '   '   '   '   '   '   '     ' ' " ' " ' '   "   "   '

    ' "   '   "   '   "   '   "   "   ' "   '   "   ' "     '
7.  b d b d b d b d b d b d b b d d d b d b d b d b d b d q d
    '     '       '       '     '   ' ' ' ' ' '   '   " " ' '
```

→

8. q d q d q d b d q d q d q d b d q d q d q d d d d b d q d

9. d b q d q d q d q b b b d b d b d b d b d b d b d b d b d

10. b q d q d q d q d q d q b d d d d d b d d d d d d d d b q

11. d d d d d q d b q d d d d d d d b q d b q d d d d d d d d

12. d d d d q d q d q d d d d d b b d b d b q d b q d b d d b

13. b d d d q q d d d d d b d d d d d d d d d b d b d b d q q

14. b d b d b d b d q d q d q b d b d d d d b d b d b d b q d

15. b d b d b d b d b d b d b b d d d b d b d b d b d b d q d

16. b b d d q d d d q b b b d b d b d b d b d b d b d b d b d

17. q d d b d q d q d q d q b d d d d d b d d d d d d d d b q

18. b q d d b q d b q d d d d d d d b q d b q d d d d d d dd

19. q d q b q d b d d d d d d d b b d b d b q d b q d b d d b

20. q d d d q q d d d d d b d d d d d d d d d b d b d b d q q

```
    ' ' " ' "   '   '   '   '   "   ' '   '   ' " '   '   "
21. q d b d q d b d q d q d q b d b d d d d b d b d b d b q d
      '   '   '   '   '   '   '     ' ' " ' " ' '   "   "   '

    ' "   '   "   '   "   '   "   "   ' "   '   "   ' "     '
22. q d d d b d b d b d b d b b d d d b d b d b d b d b d q d
    '     '       '       '     '   ' ' ' ' ' '   '   " " ' '

    " ' " ' " ' " ' " ' " ' " ' " ' " ' " '   " ' "   ' "   '
23. b d b d q d b d q d q d q d b d q d q d q d d d d b d q d
    " '   '   '   '   '   '   '   '   '   '   ' ' " " '   "

      '   '   ' ' " " "   '   "   ' ' "   " ' ' ' ' ' ' ' ' '
24. b q d d q d q d q b b b d b d b d b d b d b d b d b d b d
    ' ' ' ' ' '         '   '   '   '   '   '   '   " " " " '

    '   ' " "   "   "   '   "   '   "   '   "   '   "   ' " '
25. q d b q d q d q d q d q b d d d d d b d d d d d d d d b q
              "   "   "   "   "   "   "   "   "   "   "   " "

        "         '   '     ' "   '     '   "   '   '   "   '
26. q b d d b q d b q d d d d d d d b q d b q d d d d d d d d
    '     "   ' '   '   '   '   '   '       '   '   ' ' ' ' "

    " ' '   "   ' '   ' " " " '   ' '   ' " " '   '   '   " "
27. d d d d q d q d q d d d d d b b d b d b q d b q d b d d b
      '   ' " '   '     '   ' '   '   '   "   '   '   ' '   '

    ' "   ' '   '   '   ' ' " " '   ' " ' "   ' ' "   "   "
28. q d d d q q d d d d d b d d d d d d d d d b d b d b d q q
        " '   '   "   '         ' ' ' ' '   ' ' ' '   ' ' ' '

    ' ' " ' "   '   '   '   '   "   ' '   '   ' " '   '   "
29. q d q d b d b d q d q d q b d b d d d d b d b d b d b q d
      '   '   '   '   '   '   '     ' ' " ' " ' '   "   "   '

    ' "   '   "   '   "   '   "   "   ' "   '   "   ' "     '
30. q d q d b d b d b d b d b b d d d b d b d b d b d b d q d
    '     '       '       '     '   ' ' ' ' ' '   '   " " ' '
```

Lösungen Seite 586

Rechen-Konzentrations-Leistungs-Test

Sie bekommen ganz leichte Rechenaufgaben gestellt, bei denen Sie nur addieren oder subtrahieren müssen. Eine Testaufgabe besteht aus zwei Rechenaufgaben. Ihre Aufgabe ist es, beide Aufgaben zu lösen und dann das kleinere Ergebnis vom größeren abzuziehen. Das dann ermittelte Ergebnis müssen Sie in einem Lösungsbogen notieren. Wichtig: Sie dürfen keine Nebenrechnungen vornehmen oder sich Notizen machen. Alles muss in Ihrem Kopf stattfinden!

1. Beispiel:

5 – 4 + 1
9 + 6 – 7

Lösung:

5 – 4 + 1 = 2
9 + 6 – 7 = 8

8 – 2 = 6

Nur die 6 darf als Lösung hingeschrieben werden. Da 2 – 8 ein negatives Ergebnis zur Folge hätte, müssen die beiden Zahlen vertauscht werden.

2. Beispiel:

8 + 2 – 4
7 – 5 + 2

Lösung:

8 + 2 – 4 = 6
7 – 5 + 2 = 4

6 – 4 = 2

Nur die 2 darf als Lösung hingeschrieben werden.

Für die folgenden 26 Aufgaben haben Sie 5 Minuten Zeit. In der Testrealität erwarten Sie weit über 200 Aufgaben dieses Typs mit einer Bearbeitungszeit von etwa 30 bis 45 Minuten.

A	5 + 7 – 4	8 – 5 + 3
B	9 + 6 – 4	2 + 9 + 2
C	4 – 3 + 5	8 – 2 – 5
D	2 + 8 – 7	6 – 5 + 9
E	8 – 3 + 7	9 – 5 + 3
F	8 – 6 + 5	4 + 9 – 7
G	8 + 4 – 9	3 + 8 – 5
H	9 – 5 + 7	4 + 3 + 6
I	2 + 7 + 9	9 – 3 – 4
J	7 + 9 – 3	8 – 5 + 3
K	2 + 7 – 4	6 + 3 – 2
L	8 + 6 – 4	7 – 5 + 7
M	2 + 6 + 7	5 – 3 + 7
N	9 – 7 + 8	4 + 9 – 2
O	5 – 2 + 9	4 + 8 + 6
P	2 + 5 – 4	4 + 7 – 9
Q	4 + 5 + 2	8 – 6 + 9
R	4 + 8 + 6	7 – 9 + 8
S	6 + 8 + 7	2 + 4 – 6
T	4 – 3 + 6	5 + 7 – 3
U	5 – 2 + 8	7 + 9 – 6
V	4 + 6 + 5	5 – 3 + 7
W	7 + 6 + 3	8 – 7 + 9
X	5 + 9 – 4	6 – 2 + 8
Y	7 – 3 + 8	9 – 5 + 3
Z	5 + 2 + 7	6 – 4 + 8

Nach dieser Rechenoperation beginnen Sie bitte mit folgender Variante von vorn:

Ist das Ergebnis der oberen Zeile größer als das der unteren, müssen Sie jetzt das Ergebnis der unteren Zeile von dem der oberen abziehen (wie gehabt). Ist das Ergebnis der oberen Zeile kleiner oder gleich dem Ergebnis der unteren Zeile, müssen Sie es dazuzählen.

Diese Variante schafft Ihnen nochmals 26 neue Aufgaben, für die Sie wieder 5 Minuten Zeit haben.

Lösungen Seite 587

Summa summarum

Jetzt geht es um die Überprüfung der Richtigkeit von Additionen. Sie sollen vier zweistellige Zahlen jeweils von links nach rechts in der Zeile addieren und das Ergebnis, das am Rand notiert ist, überprüfen sowie von oben nach unten beide Zahlen addieren und das vorliegende Ergebnis wiederum überprüfen. Sind alle Zahlen richtig addiert, können Sie die Aufgabe abhaken. Falsche Ergebnisse sind durchzustreichen.

1. Beispiel:

15	23	=	38
27	48	=	75
42	71		

Alle Additionen sind richtig.

2. Beispiel:

69	20	=	75
21	56	=	77
90	66		

Die Ergebnisse 75 und 66 sind durchzustreichen.

Für die folgenden 10 Aufgaben haben Sie 3 Minuten Zeit.

A	22	44	=	66
	19	47	=	65
	43	91		

B	34	61	=	95
	18	44	=	61
	52	104		

C	09	82	=	91
	28	29	=	59
	47	111		

D	33	44	=	67
	66	26	=	92
	99	70		

E	13	33	=	46
	25	41	=	66
	38	74		

F	51	09	=	70
	22	47	=	69
	83	56		

G	92	04	=	96
	07	63	=	80
	98	67		

H	29	11	=	50
	30	37	=	67
	59	49		

I	41	12	=	43
	14	21	=	35
	55	32		

J	67	13	=	80
	51	43	=	93
	127	56		

Lösungen Seite 587

Kettenaufgaben

Man muss vielleicht sogar froh sein, dass diese Kettenaufgaben nicht lediglich mündlich angesagt, sondern immerhin schriftlich gegeben werden. Für 5 Aufgaben (A–E) haben Sie 10 Minuten Zeit (Achtung: Hier gilt nicht »Punktrechnung vor Strichrechnung«):

A $2 \times 5 + 2 : 6 + 4 \times 5 + 6 : 6 + 4 \times 5 : 2 - 5 : 4 - 4 \times 9 + 1 =$

B $8 - 4 \times 2 : 4 + 9 \times 5 : 5 + 4 - 5 : 2 - 4 \times 8 + 2 \times 7 + 4 : 2 =$

C $2 \times 4 - 5 + 3 \times 6 + 4 - 5 : 7 \times 5 + 5 \times 2 : 6 \times 5 : 2 + 7 - 8 =$

D $9 - 6 + 2 \times 7 : 5 + 3 \times 7 : 7 - 2 \times 3 + 6 \times 4 - 9 + 2 + 2 - 6 =$

E $4 \times 5 : 4 + 5 \times 4 - 3 \times 3 - 1 : 2 - 8 + 3 - 9 \times 2 - 1 : 9 + 1 =$

Lösungen Seite 587

Zahlen suchen

Bei dieser Aufgabe geht es darum, alle (aus zwei Zeilen bestehenden) Zahlenblöcke herauszusuchen, die folgende Bedingungen erfüllen:

obere Zeile von 0,1600 bis 0,3350
untere Zeile > 240

Beispiel:

a	b	c	d	e	f	g
0,1434 (131)	2,4773 (140)	0,5540 (245)	0,8555 (222)	0,2156 (450)	0,2320 (231)	3,1843 (220)

Lösung: e

Die Lösungen sind entsprechend der Position in das Lösungsschema einzutragen.

a	b	c	d	e	f	g
○	○	○	○	⊗	○	○

Bitte lösen Sie die folgenden 20 Aufgaben in 7 ½ Minuten.

	a	b	c	d	e	f	g
1.	0,1124 (243)	1,2260 (134)	0,8920 (326)	0,2572 (673)	1,1502 (215)	0,7221 (451)	9,6600 (534)
2.	1,1576 (345)	0,2456 (267)	0,3051 (904)	0,1050 (762)	0,8060 (267)	0,4562 (156)	0,8742 (450)
3.	0,1995 (135)	0,2950 (945)	0,2456 (456)	0,1670 (229)	0,2458 (192)	0,5470 (235)	0,2245 (210)
4.	0,4672 (256)	0,2178 (230)	0,1645 (674)	0,1296 (236)	0,6281 (456)	0,7239 (330)	0,2980 (506)
5.	0,2113 (845)	0,1565 (103)	1,1452 (506)	0,1672 (220)	0,1990 (206)	0,2147 (298)	0,2001 (245)
6.	0,1750 (556)	0,7810 (348)	0,3450 (453)	0,1240 (249)	0,2361 (335)	0,6712 (863)	0,1265 (437)
7.	0,1602 (215)	0,1279 (349)	0,2107 (317)	0,1456 (268)	0,1562 (654)	0,1376 (159)	0,7619 (560)
8.	0,2789 (229)	0,5623 (658)	0,2935 (123)	0,3250 (569)	0,3103 (437)	0,2956 (216)	0,3345 (231)
9.	0,3859 (299)	0,2217 (115)	1,1355 (564)	0,2459 (209)	0,3102 (158)	0,1925 (211)	0,2376 (391)
10.	0,2568 (075)	0,3127 (213)	0,2547 (192)	0,1934 (298)	3,2458 (545)	1,2983 (875)	0,2884 (739)
11.	0,1995 (135)	0,2950 (945)	0,2456 (456)	0,1670 (229)	0,2458 (192)	0,5470 (235)	0,2245 (210)
12.	0,4672 (256)	0,2178 (230)	0,1645 (674)	0,1296 (236)	0,6281 (456)	0,7239 (330)	0,2980 (506)
13.	0,2003 (845)	0,1560 (103)	0,1452 (506)	0,1672 (220)	0,1990 (206)	0,2147 (298)	0,2001 (245)
14.	0,1750 (556)	0,7810 (348)	0,3450 (453)	0,1240 (249)	0,2361 (335)	0,6712 (863)	0,1265 (437)
15.	0,1708 (125)	0,1279 (349)	0,2107 (317)	0,1456 (268)	0,1562 (654)	0,1376 (159)	0,7619 (560)
16.	0,2789 (229)	0,5623 (658)	0,2935 (123)	0,3250 (569)	0,3103 (437)	0,2956 (216)	0,3345 (231)
17.	0,3456 (298)	0,3210 (215)	1,2354 (514)	0,2557 (219)	0,3232 (168)	0,1445 (215)	0,2571 (341)
18.	0,2568 (175)	0,3127 (213)	0,2547 (192)	0,1934 (298)	3,2458 (545)	1,2983 (875)	0,2884 (739)
19.	0,1111 (240)	2,7878 (239)	1,7878 (676)	0,0001 (141)	0,2121 (889)	0,8988 (545)	0,1454 (666)
20.	0,1711 (241)	3,7878 (229)	0,7878 (626)	1,0001 (121)	2,2121 (882)	0,8288 (525)	0,1464 (666)

	a	b	c	d	e	f	g
1.	○	○	○	○	○	○	○
2.	○	○	○	○	○	○	○
3.	○	○	○	○	○	○	○
4.	○	○	○	○	○	○	○
5.	○	○	○	○	○	○	○
6.	○	○	○	○	○	○	○
7.	○	○	○	○	○	○	○
8.	○	○	○	○	○	○	○
9.	○	○	○	○	○	○	○
10.	○	○	○	○	○	○	○
11.	○	○	○	○	○	○	○
12.	○	○	○	○	○	○	○
13.	○	○	○	○	○	○	○
14.	○	○	○	○	○	○	○
15.	○	○	○	○	○	○	○
16.	○	○	○	○	○	○	○
17.	○	○	○	○	○	○	○
18.	○	○	○	○	○	○	○
19.	○	○	○	○	○	○	○
20.	○	○	○	○	○	○	○

Lösungen Seite 587

Zahlen-/Buchstaben-Tabelle

Hier geht es um die Koordination von Zahlen und Buchstaben. Bei einigen Arbeitgebern wird diese Art von Aufgaben auch mündlich oder vom Tonband veranstaltet.

	A J K L	V W X B	Z C H M	G F D R	Y S T Q	I O P N
1	6 5 4 2	2 3 2 4	7 8 9 0	6 5 8 9	4 3 5 4	4 6 5 2
2	4 4 5 4	1 2 3 4	8 8 9 0	9 0 5 8	3 4 5 2	5 8 9 5
3	4 7 6 3	4 7 8 3	1 7 9 5	1 9 1 9	1 8 3 1	3 6 7 5
4	0 9 4 5	4 3 1 6	0 2 7 8	7 8 6 5	5 8 9 5	4 2 7 8
5	7 4 5 3	7 5 4 1	4 5 7 0	4 7 9 3	4 8 1 0	5 3 3 5
6	0 3 2 1	6 7 9 2	6 4 9 0	4 7 4 5	8 9 7 8	2 8 9 3
7	1 2 3 5	8 6 5 9	1 2 3 4	2 6 3 9	4 5 3 2	1 9 8 5
8	6 6 4 3	9 8 3 6	2 1 7 9	9 9 9 9	4 5 2 7	3 4 5 6
9	0 9 3 4	3 5 4 3	6 3 7 8	1 8 9 1	1 9 0 3	3 6 5 4
10	5 1 8 4	2 7 2 4	7 8 7 0	6 5 7 9	4 8 5 4	2 9 7 5
11	4 4 5 4	1 2 3 4	8 8 9 0	9 0 5 8	3 4 5 2	2 6 5 3
12	4 6 6 3	4 3 8 3	1 7 9 3	1 9 1 3	1 3 3 1	3 9 6 7
13	0 9 4 5	4 3 1 6	0 2 7 8	7 8 6 5	5 8 9 5	6 7 4 5
14	7 4 5 3	7 5 4 1	4 5 7 0	4 7 9 3	4 8 1 0	0 8 7 6
15	0 3 2 1	6 7 9 2	6 4 9 0	4 7 4 5	8 9 7 8	2 5 9 0
16	1 2 3 5	8 6 5 9	1 2 3 4	2 6 3 9	4 5 3 2	5 7 8 4
17	6 6 4 3	9 8 3 6	2 1 7 9	9 9 9 9	4 5 2 7	2 6 7 8
18	0 9 3 4	3 5 4 3	6 3 7 8	1 8 9 1	1 9 0 3	1 4 5 6
19	5 2 2 4	2 3 2 4	7 8 9 0	6 5 8 9	4 3 5 4	3 7 8 9
20	1 2 3 5	8 6 5 9	1 2 3 4	2 6 3 9	4 5 3 2	4 5 6 7

Beispiel:

Welche Zahl ist für 1 A einzusetzen?

Lösung: 6

Für die folgenden 60 Aufgaben haben Sie 10 Minuten Zeit.

1 K = 4	1 H =	5 X =	C 5 =	A 7 =	O 2 =
1 V = 2	3 K =	9 Z =	X 9 =	W 8 =	N 12 =
2 M = ?	L 5 =	Z 19 =	B 5 =	4 H =	L 1 =
12 Z =	19 H =	5 L =	J 7 =	C 1 =	I 18 =
8 R =	M 20 =	13 S =	2 N =	4 Q =	P 20 =
6 G =	3 F =	3 R =	14 Y =	2 T =	L 17 =
18 C =	4 D =	3 X =	5 Y =	1 Q =	V 13 =
13 J =	4 B =	5 R =	9 S =	G 8 =	B 2 =
5 J =	3 W =	4 L =	7 Q =	13 K =	Z 11 =
5 T =	8 R =	17 X =	9 D =	1 Y =	I 4 =

Lösungen Seite 587

Buchstaben / Zahlen

Ähnlich ist die folgende Aufgabe. Vorgegeben sind Buchstaben- und Zahlenkombinationen:

C	I	G	J	A	T	H	L	B	Y	P	alle anderen Buchstaben
4	1	5	0	3	2	8	6	8	9	7	X

Bitte schreiben Sie unter die folgenden Buchstabenreihen die entsprechenden Zahlen. Für diese Aufgabenreihen haben Sie 3 Minuten Zeit (Tipp: nach diesem Muster eigene zusätzliche Übungsbeispiele basteln).

A	U	G	K	L	T	Z	C	F	J	B	E	P	T	B	V	X	Y	M	T
3	X	5	X	6	…														

1. L K C M P D P N J O B M F D T R Z A L N

____

2. H Z R D V J O P S E J L B C M H O U R W

____

3. J O P T Z E R W A D C X Y B G I K O P D

____

4. L K H G F D S A Q W E R T Z U I O P K B

____

Lösungen Seite 588

Buchstaben einkreisen

Hier besteht Ihre Aufgabe darin, in einer Reihe vorgegebener Buchstaben alle Buchstabenkombinationen einzukreisen, die aus drei im Alphabet unmittelbar aufeinander folgenden Buchstaben bestehen, z.B. so:

g j (g h i) k m a b d r z (u v w) (c d e) k l i v b

Für 10 Zeilen haben Sie 3 Minuten Zeit. Bitte notieren Sie hinter jeder Zeile die Anzahl der gefundenen Dreierkombinationen.

1. u g k l o b u s o j e c d e k p d e g k a q r n m g d b f n m ___
2. a b k n x y h j f a b c l b v c x g h l n l f l m x a x e r z ___
3. t h k l u i r s e f j a b i p k o m b c g h i j r d c d s z z ___
4. k l m g f d e r s j o l b c a b x c x v x s x y b k u b u m u ___
5. h i j g d r t u c f c d e t n k l p q d r d t d u d b d e c m ___
6. s f j t z h u j l k o l z h k g g b f v d c s x a y j m h n g
7. y d x y h t g b d v c h i j k l o i u z t r e d s t z u i o p ___
8. l h k l u i r s e c d a b h r k o m b c g h i j r d c d s z z ___
9. a b m g f d e r s j o l b c a b x c x v x s x y b k u b u m u ___
10. d m o g d r t u c f c d e t n k l p q d r d t d u d b d e c m ___

Aufgabenvariante:
Lediglich zwei aufeinander folgende Buchstaben müssen identifiziert werden.

Lösungen Seite 588

Zahlen verbinden

Versuchen Sie, in 30 Sekunden bei 1 beginnend so viele Zahlen wie möglich in der richtigen Reihenfolge (bis 30) zu verbinden. Fangen Sie mit dem Zahlenfeld A an:

A

7 17 6

5 19

4 3 18

16 26

8 2 10 20

1 11

25 9 27

28 **30** 21

15 24 12

22 13

23 29

14

B

7 17 20 6

16 5 3 19

4 18

2 26

8 22 10 27

1 11

25 9

28 **30** 13 21

15 24

14

29 12

23

C

5 7 17 6

26 19

18 4

10 20 24

8 **1** 11

16 25

28 9 **30** 21 27

15 3 12

22 2

29 13

14 23

Lösungen Seite 589

Beobachten

Schauen Sie sich bitte die folgenden drei Beispielaufgaben mit jeweils drei Gesichtern genau an. Zwei der drei Gesichter sind gleich, das dritte unterscheidet sich von den beiden anderen deutlich.

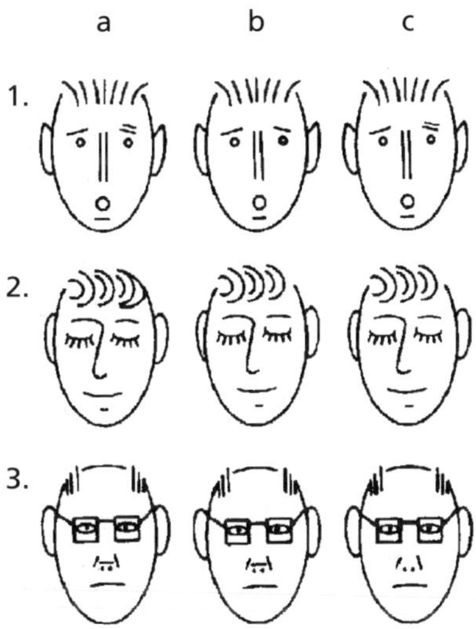

Lösungen: 1 b (Augenbraue), 2 a (Haar), 3 c (Nase)

Beachten Sie bitte, dass das gesuchte Gesicht sich von den anderen beiden deutlich unterscheiden muss. Etwas wurde verändert, hinzugefügt oder weggelassen. Minimale Unterschiede in der Zeichnung (z.B. Strichlänge oder Form) haben keine Bedeutung.

Für die folgenden 80 Aufgaben haben Sie 12 Minuten Zeit.

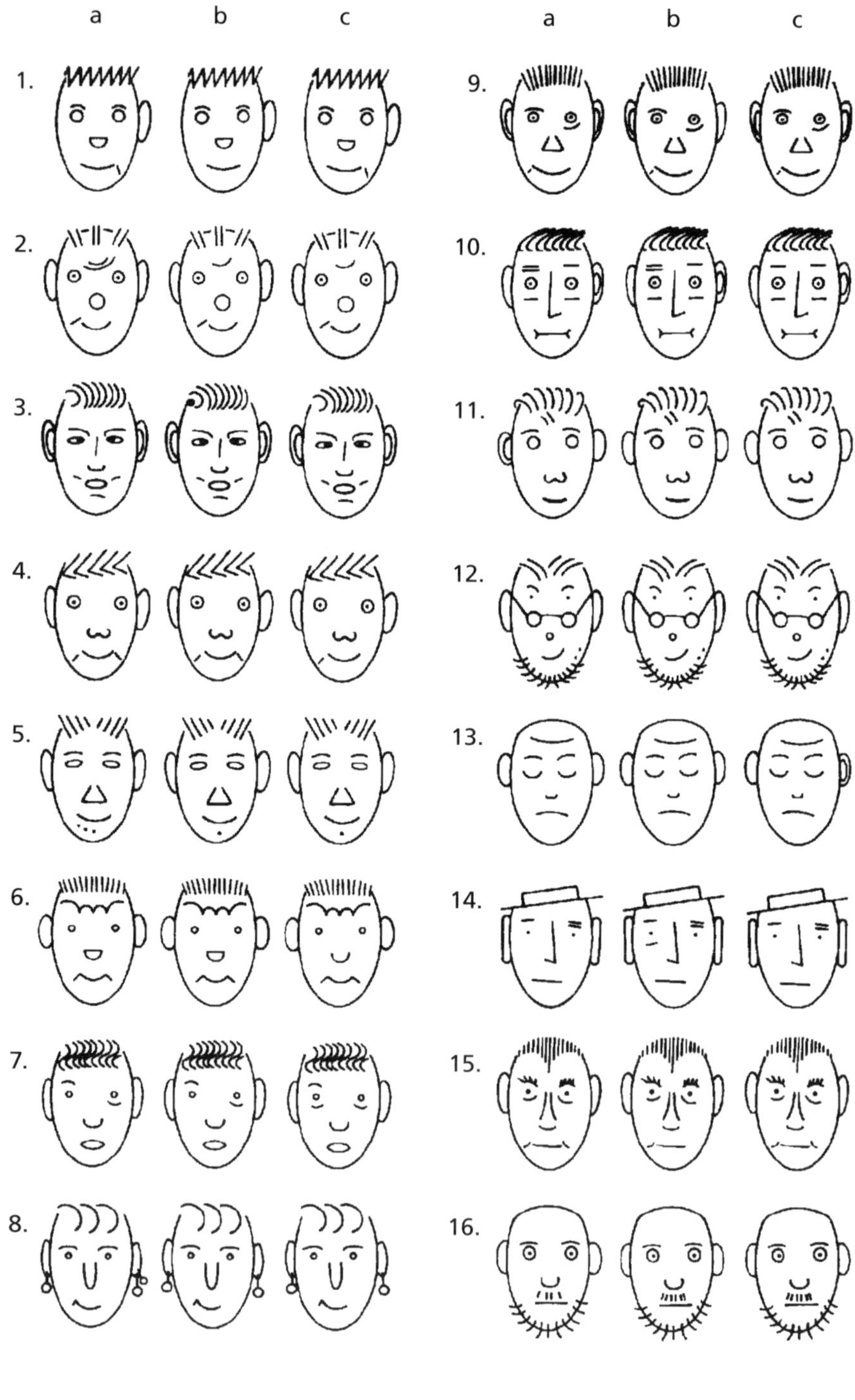
a b c
a b c
1.
2.
3.
4.
5.
6.
7.
8.
9.
10.
11.
12.
13.
14.
15.
16.

a b c

17. 

18. 

19. 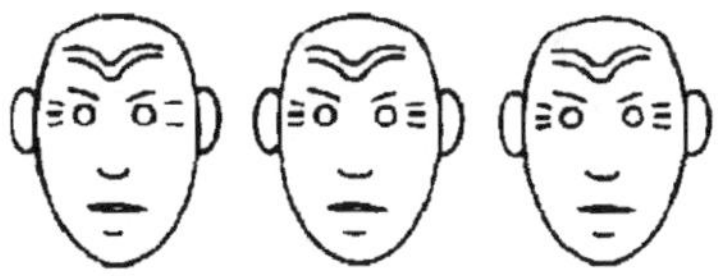

20. 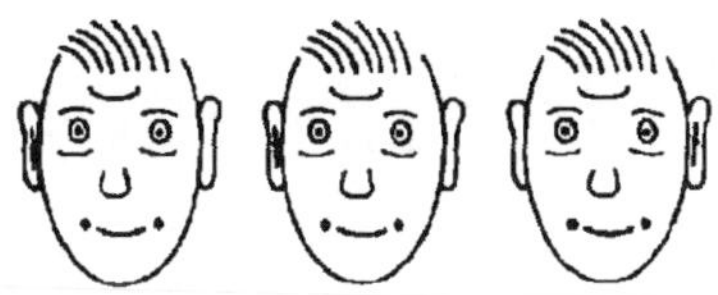

21. 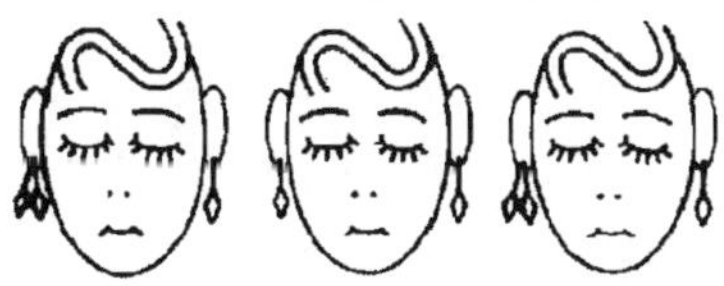

22. 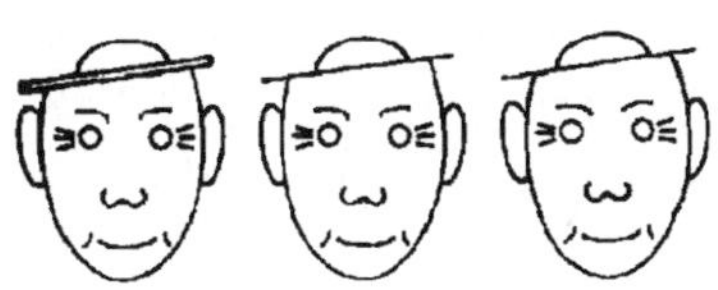

23. 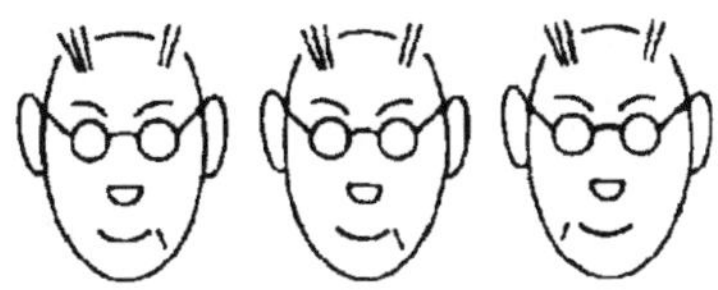

24. 

a b c

25. 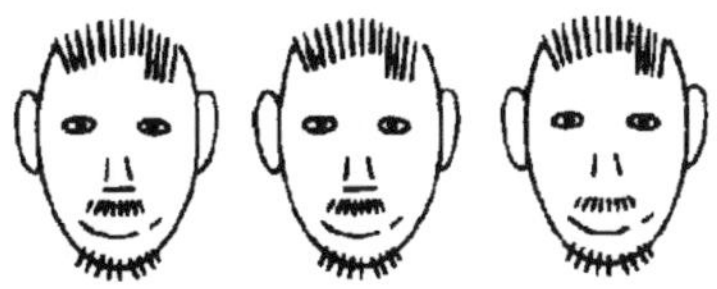

26. 

27. 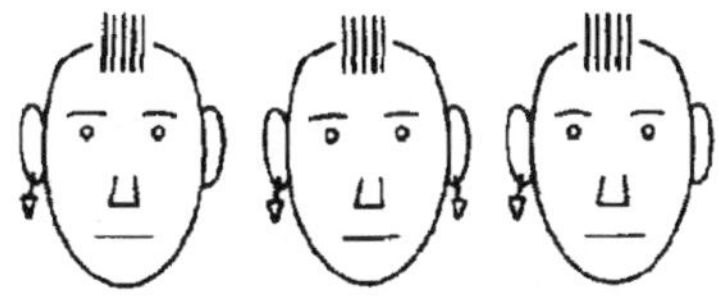

28. 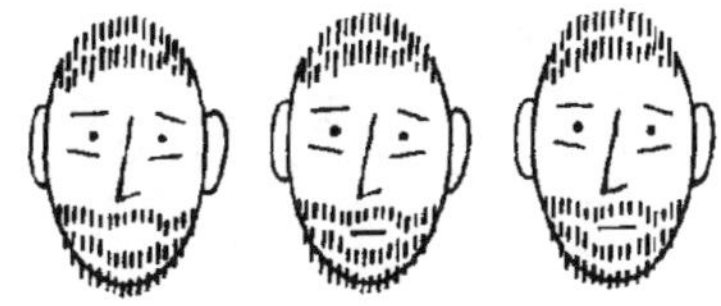

29. 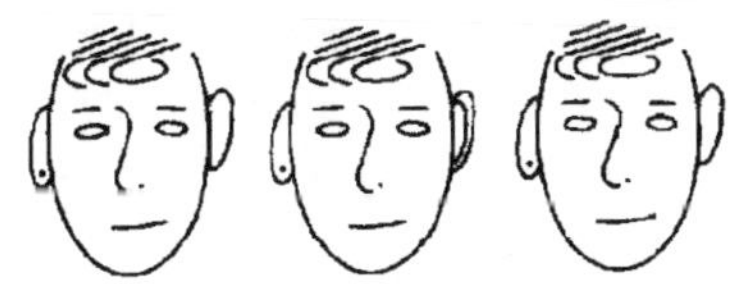

30. 

31. 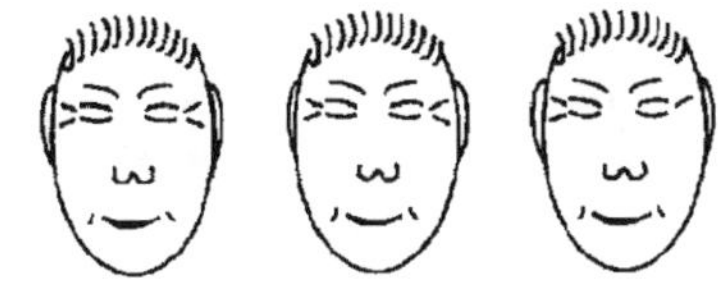

32. 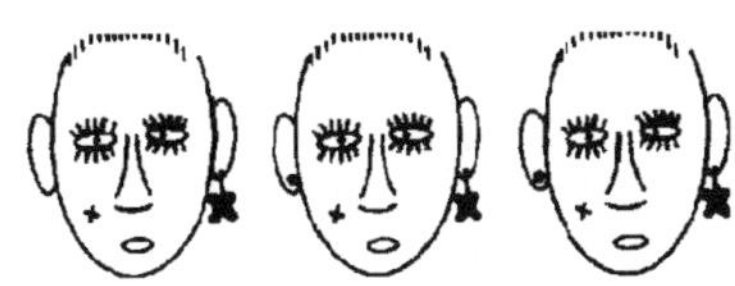

a b c

33. 

34. 

35. 

36. 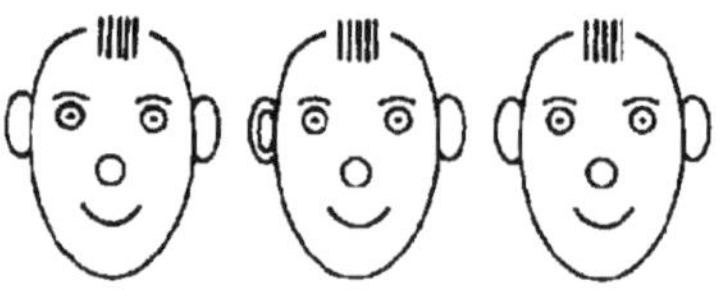

37. 

38. 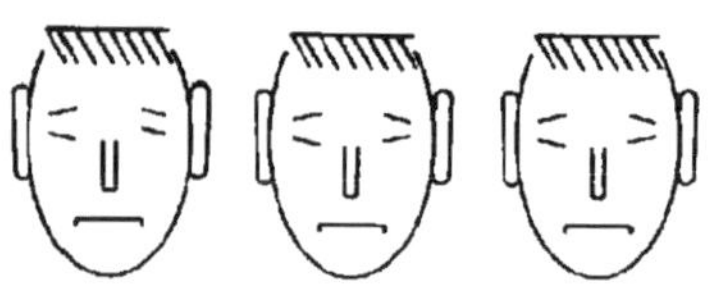

39. 

40. 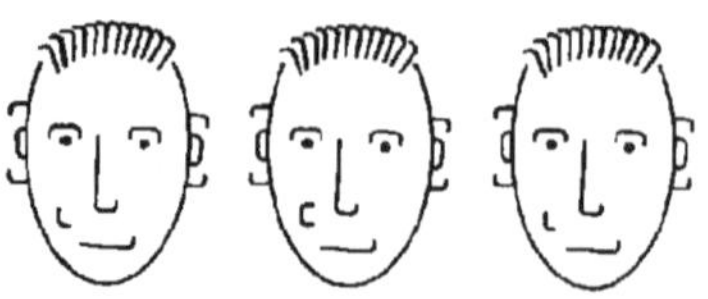

a b c

41. 

42. 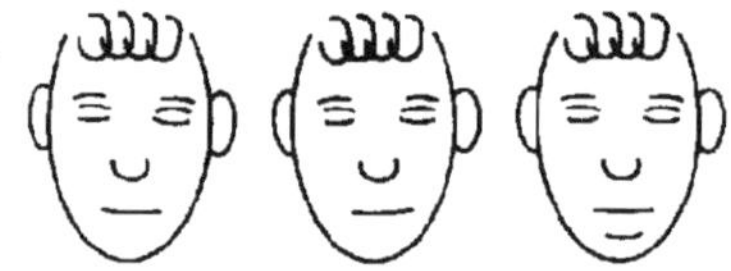

43. 

44. 

45. 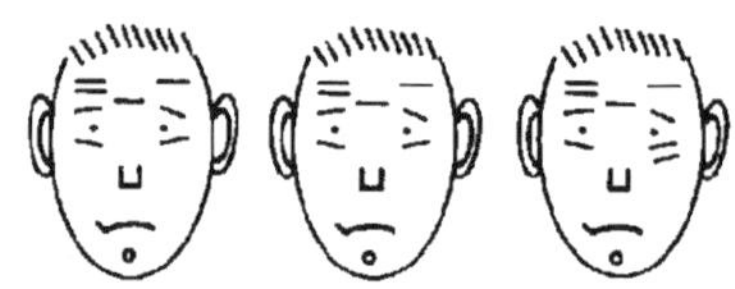

46. 

47. 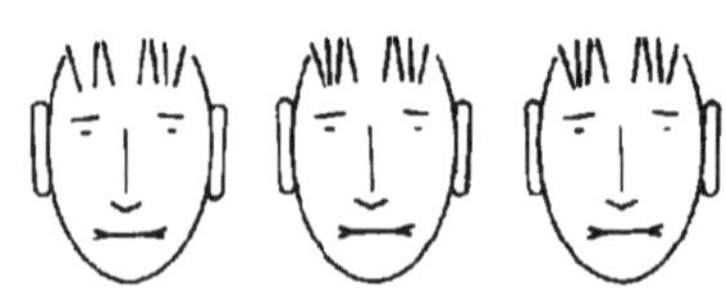

48. 

a b c

49.

50.

51.
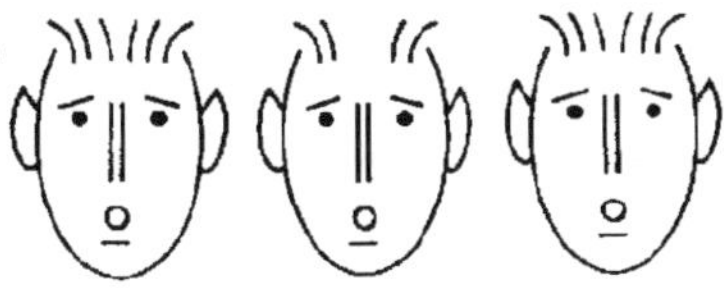

52.
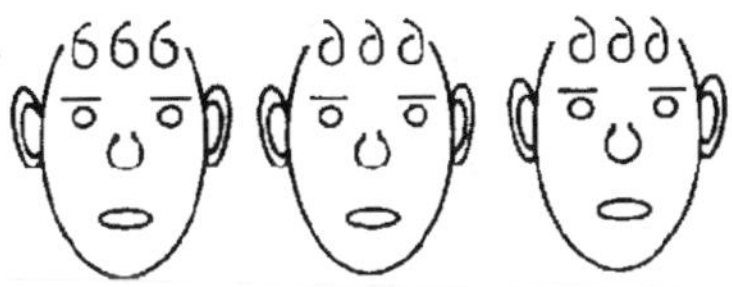

53.

54.

55.

56.

a b c

57.

58.

59.

60.
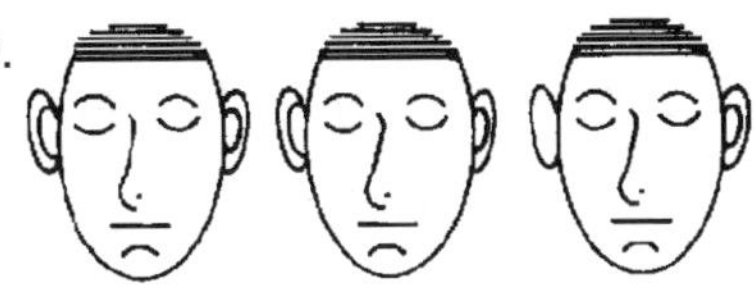

61.

62.

63.

64.

→

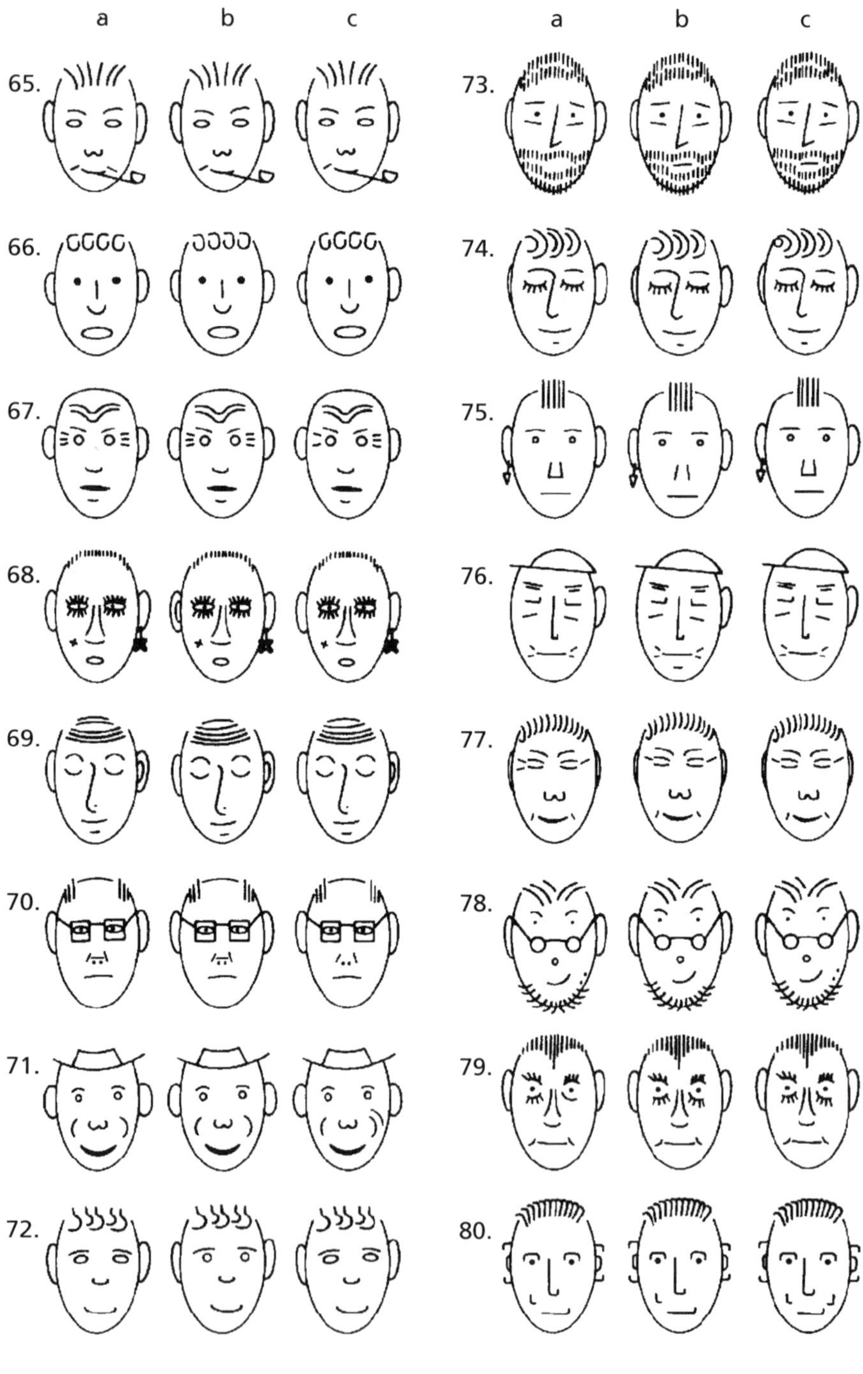

Lösungen Seite 589

Adressen-Überprüfung

Ihnen wird eine Original-Adressenliste und deren Abschrift vorgelegt. Ihre Aufgabe ist es, die Abschrift mit dem Original zu vergleichen. Alle Fehler sind zu unterstreichen und pro Abschriftzeile insgesamt auszuzählen. (Jeder falsche Buchstabe, jede falsche Ziffer gelten als Fehler.)

Beispiel:

Original

1.	Christof Müller	10020	Berlin, Im Rait 2	T: 89 76 56
2.	Sybille Schwarz	80000	München, Sonnentau 10	T: 54 54 67

Abschrift

					Fehler:
1.	Christof Möller	10020	Berlin, Im Reit 2	T: 89 76 56	2
2.	Sybille Schwarz	80000	München, Sonnentau 11	T: 54 54 68	2

Für die folgende Adressenliste haben Sie 10 Minuten Zeit.

Original

Franz Bekkenbauers	67430	Bayerndorf 1, Ballplatz 175 A	T: 1234567
Jeremias Gotthilf	56340	Schleusendorf 2, Käferring 4	T: 036 6745
Egon Groschenbügel	32450	Narrenheim 15, Budikerring 12 c	T: 98678
Schlosserei Skiele	23500	Berndow 7, Monumentenstr. 3	T: 035 2788
Wäscherei Weiß	77000	Miendorf 4, Döllersweg 25 d	T: 086 67 56
Anita G. Pranglie	89500	Karlshorst 3, Wegschneiderstr. 2	T: 8645
Sabine K. Horney	34200	Magdeburg 23, Heinzenhuber Weg 5	T: 9067
Bäckerei Schnelle	35620	Gießen 45, Hahnkampweg 286 f	T: 023 56 71
Gernot F. Browney	65000	Sydow, Am Marktplatz 33	T: 034 56 99 00
Sonja S. Müllers	90560	Müllershausen, Waldstr. 5	T: 90 1568 67
Petra Schnellenbach	76500	Meinheim 45, Friedsaalstr. 5	T: 389 89 0
Fa. K. B. Vautenloh	34000	Sülze 2, Heißenstr. 163	T: 876 54 96 23
Fa. Max Kühlenbrot	12300	Bachelach, Heilsbrunnen 34	T: 457 23 13
Franz Mainzbergs	77670	Nymphenburg 4, Herrmanstr. 1 b	T: 12 32 14
Fa. Heinz Brinkmann	56390	Jellingsdorf 23, Hamstr. 34	T: 56 37 28
Manfred H. C. Börner	75610	Hexenfurth 2, Bahnhofstr. 34	T: 081 891
Gustav Gründermann	10000	Berlin 41, Calvinstr. 29	T: 0301 25 67 7
Dr. Gernot H. Binder	10000	Berlin 44, Robert-Lück-Weg 54	T: 231 56
Prof. Dr. H. Siebel	10020	Berlin 894, Kellerweg 361	T: 123 334 34
Hannemann AG Neuß	54020	Neuß 2, Am Hamelbruch 23	T: 4334 562 34
Fa. S. Kulperts	89000	Bellen 3, Kruppstr. 144	T: 023 45 76 12
Prof. Hennigsstein	98980	Nenn 1, Innerer Weg 21 c	T: 675 65 76 59
Harald Landsert	88100	Bremenau 56, Weißstr. 59	T: 012 45 76 65
Dr. Heinz P. Knall	67000	Brenner 1, Kníeßstr. 651 h	T: 03 76 98 89
Kaiser & Sohn	66650	Hahnendorf 4, Bachgasse 44	T: 112 563 76
Dr. Alt & Partner	81210	Keulenbach 3, Am Feldrand 23	T: 98 98 1
Postspar e.V.	27560	Oldenburg 12, Feldsweg 114 d	T: 089 38 4
Tierschutz-Verein	76200	Bad Gastein 4, Heinzelstr. 6	T: 076 23 1
Lampenschirm GmbH	55780	St. Gallen 32, Am Stoppeln 5	T: 097 14 8
Fa. Kohl & Partner	76500	Bad Luisenau 2, Hertzstr. 30	T: 935 36 9
Fa. S. Lottenow	24700	Wienbad 4, Maienberger Str. 40	T: 789 894
Hans Dieter Böhm AG	34760	Biel 13, Herrmannzeile 147	T: 078 60 201
Prof. Maria Docht	22200	Bernstein 4, Waidmannsheil 13	T: 67 67 8
Selmer & Co GmbH	20001	Hamburg 13, Weserstrand 6	T: 083 34 45 1
Fa. Franzenhuber OHG	22000	Weiler 1, Calvinstr. 35	T: 038 56 23 89
Hannes K. Beckerow	56700	Bad Lippenau, Mandelzeile 5	T: 34 67 270
Christian H. Welle	88800	Brahmstedt, Manichowskistr. 27 b	T: 89675
Dr. Petra Pannowitz	75000	Heidelberg 22, An der Lahn 3 a	T: 067 674
Fa. Rudi C. Walle	35610	Harschburg 1, Brausestr. 34 c	T: 068 142
Fa. Dieter Schnee	12460	Keilendorf 5, Berliner Str. 145	T: 619 7
Ärzte-Vereinigung	34900	Busenhausen 4, Fordstr. 29 a	T: 56 23 912
Wirtschaftsdienste	78000	Werl 2, Robert-Glück-Str. 2	T: 023 1578
Eusebia Hügel	34560	Senkendorf 3, Reuterallee 17	T: 089 7868
Ede Labbadia	35620	Deppendorf 89, Lausstr. 67	T: 0456 78 671
Gunhilde Schlecht	69000	Kellendorf 1, Löwenring 6	T: 089 561 896

Abschrift

Franz Bekkenbauers	67430	Bayerndorf 1, Ballplatz 175 A	T: 1234567
Jeremias Gotthilf	56340	Schleusendorf 2, Käferring 4	T: 036 6746
Egon Groschenlügel	32450	Narrenheim 15, Budikerring 12	T: 98678
Schlosserei Skiele	23500	Berndow 7, Monumentenstr. 3	T: 035 2788
Wäscherei Weiß	77000	Miendorf 4, Döllersweg 25 d	T: 086 67 54
Anita G. Pranglie	89500	Karlshorst 3, Wegschneiderstr. 3	T: 8645
Sabine K. Horney	34200	Magdeburg 23, Heinzenhuber Weg 5	T: 9067
Bäckerei Schnelle	35620	Gießen 54, Hahnkampweg 286 f	T: 023 56 71
Gernot F. Browney	65000	Sydow, Am Marktplatz 33	T: 034 56 99 11
Sonja Müllers	90560	Müllershausen, Waldstr. 5	T: 90 1568 67
Petra Schnellenbach	76500	Meinheim 45, Friedsalstr. 5	T: 389 89 0
Fa. K.B. Vautenloh	34000	Sülze 2, Heißenstr. 163	T: 876 54 96 23
Fa. Max Kühlenbrot	12300	Bachelach, Heilsbrunnen 34	T: 457 23 13
Franz Mainzbergs	77670	Nymphenburg 4, Herrmanstr. 1 b	T: 12 32 14
Fa. Heinz Brinckmann	56300	Jelingsdorf 23, Hammstr. 34	T: 56 37 28
Manfred H.C. Börner	75610	Hexenfurth 2, Bahnhofstr. 34	T: 081 891
Gustav Gründermann	10000	Berlin 41, Calvinstr. 29	T: 0301 25 67 7
Dr. Grnot H. Binder	10000	Berlin 44, Robert-Lück-Weg 54	T: 231 56
Prof. Dr. H. Siebel	10000	Berlin 894, Kellerweg 36	T: 123 334 34
Hannemann Neuß	54020	Neuß 2, Am Hamelbruch 23	T: 4334 562 34
Fa. S. Kulpert	89000	Bellen 3, Kruppstr. 144	T: 023 45 76 13
Prof. Hennigsstein	98980	Nenn 1, Innerer Weg 21 c	T: 675 65 76 59
Harald Landsert	88100	Bremenau 56, Weißstr. 59	T: 012 45 76 65
Dr. Heinz P. Knall	67000	Brenner 1, Knießstr. 651 h	T: 03 76 98 89
Kaiser u. Sohn	66650	Hahnendorf 4, Bachgasse 44	T: 112 563 76
Dr. Alt & Partner	81210	Keulenbach 2, An Feldrand 23	T: 98 98 1
Postspaar e.V.	27560	Oldenburg 12, Feldsweg 114 d	T: 089 38 4
Tierschutz-Verein	76200	Bad Gastein 4, Heinzelstr. 6	T: 076 23 1
Lampenschirm GmbH	55780	St. Gallen 32, Am Stoppeln 5	T: 097 14 8
Fa. Kohl & Partner	12300	Bad Luisenau 1, Hertzstr. 30	T: 935 36 9
Fa. S. Lottenow	24700	Wienbad 4, Maienberger Str. 40	T: 789 894
Hans Dieter Böhm AG	34760	Biel 13, Herrmannzeile 147	T: 989 60 201
Prof. Maria Doch	22200	Bernstein 4, Waidmannsheil 13	T: 67 67 8
Selmer & Co GmbH	20001	Hambur 1, Weserstrand 6	T: 083 34 45 1
Fa. Franzenhuber OHG	22000	Weiler 1, Calvinstr. 35	T: 038 56 23 89
Hannes K. Beckerow	56700	Bad Lippenau, Mandelzeile 5	T: 34 67 270
Christian H. Welle	66620	Brahmstedt, Manichowskistr. 27 b	T: 89675
Dr. Petra Pannowitz	75000	Heidelberg 22, An der Lahn 3	T: 067 674
Fa. Rudi C. Walle	35610	Harschburg 1, Brausestr. 34 c	T: 068 142
Fa. Dieter Schnee	12460	Keilendorf 5, Berliner Str. 145	T: 619 7
Ärzte-Vereinigung	34900	Busenhausen 4, Fordstr. 29 a	T: 56 23 912
Wirtschaftsdienste	78000	Werl 2, Robert-Glück-Str. 2	T: 023 1578
Eusebia Mügel	34560	Senkendorf 3, Reuterallee 17	T: 089 7867
Ede Labbadia	35620	Deppendorf 89, Lausstr. 67	T: 0456 78 678
Gunhilde Schlecht	69000	Kellendorf 1, Löwenring 6	T: 089 561 896

Lösungen Seite 589/590

Tabellen-Konzentrations-Test

9 Ausbilder (A, U, S, B, I, L, D, E und R) haben 6 Azubis (von a–f) mit den Noten 1–6 zu beurteilen. Die nachstehend aufgeführte Tabelle zeigt z.B., wie der Ausbilder A seine Zensuren für die Azubis a–f vergeben hat.

Noten	1	2	3	4	5	6
A	b	a	c	d	f	e
U	a	f	e	d	c	b
S	d	a	b	c	e	f
B	a	b	c	e	f	d
I	f	e	d	c	b	a
L	d	c	a	b	f	e
D	b	c	a	e	f	d
E	f	b	c	e	a	d
R	a	f	b	d	c	e

Folgende 5 Fragen sind innerhalb von 10 Minuten zu beantworten:

1. Welcher Azubi hat den besten, welcher den schlechtesten Notendurchschnitt?
2. Welche Ausbilder stimmen mit der Beurteilung des Azubis c (Durchschnitt) am besten überein?
3. Welcher Ausbilder gibt in der Tendenz die besten Noten?
4. Bei welchem Ausbilder ist es sehr wahrscheinlich, eine schlechte Note zu bekommen?
5. Wie ist der Notendurchschnitt des Ausbilders A im Vergleich zum Ausbilder R?

Lösungen Seite 590

Sortieren

Sie bekommen drei Listen. Auf der ersten Liste sind Institutionen durch Ziffern gekennzeichnet (z.B. das Verkehrsamt durch die Ziffer 2). Eine zweite Liste beinhaltet ein alphabetisches Namens-Codierschema, bei dem die Anfangsbuchstaben der Nachnamen bestimmten Ziffern zugeordnet sind.

Ihre Aufgabe besteht nun darin, mit Hilfe der Listen 1 und 2 (Institutionen, alphabetische Codierung) die Codierung der 3. Liste (Namens- und Institutionsliste) zu erstellen.

Beispiel:

Peter Klug / Rundfunkanstalt
Peter Klug = 16 (gemäß Liste 2)
Rundfunkanstalt = 27 (gemäß Liste 1)

Lösung = 1627

Dagegen hat Peter Pan, der sich
zurzeit in der Psychiatrie befindet,
den Zahlencode 22 (für P)
und 28 (für Psychiatrie).

Lösung also: 2228

Für 37 Aufgaben haben Sie 10 Minuten Zeit.

1. Liste: Institutionen

1 = Abendschule
2 = Verkehrsamt
3 = Pressezentrum
4 = Polizeirevier
5 = Realschule
6 = Turnhalle
7 = Schwimmstadion
8 = Sportplatz
9 = Kaufhaus
10 = Markthalle
11 = Marktplatz
12 = Krankenhaus
13 = Feuerwehr
14 = Eissportstadion
15 = Studentenheim
16 = Gesundheitsamt
17 = Gewerbeaußendienst
18 = Finanzamt
19 = Postamt
20 = Zoo
21 = Park
22 = Schloss
23 = Museum
24 = Galerie
25 = Denkmal
26 = Tierheim
27 = Rundfunkanstalt
28 = Psychiatrie
29 = Gefängnis
30 = Waisenhaus

2. Liste: Alphabetisches Namens-Codierschema

00 = Aa – Am
01 = An – Az
02 = Ba – Bo
03 = Bp – Bz
04 = C
05 = Da – Dn
06 = Do – Dz
07 = Ea – Ek
08 = El – Ep
09 = Eq – Ez
10 = Fa – Fm
11 = Fn – Fz
12 = G
13 = Ha – Ho
14 = Hp – Hz
15 = I – J
16 = Ka – Kl
17 = Km – Kz
18 = L
19 = M
20 = Na – Nm
21 = Nn – Nz
22 = O – P
23 = Q
24 = R – Sa
25 = Sb – Se
26 = Sf – St
27 = Su – Sz
28 = T
29 = U – W
30 = X – Z

3. Liste: Namen und Institutionen

	Lösung: Codierung
1. Bärbel Bollermann / Finanzamt	________
2. Phillip Filipowitz / Turnhalle	________
3. Emanuel Seeckt / Schloss	________
4. Elvira Zugvogel / Verkehrsamt	________
5. Richard von Weiz / Park	________
6. H. Kool / Kaufhaus	________
7. Helmut G. Posser / Postamt	________
8. Barbara S. Bellabarba / Galerie	________
9. Marianne Schlütersee / Eissportstadion	________
10. Alwine Magerkoch / Studentenheim	________
11. Peter Klug / Rundfunkanstalt	________
12. Peter Pan / Psychiatrie	________
13. Marion Gunther / Postamt	________
14. Bärbel Schmidt / Waisenhaus	________
15. Karl Dall / Zoo	________
16. Eduard Zimmermann / Polizeirevier	________
17. Heinz Schneider / Denkmal	________
18. Marc Knopf / Eissportstadion	________
19. Elli Mücke / Abendschule	________
20. Frida Bums / Krankenhaus	________
21. Klara Schumann / Studentenheim	________
22. Hans Glück / Rundfunkanstalt	________
23. Charlotte Weber / Tierheim	________
24. Fritz Langhans / Gesundheitsamt	________
25. Rainer Teufel / Feuerwehr	________
26. Peter Kuzwick / Park	________
27. H. O. Mühlenbaum / Studentenheim	________
28. Dr. Nullenbach / Schloss	________
29. Prof. Dagmar Rautenbug / Finanzamt	________
30. Karl Heinz Bello / Galerie	________
31. Andrea Schneider / Realschule	________
32. Anton Adler / Verkehrsamt	________
33. Friedrich Pleitgen / Pressezentrum	________
34. Hannelore Rolle / Turnhalle	________
35. Anita Bolle / Kaufhaus	________
36. Walter Watzlav / Schwimmstadion	________
37. Hanna Ernst / Markthalle	________

Lösungen Seite 591

Post, Porto und Tarife

Von Hamburg, dem Tor der Welt, aus sind verschiedene Postsachen (Briefe, Telegramme, Pakete) zu verschicken. Ihre Aufgabe besteht darin, die Post- bzw. Frachtgebühr anhand von Tabellen zu ermitteln. Durch unterschiedliche Beförderungsarten (z.B. Eilzustellung) wird alles etwas schwieriger. Hinzu kommt noch, dass gerade in dem Augenblick, in dem Sie an die Arbeit gehen wollen, eine Tarifänderung ins Haus steht. Aber sehen Sie selbst:

Beförderungsgegenstände

Tarifwert	
Drucksache	1
Postkarte	2
Brief	3
Telegramm	4
Päckchen (bis 2000 g)	5
Paket (bis 5000 g)	6
(über 5 kg – 10 kg)	7
(über 10 kg – 15 kg)	8

Bestimmungsorte

A	10 km von Hamburg aus
B	20 km
C	50 km
D	100 km
E	150 km
F	180 km
G	200 km
H	400 km
I	900 km
J	1000 km
K	1500 km
L	2500 km

Beförderungsart/Zuschläge

Einschreiben	5
Luftpost	3
Eilzustellung	5
Auslandszuschlag	4
Versicherungszuschlag bei Wertsachen	8

Kilometer-Tarife

Entfernung	Tarifwert
0 – 10 km	1
10 – 50 km	2
50 – 100 km	3
100 – 500 km	4
500 – 1000 km	5
über 1000 km	6

Tarife

Tarifwert	bis 31.12.	ab 1.1.
1	0,50 GE	0,70 GE
2	0,90	1,00
3	1,20	1,50
4	2,20	2,50
5	2,50	2,80
6	3,00	3,40
7	3,50	3,90
8	4,00	4,50
9	4,70	5,00
10	5,10	5,60
11	5,90	6,10
12	6,80	7,10
13	7,50	7,90
14	8,10	8,50
15	8,90	9,70
16	10,00	10,40
17	10,50	10,80
18	12,50	13,00
19	15,00	18,00
20	18,50	18,90
21	19,20	19,60
22	20,40	20,90
23	21,70	22,00
24	22,20	22,60
25	22,90	23,10

(GE = Gebühreneinheit)

1. Beispiel:
Ein Brief soll am 31.12. von Hamburg aus nach D geschickt werden.
Wie hoch ist die anfallende Gebühreneinheit?

Brief	Tarifwert	3
nach D 100 km		+ 3
		= 6 am 31.12. = 3,00 GE

2. Beispiel:
Ein Telegramm soll am 1.1. von Hamburg nach I geschickt werden.

Telegramm	Tarifwert	4
nach I 900 km		+ 5
		= 9 am 1.1. = 5,00 GE

Für 17 Aufgaben haben Sie 5 Minuten Zeit.
Wie hoch ist jeweils die GE?

1. Eine Postkarte ist am 29.12. auf dem Weg nach G.
2. Ein Telegramm wird am 13.1. nach J ins Ausland (Zuschlag) geschickt.
3. Nach D soll ein Luftpost-Brief am 4.1. versandt werden.
4. Ein Brief soll per Luftpost nach E am 30.12. geschickt werden.
5. Ein 1100 g schweres Päckchen soll ins Ausland nach H geschickt werden (vor dem 1.1.).
6. Ein Paket muss per Eilzustellung am 30.12. in C sein. Es wiegt 4,9 kg.
7. Eine Postkarte wird am 2.1. ins Ausland nach J geschickt.
8. Ein Telegramm soll nach H ins Ausland am 30.12. geschickt werden.
9. Ein 5,5 kg schweres Einschreiben-Paket soll per Luftpost ins Ausland am 5.1. nach J versandt werden.
10. Eine Drucksache soll mit Auslandszuschlag am 2.1. nach E geschickt werden.
11. Ein Luftpost-Eilzustellungspäckchen von 800 g soll ins Ausland geschickt werden, am 3.1. nach H.
12. Am 1.1. soll eine Postkarte nach B per Eilzustellung den Empfänger erreichen.
13. Ein Eilzustellungs-Luftpostpaket (15 kg) soll am 30.12. ins Ausland nach G versandt werden.
14. 6000 g wiegt ein Paket, das per Einschreiben ins Ausland nach I geht und noch vor dem 30.12. eintreffen soll.
15. Per Luftpost wird ein Päckchen nach F am 2.1. versandt.
16. Ein versichertes Wertpaket (10 kg) wird am 1.12. ins Ausland nach L verschickt.
17. Ein Wertbrief soll per Einschreiben am 30.1. nach K versandt werden.

Lösungen Seite 591

Wegeplan

Diese Testaufgabe finden Sie in ähnlicher Form auch in unserem Fischer-Taschenbuch: *Testtraining für Ausbildungsplatzsucher*. Über 500 Briefe haben uns allein zu dieser Aufgabe erreicht, immer mit der Mitteilung: »Ich habe einen schnelleren Weg, als Sie ihn beschreiben, gefunden.« Versuchen Sie es selbst, und beachten Sie genau die Bedingungen (Stichwort »Telefon« und »Rückkehr«!).

Sie haben von der Zentrale Ihrer Firma aus Ihre 6 Filialen (A, B, C, D, E, F) über ein aktuelles Sonderangebot zu informieren. Leider ist Ihr Telefon- und Telexanschluss in der Firmenzentrale kaputt. Einige der Filialen sind telefonisch nicht erreichbar, andere haben ein Telefon (alle mit T gekennzeichneten Filialbetriebe). Sie müssen mit einem Auto die Filialen ohne Telefon abfahren. Die Wegezeiten stehen fest (siehe Zeichnung), Telegramm geht nicht! Die Zeiten für das Überbringen der Nachricht – ob persönlich oder am Telefon – sind auf 3 Minuten festgelegt. In welcher Reihenfolge gehen Sie vor, und wie viel Zeit brauchen Sie, bis Sie wieder in Ihr Büro zurückgekehrt sind?

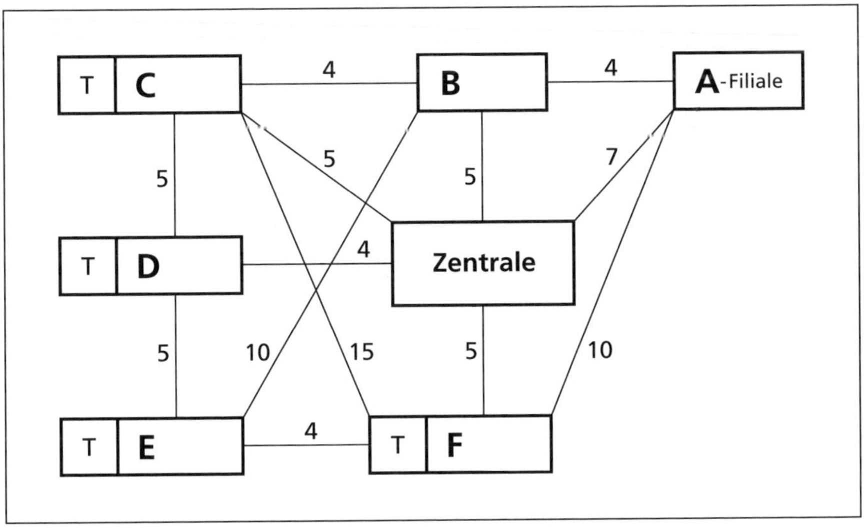

Für diese Aufgabe haben Sie 8 Minuten Bearbeitungszeit.

Lösungen Seite 591

Schätzaufgaben

Bei den folgenden Rechenaufgaben geht es mehr um die Auffassungsgeschwindigkeit bei der Abschätzung der wahrscheinlich richtigen Lösung als um wirkliche Rechenfähigkeit. Für 8 Aufgaben haben Sie 2 Minuten Zeit.

1. 411 × 511 + 25.302 =
   a) 235.323
   b) 255.401
   c) 300.425
   d) 195.798

2. 50.384 × 69.938 =
   a) 8.754.356.872
   b) 5.543.742.762
   c) 3.523.756.192
   d) 1.238.475.432

3. 79^2 =
   a) 6.398
   b) 6.241
   c) 6.112
   d) 7.198

4. 49.371 1/7 × 7 =
   a) 350.167 1/7
   b) 345.598
   c) 335.698 1/7
   d) 345.597

5. 48.190 2/10 × 10 =
   a) 481.900
   b) 481.902
   c) 481.902 2/10
   d) 481.901

6. 3.574.158 : 1/2 =
   a) 1.787.079
   b) 7.148.316
   c) 1.780.018
   d) 6.985.079

7. 11 1/2 % von 9.755
   a) 998,745
   b) 1.320,505
   c) 100,925
   d) 1.121,825

8. 7,5 % von 1.115
   a) 83,625
   b) 79,123
   c) 81,013
   d) 90,785

Lösungen Seite 591

Sie finden weitere Aufgaben aus dem Bereich Leistungs-Konzentrations-Test in unserem Buch *Testtraining Konzentrationsvermögen.*

EINFALLSGESCHWINDIGKEITS- UND KREATIVITÄTSTESTS

Wörter finden

1. Teil

Bei diesem Test sollen Ihre Sprachschöpfungsfähigkeiten ausgelotet werden. Sie bekommen einen Buchstaben genannt und sollen innerhalb von 10 Sekunden alle Hauptwörter (Substantive) aufschreiben, die Ihnen spontan mit diesem Anfangsbuchstaben einfallen.

Beispiel:

Es wird Ihnen der Buchstabe »G« genannt. Nun haben Sie 10 Sekunden Zeit, alle mit »G« beginnenden Hauptwörter aufzuschreiben, die Ihnen einfallen. Dies könnte z.B. sein:

- Gans
- Gänserich
- Gruppe
- Geld

Bitte üben Sie diesen Test mit der Unterstützung eines Helfers, der sich für Sie die Buchstaben ausdenkt und die Zeit misst. Für diesen Test finden Sie keine Lösung, da Sie leicht nach Testende Ihre Ergebnisse selbst überprüfen können. Es gilt: Je mehr Wörter (richtig geschrieben!) Sie vorweisen können, desto besser.

Noch ein Tipp: Versuchen Sie möglichst kurze Wörter aufzuschreiben. Das spart Zeit und erhöht Ihr Ergebnis! (Beachten Sie auch die Hinweise auf Seite 592.)

Bei den folgenden Aufgaben haben Sie pro Buchstabe 30 Sekunden Zeit.

1. Alle Hauptwörter (Substantive) mit den Anfangsbuchstaben

a) G	f) W
b) H	g) A
c) K	h) F
d) U	i) P
e) L	j) I

2. Eine kleine Abwandlung: Nun sollen nur Verben gefunden werden! Wieder haben Sie 30 Sekunden Zeit!

a) A	f) G
b) D	g) F
c) I	h) M
d) L	i) N
e) H	j) B

2. Teil

Eine weitere Variante ist es, Ihnen nicht nur den Anfangs-, sondern auch den Endbuchstaben vorzugeben. Denken Sie sich z.B. Wörter mit dem Anfangsbuchstaben S und Endbuchstaben N aus (z.B. sagen, Süden, Südwesten).

Alle Wortklassen (Haupt-, Eigenschaftswörter etc.) und ihre Abwandlungen sind erlaubt. Auch Eigen- und Städtenamen gelten. Wörter, wie sie in Zeitungen und Büchern Verwendung finden, gelten als richtige Lösung. Nicht zugelassen sind Fremdsprachen, Wortneubildungen und Dialekte.

Für jede Aufgabe haben Sie nun 1 Minute Zeit.

1.	Anfangsbuchstabe B	Endbuchstabe E	(z.B. Blase)
2.	Anfangsbuchstabe M	Endbuchstabe N	
3.	Anfangsbuchstabe A	Endbuchstabe N	
4.	Anfangsbuchstabe S	Endbuchstabe T	
5.	Anfangsbuchstabe E	Endbuchstabe L	
6.	Anfangsbuchstabe K	Endbuchstabe R	
7.	Anfangsbuchstabe G	Endbuchstabe N	
8.	Anfangsbuchstabe M	Endbuchstabe E	
9.	Anfangsbuchstabe S	Endbuchstabe D	
10.	Anfangsbuchstabe T	Endbuchstabe E	

3. Teil

Noch eine weitere Aufgabe, mit der Ihre Sprachkenntnisse und Ihr Assoziationsvermögen getestet werden, ist die Variante, Ihnen nur Wortanfänge zu präsentieren, die Sie möglichst vielfältig ergänzen sollen.

Beispiel:

Der vorgegebene Wortanfang lautet »Teil…«

- Teil*ung*
- Teil*haber*
- Teil*weise*

Anolog unserem Beispiel sollen Sie nun die folgenden Wortanfänge sinnvoll ergänzen. Dabei ist es egal, um welche Wörter es sich handelt (Substantive, Verben, …).

Für die folgenden Wortanfänge haben Sie pro Wort nur 30 Sekunden Zeit.

1. Auto ________ Auto ________ Auto ________
   Auto ________ Auto ________ Auto ________
   Auto ________ Auto ________ Auto ________

2. Fern ________ Fern ________ Fern ________
   Fern ________ Fern ________ Fern ________
   Fern ________ Fern ________ Fern ________

3. Wasch ________ Wasch ________ Wasch ________
   Wasch ________ Wasch ________ Wasch ________
   Wasch ________ Wasch ________ Wasch ________

4. Haus ________ Haus ________ Haus ________
   Haus ________ Haus ________ Haus ________
   Haus ________ Haus ________ Haus ________

→

5. Wein ______	Wein ______	Wein ______
Wein ______	Wein ______	Wein ______
Wein ______	Wein ______	Wein ______
6. Nach ______	Nach ______	Nach ______
Nach ______	Nach ______	Nach ______
Nach ______	Nach ______	Nach ______
7. Schm ______	Schm ______	Schm ______
Schm ______	Schm ______	Schm ______
Schm ______	Schm ______	Schm ______
8. Da ______	Da ______	Da ______
Da ______	Da ______	Da ______
Da ______	Da ______	Da ______
9. Geschm ______	Geschm ______	Geschm ______
Geschm ______	Geschm ______	Geschm ______
Geschm ______	Geschm ______	Geschm ______
10. Lau ______	Lau ______	Lau ______
Lau ______	Lau ______	Lau ______
Lau ______	Lau ______	Lau ______

Hinweise Seite 592

Eigenschaften benennen

Dieser Test leitet über zu den Kreativtests. Hier geht es wirklich nur um Ihre Einfälle. Trotzdem: Man versucht eventuell auch, etwas über Ihre Einstellung zu bestimmten Themen zu erfahren. Der Unterschied zu althergebrachten Tests liegt darin, dass Ihnen keine Fragen gestellt werden, sondern Sie Ihre Assoziationen frei aufschreiben sollen. Gewollt oder nicht, Sie verraten unwillkürlich etwas über Ihr Weltbild, wie Sie bestimmte Verhaltensweisen, Personen oder Berufsgruppen beurteilen.

Beispiel:

Zählen Sie bitte möglichst verschiedene Eigenschaften auf,
die ein *guter Autoverkäufer* haben sollte.

- ehrlich
- zuverlässig
- konkret
- ehrgeizig ...

Versuchen Sie sich nun an den folgenden Aufgaben.
Pro Aufgabe haben Sie 1 Minute Zeit.

Zählen Sie nun bitte möglichst viele Eigenschaften auf,
die ein *guter Polizist* haben sollte.

Notieren Sie bitte möglichst viele Eigenschaften,
die ein *guter Politiker nicht* haben sollte.

Zählen Sie bitte möglichst viele Eigenschaften auf,
die ein *guter Lehrer nicht* haben sollte.

Zählen Sie bitte möglichst viele Eigenschaften auf,
die ein *guter Freund* haben sollte.

Erklärungsmöglichkeiten ausdenken

Finden Sie plausible Erklärungen: Warum könnte das so sein?

Beispiel:

»Frau X achtet sehr auf ihr äußeres Erscheinungsbild.«

Mögliche Erklärungen, die einem dazu einfallen könnten:

- Sie möchte mehr verkörpern, als sie ist.
- Sie investiert ihr Geld in Mode.
- Sie versucht sympathisch zu wirken.
- Sie ist eitel.
- Sie will um jeden Preis attraktiv sein.

Finden Sie für die folgenden Sachverhalte möglichst viele Erklärungen. Sie haben dafür jeweils 1 Minute Zeit. Stichworte sind ausreichend.

»Viele Menschen finden Autorennen spannend.«

»Erwachsene Männer spielen gerne mit Spielzeugeisenbahnen.«

»Viele Menschen bewundern den Popstar XY.«

»Viele Menschen ernähren sich ungesund.«

Firmenlogos erstellen

Beim folgenden Test geht es um die Erstellung werbewirksamer Firmenlogos. Dabei sollten Sie beachten, dass Sie möglichst viele verschiedene Logos erstellen, bei denen aber immer ganz deutlich die zu verkaufende Ware und der Firmeninhaber zu erkennen sind.

Beispiel:

Erstellen Sie möglichst viele Werbelogos
für das Taschengeschäft des Herrn Fritz.

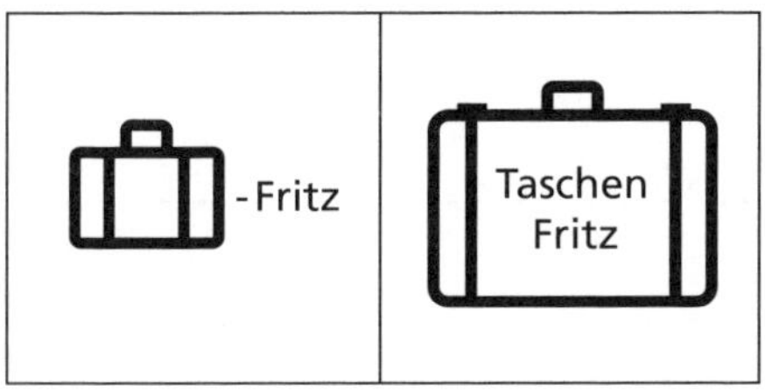

Bitte bearbeiten Sie nun die folgenden Übungsaufgaben.
Pro Aufgabe haben Sie 3 Minuten Zeit. Es reichen einfache Skizzen.

1. Bitte erstellen Sie möglichst viele verschiedene Werbelogos für *Trudes Autozubehör.*

2. Bitte erstellen Sie möglichst viele verschiedene Werbelogos für *Harrys Fischrestaurant.*

3. Bitte erstellen Sie möglichst viele verschiedene Werbelogos für *Foto-Walter.*

4. Bitte erstellen Sie möglichst viele verschiedene Werbelogos für *Ralfs Blumenladen.*

Hinweise Seite 592

Figuren erstellen

Bei diesem Test geht es weiter um Ihre Kreativität und Fantasie: Sie bekommen eine Zeichnung aus Strichen und/oder Kreisen präsentiert, aus der Sie reale Gegenstände bzw. Symbole zeichnen müssen. Entscheidend für die Bewertung sind dabei nur Vielfalt und Menge der Lösungen – nicht die perfekte Grafik.

Beispiel:

Ausgangsfigur:

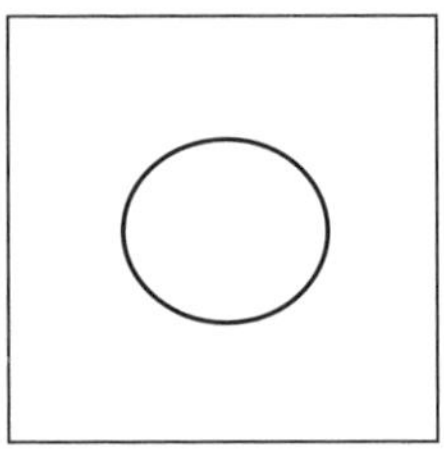

Mögliche Lösungsfiguren:

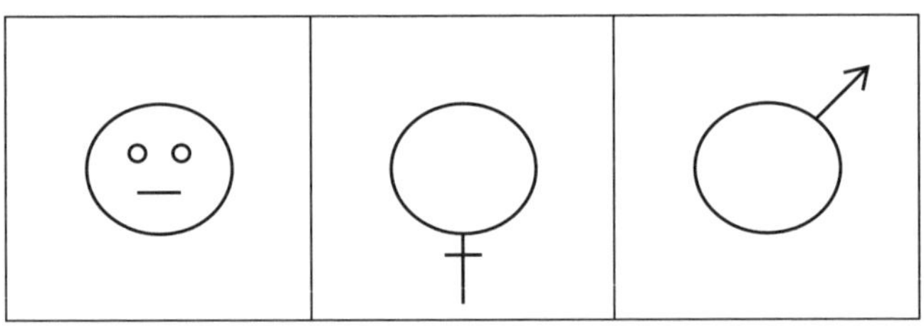

Bitte ergänzen Sie die nun folgenden Bilder zu realen Gegenständen oder Symbolen. Pro Block haben Sie jeweils insgesamt 1 Minute Zeit.

1. Block

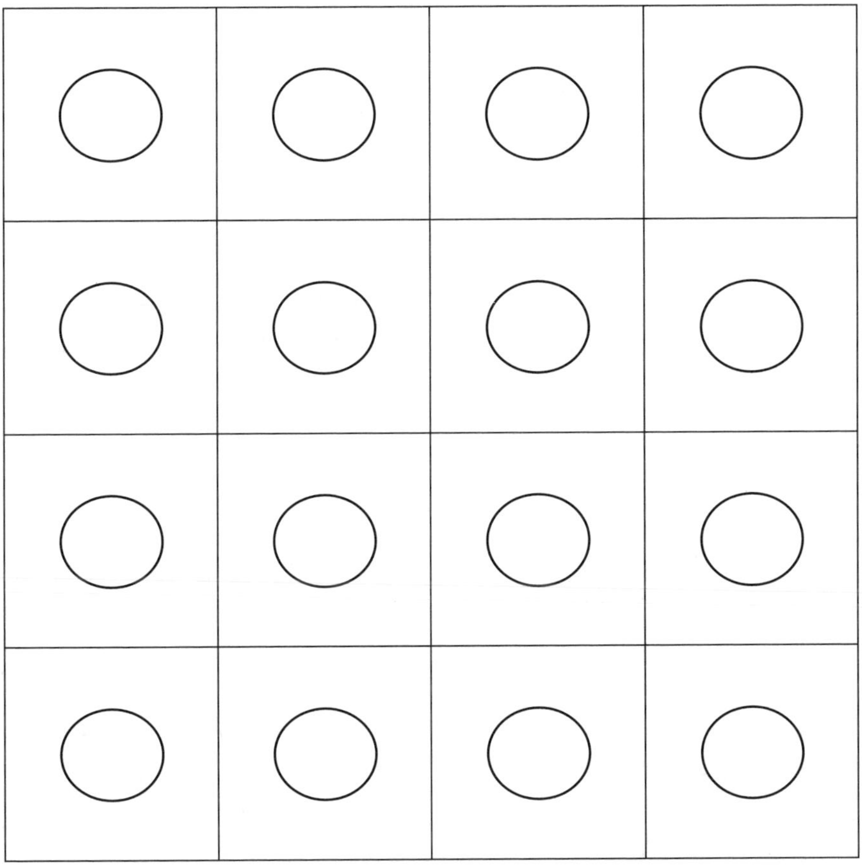

→

2. Block

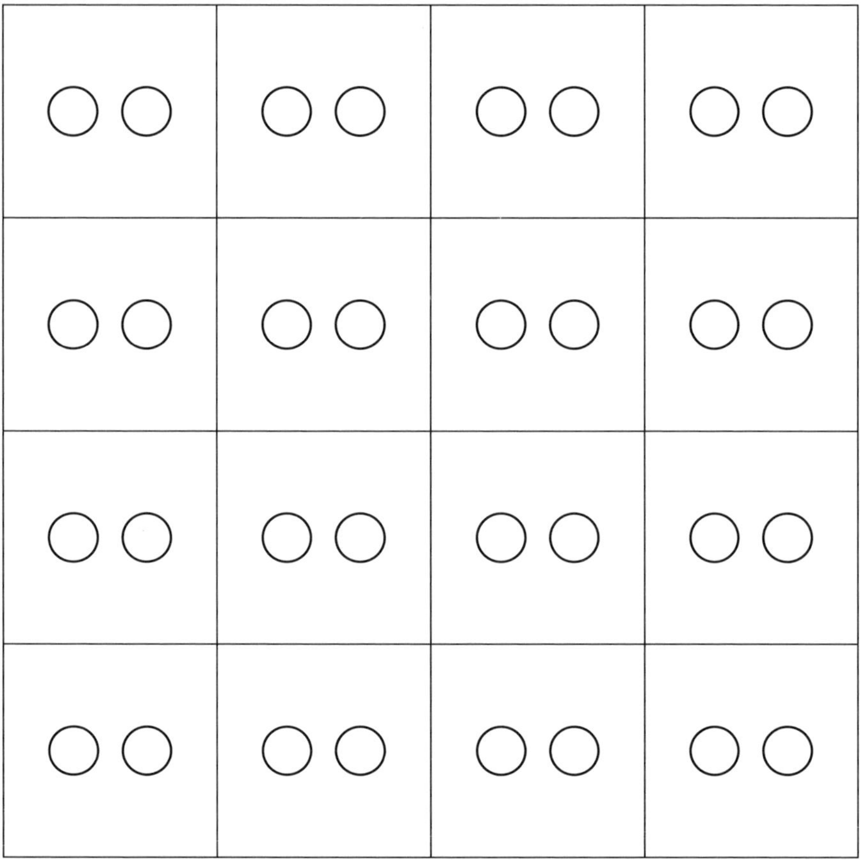

3. Block

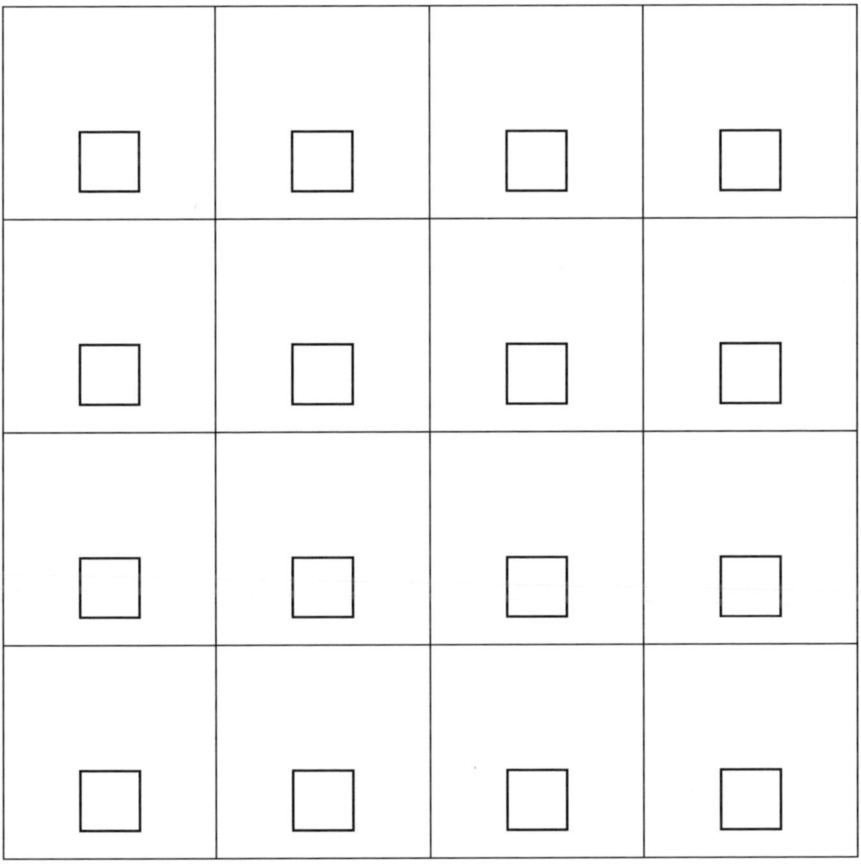

Hinweise Seite 592

Figuren konstruieren

Ihre Aufgabe ist es, aus vorgegebenen Einzelfiguren eine neue Figur zu erstellen. Dabei darf es sich auch um eine Fantasiefigur handeln. Als einzige Regel dürfen Sie dabei jede der Ausgangsfiguren nur einmal benutzen. Auch die Größenverhältnisse sollten in etwa stimmen.

Beispiel:

Bitte erstellen Sie aus den im Folgenden abgebildeten Einzelfiguren möglichst viele verschiedene neue Figuren. Dabei kommt es nicht auf exakte Zeichnungen, sondern nur auf Vielfalt und Menge an.

Ausgangsfiguren:

Mögliche neue Figuren:

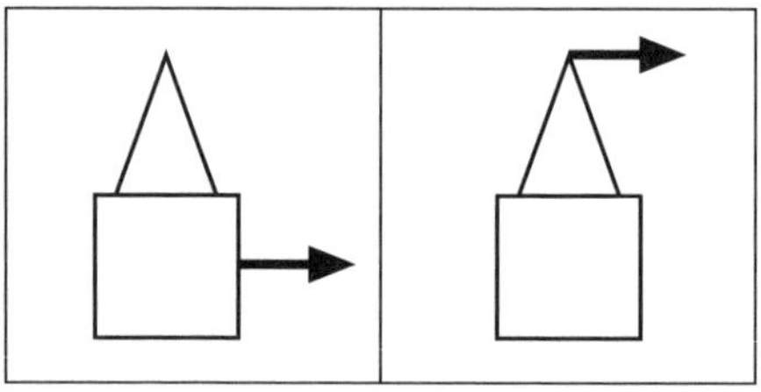

Bitte bearbeiten Sie die nun folgende Aufgaben.
Pro Block haben Sie 2 Minuten Zeit.

1. Block

Ausgangsfiguren:

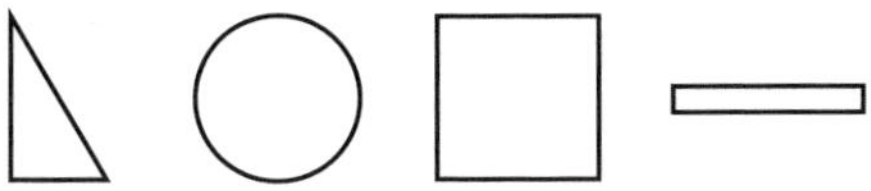

→

2. Block

Ausgangsfiguren:

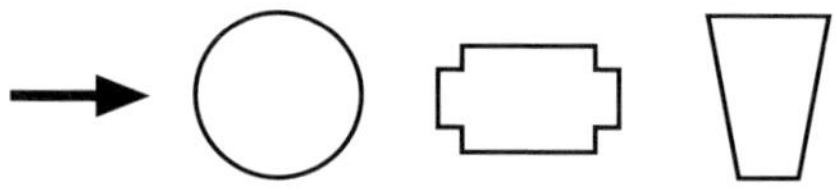

3. Block

Ausgangsfiguren:

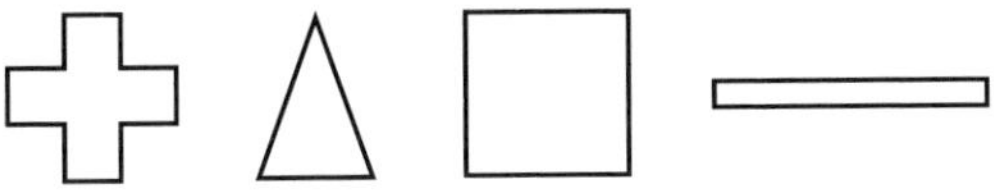

Bitte betrachten Sie jetzt Ihre Bilder. Je mehr Sie erstellt haben, desto besser. Eine echte »Lösung« gibt es bei diesem Test nicht.

Hinweise Seite 383

Figuren konstruieren und benennen

Diesmal bekommen Sie mehrere Einzelfiguren präsentiert, aus denen Sie eine neue, reale Figur erstellen sollen. In allen von Ihnen neu komponierten Figuren *müssen* alle Einzelteile enthalten sein. Diese dürfen aber auf keinen Fall doppelt benutzt werden; jedes Teil also nur einmal. Zum Schluss schreiben Sie bitte unter die Figur in das Kästchen, was die Figur darstellt.

Beispiel:

Bitte erstellen Sie aus den im Folgenden abgebildeten Einzelfiguren möglichst viele verschiedene neue Figuren. Dabei kommt es nicht auf exakte Zeichnungen, sondern nur auf Vielfalt und Menge an; die Größenverhältnisse sollten in etwa stimmen. Abschließend schreiben Sie bitte unter die Figur, um was es sich handelt.

Ausgangsfiguren:

Mögliche neue Figuren:

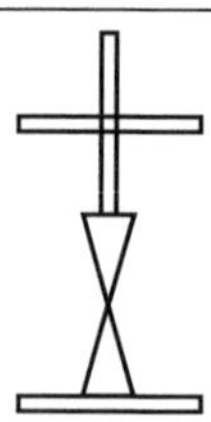	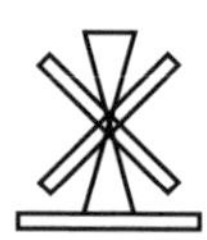
Sendemast	Windmühle

Bearbeiten Sie die nun folgenden Aufgaben.
Pro Block haben Sie jeweils insgesamt 2 Minuten Zeit.

1. Block

Ausgangsfiguren: 

→

2. Block

Ausgangsfiguren: 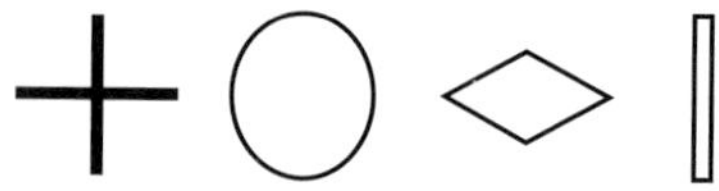

3. Block

Ausgangsfiguren: 

Bitte betrachten Sie jetzt Ihre Bilder. Je mehr Sie erstellt haben, desto besser. Eine echte »Lösung« gibt es bei diesem Test nicht.

Hinweise Seite 383

Telefonnummern erstellen

Zurück in die Zahlenwelt. Bei diesem Test ist wieder Ihre Kreativität gefragt. Ihre Aufgabe wird es nun sein, sich Telefonnummern in unterschiedlicher Länge auszudenken, die man sich besonders leicht merken kann. Dabei geht es nicht nur um die Vielzahl der Nummern, diese müssen auch nach bestimmten Regeln aufgebaut sein, die möglichst unterschiedlich sein sollen.

Beispiel für vierstellige Telefonnummern:

- 1234 (Vorzahl +1)
- 2468 (Vorzahl +2)
- 1221 (+1 +0 −1)
- 0369 (Vorzahl +3)

Bitte denken Sie sich nun möglichst verschiedene *fünfstellige* Telefonnummern aus, die durch eine bestimmte Regel besonders leicht zu merken sein sollen. Variieren Sie diesen Test, indem Sie sich danach z.B. vierstellige, sechsstellige oder siebenstellige Nummern ausdenken. Sie haben insgesamt 2 Minuten Zeit.

____________	____________	____________
____________	____________	____________
____________	____________	____________
____________	____________	____________
____________	____________	____________
____________	____________	____________
____________	____________	____________
____________	____________	____________
____________	____________	____________
____________	____________	____________

Zahlenmuster aufstellen

Bei diesem Test wird Ihr logisches Denkvermögen gefordert. Sie sollen nun möglichst verschiedene Zahlenmuster erstellen, die nach möglichst unterschiedlichen Rechenregeln aufgebaut sind.

Hierzu zwei Beispiele:

2	4	6	8
4			6
6			4
8	6	4	2

4	5	6	7
5			6
6			5
7	6	5	4

Bei diesem Test ist es wichtig, dass Sie möglichst viele unterschiedliche Zahlenfolgen erstellen. Diese sollten, um Zeit zu sparen, möglichst einfach aufgebaut sein. Nehmen Sie z.B. immer erst alle geraden, dann alle ungraden Zahlen (wie im obigen Beispiel), bevor Sie sich kompliziertere Reihen ausdenken. Da wir Ihnen bei diesem Test keine Lösung anbieten können, sollten Sie ausreichend üben, um bei Ihrem Einstellungstest schon »ein paar Reihen« im Kopf griffbereit zu haben.

Erstellen Sie nun möglichst viele verschiedene Zahlenreihen für die folgenden Kästchen. Für die folgenden 9 Aufgaben haben Sie 3 Minuten Zeit.

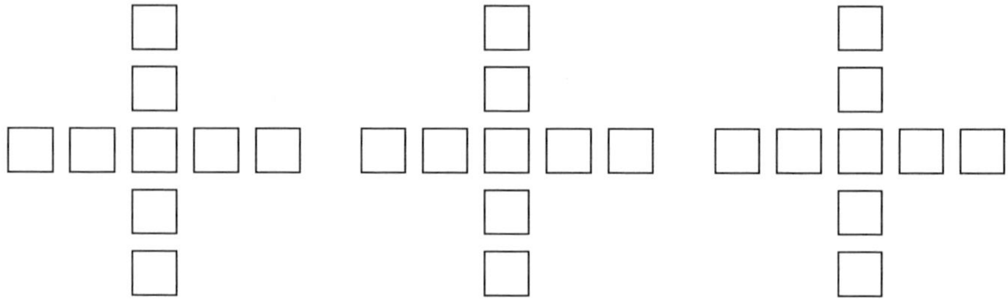

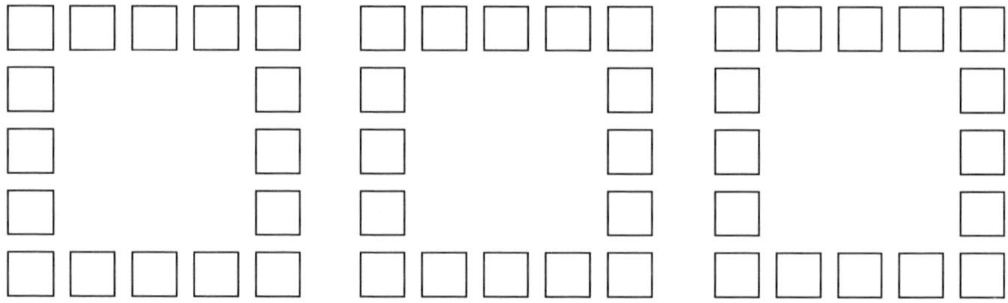

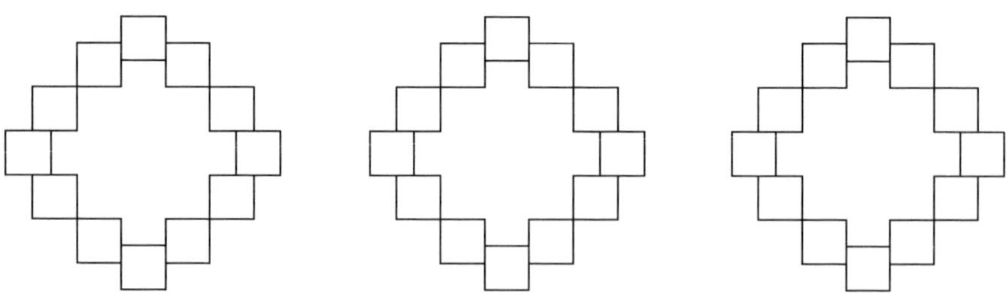

Bearbeitungstipps Seite 383

Gleichungen aufstellen

Bilden Sie mit den folgenden Zahlen möglichst viele verschiedene Gleichungen. Beachten Sie dabei, dass Sie nur die vorgegebenen Zahlen verwenden dürfen (dies gilt auch für das Ergebnis!). Zudem sind nur die Grundrechenarten erlaubt, d.h. Addition, Subtraktion, Multiplikation und Division.

Beispiel:

Vorgegebene Zahlen: 2, 3, 4, 5, 6

- $2 + 3 = 5$
- $6 - 2 = 4$
- $3 + 3 = 2 \times 3$
- $2 + 2 = (3 + 5) : 2$

Erstellen Sie anhand der oben vorgestellten Regeln nun möglichst viele verschiedene Gleichungen mit folgenden Zahlen:

2, 3, 4, 5, 6, 10, 12, 15, 18, 20

Sie haben 2 Minuten Zeit.

Verwendungsmöglichkeiten finden

Haben Sie sich schon einmal überlegt, was man alles mit einem alten Autoreifen machen kann? In diesem Test sollen Sie möglichst viele verschiedene Verwendungsmöglichkeiten für Gegenstände finden. Dabei haben Sie pro Gegenstand nur 30 Sekunden Zeit – Sie sollten sich also in Ihren Ausführungen möglichst kurz fassen.

Ähnlich wie bei anderen Tests, z.B. »Wörter finden«, werden Sie merken, dass Sie bei häufigerem Testtraining immer besser werden.

Ein Tipp: Suchen Sie möglichst kurze Beschreibungen, das spart Zeit!

Beispiel:

Zählen Sie möglichst viele verschiedene Verwendungsmöglichkeiten für alte Autoreifen auf!

- Sitz
- Rodelschlitten
- Schwimmhilfe – Ring
- Blumenkübel

Für die folgenden Gegenstände haben Sie pro Begriff 30 Sekunden Zeit, möglichst viele verschiedene Verwendungsmöglichkeiten aufzuzählen.

1. Büroklammer
2. Ziegelstein
3. Holzlatte
4. Besen
5. Computerbildschirm
6. Bleistift
7. Weinglas
8. Autowrack
9. Kissen
10. Schirm

Da es zu diesem Test keine eindeutigen Lösungen gibt, empfehlen wir Ihnen, die Anzahl Ihrer Ergebnisse zu notieren und mit späteren Testdurchgängen zu vergleichen. Dabei sollten Sie sich pro Testdurchgang etwas steigern.

Hinweise Seite 592

Sätze ausdenken

Erstellen Sie nun möglichst viele inhaltlich verschiedene Sätze aus vorgegebenen Wörtern. Benutzen Sie dabei immer alle Wörter, wenn auch in beliebiger Reihenfolge, aber *auf keinen Fall* in der Mehrzahl. Arbeiten Sie so schnell wie möglich, und achten Sie auch auf die Rechtschreibung.

Beispiel:

Wörter: a) Hund b) Knochen c) Garten

Mögliche Sätze:

- Der Hund mag den Knochen und viel Auslauf im Garten.
- Der Hund versteckt den Knochen im Garten.
- Der Hund fand einen Knochen im Garten.

Zum Üben dieses Tests haben wir Ihnen insgesamt 10 Aufgaben zusammengestellt. Sollten Ihnen diese nicht reichen, so können Sie sich problemlos selbst weitere Aufgaben ausdenken. Noch effektiver üben Sie, wenn dies ein Helfer vornimmt, da die Wörter und Wortzusammenstellungen dann für Sie überraschender auftauchen.

Bilden Sie aus den nun folgenden Wörtern möglichst viele inhaltlich verschiedene Sätze. Pro Aufgabe haben Sie 30 Sekunden Zeit.

1.	Hund	Mensch	Freund
2.	Hut	Garderobe	Winter
3.	Ball	Abendkleid	Auto
4.	Computer	Scanner	Drucker
5.	Korruption	Spende	Politiker
6.	Kreditkarte	Mann	Kasse
7.	Mensch	Zukunft	Technik
8.	Zug	Gleis	Bahnhof
9.	Flugzeug	Steward	Arbeitsplatz
10.	Rasen	Ball	Stadion

Vergleichen Sie nach dem Test, ob Sie bei allen Ihren Sätzen die Regeln eingehalten haben. Achten Sie auch auf die Rechtschreibung!

Die Irrtümer des Menschen machen ihn eigentlich liebenswürdig.

Johann Wolfgang von Goethe

BEARBEITUNGSHILFEN – WORAUF ES ANKOMMT

Worauf kommt es wirklich an, wenn Sie sich mit Testaufgaben wie in unserem Buch präsentiert auseinandersetzen müssen? Zunächst einmal auf die richtige Vorbereitung. Und da sind Sie mit der Lektüre dieses Buches ja mittendrin. Drei Aspekte sind zu berücksichtigen:

- die emotionale,
- die intellektuelle und
- die organisatorische Vorbereitung.

Was heißt das? Machen Sie sich mit der Prüfungssituation »Test« bereits im Vorfeld gut vertraut. Versuchen Sie, gelassen an die Sache heranzugehen. Das bedeutet einerseits die Bereitschaft, wirklich etwas dafür zu tun, damit es klappt. Andererseits darf man seine Enttäuschung nicht zu groß werden lassen, wenn es nicht auf Anhieb gelingt, den angestrebten Arbeitsplatz bzw. die Position zu bekommen.

Machen Sie vor allem Ihr Selbstwertgefühl nicht vom Testergebnis abhängig. Das Testresultat ist kein »Gottesurteil« und sagt absolut nichts über Ihren Wert als Mensch und über Ihre angebliche (Nicht-)Eignung für einen speziellen Beruf bzw. für eine bestimmte Hierarchieebene aus.

Bauen Sie Ihre Test-, Autoritäts- und Wissenschaftsgläubigkeit ab und versichern Sie sich der unterstützenden Solidarität wichtiger Personen Ihrer Umgebung. Zeigen Sie doch einfach mal Besserwissern und Meckerern ein paar Testaufgaben, mit der Aufforderung, diese selbst zu lösen …

Ganz wichtig ist das Sammeln von Informationen über Tests und Bewerbungsverfahren bei den für Sie infrage kommenden Arbeitgebern. Tests kann man – wie vieles im Leben – sehr gut üben (auch wenn man aus verständlichen Gründen von Testanwenderseite versucht, Ihnen gerade dieses auszureden …).

Falls es bei Ihnen um einen beruflichen Einstieg geht: Bewerben Sie sich doch einfach nur unter dem Aspekt, Test- (und Bewerbungs-) Erfahrung zu sammeln. Erste Testerfahrungen sollte man besser nicht bei seinem Traum-Arbeitsplatzanbieter sammeln!

Ohne gute Organisation ist alles mindestens doppelt so schwer, und wer zu spät kommt, den bestraft das Leben. Bittere Pillen, um beim Test »cool zu bleiben«, sind keine Lösung, sondern ein unkalkulierbares Risiko.

Bevor wir auf die wichtigsten Bearbeitungsregeln für Testaufgaben zu sprechen kommen, erscheint es uns unbedingt notwendig, noch einmal auf Folgendes hinzuweisen:

Von wissenschaftlicher Seite wird der Ableitung und Vorhersagbarkeit von Testerfolg auf Berufserfolg entschieden widersprochen. Deshalb ist es also enorm wichtig, sein Selbstwertgefühl nicht vom Testergebnis abhängig zu machen, sondern den daraus abgeleiteten angeblichen Vorhersagen kräftigst zu misstrauen.

Nun die wichtigsten Bearbeitungsregeln für Testaufgaben:

- Nutzen Sie die Zeit der Aufgabenerklärung zu Beginn der Tests: Verdeutlichen Sie sich das Aufgaben- und Lösungsschema, und versuchen Sie, sich an ähnliche, bereits gelöste Aufgaben aus Testtrainingsbüchern zu erinnern. Fragen Sie den Testleiter bei Unklarheiten, solange dazu Gelegenheit besteht.
- Arbeiten Sie so schnell wie möglich, mit einem sinnvollen Maß an Sorgfalt.
- Beißen Sie sich nicht an schwierigen Aufgaben fest, Sie verlieren sonst wertvolle Bearbeitungszeit für andere, vielleicht viel leichtere Aufgaben. In der Regel sind Testaufgaben mit steigendem Schwierigkeitsgrad angeordnet.
- Sind verschiedene Antwortmöglichkeiten vorgegeben, wenden Sie bei Zweifeln bezüglich der richtigen Lösung die folgenden Strategien an:
  - Versuchen Sie, falsche Lösungen zu eliminieren, um so die richtige »einzukreisen« (Ausschlussstrategie). Es ist z.B. leichter, unter zwei verbleibenden Möglichkeiten auszuwählen, als unter mehreren.
  - Raten Sie notfalls lieber die Lösung, anstatt gar nichts anzukreuzen.

Sollte es bei Ihrem nächsten Test nicht klappen, können Sie trotzdem zu den Gewinnern gehören, wenn Sie aus den Erfahrungen lernen und nicht aufgeben. Das mag zynisch klingen, ist aber die Realität. Denken Sie an Lotto-Spieler – die geben auch nicht gleich auf, wenn sie am Wochenende keine sechs Richtigen haben. Bei allem Verständnis für Mühe und Enttäuschungen: Das oberste Bewerbungsgebot heißt heutzutage nun einmal: durchhalten, nicht aufgeben und weiter bewerben, bis es endlich klappt!

Einmal mehr muss darauf hingewiesen werden: Nicht der Hauptteil der Bewerber und der Getesteten »fällt durch«, sondern Tests und Testanwender sind die eigentlichen Versager.

Noch ein genereller Tipp: Nur Tests mitmachen, wenn man sich absolut gesund fühlt und gut ausgeschlafen hat. Zusätzliche Belastungen neben dem Teststress sind möglichst zu vermeiden oder sollten dann veranlassen, eher einen neuen Testtermin zu vereinbaren. Mit einer guten Begründung kann man dies in der Regel leicht erreichen.

Pünktliches Erscheinen am Testort versteht sich von selbst. Wer abgehetzt zum Testtermin kommt, verschlechtert seine Chancen. Wichtig ist eine Information über die Testdauer. Manche Tests können bis zu acht Stunden dauern. Deshalb ist es ratsam, neben Schreibzeug auch etwas Ess- und Trinkbares dabei zu haben (Traubenzucker, Schokolade etc.).

In Pausen, die es hoffentlich gibt, kann ein Gespräch mit dem Nachbarn, der sicherlich genauso aufgeregt ist wie man selbst, durchaus entspannend wirken. Nach dem Test- und Bewerbungsstress sollte man nicht vergessen, sich zu belohnen. (Was das sein könnte, weiß hoffentlich jeder selbst.)

Da sich einige Aufgaben von selbst erklären, werden diese im Rahmen der Bearbeitungshilfen nicht berücksichtigt.

Zum Kapitel:
Logisches Denken und Abstraktionsfähigkeit

Figurenreihen fortsetzen / Sinnvoll ergänzen (Seite 88 ff. / 92 ff.)

Bei diesem in so genannten Intelligenztests immer wieder auftauchenden Aufgabentyp haben sich die folgenden systematischen Bearbeitungsschritte als hilfreich herausgestellt:

Welcher Unterschied ergibt sich vom ersten zum zweiten Bild, vom zweiten zum dritten usw., ebenso umgekehrt (vom zweiten zum ersten, vom dritten zum zweiten usw.)? Aber auch umfassende Blickwinkel vom ersten zum letzten bzw. umgekehrt könnten zur Lösungsfindung beitragen.

Unter sechs Aspekten kann man die Veränderungen, aber auch die Konstanz der grafischen Elemente überprüfen:

1. Veränderung in Lage und Anordnung einzelner oder mehrerer Elemente
2. Veränderung bei der Anzahl von Elementen
3. Veränderung bezüglich Lage und Anzahl
4. Veränderung in Größe und (Farb-)Gestaltung/Darstellung (z. B. Muster usw.)
5. Veränderung durch Wechsel in der Gestaltung/Darstellung
6. Berücksichtigung der Konstanz der Gestaltung/Darstellung

Ein konkretes Beispiel liefert uns Seite 97, Aufgabe 18:

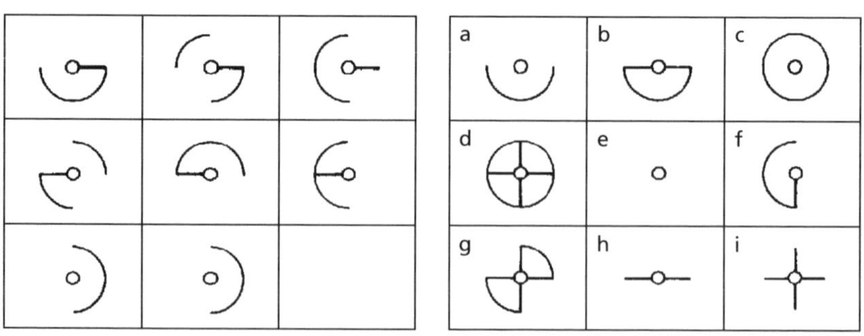

Lösung: e

Erklärung: Hier beherrschen drei Elemente die Szene: der Mittelpunkt, der daran befestigte »Zeiger« und die Kreisteile (am besten in Vierteln eines Zifferblatts vorstellbar, nach dem System 1. Viertel = 12 bis 3, 2. Viertel 3 bis 6, 3. Viertel 6 bis 9, 4. Viertel 9 bis 12).

Der Mittelpunkt bleibt in allen Figuren erhalten. Leider enthalten auch alle Lösungsvorschläge a–i den Mittelpunkt, sodass die sinnvolle Testbearbeitungsstrategie, nicht infrage kommende Lösungsvorschläge zu eliminieren (= Ausschlussstrategie), hier (noch) nicht weiterhilft.

Betrachten wir jetzt als zweites Element den »Zeiger«: Er bleibt in der ersten und in der zweiten Zeile jeweils in gleicher, unveränderter Position. In der dritten Zeile gibt es ihn nicht mehr. Wir schließen daraus, dass die Lösungsfigur entsprechend der dritten Zeile keinen Zeiger haben darf. Insofern hilft die Ausschlussstrategie jetzt weiter: Die Lösungsvorschläge b, d, f, g, h und i fallen weg (als Lösungen bleiben nur noch a, c und e übrig).

Nun kommen wir zur Betrachtung des dritten Elements, der Kreisteile (Viertelkreise). Doppelt (d.h. sowohl in der ersten wie in der zweiten Figur) enthaltene Kreisteile fallen in der dritten Figur weg, einmal vorhandene bleiben.

Am Beispiel der ersten Zeile wird dies deutlich: Der Viertelkreis 3–6 ist in der zweiten Figur ebenfalls enthalten und in der dritten nicht mehr. Der Viertelkreis 6–9 in der ersten Figur ist in der zweiten Figur nicht vorhanden, aber in der dritten. Der Viertelkreis 9–12 wird in der ersten Figur nicht verwandt, aber in der zweiten und bleibt deshalb auch in der dritten.

Nach dem gleichen Prinzip ist auch die zweite Zeile aufgebaut.

In der dritten Zeile herrscht das »Gesetz«, dass der Kreis 12–6 (zwei zusammengesetzte Kreisviertel) in den ersten beiden Figuren vorhanden ist und deshalb in der dritten wegfallen muss. Also bleibt als Lösung unter Berücksichtigung der Elemente »Mittelpunkt« und »Zeiger« nur »e« übrig.

Die aufgeführten »Gesetzmäßigkeiten« gelten auch für die Aufgabenbearbeitung in vertikaler Richtung.

Zahlenreihen / Zahlenmatrizen (Seite 107 f./109 f.)

Dieser Aufgabentyp, der sowohl das logische Denken als auch gewisse Rechenfähigkeiten abprüft, findet sich in diesem Buch in zwei Kapiteln.

Mit folgenden Regeln lassen sich Zahlenreihen »knacken«:

1. Regel:

Lässt sich das Aufbauprinzip/-system der Zahlenreihe »auf einen Blick« erkennen?

Beispiel: 3 6 9 12 15 18 ?
(1 × 1 der 3; Lösung: 21; auch für Nichtmathematiker leicht erkennbar)

2. Regel:

Werden die Zahlen größer oder kleiner (a)
oder abwechselnd größer und kleiner (b)
bzw. kleiner und größer (c)?

Beispiel (a/1): 9 11 12 14 15 17 18 ?
(Hier wird jede Zahl größer als die vorhergehende, das Anwachsen aber ist unregelmäßig; System: +2 +1 +2 +1 usw.; Lösung: 20)

Beispiel (a/2): 30 25 20 15 10 ?
(Hier nehmen die Zahlen kontinuierlich ab; System: –5; Lösung: 5)

Beispiel (b): 15 25 20 30 25 35 30 40 ?
(Hier nehmen die Zahlen unregelmäßig abwechselnd zu und ab;
System: +10 –5; Lösung: 35)

Beispiel (c): 15 10 20 15 25 ?
(System: –5 +10; Lösung: 20)

3. Regel:

Bei einer Zahlenreihe, die nach einem kontinuierlich anwachsenden oder abnehmenden Prinzip aufgebaut ist, berechnet man die Differenzen zwischen den benachbarten Zahlen und versucht dadurch, eine Regelmäßigkeit dieser Differenzen herauszufinden.

Beispiel: 50 46 42 38 34 30 ?
(Die Differenz beträgt regelmäßig 4; Lösung: 26)

Beispiel: 10 11 13 16 20 25 ?
(Die Zahlenreihe steigt unregelmäßig an, aus den Differenzen erkennen wir das System +1 +2 +3 +4 +5 usw.; Lösung: 25 + 6 = 31)

Sind die Differenzen zwischen den einzelnen Zahlen unregelmäßig und durch Addition oder Subtraktion nicht zu erklären, und wachsen oder vermindern sie sich sehr schnell, hat man es mit einer Multiplikation bzw. Division zu tun.

Beispiel: 100 50 25 12,5 6,25 ?
(System: geteilt durch 2; Lösung: 3,125)

Im folgenden Beispiel funktioniert die Regel 3 nicht mehr:

1 4 16 64 ?

Die Differenzen (3, 12, 48) ermöglichen kein klares Bild über das System der Zahlenreihe. Der Aufbau ist komplizierter, und hierfür gilt:

4. Regel:

Wenn bei Anwendung der dritten Regel keine Lösung gefunden werden kann, überprüft man, ob die jeweilige Zahl ein Vielfaches der vorherigen oder der nachfolgenden darstellt. Dabei dividiert man jede Zahl entweder

a) durch die vorherige Zahl, wenn die Reihe anwachsend ist, oder
b) durch die nachfolgende Zahl, wenn die Reihe abnehmend ist.

Stellt man dabei fest, dass der Quotient immer gleich ist, dann ist dieser im Fall a) mit der letzten Zahl zu multiplizieren; im Fall b) muss die letzte Zahl durch diese dividiert werden.

5. Regel:

Folgen die Zahlenwerte einer Reihe keinem konstant zunehmenden oder abnehmenden Prinzip, sollte man zuerst versuchen, die Zahlenreihe in zwei oder mehr getrennte Reihen zu teilen, die einem konstanten Aufbauprinzip folgen, und dann die Regeln 1–4 bei jeder dieser Reihen extra anzuwenden.

Beispiel:

3 17 14 5 11 8 7 5 ?

−3 −3 −3 −3 −3

3 17 14 5 11 8 7 5 ?

+2 +2

Nach dem Prinzip, getrennte Reihen zu erstellen, finden wir eine Beziehung zwischen den Zahlenreihengliedern 3, 5 und 7 und zwischen 17, 14, 11, 8 und 5 (der erste Schritt ist folglich die Zerlegung der Zahlenreihe in zwei getrennte Reihen). Der zweite Schritt ist dann ganz einfach: Die Abstände sind überschaubar, bei der einen Reihe +2, bei der anderen −3. Die richtige Lösung lautet demnach: 2.

Ein weiteres Beispiel, in dem der Lösungsweg durch drei getrennte Reihen erarbeitet werden kann:

A +2 −2 +2

6 8 16 15 13 26 27 29 58 57

B −1 +1 −1

C ×2 ×2 ×2

Die Zahlenreihe wurde in A, B und C zerlegt (A +2 −2, B −1 +1, C ×2), und damit ist das System überschaubar und »geknackt«.
System: +2 ×2 −1 / −2 ×2 +1 / +2 ×2 −1 / usw.
Lösung: 57

Die am häufigsten eingesetzten Systeme für Zahlenreihen in den gängigen Testverfahren sind:

Einfache Systeme:

+1 +2 / +1 +2 / ...
+1 +1 / +2 +2 / +3 +3 / ...
+5 +5 / +6 +6 / +7 +7 / ...
+3 +5 +7 +9 +11 / ... (immer +2)

Sehr einfache Systeme, in der Regel Addition kleinerer Zahlen, befinden sich meistens am Anfang eines Aufgabenblocks mit Zahlenreihen.

Mittelschwierige Systeme:

−2 :2 / −2 :2 / …
+2 ×2 / +2 ×2 / …
×2 +2 / ×2 +2 / …
:2 +2 / :2 +2 / …
−5 +3 / −5 +3 / …
−2 +3 −4 +5 −6 +7 …
(das System wächst jeweils um 1, abwechselnd +/−)
−2 ×2 / −3 ×3 / −4 ×4 / …
−1 +3 / −1 +4 / −1 +5 / −1 +6 / …
(die erste Zahl bleibt gleich, die zweite vergrößert sich um +1)
−9 ×3 / −8 ×3 / −7 ×3 / −6 ×3 / …
−9 ×4 / −8 ×4 / −7 ×4 / −6 ×4 / …
:2 +5 / :3 +5 / :4 +5 / :5 +5 / …

Sehr komplizierte Systeme:

+1 +2 −3 / +4 +5 −6 / +7 +8 −9 / …
(das System: + + −, die Zahlen vergrößern sich kontinuierlich um 1)
+2 −3 ×4 / +5 −6 ×7 / +8 −9 ×10 / …
×3 :4 −5 / ×6 :7 −8 / ×9 :10 −11 / …
+4 +3 :2 / +4 +3 :2 / +4 +3 :2 / …
×3 ×3 −10 / ×3 ×3 −10 / …
−3 :2 ×3 / −3 :2 ×3 / …
:3 −7 ×5 / :3 −7 ×5 / …
×3 +1 :2 / ×3 +1 :2 / …
+1 :2 −4 / +1 :2 −4 / …
+7 −2 ×1 / +6 −3 ×1 / +5 −4 ×1 / …
(hier verändern sich immer die ersten beiden Zahlen)
+2 ×2 −1 / −2 ×2 +1 / +2 ×2 −1 / …
(hier verändern sich das erste und das letzte Rechenzeichen)
−2 ×2 +2 :2 / −2 ×2 +2 :2 / …
:4 +4 ×4 +4 / :4 +4 ×4 +4 / …
×5 −5 :5 +5 / ×5 −5 :5 +5 / …
×7 −7 :7 +7 / ×7 −7 :7 +7 / …

Die hier präsentierten Systeme sind Hintergrund vieler Matrizen- und Zahlenreihenaufgaben, die Sie in der realen Testsituation finden.

Buchstabengruppen und Buchstabenreihen funktionieren übrigens ähnlich wie Zahlenreihen bzw. einfache Figurenreihen.

Dominoreihen (Seite 111 ff.)

Sie sehen komplizierter aus, als sie wirklich sind. Im Hintergrund geht es um einfachste Rechenaufgaben (sozusagen mit den Fingern abzuzählen), und die Verwandtschaft zu Zahlenreihen ist aufgrund der Leichtigkeit bei den Domino-Rechnungen kaum erwähnenswert.

Wichtig: Schauen Sie sich zunächst einmal die Abfolge der oberen Felder einer Dominoreihe an. Wie verhalten sich die Punkte (Zahlen) zueinander? Meistens wird addiert oder subtrahiert (1, 2, 3 oder 2, 4, 6 etc., aber auch 5, 4, 3 Punkte sind das simple System einer Reihe). In der nächsten Reihe Dominosteine im oberen Feld geht es ähnlich zu, und in der dritten Reihe ist der letzte Domino-Baustein dann von Ihnen aus einer vorgegebenen Lösungsanzahl auszuwählen.

Haben Sie sich die oberen Felder einer ersten, zweiten und dritten Reihe angeschaut, die sich übrigens nicht notwendigerweise logisch aneinander schließen müssen, machen Sie das mit den unteren Feldern genauso. Auch hier muss sich der dritte Dominostein einer Reihe nicht an den ersten der folgenden Reihe logisch anschließen (er könnte es aber).

Manchmal werden die Zahlensymbole aber auch nur von links nach rechts vertauscht. Ist die Abfolge (in Worten) fünf – drei – zwei, wandert zunächst die Zwei nach vorne, und wir haben zwei – fünf – drei, und danach die Drei, und wir haben drei – zwei – und ...?... , also ein leeres Feld, das jetzt die Fünf tragen müsste. Ein gutes Beispiel dafür ist die Aufgabe 4 auf Seite 112. Andererseits können die Zahlensymbole auch durch einfache Rechenoperationen entstehen. Ein Beispiel dafür ist die Aufgabe 15. Dort werden die Zahlen der beiden oberen Felder addiert und ergeben dann die Zahl des dritten Feldes oben.

Mit ein bisschen Übung haben Sie rasch alle Möglichkeiten geknackt, und mit Hilfe der Ausschlussmethode (welcher Lösungsvorschlag kommt garantiert nicht in Frage?; vgl. Seite 344) die Lösungen eingegrenzt.

Zahlensymbole (Seite 116 ff.)

Bei Nicht-Mathematikern löst dieser Aufgabentypus schnell Panik aus. Aber auch hier geht es wirklich nicht um höhere Mathematik oder extremes Abstraktionsvermögen, sondern um ein bisschen Mut und Training, die Ihnen helfen werden, diese relativ simplen Aufgaben zu entschlüsseln.

Natürlich ist die Zeit für die Aufgabenbearbeitung so knapp bemessen, dass Sie nicht jeden einzelnen Lösungsvorschlag überprüfen können, aber wenn z.B. vier gleiche Symbole addiert als Summe ein einstelliges neues Symbol zum Ergebnis haben und die Lösungsvorschläge für die vier gleichen Symbole 2, 3, 4, 8 und 9 sind, wird schnell klar, dass schon bei 3 (viermal addiert) ein zweistelliges Ergebnis herauskommt, hier aber nur eine einstellige Lösung zugelassen ist. Also kann nur 2 das gesuchte Symbol verkörpern.

Außerdem sollten Sie sich solche Zahlen merken, die mit sich selbst multipliziert eine Zahl ergeben, bei der die Grundzahl wieder auftritt. Diese sind:

5 → 5 × 5 = 25
6 → 6 × 6 = 36

Auch folgende Zahlen sollten Sie sich merken:

11 → 11 × 11 = 121
22 → 22 × 22 = 484

Mit genügend Ruhe und Zeit knacken Sie alle Aufgaben und gewinnen damit an Lösungskompetenz. Das Ihnen präsentierte Aufgabenmaterial entspricht absolut der Testrealität.

Wochentage (Seite 121 f.)

Wenn Sie sich mittels einer Vorlage die Schritte langsam verdeutlichen, kommen Sie mit diesem Aufgabentypus besser klar.

Beispiel: Zwei Tage vor vorgestern war Dienstag. Welcher Tag wird übermorgen sein?

	Zwei Tage vor vorgestern ist der Ausgang.		vorgestern	gestern	heute	morgen	übermorgen		
Mo	Di	Mi	Do	Fr	Sa	So	Mo	Di	Mi
	Dienstag ist der einzige Wochentag, den wir kennen.				Also kommen wir über vorgestern, gestern zu heute Samstag.		Entsprechend ist übermorgen Montag (die richtige Lösung).		

Mit Hilfe einer solchen Übersicht können Sie alle Aufgaben dieser Art bequem lösen.

Zu diesem Aufgabentypus noch eine gute und eine schlechte Nachricht. Die schlechte zuerst: Nachdem Sie sich mit den normalen Wochentagen auseinandergesetzt haben, müssen wir Sie mit der Tatsache bekannt machen, dass es viele Varianten dieses Aufgabentyps gibt. Sie sind alle deutlich schwerer als das, was Sie eben gemacht haben. So gibt es z.B. eine Definition einer neuen Woche, die nicht mehr von Montag – Dienstag – Mittwoch usw., sondern von einer neuartigen, veränderten Reihenfolge von Wochentagen ausgeht. Da lautet die Woche: Freitag – Mittwoch – Montag – Samstag – Donnerstag – Dienstag – Sonntag. Klar, dass bei einer neuen Definition der Reihenfolge der Wochentage ganz andere Ergebnisse auf Fragen, wie sie oben dargestellt sind, herauskommen. Nun aber die gute Nachricht: Zum Glück kommen derartige Aufgaben relativ selten vor (z.B. werden sie gern in der EDV-Branche eingesetzt).

Für Logik-Masochisten hier zwei Varianten zu diesem Aufgabentyp:

1. Variante:

Die Tage werden nummeriert und mit einer Ordnungszahl 1, 2, 3 ... versehen. In jeder Aufgabe wird ein anderer Wochentag als Basistag bestimmt.

Ein relativ einfaches Beispiel:
Der 3. Tag der Woche ist Mittwoch. Heute ist der 6. Tag der Woche. Welcher Tag ist morgen?

Lösung: Sonntag. (Wenn der 3. Tag der Mittwoch ist, so ist der 6. Tag ein Samstag. Morgen wäre also Sonntag. Basistag, also der 1. Tag, wäre Montag.)

Oder:
Der 7. Tag der Woche ist Freitag. Wenn übermorgen der 5. Tag ist, welcher Tag war der 2. Tag vor vorgestern?

Lösung: Donnerstag. (Wenn Freitag der 7. Tag ist, so ist der 5. Tag ein Mittwoch, dieser wäre übermorgen. Heute wäre also ein Montag. Vorgestern wäre ein Samstag, zwei Tage davor wäre Donnerstag. Alles logisch!)

Bei diesen Aufgaben muss man den 1. Tag der Woche, den Basistag, herausfinden. Man kann dann anhand der Ordnungszahlen abzählen und schließlich wieder den Wochentag zuordnen. Diese Variante muss natürlich im Kopf erfolgen, denn Notizen sind nicht erlaubt.

Dazu einige Aufgaben:

A:

a) Heute ist der 5. Tag. Welcher Tag ist übermorgen, wenn Samstag der zweite Tag ist?
b) Samstag ist der 4. Tag. Wenn vorgestern der 7. Tag war, welcher Tag wird in vier Tagen sein?
c) Montag ist der 3. Tag. Wenn zwei Tage vor vorgestern der 5. Tag war, welcher Tag ist heute?

2. Variante (schwerer!):

Die Reihenfolge der Wochentage wird umgedreht, sie zählen rückwärts. Statt So – Mo – Di – Mi – Do – Fr – Sa gilt nun So – Sa – Fr – Do – Mi – Di – Mo!

Beispiel:
Die Wochentage zählen rückwärts. Wenn gestern Samstag war, welcher Tag wird morgen sein?

Lösung: Donnerstag. (Gestern war Samstag, also ist heute Freitag und morgen Donnerstag. Einfach rückwärts zählen!)

So	Sa	Fr	Do	Mi	Di	Mo
		gestern	heute	morgen		

Oder:
Die Wochentage zählen rückwärts. In drei Tagen haben wir Donnerstag. Welcher Tag ist zwei Tage vor morgen?

Lösung: Montag. (In drei Tagen ist Donnerstag, heute wäre demnach Sonntag, morgen wäre Samstag, zwei Tage zurück Montag – rückwärts gezählt!)

Mo	So	Sa	Fr	Do	Mi	Di	Mo	So
2 Tage vor morgen	heute	morgen	in 2 Tagen	in 3 Tagen				

B:

a) Ein Tag vor vorgestern war Montag. Welcher Tag wird übermorgen sein?
b) Wenn 3 Tage vor morgen Samstag war, welcher Tag wird übermorgen sein?
c) In vier Tagen ist Sonntag. Welcher Tag ist drei Tage vor übermorgen?

Lösungen (ausnahmsweise hier direkt im Anschluss):
A: a) Donnerstag b) Montag c) Sonntag
B: a) Mittwoch b) Dienstag c) Freitag

Sprachanalogien / Grafikanalogien (Seite 123 ff./128 ff.)

Diese Form der Testaufgaben kommt in fast allen so genannten wissenschaftlichen Tests vor. Man versteht darunter eine Art Gleichung, eine Form der Übereinstimmung zwischen zwei Objekten oder Begriffen, die in einer bestimmten, ähnlichen Beziehung zueinander stehen. Zu unterscheiden sind:

- verbale Analogien
- nichtverbale wie
  nummerische und
  geometrische Analogien
- doppelte Analogien

Die Standardanalogie hat die Form
A : B = C : D und wird gelesen:
A verhält sich zu B wie C zu D.

In den Testaufgaben fehlt einer dieser vier Begriffe und ist im Multiple-Choice-System aus einer vorgegebenen Lösungsmenge als allein richtige Antwort auszuwählen.

Bei den doppelten Analogien sind zwei Begriffe aus einer vorgegebenen Lösungsmenge zu ergänzen. Im genannten Beispiel wären das
... : B = C : ...

Verbale Analogien

Zwischen zwei Begriffen auf der einen Seite der Gleichung entsteht eine Art Beziehung, die auf der anderen Seite in ähnlicher Weise wiederholt wird, z.B.:

hoch : tief = kurz : ...?...
a) weit b) breit c) schnell d) lang e) unendlich
Die richtige Lösung d passt am besten in diese aufgestellte Wort- oder Begriffe-Gleichung.

Während dieses Beispiel so überschaubar ist, dass die Lösung keine weiteren Probleme bereitet, gibt es Testaufgaben, die einem schon mehr Kopfzerbrechen bereiten können, wie z.B.:

Nase : brenzlig = Zunge : ...?...
a) belegt b) sauer c) schmecken d) trocken e) muffig
Die richtige Lösung b erklärt sich dadurch, dass wir mit der Nase etwas riechen können, wenn es angebrannt ist, und zum Schmecken mit der Zunge unter den vorgegebenen Lösungsmöglichkeiten »sauer« diesem Vorgang am besten entspricht (Stichwort: Reiz).

Würde die Aufgabe lauten
Nase : brenzlig = Auge : ...?...
a) Schatten b) Tränen c) weinen d) bunt e) schmutzig,
wäre hier die richtige Analogie d, weil es das linke Verhältnis am besten nachbildet.

Um mit diesem Aufgabentyp besser klarzukommen, gibt es eine Reihe von Aufbauprinzipien. Dabei ist die richtige Verbindungsformulierung der Zugang zur Lösung. Beispiel:

Trauer : Stimmung = Zorn : ...?...
a) Ärger b) Wut c) Affekt d) Verlust d) Depression
Mit der richtigen Verbindungsformulierung »Trauer ist eine Art von Stimmung« erreichen wir auch die Lösung c (»Zorn ist eine Art von ...?...«) – Affekt, eine außergewöhnlich heftige seelische Erregung.

Verkompliziert wird das System dadurch, dass bisweilen die Verbindungsformulierung nicht nur auf einer Seite anzuwenden ist, wie etwa bei Trauer : Stimmung oder Nase : brenzlig, sondern eine Beziehung zwischen dem ersten und dem dritten Wort/Begriff herzustellen ist. Beispiel:

Brot : Wein = Getreide : ...?...
a) Weizen b) Butter c) Becher d) Flasche e) Trauben
»Brot wird aus Getreide hergestellt, Wein aus ...?... – Trauben«, wäre hier die richtige Verbindungsformulierung.

Mit den folgenden Beziehungs- oder Verbindungsformulierungen für Wortanalogien können Sie diesen Aufgabentypus besser lösen:

Gleiche Bedeutung (»bedeutet das Gleiche wie …«)
praktizieren : ausüben = Befreiung : …?…
a) helfen   b) Übergabe   c) Verrat   d) Rettung   e) Täuschung
›Praktizieren‹ bedeutet das Gleiche wie ›ausüben‹, das Substantiv ›Befreiung‹ hat die meiste Ähnlichkeit mit dem Substantiv ›Rettung‹.

Gegensätzliche Bedeutung (»bedeutet das Gegenteil von …«)
nichts : alles = wenig : …?…
a) viel   b) mehr   c) Menge   d) nein   e) meistens
Lösung: a (Gegensatz)

Beschreibung (»ist eine Art von …«)
Liebe : Leidenschaft = Melancholie : …?…
a) Tod   b) Stimmung   c) traurig   d) Charakter   e) Kummer
Lösung: b

Abstufung (»ist eine schwächere/stärkere Ausprägung von …«)
kühl : eiskalt = schlau : …?…
a) weise   b) interessiert   c) genial   d) klug   e) dumm
Lösung: c

Teilmenge (»ist ein Teil von, aus …«)
Finger : Hand = Blatt : …?…
a) Blume   b) Auto   c) Ball   d) gefährlich   e) Baum
Lösung: e

Ursache/Folge (»ist eine Ursache von …« / »tritt gleichzeitig auf mit …«)
Fieber : Krankheit = Schweiß : …?…
a) Glück   b) gefährlich   c) Anstrengung   d) Grippe   e) Seele
Lösung: c

Wirkung/Funktion (»hat die Bedeutung/Funktion/Wirkung von, für …«)
Zahl : Wert = Wort : …?…
a) Ausdruck   b) Form   c) Teil   d) schön   e) Bedeutung
Lösung: e

Verhältnis (»steht in einem besonderen Verhältnis zu …«)
Mutter : Kind = Henne : …?…
a) Hahn   b) Familie   c) Küken   d) Bulette   e) Ei
Lösung: c

Anwendung/Werkzeug (»wird benutzt um/von ...«)
Amboss : Schmied = Pinsel : ...?...
a) Farbe b) Leiter c) malen d) Handwerker e) Maler
Lösung: e

Handlung (»ausführen/machen mit ...«)
schießen : werfen = Pistole : ...?...
a) Ball b) Gewehr c) Knall d) Schuss e) Wumm
Lösung: a (Mit der Pistole schießen, mit dem Ball werfen.)

Herstellung (»wird gemacht/gewonnen aus ...«)
Wolle : Perle = Schaf : ...?...
a) Käse b) Milch c) Ziege d) Auster e) Kette
Lösung: d

Maßeinheit (»ist eine Maßeinheit für ...« / »ist eine größere/kleinere Maßeinheit von, für ...«)
Zeit : Stunde = Geschwindigkeit : ...?...
a) Hexerei b) Schnelligkeit c) Sekunde d) Stundenkilometer e) Geld
Lösung: d

Kilo : Gramm = 1.000 : ...?...
a) Gewicht b) eins c) Waage d) 100 e) abwiegen
Lösung: b

Lokalisation (»finden wir/befindet sich in, an ...«)
Schiff : Meer = Wolke : ...?...
a) Sterne b) Gewitter c) Wind d) Vögel e) Himmel
Lösung: e

Verknüpfung/Urheberschaft (»ist von ...«)
Roman : Konsalik = Kapital : ...?...
a) Engels b) Kapitel c) Brecht d) Marx e) Kapitalverbrechen
Lösung: d

Nichtverbale Analogien

Hier geht es um Rechenoperationen. Zahlen stehen in einem bestimmten Verhältnis, das es zu analysieren gilt. Bisweilen werden auch Buchstaben eingesetzt, die in nummerischer Relation zueinander stehen.

3 : 9 = 4 : ...?...
a) 10 b) 12 c) 20 d) 21 e) 27
Lösung: b (3 × 3 = 9; 4 × 3 = 12)

12 : 3 = 16 : ...?...
a) 2 b) 3 c) 4 d) 5 e) 6
Lösung: c

C : Z = B : ...?...
a) A b) C c) D d) Y e) X
Lösung: d (um eine Stelle im Alphabet zurück)

C : F = M : ...?...
a) N b) P c) X d) L e) A
Lösung: b (P ist drei Buchstaben von M entfernt, wie F von C).

Geometrische Analogien

Statt in Worten oder Zahlen wird die Analogie aus Symbolen gebildet, z.B.:

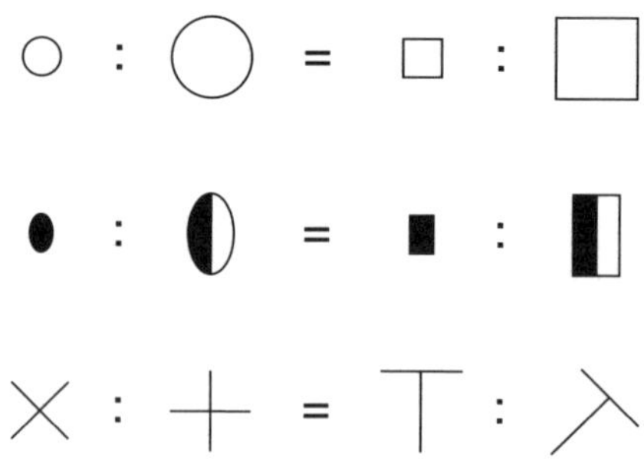

Erklärung: Die 2. Figur ist sozusagen eine stärkere Ausprägung der ersten.

Doppelte Analogien

...?... : Vater = Tochter : ...?...

a) Kind A) Familie
b) Schwester B) Mutter
c) Sohn C) Kind
d) Junge D) Oma
e) Mann E) Enkel
Lösung: c/B

Hier sollte man in zwei Schritten vorgehen und dann beide auf ihre Kompatibilität überprüfen. »Vater : Mann« würde passen, wenn auf der rechten Seite »Tochter : Frau« stehen könnte. Hier ist aber nur »Tochter : Mutter« verfügbar, und dazu passt nur »Sohn : Vater«.

Bevor man sich diesem Aufgabentyp zuwendet, sollte man zunächst die Lösungsstrategien der einfachen Analogien trainieren.

Grafikanalogien (Seite 128 ff.)

Zu den grafischen Analogien bieten wir Ihnen ein kommentiertes Lösungsverzeichnis.

1 d: Außenfigur verschwindet, Innenfigur wird leer.
2 e: Schwarzer Halbkreis wird zum schwarzen Dreieck, weißer Halbkreis wird zum schwarzen Kreis.
3 b: Quadrat dreht sich um 90° und wird zum Kreis, wobei zwei weitere Linien hinzukommen.
4 a: Figur bekommt einen schwarzen Kreis. Figurgröße bleibt unverändert.
5 e: Mathematisch: 6/2 = 3/1. Folge »Kreis – Stern – Kreis – Stern« beachten.
6 b: 90°-Drehung nach links, Dreieck wird zum Kreis.
7 a: Außenfigur fällt weg. Kreis wird gespiegelt, wobei die schraffierten Flächen weiß, die weißen Flächen schraffiert werden.
8 c: Figur wird um 180° gedreht. Mittelstrich fällt weg.
9 e: Figur wird auf den Kopf gestellt und gespiegelt. Dann werden die Farben vertauscht.
10 c: Die Figuren haben eine linke und eine rechte Seite, die durch einen Strich getrennt sind. Die Farben der unteren Hälfte der linken und rechten Seite sind vertauscht.

11 a: 90°-Drehung nach links, schraffierte Fläche wird kariert.

12 b: Figur ist geviertelt. 45°-Drehung nach links. Die Seiten der weißen Viertel fallen weg, der Kreis rückt zum gegenüberliegenden Viertel.

13 d: Drehung um 90° nach rechts. Der Bogen wird durch ein Dreieck ersetzt, die Farben der kleinen Kreise sind vertauscht.

14 e: Das Dreieck ist in Relation zu einem Quadrat gesetzt. Beide Figuren decken teilweise eine andere, kleinere Figur (Dreieck/Quadrat), die die »entgegengesetzte« Farbe aufweist. Diese Figur befindet sich beim Quadrat auf der Seite, wo das Dreieck den kleinen weißen Kreis hat. An der rechten Seite des Quadrats (als untere Seite gilt immer die Seite, wo sich das halb verdeckte Quadrat befindet) befindet sich ein kleiner schwarzer Kreis.

15 b: Form wird rechteckig, kleiner Außenkreis rückt in die Mitte, dann Drehung um 180°.

16 c: Figur ist spiegelverkehrt, wobei aus rund eckig wird und umgekehrt. Darüber hinaus werden die karierten Flächen schwarz und die weißen kariert.

17 d: Figur ist spiegelverkehrt. Zwei Seiten der kleinen Dreiecke fallen weg, eine Linie kommt hinzu und schließt die Figur.

18 e: Die erste Figur wird um 180° gedreht. Das fehlende Viertelquadrat kommt hinzu plus ein halber Kreis, wobei beide das Muster/die Farbe des gegenüberliegenden Viertelquadrats übernehmen. So ergibt sich die jeweilige zweite Figur.

19 e: Das Mittelkreuz wird durch einen Punkt ersetzt. Die Figur ist um 90° nach links gedreht, dabei werden die Farben des Kreises und des Dreiecks vertauscht. Ein zweiter, schwarzer Kreis tritt an der rechten Seite auf (die Figur »steht« auf der Spitze, alle andere Lagen sind Drehungen).

20 b: Die eckige Figur entspricht der runden, die um 180° gedreht wurde.

21 d: Das schwarze Quadrat rotiert um den Mittelpunkt des weißen Quadrats um 135° nach rechts.

22 d: 180°-Drehung. Eine große Figur wird mit einer kleinen ins Verhältnis gesetzt, dabei gilt die Folge »Quadrat-Dreieck-Quadrat-Dreieck«.

23 c: Drehung um 90° nach rechts. Schraffierte Fläche wird kariert, Kreis wechselt die Seite.

24 a: 90°-Drehung nach rechts, die Farbe der Kreise wird vertauscht.

Unmöglichkeiten (Seite 137 ff.)

Zugegeben ein Aufgabentyp, der seinen Titel nicht zu Unrecht trägt und viele Testkandidaten schier zur Verzweiflung treibt. Aber auch wenn der Name Programm zu sein scheint: Mit etwas Abstand und Ruhe, vor allem aber Übung ist das dahinter liegende System gar nicht so schwer zu knacken. Lediglich in der Stresssituation »Prüfung« kann eine erste Begegnung wirklich schockieren und damit lähmend auf die Gehirnzellen wirken.

Es fängt bei der Aufgabenerklärung an. Diese ist wirklich mit aller Sorgfalt und so viel Ruhe und Gelassenheit wie möglich zu lesen und zu verstehen. Worum geht es? Sechs Aussagen werden gemacht, die es zu untersuchen gilt. Ist die Aussage richtig, oder ist sie falsch, und gibt es vor allem viele falsche und eine einzige richtige oder umgekehrt richtige und nur eine einzige falsche? Wenn Sie das wirklich begriffen haben, sind Sie schon ein ganzes Stück weiter.

Was die Aufgaben dann erschwert, ist bisweilen die Operation mit einer doppelten Verneinung. Hilfreich ist die Vorstellung, dass ein Richter einen Zeugen befragt. Beispiel:

Aussage: *Auf keinen Fall kann man in der Antarktis auf Räuber stoßen.*
Sie als Richter müssen diese Zeugenaussage beurteilen. Warum sollte man unter keinen Umständen in der Antarktis auf Räuber stoßen können? Der Zeuge lügt, die Aussage ist falsch.

Das Gleiche gilt für die nächste Aussage des Zeugen:
Auf keinen Fall kann man in der Antarktis russische Forscher antreffen.
Auch diese »Zeugenaussage« ist als falsch zu beurteilen.

Nächste Aussage:
Auf keinen Fall kann man in der Antarktis englische Touristen sehen.
Auch diese »Zeugenaussage« ist falsch.

Auf keinen Fall kann man in der Antarktis auf Eisbären treffen.
Diese »Zeugenaussage« ist unter zoologischen Gesichtspunkten richtig, denn nur in der Arktis sind die weißen Genossen zu Hause.

Dagegen ist die Aussage, dass man in der Antarktis keine Eskimos besuchen kann und auch nicht Schlittschuh laufen kann, genauso falsch.

Damit hat sich als einzige richtige Zeugenaussage die Eisbären-Aussage bewahrheitet, unter der Voraussetzung, dass Sie über ein gutes zoologisches Allgemeinwissen verfügen, das Ihnen übrigens auch bei der anderen Frage, bei der es um Jaguare in Afrika geht, hilft (die es dort nämlich nicht gibt, also kann man sie auch nicht jagen).

Von Vorteil sind Grundkenntnisse in Chemie und Physik. Die Schwerpunkte in diesen Testaufgaben entspringen nicht der Fantasie der Autoren, sondern entsprechen der Testrealität.

Aussage: *Unmöglich ist es, ein Lied zu singen ohne …*

a) *Notenkenntnis*
b) *Unterstützung*
c) *Anteilnahme*
d) *Energie zu verbrauchen*
e) *Begleitung*
f) *Anleitung*

Natürlich kann man ein Lied auch ohne Notenkenntnis singen. Natürlich auch ohne Unterstützung, ohne Anteilnahme, aber wohl kaum ohne Energie zu verbrauchen. Lösung d ist als einzig richtige Aussage zu werten, denn e und f stellen keine Unmöglichkeit dar. Es ist sehr wohl möglich, ein Lied ohne Begleitung und auch ohne Anleitung zu singen.

Ein bisschen Übung macht hier wie bei Dominoreihen- und Zahlensymbolaufgaben den Meister und lässt den Schrecken verblassen.

Schlussfolgerungen (Seite 142 ff.)

Die im Text präsentierten Objekte (Währungen, Edelsteine, Personen, die essen gehen, etc.) sind in eine bestimmte Reihenfolge zu bringen. Dabei handelt es sich um eine Rangfolge nach den Kriterien von z.B. Größe, Wert, Leistung, die die Beziehungen der Objekte untereinander auf den ersten Blick deutlich werden lässt.

Nicht immer ist dabei eine eindeutige Beziehung zwischen einzelnen Objekten notwendig, gegeben bzw. möglich, um zur Lösung zu gelangen. Es gibt also auch den Fall, dass keine Aussage (z.B. wer der Größte ist) aufgrund der gegebenen Informationen möglich ist.

Eine wesentliche Hilfe, die Objektverhältnisbestimmung vorzunehmen, liegt in der verkürzten Darstellung, wie schon in Beispiel 1 (Autos) angegeben. Eine andere Darstellungsweise führt ebenfalls zum Ziel.

Wir erhalten die Information: A ist langsamer als C und notieren:

```
C
–
A
```

Nun bekommen wir die Information, dass D langsamer ist als B, gleichzeitig aber den Hinweis, dass D schneller ist als C.

```
B  →  B
–     –
D     D
      –
      C
      –
      A
```

Jetzt können wir eine eindeutige Rangfolge feststellen.

Absurde Schlussfolgerungen (Seite 145 ff.)

In der Tat, ein Teufelswerk. Wird man damit in einer Bewerbungssituation erstmalig und unvorbereitet konfrontiert, verliert man leicht den Boden unter den Füßen.

Hier noch einmal zwei Übungsbeispiele:

Behauptung: Alle Häuser sind Fische. Alle Fische sind Katzen.
1. Schlussfolgerung: Deshalb sind alle Häuser Katzen.
a) stimmt
b) stimmt nicht

2. Schlussfolgerung: Deshalb sind alle Katzen Häuser.
a) stimmt
b) stimmt nicht

Bevor wir zu erklären versuchen, wie man mit solchen Aufgaben fertig wird, lassen Sie uns bitte darauf hinweisen, dass wir für diesen Logik-Schwachsinn nicht verantwortlich sind, diesen Aufgabentyp, wie übrigens auch alle anderen, nicht selbst ausgeheckt haben.

Die erste Schlussfolgerung scheint einigermaßen nachvollziehbar (Lösung: 1 a). Bei der zweiten Schlussfolgerung, die ja eigentlich wie die erste konstruiert wurde, gibt es folgende Abweichung: Plötzlich wird ein Umkehrschluss gezogen. Also: Weil alle Häuser Fische und alle Fische Katzen sind, sollen jetzt auch gleich alle Katzen Häuser sein. Das ist aber nicht so ohne weiteres logisch (falls man in diesem Zusammenhang überhaupt noch von Logik sprechen kann). Eine eindeutige Aussage, was Katzen alles sind bzw. sein könnten, liegt nämlich nicht vor (Katzen könnten z.B. auch Menschen sein ...). Anders bei allen Häusern und bei allen Fischen! Da gibt es eine klare Definition: Häuser sind ... Fische sind ... Es könnte also durchaus Katzen geben, die z.B. XY sind und und und ...

Zugegeben: ganz schön verwirrend. Noch ein Beispiel dazu (jetzt mal statt »sind« mit »haben«):

Alle Häuser haben Dächer. Alle Dächer haben Schornsteine.
Also: Alle Häuser haben Schornsteine.

Stimmt und ist wie das erste Beispiel konstruiert (fast schon nachvollziehbar!).

Aber dass nun alle Schornsteine Häuser haben (wie im zweiten Beispiel rückgeschlossen), stimmt eben nicht.

Flussdiagramme (Seite 155 ff.)

Die vorn präsentierten Übungsaufgaben sollten Ihnen Gelegenheit geben, sich mit einem bestimmten Aufgabentyp aus gängigen Eignungstests (Fluss- oder Ablaufdiagramm) besser vertraut zu machen.

Es ist nur allzu verständlich, wenn Sie einen starken Widerstand gegen diese Art verwirrender, ungewohnter Aufgaben spüren. Gleichwohl sind Sie in einer Auswahlsituation häufig mit diesem Aufgabentypus konfrontiert und müssen bemüht sein, die Aufgabenstellung optimal zu lösen. Haben Sie erst einmal Ihre Abneigung gegen derlei Aufgaben überwunden, werden Sie feststellen, dass sie im Grunde viel leichter zu lösen sind, als es auf den ersten Blick erscheint.

Geben Sie nicht so schnell auf, sondern beschäftigen Sie sich zuerst mit den Aufgaben 1 und 2 und steigern Sie sich langsam, denn es wird zunehmend komplexer, aber nicht grundsätzlich schwieriger. Das größte Problem steckt in der Überwindung der psychischen Abneigung gegen derartige Aufgaben.

Auch wenn wir zu diesem Aufgabentypus kein Patentrezept haben: Übung macht den Meister.

Interpretation von Schaubildern (Seite 170 ff.)

Das inhaltlich zu Flussdiagrammen Gesagte trifft auch in vollem Umfang auf die Interpretation von Schaubildern bzw. Statistiken zu. Der »mentale Block« ist in der Regel der größte Störfaktor. Ganz selten werden Ihnen hoch komplexe Tabellen bzw. Statistiken zugemutet, die mit Fragen verknüpft sind, bei denen Sie sich wirklich den Kopf zerbrechen müssen.

Sprachsysteme (Seite 178 ff.)

Der Fremdsprachenunterricht in der Schule war Ihnen schon immer ein Gräuel? Wie Sie sehen, ist das noch steigerungsfähig.

Wir erklären Ihnen hier die Lösungen der dritten Gruppe, der zugegeben recht schwierigen Wüwü-Sprache:

Aufgabe 7:

Zuerst stellt man fest, dass die einzige Gemeinsamkeit bei den Sätzen »Ich koche Eier« und »Ich fische gerne« die Vorsilbe »duo« ist:
Also steht »duo« für »ich«.

Dann versucht man das Verb »kochen« zu ermitteln, indem man »ich koche ...« mit »sie kochen ...« vergleicht.

Da zwei Möglichkeiten denkbar wären (»mi« oder »ri«), vergleicht man die beiden in Frage kommenden Silben mit den anderen Sätzen, in denen das Wort »Koch« vorkommt. Hier wird klar, dass die Silbe, die den Zusammenhang eines Wortes mit dem Kochen zum Ausdruck bringt, »mi« sein muss. So heißt »duomi«: Ich koche. »Pyhyari« sind dann die Eier, und man stellt fest: Das Objekt kommt bei dieser Fremdsprache vor dem Subjekt. Dann wissen wir auch gleich, dass »wühllyri« die Kartoffeln sind, und da »mi« für das Kochen steht, heißt »riri« »sie«.

Jetzt versuchen wir zu verstehen, wie Fische auf Wüwü heißen. Dazu schauen wir uns den Satz »ich fische gerne« an. Da wir jetzt wissen, dass duo = ich ist und das Verb nach »duo« kommen muss, ist es ganz klar, dass »gütti« das Fischen an sich zum Ausdruck bringt. Außerdem brät der Koch den Fisch, und wie wir jetzt wissen, steht das Objekt am Anfang: Also ist der Fisch = gütto; wir wissen allerdings noch nicht, wie der Plural gebildet wird.

Dazu schauen wir uns wieder die beiden ersten Sätze an: Hier ist mal die Rede von Kartoffeln, da von Eiern. Beide Wörter sind im Plural und haben die gemeinsame Endung »ri«. So kann man davon ausgehen, dass Fische = güttri sind, zumal auch die Blumen (ghnori) die Endung »ri« aufweisen.

Nun gilt es herauszufinden, wie sich der Ausdruck »der Koch brät«

zusammensetzt, denn von Braten war bisher keine Rede, und auch nicht von Berufsbezeichnungen wie Koch, Fischer usw. Wo findet man noch etwas, das mit Braten zu tun hat?

Natürlich im letzten Satz, dem mit der Bratpfanne. Denn hier erkennt man, dass das Braten durch »lepzi« ausgedrückt wird, da dieses Wort auch ein Teil des Wortes ist, das »der Koch brät« beschreibt. Wenn lepzi = braten ist, dann liegt es auf der Hand, dass midiölle = Koch ist. In dem Wort steckt auch mi = kochen, d.h., »diölle« drückt die Berufsbezeichnung aus.

Da wir schon wissen, dass fischen = gütti ist, können wir das Wort für Fischer endlich identifizieren: gütti (fischen) + diölle (als Berufsbezeichnung). Also ist der Fischer = güttidiölle.

Wenn der Fischer fischt, muss man das Verb noch anhängen: güttidiöllegütti. Da er Fische fischt und das Objekt zuerst kommt, heißt dann »Der Fischer fischt Fische« »güttri güttidiöllegütti«.

Damit ist auch gleich die Aufgabe 8 gelöst: Das Objekt muss an erster Stelle stehen (hier: wühllyri), (a) ist also falsch; ich brate = duolepzi, gerne = diqö kommt an letzter Stelle, wie bei dem Satz: Ich fische gerne.

Bei Aufgabe 9 ist die Sache komplizierter. »Pyhyarituogütto« ist ein zusammengesetztes Wort, man erkennt pyhyari (Eier) und gütto (Fisch).

Die beiden Worte »Fisch« und »Eier« sind mit »tuo« verbunden. Das könnte bedeuten: entweder Fischeier (= Eier *vom* Fisch) oder Fisch *mit* Eiern bzw. Fisch und Eier, oder aber auch »der Eierfisch«. Wir wissen ja nicht, welchen Regeln die Fremdsprache folgt.

Was wir aber machen können, ist, das Wort »pyhyarituogütto« mit den anderen zusammengesetzten Wörtern zu vergleichen, um Hinweise über die Art der Zusammensetzung zu bekommen.

Und tatsächlich stellen wir gleich fest, dass solche Wörter aus einem Vorwort (dieses drückt das Objekt aus, worum es geht), einem Bindewort »tuo« und einem Nachwort bestehen. Das Nachwort scheint auf eine bestimmte Eigenschaft des Gegenstandes, also des Vorworts hinzuweisen.

Bei »zuotuomi«, der Kochtopf, erkennen wir, dass »mi« für das Kochen steht. Dabei ist »tuo« das Verbindungswort, da es auch bei Bratpfanne und Blumentopf in der gleichen Funktion vorkommt. »Zuo« bedeutet dann offenbar Topf: Wortwörtlich übersetzt ist dann »zuotuomi« der Topf (zum) Kochen. Das Bindewort drückt also eine Beziehung zwischen Topf und Kochen aus; genauso verhält es sich mit dem Blumentopf (zuotuoghnori), wobei »ghnori« die Blumen sind: Topf (für) Blumen. Weiter mit dem letzten Satz: »kkao« muss also für Pfanne stehen, »lepzi« steht ja für Braten. »Kkaotuolepzi« heißt dann Pfanne (zum) Braten.

Zurück bei unserem »pyhyarituogütto« stellen wir fest: Fisch mit Eiern scheidet als Möglichkeit aus, da uns die anderen Beispiele gezeigt haben, dass »tuo« auf eine Eigenschaft (das Nachwort) des Objekts (Vorwort) hinweist und nicht auf das Zusammentreffen von verschiedenen Gegenständen. »Pyhyarituogütto« bedeutet dann hier Eier (vom) Fisch, auf gut Deutsch: Fischeier. Damit sind die Lösungen (b) und (e) falsch.

Nun, was ist denn eigentlich mit den Fischeiern los? Werden sie gekocht, gebraten, gegessen oder was auch immer ...? Na ja, gekocht werden sie natürlich nicht, denn das Verb wird dem Subjekt nachgestellt und heißt hier: lepzi, also braten (Lösung a ist falsch).

Nun bleibt noch offen, wer die Fischeier brät. Wir wissen bereits, dass riri = sie bedeutet. Das führt zu der Schlussfolgerung: ririlepzi = sie braten. Das geht, wie Sie sehen, auch ohne sich Gedanken über die komplizierte Wortkonstruktion von »Eiermann« machen zu müssen.

Selbstverständlich sind auch unterschiedliche Lösungswege denkbar, die Lösung bleibt natürlich immer gleich.

Aufgabe 10:

Es ist fast ein Scherz, so eine Frage zu stellen, aber die Lösung gibt es tatsächlich: prödeyotuoghnorituopyhyari pyhyaridiöllemi. Schön, nicht wahr?

Die Regeln, nach denen sich der Satz bildet, sind bereits in der Erläuterung der anderen Aufgaben enthalten.

In diesem Sinne grüßen wir Sie mit einem fröhlichen »sella enier ehcasnevren!«

Zum Kapitel: Merkfähigkeit und Kurzzeitgedächtnis

Auswendig lernen (Seite 205 ff.)

Wenn Sie mit einer Aufgabe konfrontiert werden, bei der es um das Auswendiglernen von bestimmten Begriffen geht – in der Regel sind es fünf – zu bestimmten Bereichen, übrigens auch wieder fünf (z.B. Arbeitswelt, Geografie, Namen, Pflanzen, Nahrungsmittel o.Ä.), dann ist es natürlich wichtig zu wissen, dass die Abfrageform alphabetisch vonstatten geht, also: In welcher Gruppe war der von Ihnen memorierte Begriff mit dem Anfangsbuchstaben A (und dann B, C usw.)?

Statt jedes Mal bei jeder Frage in seinem Gedächtnis neu »zu kramen«, könnten Sie die Begriffe, an die Sie sich spontan erinnern, den Lösungen zuordnen, entsprechend den Anfangsbuchstaben des Alphabetes. Bei der hier vorgestellten Aufgabe erinnern Sie sich beispielsweise an den Nachtwächter vor einer Scheune sitzend, mit einer Wurst in der Hand, und Sie haben sofort die Frage nach N, S und W gelöst. Hinzu kommt, dass sich so ein Bild viel leichter memorieren lässt als die Berufsgruppe Eismann – Imker – Nachtwächter – Pfarrer – Uhrmacher.

Eine andere Mnemotechnik hilft Ihnen auch, für die Gruppe der Berufe vielleicht nur mit Hilfe der Anfangsbuchstaben ein Kunstwort zu prägen (z.B. Eismann – Imker – Nachtwächter – Pfarrer – Uhrmacher = EINPU). Das bedeutet, Sie lernen pro Begriffsbereich nur noch ein Kunstwort und können dann die Buchstaben entsprechend schnell wie oben beschrieben zuordnen, nämlich indem Sie springen. Es gibt viele verschiedene Mnemotechniken, und wenn Sie sich mit diesem Aufgabentypus ein bisschen beschäftigen, werden Sie schon die Richtige für sich herausfinden.

Es ist neuerdings auch möglich, nicht nach dem Alphabet abzufragen, sondern die einzelnen Buchstaben in willkürlicher Reihenfolge zu präsentieren: Welcher Begriff fängt mit »M« an, welcher mit »B«, welcher mit »T« usw.

Zum Kapitel: Wort- und Sprachverständnis

Wortauswahl / Gleiche Wortbedeutungen (Seite 211 ff./214 ff.)

Hier werden Ihnen bei den schwierigeren Aufgaben Fremdwörter zugemutet (z.B. *Traktat*) oder auch selten verwendete deutsche Wörter (wie z.B. *Gesinde* oder *irden*), deren richtige Zuordnung jedem von uns schwer fällt, ohne in einem Lexikon nachzuschlagen.

(Im Anhang des Buches finden Sie ein kleines Lexikon mit der Erklärung von in Tests häufig verwendeten schwierigen deutschen Wörtern, Fremdwörtern, Namen und Abkürzungen – siehe Seite 559 ff.)

Die Rechtschreibreform hat zu kolossaler Verunsicherung geführt, und es bleibt zu hoffen, dass irgendwann eine Version gilt, die verbindlich ist.

Zum Kapitel:
Neue deutsche Rechtschreibung

Die Überprüfung der Rechtschreibkenntnisse steht sehr häufig auf dem Testprogramm, wenn Sie sich in den verschiedenen Berufsfeldern bewerben. Und nicht selten ist das der Horror für die Kandidaten, die sich mit diesem Wissensstoff schlecht auskennen und unsicher sind, was denn nun richtig oder falsch ist – besonders nach Einführung der Rechtschreibreform.

Rechtschreibtests werden im öffentlichen Dienst, hier typischerweise in allen Amtsstubenbereichen u.a. bei der Polizei, bei der Feuerwehr sowie in vielen kaufmännischen, aber auch handwerklichen Arbeitsbereichen durchgeführt. Um Ihnen den Einstieg in die neue deutsche Rechtschreibung zu erleichtern, wollen wir Ihnen hier nun die Änderungen im Einzelnen vorstellen und Ihnen Hilfestellung für eventuelle Tests geben.

Vor der Reform gab es 212 Rechtschreibregeln. Diese wurden um fast die Hälfte reduziert; übrig blieben offiziell nur noch 112. Bei den Kommaregeln ist das Ergebnis weitaus drastischer: Früher musste man im Zweifelsfall bis zu 57 Kommaregeln durchforsten, um die jeweils zutreffende zu finden; heute sind es nur noch ganze neun!

Die Änderungen lassen sich in sechs Bereiche unterteilen:

1. Laut-Buchstaben-Zuordnung
2. Getrennt- und Zusammenschreibung
3. Schreibung mit Bindestrich
4. Groß- und Kleinschreibung
5. Zeichensetzung
6. Worttrennung am Zeilenende

Laut-Buchstaben-Zuordnung

- Auch wenn viele Menschen fälschlicherweise glauben, das *ß* sei im Zuge der Rechtschreibreform vollständig abgeschafft worden: Nur nach kurzen Vokalen wird *ß* durch *ss* ersetzt. So schreibt man jetzt *Kuss, Missfallen, Stress, er muss, sie lässt* etc., aber weiterhin *Maß, Gruß, Straße*. Wichtig zum Einprägen: Das *daß* entfällt durch die Neuregelung völlig. Man schreibt nur noch *dass*.
- Zur Verwirrung führte oftmals, dass bestimmte Wörter und Wortformen im Deutschen nicht gemäß ihrem Wortstamm gebildet wurden. Die

dadurch entstandene beträchtliche Anzahl an »Ausnahmen« versucht man nun zu verringern, indem die Schreibung eines Wortes oder einer Wortform der Schreibung des Wortstamms angeglichen wird. Deshalb heißt es jetzt beispielsweise *schnäuzen* statt *schneuzen*, da das Wort von *Schnauze* kommt, *platzieren* statt *plazieren* wegen *Platz*, *überschwänglich* statt *überschwenglich* wegen *Überschwang*, *Stängel* statt *Stengel* wegen *Stange* sowie *Tollpatsch* statt *Tolpatsch*, weil man es heute dem Wort *toll* zurechnet. Häufig gelten verschiedene Varianten als korrekt.

Außerdem ist *selbstständig* jetzt die bevorzugte Schreibweise statt der (auch weiterhin gültigen) Form *selbständig*, weil es ja aus den Wörtern *selbst* plus *ständig* zusammengesetzt ist. Aber keine Regel ohne Ausnahme: Es bleibt zum Beispiel weiterhin bei *Eltern*, obwohl sich das Wort von die *Älteren* ableitet.

- Einzelfälle wurden systematisiert. So schreibt man jetzt *rau* statt *rauh*, analog zu *blau*, *grau*, *genau* etc. Das Känguruh wurde in Anlehnung an andere Tierarten wie *Gnu* und *Kakadu* zum *Känguru*.
- Wenn in zusammengesetzten Wörtern drei gleiche Vokale oder Konsonanten hintereinander stehen, bleiben neuerdings alle drei erhalten. Deshalb schreibt man fortan, auch wenn das optisch ungewohnt wirkt, *Bestellliste*, *Teeei*, *Bitttag*, *Stofffetzen* etc. Wenn man sich damit überhaupt nicht anfreunden kann, weil man es als ästhetische Beleidigung empfindet, dann ist der Bindestrich die Rettung: Man darf durchaus, solange der Wortsinn dadurch nicht verfälscht wird, *Bestell-Liste*, *Tee-Ei*, *Bitt-Tag* und *Stoff-Fetzen* schreiben. Entsprechend bleibt bei der Endung *-heit* ein vorausgehendes *h* erhalten: So heißt es jetzt beispielsweise *Rohheit* statt *Roheit*.
- Bei Fremdwörtern kann (muss jedoch nicht!) das *ph* in *phon*, *phot* und *graph* durch *f* ersetzt werden. Beispiele dazu: *Fotosynthese* neben *Photosynthese*, *Mammografie* neben *Mammographie*. Allerdings werden Fremdwörter, die nicht mit diesen Silben gebildet werden, weiterhin so geschrieben wie bisher. Man studiert also immer noch *Philosophie*, erkrankt möglicherweise an *Rheuma*, singt gern eine *Strophe* oder ist ein *Leichtathletikstar*. Statt *-tial* und *-tiell* sind die empfohlenen neuen Schreibweisen jetzt *-zial* und *-ziell*, zum Beispiel in *essenziell*, *Potenzial* und *substanziell*.
- Generell ist eine eindeutige Tendenz zu verzeichnen, sich Wörter aus anderen Sprachen zu Eigen zu machen. Ist ein Wort in der deutschen Sprache – oder einer anderen – heimisch geworden, bezeichnet man es als Lehnwort. Meistens tritt die neue Schreibung zuerst langsam neben

die alte, bis sich die neue allmählich gegen die alte Schreibweise durchsetzt. Weil es viele Wörter gibt, die schon seit langem eingedeutscht sind, zum Beispiel *Allee, Komitee, Resümee* etc., unternimmt man jetzt den Versuch, auch weitere Fremdwörter ins Deutsche zu integrieren. Das betrifft Wörter mit folgenden Vokalen und Konsonanten:

- *gh, rh, th*: Manchmal darf *gh, rh, th* zu *g, r, t* werden. So blamiert sich heute kein Gastwirt mehr, wenn er auf die Karte *Spagetti* statt *Spaghetti* schreibt oder *Jogurt* statt *Joghurt*. Neben *Katarrh* ist somit auch *Katarr* richtig, und der *Thunfisch* darf zum *Tunfisch* werden. Die jeweils alte Form bleibt aber neben der neuen bestehen.
- *ai*: Aus dem *Necessaire* darf, wie bisher schon bei *Mohär* oder *Militär*, das *Nessessär* werden. Natürlich ist die alte Schreibweise weiterhin korrekt.
- *qu*: Aus dem *qu* darf ein *k* werden, so ist jetzt beispielsweise ein *Kommunikee* genauso richtig wie ein *Kommuniqué*.
- *ou*: Aus *Bouclé* darf *Buklee* werden. Schließlich durfte man ja bisher auch schon *Nugat* neben *Nougat* schreiben.
- *ch*: Aus der vor allem bei Kindern beliebten Tomatensauce darf neben *Ketchup* auch *Ketschup* werden, aus *Chicorée*, dem leicht bitteren Gemüse, wird – ohne einen solchen Nachgeschmack zu hinterlassen – *Schikoree*.
- *c*: Wie Ihnen sicherlich schon bei der neuen Orthographie von *Nessessär* aufgefallen ist, darf bei Fremdwörtern aus dem *c* ein doppeltes *s* werden. Genauso verhält es sich bei der *Facette*, die nun auch *Fassette* geschrieben werden darf.

Getrennt- und Zusammenschreibung

- Bei Verbindungen aus einem Substantiv und einem Verb wird die Getrenntschreibung zum Normalfall. Schon früher schrieb man ja *Bus fahren* und *Flöte spielen*, aber im Gegensatz dazu *radfahren*. Dieser Unterschied wurde aufgehoben. Daher ist jetzt *Eis laufen, Maschine schreiben* etc. richtig.
- Verbindungen, bei denen das Substantiv nicht mehr als eigenständiges Wort wahrgenommen wird, schreibt man weiterhin zusammen, so wie *preisgeben (er gibt preis)* oder *teilnehmen (wir nehmen daran teil)*.

  Bilden Substantiv und Verb eine untrennbare Zusammensetzung, dann bleibt es auch dabei: *schlafwandeln, schlussfolgern (sie schlussfolgert)*.

- Verbindungen aus einem Substantiv und einem Partizip schreibt man immer dann getrennt, wenn dies auch bei der entsprechenden Verbindung von Substantiv und der Infinitivform des Verbs, aus dem das Partizip gebildet wurde, der Fall ist. So heißt es zum Beispiel *Funken sprühend* (von *Funken sprühen*) oder *Rat suchend* (von *Rat suchen*). Hier lautet die substantivierte Form der Verbindung jetzt übrigens analog *der/die Rat Suchende* statt *der/die Ratsuchende*.

  Weiterhin zusammengeschrieben werden dagegen *lichtdurchflutet* (von *von Licht durchflutet*) und *meinungsbildend* (von *eine Meinung bildend*), da hier jeweils ein Wort, in den genannten Beispielen *von* und *eine*, eingespart wird.
- Verbindungen aus zwei Verben, von denen eines im Infinitiv steht, schreibt man nur noch getrennt. *Spazieren führen* wird daher ebenso wie *schätzen lernen* getrennt geschrieben. *Im Bett liegen bleiben* ist ebenso richtig wie *mit etwas baden gehen*.
- Getrenntschreibung gilt auch durchgängig für Verbindungen aus einem Partizip und einem Verb: Mir ist der Schlüssel verloren gegangen, sie wurde gefangen genommen etc.
- Verbindungen aus den Adverb-Bestandteilen *-einander* und *-wärts* mit einem Verb werden immer getrennt geschrieben. So heißt es jetzt *aufeinander treffen, durcheinander bringen, aufwärts fahren, vorwärts kommen* etc.
- Verbindungen mit dem Verb *sein* müssen getrennt geschrieben werden: *um sein, zusammen sein, da sein, durch sein* etc.
- Verbindungen aus einem Adjektiv und einem Verb schreibt man getrennt, wenn es möglich ist, das Adjektiv zu steigern oder durch *sehr* oder *ganz* zu erweitern. Beispiele: *lahm legen (ganz lahm legen), leicht fallen (leichter fallen), übel nehmen (sehr übel nehmen)*. Im Gegensatz dazu bleibt es bei *fernsehen*, da das Verb ja nicht steigerbar ist, denn *ferner sehen* gibt es bekanntlich nicht.
- Einige, aber nicht alle Verbindungen aus zusammengesetzten Adverbien und Verben werden nun getrennt geschrieben. Dazu gehören u.a. *anheim fallen* und *vorlieb nehmen*.

  Getrennt- oder Zusammenschreibung ist hingegen sehr wohl möglich bei *zuwege bringen* beziehungsweise *zu Wege bringen, instand halten* beziehungsweise *in Stand halten, zugrunde gehen* beziehungsweise *zu Grunde gehen*, wobei wieder die jeweilige neue Form die offiziell empfohlene ist.

- Sind ein Adjektiv und ein Partizip oder zwei Adjektive miteinander verbunden, so werden die beiden Bestandteile getrennt geschrieben, wenn das Partizip vorne steht (*leuchtend blau, glühend heiß*), wenn der erste Bestandteil eine Ableitung auf *-ig, -isch* oder *-lich* ist (*bräunlich gelb* etc.) oder wenn der erste Bestandteil gesteigert oder mit sehr beziehungsweise ganz erweitert werden kann (*leicht entzündlich, treu ergeben, dicht behaart* etc.).
- Wie bereits bei *so viele* und *wie viele* wird jetzt auch *so viel* und *wie viel* getrennt geschrieben. Beispiel: *So viel für heute!* Nur bei der Verwendung als Konjunktion bleibt die Zusammenschreibung erhalten: *Soviel ich weiß, ...*
- Alle Verbindungen mit *irgend* werden nun zusammengeschrieben: *Irgendetwas behagt mir an der Sache nicht. Irgendjemand hat mein Brot gegessen.*

Schreibung mit Bindestrich

- In Ziffern geschriebene Zahlen werden in Zusammensetzungen mithilfe eines Bindestrichs vom Rest des Wortes abgehoben. Man schreibt daher *7,5-Tonner, 8-tägig, 2-monatlich, 8-jährig, 6-Jähriger, 100-prozentig* etc.
- Wie gehabt steht allerdings kein Bindestrich, wenn an die Ziffer eine Nachsilbe angehängt ist, so wie bei *60stel, 8fach, 10er* etc. Die *30er-Zone* dagegen schreibt man natürlich mit einem Bindestrich, allerdings erst hinter der Nachsilbe.
- Ein Bindestrich kann allgemein in folgenden Fällen neu gesetzt werden: um einzelne Bestandteile einer Zusammensetzung von den anderen abzuheben, um beim Lesen mögliche Missverständnisse zu vermeiden oder wenn drei gleiche Vokale oder Konsonanten hintereinander stehen. Beispiele: *Warm-laufen-Lassen* (neben *Warmlaufenlassen*), *Klee-Ernte* (neben *Kleeernte*), *Werkstoff-Forschung* (neben *Werkstoffforschung*).
- Mehrgliedrige Anglizismen werden nun bevorzugt zusammengeschrieben, können aber auch zur Verdeutlichung oder um der Übersichtlichkeit willen mit einem oder mehreren Bindestrichen gegliedert werden. Also: *Flipchart* neben *Flip-Chart, Productplacement* neben *Product-Placement* und *Fulltimejob* neben *Full-Time-Job*. Auch bei englischsprachigen Verbindungen aus Adjektiv und Substantiv wird jetzt vermehrt zusammengeschrieben, die Getrenntschreibung ohne (!) Bindestrich ist aber auch erlaubt – zum Beispiel bei *Freeclimbing* beziehungsweise *Free Climbing* oder bei *Wildcard* beziehungsweise *Wild Card*.

Groß- und Kleinschreibung

- Man schreibt Substantive, die mit einer Präposition in ein festes Wortgefüge eingebunden sind, jedoch nicht mit dieser zusammengeschrieben werden, groß. Es heißt also *in Bezug auf, außer Acht lassen* und *sich in Acht nehmen.*
- Ebenfalls groß schreibt man Substantive, die mit einem Verb in ein festes Wortgefüge eingebunden sind, aber mit diesem nicht zusammengeschrieben werden: *Recht behalten, Schuld haben* etc.
- In Verbindung mit allen Formen der Verben *sein, bleiben* und *werden* schreibt man *Angst, Bange, Gram, Leid, Schuld* und *Pleite* weiterhin klein, zum Beispiel in: *Mir wird angst und bange, und Sie sind schuld daran.*
- Substantivierte Adjektive als Ordinal- beziehungsweise Ordnungszahlen werden großgeschrieben: *Er lief als Fünfter durchs Ziel, er kam sofort als Erster dran, er schuftet wie kein Zweiter* etc. Unbestimmte Zahladjektive wie *als Letzter, fürs Erste, nicht das Geringste, im Großen und Ganzen* werden ebenso großgeschrieben wie substantivierte Adjektive in festen Wendungen: *etwas im Unklaren lassen.*
- Taucht in einem Text eine Sprache in Zusammenhang mit einer Präpositionen auf, so wird die Sprache stets großgeschrieben: *ein Kreuzworträtsel auf Italienisch lösen, eine in Russisch abgefasste Ansprache halten* etc.
- Tageszeiten mit davor stehendem *(vor)gestern, heute, (über)morgen* werden ebenfalls groß geschrieben: *morgen Mittag, vorgestern Nacht* etc. Bei der substantivischen Zusammensetzung von Wochentag und Tageszeit wird ebenfalls zusammengeschrieben: *am Montagmorgen* im Gegensatz zu dem Adverb *montagmorgens.*
- Es bleibt aber bei *von fern, von klein auf, über kurz oder lang, seit langem, bis auf weiteres.*
- Bei substantivierten Superlativen mit »aufs« ist sowohl Groß- als auch Kleinschreibung möglich: *aufs angenehmste/aufs Angenehmste, aufs gelungenste/aufs Gelungenste,* wobei die Großschreibung die empfohlene Version ist.
- Adjektive in so genannten Paarformeln, die nicht deklinierbar sind – wie *Jung und Alt, Falsch und Richtig, Hoch und Niedrig* –, werden großgeschrieben.
- In feststehenden Fügungen aus Adjektiv und Substantiv wird Ersteres jetzt generell kleingeschrieben, wenn es sich nicht um einen Eigennamen handelt. Beispiele: *der weiße Tod, der schwarze Mann, die rote Karte, die silberne Hochzeit, die erste Hilfe, das große Los* etc.

Großschreibung gilt hingegen weiterhin bei Titeln, Ehren- und Amts- sowie Funktionsbezeichnungen: *Ihre Kaiserliche Hoheit, der Ehrwürdige Vater, der Regierende Bürgermeister, der Erste Geiger* etc.

Außerdem werden klassifizierende Bezeichnungen in Botanik und Zoologie generell großgeschrieben: *die Rote Beete, die Schwarzen Johannisbeeren, die Mongolische Rennmaus, der Weiße Hai* etc.

Kalendertage wie der *Heilige Abend* oder der *Erste Weihnachtsfeiertag* werden ebenfalls großgeschrieben. Bei historischen Ereignissen wie dem *Zweiten Weltkrieg* und dem *Schwarzen Freitag* bleibt es auch bei der Großschreibung.

- Wenn aus Eigennamen Adjektive auf *-isch* oder *-sch* gebildet werden, schreibt man diese in der Regel klein: *der gregorianische Kalender, die pawlowschen Hunde* etc. Man kann aber auch groß und mit einem Apostroph schreiben, um den Namen in seiner Grundform zu betonen: *die Shakespeare'sche Tragödie, die Grimm'schen Märchen.*
- Die Anredepronomen *du* und *ihr* sowie die besitzanzeigenden Fürwörter *dein* und *euer* werden im persönlichen Schriftverkehr neuerdings kleingeschrieben. Allerdings bleibt bei den Höflichkeitsformen *Sie* und *Ihr* die Großschreibung bestehen. Also: *Wenn du magst, besuche ich dich. Ich liebe deinen neuen Haarschnitt. Ich schicke Ihnen heute meine Bewerbung.*

Zeichensetzung

Zur neuen Zeichensetzung gibt es vor allem eines zu sagen: Sie ist wesentlich einfacher geworden und räumt dem Schreibenden größere Freiheit ein. Die wichtigsten neuen Regeln sind:

- Wenn zwei vollständige Hauptsätze mit *und* oder einer anderen Konjunktion verbunden sind, dann ist das Komma vor der Konjunktion nicht mehr unbedingt erforderlich. Man darf also schreiben: *Ich ging zu einer Party und er blieb lieber zu Hause.* Aber auch: *Ich ging zu einer Party, und er blieb lieber zu Hause.* Zum besseren Verständnis sollte allerdings in Fällen wie bei *Ich weckte meinen Bruder und meine Schwester lief durchs Treppenhaus* unbedingt ein Komma vor *und* gesetzt werden, weil man sonst beim Lesen im ersten Augenblick denken könnte, dass es sich bei *meinen Bruder und meine Schwester* um eine Aufzählung handelt.
- Infinitiv- und Partizipgruppen werden am Satzanfang oder -ende nur noch dann durch ein Komma abgetrennt beziehungsweise in der Mitte des Satzes von zwei Kommas eingeschlossen, wenn damit der Aufbau

eines Satzes deutlicher wird. Man darf daher schreiben: *Sie fuhren an die Ostsee ohne vorher ein Hotel gebucht zu haben.* Trotzdem ist ein Komma hier weiterhin nicht falsch: *Sie fuhren an die Ostsee, ohne vorher ein Hotel gebucht zu haben.*

- Ein Komma beziehungsweise zwei Kommas zu setzen wird aber zwingend erforderlich, wenn die Infinitiv- oder Partizipgruppe durch einen konkreten Hinweis angekündigt oder aufgenommen wird respektive wenn sie gänzlich aus der Satzkonstruktion heraussticht: *Leonardo DiCaprio zu sehen, das war schon immer mein heimlicher Wunsch.*
- Man kann jetzt wie im Englischen einen Apostroph setzen, um die Genitivendung an die Grundform eines Namens anzuhängen. Aber Vorsicht: Viele Menschen, darunter auch potenzielle Arbeitgeber, empfinden diese Regel als eine der schlimmsten überhaupt und bekommen jedesmal das Grauen, wenn sie *»Gaby's gemütliches Eck«* etc. sehen.

Worttrennung am Zeilenende

Während Sie die folgenden Regeln verinnerlichen, sollten Sie niemals vergessen, dass das wichtigste Kriterium bei der Trennung am Zeilenende die Verständlichkeit eines Wortes ist. Aus unbedachten oder automatisch vom Computer erzeugten Trennungen können nämlich sinnentstellte Wörter entstehen wie *Urin-stinkt* statt *Ur-instinkt*.

- »Trenne nie *st*, denn das tut ihm weh.« Wer stolz darauf war, sich diese Regel eingeprägt zu haben, wird hier enttäuscht. Denn von nun an werden zum Beispiel die Wörter *Os-ten*, *ras-ten* und *rüs-tig* grundsätzlich zwischen *s* und *t* getrennt.
- Das *ck* wird nicht mehr durch *kk* ersetzt und auch nicht mehr in der Mitte getrennt. Die neuen Schreibungen sind *kna-ckig*, *lo-cken* und *We-cker*.
- Bei Fremdwörtern kann jetzt nach Sprechsilben getrennt werden (bei zwei aufeinander folgenden Konsonanten oder Vokalen heißt das: zwischen den beiden Buchstaben), man darf sie jedoch auch weiterhin trennen wie gehabt. Die bevorzugten neuen Trennungen sind: *Mak-ro*, *Res-pekt*, *Konzent-ration*, *Bi-ologie* und *Feb-ruar*. Aber auch diese Trennungen sind weiterhin nicht falsch: *Ma-kro*, *Re-spekt*, *Konzen-tration*, *Bio-logie* und *Fe-bruar*.
- Die Option, Wörter nach Sprechsilben zu trennen, gilt nicht nur für Fremdwörter, sondern auch für Wörter, die allgemeinsprachlich nicht mehr als Zusammensetzungen angesehen werden: *Inte-resse*, *he-rab*,

da-rin. Aber auch *Inter-esse, her-ab* oder *dar-in* wie vor der Rechtschreibreform darf man weiterhin trennen.
- Die Regel, dass nach einzelnen Vokalen am Wort- oder Satzanfang nicht getrennt werden darf, wurde gestrichen. Somit sind vorher als untrennbar geltende Wörter wie Aroma, Elektrizität, Anis etc. jetzt trennbar: *A-roma, E-lektrizität, A-nis*. Dabei sollte man sich allerdings vor das Verständnis erschwerenden Trennungen wie *Uro-ma* hüten.

Zum Kapitel: Rechenfähigkeit und Mathematisches Denken

Die hier abgeforderten Rechenoperationen, insbesondere die Textaufgaben, geben einen guten Einblick, mit welchen mathematischen Herausforderungen Sie rechnen können/müssen. Hier lohnt es sich wirklich, den mathematischen Problemen bei Textaufgaben besondere Aufmerksamkeit zu widmen. Der Bezug zur Testrealität ist frappierend.

Zum Kapitel: Räumliches Vorstellungsvermögen

Würfel (Seite 262 ff.)

Dieser zu Recht gefürchtete, weil sehr schwierige Aufgabentypus kommt Gott sei Dank nicht mehr ganz so häufig vor, nachdem sich sogar Doktoranden mit dem Thema beschäftigt haben, ob durch die Würfelaufgaben wirklich so etwas wie räumliches Vorstellungsvermögen abgeprüft werden kann. Quintessenz: Natürlich nicht, und wir können hier aus Platzgründen lediglich darauf verweisen, dass wir in unserem an anderer Stelle schon einmal erwähnten Buch *Der Testknacker* auf über zehn Seiten Übungs- und Erklärungsmaterial dem Leser zur Verfügung gestellt haben.

Zum Kapitel: Leistungs-Konzentrations-Tests

Zahlen suchen (Seite 287 ff.)

Jeder entwickelt sicherlich sein eigenes System, mit diesen Aufgaben klarzukommen. Wir empfehlen, zunächst nur die untere Zeile zu checken, ob sie größer ist als 240. Dann erst sollte der Blick nach oben gehen.

Zahlen-/Buchstaben-Tabelle (Seite 290 f.)

Wenn möglich, sollten Sie versuchen, den folgenden Bearbeitungstipp für diese Aufgabe zu realisieren: Es ist leichter, die Aufgabe Zeile für Zeile aus dem Buchstaben-Zahlen-Koordinatensystem zu bearbeiten, als nach den Anweisungen aus dem Aufgabenblock dann oben von Zeile zu Zeile und Spalte zu Spalte hin- und herzuspringen.

Unsere Empfehlung: Sie bearbeiten zuerst alle Aufgaben, die sich mit der ersten Zeile (1) lösen lassen (verwenden Sie, wenn möglich, ein Lineal oder Blatt Papier zum Abdecken der restlichen Zeilen). Also: 1 K, 1 V, 1 H, C 1, 1 Q, 1 Y, L 1. Dann wird – entsprechend der Anordnung im Aufgabenblock – die zweite Zeile im oberen Koordinatensystem bearbeitet (2 M, 2 N, 2 T, O 2), dann die 12., die 8., die 6., die 18. usw.

Es ist genauso gut möglich, dieses System auf die Vertikalachse zu übertragen und zuerst alle A, dann J, dann K usw. zu überprüfen. In unserem Fall wäre dieses System übersichtlicher, da es jeweils nur 20 Variablen sind (bei den Buchstaben sind es ja 24). Außerdem sind die Zahlen fortlaufend (1, 2, 3 …) angeordnet, was die Suche nach einer bestimmten Zahl erleichtert, während die Suche nach einem Buchstaben durch deren zufällige Anordnung erschwert ist.

Auf diese Weise sind die 60 Aufgaben in der vorgegebenen Bearbeitungszeit durchaus zu schaffen.

Buchstaben/Zahlen (Seite 292)

Auch hier ist rationelle Aufgabenbearbeitung zu empfehlen. Dabei kann man je nach Gedächtniskapazität einen oder mehrere Buchstaben und Zahlenwerte durch alle Reihen suchen und eintragen, also z. B. T und Z oder T und A oder T und H usw. Das Entscheidende ist dabei, Arbeitsgänge zur

Zeitersparnis zu kombinieren, da Sie in der Bewerbungsrealität mit etwa 50 dieser Zeilen konfrontiert werden.

Noch ein Hinweis: Falls Sie in Sorge sind, ob ein anderes Abarbeiten dieser Aufgaben als in der sturen, vorgegebenen Reihenfolge in Ihrer Bewerbungssituation günstig ist, verdeutlichen Sie sich Folgendes: Sie zeigen durch Ihr außergewöhnliches Vorgehen – selbst wenn Sie die Aufgabe nicht bis zum Ende schaffen – Arbeits- und Organisationstalent und den Mut, neue Wege zu gehen. Das könnte Sie von anderen positiv unterscheiden, schlimmstenfalls kann die Aufgabe nicht gewertet werden, und das wäre ja vielleicht gar nicht so übel.

Buchstaben einkreisen (Seite 293)

Tipp: Schreiben Sie sich das Alphabet über die Aufgabe oder auf Ihren Lösungszettel. Hinweis für Leute, die erst den Testleiter fragen wollen, ob sie das dürfen: Wer viel fragt, kriegt viel Antwort.

Zahlen verbinden (Seite 294)

Bei dieser Aufgabe wird von Bewerbern ein erstaunlicher Übungseffekt berichtet: Je öfter an einem derartigen Test teilgenommen wurde, desto besser die Ergebnisse. Folgerung: Basteln Sie sich selbst weitere Testübungsaufgaben nach diesem Strickmuster.

Zum Kapitel: Einfallsgeschwindigkeits- und Kreativitätstests

Eigenschaften benennen (Seite 317 f.)

Achten Sie bei der Beantwortung der Fragen auch in der Kürze der Zeit darauf, was Sie über sich selbst oder über andere aussagen. Bedenken Sie beispielsweise, wie es wirken kann, wenn Sie einen idealen Polizisten als zu freundlich und nachgiebig beschreiben. Ebenso ist auch das genaue Gegenteil natürlich nicht gerade ideal.

Lösungen: Leider können wir Ihnen keine pauschale Lösung anbieten, die 100-prozentig richtig ist. Überprüfen Sie jetzt noch einmal Ihre Aussagen und die Fragestellung:

- Worauf zielt die Frage ab? (Persönliche Meinung, Meinung vieler Menschen ...)
- Welche Rückschlüsse lassen meine Antworten auf die Fragestellung zu?
- Was sage ich mit meiner Antwort über mich selbst aus? (Tendiere ich mehr zu Extremen, oder bin ich relativ ausgeglichen in meinen Anschauungen?)

Erklärungsmöglichkeiten ausdenken (Seite 319f.)

Bei diesem Test handelt es sich weniger um eine Art versteckten Psychotest, als Sie vielleicht glauben. Sie müssen zu einem Sachverhalt möglichst viele Erklärungen finden. Dabei sollen Sie natürlich möglichst spontan antworten – mit anderen Worten: unter extremem Zeitdruck.

Lösungen: Haben Sie spontan geantwortet oder gleich versucht, Antworten zu geben, die auch die Prüfer erfreuen? Üben Sie diesen Test mehrfach. Lassen Sie sich auch von einem Helfer dazu neue Aufgaben ausdenken, die Sie beantworten. Vermeiden Sie, immer wieder Aussagen zu treffen, die in die gleiche positive oder negative Extremrichtung gehen. Gar nicht so einfach. Nur Mut, mit der Zeit werden Sie es schon schaffen.

Firmenlogos erstellen (Seite 321ff.)

Lösungen: Wie so häufig bei kreativen Tests können wir Ihnen an dieser Stelle leider keine definitive Lösung anbieten. Trotzdem einige Ratschläge:

- Achten Sie darauf, möglichst unterschiedliche Logos zu entwerfen.
- Minimale Unterschiede werden u.U. nicht gewertet.
- Obwohl es nur um Skizzen geht, sollten Sie ein gewisses Maß an Sorgfalt walten lassen. Schludrige Zeichnungen lassen leicht auch auf eine schlampige Arbeitsweise schließen.
- Egal ob Blumen, Tiere, Hüte, Müller, Kaiser oder Schmidt – Übung macht hier den Meister.

Figuren erstellen (Seite 324ff.)

Lösungen: Auch hier können wir Ihnen keine pauschale Lösung anbieten. Machen Sie sich aber selbst weitere Übungsaufgaben, z.B. mit einem Quadrat, Dreieck, Raute, Ellipse etc. Üben hilft auch hier!

Einige Symbole oder Gegenstände können Sie in fast alle Ausgangsfiguren einzeichnen, beispielsweise ein Gesicht, Fahrrad, Baum, Fisch, Männchen oder eine Person, Blume, Sonne, Frucht o. Ä.

Zahlenmuster aufstellen (Seite 337 f.)

Bei diesem Test ist es wichtig, dass Sie möglichst viele unterschiedliche Zahlenfolgen erstellen. Diese sollten möglichst einfach aufgebaut sein, um Zeit zu sparen. Nehmen Sie z.B. immer erst alle geraden, dann alle ungeraden Zahlen (wie im obigen Beispiel), bevor Sie sich kompliziertere Reihen ausdenken. Da wir Ihnen bei diesem Test keine Lösung anbieten können, sollten Sie ausreichend üben, um bei Ihrem Einstellungstest schon »ein paar Reihen« im Kopf griffbereit zu haben.

Gleichungen aufstellen (Seite 339)

Lösungen: Leider gibt es auch hier keine vorgegebene Lösung. Bitte kontrollieren Sie Ihre Rechenaufgaben

- auf Richtigkeit
- auf eventuell doppelt vorgestellte Aufgaben
- auf Vielfalt in den Rechenarten
- auf Anzahl der Aufgaben
- auf Einhaltung der Aufgabenregeln

Grundsätzlich gilt: Je mehr Aufgaben Sie »richtig« haben, desto besser ist Ihr Ergebnis. Üben Sie auch diesen Test regelmäßig. Sie werden sehen, wie schnell Sie Fortschritte machen, also mehr Aufgaben in gleicher Zeit erstellen können.

Das kleinste Kapitel eigener Erfahrung

ist mehr wert als Millionen fremder Erfahrung.

Gotthold Ephraim Lessing

PERSÖNLICHKEITSTESTS

»Mit was für einem Menschen habe ich es zu tun?«, fragt sich der Arbeitgeber. Ergründet werden sollen die Charaktereigenschaften, die Wesenszüge, die Persönlichkeit des Bewerbers. Untersuchungsgegenstand ist also nicht die Eignung oder Intelligenz, nicht primär die Fähigkeit, eine bestimmte Tätigkeit auszuüben – bei dieser Testart stehen die Persönlichkeitsmerkmale des Bewerbers im Vordergrund. Klar, dass die Ergebnisse bei der Personalentscheidung eine zentrale Rolle spielen.

Das in den Mittelpunkt gerückte Hauptkriterium gipfelt in der Frage: Passt dieser Bewerber zu uns, fügt er sich möglichst reibungslos in das vorhandene Arbeitsteam ein? Ist er ein einsatzbereiter, leicht zu »handhabender«, gut »funktionierender« potenzieller Mitarbeiter? Getestet wird das Ganze natürlich auch im Vorstellungsgespräch.

Durch den Einsatz von Persönlichkeitstests versucht man, einen maximalen Einblick in die Psyche des Bewerbers zu bekommen, in seine allgemeinen Verhaltensweisen, insbesondere aber in seine möglichen Reaktionsweisen in bestimmten Situationen (z.B. Konflikten).

Was aber ist nun eigentlich Persönlichkeit und/oder Charakter? Die Psychologie ist sich hier ebenso wie beim Intelligenzbegriff herzlich uneinig. Es existieren etliche, z.T. widersprüchliche Persönlichkeitsmodelle und -theorien, die sich diesem Spezialgebiet widmen.

Ohne Zweifel hat ein Arbeitgeber Anspruch auf eine korrekte Arbeitsleistung durch den Arbeitnehmer, den er dafür entlohnt. Dem daraus abgeleiteten Forschungsinteresse des Arbeitgebers bei der Bewerberauswahl müssen jedoch Grenzen gesetzt werden. Denn Arbeits- und Berufsleben sind nicht vergleichbar mit einer Ehe- bzw. Lebenspartnerbeziehung. Unserer Meinung nach stellt der absolute Anspruch des Arbeitgebers, genau wissen zu wollen, um welche Bewerber- bzw. Mitarbeiterpersönlichkeit es sich handelt, eine rechtswidrige Ausnutzung eines Abhängigkeitsverhältnisses und eine Verletzung von grundlegenden Persönlichkeitsrechten dar.

Einstiegstest

Schauen Sie sich bitte die folgenden sieben Bilder an. Eine kleine Situation wird geschildert, ein Bild illustriert dabei, worum es geht. Eine Person (A) sagt etwas, und die andere (B) antwortet darauf. Drei Antwortmöglichkeiten sind vorgegeben. Entscheiden Sie ganz spontan, welche Antwort die angesprochene Person gibt.

1. Es ist 3.00 Uhr nachts, und das Telefon hat Person B aus dem Schlaf geklingelt.

   Was antwortet Person B? Bitte ankreuzen.

a) »Das macht nichts. Ich habe noch nicht so fest geschlafen.«
b) »Es ist wirklich ärgerlich, auf diese Art und Weise geweckt zu werden, aber das kann schon mal passieren.«
c) »Sie sind ein Vollidiot!«

2. Ein Mann hat einen Bekannten zum Flughafen gefahren. Dabei hat er sich verfahren, sodass die Person B ihr Flugzeug verpasst hat.

   Was antwortet Person B?

a) »Dass Sie sich verfahren, habe ich irgendwie vorher geahnt.«
b) »Das macht gar nichts. Der nächste Flieger geht ja in vier Stunden.«
c) »Einerseits Pech. Andererseits: Wer weiß, wofür es gut ist.«

3. Person B ist bei Person A zu Besuch und hat versehentlich eine gute Vase nebst Blumenstrauß umgestoßen.

   Was antwortet Person B?

a) »Ich könnte in den Boden versinken. Kann ich das überhaupt jemals wieder gutmachen?«
b) »Scherben bringen Glück! Nur keine Aufregung!«
c) »Es tut mir wirklich Leid. Es war nicht meine Absicht. Selbstverständlich komme ich für den Schaden auf.«

4. Vor einer Autoreparaturwerkstatt: eine Reklamation.

   Was antwortet Person B?

a) »Ich höre kein Geräusch. Da können wir jetzt auch nichts mehr für Sie tun. Sie haben sich schließlich für dieses Modell entschieden.«
b) »Ich verstehe Sie gut, auch ich bin geräuschempfindlich. Soll ich mit dem Chef gleich mal über einen Preisnachlass sprechen?«
c) »Das ist bedauerlich, aber wir werden uns noch einmal darum kümmern.«

5. Nach einer halben Stunde Anstehen vor der Kinokasse erfährt Person B, dass die Vorstellung gerade ausverkauft ist.

Was antwortet Person B?

a) »Pech, aber dann kaufe ich jetzt eben eine Karte für die nächste Vorstellung.«
b) »So eine Unverschämtheit, hätten Sie das nicht eher sagen können? Dann hätte ich mich ja nicht so lange anstellen müssen!«
c) »So was kann auch nur mir passieren. Wieder ein Abend im Eimer.«

6. Im Restaurant beklagt sich der Gast über das Essen.

Was antwortet der Ober?

a) »Das kann nicht sein, über diese Suppe hat sich noch niemand beschwert, Sie sind der Erste.«
b) »Tut mir Leid, ich spreche sofort mit dem Koch und Sie bekommen eine neue Suppe.«
c) »Ich bedauere, dass Ihnen unsere Suppe nicht schmeckt. Darf ich Ihnen etwas anderes anbieten?«

7. In einem Radio-Fernseh-Fachgeschäft.

Was antwortet der Verkäufer?

a) »Das ist mir wirklich furchtbar unangenehm, jetzt bekommen Sie ein nagelneues Gerät.«
b) »Tut mir Leid, wir versuchen noch einmal unser Bestes.«
c) »Das ist doch unmöglich. Den haben Sie bestimmt selbst kaputtgemacht.«

Auswertung, Aufbau, Interpretation

Bitte addieren Sie zunächst Ihre Punktzahlen. Bei Aufgabe 1 bekommen Sie für die Ankreuzung a) 0 Punkte, für b) 2 Punkte und für c) 4 Punkte. Dazu die folgende Tabelle:

Aufgabe	Antwort a)	Antwort b)	Antwort c)
1	0	2	4
2	4	0	2
3	0	4	2
4	4	0	2
5	2	4	0
6	4	0	2
7	0	2	4

Maximal können Sie 28 Punkte erreicht haben, minimal 0. Ihr Ergebnis muss in jedem Fall eine gerade Zahl sein, ansonsten haben Sie einen Additions- bzw. Übertragungsfehler gemacht (und sind durch den Rechentest gefallen ...).

Bitte tragen Sie Ihren Punktwert auf der folgenden Skala ein:

depressiv **angemessen** **aggressiv**

0 2 4 6 8 10 12 14 16 18 20 22 24 26 28

Was sagt Ihnen und uns der erreichte Punktwert? Zunächst einmal: Hier waren sieben Situationen skizziert, die durch Enttäuschungen, Ärger, Schwierigkeiten, Probleme und Unannehmlichkeiten gekennzeichnet waren. Das sind Situationen und Erlebnisse, die wir alle in unserem Alltag zur Genüge kennen. Interessant ist, wie wir damit umgehen: Der eine macht seinem Ärger deutlich Luft und schimpft, der andere schluckt seinen Ärger runter und schweigt. Der eine brüllt, der andere weint. Der eine glaubt, sich dafür entschuldigen zu müssen, »dass er geboren wurde«, der andere verlangt wutschnaubend nach seinem Recht. Zwischen diesen beiden extremen Verhaltensweisen gibt es auch den »goldenen Mittelweg«.

Was, glauben Sie, trifft auf Sie zu? Eine Extremposition – etwa so: Mit der Faust auf den Tisch oder mit dem Ärger und dem Geschwür im Magen? Zu welcher »Sorte Mensch« gehören Sie – zu den Extremen (Faust oder Geschwür), oder liegen Sie »in der Mitte«?

So war der Test aufgebaut

Bei jeder Situation ging es nicht um Person B (egal ob Kellner, Aufgeweckter, Monteur etc.), sondern eigentlich um Sie. In einer durch Schwierigkeiten, Unannehmlichkeiten und Frustrationen gekennzeichneten Situation mussten Sie sich zwischen drei Antwortmöglichkeiten und damit Reaktionsweisen entscheiden.

1. Da gab es jeweils die Möglichkeit, seinem Ärger Luft zu machen und zu schimpfen (z.B. den nächtlichen Anrufer einen Vollidioten nennen: 1c; so auch bei 2a, 3b, 4a, 5b, 6a, 7c; diese Ankreuzungen bekamen jeweils 4 Punkte).

2. Als anderes Extrem wurde die Möglichkeit angeboten, den Ärger »runterzuschlucken« und in sich »reinzufressen«, z.T. auch überhaupt das Vorhandensein von Ärger, Wut und Enttäuschung zu leugnen (dem nächtlichen Anrufer zu erklären, man habe noch nicht so fest geschlafen: 1a; so auch bei 2b, 3a, 4b, 5c, 6b, 7a – jeweils mit 0 Punkten bewertet).

So ergeben sich die Eckpfeiler, die die extremen Positionen kennzeichnen, wenn es um frustrierende Situationen geht: wütende (aggressive) Reaktion auf der einen Seite und Ärger bzw. Wut »runterschluckende« (depressive) Reaktion auf der anderen.

3. Hier wurde versucht, eine halbwegs angemessene, weder zu aggressive noch zu sehr den Ärger »runterschluckende« Antwort auf die Frustration zu finden. Deutlich wurde der Versuch unternommen, irgendwie konstruktiv mit der schwierigen Situation klarzukommen, ohne die Enttäuschung und die entstandenen Schwierigkeiten verleugnend zu beschönigen: 1b, 2c, 3c, 4c, 5a, 6c, 7b.

Nun zur Interpretation Ihres Punktwerts

0–8 Punkte
Sie neigen in ausgeprägter Weise dazu, Ihren Ärger »runterzuschlucken« bzw. ihn nicht wahrhaben zu wollen. Kennen Sie das: Magen- oder Kopfschmerzen, das ohnmächtige Gefühl, mit tränenerstickter Stimme kein Wort rauszukriegen? Das ist alles furchtbar ungesund. Bei 6 Punkten deutet sich eine Tendenz zur Hoffnung an, sich bald angemessener mit ärgerlichen Situationen auseinanderzusetzen. Weiter in dieser Richtung!

10–18 Punkte
Hier sind Sie im Mittelbereich. Sie scheinen in der Lage zu sein, angemessen auf Frustrationen, die das Leben bereithält, reagieren zu können. Ganz besonders gilt das für die Punktwerte 12, 14 und 16. Sollten Sie den Punktwert 10 haben, laufen Sie ein wenig Gefahr, sich dem Tal der »Runterschlucker« zu sehr zu nähern. Achtung: Dies gilt auch für den Punktwert 18. Allerdings mit entgegengesetztem Vorzeichen: Achten Sie darauf, nicht »zu viel Gas« zu geben, Ihr Temperament nicht mit Ihnen durchgehen zu lassen. Ansonsten sind 14 und 16 die Positionen, mit denen man im Leben wahrscheinlich am besten fährt.

20–28 Punkte
Sie scheinen das Motto »Wer sich nicht wehrt, lebt verkehrt« zu Ihrer generellen Richtschnur gemacht zu haben. Vorsicht! Sie laufen Gefahr, zu grob und ungerecht mit Ihrer Umwelt umzugehen. Vielleicht bekommen Sie später einmal Bluthochdruck ...

Spaß beiseite

Dieser kleine Einstiegstest – bitte nehmen Sie Ihr Ergebnis nicht so tierisch ernst – sollte nur dazu dienen, an einem konkreten Beispiel Aufbau und Interpretation eines Persönlichkeitstests zu illustrieren.

Wozu ein solcher Test dienen kann: Angenommen, Sie sind im Außendienst einer Versicherung tätig, müssen »Klinken putzen gehen«, viele Gespräche führen, bevor es endlich klappt und Sie jemandem eine Reisegepäckversicherung aufgeschwatzt haben, könnte es also sein, dass der Arbeitgeber Sie bei der Bewerbung mit einem ähnlichen Test konfrontiert. Er will möglichst vorher herausfinden, wie Sie mit den zu erwartenden Schwierigkeiten – viele Leute wollen gar keine Versicherung abschließen –, wie Sie also mit diesen Enttäuschungen umgehen. Lassen Sie sich davon »fertig machen«, oder können Sie auch noch nach dem 15. vergeblichen Gespräch weiterarbeiten? Das bedeutet: weder mit Tränen in den Augen noch mit einer geballten Faust in der Tasche.

Ohne dass Sie das sofort durchschauen: Es geht es bei diesem Test um Ihre Anpassungsfähigkeit. Können Sie in heiklen Situationen angemessen reagieren, d.h. nicht gleich losplatzen, explodieren und auf die Barrikaden gehen oder andererseits sich nicht sofort ganz und gar zurücknehmen, verkriechen und dafür entschuldigen, dass Sie geboren worden sind?

Den eben von Ihnen absolvierten Test gibt es wirklich. Natürlich war das nur ein ganz kurzer Auszug. Dieser »Picture Frustration Test« des amerikanischen Psychologen Rosenzweig soll – wie geschildert – Aufschluss darüber geben, wie die getestete Person auf Frustrationen reagiert. Ob Sie es glauben wollen oder nicht: Dieser Test wird tatsächlich in der einen oder anderen Form von Arbeitgebern eingesetzt. Man kann darüber spekulieren, wer mit Hilfe dieses Persönlichkeitstests »ausgesiebt« werden soll – die zu Aufmüpfigen oder die zu stillen Sensibelchen.

Die Stadt Bochum, Ihr Beruf und die Beschreibung Ihrer Persönlichkeitsmerkmale im Hinblick auf die Arbeitswelt

»Während vor wenigen Jahrzehnten fachliche Qualifikationen besonders in Großunternehmen ein herausragendes Kriterium für den beruflichen Aufstieg waren, spielen heute soziale Komponenten eine zunehmend größer werdende Rolle im Kontext beruflicher Zufriedenheit und beruflichen Erfolges«, lassen uns die Testautoren des BIP (Bochumer Inventar zur berufsbezogenen Persönlichkeitsbeschreibung) gleich zu Anfang wissen und stellen fest: Ein Arbeitnehmer muss heutzutage nicht seine Persönlichkeit verkaufen, aber er muss sie nutzen, einsetzen und weiter entwickeln. Um genau dies zu unterstützen, gibt es ihren BIP. Dabei erhebt dieser Test nicht den Anspruch einer »Durchleuchtung« der Testperson, sondern bietet sich als selbstbildkompatible Beschreibung an, die Grundlage für ein weiter und tiefer gehendes Explorationsgespräch sein kann.

Vier große Untersuchungsthemen sollen die persönliche Eignungsvoraussetzung beleuchten.

Die berufliche Orientierung (Macht- und Leistungsanspruch)
(oder: Welche beruflichen Ziele haben Sie? In welcher »Liga«, auf welcher Hierarchieebene wollen Sie spielen?)
unterteilt nach:

- Führungsmotivation
- Gestaltungsmotivation
- Leistungsmotivation

Das Arbeitsverhalten (Arbeitsweise)
(oder: Wie ist Ihr Arbeitsstil? Wie gehen Sie an Aufgaben heran?)
unterteilt nach:

- Handlungsorientierung
- Flexibilität
- Gewissenhaftigkeit

Die sozialen Komponenten (Sozialverhalten)
(oder: Wie gehen Sie mit anderen um? Wie kommen Sie mit andern klar?)
unterteilt nach:

- Durchsetzungsfähigkeit
- Teamorientierung
- Kontaktfähigkeit
- Verträglichkeit
- Einfühlungsvermögen

Die psychische Konstitution (Seelenzustand)
(oder: Wie normal, wie stabil, wie gesund sind Sie?)
unterteilt nach:
- Selbstbewusstsein
- emotionale Stabilität
- Belastbarkeit

Zusätzlich gibt es noch einige Selbsteinschätzungsfragen zu Ihrem Kontrollerleben *(»Ich bin anderen gegenüber misstrauisch«)*, Ihrer Wettbewerbsorientierung *(»Mir ist es wichtig, zu den Besten zu gehören«)*, Ihrer Mobilität *(»Sehr häufig beruflich unterwegs zu sein macht mir nichts aus«)* und Ihrer Freizeitorientierung *(»Müsste ich nicht mein Geld für den Lebensunterhalt verdienen, würde ich nicht so viel arbeiten«)*, die in den oben genannten Themen gleich mit abgefragt werden.

1. Einschätzungsfragen zu Ihrer beruflichen (Ziel-)Orientierung

Führungsmotivation (FM)

Wären Sie gerne der Chef?

Welchen Anspruch auf die Führung einer Gruppe, eines Teams von Mitarbeitern haben Sie? Würden Sie gerne »anderen sagen, wo es langgeht«? Hier soll die Bereitschaft zur Übernahme einer Leitungsfunktion mit Personalverantwortung abgefragt werden. Sind Sie bereit, in den »Handlungsspielraum« anderer aktiv einzugreifen? Haben Sie Lust auf Macht über andere, oder möchten Sie damit besser nichts am Hut haben?

Ein niedriger Wert bedeutet wenig Interesse, andere anzuleiten, führen zu wollen, Anordnungen, »Befehle« zu erteilen. Ein hoher Wert wird als Bereitschaft interpretiert, Führungsaufgaben zu übernehmen, für andere liebend gerne den Leithammel, den Chef spielen zu wollen. Extrem hohe (Punkt-)Werte sind aber ebenso ein Problem wie auffällig niedrige. Einerseits könnte der Eindruck entstehen, Sie akzeptierten nur etwas, wenn es »nach Ihrer Nase« geht, wenn Sie über andere bestimmen können. Ein extrem niedriger Wert deutet andererseits darauf hin, Sie legen weniger Wert auf soziale Einflussnahme als auf fachlich anspruchsvolle Aufgaben.

Es geht um die Einschätzung folgender Aussagen:
- *Kollegen zu sagen, was getan werden muss, kann ich mir für mich gut vorstellen.* (Zustimmung = Machtanspruch)
- *Es gefällt mir, wenn ich andere beeinflussen kann.* (Machtanspruch)
- *In einer Führungsposition zu sein, reizt mich nicht besonders.* (Ablehnung = Machtanspruch)
- *Andere zu kritisieren, fällt mir nicht schwer.* (Machtanspruch)

Gestaltungsmotivation (GM)

Wie stark ist Ihr Wunsch nach aktiver Einflussnahme und Gestaltung?

Spüren Sie den starken inneren Antrieb, sich Ihre berufliche Umgebung selbst gestalten zu wollen? Damit ist weniger das Tapetenmuster gemeint als die beruflichen und sozialen Rahmenbedingungen. Ein hoher Punktwert würde hier beispielsweise signalisieren, dass Sie sich gerne aktiv und engagiert an der Veränderung Ihrer Umgebung beteiligen. Ein niedriger bedeutet, dass Sie eher auf die Kontinuität und Bewahrung des Bestehenden setzen, sich lieber einordnen, als alles grundsätzlich infrage zu stellen. Die eigenen Vorstellungen durchzusetzen, erkannt geglaubte Missstände zu beseitigen, etwas Neues zu gestalten sind Präferenzen, die mit einem hohen Punktwert einhergehen und ebenso gut mit hohen Werten aus den Bereichen Führungs- und Leistungsmotivation zusammenpassen.

Es geht um die Einschätzung folgender Aussagen:
- *Ich mag es, Dinge oder Prozesse so zu beeinflussen, wie ich es als richtig empfinde.*
- *Ich habe schon eine ganze Menge bewegt in meinem Leben.*
- *Bisweilen muss ich schon mal in meinem Tatendrang gebremst werden.*
- *Ich bin sicher für einige so etwas wie ein unbequemer Querdenker.*

Leistungsmotivation (LM)

Wie hoch ist Ihre Leistungsmotivation?

Wer hier auf einen hohen Punktwert kommt, signalisiert, dass er sich selbst stets etwas auferlegt, sich immer wieder etwas abfordern muss, sich permanent Höchstleistungen abringt. Mit anderen Worten: »Immer höher, schneller, weiter« scheint das rastlose Motto, wenn Sie den entsprechenden Aussagen deutlich zustimmen, im Extremfall jedoch häufige Unzufriedenheit und Ruhelosigkeit. Vielleicht fehlt es Ihnen aber auch am nötigen Drive oder Schwung, und Sie sind schnell mit dem Vorhandenen, einmal Erreichten zufrieden zu stellen und machen daher bei diesen Aussagen nicht allzu viele Punkte. Im Extrem, bei sehr wenigen Punkten, laufen Sie Gefahr, für antriebsschwach bis faul gehalten zu werden.

Es geht um die Einschätzung folgender Aussagen:

- *Für mich kommt an erster Stelle meine Arbeit.*
- *Ich bin nicht besonders ehrgeizig.* (Ablehnung = Leistungsmotivation)
- *Wegen der vielen Arbeit vernachlässige ich schon mal mein Privatleben.*
- *Es reizt mich, besonders schwierige Probleme zu lösen.*

2. Einschätzungsfragen zu Ihrem Arbeitsverhalten

Handlungsorientierung (HO)

Überlegen Sie zu viel und handeln Sie zu wenig oder umgekehrt?

Zögern und zaudern Sie, bevor Sie endlich – aber noch immer sehr bedachtsam – mit der Bearbeitung eines Problems, einer Aufgabe beginnen? Oder gehen Sie mutig entschlossen, rasch, ziel- und ergebnisorientiert vor? Wissen Sie, worauf es bei einem Job vor allem ankommt, und wählen Sie die Prioritäten richtig? Oder verzetteln Sie sich leicht, verlieren schnell den Überblick und damit auch das Ziel aus den Augen?

Bei niedrigen Werten werden Sie kaum zu Schnellschüssen neigen. Arbeiten, die ein beherztes, entschlossenes Handeln verlangen, sind Ihnen eher ein Graus. Hohe Punktzahlen signalisieren, dass Sie ein souveräner

Macher sind, vielleicht ein handfester Praktiker, ein Mensch, der auch wirklich etwas tut und sich nicht nur in Ankündigungen ergeht. Zu hohe Werte verweisen auf die Gefahr, dass Sie etwas auch unter allen Umständen durchboxen …

Es geht um die Einschätzung folgender Aussagen:

- *Während andere noch nachdenken und reden, handle ich bereits.*
- *Oftmals komme ich mir bei der Bearbeitung eines Problems wie vor einem Berg vor.* (Ablehnung = Handlungsorientierung)
- *Wenn ich mir etwas tagsüber vornehme, habe ich es am Abend meistens auch erledigt.*
- *Habe ich ein klares Ziel vor Augen, verzettle ich mich auch nicht.*

Flexibilität (FL)

Wie schwer tun Sie sich mit notwendig werdender Anpassung?

Wie leicht können Sie sich neuen Gegebenheiten anpassen? Wie umständlich stellen Sie sich an, wenn unvorhergesehene Ereignisse Ihnen völlig andere Rahmen- und Arbeitsbedingungen aufgeben und ein ganz neues Verhalten erforderlich ist? Brauchen Sie ein sehr stabiles, klar geordnetes Umfeld, um sich bei der Arbeit wohl zu fühlen? Oder ist genau das eher langweilig und Sie bevorzugen die Überraschung, das ständig Neue oder wenigstens den gelegentlichen Wechsel? Ein hoher Punktwert signalisiert Ihre Vorliebe für immer neue Herausforderungen, den beständigen Wandel. Ein zu hoher Wert würde aber auch bedeuten: Sie ertragen kaum die Kontinuität, die tägliche Routine ist Ihnen verhasst, Sie sind unbedingt auf permanente Abwechslung aus, langweilen sich ansonsten zu Tode. Ein niedriger Wert bedeutet etwa: Sie sind berechenbar und stabil, bevorzugen dementsprechend ein klar geordnetes Arbeitsumfeld mit Aufgaben, die, auch wenn sie zur Routine werden, Sie nicht so schnell langweilen.

Es geht um die Einschätzung folgender Aussagen:

- *Ich kann mich veränderten Gegebenheiten schnell und gut anpassen.*
- *Mir sind Aufgaben lieber, bei denen ich weiß, was auf mich zukommen kann.* (Ablehnung = Flexibilität)
- *Aufgaben, die ein sofortiges Handeln bedingen, sind für mich eine positive Herausforderung.*
- *Wenn alles seinen gewohnten Gang geht, langweile ich mich schon mal.*

Gewissenhaftigkeit (GE)

Sehen Sie sich eher als fixen Überflieger oder beinahe schon als Erbsenzähler?

Arbeiten Sie lieber schnell und dafür zwangsläufig etwas oberflächlicher? Oder haben Sie die sprichwörtliche Liebe zum Detail und sind sehr präzise, dadurch bedingt aber auch ein bisschen langsamer? Sehr pointiert: Überflieger oder Erbsenzähler, besser: Pragmatiker oder Perfektionist? Das sind in etwa die Pole, um die es hier geht. Natürlich spielen auf der einen Seite die Aspekte von Sorgfalt, Genauigkeit und Zuverlässigkeit wie z.B. Termintreue eine wichtige Rolle, auf der anderen Seite Spontaneität, der »Mut zur Lücke«, das Vorantreiben und der Abschluss eines Vorhabens.

Niedrige Punktwerte sprechen eher für den weniger geduldigen, weniger am Detail orientierten, hohe Werte eher für einen besonders gründlichen, sehr verantwortungsbewussten Menschen. Zu hohe Werte könnten als Indiz für einen zwanghaften, zu niedrige für einen etwas sehr sorglosen, leichtfertigen Vertreter (»Bruder Leichtfuß«) gewertet werden.

Es geht um die Einschätzung folgender Aussagen:

- *Ich bin für sehr hohe Sorgfalt und Präzision bei der Erledigung meiner Arbeitsaufgaben bekannt.*
- *Für mich gilt: erst die Arbeit, dann das Vergnügen.*
- *Arbeiten, die ein hohes Maß an Sorgfalt und Ausdauer benötigen, liegen mir.*
- *Ich bin ziemlich perfektionistisch veranlagt.*

3. Einschätzungsfragen zu Ihrer sozialen Kompetenz

Durchsetzungsfähigkeit (DU)

Knicken Sie sehr schnell ein, oder sind Sie eher etwas zu halsstarrig?

Kämpfen Sie schon mal für die Durchsetzung Ihrer Auffassung? Oder sind Sie eher schnell kompromissbereit und anpassungswillig? Über dominantes Verhalten oder Nachgiebigkeit bis hin zur Unterwürfigkeit sollen Sie hier Auskunft geben. Mit anderen Worten: Muss einfach alles nach Ihrem Willen geschehen, oder lassen Sie sich eher leicht den Wind aus den Segeln nehmen und die Butter vom Brot? Gar nicht so einfach zu beantworten, denn es kommt ja immer darauf an …

Ein höherer Punktwert bedeutet: Sie wissen sich durchzusetzen, können sich Gehör verschaffen und geben nicht so schnell klein bei. Sie haben und zeigen Rückgrat. Bei einem sehr hohen Punktwert erlebt man Sie aber auch als autoritär und kompromisslos. Sehr niedrige Werte zeigen an: Sie geben eventuell zu schnell auf, wenn Sie Ihre Ideen durchsetzen sollten. Sie sind leicht zu beeinflussen und von Ihrem Anliegen abzubringen.

Es geht um die Einschätzung folgender Aussagen:

- *Ich weiß, wie ich mich durchsetzen kann.*
- *Es fällt mir auf der Arbeit leicht, andere Kollegen für meine Ideen einzunehmen.*
- *Anderen gegenüber bin ich meist etwas zu nachgiebig.* (Ablehnung)
- *Bei einem Streit haben es andere mit mir schwer.*

Teamorientierung (TO)

Was bedeutet Ihnen Autonomie, was Kooperation?

Sehen Sie sich eher als starker Einzelkämpfer, oder sind Sie erfolgreicher, wenn Sie in einem Team arbeiten? Brauchen Sie andere, um etwas zu erreichen, oder kommen Sie am besten allein zum Ziel? Wie weit ist Ihre Kompromiss- und Kooperationsfähigkeit ausgebildet? Wie sehr sind Sie bereit, auf andere Rücksicht zu nehmen, sich ein- und gelegentlich unterzuordnen? Wie wichtig sind Ihnen andere bei der Lösung von Problemen? Treffen Sie Entscheidungen lieber allein oder stimmen Sie sich zu Ihrer eigenen Sicherheit lieber mit anderen ab (und gehen so ein kleineres Risiko ein, denn: auch andere haben über die Entscheidung mit nachgedacht …)?

Ein niedriger Wert spricht eher für eine ausgeprägtere Selbständigkeit und Unabhängigkeit, ein hoher für die Fähigkeit zu teilen, Kooperationsbereitschaft und den Wunsch, im Team gemeinsam etwas zu bewirken.

Es geht um die Einschätzung folgender Aussagen:

- *Davon bin ich überzeugt: Gemeinsam geht es meist besser, erreicht man häufig mehr.*
- *Am besten arbeite ich allein.* (Ablehnung)
- *Ich mag es nicht, ständig alles mit andern diskutieren zu müssen.* (dto.)
- *Am liebsten arbeite ich mit anderen gemeinsam an einer Aufgabe.*

Kontaktfähigkeit (KO)

Wie leicht fällt es Ihnen, auf andere zuzugehen?

Fühlen Sie so etwas wie Unsicherheit und Befangenheit in (beruflichen) Situationen, in denen Sie auf neue, Ihnen unbekannte Personen stoßen? Oder bereitet es Ihnen eher Spaß, neue Leute in und aus Ihrem Arbeitsumfeld kennen zu lernen? Haben Sie ein großes Netz aus wichtigen und hilfreichen Kontakten? Oder reicht Ihnen eher ein ganz kleiner Kreis an ausgewählten Unterstützern? Neigen Sie zu einem umfangreichen Erfahrungsaustausch, oder tun Sie sich eher schwer mit dem aktiven Aufbau von persönlichen Beziehungen? Sicherlich alles auch eine Frage Ihres Temperamentes, ob Sie offen sind für Smalltalk oder doch eher etwas zurückhaltend mit Personen, die Sie noch nicht lange genug kennen.

Ein hoher Wert spricht für eine deutliche Außenorientierung, Offenheit im Umgang mit anderen, eine spielerische Leichtigkeit in der Kontaktaufnahme und -pflege, ein niedriger Wert für das Gegenteil. Vereinfacht ausgedrückt: Zu hohe Werte würden Sie nicht für den Job des Leuchtturmwärters empfehlen, zu niedrige sicherlich nicht als Mitarbeiter an einer Hotelrezeption.

Es geht um die Einschätzung folgender Aussagen:

- *Schnell mit anderen ins Gespräch zu kommen, ist für mich kein Problem.*
- *Es fällt mir schwer, mich mit fremden Personen über etwas zu unterhalten.* (Ablehnung)
- *Wegen meiner guten Kontaktfähigkeit werde ich von anderen beneidet.*
- *Es fällt mir leicht, auf andere Menschen zuzugehen.*

Verträglichkeit (VE)

Wie freundlich wirken Sie auf andere?

Sind Sie aufgrund Ihrer liebenswürdigen Art überall beliebt und gern gesehen? Oder schätzt man Sie bestenfalls für Ihre ehrliche, unverblümte Art, anderen offen Ihre Meinung zu sagen? Kommt es Ihnen vor allem auf Harmonie und gutes Einvernehmen mit andern an? Oder scheuen Sie sich vor keiner Auseinandersetzung und sagen auch jedem ziemlich unverblümt direkt und schonungslos, was Sie von ihm denken? Mit einem hohen Punktwert erscheinen Sie als jemand, der stets freundlich und sympathisch wirkt (bzw. wirken möchte), mit einem etwas zu hohen Wert aber auch als jemand, dem es schwer fällt, unangenehme Dinge beim Namen zu nennen, und der eher einen faulen Kompromiss eingeht, als ein klares Nein oder Stopp zu riskieren. Ein niedriger Wert spricht eher für das Gegenteil. Es gibt nicht wenige berufliche Situationen, die eine etwas geringere Sozialibilität von Vorteil erscheinen lassen.

Es geht um die Einschätzung folgender Aussagen:

- *Die meisten Menschen, die ich kenne, mag ich eigentlich auch gut leiden.*
- *Wer sich mit mir anlegt, wird es schnell bereuen.* (Ablehnung)
- *Wenn ich jemanden nicht mag, mache ich auch kein Hehl daraus.* (Ablehnung)
- *Ich komme nicht mit jedem gleich gut aus.*

Einfühlungsvermögen (EI)

Überschätzen Sie (nicht) Ihr Einfühlungsvermögen?

Fällt es Ihnen leicht zu erspüren, was andere denken und – noch wichtiger – was andere fühlen? Sind Sie dabei eher unbeholfen und bisweilen sogar hilflos? Verfügen Sie über ein Gespür für Stimmungen, und können Sie leicht mitschwingen? Oder sind Sie weniger darauf ausgerichtet, die Befindlichkeit Ihres Gegenübers wahrzunehmen, und kommen auch so prima mit allem klar?

Mit einem sehr niedrigen Punktwert erleben Sie Situationen häufig als völlig unproblematisch, die es gar nicht sind, und staunen dann nicht schlecht, wenn plötzlich die Stimmungslage umschlägt, vielleicht sogar explodiert, und man Ihnen Vorwürfe des Nichtverstehens macht. Ein hoher Wert dagegen könnte bedeuten, dass Sie mit den unterschiedlichsten und auch schwierigen Menschen selbst in heiklen Situationen sehr gut klarkommen. Aber Vorsicht: In keinem anderen Beurteilungsbereich sind die Abweichungen zwischen Selbsteinschätzung und Fremdwahrnehmung so groß wie in diesem.

Es geht um die Einschätzung folgender Aussagen:

- *Ich kann mich gut in andere Menschen hineinversetzen.*
- *In heiklen Situationen treffe ich fast immer den richtigen Ton.*
- *Wenn sich jemand in meiner Gegenwart nicht wohlfühlt, bemerke ich das ziemlich schnell.*
- *Ich bin mir oft nicht sicher, was andere von mir erwarten.* (Ablehnung)

4. Einschätzungsfragen zu Ihrer seelischen Verfassung

Selbstbewusstsein (SB)

Sind Sie wirklich so, wie Sie sich geben? Und finden Sie das auch gut so?

Machen Sie sich häufig Gedanken darüber, wie und was andere über Sie denken, wie man Sie einschätzt und was man von Ihnen hält? Sind Sie öfters in Sorge, weil Sie befürchten, andere würden Sie ablehnen, Sie nicht besonders mögen? Sie selbst wüssten auch nicht, warum man Sie gut leiden sollte, sind kein bisschen stolz auf sich und das, was Sie tun. Verbale Schlagfertigkeit ist nicht Ihre Stärke – und wenn es zu einer Meinungsverschiedenheit kommt, legen Sie so gut wie keinen Wert darauf, sich zu behaupten, geben eher um des lieben Friedens willen schnell nach. Vor versammelter Mannschaft etwas zu sagen, erklären oder vorzustellen, ist Ihnen verhasst. Sie mögen es nicht, wenn alle Augen auf Sie gerichtet sind. Sie würden bei der Bejahung dieser Fragen einen nur geringen Punktwert erzielen und damit ein deutlich unterentwickeltes Selbstbewusstsein vermitteln.

Andernfalls gilt für Sie eher: Sie glauben, alles gut im Griff zu haben, sind spontan und schlagfertig, wenn es notwendig ist und kennen keine Hemmungen, sich mit Ihrer Meinung ordentlich Gehör zu verschaffen. Sie sind stolz auf Ihre Erfolge und können diese auch gut anderen vermitteln. Ein hohe Punktzahl dokumentiert dies, doch bei einem Extremwert folgert man, Sie seien eingebildet oder gar arrogant. Dahinter stecken aber eigentlich wieder nur Ängste …

Es geht um die (Selbst-)Einschätzung folgender Aussagen:

- *Ich gebe mich meistens so, wie ich auch wirklich bin.*
- *Ich stehe eigentlich sehr ungern im Mittelpunkt.* (Ablehnung)
- *Wenn andere mich nicht mögen, macht mich das ziemlich unsicher.* (Ablehnung)
- *Es ist mir ziemlich egal, was die Leute hinter meinem Rücken reden.*

Emotionale Stabilität (ES)

Wie schnell wirft Sie etwas aus der Bahn?

Ein niedriger Wert würde hier für häufige Stimmungsschwankungen, insbesondere Einbrüche in deutlich negativ gefärbte Stimmungslagen stehen. Mit Herausforderungen tun Sie sich schwer, Sie fühlen sich schnell überfordert oder gestresst. Wenn Dinge nicht so laufen wie geplant, verkraften Sie Misserfolge und Niederlagen nur sehr langsam. Sie sind leicht irritierbar (bei sehr niedrigem Punktwert: sehr leicht). Aber auch bei kleineren Anlässen reagieren Sie häufig nervös, stellen sich selbst sowie »alles und jedes« infrage und neigen zu Grübeleien, die Sie dann beinahe lähmen können.

Ein höherer Punktwert lässt Sie als stabile Persönlichkeit dastehen, die gut mit Rückschlägen und Niederlagen klarkommt, persönliche Probleme kaum kennt und sich stets durch ein hohes Maß an Gelassenheit auszeichnet. Sie sehen optimistisch und positiv gestimmt in die Zukunft und kommen auch mit großen Herausforderungen gut klar.

Es geht um die Einschätzung folgender Aussagen:

- *Ich habe ziemlich gute Nerven.*
- *Ich grüble relativ häufig über persönliche Probleme.* (Ablehnung)
- *Ich kann zu Recht behaupten, dass ich ein ziemlich dickes Fell habe.*
- *Wenn mich Probleme richtig belasten, bin ich für andere ziemlich ungenießbar.* (Ablehnung)

Belastbarkeit (BL)

Wie viel Stress, wie viel Arbeitsdruck können Sie vertragen?

Kennen Sie die Grenzen Ihrer Leistungsfähigkeit? Reagieren Sie schnell mit Kopf-, Bauch- (Magen-) oder Rückenschmerzen – oder entwickeln Sie andere klassische (so genannte psychosomatische) Symptome, wenn die Arbeitsbelastung, der Leistungsdruck zunimmt? Fühlen Sie sich schnell überfordert, erschöpft und ausgelaugt (ein niedriger Punktwert), oder beschreiben Sie sich als bemerkenswert gesund und leistungsstark (ein hoher Punktwert)? Verfügen Sie über enorme Energiereserven, aus denen Sie auch bei lang andauernden, starken Arbeitsanforderungen Ihre Kraft schöpfen? Oder geht Ihnen relativ schnell die Puste aus? Mit Ihrer Selbsteinschätzung bzw. -beschreibung geben Sie zu diesem Thema, das wohl auch sehr dicht bei der emotionalen Stabilität liegt, Auskunft.

Es geht um die Einschätzung folgender Aussagen:

- *Mich haut so schnell nichts um.*
- *Auch wenn alles gleichzeitig auf mich einströmt, bleibe ich relativ ruhig.*
- *Auf längere Sicht würde mir eine hohe Arbeitsbelastung ziemlich zu schaffen machen.* (Ablehnung)
- *Ich bleibe auch gelassen, wenn ich sehr hart arbeiten muss.*

Test zu den vier Untersuchungsthemen

Testen Sie nun, ob Sie das System der zugrunde liegenden Fragen verstanden haben. Tragen Sie den Wert ein, der Ihnen am ehesten entspricht. Addieren Sie dann Ihre Punktwerte für jedes Thema.

Ablehnung → Zustimmung						
–					+	
☹	☹	☹	☺	☺	☺	
0	1	2	3	4	5	oder
5	4	3	2	1	0	

Minus (–) bedeutet:
totale Ablehnung, falsch, überhaupt nicht

Plus (+) bedeutet:
völlige Zustimmung, richtig, sehr viel

Schätzen Sie sich nun selbst ein:

1. Thema

		Ablehnung → Zustimmung						
		–					+	
FM:	Ich übernehme gerne die Verantwortung für wichtige Entscheidungen.	☹ 0	☹ 1	☹ 2	☺ 3	☺ 4	☺ 5	___
GM:	Für meine Überzeugung kämpfe ich, auch wenn ich Nachteile dafür hinnehmen muss.	☹ 0	☹ 1	☹ 2	☺ 3	☺ 4	☺ 5	___
LM:	Ich wäre nicht unglücklich, wenn nicht alle meine Potenziale ausgeschöpft würden.	☹ 5	☹ 4	☹ 3	☺ 2	☺ 1	☺ 0	___
FM:	Kollegen behaupten, ich strahle Autorität aus.	☹ 0	☹ 1	☹ 2	☺ 3	☺ 4	☺ 5	___
GM:	Läuft etwas schief, kümmere ich mich darum, auch wenn ich nicht direkt betroffen bin.	☹ 0	☹ 1	☹ 2	☺ 3	☺ 4	☺ 5	___
LM:	Ich bemühe mich immer, auch meine besten Stärken noch weiter auszubauen.	☹ 0	☹ 1	☹ 2	☺ 3	☺ 4	☺ 5	___
FM:	In einer Spezialistenrolle fühle ich mich wohler als in einer Führungsrolle.	☹ 5	☹ 4	☹ 3	☺ 2	☺ 1	☺ 0	___
GM:	Wenn etwas Neues initiiert werden muss, bin ich immer als Erster mit dabei.	☹ 0	☹ 1	☹ 2	☺ 3	☺ 4	☺ 5	___
LM:	Ich wünschte mir, mein Verdienst wäre direkt an meine Leistungen geknüpft.	☹ 0	☹ 1	☹ 2	☺ 3	☺ 4	☺ 5	___

→

2. Thema

	Ablehnung →					**Zustimmung**	
	–					+	
	☹	☹	☹	☺	☺	☺	
HA: Ich bin gut im Aufschieben von unangenehmen Dingen, die ich erledigen sollte.	5	4	3	2	1	0	___
FL: Wenn ich einmal einen Plan gefasst habe, weiche ich nur sehr ungern davon ab.	5	4	3	2	1	0	___
GE: Am liebsten plane ich alles im Voraus.	0	1	2	3	4	5	___
HA: Vor lauter Aufgaben weiß ich manchmal gar nicht, wo ich anfangen soll.	5	4	3	2	1	0	___
FL: Wenn Arbeiten sich anders entwickeln als erwartet, komme ich nur schlecht damit klar.	5	4	3	2	1	0	___
GE: Ich bin alles andere, nur nicht perfektionistisch veranlagt.	5	4	3	2	1	0	___
HA: Wenn ich etwas entschieden habe, setze ich es auch meist sofort um.	0	1	2	3	4	5	___
FL: Ich kann mich ziemlich schnell auf neue Anforderungen einstellen.	0	1	2	3	4	5	___
GE: Meine Unterlagen sind meist nicht so ordentlich abgelegt, dass ich alles sofort finde.	5	4	3	2	1	0	___

3. Thema

		Ablehnung → Zustimmung (– … +)	
DU:	Ich lasse mir so schnell nichts gefallen.	☹ ☹ ☹ ☺ ☺ ☺ 0 1 2 3 4 5	___
TO:	Kollegen sagen von mir, ich sei der geborene Einzelkämpfer.	☹ ☹ ☹ ☺ ☺ ☺ 5 4 3 2 1 0	___
KO:	Wenn ich mit Menschen zusammen bin, die ich nicht kenne, fühle ich mich angespannt.	☹ ☹ ☹ ☺ ☺ ☺ 5 4 3 2 1 0	___
VE:	Im Umgang mit anderen bin ich eher rücksichtsvoll.	☹ ☹ ☹ ☺ ☺ ☺ 0 1 2 3 4 5	___
EI:	Auf Veränderungen in der Gesprächsatmosphäre reagiere ich sensibel.	☹ ☹ ☹ ☺ ☺ ☺ 0 1 2 3 4 5	___
DU:	Kollegen von mir sagen, ich würde häufig versuchen, meinen Kopf durchzusetzen.	☹ ☹ ☹ ☺ ☺ ☺ 0 1 2 3 4 5	___
TO:	Ich arbeite lieber Hand in Hand mit anderen als alleine vor mich hin.	☹ ☹ ☹ ☺ ☺ ☺ 0 1 2 3 4 5	___
KO:	Ich bin ein ziemlich geselliger Mensch.	☹ ☹ ☹ ☺ ☺ ☺ 0 1 2 3 4 5	___
VE:	Kollegen halten mich häufig für ziemlich kühl und berechnend.	☹ ☹ ☹ ☺ ☺ ☺ 5 4 3 2 1 0	___
EI:	Auch zu schwierigen Personen finde ich häufig einen guten Draht.	☹ ☹ ☹ ☺ ☺ ☺ 0 1 2 3 4 5	___
DU:	Andere von etwas zu überzeugen, fällt mir vergleichsweise schwer.	☹ ☹ ☹ ☺ ☺ ☺ 5 4 3 2 1 0	___
TO:	In der Zusammenarbeit mit anderen kann ich meine Stärken noch besser entfalten.	☹ ☹ ☹ ☺ ☺ ☺ 0 1 2 3 4 5	___
KO:	Ich verfüge über ein großes Netzwerk von beruflichen Kontakten.	☹ ☹ ☹ ☺ ☺ ☺ 0 1 2 3 4 5	___
VE:	Wenn mein Verhalten nicht gut ankommt, versuche ich mich besser anzupassen.	☹ ☹ ☹ ☺ ☺ ☺ 0 1 2 3 4 5	___
EI:	Ich kann mich nicht so gut und schnell auf andere Menschen einstellen.	☹ ☹ ☹ ☺ ☺ ☺ 5 4 3 2 1 0	___

→

4. *Thema*

		Ablehnung → Zustimmung –					+	
BL:	Starke Belastungen verkrafte ich besser als andere.	0	1	2	3	4	5	__
ES:	Ich erlebe mich eigentlich fast nie mutlos.	0	1	2	3	4	5	__
SB:	Wenn es Probleme mit Kollegen gibt, kann ich das relativ gut aushalten.	0	1	2	3	4	5	__
BL:	Auch mal ohne Pause durchzuarbeiten, macht mir weniger aus als anderen.	0	1	2	3	4	5	__
ES:	Wenn mir etwas mal nicht so richtig gelingt, macht mir das noch lange zu schaffen.	5	4	3	2	1	0	__
SB:	Ich bin ziemlich selbstbewusst.	0	1	2	3	4	5	__
BL:	Wenn ich unter Druck gerate, reagiere ich schnell gereizt.	5	4	3	2	1	0	__
ES:	Ängste kenne ich bei mir eigentlich nicht.	0	1	2	3	4	5	__
SB:	Wenn ich vor einer größeren Gruppe von Personen reden muss, bin ich sehr nervös.	5	4	3	2	1	0	__

Testauswertung

1. Thema Überprüfungsobjekt: berufliche Zielorientierung

Insgesamt: 45 Punkte; ab 35 = alles prima; um 28 = noch okay; unter 20 = gefährdet bis sehr problematisch (unter 12); über 42 = verdächtig, zu extrem

2. Thema Überprüfungsobjekt: Arbeitsverhalten

Insgesamt: 45 Punkte; ab 35 = alles prima; um 28 = noch okay; unter 20 = gefährdet bis sehr problematisch (unter 12); über 42 = verdächtig, zu extrem

3. Thema Überprüfungsobjekt: soziale Kompetenz

Insgesamt: 75 Punkte; ab 55 = alles prima; um 40 = noch okay; unter 30 = gefährdet bis sehr problematisch (unter 18); ab 70 = verdächtig, zu viel des Guten

4. Thema Überprüfungsobjekt: seelische Verfassung

Insgesamt: 45 Punkte; ab 35 = alles prima; um 28 = noch okay; unter 20 = gefährdet bis sehr problematisch (unter 12); über 42 = zu viel des Guten, Vorsicht!

66 Persönlichkeitsentscheidungen

Nachfolgend finden Sie 66 Aussagen, die sich auf Ihre Interessen, Neigungen und Einstellungen beziehen. Bei vielen Aussagen kann man unterschiedlicher Meinung sein: Der eine denkt, Geld mache nicht glücklich, der andere ist gegenteiliger Ansicht. Manche Menschen sind im persönlichen Umgang zurückhaltender, andere nicht. Manch einer fühlt sich stark und selbstbewusst, ein anderer ist voller Selbstzweifel. Eine »richtige« Antwort auf die jetzt folgenden Aussagen gibt es nicht. Jeder Mensch hat schließlich das Recht auf seine eigene Meinung, basierend auf seinen Erfahrungen.

Wir möchten nun Ihre Meinung zu einer Reihe von Aussagen erfahren. Zu jeder Aussage gibt es drei Antwortmöglichkeiten. Dazu ein Beispiel:

Ich treibe gerne Sport.
a) stimmt
b) teils-teils
c) stimmt nicht

Kreuzen Sie bitte diejenige Antwort an, die Ihrer Meinung am ehesten entspricht. Wichtig: Grübeln Sie nicht lange darüber nach, wie eine Aussage zu verstehen ist und was sie bedeuten könnte. Antworten Sie ganz spontan; mehr als 15 bis 20 Minuten Zeit sollten Sie für diesen Test nicht benötigen.

Nicht alle Aussagen enthalten alle nötigen Einzelheiten, um eine gute Entscheidungsgrundlage zu haben. Machen Sie sich also nicht zu viele Gedanken, wenn Sie z.B. außer Fußball Sport nicht mögen und auch nicht ausüben. Wenn Sie nun einmal gerne Fußball spielen und das gelegentlich tun, kreuzen Sie ruhig »a) stimmt« an.

Manchmal können Sie sich vielleicht nicht ganz eindeutig entscheiden, und so liegt Ihre persönliche Einstellung zu dieser Aussage (Sport gerne zu treiben) irgendwo »dazwischen«. Dann kreuzen Sie »b) teils-teils« an. Das sollten Sie aber bitte nur dann tun, wenn es Ihnen wirklich unmöglich erscheint, sich zwischen den anderen beiden Antworten zu entscheiden.

Bitte bearbeiten Sie jede Aussage. Manche mag Ihnen etwas sehr persönlich erscheinen, aber es geht hier nicht um einzelne Antworten, sondern nur um das Gesamtbild.

In einer realen Testsituation haben solche Persönlichkeitstests etwa zwischen 100 und 250 Fragen bzw. Aussagen (oder in der Psycho-Fachsprache: Items).

1. Gleiches Gehalt vorausgesetzt, wäre ich lieber …
   a) Chemiker im Labor
   b) unsicher, weiß nicht
   c) Manager im Hotel

2. Ich halte viel von dem Satz »Erst die Arbeit, dann das Vergnügen«.
   a) stimmt
   b) teils-teils
   c) stimmt nicht

3. Ich arbeite lieber …
   a) mit Zahlen und Statistiken
   b) unsicher, weiß nicht
   c) mit Menschen zusammen

4. Karriere ist nicht alles im Leben.
   a) stimmt
   b) teils-teils
   c) stimmt nicht

5. Ich vermeide es, mich mit Leuten rumzustreiten.
   a) ja
   b) manchmal
   c) nein

6. Wenn Leute mit der Moral argumentieren, regt mich das auf.
   a) stimmt
   b) teils-teils
   c) stimmt nicht

7. In unserer Wirtschaftsordnung sollte im Prinzip alles so bleiben, wie es ist.
   a) stimmt
   b) teils-teils
   c) stimmt nicht

8. Lieber ein ganz sicherer Arbeitsplatz mit festem, aber kleinerem Gehalt als das Gegenteil.
   a) stimmt
   b) teils-teils
   c) stimmt nicht

9. Wenn andere die Köpfe zusammenstecken und tuscheln, denke ich, dass sie schlecht über mich reden könnten.
   a) stimmt
   b) teils-teils
   c) stimmt nicht

10. Ich denke, dass ich Herausforderungen mutig begegne.
    a) ja, meistens
    b) manchmal
    c) sehr selten

11. Mit einer schweren Erkältung im Bett liegend, …
    a) versuche ich, die Zeit als eine Art Urlaub zu genießen
    b) teils-teils
    c) mache ich mir Gedanken über die liegen bleibende Arbeit

12. Ich fühle mich öfter einsam.
    a) stimmt
    b) teils-teils
    c) stimmt nicht

13. Nachts habe ich bisweilen schlechte Träume.
    a) stimmt
    b) teils-teils
    c) stimmt nicht

14. Ich lese lieber ein gutes Buch, als mich mit anderen angeregt zu unterhalten.
    a) stimmt
    b) teils-teils
    c) stimmt nicht

15. Wenn andere erfolgreich sind, kann ich sie schon ein bisschen beneiden.
    a) stimmt
    b) teils-teils
    c) stimmt nicht

16. Wenn jemand es verdient, kann ich sehr spöttisch sein.
    a) im Allgemeinen
    b) manchmal
    c) nie

17. Wenn jemand besonders freundlich zu mir ist, frage ich mich schnell, warum – und was möglicherweise dahintersteckt.
    a) stimmt
    b) teils-teils
    c) stimmt nicht

18. Auch kleinere Experimente können ein schwer kalkulierbares Risiko beinhalten.
    a) stimmt meistens
    b) teils-teils
    c) stimmt selten

19. Ich glaube nicht, dass mir jemand wirklich Schwierigkeiten wünscht.
    a) stimmt
    b) teils-teils
    c) stimmt nicht

20. Jemandem, der mein Vertrauen enttäuscht, …
    a) bin ich sehr böse
    b) teils-teils
    c) kann ich recht schnell wieder verzeihen

21. Ich habe Qualitäten, die mich vielen anderen überlegen machen.
    a) stimmt
    b) unsicher, weiß nicht
    c) stimmt nicht

22. Es ist mir unangenehm, andere in Verlegenheit zu bringen.
    a) stimmt
    b) teils-teils
    c) stimmt nicht

→

23. Ich möchte im Leben vorankommen.
   a) stimmt
   b) teils-teils
   c) stimmt nicht

24. Wenn ich mit mehreren Menschen im Fahrstuhl fahre, beschleicht mich ein unangenehmes Gefühl.
   a) stimmt
   b) teils-teils
   c) stimmt nicht

25. Wenn ich zu Bett gehe, kann ich gut einschlafen.
   a) stimmt
   b) teils-teils
   c) stimmt nicht

26. Es passiert mir häufiger, dass ich die Arbeit anderer kritisiere.
   a) stimmt
   b) teils-teils
   c) stimmt nicht

27. Die Welt braucht zur Orientierung mehr …
   a) Beständigkeit und Verlässlichkeit
   b) unsicher, weiß nicht
   c) Ideale und Utopien

28. Nur aus Angst vor Strafe verhalten sich die meisten Menschen korrekt.
   a) stimmt
   b) teils-teils
   c) stimmt nicht

29. Als Kind war ich selten anderer Meinung als meine Eltern.
   a) stimmt
   b) teils-teils
   c) stimmt nicht

30. Im Straßenverkehr lasse ich mich nicht unterkriegen.
   a) stimmt
   b) teils-teils
   c) stimmt nicht

31. Jemanden, der schlecht über mich redet, …
   a) lasse ich links liegen
   b) unsicher, weiß nicht
   c) versuche ich zu ertappen und zur Rede zu stellen

32. Oft fällt es mir schwer, angefangene Arbeiten auch zu vollenden.
   a) stimmt
   b) teils-teils
   c) stimmt nicht

33. Es macht mir Spaß, mit anderen Leuten zu reden.
   a) stimmt
   b) teils-teils
   c) stimmt nicht

34. Bei gleichem Gehalt wäre ich lieber …
   a) Lehrer
   b) unsicher
   c) Förster

35. Bei mir läuft manches schief.
    a) oft
    b) manchmal
    c) selten

36. Tagträumereien kenne ich bei mir nicht.
    a) stimmt
    b) teils-teils
    c) stimmt nicht

37. Ziele, die ich mir gesetzt habe, erreiche ich fast immer.
    a) stimmt
    b) teils-teils
    c) stimmt nicht

38. Bei gleicher Arbeitszeit und Gehalt wäre ich lieber in einem guten Restaurant …
    a) Kellner
    b) unsicher, weiß nicht
    c) Koch

39. In einer Fabrik wäre ich gerne verantwortlich für …
    a) den Maschinenpark
    b) unsicher, weiß nicht
    c) die Personalabteilung

40. Das ganze Jahr über freue ich mich auf den Urlaub.
    a) stimmt
    b) teil-teils
    c) stimmt nicht

41. Lieber schreibe ich in einer schwierigen Situation einen Brief, als ein Telefonat zu führen.
    a) stimmt
    b) teils-teils
    c) stimmt nicht

42. Am liebsten gehe ich in allen Dingen meine eigenen Wege.
    a) stimmt
    b) teils-teils
    c) stimmt nicht

43. Wer viel lächelt, meint es oft nicht gut.
    a) stimmt
    b) teils-teils
    c) stimmt nicht

44. Ein unaufgeräumter Schreibtisch stellt für mich und meinen Ordnungssinn eine Herausforderung dar.
    a) stimmt
    b) teils-teils
    c) stimmt nicht

45. Einen besonderen, ausgefallenen Wunsch zu äußern fällt mir schwer.
    a) stimmt
    b) teils-teils
    c) stimmt nicht

→

46. Das Sprichwort »Lieber der Spatz in der Hand als die Taube auf dem Dach« ist für meine Einstellung zum Leben …
    a) zutreffend
    b) unsicher, weiß nicht
    c) unzutreffend

47. Wenn Leute freundlich zu mir sind, habe ich den Verdacht, dass sie hinter meinem Rücken schlecht über mich reden.
    a) stimmt
    b) teils-teils
    c) stimmt nicht

48. Wenn mir im Restaurant das Essen nicht schmeckt, fällt es mir schwer, beim Kellner zu reklamieren.
    a) stimmt
    b) teils-teils
    c) stimmt nicht

49. Das Sprichwort »Was der Bauer nicht kennt, frisst er nicht«, gilt für mich.
    a) stimmt
    b) teils-teils
    c) stimmt nicht

50. Ich bin dafür, dass man bei Problemlösungen …
    a) auf bewährte Methoden zurückgreift
    b) teils-teils
    c) neue Wege und Vorschläge ausprobiert

51. Bei einer wichtigen Arbeit lasse ich mich nicht gerne unterbrechen.
    a) stimmt
    b) teils-teils
    c) stimmt nicht

52. Wenn ich eine große Geldsumme für wohltätige Zwecke zur Verfügung hätte, würde ich …
    a) lieber den vollen Betrag der Kirche geben
    b) jedem die Hälfte
    c) den vollen Betrag für die Wissenschaft spenden

53. Wenn das Wetter sich verändert, spüre ich Auswirkungen auf meine Arbeitsleistung und Stimmung.
    a) zutreffend
    b) gelegentlich
    c) unzutreffend

54. Ich bin lieber für mich allein als mit anderen zusammen.
    a) stimmt
    b) teils-teils
    c) stimmt nicht

55. Ich bin selten krank.
    a) stimmt
    b) teils-teils
    c) stimmt nicht

56. Oft denke ich über Möglichkeiten nach, wie man die Gesellschaft verändern müsste, damit alles besser funktioniert.
   a) stimmt
   b) teils-teils
   c) stimmt nicht

57. Wenn ich im Kaufhaus nicht so bedient werde, wie ich es für angemessen halte, lasse ich – wenn nötig – den Abteilungsleiter rufen.
   a) stimmt
   b) teils-teils
   c) stimmt nicht

58. Hätte ich mein Leben noch einmal vor mir, würde ich …
   a) es ganz anders planen
   b) weiß nicht
   c) es mir ziemlich genauso wünschen

59. Ich bin für eine gewissenhafte Planung und Organisation bei der Arbeit.
   a) stimmt
   b) teils-teils
   c) stimmt nicht

60. Ich neige zu Stimmungsschwankungen.
   a) stimmt
   b) gelegentlich
   c) stimmt nicht

61. Mir geht im Leben manches daneben.
   a) selten
   b) manchmal
   c) oft

62. Oftmals leide ich unter einem Gefühl des Alleinseins.
   a) stimmt
   b) teils-teils
   c) stimmt nicht

63. Der berufliche Aufstieg ist nicht das Wichtigste im Leben.
   a) stimmt
   b) teils-teils
   c) stimmt nicht

64. Ich streite nicht gern mit anderen Menschen.
   a) stimmt
   b) teils-teils
   c) stimmt nicht

65. Öfter kann ich an den Leistungen anderer kein gutes Haar lassen.
   a) stimmt
   b) teils-teils
   c) stimmt nicht

66. Am System der sozialen Marktwirtschaft gibt es viel zu reformieren.
   a) stimmt
   b) teils-teils
   c) stimmt nicht

Sie sind sicher schon auf Ihr »persönliches« Ergebnis gespannt.

Interpretation Seite 593 ff.

Allgemeine Anforderungen in Persönlichkeitstests

Im Wesentlichen geht es bei dieser Art von Tests um drei Persönlichkeitsmerkmale, aufgrund deren man glaubt, entscheiden zu können, ob Sie für eine bestimmte Position der richtige Bewerber sind:

- emotionale Stabilität
- Kontaktfähigkeit
- Leistungsbereitschaft

Was unter diesen drei Begriffen zu verstehen ist, verdeutlicht die folgende Übersicht:

Emotionale Stabilität

- Man unterliegt nicht grundlos Stimmungsschwankungen,
- wird nicht von diffusen Ängsten und Sorgen gequält,
- kennt keine Schuldgefühle,
- neigt nicht zu Perfektionismus,
- ist nicht launenhaft und nur sehr selten krank,
- hat keine Schwierigkeit, sich auf seine Arbeit zu konzentrieren,
- kennt keine Tagträumereien,
- man ist mit seinem Leben zufrieden und würde sich ein neues Leben genauso wünschen und vorstellen,
- leidet nicht unter Platzangst,
- plant seine Arbeit und geht ihr zügig nach,
- fühlt sich selten schlecht oder elend,
- ist gewöhnlich nicht nervös, sondern ausgeglichen und nach dem Aufwachen frühmorgens frisch und munter,
- leidet nicht unter Schlafstörungen und kann auch gut einschlafen,
- ist nicht wetterfühlig,
- man lässt sich durch Unordnung nicht stören,
- leidet nicht unter Kopfschmerzen, Migräne oder Schwindelanfällen,
- sorgt sich nur wenig um die eigene Gesundheit,
- hat als Kind auch schon mal etwas gegen den Willen der Eltern getan,
- fühlt sich den Anforderungen des Lebens gut gewachsen,
- zeigt Toleranz,

- hat Selbstvertrauen und kennt keine Minderwertigkeitsgefühle,
- handelt nicht impulsiv,
- neigt nicht zu Grübeleien,
- ist eher offen,
- kennt keine ständig wiederkehrenden unnützen Gedanken,
- man fühlt sich nicht unverstanden, verkannt oder im Stich gelassen,
- leidet nicht unter Appetitlosigkeit
- usw. usw.

Kontaktfähigkeit

- Man ist von der Grundstimmung her Optimist,
- fühlt sich zusammen mit vielen Menschen wohl,
- man trifft sich gern mit Freunden,
- schließt schnell Freundschaften,
- verfügt über einen großen Bekannten- und Freundeskreis,
- ist aktiv, gesprächig, temperamentvoll, kurzum lebhaft,
- geht gerne und oft aus,
- glaubt, erfolgreich zu sein,
- fühlt sich auch in großen Gruppen unbefangen,
- ist in der Lage, in Gesellschaften aus sich herauszugehen,
- man sucht die Geselligkeit anderer Leute,
- ergreift gewöhnlich bei neuen Bekanntschaften die Initiative,
- übernimmt in Gruppen gerne eine Führungsposition,
- bevorzugt gesellige Freizeitbeschäftigungen,
- man lässt sich leichter auf Risiken ein,
- bevorzugt Berufe, die einen Kontakt zu anderen Menschen schaffen bzw. herstellen,
- telefoniert lieber, als Briefe zu schreiben,
- geht eher auf eine Party, als ein Buch zu lesen,
- man schätzt sich schlagfertig ein und hat immer eine passende Antwort parat,
- erzählt auch gerne mal einen Witz,
- behält selbst in kritischen Situationen bei Problemen und Ärger die gute Laune,
- man hält es für wichtig, allgemein beliebt zu sein,
- empfindet keine Hemmungen beim Sprechen vor größeren Gruppen
- usw. usw.

Leistungsbereitschaft

- »Erst die Arbeit, dann das Vergnügen« ist der Lebensgrundsatz,
- man schiebt Arbeiten nicht auf,
- lässt begonnene Arbeiten nicht liegen,
- man lässt sich bei der Arbeit nur schwer unterbrechen,
- arbeitet planvoll, überlegt und organisiert, vorher überlegt man sich genau, was zu tun ist,
- man kann sich auf seine Arbeit leicht konzentrieren,
- bereitet sich z.B. auf Prüfungen intensiv vor,
- man scheut einen Wettkampf nicht,
- vergleicht die eigene Leistung und Fähigkeit mit der von anderen,
- zeigt Ehrgeiz und verfolgt seine Ziele mit Entschlossenheit,
- lässt sich nicht von der Arbeit abhalten,
- zeigt sich bemüht, begonnene Arbeiten abzuschließen,
- man beneidet den Erfolg anderer,
- besitzt genug Kraft, um mit eigenen Problemen fertig zu werden,
- man möchte gerne eine wichtige oder berühmte Persönlichkeit sein,
- selbst in den Ferien denkt man an die Arbeit,
- ständig zeigt man sich bemüht voranzukommen,
- genießt seine Freizeit erst dann, wenn die Arbeit getan ist
- usw. usw.

Die drei großen Themenbereiche emotionale Stabilität, Kontaktfähigkeit und Leistungsbereitschaft sind Bereiche, aus denen viele Persönlichkeitstestfragen stammen. Sie zielen darauf ab, Ihren Charakter zu erforschen. Mit ein wenig Übung gelingt es Ihnen, alle nur erdenklichen Fragen in diese drei Bereiche einzuordnen.

Wir geben Ihnen jetzt einen tieferen Einblick in die gängigen Persönlichkeits-Testverfahren, wie den *16-PF-Test*, den *NEO-FFI-Test*, den *FPI-Test*, den *MMPI-Test*, den *Satzergänzungstest* und *Biographische Fragebögen*. Nicht üblich, aber durchaus möglich ist es, dass Ihnen weitere Verfahren »über den Weg laufen«.

16 PF – Persönlichkeitsmerkmale im Test

Ihr möglicher neuer Arbeitgeber will Sie kennen lernen. Dies gilt sicherlich auch in umgekehrter Richtung. Sie wollen aus der Bewerbungssituation Informationen über Ihren potenziellen »Brötchengeber« mitnehmen. Nur die Methoden, die Mittel, die hier beiden, dem Arbeitgeber wie dem Bewerber, zur Verfügung stehen, sind recht ungleich. So genannte Persönlichkeitstestverfahren erfreuen sich immer größerer Beliebtheit und werden als Selektions- (Auswahl-) Instrument bewusst und gezielt gegen die Bewerber eingesetzt.

Verdeutlichen Sie sich, dass bereits durch die Art, wie Sie die Tür öffnen, um in das Sekretariat, ins Vorzimmer zu kommen, das Testverfahren eröffnet wird. Wie Sie Platz nehmen, ob Sie rauchen, ob Sie Kaffee trinken, wie Sie sprechen, wie Sie sitzen, fließt in das so genannte Persönlichkeitstestverfahren ein. Es soll Firmen geben, die ganz gezielt eine Anzahl von Bewerbern in einem Warteraum bis zu einer Stunde und länger warten lassen, um diese über Videokameras oder auch durch als Bewerber getarnte Mitarbeiter zu beobachten.

So genannte Persönlichkeitstestverfahren als Auswahlinstrument fangen also bereits in einem ganz frühen Stadium und scheinbar harm- und bedeutungslos an. Dass sie dies nicht sind und dass es wichtig ist, sich mit ihnen bewusst auseinanderzusetzen, beweisen wir Ihnen jetzt. Zu wissen, worauf es ankommt, um klar zu entscheiden, wie man sich präsentieren will, ist Anliegen dieses wichtigen Kapitels. Arbeitgeber, Personalchefs etc. werden ganz besonders vorbereitet und geschult, um diese Formen der Bewerberauswahl gezielt anwenden zu können. Dies bedeutet keinesfalls, dass es sich dabei um sinnvolle, effektive und vor allem legale Auswahlverfahren bzw. -methoden handelt.

Während die Interpretation Ihres Händedrucks, die Einschätzung Ihres Auftretens, der Versuch der Analyse Ihrer Körperhaltung etc. viel mit Intuition, subjektiven Sympathie- oder Antipathieempfindungen zu tun haben und vor allem eher aus der Trickkiste von Taschenpsychologen entspringen, sind die jetzt hier vorgestellten klassischen Persönlichkeitstests,

- der 16 PF und
- der FPI,

wissenschaftlich entwickelte Testverfahren. Diese lassen sehr wohl eine gewichtige Aussage über den Getesteten, in der Regel Probanden oder Patienten zu, wenn man sie im klinischen Bereich, also z.B. im Krankenhaus anwendet. Werden sie von Personalchefs im Berufsleben eingesetzt, um bei der Bewerberauswahl die Qual der Wahl aus Arbeitgebersicht zu erleichtern, so ist dies juristisch unzulässig.

Wo aber kein Kläger ist, ist bekanntlich auch kein Beklagter, und so wird diese inhumane, gefährliche Testwaffe immer häufiger verwendet. Hier gilt es als Bewerber, das psychische Verletzungsrisiko zu erkennen und sich das Rüstzeug zum Entschärfen dieser Tests anzueignen. Ein erfolgreiches Vorgehen bedeutet, sich mit den hier vorgestellten Auswahlverfahren vertraut zu machen. Wer weiß, auf welchen Persönlichkeitskonzepten diese Tests basieren, was also der Hintergrund der Fragen ist und wie diese einzuschätzen sind, der wird sich diesen Verfahren bei weitem nicht mehr so ohnmächtig und hilflos ausgeliefert fühlen.

Bis ins letzte Detail ausgeklügelte Ankreuzempfehlungen kann es bei diesen Verfahren nicht geben. Die Persönlichkeitsmerkmale, die ein Arbeitgeber an eine Stewardess stellt, sind naturgemäß andere als die beispielsweise an einen Manager auf der mittleren Verantwortungsebene.

Die hier nun vorgestellten Persönlichkeitstestverfahren können also an sich, richtig angewandt und eingesetzt, in einer besonderen, durch Vertrauen geprägten Beziehung zwischen Therapeut und Patient sinnvoll und hilfreich sein. Sie gehören jedoch ausschließlich in den klinischen Bereich und haben dort die Aufgabe, dem Therapeuten die Hilfe, die der Klient bzw. Patient von ihm erwartet, noch gezielter und schneller zu ermöglichen. So eingesetzt, helfen sie dem Getesteten, der sich ihnen im Gegensatz zur Bewerbungssituation nicht zwangsweise, sondern völlig freiwillig unterzieht.

Im Berufsleben werden diese Tests mit der Intention eingesetzt, allein dem Arbeitgeber oder Personalchef bei der Auswahl zu helfen. Die besondere Zwangssituation, in der sich ein Bewerber um einen Arbeitsplatz befindet, lässt eine Testverweigerung nicht zu. Diese hätte in der Regel zur Konsequenz, keine Chance mehr zu haben, den Arbeitsplatz zu bekommen.

Wichtig zu wissen deshalb: Zu den Rechten des Bewerbers gehört, dass er auf unzulässige Fragen eine unzutreffende Antwort geben darf. Das Bundesarbeitsgericht hat in Anerkennung der Notwehrsituation dem Bewerber ein Recht auf Lüge zuerkannt. Wenn der Bewerber zur Wahrung seiner Chancen unzulässige Fragen falsch – d.h. entgegen der Tatsachenlage im Sinne des vom Interviewer erkennbar erstrebten Ergebnisses – beantwortet, kann der Arbeitgeber bei der Entdeckung daraus rechtlich keine Konsequenzen ziehen (vgl. Peter Bellgardt, *Rechtsprobleme des Bewerbergesprächs*, Heidelberg 1984, Seite 39).

Der 16-PF-Test reduziert den Menschen auf 16 konträre Persönlichkeitsmerkmale:

Sachinteresse – Kontaktinteresse
konkretes Denkvermögen – abstraktes Denkvermögen
emotionale Labilität – emotionale Stabilität
soziale Anpassung – Dominanzstreben
Besonnenheit – Begeisterungsvermögen
Flexibilität – Pflichtbewusstsein
Zurückhaltung – Selbstsicherheit
Robustheit – Sensibilität
Vertrauen – Misstrauen
Pragmatismus – Fantasie
Offenheit – Cleverness
Selbstvertrauen – Besorgtheit
Sicherheitsdenken – Veränderungsbereitschaft
Teamfähigkeit – Einzelgängertum
Spontaneität – Selbstkontrolle
Ausgeglichenheit – Angespanntheit

Weiterhin werden noch fünf Zusatzfaktoren ermittelt:

starke Normorientierung – geringe Normorientierung
große Stresstoleranz – geringe Stresstoleranz
große Autonomie – geringe Autonomie
große Entscheidungsfreude – geringe Entscheidungsfreude
starker Kontaktwunsch – schwacher Kontaktwunsch

Nun etwas ausführlicher:

Testaussagen	in den Dimensionen	Persönlichkeitsmerkmale
1. Ich wäre lieber Förster als Lehrer a) stimmt b) teils-teils c) stimmt nicht	von eher kühl und reserviert bis aufgeschlossen und warmherzig	Sachbezogenheit gegenüber Kontaktorientiertheit
2. Wenn der Himmel unten ist und der Winter heiß, dann ist auch ein Verbrecher a) ein Heiliger b) eine Wolke c) ein Gangster	von weniger intelligent bis deutlich intelligent	konkretes, eher langsames Denken gegenüber abstraktem und logischem Denkvermögen
3. Wenn ich zu Bett gehe, schlafe ich meist schnell ein a) stimmt b) teils-teils c) stimmt nicht	von sich leicht beunruhigen lassen bis stabil und gelassen bleiben	emotionale Störanfälligkeit gegenüber emotionaler Stabilität
4. Wenn ich von einer Verkäuferin nicht so bedient werde, wie ich es mir wünsche, gehe ich ohne zu zögern zum Abteilungsleiter a) stimmt b) teils-teils c) stimmt nicht	von sich anpassen und unterordnen bis selbstbewusst und unnachgiebig auftreten	soziale Anpassung und Unterwürfigkeit gegenüber Selbstbehauptung und Dominanz (Herrschsucht)
5. Ich kenne bei mir ein starkes Verlangen nach Abenteuer a) stimmt b) teils-teils c) stimmt nicht	von schnell, wach, enthusiastisch, sorglos bis ernsthaft und nachdenklich	Begeisterungsfähigkeit gegenüber Ausdrucksarmut und Besonnenheit
6. Wenn ich mit einer Grippe im Bett liege, a) erlebe ich dies als eine Art Urlaub b) macht mich das besorgt, weil ich nicht arbeiten kann c) teils-teils	von ungezwungen und unordentlich bis ordnungsliebend und gewissenhaft	Flexibilität oder auch Über-Ich-(Gewissens-) Schwäche gegenüber Pflichtbewusstsein, einem starken, kontrollierenden Gewissen (strenges Über-Ich)

Testaussagen	in den Dimensionen	Persönlichkeitsmerkmale
7. Bei Partys mich unter fremde Leute zu mischen, fällt mir a) leicht b) schwer c) teils-teils	von gehemmt, zurückhaltend und vorsichtig bis aktiv, ungehemmt, sorglos	Zurückhaltung und soziale Scheu gegenüber Initiative und Selbstsicherheit
8. Die Schönheit eines Gedichtes bewundere ich mehr als die Technik eines Computers a) stimmt b) teils-teils c) stimmt nicht	von realistisch, rücksichtslos bis intuitiv, sensibel	Grobschlächtigkeit und Robustheit gegenüber Feinfühligkeit, Sensibilität, Dünnhäutigkeit
9. Nur die Angst vor Strafe hält die meisten Menschen davon ab, sich kriminell zu betätigen a) stimmt b) teils-teils c) stimmt nicht	von vertrauensvoll, tolerant, vergebend bis skeptisch, kritische Haltung bewahrend, offen misstrauisch	Vertrauensbereitschaft und Vertrauensseligkeit gegenüber Argwohn und skeptischer Haltung, Misstrauen
10. Meine Devise: a) anfangen und probieren, wird schon schief gehen b) teils-teils c) erst mal nachdenken, bloß keinen Fehler machen	von konventionell und bedacht, das Richtige zu tun, bis bereit, vom Üblichen abzuweichen, unbekümmert, was andere davon halten	Nüchternheit, Pragmatismus gegenüber Unbekümmertheit, Unkonventionalität, »Wurschtigkeit«
11. Die nationale Verteidigungsmacht zu stärken, halte ich für klüger, als sich nur auf die internationale Verständigungsbereitschaft zu verlassen a) stimmt b) teils-teils c) stimmt nicht	von natürlich, unkompliziert und direkt bis überlegt, diplomatisch, kultiviert, berechnend, ausgekocht	Unbefangenheit und Offenheit gegenüber Scharfsinn und Überlegtheit

→

Testaussagen	in den Dimensionen	Persönlichkeitsmerkmale
12. Wenn ich mir Gedanken über einen unglücklichen Vorfall mache, schlafe ich schwerer ein a) stimmt b) teils-teils c) stimmt nicht	von unbekümmert und schwer zu beeindrucken bis sorgenvoll und leicht zu entmutigen	Zuversicht und Selbstvertrauen gegenüber Besorgtheit, Angst
13. Über die Möglichkeiten, wie man unsere Welt verändern müsste, damit sie besser funktioniert, denke ich gerne nach a) stimmt b) teils-teils c) stimmt nicht	von Beständigkeit und Risikovermeidung bis zur Bereitschaft zu widersprechen, zu verändern, Risiken einzugehen	konservative Haltung und Sicherheitsinteresse gegenüber Veränderungsbereitschaft bis hin zu Radikalismus
14. Mein Bürozimmer möchte ich mit niemandem teilen a) stimmt b) teils-teils c) stimmt nicht	von konform und bereit, sich anderen anzuschließen, bis zum Einzelgängertum, eigenbrötlerischen Verhalten	Gruppenabhängigkeit gegenüber Eigenständigkeit
15. Viele Menschen denken, dass meine Ansichten über Politik und Gesellschaft außergewöhnlich sind a) stimmt b) teils-teils c) stimmt nicht	von spontan, unbeherrscht bis diszipliniert, zielstrebig, zwanghaft	Mangel an Willenskontrolle, Spontaneität gegenüber Selbstkontrolle, Gehemmtheit
16. Bei einem Test oder einer Prüfung bin ich vorher a) angespannt b) teils-teils c) ganz gelassen	von locker, entspannt bis ehrgeizig, nervös, gefrustet	innere Ruhe und Ausgeglichenheit gegenüber Angespanntheit, Nervosität

Sachinteresse – Kontaktinteresse

Im Einzelnen verstehen die 16-PF-Testautoren unter *Sachinteresse*,

- wenn man sich bei gleicher Arbeitszeit und gleichem Lohn eher für den Beruf des Zimmermanns oder Kochs als für den des Kellners entscheiden würde,
- wenn man lieber Chemiker in der Forschung wäre als Geschäftsführer in einem Hotel,
- lieber Mitglied in einem Fotoklub als in einer Diskussionsgruppe.

Kontaktinteresse signalisiert, wer

- mit Leuten redet, damit die sich wohl fühlen,
- lieber Versicherungsagent ist als Landwirt.

Konkretes Denkvermögen – abstraktes Denkvermögen

Abstraktes gegenüber *konkretem Denkvermögen* beweist, wer begreift,

- dass sich Hund zu Knochen wie Kuh zu Gras verhält,
- heiß zu warm wie Berg zu Hügel
- und Flamme zu Hitze wie Rose zu Duft.

Konkret und eher dümmlich ist,

- wer nicht darauf kommt, dass folgende Relation gilt: Besser verhält sich zu am schlechtesten wie langsamer zu am schnellsten.

Emotionale Labilität – emotionale Stabilität

Emotionale Stabilität zeichnet sich gegenüber *Labilität* dadurch aus, dass man

- selbst gesteckte Ziele im Privatleben erreicht,
- bei beruflichen und privaten Entscheidungen nie auf mangelndes Verständnis von Seiten der Familie stößt,
- sich immer den Anforderungen des Lebens gewachsen fühlt,
- nie Sachen macht, die schief gehen.

Als *emotional labil* gilt,

- wer sich ein Leben wünscht, das geschützter ist und mit weniger Schwierigkeiten versehen,
- wer sein Leben bei einer zweiten Chance anders planen würde.

Soziale Anpassung – Dominanzstreben

Eher *Dominanzstreben* und *Selbstbehauptung* zeigt, wer

- in einer fremden Stadt hingeht, wohin es ihm beliebt,
- glaubt, dass es ihm besser als anderen gelingt, Herausforderungen mutig zu begegnen,
- spöttische Bemerkungen macht, wenn andere Leute sie verdient haben.

Sozial angepasst ist jemand,

- der sich in einer Stadt verläuft und dann seinem Begleiter ohne zu murren folgt, obwohl er davon überzeugt ist, dass dieser den Weg auch nicht sicher weiß.

Besonnenheit – Begeisterungsvermögen

Begeisterungsfähigkeit zeigt, wer

- öfter als einmal in der Woche ausgeht,
- einen Urlaub wählt, in dem viel unternommen wird, statt sich richtig zu entspannen.

Besonnenheit unterstreicht, wer

- Spaß dabei empfindet, Gäste einzuladen und sie zu unterhalten.

Flexibilität – Pflichtbewusstsein

Wer *Pflichtbewusstsein* demonstrieren will,

- fühlt sich von unordentlichen Menschen abgestoßen und ärgert sich über sie, z.B. ein unordentliches Zimmer stört ihn,
- besteht darauf, dass die Moralgesetze befolgt werden.

Flexibilität zeigt, wer

- zu Hause ist und über Zeit verfügt und nichts Bestimmtes macht, außer sich zu entspannen,
- keine starke Abneigung gegen Unordnung empfindet.

Zurückhaltung – Selbstsicherheit

Selbstsicher wirkt, wer

- nicht verlegen reagiert, wenn er plötzlich zum Mittelpunkt der Aufmerksamkeit wird,
- keine Mühe hat, mit Fremden ins Gespräch zu kommen.

Zurückhaltung und *Schüchternheit* zeichnet denjenigen aus, der

- mit Fremden in öffentlichen Verkehrsmitteln nicht leicht ins Gespräch kommt,
- sich Schwierigkeiten vorstellen könnte, wenn er vor fremdem Publikum eine Rede zu halten hat.

Robustheit – Sensibilität

Robustheit ist dadurch charakterisiert, dass

- man im Fernsehen lieber eine nützliche und informative Sendung über neue Erfindungen anschaut als einen bekannten Konzertkünstler,
- man lieber Oberst als Bischof, der für Sensibilität steht, werden möchte.

Sensibel ist, wer

- lieber Kinderbücher schreiben würde, als elektrische Geräte zu reparieren.

Vertrauen – Misstrauen

Misstrauen zeigt, wer

- nicht gut mit eingebildeten Leuten auskommt, vor allem, wenn sie prahlen,
- die Aufrichtigkeit von Menschen bezweifelt, die freundlicher sind, als man erwarten könnte,
- böse auf jemanden ist, der das in ihn gesetzte Vertrauen enttäuscht.

Vertrauen zeigt, wer

- glaubt, dass niemand es wirklich gern sehen würde, wenn man in Schwierigkeiten gerät,
- sich nichts daraus macht, wenn man heimlich schlecht über ihn redet.

Pragmatismus – Fantasie

Fantasie hat, wer
- gerne bei einer Zeitung Kritiken über Dramen, Konzerte oder Opern schreiben würde,
- sich vorstellen könnte, als Bewährungshelfer mit Haftentlassenen zu arbeiten.

Pragmatismus beweist, wer
- glaubt, dass es für einen Mann wichtiger sei, ein gutes Familieneinkommen zu sichern, als sich Gedanken über den Sinn des Lebens zu machen,
- Freunde mag, die tüchtig sind und praktische Interessen haben, statt sich ernsthafte Gedanken über ihre Lebenseinstellung zu machen,
- Zeitungsberichte über alltägliche Gefahren und Unfälle aufmerksam liest.

Offenheit – Cleverness

Offenheit signalisiert, wer
- lieber mit höflichen Menschen verkehrt als mit ungeschliffenen Personen,
- sich nicht bemüht, über Witze leise zu lachen.

Clever ist, wer
- das Leben eines Tierarztes, der Tiere behandelt und operiert, nicht toll findet,
- Scherze über den Tod nicht o.k. findet,
- nicht glaubt, mehr Glück als andere Menschen zu haben,
- immer Dinge tun möchte, die ihm Spaß machen.

Selbstvertrauen – Besorgtheit

Durch *Selbstvertrauen* zeichnet sich aus, wer
- sich nicht entmutigt fühlt, auch wenn er von anderen kritisiert wird,
- nicht übergewissenhaft ist und sich keine Gedanken über zurückliegende Handlungen oder Fehler macht.

Besorgtheit dagegen wird bei dem entdeckt, der

- sich fürchtet, etwas falsch gemacht zu haben, wenn er zu seinem Chef oder Lehrer gerufen wird,
- meint, dass seine Freunde ihn nicht so sehr brauchen wie er sie.

Sicherheitsdenken – Veränderungsbereitschaft

Sicherheitsdenken äußert sich in Statements wie:

- die Welt braucht mehr beständige und verlässliche Bürger,
- besser einen Arbeitsplatz mit festem und sicherem Gehalt,
- lieber sich auf bewährte Methoden verlassen,
- besser Hausmannskost als ausländische Speisen.

Veränderungsbereitschaft dokumentiert, wer

- auch als Jugendlicher bei seiner Meinung blieb, selbst wenn die anders war als die der Eltern,
- gerne über Möglichkeiten nachdenkt, wie sich die Welt verändern müsste,
- oft Menschen und deren Ansichten widerspricht.

Teamfähigkeit – Einzelgängertum

Teamfähigkeit wird belegt durch

- Freude an gemeinschaftlichen Unternehmungen,
- die Wahl, einen freien Abend gemeinsam mit Freunden bei einem Hobby zu verbringen,
- die Entscheidung, eigene Probleme mit anderen zu besprechen.

Einzelgängertum zeichnet sich dadurch aus, dass man

- lieber etwas alleine aufbaut als mit anderen zusammen,
- lieber alleine Pläne schmiedet,
- lieber und leichter lernt durch das Lesen eines Sachbuchs,
- Bücher unterhaltsamer findet als Menschen.

Spontaneität – Selbstkontrolle

Selbstkontrolle manifestiert sich darin, dass man

- alles plant und die Dinge nicht dem Zufall überlässt,
- beim Ausgehen, Essen und Arbeiten überlegt und systematisch vorgeht (verdammt noch mal: Wie isst man bitteschön »überlegt und systematisch«???),
- es sich zum Prinzip macht, sich nicht ablenken zu lassen oder Einzelheiten nicht zu vergessen.

Zu *Spontaneität* neigt, wer

- beim Ausgehen, Essen, Arbeiten gern von einer Sache zur anderen wechselt (von den Kartoffeln zum Fleisch und zum Gemüse, ein Häppchen hier, ein Häppchen da ...).

Ausgeglichenheit – Angespanntheit

Angespannt wirkt, wer

- sich über verhältnismäßig kleine Rückschläge manchmal mehr als notwendig aufregt,
- sich oft zu schnell über andere ärgert.

Ausgeglichenheit zeigt, wer

- vor einem Test oder einer Prüfung gelassen bleiben kann,
- seine Gefühlsäußerung immer genau zu beherrschen weiß,
- sich für weniger reizbar hält als die meisten Menschen.

Weiterhin werden noch fünf Zusatzfaktoren ermittelt:

- starke Normorientierung – geringe Normorientierung
- große Stresstoleranz – geringe Stresstoleranz
- große Autonomie – geringe Autonomie
- große Entscheidungsfreudigkeit – geringe Entscheidungsfreudigkeit
- starker Kontaktwunsch – geringer Kontaktwunsch

Gut zu wissen, worauf die Tester hinaus wollen ...

Big Five Test

Relativ neu ist das so genannte NEO-Fünf-Faktoren-Inventar (NEO-FFI). Hierbei handelt es sich um ein faktorenanalytisches Fragebogenverfahren, mit dem die wichtigsten 5 Faktoren Ihrer Persönlichkeit ermittelt werden sollen. Die Merkmalsbereiche sind:

- *Neurotizismus* (Neigung zu Verhaltensabweichungen mit seelischen Ausnahmezuständen, meist aufgrund unverarbeiteter seelischer Konflikte; psychische Stabilität)
- *Extraversion* (seelische Einstellung, bei der die Konzentration der Interessen mehr auf äußere Objekte gegeben ist)
- *Offenheit für Erfahrungen*
- *Verträglichkeit*
- *Gewissenhaftigkeit*

Inhalt des Tests sind 60 Fragen mit jeweils einer 5er-Skala von Antwortmöglichkeiten, die von starker Ablehnung bis starker Zustimmung reicht. Je 12 der 60 Fragen beziehen sich auf die einzelnen Faktoren, mit denen in diesem Verfahren versucht wird, Rückschlüsse auf Ihre Persönlichkeitsstruktur zu ziehen.

Welche der Aussagen sich auf welchen Persönlichkeitsfaktor bezieht, ist für den Getesteten dabei nicht ohne weiteres erkennbar. Auch hohe Punktzahlen in den jeweiligen Faktoren können sowohl positive als auch negative Auswirkungen haben. Es ist klar, dass ein hoher Level im Bereich Neurotizismus weniger vorteilhaft gewertet wird als ein entsprechend hohes Niveau im Sektor Gewissenhaftigkeit, aber auch hier droht die Gefahr, bei einer zu hohen Punktzahl für ziemlich kleinkariert eingestuft zu werden.

Im nun folgenden Test liegen Ihnen 50 Aussagen vor, die Sie je nach Zustimmung oder Ablehnung bewerten sollen, wobei

☹ für deutlich klare Ablehnung
☹ für relative Ablehnung
😐 für Unentschiedenheit/Teils-teils-Haltung
☺ für teilweise Übereinstimmung
☺ für deutlich starke Übereinstimmung

der jeweiligen Aussage steht.

Entscheiden Sie bitte spontan, welche Wertung am ehesten für Sie in Betracht kommt und notieren Sie später die jeweilige Punktwertung getrennt nach den Symbolen.

	Ablehnung	→			**Zustimmung**	
1. Ich denke des Öfteren, anderen Menschen unterlegen zu sein.	0	1	2	3	4	✤-Punkte: __
2. Unterhaltungen mit anderen Menschen bereiten mir Freude.	0	1	2	3	4	★-Punkte: __
3. Inspirationen, die ich in der Natur oder in Museen finde, verarbeite ich gerne kreativ weiter.	0	1	2	3	4	▼-Punkte: __
4. Rücksichtnahme und Sensibilität haben eine hohe Priorität in meinem Handeln gegenüber anderen.	0	1	2	3	4	■-Punkte: __
5. Perfektionismus ist oberstes Gebot bei all meinen Arbeitstätigkeiten.	0	1	2	3	4	●-Punkte: __
6. Es gibt Tage, an denen ich mir total wertlos vorkomme.	0	1	2	3	4	✤-Punkte: __
7. Man kann mich mit Sicherheit als Frohnatur bezeichnen.	0	1	2	3	4	★-Punkte: __
8. Es kommt durchaus vor, dass ich beim Hören von Musik oder beim Lesen eines Buches vor Begeisterung eine Gänsehaut bekomme.	0	1	2	3	4	▼-Punkte: __
9. Meine Arbeitskollegen und meine Familie kennen mich als streitsüchtigen Menschen.	4	3	2	1	0	■-Punkte: __

	Ablehnung → Zustimmung					
	☹	☹	😐	☺	☺	
10. Es fällt mir leicht, bei meiner Arbeit den vorgegebenen Zeitrahmen einzuhalten.	0	1	2	3	4	●-Punkte: __
11. Ängstlichkeit oder Furcht sind bei mir eher seltenere Gefühle.	4	3	2	1	0	✤-Punkte: __
12. Ich umgebe mich gerne mit netten Menschen.	0	1	2	3	4	★-Punkte: __
13. Auf Reisen experimentiere ich gerne mit exotischen Speisen.	0	1	2	3	4	▼-Punkte: __
14. Bei Entscheidungen oder Meinungen zeige ich mich meist unnachgiebig und kompromisslos.	4	3	2	1	0	■-Punkte: __
15. Um gesteckte Ziele erreichen zu können, arbeite ich stetig und gewissenhaft.	0	1	2	3	4	●-Punkte: __
16. Es kommt wirklich nicht oft vor, dass ich mich deprimiert oder verlassen fühle.	4	3	2	1	0	✤-Punkte: __
17. Meinen Lebensstil könnte man als sehr umtriebig und leicht chaotisch bezeichnen.	0	1	2	3	4	★-Punkte: __
18. Poesie kann mich durchaus emotional aufwühlen.	0	1	2	3	4	▼-Punkte: __
19. Ich finde es o.k., Menschen, die man als unsympathisch empfindet, dieses auch zu signalisieren.	4	3	2	1	0	■-Punkte: __

→

	Ablehnung → Zustimmung					
20. Bei meinen Tätigkeiten gehe ich immer sehr systematisch vor.	0	1	2	3	4	●-Punkte: ___
21. Wenn die Dinge mal nicht so gut laufen, lasse ich mich nicht so leicht entmutigen.	4	3	2	1	0	✤-Punkte: ___
22. Ich würde mich eher als einen Menschen bezeichnen, der es vorzieht, seine eigenen Wege zu gehen.	4	3	2	1	0	★-Punkte: ___
23. Debatten über philosophische Themen halte ich für Zeitverschwendung.	4	3	2	1	0	▼-Punkte: ___
24. Ich würde mich niemals als einen Skeptiker oder Zyniker bezeichnen.	0	1	2	3	4	■-Punkte: ___
25. Gewissenhaftigkeit ist oberstes Gebot bei der Ausführung mir übertragener Aufgaben.	0	1	2	3	4	●-Punkte:
26. Ich spüre häufig die Symptome von Nervosität und starker innerer Anspannung.	0	1	2	3	4	✤-Punkte: ___
27. Ich bin sehr empfänglich für Humor und lache gerne.	0	1	2	3	4	★-Punkte: ___
28. Es reizt mich, ungewöhnliche Ideen oder neuartige Theorien gedanklich durchzuspielen.	0	1	2	3	4	▼-Punkte: ___
29. Ich bemühe mich, meine Mitmenschen mit Unvoreingenommenheit und Freundlichkeit zu behandeln.	0	1	2	3	4	■-Punkte: ___

	Ablehnung →			→ Zustimmung		
	☹	☹	😐	☺	☺	
30. Mein Arbeitsplatz ist stets tadellos aufgeräumt und sauber.	0	1	2	3	4	●-Punkte: __
31. Ich leide häufig darunter, dass andere Menschen mich schlecht behandeln.	0	1	2	3	4	✤-Punkte: __
32. Eigentlich bin ich eher ein verschlossener Mensch.	4	3	2	1	0	★-Punkte: __
33. Ich bin der Meinung, dass man sein Wissen ständig erweitern sollte.	0	1	2	3	4	▼-Punkte: __
34. Auf viele Menschen wirke ich eher kühl und arrogant.	4	3	2	1	0	■-Punkte: __
35. Wenn ich etwas versprochen habe, halte ich es unter Garantie auch ein.	0	1	2	3	4	●-Punkte: __
36. Man kann mich ziemlich leicht beunruhigen.	0	1	2	3	4	✤-Punkte: __
37. Ich stehe sehr gerne im Mittelpunkt einer Gesellschaft.	0	1	2	3	4	★-Punkte: __
38. Sich Tagträumereien hinzugeben, halte ich für ausgesprochene Zeitvergeudung.	4	3	2	1	0	▼-Punkte: __
39. Um ein bestimmtes Ziel zu erreichen, kann ich bisweilen auch sehr rücksichtslos handeln.	4	3	2	1	0	■-Punkte: __
40. Ich glaube, dass es mir wohl nie gelingen wird, mein Leben in geordnete Bahnen zu bringen.	4	3	2	1	0	●-Punkte: __

→

	Ablehnung → Zustimmung					
	☹	☹	😐	☺	☺	
41. Traurigkeit oder Niedergeschlagenheit verspüre ich äußerst selten.	4	3	2	1	0	✤-Punkte: __
42. Ich würde mich als einen eher aktiven Typ bezeichnen.	0	1	2	3	4	★-Punkte: __
43. Ich bin der Ansicht, bei ethischen Themen sollte man auch auf die Meinung von Religionsvertretern achten.	0	1	2	3	4	▼-Punkte: __
44. Es gibt Menschen, die mich für egoistisch und arrogant halten.	4	3	2	1	0	■-Punkte: __
45. Ich bin ein fleißiger Mensch, der seine Aufgaben gewissenhaft ausführt.	0	1	2	3	4	●-Punkte: __
46. Es kam öfters vor, dass mir etwas so peinlich war, dass ich mich sofort auf der Stelle hätte verkriechen können.	0	1	2	3	4	✤-Punkte: __
47. Normalerweise ist es mir lieber, Aufgaben alleine zu erledigen.	4	3	2	1	0	★-Punkte: __
48. Über hintergründige Themen aus Naturwissenschaft oder Philosophie nachzudenken, liegt mir fern.	4	3	2	1	0	▼-Punkte: __
49. Ich ziehe Zusammenarbeit der Konkurrenz vor.	0	1	2	3	4	■-Punkte: __
50. Es kommt öfters vor, dass ich sehr viel Zeit verstreichen lasse, ehe ich eine Aufgabe beginne.	4	3	2	1	0	●-Punkte: __

Summe der Punkte in den Einzelfaktoren:

	✤	
	Neurotizismus	
40		sehr problematisch
35		problematisch
30		
25		überdurchschnittlich
20		
15		unproblematisch
10		
5		

	★	▼	■	●	
	Extraversion	Offenheit für Erfahrung	Verträglichkeit	Gewissen-haftigkeit	
40					zu viel des Guten
35					sehr gut
30					gut
25					überdurchschnittlich
20					etwas unter-durchschnittlich
15					unterentwickelt
10					problematisch
5					sehr problematisch

Je 10 Aussagen bezogen sich dabei auf jede der 5 Faktorgruppen.

Der Mittelwert (2 Punkte pro Aussage) liegt bei 20 Punkten pro Einzelfaktor. Dies ist auch der Wert, an dem Sie sich orientieren können. Hohe Werte liegen vor, wenn Sie deutlich über 25 Punkte liegen sollten. Das Maximum wären also 40 Punkte und ab 25 oder gar 30 und mehr Punkten pro Faktor ist der entsprechende Charakterzug extrem ausgeprägt, gefährlich wird es aber erst über 35 Punkte.

Wir verzichten hier bewusst auf eine detaillierte Punkteskala zu Ihrer Einstufung; am besten Sie bilden sich selbst ein Urteil.

Testauswertung

Testpersonen mit höheren Werten im Bereich *Neurotizismus* neigen dazu, eher unangemessen auf Stresssituationen zu reagieren, unrealistische Ideen zur Realisierung ihrer Bedürfnisse zu entwickeln und in ständiger Sorge um ihre Gesundheit zu leben. Unsicherheit, Traurigkeit, Ängstlichkeit, Nervosität und Verlegenheit sollen wichtige Bestandteile ihres Charakters sein. Hier ist ein Punktwert unter 20 anzustreben.

Hohe Werte im Faktor *Extraversion* charakterisieren Personen mit Vorlieben für An- und Aufregungen, sie sind eher heiter, aktiv, gesellig, personenorientiert, gesprächig, herzlich und optimistisch.

Liegen höhere Werte im Bereich *Offenheit für Erfahrung* vor, so zeichnen sich die Testpersonen durch Fantasie, Kreativität, Wissbegierigkeit und Objektivität aus; sie sind offen für Abwechslungen und neue Erfahrungen.

Testpersonen mit sehr hohen Werten im Faktor *Verträglichkeit* haben ein absolut starkes Harmoniebedürfnis, sie sind sehr nachgiebig und eher zu vertrauensvoll. Bei mittleren Werten werden Kooperativität und Gemeinschaftssinn ebenso deutlich wie etwa uneigennütziges, wohlwollendes, mitfühlendes und verständnisvolles Verhalten.

Wenn im Faktor *Gewissenhaftigkeit* höhere Werte vorliegen, so wird deutlich, dass die Testperson zuverlässig, diszipliniert, pünktlich, ordentlich, ehrgeizig und hart arbeitend, aber u.U. auch zwanghaft perfektionistisch ist (ab 35 Punkte deutlich).

Positiv ist anzumerken, dass der NEO-FFI-Test vom Inhalt und Aufbau intelligenter als die meisten anderen Persönlichkeitstests angelegt ist. Dennoch soll auch bei diesem Testverfahren darauf hingewiesen werden, dass es primär dafür entwickelt wurde, Ihr Seelenleben zu erforschen, um daraus Schlüsse auf eine berufliche Kompetenz zu ziehen. Ob es gerechtfertigt ist, Sie nach Ihren Ängsten oder seelischen Bedürfnissen zu befragen, beurteilen Sie am besten selber. Wir jedenfalls halten dies – auch in diesem Fall – für mehr als bedenklich.

FPI – Freiburger Persönlichkeits-Inventar

Nach den Erläuterungen der Testautoren ist dieser Test lediglich für klinische Zwecke – also Beratungs- oder Therapiesituationen – entwickelt worden. Diese Tatsache kann Personalerforscher jedoch nicht davon abhalten, das Testverfahren trotzdem Bewerbern zuzumuten.

Im Ein- und Anleitungsteil wird der »Ankreuzer« mit den Hinweisen eingestimmt: »Auf den folgenden Seiten finden Sie eine Reihe von Aussagen über bestimmte Interessen, Einstellungen und Verhaltensweisen. Jede einzelne können Sie entweder mit ›stimmt‹ oder ›stimmt nicht‹ beantworten. Bedenken Sie: Es gibt keine richtigen oder falschen Antworten, weil jeder Mensch das Recht zu eigenen Anschauungen hat. Antworten Sie in dem Sinne, wie es für Sie zutrifft. Dabei überlegen Sie bitte nicht, welche Antwort den besten Eindruck machen könnte.«

Gleich zu Beginn erwartet Sie die clevere Suggestivfrage: Ich habe die Anleitung zu diesem Test gelesen und bin jetzt bereit, jeden Satz ganz offen zu beantworten (stimmt/stimmt nicht).

Was soll geprüft werden? Es geht um zwölf Persönlichkeitsmerkmale, die in der langen Testversion mit etwa 210 Fragen und in einer kürzeren mit gut der Hälfte abgetestet werden:

- Nervosität
- Aggressivität
- Depressivität
- Erregbarkeit
- Geselligkeit
- Gelassenheit
- Dominanzstreben
- Gehemmtheit
- Offenheit

Zusätzlich überprüfte Eigenschaften sind:

- Extraversion
- emotionale Labilität
- Maskulinität

Nervosität

Zum Persönlichkeitsmerkmal Nervosität versucht der Test mit mehr als 50 Fragen, den Bewerber nach typischen psychosomatischen Beschwerdemustern auszuhorchen, z.B.:

- Ich leide unter einem empfindlichen Magen.
- Manchmal verspüre ich Stiche im Brustbereich.
- Ich kenne Schwierigkeiten mit dem Ein- bzw. Durchschlafen.
- Bisweilen beginnt mein Herz unregelmäßig zu schlagen.
- Manchmal habe ich Ohrensausen oder Augenflimmern.
- Häufig sind meine Hände ausgesprochen zittrig.

Wer Fragen nach körperlichem Unwohlsein und Krankheitssymptomen nicht konsequent mit »stimmt nicht« ankreuzt, wird in der Testauswertung schnell als »nervöser Charakter mit psychosomatischer Symptombildung« abgestempelt.

Aggressivität

Mit fast 80 Fragen soll das Aggressionspotenzial erfasst werden. Ein wenig Aggressivität ist sicherlich erforderlich, um nicht als »Schlappi« dazustehen, ein Zuviel davon lässt einen jedoch schnell als unüberlegt, impulsiv und unreif erscheinen:

- Es ist schon vorgekommen, dass mich Leute so ärgerten, dass es zu einer Schlägerei kam.
- Als Kind habe ich bisweilen andere ganz gerne gequält.
- Ich habe Freude daran, Blumen zu köpfen.

Depressivität

- Ich fühle mich selten unglücklich und bedrückt.
- Dem Leben und seinen Schwierigkeiten fühle ich mich gut gewachsen.
- Was andere Leute über mich denken könnten, beunruhigt mich.
- Häufig grübele ich, z.B. über mein bisheriges Leben.

Missgestimmt, grüblerisch, unsicher und unzufrieden ist nicht die gewünschte Charaktermischung für eine erfolgreiche Bewerbung.

Erregbarkeit

Keine Dimension, die es zu sehr auszubauen gilt, wenn man nicht als Choleriker abqualifiziert werden will. Jedoch: Sich als unterkühlt und temperamentlos darzustellen, birgt die Gefahr, als zu stumpf und wenig engagiert eingestuft zu werden:

- Ich fühle mich manchmal wie ein Pulverfass – kurz vor der Explosion.
- Insgesamt bin ich nicht leicht aufzuregen und eher ruhig.

Geselligkeit

Geselligkeit ist immer gut, wenn es um publikums- und eher verkaufsorientierte Berufe geht. Der Kontakt zum Mitmenschen steht bei vielen Firmen hoch im Kurs. Das Gegenteil davon bringt den Bewerber in die Gefahr, als weltfremder Einsiedler eingestuft zu werden:

- Im Freundschaftenschließen bin ich eher langsam.
- Auch in Gesellschaft fühle ich mich oft alleine.
- Die Mitreisenden interessieren mich weniger als die Landschaft, wenn ich verreise.

Gelassenheit

- Ich finde es unerträglich, wenn andere sich über mich lustig machen.
- Planung ist mir wichtiger als Handeln.

Die Bejahung dieser und ähnlicher Feststellungen lässt Sie als zögerlichen, irritier- und wenig belastbaren Menschen erscheinen. Gut gelaunt und aktiv zu sein, mit Selbstvertrauen ausgestattet und durch nichts aus der Ruhe zu bringen – damit sind Sie ein attraktiver Bewerber mit hohem Punktwert in puncto Gelassenheit:

- Durch eine Vielzahl von kleineren Störungen lasse ich mich nicht aus der Ruhe bringen.

Dominanzstreben

- Wenn ein Hund nicht gehorcht, verdient er Schläge.
- Lieber mal jemandem eins auf die Nase geben, als feige sein.

Wie viel Dominanz erforderlich ist, hängt auch vom Führungsstil (kooperativ-autoritär) des jeweiligen Unternehmens ab. Wer sich nicht wehrt, lebt verkehrt, und wer bei der Durchführung von Strafaktionen gemeinsam mit Freunden kneift, gilt als Duckmäuser, so wie in der Feststellung:

- Ehe ich mich streite, gebe ich lieber nach.

Gehemmtheit

- Es ist mir unangenehm, wenn mir andere bei der Arbeit zugucken.
- Insgesamt gesehen bin ich wohl eher ein ängstlicher Mensch.
- In bestimmten Situationen fange ich auch mal zu stottern an.

Wer sich als zu gehemmt darstellt, wird als Führungskraft keine Chance bekommen. Gehemmtheit geht häufig einher mit geringem Dominanzstreben und geringer Kontaktfähigkeit.

- Bei schlechter Essensqualität beschwere ich mich im Restaurant beim Kellner oder Geschäftsführer – wer dies bejahen kann, gilt nicht als gehemmt.

Offenheit (Lügenfalle)

Wer immer die Wahrheit sagt und wessen Benehmen zu Hause genauso gut ist wie in Gesellschaft, der wird schnell als Lügner überführt. Mit etwa 20 Fragen versucht man, sich der Ehrlichkeit des Ankreuzers zu vergewissern:

- Manchmal schiebe ich etwas auf, was ich besser sofort tun sollte.
- Manchmal bin ich schadenfroh.
- Bisweilen gebe ich ein bisschen an.
- Gelegentlich erzähle ich auch mal eine Lüge.
- Als Kind habe ich manchmal genascht.

Wer hier nicht »stimmt« ankreuzt, verrät sich bei diesen Dann-und-wann-manchmal-bisweilen-Geständnissen als Lügner. Es gibt kleine Sünden, über die man sich nicht als erhaben bezeichnen sollte.

Die oben aufgeführten zusätzlichen Persönlichkeitsdimensionen (Extraversion = gute Kontaktfähigkeit usw.; emotionale Labilität = depressives Verhalten, psychosomatische Symptome; Maskulinität = leidenschaftlicher Jäger sein, sich prügeln können und keine weichen Knie oder Schreckhaftigkeit kennen) setzen sich aus den ausführlich beschriebenen Hauptfragegebieten zusammen.

Hier noch eine kleine Auswahl von weiteren Aussagen, die im Test vorkommen können:

- Abends gehe ich gerne aus.
- Freundschaften schließe ich nur sehr langsam.
- Wenn man mich schlägt, schlage ich nur sehr selten zurück.
- Über einen unanständigen Witz kann ich bisweilen auch lachen.
- Über die Dinge, von denen ich manchmal träume, erzähle ich anderen besser nichts.
- Innere Leere und Teilnahmslosigkeit sind Gefühle, die ich bisweilen bei mir schon erlebt habe.
- In einen Raum zu gehen, in dem bereits andere Leute zusammensitzen und sich unterhalten, fällt mir schwer.
- Oft habe ich einen trockenen Mund.
- Nicht immer sage ich die Wahrheit.
- Wenn mich eine Fliege stört, kann ich erst zufrieden sein, wenn ich sie gefangen habe.
- Fremden nie zu vertrauen, lautet mein Motto.
- Des Öfteren habe ich Blähungen.
- Bisweilen bin ich unpünktlich.
- Schreit mich jemand an, schreie ich zurück.
- Manchmal habe ich Fantasien, was meinen Widersachern alles zustoßen könnte.
- Für einen guten Zweck würde es mir leicht fallen, andere Menschen um eine Spende zu bitten.
- Manchmal muss ich mich für die Gedanken, die ich habe, schämen.
- Oft spreche ich Drohungen aus, die ich eigentlich gar nicht so ernst meine.

MMPI – Meine Seele verlässt manchmal meinen Körper

Sollte Ihnen als Bewerber der MMPI vorgelegt werden, ein Persönlichkeitstest, der sich besonders durch seinen Umfang von über 560 Fragen, aber auch durch seine Statements, die zu bejahen oder zu verneinen sind, auszeichnet, befinden Sie sich in den Händen skrupelloser Testanwender und sollten daraus Ihre Konsequenzen ziehen.

Fragen wie »Manchmal verlässt meine Seele meinen Körper« und »Wegen meines sexuellen Verhaltens hatte ich niemals Unannehmlichkeiten« oder »Ich habe mir immer gewünscht, ein Mädchen zu sein« (falls Sie eines sind: »Es hat mir nie Leid getan, dass ich ein Mädchen bin«), »Ich habe Angst, den Verstand zu verlieren« gehören zu dem Gruselinventar, mit dem man sich der Persönlichkeit eines Bewerbers nähern möchte. Auch hier empfehlen wir Ihnen eine Strafanzeige gegen die Anwender.

Sollten Sie sich dennoch dazu entschließen, Ihre Persönlichkeit auf

- Hypochondrie (Wehleidigkeit),
- Depression (Interessenlosigkeit, mangelndes Selbstvertrauen),
- Hysterie (u.a. mangelnde Belastbarkeit mit der Neigung, bei psychischen Problemen mit körperlichen Symptomen zu reagieren),
- Paranoia (Verfolgungswahn), Psychasthenie (Konzentrationsschwäche, Entscheidungsschwierigkeiten, Zwangshandlungen),
- Schizoidie (Kontaktarmut, bizarre Denkweise),
- Psychopathie (soziale Unangepasstheit),
- Hypomanie (Hektik, Unzuverlässigkeit, Sprunghaftigkeit),
- soziale Introversion (Unsicherheit, Kontaktscheue),
- Maskulinität bzw. Femininität (Abweichung vom Geschlechtsverhalten)

untersuchen zu lassen, dann überlegen Sie sich gut, wie Sie antworten.

Natürlich kann man keinem empfehlen, sich für einen »verdammten Menschen« oder für einen »Sendboten Gottes« zu halten, beides Fragen aus dem MMPI, die bei dieser Ankreuzung Ihren entsprechenden Geisteszustand dokumentieren.

Ein kleiner Auszug: Es fängt mit ganz harmlosen Fragen an wie

- Ich lese gerne technische Zeitschriften. (stimmt/stimmt nicht)
- Ich habe einen guten Appetit.
- Morgens wache ich meist früh schon ausgeruht auf.

Und dann geht es mit obskuren Fragen weiter wie:

- Manchmal bin ich von bösen Geistern besessen.
- Alles trifft so ein, wie die Propheten es in der Bibel vorausgesagt haben.
- Ich glaube, man spioniert mir nach.
- Ich glaube, jemand versucht mich zu vergiften.
- Ich glaube, dass meine Sünden nicht vergeben werden können …

Dieser Fragebogen ist eine Provokation, und wer Ihnen dieses zumutet, gehört öffentlich angeprangert. Es ist noch nicht lange her, da gab es einen Skandal in Niedersachsen, weil angehende Justizvollzugsbeamte und Hunderte von Häftlingen mit diesem Test untersucht wurden. Der niedersächsische Justizminister hat den Testeinsatz untersagt.

Sind auch eine ganze Reihe von Fragen leicht durchschaubar bzw. dermaßen abstrus, dass sich eine weiter gehende Besprechung erübrigt, so gibt es einige, die speziell im Hinblick auf die Bewerberauswahl interpretiert werden können:

- Ich wäre ein guter Menschenführer, wenn man mir Gelegenheit dazu gäbe.
- Ich vertrete eine feste politische Meinung.
- Bei Wahlen stimme ich manchmal für Leute, die ich eigentlich zu wenig kenne.
- Ich wäre gern Mitglied in mehreren Vereinen.

Wer hier zustimmt, entwirft angeblich ein Bild über seine Persönlichkeit, das positiv in Richtung Führungsqualität und Dominanzstreben interpretiert wird.

Das Gegenteil erzielt man, wenn man …

- in der Schule Schwierigkeiten hatte, vor den Klassenkameraden zu sprechen.
- glaubt, nicht das richtige Leben geführt zu haben.
- in der Gesellschaft oft Mühe hat, den richtigen Gesprächsstoff zu finden.
- Konzentrationsschwierigkeiten hat.
- meint, zuwenig Selbstvertrauen zu haben.
- hinterher oft bereut, was man getan hat.
- als Kind am meisten eine Frau bewunderte (Mama …).
- niemandem einen Vorwurf machen möchte, der alles im Leben mitnehmen will.

Durchsetzungsfähigkeit und Selbstsicherheit gehören ebenso zu den gesuchten und gewünschten Führungsqualitäten. Wer sich ...

- wünscht, nicht so schüchtern zu sein,
- beklagt, zu wenig Selbstvertrauen zu haben,
- eingesteht, oft dagegen anzukämpfen, die Schüchternheit nicht zu zeigen,

bringt sich in die Gefahr, in den Augen der Testdeuter als unsicher, labil und gefügig zu gelten.

Kooperationsbereitschaft und eine positive Einstellung zur sozialen Umwelt deutet man an, indem man Aussagen wie diesen nicht zustimmt:

- Ich nehme mich in Acht, wenn Leute freundlicher sind, als ich es erwarte.
- Wenn mir jemand etwas Gutes tut, frage ich mich, welche Hintergründe er haben könnte.
- Die meisten Leute schließen Freundschaften, damit ihnen diese Freunde nützlich sein können.
- Die meisten Leute sind nur ehrlich, weil sie Angst vor dem Erwischtwerden haben.

Seien Sie auf der Hut bei allen Fragen, die Schuldgefühle ansprechen, Unsicherheiten des eigenen Verhaltens, Schüchternheit oder Selbstkritik. Hier droht ein Punktverlust, verbunden mit übelster Interpretation Ihres Charakters, wenn Sie arglos antworten, was Ihnen in den Sinn kommt.

Die Lügenfallen dieses Tests sind besonders raffiniert. In mehreren Analyse-Verfahren beschäftigt man sich mit der Ehrlichkeit des Beantworters. Beim MMPI sorgen dafür die so genannten K- und L-Skalen (Korrektur- und Lügenskala). Mit fast 50 Fragen versucht man, dem »oberschlauen« Beantworter ein Bein zu stellen.

Aufgepasst bei Formulierungen wie: manchmal, dann und wann, ab und zu, gelegentlich. Wer hier alles abstreitet, macht sich verdächtig. Bei sozial unerwünschtem, aber häufig anzutreffendem Verhalten oder bei sozial erwünschtem, aber sehr seltenem Verhalten überführt man den lügenden Beantworter. Um ehrlich zu erscheinen, muss man eingestehen,

- manchmal wütend zu sein.
- ab und zu schlechte Laune zu haben.
- gelegentlich zu fluchen.
- nicht jeden Tag alle Leitartikel der Zeitung zu lesen.

- gelegentlich Arbeiten auf morgen zu verschieben, die heute getan werden müssten.

Zum Abschluss dieses Horrorkapitels der Testerei noch einige abenteuerliche Fragen (bitte ablehnen):

- Es ist etwas mit meinen Geschlechtsorganen nicht in Ordnung.
- Manche Tiere machen mich nervös.
- Blut in meinem Urin habe ich nie festgestellt.
- Schiller war meiner Meinung nach bedeutender als Goethe.
- Ich habe Lust, in Afrika Löwen zu jagen.

Auch wenn Ihnen diese Fragen aus dem Test nicht gestellt werden, sondern die etwas moderateren, wie

- Vorträge über ernste Themen höre ich gern,
- Ich nehme nie Medikamente ohne ärztliche Verordnung,
- Polizisten sind meiner Meinung nach gewöhnlich ehrliche Menschen,

so wird die negative Grundstimmung dieses Tests in der Regel gegen Sie verwandt. Diesem Test sollten Sie sich unbedingt verweigern.

Motiv: Motivation

Von vielen Teilnehmern bei Einstellungstestverfahren der Bayerischen Vereinsbank, aber auch bei der Polizei Brandenburg bekamen wir Berichte über einen merkwürdigen Persönlichkeitstest: Mehrere Dias mit Darstellungen von unterschiedlichen grafischen Figuren werden den Bewerbern mit der Entscheidungsaufgabe präsentiert: Welches Bild gefällt Ihnen besser?

In einer zweiten Diaserie werden – dargestellt durch ein Strichmännchen – Vorher/Nachher-Situationen gezeigt: So sieht man z.B. ein Männchen, das auf dem einen Bild einen Zaun streicht; auf dem anderen ist zu sehen, wie es den fertig gestrichenen Zaun in stolzer Pose von einem anderen Strichmännchen bewundern lässt (siehe unten).

Oder: Bild A zeigt ein Strichmännchen am Schreibtisch mit vielen Papieren arbeitend, Bild B ein zufriedenes Strichmännchen, das sich nach getaner Arbeit ausruht. Auch hier wird die gleiche Entscheidungsfrage gestellt (welches Bild gefällt Ihnen besser?).

Zugegebenermaßen sind uns die genauen Auswertungskriterien dieser Vereinsbank bei dem hier beschriebenen Test unbekannt. Wir können uns aber vorstellen, dass eine Chance, ungeschoren davonzukommen, darin besteht, sich vorsichtig und bedeckt zu verhalten und weder das eine noch das andere Extrem (also vorher = Bild A = z.B. bei der Arbeit bzw. nachher = Bild B = Situation der fertig gestellten Arbeit, Erholungs-, Bewunderungssituation) zu häufig anzukreuzen.

Nach unseren Informationen handelt es sich nicht um einen klassischen und wissenschaftlich diskutierten Test. Mit einiger Fantasie kann man sich aber vorstellen, dass es hier um Motivation und Leistungsbereitschaft geht und dass Bewerber, die zu oft im Sinne einer sozial erwünschten Haltung entscheiden (= zu viel arbeitsorientierte Bildchen ankreuzen), sich genauso verdächtig machen wie Bewerber, die ständig Bildchen ankreuzen, auf denen Bewunderungs- und Entspannungssituationen präsentiert werden.

A

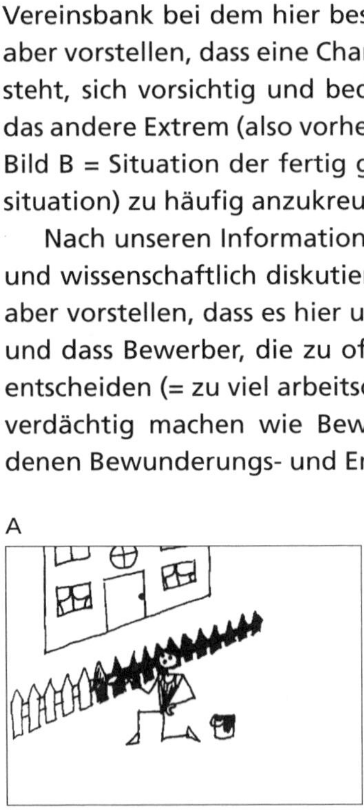

B

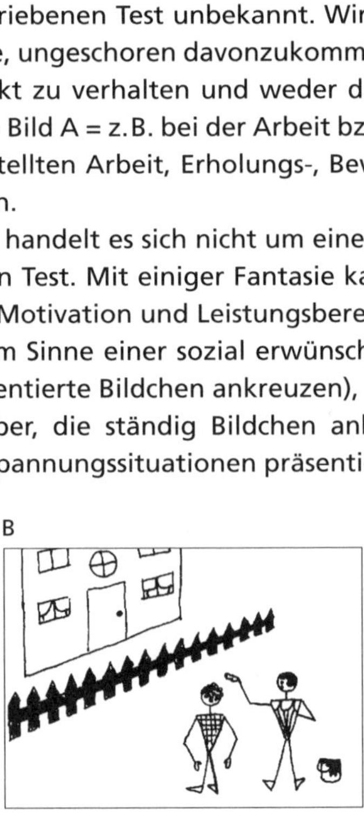

Satzergänzungs-Tests

Eine besondere Art von Persönlichkeitstests, die häufig unter dem Deckmäntelchen der Kreativitätsüberprüfung präsentiert werden, ist der so genannte Satzergänzungstest.

Man gibt Ihnen Satzanfänge und bittet Sie, den unvollständigen Satz nach Ihren Vorstellungen zu beenden, z.B.:
- Ich möchte gerne ...
- Ich fürchte ...
- Andere Leute sind ...
- Ich mag es nicht, wenn ...
- Ich wollte schon immer ...

Egal, wie diese Sätze anfangen, ob mit dem Wort »Ich...«, »Wir...«, »Es ...« oder halb formuliert wie eben aufgeführt bzw. stärker ausformuliert wie:
- Vorgesetzte sind immer ...
- An meinen Kollegen missfällt mir in der Regel, dass ...,

es geht darum, Ihnen Gedanken, Statements, Meinungen etc. zu entlocken, die dann entsprechend interpretiert werden können. Dass dieses Verfahren unseriös ist und Sie sich eigentlich weigern sollten, so etwas mitzumachen, ist eine Empfehlung – wenn auch in der Zwangssituation Bewerbung oftmals nicht realisierbar.

Auch wenn es scheinbar um andere Personennamen geht, wie z.B.
- Karl ist immer ...
- Hans fürchtete sich besonders ...
- Marion mag es, wenn man ...,

immer wieder handelt es sich dabei um Sie, d.h., die Vervollständigung des Satzes soll Rückschlüsse auf Ihre Persönlichkeitsstruktur ermöglichen.

Schauen Sie sich auch die Bewältigungsstrategien auf Seite 456 unten an.

Biografische Fragebögen

Unter dem harmlosen Motto »Wir haben hier noch einige Fragen an Sie. Bitte füllen Sie doch gleich mal unseren Personalfragebogen aus …« wird dem ahnungslosen Bewerber häufig suggeriert, er sei seinem Ziel, eingestellt zu werden, einen enormen Schritt näher. Neben den persönlichen Daten (Name, Adresse, Alter, Bildungsabschlüsse, Schuhgröße usw.) werden überwiegend Fragen aus folgenden Bereichen gestellt:

- Ursprungsfamilie (Größe, Ausbildung und Beruf der Eltern)
- eigene Familie (Größe, Alter der Kinder, Ausbildung und Beruf des Partners)
- Kindheit/Jugend (elterlicher Erziehungsstil, prägende Erfahrungen)
- schulischer Werdegang (geliebte/ungeliebte Fächer, Leistungen, Anpassung an Lehrer/Mitschüler)
- Ausbildung (Berufswahl, Ausbildungsschwerpunkte, Gründe für evtl. Fehlleistungen)
- Arbeits-/Berufserfahrung (Gründe für Arbeitsplatzwahl, besondere Kenntnisse/Fähigkeiten, Häufigkeit von Arbeitsplatzwechseln, Gründe und zeitlicher Verlauf)
- Freizeitgestaltung/Interessen (Hobbys, soziales Engagement, außerberufliche Aktivitäten)
- Selbsteinschätzung (besondere Stärken und Schwächen, Gründe für Fehl- und Rückschläge, Entwicklungs- und Verbesserungschancen)
- Lebensziele (berufliche und persönliche Ziele, auch für die Kinder, optimistische/pessimistische Zukunftseinschätzung)

Aber auch Fragen, die Sie angeblich ganz frei beantworten können – z.B. in Form eines Kurzaufsatzes –, können es in sich haben. Dazu folgende Beispiele:

- Welche Menschen bewundern Sie am meisten (bitte Namen nennen)?
- Nennen Sie einige von Ihnen bevorzugte Bücher!
- Welches sind die größten Missstände Ihrer Meinung nach:
  a) in der Welt
  b) in Ihrem Land
  c) in der Stadt, in der Sie wohnen
  d) in dem Unternehmen, in dem Sie derzeit arbeiten?

- Welchen Beruf würden Sie wählen, wenn Sie ohne Rücksicht auf Gehalt und Vorbildung frei wählen könnten?
- Welches Berufsziel haben Sie sich gestellt, und was wollen Sie in fünf bzw. zehn Jahren erreicht haben?

Recht beliebt sind auch umfangreiche Personalfragebögen, die oftmals vorab von Personalberatungsgesellschaften, aber auch von den Firmen selbst verschickt werden, die mit Großanzeigen auf ihre Stellenangebote aufmerksam machen.

Dabei handelt es sich um Sammlungen von Hunderten von Fragen oder zu bewertenden Statements, die ähnlich wie z.B. die Persönlichkeitstests 16 PF oder MMPI darauf abzielen, an Informationen über den Bewerber heranzukommen. Häufig wird es dem so Ausgefragten gar nicht bewusst, dass es sich hier um einen Persönlichkeitstest handelt und er mit dem Ausfüllen ein ganz spezifisches Persönlichkeitsbild von sich preisgibt.

Ein Beispiel für einen Personalfragebogen, der einem Bewerber um eine Ausbildung als Betriebswirt vorab zugesandt wurde – 150 Fragen auf 17 Seiten, hier ein Auszug:

Bei meiner Bewerbung ist mir wichtig (jeweils Ja/Nein ankreuzen):
- Sicherheit ist mir wichtiger als Arbeitsinhalte. (Ja/Nein)
- Karriere ist mir wichtiger als Fachinteresse.
- Verdienst ist mir wichtiger, als selbst Ideen umsetzen zu können.
- Der Arbeitsinhalt ist mir wichtiger als der Verdienst.
- Meine Karriere ist mir wichtiger als ein gutes Arbeitsklima.
- Mein Verdienst ist mir wichtiger als die Freude an der Arbeit.
- Fachinteresse ist mir wichtiger als das Image der Firma.
- Eigene Ideen umsetzen zu können ist mir wichtiger als Karriere.
- Das Image des Arbeitgebers ist mir wichtiger als meine fachliche Weiterentwicklung.

Weiter geht es mit Fragen zu Freizeitaktivitäten
(jeweils anzugeben: sehr wichtig/eher wichtig/eher unwichtig/unwichtig):
- Bücher lesen
- Fernsehen gucken
- alleine sein
- mit Freunden zusammensein
- Sport treiben

- mit anderen Wettkämpfe machen
- spazieren gehen
- Zeitschriften lesen
- gemeinsame Probleme mit Freunden diskutieren
- Probleme diskutieren, die die Freunde haben
- mit Freunden über Probleme diskutieren, die man selbst hat

Dann wird es immer persönlicher. Unter dem Stichwort »Selbstbeschreibung« heißt es:

- Welche Art des Denkens haben Sie?
  a) ausschließlich eher rational und logisch
  b) meistens eher logisch
  c) teils gefühlsbetont – teils logisch
  d) meistens eher gefühlsbetont
  e) ausschließlich eher gefühlsbetont

- Wenn Sie sich völlig neuen Situationen gegenübersehen, welchen Grad von Unsicherheit verspüren Sie?
  a) sehr starke Unsicherheit
  b) etwas Unsicherheit
  c) teils-teils
  d) eher Sicherheit als Unsicherheit
  e) sehr große Sicherheit

- Wenn ich mir mal was vornehme, dann
  a) gelingt es mir meistens so gut wie anderen Menschen auch.
  b) führe ich die Dinge selten so gut zu Ende, wie ich es mir vorgestellt hatte.
  c) bemerke ich häufig, dass ich mir einfach zu viel vorgenommen habe, und gebe schließlich auf.
  d) gelingt mir das meist besser als anderen Menschen.

Weiter geht es mit einer Liste von 25 Aussagen zur Person des Bewerbers, die jeweils zu bewerten sind (stimmt/stimmt mit Einschränkungen/stimmt eher nicht/stimmt nicht). Hier einige Beispiele:

- Ich bin anpassungsfähig.
- Ich bin geduldig.
- Ich würde lieber etwas Neues erfinden, als etwas Bestehendes zu verbessern.

- Auch wenn Schwierigkeiten auftreten, fällt mir immer wieder etwas ein.
- Im Umgang mit Autoritäten bin ich vorsichtig.
- Ohne entsprechende Befugnisse handle ich nicht.
- Ich bevorzuge es, dass sich Veränderungen langsam vollziehen.
- In der Regel arbeite ich ruhig und gleichmäßig.
- Ich bin beständig.
- Ich bin gründlich.
- Ich passe mich bereitwillig an.
- Oft riskiere ich, eingefahrene Wege zu verlassen.
- Für Dinge, die unter meiner Kontrolle sind, setze ich mir selbst strenge Regeln.
- Mein Verhalten ist kalkulierbar.

Diese Vorab-Persönlichkeitstests in der Verkleidung eines scheinbar harmlosen Fragebogens verstoßen nicht nur gegen die guten Sitten, sondern stellen juristisch gesehen einen unzulässigen Eingriff in die per Grundgesetz geschützte Privatsphäre dar. Bei einem potenziellen Arbeitgeber, der sich Ihnen als Bewerber gleich zu Anfang so präsentiert, ist Vorsicht angezeigt. Hier noch ein Kurzbeispiel für einen Persönlichkeitstest, wie er z. B. in einem Assessment Center gern eingesetzt wird. Der Kandidat berichtet:

Am Ende des zweiten AC-Tages bekamen wir es mit einem klassischen Persönlichkeitstest in Papier-und-Bleistift-Form zu tun. Mit etwa 190 Fragen versuchte man, unser Seelenleben zu durchleuchten. Ich sollte ankreuzen, welche Behauptung/Aussage jeweils für mich zutraf, z. B.:

- Wenn man mein Vertrauen enttäuscht, dann
  a) bin ich bereit, sofort zu verzeihen
  b) teils-teils
  c) werde ich sehr böse

- Von Freunden im Stich gelassen zu werden, ist mir
  a) ziemlich häufig
  b) manchmal
  c) kaum jemals passiert

- Ich fände es interessanter, in einer Fabrik verantwortlich zu sein für
  a) die Auswahl und Einstellung neuer Mitarbeiter
  b) weiß nicht
  c) für Maschinen oder die Buchhaltung

- In einem kleinen, engen Raum, zum Beispiel in einem überfüllten Aufzug, habe ich schnell das Gefühl, eingesperrt zu sein.
  a) gelegentlich
  b) selten
  c) nie

- Ich würde mein Leben, wenn ich es noch einmal zu leben hätte,
  a) mir genauso wünschen
  b) weiß nicht
  c) ganz anders planen

- Wenn ich die Wahl hätte, wäre ich lieber
  a) ein Wissenschaftler in der Forschung
  b) teils-teils
  c) ein Manager mit vielen Besprechungen

- Ich rede mit den Leuten nur,
  a) wenn ich etwas zu sagen habe
  b) teils-teils
  c) damit die sich wohl fühlen können

- Wenn man mir freundlicher begegnet, als ich eigentlich erwartet habe, zweifle ich an der Echtheit dieser Freundlichkeit.
  a) stimmt
  b) teils-teils
  c) stimmt nicht

- Wenn Leute eine moralisch überlegene Haltung demonstrieren, regt mich das auf.
  a) nein
  b) teils-teils
  c) ja

Tipp: Können Sie Parallelen zum Test auf Seite 409 ff. erkennen?

Bewältigungsstrategien

Was kann man als Bewerber, z.B. im Rahmen eines Assessment-Centers, gegen diese Art der Persönlichkeits(test)-»Notzuchtversuche« tun? Man kann sich schützen, lautet die einfache Antwort. Nur wie?

Zunächst einmal kommt es darauf an, so genannte Persönlichkeitstestverfahren als solche zu erkennen. Zweitens ist es wichtig zu wissen, wer und vor allem wie man ist, also die eigene Persönlichkeit, die eigenen Charaktermerkmale möglichst gut zu kennen. Drittens ist es unbedingt notwendig, in Erfahrung zu bringen, was die andere Seite (z.B. die AC-Beobachter, der Arbeitgeber) für Persönlichkeitsmerkmale erwartet bzw. wünscht. Und viertens muss es einem gelingen – leichter gesagt als getan –, das Übermitteln dieser Merkmale glaubhaft zu gestalten.

Persönlichkeitstestverfahren zu durchschauen, überhaupt erst einmal zu wissen, was auf einen zu- und worauf es ankommt, ist das Gebot der Bewerbungsstunde. Diese Kunst ist erlernbar.

Dazu jetzt die Auflösung zu dem im AC-Bericht geschilderten Beispiel (nummerieren Sie die Aussagen von 1–9 auf Seite 453).

Haben Sie gemerkt, worum es geht? Drei »Persönlichkeitsmerkmale« (Faktoren) sind es, die hinter diesen Fragen stehen:

1.

A Sachbezogenheit (kühl und reserviert) gegenüber

B Kontaktorientierung (aufgeschlossen und warmherzig)

Frage 3: Antwort a ist kontaktbezogen, c ist sachbezogen

Frage 6: Antwort a ist sachbezogen, c kontaktbezogen

Frage 7: Antwort a ist sachbezogen, c kontaktbezogen

Haben Sie sich zweimal oder mehr für einen der beiden Faktoren entschieden, ist Ihr Persönlichkeitsbild »festgenagelt«. Sie sind dann also z.B. ein eher kühler, bei dreimal A ein eiskalter Sachmensch ... Bei dreimaliger Kontaktorientierung sind Sie übrigens nicht bloß warmherzig, sondern bereits geschwätzig.

2.

A Vertrauensbereitschaft (vertrauensvoll) gegenüber

B skeptische Haltung (misstrauisch)

Frage 1: Antwort a ist vertrauensvoll, c misstrauisch

Frage 8: Antwort a ist misstrauisch, c vertrauensvoll

Frage 9: Antwort a ist vertrauensvoll, c misstrauisch

Hier wären die Extrempole (dreimalige Ankreuzung) vertrauensvoll-naiv und »blöd wie ein Schaf« zu sein bzw. ekelhaft, unangenehm, verschlossen und misstrauisch.

3.
A Emotionale Störbarkeit (neurotisch) gegenüber
B emotionale Stabilität (gelassen)
Frage 2: Antwort a ist neurotisch, c stabil
Frage 4: Antwort a ist neurotisch, c stabil
Frage 5: Antwort a ist stabil, c neurotisch

Hier geht es um die Polaritäten neurotisch-gestört oder wurschtig-cool.

Sollten Sie bei diesen 9 Fragen mehr als zweimal die Antwortmöglichkeit b angekreuzt haben (teils-teils, weiß nicht, manchmal etc.), laufen Sie Gefahr, als Lügner und Vernebler dazustehen, der den Test nicht offen beantworten will.

Bitte verstehen Sie diesen kleinen Demonstrationstest als eine Art didaktisches Beispiel, ohne an das Ergebnis auch nur im Entferntesten zu glauben. In der Testrealität jedenfalls wird im Prinzip bei der Auswertung so wie hier vorgegangen: Man legt Ihnen die Ankreuzungen entsprechend aus und interpretiert. Dabei kann selten was Positives rauskommen. Auf jeden Fall sollten Sie wissen, dass es keinesfalls immer eindeutig einen »guten« und anstrebenswerten gegenüber einem »schlechten« und zu vermeidenden Persönlichkeitsfaktor gibt.

Es ist schwer, generelle Empfehlungen für das Bearbeiten von Persönlichkeitstests auszusprechen, aber achten Sie darauf, die Fragen nicht zu extrem in eine Richtung anzukreuzen. Es geht um die »richtige Mischung« aus folgenden drei Komponenten:

1. Wie stellt sich der Arbeitgeber den idealen Bewerber für diese Position/Aufgabe vor?
2. Wie glauben Sie wirklich zu sein?
3. Ausweichen auf die »Teils-teils«-Position.

Wie verhalten Sie sich bei Satzergänzungstests? Wenn Sie nicht ablehnen können, halten Sie zumindest Ihre Antworten knapp und sozial erwünscht. Bleiben Sie sachlich, vermitteln Sie den Eindruck, dass Sie sich um aufrichtige Antworten bemüht haben, und bewegen Sie sich im sozial unverfänglichen und konfliktfreien Klischee. Hier ein Beispiel:

- Ich fürchte ... nicht den richtigen Erfolg zu haben.
- Früher war ich ... ein bisschen schüchterner als meine Freunde.
- Es ärgert mich besonders, wenn ... man mir nicht glaubt.

Diesem Beispiel seien andere Ergänzungsmöglichkeiten gegenübergestellt:
- Ich fürchte ... mich nicht.
- Früher war ich ... ein erfolgreicher Torwart unserer Schulmannschaft.
- Es ärgert mich besonders, wenn ... andere Menschen abergläubisch sind.

Die Gegenüberstellung macht deutlich, dass die Art und Weise der Vervollständigung der Sätze im zweiten Block z.B. für eine Management-Position unverfänglicher ist.

Wie unterläuft man diese Satzergänzungstests? Verdeutlichen Sie sich positive Verhaltensklischees, die man von Ihnen erwarten kann. Machen Sie sich noch einmal klar: Es geht nicht um Wahrheit oder Ihre reale persönliche Meinung.

Hier zwei Beispiele, wie man negativ formulierte Satzanfänge handhaben sollte:

- Ich fürchte ...
- *Antwort:* ... in der Regel nichts.

- Ich bin besorgt, wenn ...
- *Antwort:* ... jemand in meiner Familie ernsthaft erkrankt ist.

Banal wirkende Sätze sind keine Gefahr, sondern eher ein Indiz dafür, dass Sie kein Neurotiker sind. Diese – so die Meinung der Test-Autoren – erkennt man eher an den ernst zu nehmenden, sorgfältig ausgefeilten komplexen Sätzen. Also lieber:

- Ich kann nicht ...
- *Antwort:* ... klagen.

- Wenn ich einen Fehler mache, dann ...
- *Antwort:* ... bemühe ich mich, ihn zu korrigieren.

- Als man mir sagte, das könne ich nicht, ...
- *Antwort:* ... bat ich, es doch einmal versuchen zu dürfen.

- Wenn alles misslingt, dann ...
- *Antwort:* ... suche ich nach der Ursache und beseitige sie.

Körpersprache und Verkleidung

Ist Ihnen bewusst, dass Ihr Äußeres, also Ihr gesamtes Auftreten in Form von Körpersprache, aber auch (Ver-)Kleidung eine Herausforderung für den selbst ernannten Persönlichkeits-Personal-Chef-Psychologen darstellt?

Nun ein kleines Beispiel, um Ihnen zu zeigen, dass auch Sie in Ihrem Alltags-Privatleben als »Persönlichkeitspsychologe« tätig werden: Stellen Sie sich vor, Sie gehen auf einer belebten Straße spazieren, und Ihnen kommt ein Mann entgegen, der ganz deutlich in Kleidung und Gesamtaussehen heruntergekommen ist. Er bittet Sie um zwei 10-Cent-Stücke, weil er angeblich kein Geld zum Telefonieren hat. Was werden Sie denken? Sehr wahrscheinlich nehmen Sie ihm diese Geschichte und Bitte nicht so einfach ab, sondern vermuten, hier will jemand Geld schnorren (10 Passanten = 2 Euro), um sich aller Wahrscheinlichkeit nach Alkohol zu kaufen. Sie sind ein Mensch mit Prinzipien (»Für Alkohol gebe ich kein Geld«) und lehnen ab.

Stellen Sie sich die gleiche Situation mit einem halbwegs zivil gekleideten, ordentlich aussehenden Passanten vor, der Sie freundlich anschaut, direkt anspricht und kurz erklärt, dass er sein Geld verloren hat und unbedingt 20 Cent zum Telefonieren bräuchte. So angesprochen, wird man Sie viel eher dazu bewegen, diesen kleinen Betrag »herauszurücken«. Dieses kleine Beispiel dient lediglich dazu, Ihnen zu vermitteln, dass auch Sie im Alltagsleben wie ein Persönlichkeitspsychologe reagieren.

Übrigens: Beim Griff nach der Brieftasche sind Sie diese auch schon los und sehen gerade noch die Hacken des gut gekleideten Passanten … So leicht kann man sich irren. Sehen Sie, so ist das mit der Persönlichkeitspsychologie und ihren Theorien …

Wenden wir uns also zunächst den (Ver-)Kleidungs-Persönlichkeitstests zu. Das alte Sprichwort »Kleider machen Leute« ist Ihnen sicherlich geläufig, und wer sich zum Beispiel um einen Arbeitsplatz in einer Bank bewirbt, tritt besser nicht in Sportschuhen und Jeans auf. Dagegen sind gerade diese Bekleidungsutensilien bei einer Bewerbung in einem Sportgeschäft dazu angetan, Pluspunkte zu sammeln, während der seriöse, dunkelblaue, vielleicht noch dezent gemusterte Anzug hier einen sehr zweifelhaften Eindruck hinterlassen könnte.

Mit anderen Worten: Wer Schlosser werden möchte, muss zwar nicht im Blaumann antreten, sollte aber um Gottes willen nicht seinen Konfirmationsanzug herausholen, und wer bei einer Notar- und Rechtsanwaltskanzlei im Büro zu arbeiten vorhat, sollte sich vorsichtshalber beim ersten

Vorstellungsgespräch auch nicht unbedingt in Sport- und Joggingoutfit präsentieren.

Gibt es Patentrezepte? Das sicherlich nicht. Aber eine generelle Empfehlung: Schauen Sie sich doch einfach mal typische Berufsvertreter in dem von Ihnen angestrebten Beruf an und orientieren Sie sich an deren Kleidung.

Bei einer Versicherung gibt es sehr wohl locker und sportlich-dezent Gekleidete, aber ebenso sehr konservativ-seriöse Verkleidungsformen. Auch bei anderen Verwaltungsberufen ist sicherlich – wie so häufig im Leben – ein ausgewogener Mittelweg nicht von Nachteil.

Verdeutlichen Sie sich, dass Sie mit Ihrem Erscheinungsbild auch schon eine Art Arbeitsprobe und Visitenkarte abgeben. Vermeiden Sie es, besser gekleidet zu sein als Ihr Gegenüber, verzichten Sie auf Extravaganz, grelle, poppige, übertriebene Maskerade (Schminke) – mit vielleicht einer Ausnahme: Sie bewerben sich bei einer Werbeagentur oder in der »Kunstszene«.

Einem Gerücht zufolge hat man bei der Deutschen Bank als Bewerber mit weißen Socken null Chancen, selbst wenn man sein Prädikatsexamen aus dem grauen Nadelstreifenanzug (feinstes Tuch) ziehen kann. Irgendwie aber auch ein bisschen verständlich, was die Ästhetik anbetrifft – oder?

Körpersprache-Persönlichkeitstests

Nun können Sie sich auch in einem sehr seriös anmutenden grauen maßgeschneiderten Anzug oder Kostüm alle Chancen auf den zur Auswahl stehenden Job vermasseln, wenn Sie auftreten wie ein Hampelmann oder wie ein Betrunkener (im Notfall geht auch beides zusammen). Mit anderen Worten: Nicht nur das Aussehen, sondern auch die Art und Weise, wie Sie Ihren Körper bewegen, prägt das Bild, das man sich von Ihrer Persönlichkeit macht.

Wie viele Sprachen beherrschen Sie? Ihre Muttersprache, Fremdsprachen – sehr schön. Und ... viele Personalchefs und Taschenpsychologen glauben, die Körpersprache zu beherrschen bzw. zu verstehen. Der Körper lügt angeblich nicht (übrigens: Lügen haben kurze Beine). Erhobener Zeigefinger, hoch gezogene Augenbrauen, gerümpfte Nase und eine in Falten gelegte Stirn sprechen eine deutliche Sprache. Wer die Hände im Schoß faltet oder hinter dem Kopf verschränkt, signalisiert seiner Umwelt bewusst oder unbewusst etwas. Nur was, das ist die Frage.

Personalfritzen hantieren gerne mit Listen, aus denen sie schnell ablesen können, was eine bestimmte Haltung, Geste, Mimik usw. für eine Bedeutung hat – auf ähnlichem Niveau wie die diversen Traumdeutungsbücher, die einem aufs Stichwort angeblich genau verraten, was der Traum der vergangenen Nacht bedeutet.

Im Wesentlichen geht es um

- Blickverhalten
- Mimik
- Gesten
- Körperhaltung
- Sprechweise
- Geruch

Bitte nehmen Sie die folgende Liste nicht zu ernst, aber Sie sollten wissen, wie Ihr Verhalten möglicherweise interpretiert werden könnte.

Körpersignal	Bedeutung
Blickverhalten	
Augen betont weit offen	Aufmerksamkeit, Aufnahmebereitschaft, Sympathie, Weltoffenheit signalisierend, Flirtverhalten
verengte Augenöffnung	Konzentration, Entschlossenheit, Eigensinn, Kleinlichkeit, überkritische Haltung
zugekniffene Augen	Abwehr, Unlust
gerader Blick	Offenheit, Gewissensreinheit, Vertrauen
schräger Blick	abschätzende Zurückhaltung
häufiger Blickkontakt	Sympathie
häufiges Wegsehen	mangelnde Sympathie oder Verlegenheit
auffällig häufiger Lidschlag	Unsicherheit, Befangenheit, u.U. nervöse Störung
Mimik	
offenes Lächeln	offene Heiterkeit, uneingeschränkte Freude
gequältes Lächeln	Ironie, Schadenfreude, Blasiertheit, Angst
meist geöffneter Mund	Mangel an Selbstkontrolle
zusammengepresster Mund	Zurückhaltung, Reserviertheit, Verkniffenheit, Kontaktarmut
Mundwinkel nach unten	Bitterreaktion, Pessimist, depressiver Zustand
Mundwinkel nach oben	Aktivität bis Abwehr
Heben der Augenbrauen	Ungläubigkeit oder Arroganz
Gesten	
übertrieben kräftiger Händedruck (»Knochenbrecher«)	Rücksichtslosigkeit, Angeberei
kräftiger Händedruck ohne Übertreibung	Aufrichtigkeit, Sicherheit
schlaffer Händedruck (»tote Hasenpfote«)	Unsicherheit, Kontaktarmut, leichte Beeinflussbarkeit
Hand wegziehen	Verschlossenheit
verschränkte Arme	
– bei Männern	Ablehnung, Verschlossenheit
– bei Frauen	Selbstschutz, Angst
Hand vor den Mund halten	
– während des Sprechens	Unsicherheit
– nach dem Sprechen	will das Gesagte zurücknehmen

Körpersignal	Bedeutung
Sprecher hält Armlehnen mit beiden Händen fest	Aggressivität, aber gewisse Unsicherheit, Neigung zur Weitschweifigkeit
Kopf auf Hände stützen	Nachdenklichkeit, Erschöpfung, Langeweile
Spitzdach mit den Händen formen	Arroganz, Abwehr gegen Einwände
Hände reiben	Selbstgefälligkeit, Selbstzufriedenheit
spielende Hände	Zeichen von Erregung, Nervosität, Befangenheit, Angst, Verwirrung
mit dem Finger auf den Gesprächspartner zeigen	Angriff, Wut
Hand zur Faust verkrampfen	Wut, verhaltener Zorn
Anfassen der Nase	Nachdenklichkeit, kritische Haltung, Verlegenheit
über den Hinterkopf streichen, Zupfen an den Ohren	Verlegenheit, Unbehagen, Ärger
Streichen des Kinns	Nachdenklichkeit, Zufriedenheit
Finger zum Mund nehmen	Verlegenheit, Unsicherheit
mit den Fingern trommeln	Nervosität, Ungeduld
häufiges Spielen mit dem Ring	Eheprobleme, Frustration vom häuslichen Leben
häufiges Abnehmen der Brille	Ablehnung, Angriff, Nervosität
Körperhaltung	
Achselzucken, die Handflächen nach außen gewendet	passive Hilflosigkeit
übereinander geschlagene Beine	
– zum Gesprächspartner hin	Aufbau eines Sympathiefeldes
– vom Gesprächspartner weg	Ablehnung, Unwillen
übergeschlagene Beine, Knie in die Hand gestützt	kritische Haltung, Skepsis
dicht aneinander gestellte Füße beim Sitzen	schuldhafte Ängstlichkeit, Einzelgänger, überkorrekte Grundeinstellung
breit auseinander klaffende Beine beim Sitzen	sorglose Unbekümmertheit, Rücksichtslosigkeit
friedlich ruhende Sitzhaltung	Selbstsicherheit, aber auch robuste Unbekümmertheit, seelische Erschöpfung

Körpersignal	Bedeutung
alarmbereite Sitzweise (auf dem Sprung sein)	Mangel an Selbstvertrauen und Sicherheit, auch Misstrauen, innere Unruhe, Angst
Füße um die Stuhlbeine legen	Unsicherheit, Suche nach Halt
Füße nach hinten nehmen	Ablehnung
mit den Füßen wippen	Arroganz, Ungeduld, Sicherheit, Aggressivität
steife, militärische Körperhaltung, geziert aufrecht	Unterdrückung von Angst
breitbeinig dastehen, Daumen in die Achselhöhlen	Selbstsicherheit
den Oberkörper weit nach vorn lehnen	Interesse, Sympathie, Wunsch zu unterbrechen
den Oberkörper weit zurücklehnen	Desinteresse, Ablehnung
Sprechweise	
lautstarke Stimme	Vitalität, Selbstbewusstsein, Kontaktfreude, aber auch Unbeherrschtheit, Geltungsdrang
leise, flüsternde Stimme	Schwäche, mangelndes Selbstbewusstsein, aber auch Sachlichkeit, Bescheidenheit
schnelles Sprechtempo	Impulsivität, Temperament, aber auch Ungezügeltheit, Nervosität
langsames Sprechtempo	antriebsschwach, aber auch Sachlichkeit, Besonnenheit, Ausgeglichenheit
wechselndes Sprechtempo	innere Unausgeglichenheit
ausgeprägte Pausengestaltung	Disziplin, Selbstbewusstsein
starke Akzentuierung	Lebhaftigkeit, Gefühlsstärke
schwache Akzentuierung	Uninteressiertheit, mangelnde geistige Flexibilität
Geruch	
parfümiert	werbende Haltung
überstark parfümiert	Unsicherheit, Vernebelung
Schweißgeruch	Angst, Unordentlichkeit

Baumtest

Mit zu den übelsten Persönlichkeitstestverfahren, die Ihnen in Ihrem Bewerbungs- und Arbeitsleben zugemutet werden könnten, gehören die so genannten Baum- und Farbtests. Was ist darunter zu verstehen?

Sollten Sie jemals mit der Aufgabe konfrontiert werden, einen Baum bzw. Obstbaum zu zeichnen, befinden Sie sich in einem Persönlichkeitstestverfahren übelster und antiquiertester Sorte. Ziehen Sie Ihre Konsequenzen daraus. Wer diese Verfahren ernsthaft einsetzt, dokumentiert eine Rückständigkeit, die Sie in Sorge um Ihr monatliches Salär versetzen sollte.

Die Testinstruktion lautet, einen Baum zu malen. Malen Sie ihn, aber ohne Obst, und wenn, dann nur mit bereits herabgefallenem. Aber Achtung – diese Anmerkung ist ernst zu nehmen: Bäume mit herabgefallenem Obst wurden laut Testhandbuch vereinzelt von Menschen gemalt, die bald nach der Testdurchführung starben. Vielleicht verzichten Sie also besser auf das Fallobst.

Der Stamm sollte möglichst gerade gezeichnet sein, weder nach links (Hinweis auf Mutterbindung) noch nach rechts (Misstrauen), die Krone hoch strebend, der Stamm eher kurz, rechts ein wenig breiter ausladend, was angeblich auf Selbstbewusstsein schließen lässt.

Wollen Sie den Eindruck verstärkter Disziplin und technischer Begabung bei diesem Test hervorrufen, empfiehlt sich möglicherweise ein Spalierbaum.

Natürlich werden auch die Zweige interpretiert: Sind sie kräftig und von gleich bleibender Stärke, so deutet das angeblich auf Ehrgeiz und Ausdauer hin, wollen Sie einen kreativen Eindruck machen, sind Röhrenäste, am Ende offen (also ohne Spitze), zu empfehlen. Bitte nirgendwo Beulen oder Einschnürungen, denn dies könnte auf Affektstauung oder Verkrampfung hinweisen. Kerben, Stümpfe oder Kröpfe sind nur bei Amputationen oder chronischen Leiden des Zeichners gerechtfertigt.

Eine feine Verästelung ist ein sicheres Anzeichen von Feinnervigkeit. Sollten Sie ihren Tester total verblüffen wollen, ist die Andeutung eines Frontalastes zu empfehlen, der aus der Mitte des Stammes hervorsprießt und die dritte Dimension andeutet. Dieses Merkmal verrät eine ganz außerordentliche Begabung und Originalität, hohen Mut, besonderes Selbstvertrauen und wird – so beklagt das Testhandbuch – nur höchst selten beobachtet.

Vorsicht mit Schattierungen (Depressionsgefahr), und auch Vögel oder Vogelhäuser lassen eher auf spaßigen Übermut deuten, der vielleicht nicht angemessen ist. Zeichnen Sie eine wellige Bodenlinie, ein paar Grashalme, aber keine ganze Landschaft, ein wenig Wurzeln, aber sparsam, denn reiches Wurzelwerk könnte Haltlosigkeit, ja sogar Alkoholismus oder gar Geisteskrankheit verraten.

Farbtest

Nicht besser, aber dafür umso beliebter sind die so genannten Farbtests nach Professor Lüscher. Dass Rot für Liebe steht und Gelb für Neid, haben Sie ja vielleicht schon einmal gehört. Ärgern Sie sich nicht grün und blau, wenn Ihnen z.B. dieser bizarre Lüscher-Farbtest vorgelegt wird. Aufgrund einer Ihnen dargebotenen Farbskala werden abenteuerliche Aussagen über Sie und Ihre Persönlichkeit gemacht.

Der Test läuft so ab: Ihnen werden verschiedenfarbige Karten gegeben (rot, gelb, blau, grün, braun, violett, grau und schwarz). Dann werden Sie aufgefordert, diese Farbkarten in eine Rangfolge zu bringen (diese Farbe mag ich am liebsten, die gefällt mir am zweit-, dritt-, …-besten und die zuletzt genannte eben überhaupt nicht).

Obwohl sogar von der so genannten Test-Wissenschaft verachtet, wird dieses Verfahren sehr häufig von Laien eingesetzt, weil es in seiner Handhabung und Auswertung ausgesprochen einfach ist. Auch der Testkandidat vermutet nicht gleich Böses, wenn er seine Lieblingsfarben preisgibt.

Der gute »Farb-Professor« Lüscher (sein Titel sollte nicht als Qualifikationsnachweis verstanden werden – »auch ein Professer macht den Test nicht besser«) versteht die menschliche Persönlichkeit durch vier Hauptmerkmale gekennzeichnet:

1. Angriff
2. Verteidigung
3. Flucht
4. Unterwerfung

Und so weist er dann der Farbe Rot eine autonom-aktive Rolle (Angriff) zu, Grün eine autonom-passive (Verteidigung), Gelb eine heteronom-aktive (Flucht) und Blau eine heteronom-passive (Unterwerfung).

Angriff und Eroberung werden also durch die Farbe Rot repräsentiert, dagegen Selbstbehauptung durch die Farbe Grün. Diese nach Lüschers Farbkonzept als »autonom« gekennzeichneten Farben betonen Selbstbestimmung und Initiative und sollten, wenn es sich nicht vermeiden lässt und Sie diesen Test machen müssen, zu Ihren Lieblingsfarben gehören. Hüten Sie sich, die Farben Violett, Braun, Schwarz und Grau zu weit nach vorn, das heißt auf den ersten vier Rangpositionen zu platzieren, denn sonst wird Ihnen möglicherweise ein übler Charakter bescheinigt.

Noch schnell zu den übrigen Farben: Gelb steht für Zukunft, Veränderung, aber auch für die Aufgeschlossenheit etwas Neuem gegenüber. Blau betrifft mehr das Gemüt. Zu warnen ist vor Grau, es sei denn, Sie wollen als völlig empfindungslos dastehen, oder Braun, womit Sie sich als Faulpelz mit starkem Erholungs- und Behaglichkeitsbedürfnis präsentieren. Mit Schwarz bringen Sie einen trotzigen Protest zum Ausdruck, und mit Violett vermitteln Sie Homosexualität oder Schwangerschaft.

Sollte Ihnen ein Arbeitgeber diesen Farbtest zumuten, empfehlen wir Ihnen für den Fall einer Absage, eine Anzeige wegen Körperverletzung zu erstatten – unter dem Hinweis, dass Ihnen erst jetzt klar geworden sei, welcher Erniedrigung Sie sich haben unterziehen müssen. Vor Gericht sind die Chancen nicht schlecht, in einem Schadenersatzprozess Recht (Geld) zugesprochen zu bekommen.

Stichwort Horoskop

Sollte man Sie nach Ihrem Sternzeichen fragen, müssen Sie damit rechnen, dass auch damit versucht wird, sich ein Bild über Ihre Persönlichkeit zu machen. Weitere Fragen nach Aszendent und Geburtsstunde sind Hinweise auf eine astrologisch orientierte Personalauswahl.

Firmen bzw. Arbeitgeber, die nur nach dem Prinzip »Management by Astrology« arbeiten, genießen in der Wirtschaft einen umstrittenen Ruf.

Wenn jedoch 20 Millionen Bundesbürger nahezu täglich ihr Horoskop in der *Bild* bzw. in anderen Zeitungen (z.B. auch im *stern*) lesen und Privat-Fernsehsender wie RTL oder SAT 1 diesem Zuschauerbedürfnis ausgiebig Platz in ihren Sendungen einräumen, ist es nicht verwunderlich, dass auch Arbeitgeber mehr oder weniger seriös versuchen, astrologisches Wissen einzusetzen. Sie sollten also zumindest wissen, wenn Sie Fisch, Jungfrau, Steinbock oder Stier sind, was denn so Ihre gängigen positiven, aber natürlich auch negativen Eigenschaften sind.

Handschriftentests und Graphologie

Hier geht es um Ihre Handschrift. Oftmals wird schon im Vorfeld der Bewerbung ein handgeschriebener Lebenslauf oder explizit eine Handschriftenprobe verlangt.

Schlechte Schrift – schlechter Charakter, so die Denke. Manche Personalmenschen spielen sich auch noch gerne als kompetente Graphologen auf. Sie lassen die Bewerber-Schriftzüge auf sich wirken und versuchen, das Formniveau zu erfassen. Dabei geht es um die Verteilung des Geschriebenen auf dem Blatt, den Rhythmus der Schriftzüge, das Auf und Ab, den Pulsschlag der Schreibbewegungen, Schriftzüge und Zwischenräume. Man unterscheidet zwischen hohem, mittlerem und niedrigem Formniveau und glaubt an den Grundsatz: Je höher das Formniveau, desto harmonischer der Charakter des Schreibers.

Andere glauben, aus dem Grad der Leserlichkeit das Verhältnis des Schreibers zu seiner sozialen Umwelt herausinterpretieren zu können (jetzt wissen wir, warum Ärzte oft eine so furchtbare Handschrift haben). Da gibt es auf der einen Seite Weltoffenheit und -gewandtheit, Sinn für die Realität des Lebens, Anpassungsbereitschaft und Fähigkeit zur Teamarbeit, auf der anderen Seite besteht die Gefahr des Schematismus, der Schablonenhaftigkeit, der konventionellen Oberflächlichkeit, des Formalismus und der Pedanterie. So hat eben das Schöne und Klare wieder zwei Seiten und obliegt der subjektiven Interpretation (dehnbar wie Kaugummi).

Ordentliche Schrift ist gleich ordentlicher Charakter und damit Eignung für ordnende Berufe, so folgert man. Und wo etwas anderes und mehr erwartet wird, darf's dann auch etwas origineller bzw. egozentrischer sein (= schwerer lesbar) – so das kleine Einmaleins der Bewerberauslese-Graphologie. Alles ist eben relativ, und dies gilt für die Interpretation der Handschrift umso mehr.

Und noch ein Hinweis der Schriftgelehrten zum Verhältnis von Unterschrift zur Normalschrift: Die Unterschrift, eine Art Schutzmarke unseres Selbst, entwickelt sich mit der übrigen Textschrift und nimmt nach Erreichen der Reife (welche?) ihre Sonderform an. Sie ist gleichsam ein Werbeplakat der eigenen Persönlichkeit und läuft Gefahr, zum Spielball aller Geltungs-, Eitelkeits- und Selbstdarstellungsbedürfnisse zu werden. Klar, dass die Graphologen hieraus Rückschlüsse auf das Selbstwertgefühl ziehen.

Ist also die Unterschrift größer als der Normaltext (Normaltext = Normalschrift als Ausdruck des Normalcharakters), so ist das Selbstwertgefühl stärker, als normalerweise zugegeben wird. Im umgekehrten Falle (kleinere

Unterschrift) gibt sich der Schreiber bescheidener, als er möglicherweise ist. Je deutlicher man seinen Namen ausschreibt, desto klarer – glauben die Interpreten – seien Wesen und Ausdruck des Schreibers. So einfach ist das also.

Und weil zehn Graphologen von ein und derselben Handschrift zehn verschiedene Gutachten über dieselbe Person liefern, kann man schon mit Recht an den Schriftdiagnosen und der Aussagekraft der Graphologie verzweifeln.

Nachfolgend eine Übersicht über die Standardinterpretation der Grundformen der Handschrift:

- Winkel (eckig): willens- und verstandesausgerichtet
- Girlande (kurvig): gefühlsbetont, verbindlich
- Arkade (bogenartig): zurückhaltend bis verschlossen, förmlich
- Fadenduktus (unbestimmte Schreibform): anpassungs- und wandlungsfähig

Seine Handschrift zu verstellen ginge nun wirklich zu weit. Aber vielleicht erkundigen Sie sich mal, ob der handschrifttestende Betrieb andere Entscheidungsfindungen vielleicht mittels dubioser Verfahren wie des Baumtests herbeiführt.

Emotionale Intelligenz und soziale Kompetenz

Cogito ergo sum – ich denke, also bin ich. Dieser berühmte Ausspruch des französischen Philosophen Descartes bestimmt nun schon über eine sehr lange Zeitspanne das abendländische Denken im Sinne einer einseitigen Verstandes- und Vernunftorientierung. Davon beeinflusst ist natürlich auch die akademische Psychologie, die sich – zumindest in einer ihrer Unterdisziplinen, der Diagnostik und Testpsychologie – primär auf die Erfassung intellektueller Fähigkeiten konzentriert.

Was unter »Intelligenz« ganz genau zu verstehen ist, war zwar seit jeher nicht unumstritten, aber in den so genannten Intelligenztests werden bis zum heutigen Tag logisches Denken, Gedächtnisleistungen, Wortschatz, räumliches Vorstellungsvermögen und anderes mehr geprüft. Das Ergebnis – der so genannte Intelligenzquotient (IQ) – macht die einen stolz, die anderen peinlich berührt bis traurig. Für den Erfolg im Leben, vor allem in beruflicher Hinsicht, ist jedoch mehr notwendig als ein hoher Intelligenzquotient, z.B. »Vitamin B« (Beziehungen), was jedes Kind weiß.

Wer klug mit seinen Gefühlen umgehen kann, bringt es im Leben einfach weiter, so die neue alte Formel des amerikanischen Psychologen und Bestsellerautors Daniel Goleman, der mit seinem Buch *Emotionale Intelligenz* nun endlich auch die letzten autoritäts- und wissenschaftsgläubigen IQ-Anbeter verunsichert. Und schon wieder sind wir bei den Gefühlen (Verunsicherung), und um Großmutters Spruch zu zitieren: Die dicksten Bauern haben die dümmsten Kartoffeln. Oder war es umgekehrt? Gefühle eben, oder: alles doch Charaktersache.

Selbsterkenntnis und Selbstbeherrschung, Rücksicht auf andere, Zielstrebigkeit und Durchsetzungsvermögen – die emotionale Intelligenz schließt alles ein und nichts aus. Sie ist eine übergeordnete Fähigkeit, so Goleman, die sich fördernd oder behindernd auf alle anderen auswirkt.

Verstand, Gefühl, Sinn und Sinnlichkeit müssen ins richtige Gleichgewicht gebracht werden, und das, so lässt Goleman den Leser amerikanisiert-hoffnungsfroh wissen, ist Gott sei Dank erlernbar. Sein Buch bietet dann auch reichlich Anleitung zur emotionalen Selbsthilfe und hat Ratschläge für alle Lebenslagen. Zum Beispiel bei schlechter Laune: »Man nehme, wenn man sich niedergeschlagen fühlt, ein heißes Bad, greife zu seiner Lieblingsspeise, höre Musik oder mache Sex!« Schön, wenn das alles so einfach wäre.

Von der Sache her (um ein letztes Mal neudeutsch kopflastig intellektuell zu argumentieren) kann man durchaus Goleman Recht geben. Vom

Kopf zum Bauch (der alte Sitz der Seele) und umgekehrt, ohne Gefühle geht es nicht.

Neuere Forschungsergebnisse jedenfalls zeigen, dass der »Lebenserfolg« nur etwa zu einem Fünftel von den traditionellen Faktoren der analytischen, rationalen Intelligenz abhängt. Oder, wie es Goleman formulieren würde: Wer lernt, mit Wut, Angst und Begierden umzugehen, ist emotional intelligent und häufig auch erfolgreicher als andere.

Ein besonders wichtiger Aspekt im Zusammenhang mit der emotionalen Intelligenz – und auch nicht ganz neu – ist das Zauberwort von der sozialen Kompetenz. Nach einer gängigen Definition versteht man darunter das Ausmaß, in dem ein Mensch in der Interaktion mit anderen im privaten, beruflichen und gesamtgesellschaftlichen Kontext selbständig, umsichtig und konstruktiv zu handeln vermag. Es geht um die Fähigkeit, zwischenmenschliche Kommunikation und Interaktion optimal zu gestalten. Schlüsselqualifikationen sind dabei Einfühlungsvermögen, Kommunikations- und Teamfähigkeit sowie Konfliktlösungskompetenz.

All dies wird durch die so genannten Intelligenz-, Konzentrations-, Leistungs- und Berufseignungstests nicht erfasst. Eher schon werden diese Merkmale in den Persönlichkeitstests – wie Sie sie in diesem Kapitel kennen gelernt haben –, besonders aber in den Assessment Center auf die Probe gestellt. Dazu mehr im folgenden Kapitel.

ASSESSMENT-CENTER-TESTS

Ein weiteres, vor allem bei vielen Großunternehmen eingesetztes Testverfahren zur Personalauswahl verdient, detaillierter beleuchtet zu werden: die so genannten Assessment-Center-Veranstaltungen (AC). Hier zunächst ein Bewerberbericht.

Bericht: Deutsche Bank

»Unsere Trefferquote ist sehr hoch«, versicherte der Psychologe beim abendlichen Glas Bier. »Wer hier besteht, hat auch später Erfolg in dieser Bank.« Und er muss es ja wissen, denn schließlich wird das »Gruppenauswahlverfahren für akademische Nachwuchskräfte«, wie es etwas holprig in meinem Einladungsschreiben heißt, schon zum 100. Mal durchgeführt. Mittlerweile allerdings um die Hälfte auf 1 ½ Tage verkürzt. Denn nicht nur Reisespesen und zweitägige Hotelunterbringung der zwölf Bewerber, sondern vor allem die Anwesenheit von sechs Beobachtern des Unternehmens sowie eines dreiköpfigen Psychologenteams reißen tiefe Löcher in das Budget einer Personalabteilung, schätzungsweise 10.000 bis 15.000 Euro, aber diese deutsche Bank kann es sich leisten.

Durch Assessment Center, Auswahlseminare oder Sommerakademien lässt sich ja auch trefflich demonstrieren, wie teuer einem der Unternehmensnachwuchs ist; und ganz nebenbei kann der von Zweifeln geplagte Personalchef seine Entscheidung auf die psychologische Zunft delegieren. Die erstellt dann während einer Reihe gruppendynamischer und anderer Spielchen ein Psychogramm des Bewerbers. Nach zumeist zwei Tagen – die Billigversion kann auch schon mal an einem Nachmittag durchgezogen werden – liegt die Persönlichkeit des Kandidaten dann sauber nach Belastbarkeit, Teamorientierung und Flexibilität gegliedert und bepunktet zum Abruf bereit auf dem Vorstandsschreibtisch.

Am Morgen des ersten Seminartages finde ich mich pünktlich um 8.30 Uhr mit den anderen Teilnehmern zur Lagebesprechung ein. Mit freundlichen Worten werden wir begrüßt. Man solle alles nicht zu ernst nehmen und sich vor allen Dingen natürlich geben. Betont natürlich geben sich zumindest unsere Beobachter, die sich der Reihe nach vorstellen. In Gedanken lege auch ich mir ein paar Worte zurecht, denn vielleicht lässt sich durch eine witzig-spritzige Rede ein erster Pluspunkt verbuchen. Weit gefehlt – als die Reihe an die Kandidaten kommt, schlägt der Leiter vor, dass nun jeder seinen Nachbarn vorstellt. In den enttäuschten Gesichtern lese ich, dass nicht nur mir der Wind aus den Segeln genommen wurde.

Schon bald haben wir diese Aufwärmübung abgeschlossen und kommen zum eigentlichen Hauptteil. Jeder erhält einen Laufzettel für die unterschiedlichen Aufgaben. Zunächst verschlägt es mich und fünf andere Kandidaten in den Nachbarraum, wo wir weitere Instruktionen ausgehändigt bekommen. Ein Fallbeispiel: Es sollen zunächst einzeln, dann in der Gruppe Vorschläge erarbeitet werden, gemäß deren einer innovationsfeindlichen Belegschaft ein neues Computersystem schmackhaft gemacht werden kann. Ein abgedroschenes Thema, und dementsprechend einfallslos und gleichförmig sind die vorgetragenen Lösungen. Das wissen wohl auch die Beobachter, denn ihnen kommt es eher auf die Präsentation als auf den Inhalt an. So fällt es denn auch nicht schwer, sich hier »schön kooperativ« zu zeigen und schnell auf einen gemeinsamen Nenner zu kommen.

Interessanter wird es schon beim nächsten Spiel. Meine neu zusammengestellte Vierergruppe bekommt eine Aufgabe aus dem Personalbereich. Jedem von uns wird der fiktive Lebenslauf des 39-jährigen Hochbauingenieurs Friedemann Fuchs vorgelegt. Dieser soll nun in einem Industrieunternehmen zum Einsatz kommen. Die Bereiche Grundlagenforschung, Personal, Fertigung und Verwaltung stehen zur Auswahl. Für die schriftliche Begründung seiner Entscheidung zieht sich jeder von uns in sein Zimmer zurück.

Eigentlich erfüllt das Ingenieur-Füchslein keines der Anforderungsprofile dieser Abteilungen, aber da er sowohl als wenig origineller Forscher als auch als unkonziliant im Umgang mit Kollegen beschrieben wird, beschließe ich, dass eigentlich nur Fertigung oder Verwaltung infrage kommen. In der Gruppe einigen wir uns dann auf Letzteres und geben dem zukünftigen Vorgesetzten von Fuchs den Rat, diesem bei betriebswirtschaftlichen Kalkulationen etwas auf die Finger zu sehen. Mit Recht, denn nun stürzt eine Fülle neuer Aktennotizen und Informationen über uns herein: »Ede« Fuchs ist zwar barsch im Umgang mit Kollegen, aber erfolgreich; allerdings hat er riskant kalkuliert und trägt sich mit Kündigungsabsichten. Zudem gibt es Probleme im Produktionsablauf, die gelöst werden müssen, und schließlich kann ein Auftrag nicht termingerecht erfüllt werden, sodass nachverhandelt werden muss. Was nun und was tun mit Friedemann Fuchs?

»Wer viel Rauch macht, hat etwas zu verbergen«, denke ich mir und schlage vor, weitere Informationen aus der Personalakte Fuchs anzufordern. Und tatsächlich, der Nebel lichtet sich mit einer Notiz, die Fuchs als guten Verhandlungspartner beschreibt. Ein Aufatmen geht durch die Gruppe. Alles Weitere ist ein Kinderspiel: Der Fuchs wird mit einem Koffer voll Instruktionen zur Verhandlung geschickt, wo er sich endlich bewähren kann und sich hoffentlich auch seine Kündigungsabsichten verflüchtigen.

»So etwas macht doch richtig Spaß«, kommt es im Ton tiefster Überzeugung vom Beobachtertisch. Überrascht ob dieser ersten unerwarteten Reaktion blicke ich auf und stimme verwirrt zu. »Wenn man das Kaninchen im Zylinder findet!«, denke ich und freue mich auf das Mittagessen.

»Nach dem Essen sollst du ruhn oder tausend Schritte tun«, auf keinen Fall empfiehlt es sich jedoch, sich mit wissenschaftlichen Abhandlungen zu befassen, wenn der Magen besser durchblutet ist als das Gehirn. Normalerweise gehört das Dekodieren von Professorentexten ja zum Studentenalltag; aber nachdem ich mich durch die 20-seitige Abhandlung über »Strukturveränderungen in der Medienlandschaft als Folge innovativer Kommunikationstechniken« gekämpft habe, ist meine Vorbereitungszeit fast abgelaufen. Und nun soll ich dem interessierten Psychologenpublikum einen 10-minütigen Vortrag über Satellitenfernsehen, Pay-TV und Digital-TV halten. Dabei nenne ich nicht mal einen Fernseher mein Eigen.

»Self-fulfilling prophecy« heißt es wohl im Fachjargon, was mir nun widerfährt. Die Notizen der Zuhörer gelten denn auch kaum meinen dürftigen Aussagen zum Thema. »Verkrampft, spricht stockend, Ausführungen sind unstrukturiert«, lautet das vernichtende Urteil, wie ich später erfahre. Aber ich will ja nicht in die Politik. Vielleicht reicht mein rhetorisches Talent noch zum Verhandeln?

Dieses kann ich jedenfalls in der letzten Tagesübung überprüfen lassen. 40 Minuten habe ich Zeit, mich in meinem Zimmer auf meine Rolle als Einkäufer von Wärmepumpen vorzubereiten. Die mitgegebenen Instruktionen definieren genau, bei welchem Abschluss ich mich als guter Mitarbeiter des Unternehmens rühmen kann.

Da kommt mir der Gedanke, diese Übung etwas realistischer zu gestalten: Über Haustelefon (wir sind ja im Hotel) rufe ich meinen Verhandlungspartner an und mache den Vorschlag einer Preisabsprache. Dieser willigt prompt ein, und schon bald stoßen wir beim Vergleich unserer Anweisungen auf einige Fallstricke. Schließlich einigen wir uns auf Konditionen, die jeden von uns in günstigem Licht erscheinen lassen.

Die anschließende »Verhandlung« ist nun nur noch reine Formsache. Das eigentliche Problem ist eher schauspielerischer Natur. Während ich den gradlinigen, kurzen Einakter bevorzuge, scheint mein Gegenüber eher mit dem Pathos des Dramas vertraut zu sein. Ich bin etwas verwirrt und ahne eine Katastrophe heraufziehen. Schließlich erzwinge ich die Katharsis, und siehe da: Mein Verhandlungspartner schwenkt ein, und mit Handschlag wird der vorgesehene Preis besiegelt. Das Publikum spendet zwar nicht den verdienten Beifall, aber dennoch ziehe ich mich halbwegs zufrieden auf mein Zimmer zurück.

Ist Intelligenz messbar? Der Streit darüber dauert an, seitdem es IQ-Tests gibt. Zumindest ist sie erlernbar. Ich jedenfalls habe meine Hausarbeit gemacht und mir die einschlägige Literatur zu diesem Thema vorher angesehen. Und während ich vor einer Woche noch zum Intelligenzmittelstand gehörte, kreuze ich am Morgen des zweiten Seminartages unter den Augen des Prüfers mit geübter Sicherheit Zahlen- und Symbolreihen an, ergänze Wortpaare und eliminiere den so genannten »odd-man-out«. Wenn die Zeit auszugehen droht, löse ich den Rest der Aufgaben nach der Lotto-Methode. Immerhin besteht eine Chance von 1 : 3, so meinen Intelligenzquotienten zu erhöhen. Beim Kopfrechnen versage ich dann aber kläglich. Im Laufe der Jahre zum denkenden Anhängsel meines Taschenrechners degeneriert, kann ich von 20 Aufgaben nur ganze fünf lösen.

Als Abschluss des 90-Minuten-Intelligenz-TÜVs ist doch noch einmal Fantasie gefragt. Jeder Prüfling muss eine Anzahl schattenhafter Bilder deuten. Als im Laufe der Übung die Konturen immer schemenhafter werden, kommen mir Zweifel. Signalisiert die Pistole, die ich zu erkennen glaube, etwa Aggressivität? Zur Sicherheit votiere ich für den ausgestreckten Finger an einer geballten Faust (Kompromissbereitschaft?). Beim nächsten Bild kann ich mich nicht zwischen einem fettleibigen Dackel und einem Schwein entscheiden. Als Lösung gebe ich dann aber den Fuchs an. Dessen sprichwörtliche Schlauheit kann gerade im Geschäftsleben nie schaden. Beim letzten Bild, hinter welchem sich ein Flammenmeer, ein Gebüsch, eine Berglandschaft im Schnee oder ein Wohnzimmerteppich verbergen könnte, passe ich lieber. Womöglich werde ich noch als Traumtänzer abgestempelt.

Nach den Tests diskutiere ich dann mit meinen Mitstreitern, ob Väter a) nie, b) immer, c) gewöhnlich oder d) selten erfahrener sind als ihre Söhne oder ob sich Sportler zu Erfolg verhält wie Manager zu a) Geld, b) Macht, c) Gewinn oder d) Ansehen.

Die letzte Hürde, zwei abschließende Gespräche mit Vertretern der Bank, werden allgemein als Routine angesehen. Tatsächlich entpuppen sich Kassandrarufe vom bevorstehenden Stress-Interview, bei dem der Bewerber durch anfängliche Freundlichkeiten zunächst aus der Reserve gelockt wird, um dann aber gnadenlos in die Enge getrieben zu werden, vorerst als haltlos.

Ein Gespräch läuft gar im Stil einer Vermögensanlageberatung mit dem netten Herrn aus der Werbung ab. Mit scherzhaften Bemerkungen werden Wunschgehalt, Wunscheinsatzort und Wunscharbeitsbeginn zu Protokoll genommen. Der Gedanke, dass das Gespräch überhaupt nicht mit einem Wunschkandidaten geführt wird, kommt dabei gar nicht erst auf. Und so treten die meisten Bewerber die Heimreise auch gut gelaunt und voller Zukunftspläne an.

Wunschdenken, wie es sich für drei Viertel der Leute bald herausstellt. Telefonisch kann einige Tage später das Ergebnis abgerufen werden. »Leider nein«, heißt es auch für mich am anderen Ende. Der bedauernde Unterton klingt so überzeugend, dass sich beinahe Mitleid mit demjenigen, der diese Nachricht an die hoffnungsvollen Anrufer übermitteln muss, einschleicht. Die Begründung wird auf gleichem Wege mitgeteilt:

Der Gesamteindruck sei ja durchaus positiv. In Sachen Kontaktfreudigkeit, Kooperationsfähigkeit sowie Initiative und Selbständigkeit hätte ich durchweg hohe Werte erzielt. Auch sei ich ausdauernd und belastbar. Aber ... und jetzt bestätigen sich die Vorahnungen bezüglich meines Rednertalents: Den Ausschlag schließlich hätte der Eindruck im Abschlussinterview gegeben, dass ich für das Bankgewerbe nicht gerade stark motiviert sei. Zum Schluss wünscht mir mein Gesprächspartner noch »alles Gute fürs nächste Mal ...«

Noch ein Assessment Center? Wahrscheinlich ist es unvermeidbar, denn mittlerweile vertrauen neben den meisten Banken auch viele Industrieunternehmen und selbst Vater Staat auf dieses Nachwuchsselektionsverfahren mit wissenschaftlichem Anstrich. Pseudowissenschaftlich deshalb, weil man, um von einer »hohen Trefferquote« sprechen zu können, ja eigentlich auch eine Kontrollgruppe von »Versagern« einstellen und deren Karriereweg beobachten müsste. Die bekommen jedoch beim nächsten oder übernächsten Mal in einem anderen Unternehmen den begehrten Arbeitsvertrag. »Denn«, so tröstet mich ein Routinier im Bewerbertourismus später, »mit ein bisschen Übung ist da eine ganze Menge zu machen.« Bei seiner

Persönlichkeit hatte sich innerhalb kurzer Zeit eine wunderbare Wandlung vollzogen. Nach nur drei Tagen haben ihn die Experten der Konkurrenz als neuen Hoffnungsträger für ihr Unternehmen ausgemacht.

Für mich ein schwacher Trost. Und so frage ich vor dem nächsten Interview erst telefonisch an, ob in diesem Unternehmen auch Gruppenauswahlverfahren zur Anwendung kommen würden. »Jeden Arbeitstag«, kommt es lakonisch zurück.

Worum es beim AC geht

Assessment Center (AC) sind bei der testgesteuerten Auslese von Hochschulabsolventen stark in Mode gekommen. Unter dem Namen AC firmiert eine Art »neue Wunderwaffe«, ein Testverfahren, das auf die deutsche Wehrmachtspsychologie zurückgeht und in den 30er Jahren zur Auslese des Offiziernachwuchses eingesetzt wurde.

Ein Assessment Center, so könnte man sagen, ist eine Kombination verschiedener Verhaltens- und Arbeitsproben und kann sich über etwa einen halben bis zu mehreren Tagen erstrecken. Ausgeheckt in einer unsäglichen Zeit, reifte und entwickelte es sich in den USA und wird dort sehr häufig bei der Personalauswahl eingesetzt. Dass dies für den deutschen Eignungsdiagnostik-Markt nicht ohne Auswirkungen bleiben konnte, war abzusehen. Nun müssen sich also auch hier zu Lande Bewerber und Karrieristen immer häufiger »assessmentcentern« lassen.

Die Durchführungszeit eines Assessment Centers beträgt in der Regel ein bis zwei ganze Tage (selten drei), an denen sechs bis zwölf Teilnehmer zwischen acht und zwölf Übungen bestreiten. Dabei werden die Teilnehmer von drei bis sechs Personen beobachtet. Da Zeit Geld ist, versuchen immer mehr Unternehmen, eine Art Mini-AC innerhalb von wenigen Stunden mit Bewerbern durchzuziehen.

Die einzelnen Aufgabentypen könnte man wie folgt umschreiben:
- Jeder für sich allein
- Jeder gegen jeden
- Einer gegen den anderen
- Einer vor allen anderen

Jeder für sich allein

Zu diesem Aufgabentyp gehören so genannte Postkorb-Übungen, bei denen Sie unter Zeitdruck den Posteingang durchsehen und Entscheidungen treffen müssen, was wirklich wichtig ist und sofort erledigt werden muss, was warten kann und was gut zu delegieren ist. Testziel ist die Überprüfung des allgemeinen Organisationsvermögens.

Jeder gegen jeden

In einer Art führerloser Gruppendiskussion hat jeder seinen eigenen Standpunkt und seine berechtigten Forderungen zu vertreten. Dabei soll ein gemeinsames, von allen getragenes Ergebnis erarbeitet werden. Hier kommt es auf Kompromiss- und Kooperationsbereitschaft, aber auch auf Durchsetzungsvermögen an (Beispiel: eine Diskussion, wer von den Außendienstmitarbeitern den neuen BMW bekommt, siehe Seite 494).

Einer gegen den anderen

Ein Rollenspiel wird durchgeführt, z.B. mit der schon beim Deutsche-Bank-Assessment Center geschilderten Aufgabe »Wärmepumpen-Handel«. In der Regel müssen Käufer und Verkäufer einen Kompromiss finden und dabei Diplomatie, Eloquenz und Entscheidungskraft unter Beweis stellen.

Einer vor allen anderen

Dabei geht es um einen Kurzvortrag und eine Art Präsentationsübung. Sie dürfen sich auf ein Thema vorbereiten und haben das verehrte Publikum, Ihre Beurteiler und Mitbewerber, gut zu unterhalten (Beispiel: Deutsche-Bank-Assessment-Center, Stichwort »Satellitenfernsehen«, siehe Seite 473). Natürlich kommt es auf Rhetorik, Überzeugungskraft und Darstellungskunst an.

Bericht: Kein Wolf im Schafspelz

Nun ein weiteres AC-Beispiel aus der Personalauslesepraxis. Ein Hochschulabsolvent berichtet:

Zu sechst waren wir in einer Höhle eingeschlossen. Das Wasser stieg unaufhaltsam, nur einer von uns konnte gerettet werden. Man gab uns 30 Minuten, um zu entscheiden, wer der Glückliche sein sollte. Als die Gruppe sich schließlich auf den Jüngsten geeinigt hatte, zog ich meine Pistole und erzwang mir den Weg in den Rettungskorb. Der Personalpsychologe beendete mit einer knappen Handbewegung das aus dem Stand von uns abverlangte Rollenspiel.

Misstrauisch blickten mich meine Mitspieler im Konferenzraum an: Ob der im wirklichen Leben auch so brutal ist?

Wir waren Bewerber um eine Ausbildung im Außendienst der Deutschen Ärzteversicherung, die zum AXA-Konzern gehört. Schon beim ersten Auswahlgespräch hatte man uns aufgefordert, an einem »Assessment Center« teilzunehmen.

Begonnen hatte dieser Testtag mit dem »Gebrauchtwagen-Test«: Jeder musste anonym aufschreiben, wem aus der Gruppe er am ehesten einen Gebrauchtwagen abkaufen würde. Damit sollte getestet werden, wer besonders vertrauenswürdig wirkt. Aus Taktik stimmte ich für jemanden, den ich eher unsympathisch fand.

Später saß ich einem Mitbewerber gegenüber. Ich sollte herausfinden, ob er schon einmal seine Frau betrogen hatte. Mein Mitbewerber durfte nicht merken, worum es in dem Gespräch ging. Ich plauderte mit ihm über Partys und Alkohol. Nach einer Viertelstunde hob ich den Arm: Ich war mir ganz sicher – er hatte seine Frau noch nie betrogen. Er war übrigens überzeugt, dass ich in unserem Gespräch feststellen wollte, ob er ab und zu mal einen über den Durst trinkt.

Mittags gingen wir zum Essen in ein gutes Restaurant. Da saßen wir nun um den Tisch: sechs Bewerber um die 30, ein Personalpsychologe, vier Versicherungsmanager. Drei Gerichte standen zur Auswahl: ein rustikales Steak, eine Geflügelkeule und ein kompliziertes Fischgericht. Ich grübelte: War dieses Essen nun vielleicht auch Bestandteil des Tests?

In der Testauswertung am späten Nachmittag zeigten sich die Versicherungsmanager sehr angetan von meinem Verhalten bei Tisch: Als Einziger hatte ich Fisch gewählt, keine Gräte war mir im Halse stecken geblieben.

Die Prüfer waren beeindruckt von meiner Durchsetzungsfähigkeit und meinem »Biss«. Doch beide Eigenschaften machten sie mir auch zum Vorwurf: Ich hätte es darauf angelegt, mich um jeden Preis durchzusetzen – sie aber suchten jemand, der auch anpassungsfähig mit Geschäftspartnern umgehen konnte.

Trotzdem bekam ich ein Angebot – unter einer Bedingung: Die Manager wollten mich gerne mal zu Hause besuchen, um mich in meinem »persönlichen Umfeld« zu erleben. Offensichtlich mochten sie sich auf die Ergebnisse ihres Assessment Centers doch nicht ganz verlassen.

Abends griff ich zum Telefon und zog meine Bewerbung zurück. Ich wollte nicht ihr Wolf im Schafspelz sein.

Ablauf und Aufgabentypen

»Das wichtigste Kapital eines Unternehmens sind seine Mitarbeiter.« Oftmals leider nur ein Lippenbekenntnis, wenn man sich den Arbeitsalltag genauer ansieht, der bereits mit der Bewerbung beginnt. Logisch: Jedes Unternehmen will für sich nur die besten Mitarbeiter haben. Um diesen Wunsch Wirklichkeit werden zu lassen, haben sich patente, geschäftstüchtige Köpfe die Vermarktung des AC-Personalausleseverfahrens auf ihre Fahnen geschrieben. Und das mit entsprechendem kommerziellen Erfolg.

Was steckt dahinter? Unter der Annahme, dass ein Arbeitsplatz ganz bestimmte Eignungs- und Persönlichkeitsmerkmale von seinem Inhaber verlangt, versucht der AC-Konstrukteur, eben diese herauszufiltern und in von ihm erdachten angeblich realitätsgerechten Übungen zu überprüfen.

Bei der Bewerberauswahl für einen Posten als Marktschreier mag das noch recht einfach sein – hier kommt es vor allem auf die Kraft der Stimme an. Bei einer gehobenen Führungsaufgabe mit ihren komplexen Arbeitsabläufen ist es ungleich schwerer, die diversen Erfolgsmerkmale zu bestimmen. Und auch der Marktschreier braucht neben einer lauten Stimme noch andere Eigenschaften, wie z.B. ein ansprechendes Äußeres, Überzeugungskraft usw.

Glaubt der AC-Entwickler, die entscheidenden Erfolgsmerkmale eines Arbeitsplatzes herausgefunden zu haben und diese in einer der Arbeitsrealität nachgestellten Situation (z.B. Rollenspiel) gut beobachtbar und damit überprüfbar machen zu können, hat er vor der Einladung der AC-Kandidaten noch einen weiteren wichtigen Schritt vor sich:

Er muss geeignete Beobachter suchen, die er in der Art und Weise, wie Kandidaten zu beobachten und zu beurteilen sind, trainiert. Wenn diese AC-Beobachter (auch »Assessoren« genannt, meistens Führungskräfte des Unternehmens) wissen, wie und worauf sie bei den Kandidaten zu achten haben, kann das AC beginnen. Kandidaten jedenfalls, die »mitspielen« und bereit sind, »gute Miene zum bösen Spiel zu machen«, gibt es aufgrund der Arbeitsmarktlage genug. Bisweilen treten auch so genannte Moderatoren auf, deren Aufgabe – Fernsehconférenciers vergleichbar – darin besteht, die einführenden und überleitenden Worte zu den einzelnen AC-Aufgaben zu finden und den organisatorischen Ablauf zu gewährleisten.

Beim AC steckt – wie bei jedem Testverfahren – der Teufel im Detail. Dass es überhaupt nicht möglich ist, berufliche Erfolgskriterien eindeutig festzuschreiben, und, noch schwieriger, diese in Form von Kandidaten-Spielen vorführ- und überprüfbar zu machen, geschweige denn Verhaltensvorhersagen für die zukünftige Berufsentwicklung daraus abzuleiten, sollte eigentlich jedem schnell einleuchten.

Dass darüber hinaus diejenigen, die die schwierige Aufgabe haben, das gewünschte Verhalten zu erkennen und richtig einzuschätzen, nämlich die AC-Beobachter, sich in einer Art »Bock-zum-Gärtner-Rolle« wiederfinden, ist ein zusätzlicher Störfaktor, der selbst den mutigsten AC-Konstrukteuren großes Kopfzerbrechen bereitet.

Alles in allem: Das AC ist ein zum größten Teil auf Illusionen basierendes Personalausleseverfahren, das mit dem Arbeitgeberwunsch blendende Geschäfte macht, in die Köpfe und Herzen von Bewerbern und Mitarbeitern sowie in deren Zukunft zu schauen. Kurzum: Das Verfahren kann nicht halten, was es verspricht, aber für die Getesteten bedeutet es einen enormen Stress.

Kaum ein großer Name in der Deutschen Wirtschaft, der nicht mit der Durchführung von ACs herumlaboriert:

Nach Übersichten verschiedener Fachzeitschriften führen u.a. folgende Unternehmen Assessment Center durch: AXA-Versicherung, Allianz-Lebensversicherung, Bayer, Bayerische Hypobank, Beiersdorf, BP, Daimler Chrysler, Deutsche Bank, Dresdner Bank, Dunlop, Ford, Gerling, Hamburg-Mannheimer Versicherung, Aventis, Karstadt, Kaufhof, Krupp, Lufthansa, Nordstern Versicherung, Opel, Siemens, Unilever, Veba, Vereinigte Versicherungsgruppe, VW.

Gleichwohl gibt es auch einige Unternehmen, die nach einer Reihe von negativen Erfahrungen wieder vom Assessment Center abgerückt sind.

Die wichtigsten im AC gebräuchlichen Einzelverfahren sind:

- individuell auszuführende Arbeitsproben und Aufgabensimulationen (darunter sind zu verstehen: Organisations-, Planungs-, Entscheidungs-, Kontroll- und Analyseaufgaben)
- Gruppendiskussion (mit und ohne Rollenvorgabe)
- Gruppenaufgaben mit Wettbewerbs- und/oder Kooperationscharakteristik
- Vorträge und Präsentationen
- Rollenspiele (meist zu zweit, z.B. Verkaufs-, Mitarbeiter-, Problem-Konflikt-Gespräch)
- Einzel-, Gruppen- und Panelinterviews
- Unternehmensplanspiele
- Intelligenz- und Leistungstests
- Persönlichkeits- und Interessentests
- biografische Fragebögen

Ein anderer AC-Systematisierungsversuch spricht von einem »planvollen Konglomerat unterschiedlicher Übungen« und beschreibt vier Grundtypen:

Objektive Tests

So genannte »Paper-and-Pencil-Tests«, die der Erkundung der geistigen und willensbezogenen Potenziale dienen (z.B. allgemeine »Intelligenz«, Motivationsfähigkeit, Innovationsneigung, Frustrationstoleranz und andere Persönlichkeitsmerkmale).

Situative Tests

Einzel- und Gruppentests zur Abschätzung individuellen Verhaltens in unterschiedlichen Situationen.

Soziometrische Rangreihentests

Hier geht es um die Sympathieverteilung innerhalb einer Gruppe und das Maß der Anerkennung, das jedem einzelnen Gruppenmitglied von den anderen zuteil wird (eine Rangreihe soll aufgestellt und begründet werden).

Projektive Tests

Diese werden – als spezielle Form von Persönlichkeitstests – seltener eingesetzt. Beispiel: der Satzergänzungstest (Bitte ergänzen Sie die Sätze: Meine Mutter ... / Erfolg bedeutet für mich ...).

Hier der Ablauf eines typischen Bank-ACs für einen Traineeplatz:

1. Tag

8.00 – 9.30 *Einführung*

Allen Teilnehmern wird das AC, dessen Transparenz und Objektivität erläutert. Der genaue Zeitplan und der Ablauf werden bekannt gegeben. Die AC-Beobachter und -Moderatoren stellen sich vor. Im Anschluss daran Vorstellung der Teilnehmer, jeder stellt aber nicht sich selbst, sondern seinen Nachbarn vor.

9.30 – 10.30 *Gruppendiskussion*

6 Bewerber, 4 Beurteiler. Jeder erhält eine kurze Aufgabenbeschreibung. In dieser führerlosen Gruppendiskussion werden ein betriebswirtschaftlich-gesellschaftspolitisches Thema diskutiert und ein Maßnahmenkatalog von den Teilnehmern erarbeitet.

10.30 – 11.00 *Kaffeetrinken / Smalltalk*

11.00 – 13.00 Kombinierte Einzel- und Gruppenübung

Jeder Teilnehmer bekommt schriftliche Unterlagen zu einer Fallstudie, die er 30 Minuten alleine bearbeitet, um ein Kurzgutachten zu erstellen (Thema: ein personalpolitischer Fall). Anschließend gibt es für alle Gruppenteilnehmer weitere Unterlagen zu diesem Fall, und auf Grundlage der individuellen Ergebnisse muss jetzt die Gruppe das Problem weiter bearbeiten.

13.00 – 14.30 *Gemeinsames Mittagessen aller AC-Teilnehmer*

14.30 – 15.30 *Rollenspiel Verhandlung*

2 Bewerber und jeweils 2 Beobachter. Jeder Bewerber bekommt 2 Seiten Rollenanweisung und 20 Minuten Vorbereitungszeit. Rollen: Einkäufer und Verkäufer. Anschließend findet ein simuliertes Verkaufs- und Verhandlungsgespräch statt, bei dem ein Verkaufs-/Einkaufsergebnis zu erzielen ist.

15.30 – 16.15 *Kaffeepause / Smalltalk*

16.15 – 17.00 *Vorbereitung / Präsentation*

Jeder Bewerber bekommt einen 20-seitigen betriebswirtschaftlichen Text, der zusammengefasst und im Anschluss vorgetragen werden muss.

17.00 – 18.00 *Präsentation*
1 Bewerber, 2 Beobachter. Der bearbeitete Text muss innerhalb von 10 Minuten vorgetragen werden. Die Beobachter bleiben passive Zuhörer.

18.00 – 19.00 *Zwischenbilanz*

Alle AC-Teilnehmer tauschen sich aus, sprechen über positive und negative Aspekte und Eindrücke des ersten Tages.

20.00 – 21.00 *Gemeinsames Abendessen*

21.00 – 21.45 *Informationen über Trainee-Programm und Aufstiegsmöglichkeiten*

2. Tag

9.00 – 9.45 *Interview 1*
Bewerber/Beobachter (Vieraugengespräch)
Themen: Lebenslauf, Motive der Berufswahl, Karriere- und Zukunftspläne, Sprachkenntnisse, Sonstiges

9.45 – 10.00 *Kaffeepause/Smalltalk*

10.00 – 10.45 *Interview 2*
Bewerber/anderer Beobachter (Vieraugengespräch)
(gleiche Themen wie im ersten Gespräch)

10.45 – 13.00 *Testbatterie*
(Intelligenz-, Leistungs-Konzentrations- und Persönlichkeitstest)

13.15 – 14.00 *Gemeinsames Mittagessen*

14.00 – 14.30 *Gruppenabschlussgespräch*
Ende der Veranstaltung für die Teilnehmer

15.00 – 21.00 *Auswahlkonferenz*
AC-Beobachter und -Moderatoren treffen sich zur Ergebnisdiskussion und -findung. Jeder einzelne AC-Kandidat wird ausführlich besprochen.

Wie unterschiedlich Assessment Center ablaufen können – z.B. als Einzel-AC oder als Gruppen-AC –, zeigen die beiden folgenden Berichte:

Bericht: It's a Sony-AC

Ich bin 24 Jahre alt und habe die Fachhochschule für Wirtschaft mit einem sehr guten Abschlussdiplom verlassen. Dem vorausgegangen war eine zweieinhalbjährige Lehre als Industriekaufmann und ein bereits mit 17 exzellent bestandenes Abitur.

Bei Sony bewarb ich mich um einen der begehrten Trainee-Plätze und erhielt auch prompt eine Einladung zu einem dreistündigen Nachwuchs-Führungskräfte-Einzel-AC.

Am Ort des Geschehens saß mir ein Auswahlgremium von vier Herren und zwei Damen gegenüber. Die eine Dame war Betriebspsychologin, die andere eine leitende Mitarbeiterin der Personalabteilung. Die Herren entstammten der oberen Führungsebene, alle Mitte 30 bis Anfang 40.

Die Anfangsatmosphäre wurde betont herzlich gestaltet. Jeder stellte sich vor, kleine Scherze wurden gemacht. Alles war darauf angelegt, dass man sich als Kandidat wohl fühlt. Das hatte durchaus Methode und Effekt.

Mein AC bestand aus drei Rollenspielen und einer Präsentationsübung.

Die Vorbereitungszeit zu den einzelnen Rollenspielen betrug im Schnitt jeweils 10–15 Minuten, die ich in einem separaten Raum zu verbringen hatte, versorgt mit allen notwendigen Schreibmaterialien, aber auch mit Kaffee, Limonade und Plätzchen.

Die Anweisung für das erste Rollenspiel sah auf zwei eng beschriebenen Manuskriptseiten vor, dass ich seit sechs Wochen neuer Gruppenleiter für ein vierköpfiges Team war. Es gab keine Information, welche Aufgaben diese Arbeitsgruppe zu bewältigen hatte. Auf entsprechenden Papieren fand ich folgende teilweise komplizierte und bewusst etwas verwirrende Situation beschrieben, mit der ich mich nun als neuer Gruppenleiter auseinandersetzen musste:

Mein Arbeitsteam hatte eine neue Aufgabe zu übernehmen, war aber gehandicapt durch einen leistungsschwachen Mitarbeiter, der nicht ausreichend logisch-analytisch denken konnte, überhaupt insgesamt sehr langsam arbeitete und deshalb nicht wirklich in das Team integriert war. Mit anderen Worten: ein richtiger Außenseiter. Aus diesem Grund kursierten in dieser fiktiven Firma Gerüchte, mein Team könne die neue Aufgabe überhaupt nicht bewältigen.

Die Rollenanweisung sah weiter vor, dass meine Bemühungen, zusätzliche Mitarbeiter zu bekommen, erfolglos waren. Hier waren mir auch bereits Erwägungen suggeriert in Richtung Kündigung des leistungsschwachen Mitarbeiters.

Ich stand also vor dem Problem, mit diesem Team die neuen Aufgaben zu lösen, hatte aber – eine Verwirrungsstory am Rande – in der Kantine einen alten Bekannten getroffen, der mir anbot, gerne in mein Team zu kommen, mich aber bezüglich meiner Entscheidung erheblich unter Zeitdruck setzte: Er habe noch ein anderes lukratives Angebot.

Der problematische Mitarbeiter – nennen wir ihn Herr Klein – bat mich laut Rollenanweisung um ein Gespräch. Ich sollte nun vor den Augen der oben vorgestellten AC-Beobachter meine Kompetenz für ein schwieriges Mitarbeitergespräch unter Beweis stellen. Soweit die Anweisung für das Rollenspiel, das etwa 20 Minuten dauern sollte.

Als Gesprächspartner schlüpfte einer der AC-Beobachter in die unglückliche Rolle von Herrn Klein. Dieser spielte den Herrn Klein als sehr unterwürfigen, überangepassten, fast schon »schleimigen« Typ. Er drückte ganz deutlich auf die »soziale Tränendrüse«, erzählte von seinem Haus, das er gerade gebaut hätte, und von seinen hohen Schulden. Um die Kosten für seinen Lebensunterhalt zu reduzieren – so tischte mir der begabte AC-Laienschauspieler auf –, habe er bereits ein Nachbargrundstück für den persönlichen Gemüseanbau gepachtet.

Herr Klein berichtete, dass er sehr ordentlich und gewissenhaft arbeiten würde, wenn auch zugegebenermaßen etwas langsam, klagte aber auch über die Kollegen, die ihm immer die unangenehmsten Arbeiten aufbürdeten. Die anderen würden ja nur »husch-husch« arbeiten, er verkörpere jedoch das Gewissen des Teams und habe nun gehört – so seine Gesprächseröffnung –, dass ich, der neue Gruppenleiter, ihn rausschmeißen wolle. Wie ich mir das eigentlich vorstelle, er sei doch wirklich arm dran und auch schon so lange bei der Firma, lauteten seine anklagend-rechtfertigenden Worte.

Ich hatte mich bereits in der Vorbereitungsphase dazu durchgerungen, Herrn Klein nicht zu entlassen. Schließlich war ich erst sechs Wochen in diesem Team. Auf meine Frage, wie lange er bereits in der Firma beschäftigt sei, stellte sich heraus, dass er mit sieben Jahren Betriebszugehörigkeit zu den dienstältesten Mitarbeitern gehörte, was mich in meiner Ausgangsüberlegung, ihm nicht zu kündigen, bestärkte.

Durch viele offene Fragen, die ich Herrn Klein stellte, kamen wir gut ins Gespräch (»Wie stellen Sie sich die zukünftige Aufgabenlösung vor?« usw.).

Ich bin dann mit ihm darin übereingekommen, dass er seine Arbeitszeit auch auf die späten Abendstunden werde ausdehnen müssen, wenn er sein Pensum in der normalen Arbeitszeit nicht schafft. Er erhielt meine Zusage, ihn zunächst nicht zu entlassen, und das Versprechen, nach erfolgreichem Abschluss des Projekts über seine beruflichen Möglichkeiten gegebenenfalls auch in einer anderen Abteilung der Firma ins Gespräch zu kommen.

Eine weitere Anregung meinerseits für Herrn Klein war das Thema berufliche Fortbildung, zu der er nach seinen Worten von meinem Vorgänger nie zugelassen worden war. Mein Standpunkt dazu: Das sei nicht nur allein Aufgabe des Arbeitgebers. Fortbildung müsse auch auf Eigeninitiative eines jeden Mitarbeiters hin erfolgen.

Damit war das erste Rollenspiel beendet, und das zweite begann, aufbauend auf der Geschichte, die ich eben gerade mit Herrn Klein durchgestanden hatte.

In dem neuen Rollenspiel bat mich mein Vorgesetzter zum Gespräch. Er habe von meiner Unterredung mit Herrn Klein gehört und erwarte nun Rapport. Dieses Gespräch war um einiges stressiger als das mit Herrn Klein. Nach ganz knapper Vorbereitungszeit betrat ich den Prüfungsraum und sah mich mit einem jungen, dynamischen Vorgesetzten konfrontiert, der mich überschwänglich begrüßte, kaum zu Worte kommen ließ und mich dafür lobte, dass ich jetzt endlich »klar Schiff« gemacht hätte, meine Mannschaft auf Vordermann gebracht und den langweiligen Herrn Klein gefeuert habe.

Ich musste zunächst mal dieses bewusst inszenierte Missverständnis aufklären und war nun in der Position, mich rechtfertigen zu müssen, warum ich denn nicht hart durchgegriffen hätte. Jetzt kam es darauf an, gut zu argumentieren, wobei mein Gegenüber mir öfter ins Wort fiel und lautstark seine Enttäuschung wegen meiner angeblich »schlappen Haltung« zum Ausdruck brachte: »Wie können Sie sich bloß von dem Klein so voll quatschen lassen«, war sein herber Vorwurf und: »Das ist ja eine schöne Führungsschwäche, die Sie da an den Tag legen. Wir dachten, Sie sind durchsetzungsfähig, und jetzt dieser laue Sozialklimbim.«

Gar nicht so einfach, mit diesem Gegenwind fertig zu werden, aber darum ging es ja wohl in diesem AC-Rollenspiel. Ich behielt jedenfalls trotz dieser Vorwürfe die Contenance und legte meine Argumentation noch einmal dar. Im Übrigen verwies ich darauf, dass niemand mir vor meinem Rollenantritt als neuer Vorgesetzter gesagt hätte, dass man mich als »Rausschmeißer« engagiert habe.

Auch diese Aufgabe schien ich damit zufrieden stellend gelöst zu haben. Aber es sollte im dritten Rollenspiel noch schwieriger werden:

Als Produktmanager für einen neuen Designer-Fernseher der oberen Preisklasse sollte ich einen Vetriebsfachmann von dieser Produktidee überzeugen. Mein Gegenüber, wieder einer der AC-Beobachter und »Hilfsschauspieler«, übernahm den Part des völlig uneinsichtigen »störrischen Esels«, der sich allen meinen Argumenten beharrlich widersetzte. Dessen Rollenvorschrift sah offenbar vor, absolut emotional, unsachlich und unlogisch zu reagieren, mir dabei ständig ins Wort zu fallen und mich zur Verzweiflung zu bringen mit Sätzen wie »Sie haben ja keine Ahnung, was draußen los ist ... Was wissen Sie schon ... Völlig unmöglich ...« Erschwerend kam für mich hinzu, dass mein Gegenüber mir geradezu körperlich »auf die Pelle rückte«.

Sich dieses Stresses zu erwehren war wirklich nicht einfach. Ich hatte Schweißperlen auf der Stirn und war kurz davor zu verzweifeln.

Endlich wurde ich erlöst und hatte 30 Minuten Zeit, eine neue AC-Aufgabe vorzubereiten, dieses Mal eine Präsentation. Ausgangspunkt war ein nicht gerade einfacher Text mit Untersuchungsergebnissen aus dem Gebiet Personalentwicklung und Motivationsförderung. Meine Aufgabe bestand darin, das Führungsgremium von Sony – zufälligerweise diese sechs AC-Beobachter – davon zu überzeugen, dass Vorgesetzte zu wenig Zeit in die Förderung und Motivationspflege ihrer Mitarbeiter investieren. Ich sollte diesbezüglich ein Personalentwicklungskonzept vortragen und das erlauchte Gremium überzeugen.

Die eigentliche Präsentation war nicht so schwierig. Das Problem lag eher in der im Anschluss geführten heftigen Diskussion, wo mir wieder einmal – wie konnte es anders sein – Widerstand pur entgegengespielt wurde. Abermals musste ich mit bockigen, uneinsichtigen, verschlossenen, rigiden und starrköpfigen »Hilfsschauspielern« klarkommen, die allesamt Anwärter für die nächste Oscar-Verleihung in Hollywood wären. Sparte: beste Nebenrolle. Dabei sparte man nicht mit verletzenden Verbalattacken. Ich musste mir bieten lassen, für ein bisschen »plemplem« erklärt zu werden.

Nach diesem Schlachtfest – alle hatten sich auf mich eingeschossen – musste ich wie ein ungezogenes Schulkind den Raum verlassen, und das AC-Gremium beriet sich. Eine gute 3/4 Stunde später wurde ich vor die Auswähler zitiert. Die Runde lockerte sich auf, und jeder kam auf mich zu, mit Erklärungen und entschuldigenden Worten, wie Leid es allen täte, mich auf so herbe Weise ständig provoziert zu haben. In Wirklichkeit sei jeder ganz anders und natürlich überhaupt nicht so wie in den AC-Rollenspielen dargestellt. Dem pflichtete ich mit den Worten bei, auch ich sei ganz anders – und hatte die Lacher auf meiner Seite.

Dann fand das Abschlussgespräch statt, mit viel Lob, aber auch einiger Kritik. Ich hätte ruhig auf die herben Angriffe etwas emotionaler reagieren dürfen.

Im Anschluss daran wurde ich von einem Teil der Beobachter zum Kantinenmittagessen eingeladen. Hier herrschte schnell ein vertraulicher Ton, und man erzählte von Mitbewerbern und was von denen so geboten worden wäre. Indirekt hatte ich das Gefühl der Aufforderung, jetzt ruhig mal Dampf ablassen zu können und mal so richtig frei von der Leber weg meinen Ärger auszusprechen. Das tat ich aber nicht, denn auch dieses Kantinenessen erlebte ich als einen Teil des ACs.

Bericht: Philips

Jeder Kandidat stellte zunächst auf Englisch seine Herkunft, seinen Werdegang, seine Motivation und schließlich auch seine Interessen vor.

Während dieser Runde (die bei fast 20 Teilnehmern natürlich sehr lange dauerte) war die Stimmung noch relativ unterkühlt und angespannt, dafür taute sie bereits beim anschließenden Abendessen auf … Nach dem Essen wechselte man in die Bar, um dort noch bei dem einen oder anderen Drink Smalltalk mit den anderen Kandidaten und den Unternehmensvertretern zu machen. Für Reisekosten, Verpflegung und Unterbringung im geräumigen Doppelzimmer für jeden einzelnen Kandidaten kam die Firma auf.

Erst am nächsten Morgen begann die eigentliche Arbeit: Nach einer kurzen Vorstellungsrunde der Assessoren, die ihre jeweils zu vergebenden Jobs (immerhin etwa zehn insgesamt) möglichst attraktiv darzustellen versuchten, wurden vier Übungen absolviert.

Zwei Übungen fanden in einer Gruppe von etwa sechs Teilnehmern statt:

Zunächst galt es, innerhalb einer Stunde eine kleine Fallstudie aufzubereiten, in der Gruppe zu diskutieren und abschließend die Ergebnisse kurz zu präsentieren. Auf den Vorschlag eines Mitbewerbers hin bot ich mich an, diskussionsbegleitend die wichtigsten Punkte am Flipchart festzuhalten …

Hier half mir insbesondere meine Erfahrung bei Studentenorganisationen sehr, ich übernahm sozusagen eine moderierende Rolle und durfte im Abschluss auch die Ergebnisse vorstellen.

Noch lustiger war die zweite Gruppenübung, bei der es darum ging, innerhalb von 40 Minuten eine freischwebende Brücke zu bauen, die am Ende ein Glas mit Wasser tragen können sollte. Materialien: Moderationskarten (aus Pappe), Tacker, Tackermunition, Eddings, 2 Klebestifte. Meine Gruppe war auch hier sehr harmonisch und kooperativ, und nach der Übung waren wir alle sehr zufrieden mit uns.

Darüber hinaus gab es noch eine Einzelübung, bei der man quasi aus dem Stand eine neuartige Glühbirne anzupreisen hatte, wobei ganz kreativ bestimmte Begriffe einzuflechten waren … Ich meisterte diese Übung sehr überzeugend in der Hälfte der verfügbaren Zeit, was mir hinterher als »Mangel in der internen Organisation« (!) ausgelegt wurde.

Schließlich war noch ein Rollenspiel vorgesehen, bei dem jeweils ein Kandidat den Einkäufer, der andere Kandidat den Verkäufer spielte … Es ging nun darum, Vertragskonditionen neu zu verhandeln. Da wir diese Übung gemeinsam vorbereiten durften, einigten sich die Teams natürlich bereits im Vorfeld auf eine für beide Seiten akzeptable Lösung. Dementsprechend fiel meine Verhandlung denn auch sehr freundschaftlich und kooperativ aus … ich glaube, daran scheiterte letztlich dann auch meine Bewerbung, denn beim Feedback nach dem Mittagessen attestierte man mir zwar ein überdurchschnittliches Ergebnis, Kommunikationsfähigkeit, Teamfähigkeit und Kreativität, bemängelte aber auch die interne Organisation (siehe oben, völliger Quatsch) sowie die Durchsetzungsfähigkeit … Man könne sich mich nicht im Vertrieb »an der Front« vorstellen, daher würde ich momentan einfach auf keines der Stellenprofile passen…

Für mich war das AC dennoch ein Erfolg: Erstens war ich selbst sehr zufrieden mit meinen Leistungen, zweitens habe ich sehr viel positives Feedback vor allem auch von meinen Mitbewerbern erhalten (die zum Teil sehr überrascht waren, dass man mir keine Stelle angeboten hatte), drittens werde ich mit so manchem Mitbewerber sicher auch weiterhin Kontakt halten, viertens habe ich erkannt, dass meine Stärken einfach woanders liegen … Vertrieb interessiert mich offen gesagt nicht, und das hat man meiner Bewerbung wohl auch angemerkt. Da dies nun aber einmal im Unternehmen für sehr wichtig erachtet wird und es »reine« Marketing-Laufbahnen in der Regel nicht gibt, passen wir eben einfach auch nicht zueinander. Insofern bin ich ganz froh, dass ich kein Angebot erhalten habe, denn sonst hätte ich es möglicherweise (geblendet von dem großen Namen) angenommen, ohne dann im Endeffekt glücklich dort zu werden.

Gut an dem AC fand ich den fairen Umgang mit den Kandidaten, das gewählte Hotel, die Anwesenheit von Assessoren aus den Fachbereichen, die relativ große Anzahl der zu besetzenden Stellen, die Praxisnähe der Übungen (kein Mentalquatsch, keine Tests, kein Postkorb), das Feedback (und evtl. Angebot) gleich im Anschluss an das AC.

Bericht: Go West-LB

Eine weitere Veranschaulichung der Zusammenstellung von Aufgabentypen in einem realen AC liefert der folgende Bericht über ein entsprechendes Auswahlverfahren bei der Westdeutschen Landesbank. Hier wurden Hochschulabsolventen für ein Trainee anderthalb Tage geprüft. Zu den Eckdaten: Acht Bewerber gegenüber fünf Beobachtern.

Der erste Tag beginnt um 14.00 Uhr. Das angeblich offizielle Prüfungsende ist um 18.30 Uhr. Das gemeinsame Abendessen (»nichts isst zufällig«) ist jedoch auch Bestandteil des Auswahlverfahrens.

Zum Ablauf:

1. Selbstvor- und -darstellung (Lebenslauf auf Plakat mit Erläuterungen).
2. Diskussion folgender Situation: Ein Wirtschaftsingenieur wird von der Fertigungs- in die Verkaufsabteilung versetzt und ist dort plötzlich Vorgesetzter von 20 Mitarbeitern. Er hat bisher gute Führungsqualitäten gezeigt, verfügt aber formal über keine Ausbildung und ist daher unsicher, ob er der Aufgabe gewachsen ist.

Aufgabe: 15 vorgegebene Empfehlungen, was der Mitarbeiter am besten machen sollte, um sich der neuen Aufgabe besser gewachsen zu fühlen, sind von jedem Bewerber in eine Rangfolge nach Wichtigkeit und Nützlichkeit zu bringen (z.B. Yoga, Vortrag über Führung von Mitarbeitern, Seminare besuchen, Bücher lesen etc.). Danach müssen sich alle Bewerber gemeinsam in einer Diskussion darauf einigen, welche Rangfolge der Empfehlungen am sinnvollsten ist. Wichtig dabei ist nicht nur das überzeugte Vertreten der eigenen Meinung, sondern auch das Kooperieren mit den anderen Gruppenteilnehmern sowie die Fähigkeit, sich unter Zeitdruck zu einigen.

3. Organisationsaufgabe: Anhand gewisser vorgegebener Termine soll ein Zeitplan erstellt werden:

- Ein eiliger Brief ist zur Post zu bringen.
- Wichtige Kunden sind zu besuchen.
- Bis 16.00 Uhr sind wichtige Papiere von der Bank abzuholen.
- Um 17.10 Uhr ist ein Treffen mit Freunden verabredet, die Dauer ist nicht festgelegt.
- Zwischen 16.00 Uhr und 16.30 Uhr muss einer neuen Sekretärin das Büro gezeigt werden.
- Das Motorrad ist kaputt und könnte zur Reparatur gebracht

werden, Dauer: 1 ½ Stunden; durch das Motorrad lassen sich alle Wegezeiten um zwei Drittel reduzieren, also statt 30 Minuten nur 10 Minuten – hinzu kommt ein Kaufhauseinkauf (10 Minuten).

- Ein Friseurbesuch (hier ist die Zeit für den Haarschnitt selbst zu bestimmen).
- Am Bahnhof muss eine Fahrkarte gekauft werden.

Ausgangspunkt (um 14.00 Uhr) und Zielort ist das Büro, das spätestens um 18.00 Uhr wieder erreicht sein muss. Alle Stationen sind zu besuchen. Dauer von Treffen, Friseurbesuch und Fahrkartenkauf am Bahnhof sind selbst zu bestimmen, müssen aber realistisch sein. Sonstige Aufenthaltszeiten sind vorgegeben.

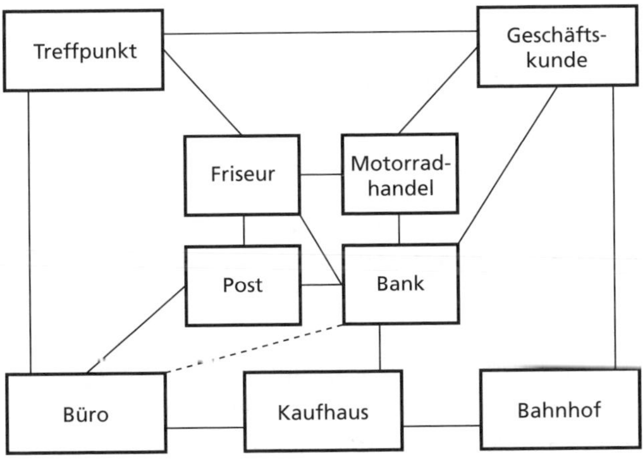

Lösungsweg:
Büro ab 14.00 Uhr
? an ?
? ab ?
usw.

Die Arbeit an dieser Aufgabe wird durch eine Präsentation (10 Minuten Vorbereitung und 5 Minuten Redezeit) unterbrochen: Ein Patent zum Rohstoffrecycling ist angemeldet, und man soll nun eine Marketingstrategie vorstellen, mit der diese »Wundermaschine« verkauft wird.

4. 40-minütige Gruppendiskussion eines Fallbeispiels: Es soll für den Vorstand eines deutschen Fotoapparateherstellers eine Entscheidungsvorlage erstellt werden, die sich mit der Frage beschäftigt, ob man eine japanische Firma, die im Massengeschäft für Superkameras tätig ist, übernehmen sollte. Die eigene Firma ist im Profibereich mit hoher Qualität am Markt. Anhand verschiedener Stellungnahmen ist die Situation im Hinblick auf folgende Kriterien zu prüfen:

- Ist die Finanzierung gesichert?
- Einfluss auf das Image der bisherigen Firma
- Einfluss auf die Artikel des japanischen Massenanbieters bei Übernahme
- Marktchancen
- Umsatz
- Gewinn
- Kostensenkungspotenzial
- Wettbewerbsvorteile
- Erfahrung in den neuen Branchenbereichen

Wichtig bei der Lösung der Aufgabe erscheint mir, neben der gut vertretenen eigenen Position, vor allem die Konsensfähigkeit der Gruppe (Teamwork).

Damit ist das Ende dieses ersten AC-Testtages erreicht (18.30 Uhr), und ein gemeinsames Abendessen (um 20.00 Uhr) schließt sich an.

Der zweite Tag beginnt um 8.30 Uhr, um 13.00 Uhr gibt es Mittagessen, und ab 14.00 Uhr wird Feedback »ausgeschenkt«.

Der erste AC-Abschnitt besteht aus einer Postkorb-Aufgabe (30 Minuten), die von der Anfertigung eines Aufsatzes (45 Minuten) unterbrochen wird.

Zur Postkorbaufgabe: Man kehrt abends von einem Kongress nach Hause zurück und findet die Nachricht vor, dass am nächsten Morgen um 9.00 Uhr eine unaufschiebbare Geschäftsreise für mehrere Tage ansteht. Die Wohnung ist leer, das Au-pair-Mädchen ist für einige Tage verreist, Ehefrau und Tochter machen Urlaub und sind telefonisch zunächst nicht zu erreichen. Der Sohn kommt später abends heim. Auf dem Anrufbeantworter sind vier Telefonanrufe aufgezeichnet, und im Postkorb liegt ein Stapel von Briefen und Mitteilungen. Verlangt sind nun Entscheidungen, welche Informationen und Aufgaben Vorrang haben und welche Dinge man delegieren kann bzw. selbst erledigen muss.

Beispiel: Im Postkorb befindet sich eine Karte, auf der die Telefonnummer von Ehefrau und Tochter notiert ist, d.h., man kann sie anrufen und ihnen bestimmte Aufgaben übertragen. Genauso kann man die Sekretärin benachrichtigen und den später heimkehrenden Sohn bitten, z.B. die Tante anzurufen, damit diese am vorgesehenen Tag nicht einen Kuchen backt, weil das Gas wegen Reparaturarbeiten am Gaszähler abgestellt wird. Aus dem gleichen Grund muss der Sohn zu Hause bleiben. Nicht vergessen, ihm Geld hinzulegen, weil er Theaterkarten besorgen soll. Die Tochter informiert man über den Anruf eines Bekannten, der eigenen Frau trägt man auf, bei Gericht anzurufen, um einen Termin zu verschieben. Sie könnte eventuell auch die Mieterversammlung besuchen, da man selbst eine falsche Heizkostenabrechnung erhalten hat, usw. usw. usw.

Zwischendurch ist in 45 Minuten ein Aufsatz zu schreiben, der folgende Themen behandelt:

- persönliche und fachliche Stärken
- berufliche Ziele in den nächsten fünf bis sieben Jahren
- Welche persönlichen und fachlichen Schwächen müssen in dieser Zeit überwunden werden?

Im zweiten Testabschnitt geht es um eine Disziplinarentscheidung aufgrund von Fehlzeiten eines Mitarbeiters und dazwischen um eine Selbsteinschätzung sowie um ein Verhandlungsrollenspiel.

Jeder Bewerber bekommt einen Disziplinarfall aus der Personalabteilung vorgelegt, den er zu beurteilen hat. In einzelnen Situationen sind alternative Entscheidungen zu treffen, die dann wiederum den weiteren Verlauf der Entwicklung beeinflussen. Dazu werden Mappen ausgeteilt, auf deren Seiten jeweils Situationsbeschreibungen stehen und die je nach Entscheidung durch den Bewerber Verweise auf unterschiedliche weitere Seiten enthalten.

Man selbst soll sich in die Rolle eines Landesbausparkassen-Zweigstellenleiters versetzen. Seit sechs Monaten hat man einen neuen Mitarbeiter, der bereits insgesamt drei Jahre für die LBS gearbeitet hat. Seit zwei Monaten fehlt dieser Mitarbeiter (nennen wir ihn Fritz Fleißig) regelmäßig jeden Montag.

Nun werden einem verschiedene Entscheidungsmöglichkeiten zur Auswahl gegeben. Am Anfang z.B.:

a) ein Gespräch unter vier Augen
b) ein Gespräch mit dem ehemaligen Vorgesetzten
c) ein Gespräch mit den Arbeitskollegen von Fritz Fleißig
d) eine schriftliche Abmahnung

Hier der Lösungsvorschlag unseres Informanten: Zunächst früheres Verhalten beim ehemaligen Chef erkunden. Dann im persönlichen Gespräch so lange nachfragen, bis Fritz Fleißig seine Probleme erzählt, etwas später ggf. eine Abmahnung erteilen. Wenn er frech wird, u.U. auch mit der Entlassung drohen (es stellt sich später heraus, dass Fritz Fleißig Alkoholiker ist).

Während dieser Fallarbeit muss man eine Selbsteinschätzung zum Besten geben. Dazu erhält man eine Liste von Eigenschaften und soll sich selbst auf einer Skala von 1 bis 5 bei einzelnen Kriterien einstufen. Dabei geht es um Eigeninitiative, Kommunikations-, Delegations-, Kontakt- und Kooperationsfähigkeit, logisches Denken, Überzeugungs- und Durchsetzungskraft, Risikobereitschaft, Fachwissen, Selbständigkeit, Führungsqualitäten, Belastbarkeit, Entscheidungsfreude, Auffassungsgabe, Toleranz, Interesse am Detail und Organisationstalent.

Parallel dazu ist noch ein Verhandlungs-Rollenspiel zu absolvieren: Ein Bewerber ist Verkäufer, ein anderer Käufer. Situation: Der Verkäufer soll einen Hightechkopierer mit exzellentem Service verkaufen. Der Kopierer ist aber vom Gewicht her sehr schwer. Der Verkäufer kann vom Listenpreis (8.000 Euro) maximal 500 Euro nachlassen. Der Käufer soll auf jeden Fall einen Abschluss tätigen, er will eigentlich nur 7.000 Euro ausgeben, maximal kann er aber bis 7.700 Euro gehen. Wichtig ist hier der Vertragsabschluss sowie gegebenenfalls eine originelle Argumentation bei plötzlich auftretenden Einwänden (wie z.B. hohes Gewicht des Kopierers: hier das Anbringen von Rollen anbieten).

Dritte große Aufgabe an diesem Vormittag: eine Gruppendiskussion. Alle Bewerber sind reisende Außendienstmitarbeiter eines Versicherungsunternehmens. Sie haben alle unterschiedliche Fahrzeuge (im Hinblick auf Modell, Fahrzeug und Kilometerleistung; einer fährt sogar einen Motorroller). Das Unternehmen stellt nun einen neuen BMW zur Verfügung. Aufgabe jedes einzelnen Bewerbers (in der Rollenspielaufgabe des Außendienstmitarbeiters) ist es, seine Ansprüche auf den neuen Wagen zu begründen.

Es bieten sich in der Diskussion folgende Argumente und Kriterien an: Alter der Fahrzeuge, Kilometerstand, Umsatzhöhe, Dienstalter und Firmenzugehörigkeit. Außerdem gibt es ein »unter der Hand« abgegebenes Vorgesetzten-Versprechen.

Wichtig ist auch hier der Konsens in der Gruppe. Nach Meinung unseres Informanten erschien es am geschicktesten, einen Ringtausch vorzuschlagen. Das schlechteste Fahrzeug (Motorroller) wird ausrangiert, und jeder bekommt ein besseres als vorher.

Als besonders stressig empfand unser Informant die Doppelbelastung in diesem AC durch das Verknüpfen von zwei Testaufgaben zur gleichen Zeit.

Bericht: Führungskräfte-Assessment in Berlin-Schönefeld

Im September nahm ich bei der Firma *Training & More* in Berlin Schönefeld an einem AC für Führungskräfte teil. Ausgeschrieben war die Stelle des Schulungsleiters, angesiedelt direkt unter dem Geschäftsführer. Eingeladen für das zweitägige AC waren insgesamt 25 Teilnehmer, wobei letztendlich nur 18 erschienen sind. Pro AC-Kandidaten gab es mindestens einen Beobachter, wobei diese sich natürlich auch regelmäßig untereinander abgesprochen haben.

Nach einer kurzen Begrüßung und Einweisung durch die Chefpsychologin wurde mit einer Selbstpräsentation begonnen. Dabei bekamen wir jeder 15 Minuten Zeit, einen Kurzvortrag für 10 Minuten über uns selbst zu erstellen. Als Materialien/Hilfsmittel konnten wir auf die üblichen Präsentationskoffer mit Meta-Plan-Karten, Flipcharts etc. zurückgreifen. Alle Vorträge wurden nach exakt 10 Minuten abgebrochen, sodass man zusehen musste, in der Zeit zu bleiben und trotzdem alle wichtigen Eckdaten zu nennen. Bereits jetzt war auffällig, dass es einigen gelang, sehr gut zu punkten, während andere sich deutlich ins Abseits manövrierten. Besonders gut ist mir ein Pädagoge in Erinnerung, der sich sehr schön mit Hilfe eines Flipcharts präsentierte, jedoch zu lustig rüber kam. Mein persönliches Resümee war, dass ich von ihm gut unterhalten wurde, aber nichts dabei hängen blieb – eben außer gut unterhalten worden zu sein. Dieser Eindruck sollte sich bei den folgenden Übungen noch mehrfach bestätigen.

Als Nächstes folgte nach einer Viertelstunde Pause ein schriftlicher Test, bei dem man innerhalb von 15 Minuten rund 20 Merkmale einer Führungskraft in eine Prioritätenreihenfolge bringen sollte. Dabei gab es Aussagen wie »Eine Führungskraft sollte…

- immer alles wissen
- aufmerksam zuhören können
- hart durchgreifen etc.«

zu bewerten. Auffällig war, dass die meisten Punkte sich später noch mal in ähnlicher Form wiederholten. Die Punkte, die man für am wichtigsten hielt, sollten die Ziffern 1 bis 7 bekommen und ausführlich begründet werden. Die anderen 13 zur Verfügung stehenden Aussagen sollten nur in eine Rangfolge gebracht werden. Anschließend gab es wieder eine Pause.

Nun folgte die erste Gruppenübung: Den gleichen Test, den man eben alleine gemacht hatte, galt es jetzt in einer Kleingruppe zu wiederholen.

Dabei sollte man sich auf eine gemeinsam getragene Rangfolge einigen. Wie üblich galt es, die allgemein bekannten AC-Spielregeln (ausreden lassen, zuhören, loben, sachliche Kritik etc.) zu beachten. Mir bescheinigte man am Ende des zweiten Tages eine gewisse Unlust bei diesem Test. Stimmt. In meiner Gruppe empfand ich es als wahnsinnig albern, bei fast gleichwertigen Aussagen über tausendstel Prozentpunkte zu diskutieren. Aber dazu muss man sich wohl in einem solchen »Spiel« halt auch mal zwingen …

Zum Mittagessen wurden wir in das Treff Hotel am Airport eingeladen, wo uns ein kaltes und warmes Buffet erwartete. Die Qualität war – zugegeben – nicht berauschend, aber trotzdem danke für die Einladung. Aus Testknackerbüchern wusste ich bereits, dass Vorsicht geboten ist, wenn sich die Psychologen mit zum Mittagessen begeben. Selbst wenn das Essen kein Teil des ACs gewesen sein sollte, so werden doch dabei immer wieder Eindrücke geradezu zwangsläufig mitgenommen. Eine Frau beschwerte sich sehr über den Getränkeservice und man sah einigen anderen Kandidaten deutlich an, dass sie schon besser gegessen hatten.

Gestärkt konnten wir uns nun dem BOMAT, dem Bochumer-Matrizen-Test, widmen. Dieser besteht aus 29 Aufgaben, bei denen man erst den logischen Aufbau erkennen und danach das passende Element aus den Antwortmöglichkeiten A bis F auswählen musste. Im Gegensatz zu den normalen Testaufgaben wie z.B. »Sinnvoll ergänzen« oder ähnlichen bestand hierbei die Schwierigkeit, erst einmal zu erkennen, wo die Reihe sich in dem Matrizenfeld (jedes mit 15 Feldern) befand, die es zu ergänzen galt. Gleichzeitig war es so, dass auch nicht nur am Ende der Matrize ein Feld ergänzt werden musste, es konnte auch ein Feld mittendrin sein. Die logische Reihe konnte dabei waagerecht, senkrecht, diagonal oder auch gespiegelt sein. Nach Lösen der ersten 10 Übungsaufgaben hatten wir 45 Minuten Zeit und ich muss sagen, dass es dieser Test echt in sich hatte. Die Pause danach war verdient.

Dann war mal wieder eine Gruppenaufgabe angesagt. Da wir alle das Unternehmen nur aus dem Internet oder aus Zeitungsanzeigen kannten, gab man uns Informationsmaterial und wir sollten in unserer Kleingruppe die wichtigsten Daten sammeln und den anderen Mitbewerbern in einer kurzen Präsentation vorstellen. Wie üblich erhielten wir als Hilfsmittel Folien, Meta-Plan-Wände, Flipcharts etc. Wenn man einmal eine solche Gruppenaufgabe gelöst hat, kann man jede lösen … Hier waren wir nicht wirklich gefordert.

Zum Abschluss des ersten Tages gab es noch eine knackige Postkorbaufgabe. Der Werkleiter der Firma X ist plötzlich verstorben und wir sollten als sein neuer Nachfolger innerhalb von einer Stunde an einem Samstagnachmittag seinen Postkorb durchsehen und bearbeiten. Danach würde unser Flieger nach Brasilien gehen, wo ein unaufschiebbarer Termin auf uns wartete. Selbstverständlich konnten wir keine Arbeit mitnehmen und die Sekretärin war natürlich schon außer Haus und nicht erreichbar. Ebenso nicht die anderen Leute in Führungspositionen. Wie waren allein. Ganz allein ... Und natürlich gab es eine Menge Aufgaben zu erledigen:

- Der Sohn eines Vorstandmitgliedes heiratet und will Glückwünsche erhalten (am besten persönlich!).
- Eine Maschine im Werk ist kaputt und gefährdet die Arbeitssicherheit.
- Es gab Unregelmäßigkeiten in der Buchhaltung und am Montag kommt die Steuerprüfung.
- Die Abteilung X benötigt noch dringend Bargeld aus dem Firmentresor.
- Ein Kunde beschwert sich über den Verzug einer Lieferung; pro weiteren Tag werden tausende Euro Strafe fällig usw.

Für das Ende des ersten Tages war dies eine recht anspruchsvolle Aufgabe, bei der noch mal alle Konzentration aufgebracht werden musste.

Der Tag endete dann statt wie geplant um 16.00 Uhr erst um 17.30 Uhr. Dabei fiel auf, dass die Psychologen nicht sonderlich überrascht auf diese Zeitverschiebung reagierten, sondern es den Anschein hatte, dass sie damit schon gerechnet hatten. Einigen Bewerbern missfiel die Überziehung deutlich, und so brachten sie dies auch zum Ausdruck. Dass die Überstunden auch Teil des ACs sein könnten, daran haben wohl die wenigsten gedacht ...

Der zweite Tag begann wie der erste um 9.00 Uhr morgens. Wie am Tag zuvor betonte man, heute pünktlich Feierabend machen zu wollen. Die Vorsätze waren also da ...

Nun standen eine Gruppendiskussion, ein Streit- bzw. Kritikgespräch und ein Aufsatz auf dem Programm. Zwischendurch wollte der Geschäftsführer die Firma noch mal vorstellen und am Ende sollten die Ergebnisse bekannt gegeben werden. Man wollte die Tests erklären und schließlich auch die Namen der drei Kandidaten nennen, die noch mal zu einem Einzelgespräch zur Geschäftsleitung eingeladen werden würden.

Da die Psychologen alle im »Streitgespräch« waren, wurde der Aufsatz in Einzelarbeit erledigt. Dazu hatten wir den ganzen Vormittag bis zum

Mittagessen Zeit, wobei der Aufsatz natürlich durch das Streitgespräch, ein Rollenspiel, zwischendurch unterbrochen wurde. Folgende Situation galt es, schriftlich zu bearbeiten:

Man bekam ein fiktives Streitgespräch zwischen Person A (Vorgesetzter) und Person B (Untergebener). Diese hatten sich im Laufe der Zeit angefreundet, duzten sich und unternahmen auch privat viel miteinander. Je besser die Freundschaft, desto schlechter arbeitete B. Wieder einmal hat er eine Aufgabe nicht gut erledigt und A muss eben genau diese Ergebnisse bei der Geschäftsführung präsentieren. Aufgrund der ungenügenden Leistung ruft der A den B zu sich. Das Gespräch eskaliert schließlich, da B seine Fehler nicht einsieht und sich auf die Freundschaft beruft. Letztendlich schreien sich beide an und A droht mit beruflichen Konsequenzen.

Dazu folgende Aufgaben:

- Erkennen Sie Eskalationsstufen? Wenn ja, markieren und beschreiben Sie sie. Wie kann man diese Stufen bezeichnen?
- Wie hätte man an diesen Stufen anders reagieren und das Gespräch zum Guten wenden können?
- Wie stehen sie zur Kombination Beruf und Freundschaft? Soll man sich duzen?

Das anschließende Streitgespräch war leicht. Wer sich gewissenhaft vorbereitet hatte, kam damit gut zurecht. Die Situation war folgende:

Mitarbeiterin B ist eigentlich eine gute Arbeiterin. In letzter Zeit verbummelt sie aber Termine, bereitet Räume nicht vor, kommt zu spät, vergisst Besprechungen usw. Frau B hat einen Sohn, der in der Schule sehr schlecht geworden ist. So, wie sie jetzt arbeitet, kann es nicht weitergehen, und die Kollegen haben sich bei Ihnen, dem Schulungsleiter, mehrfach beschwert. Da die Vorgehensweise bei einem solchen Gespräch bekannt ist, gehe ich hier auf Tipps nicht mehr ein.

Im Anschluss an das Gespräch bekommt man die Frage gestellt, ob man einen Azubi einstellen würde, der die Einstellungstests nicht geschafft hat, aber voller Motivation steckt. Er will den Ausbildungsplatz unbedingt – weil er einen alkoholkranken Vater hat und sich so von seiner Familie lösen kann. Hier war Argumentationsgeschick gefragt. Alle Antworten zählten.

Das Mittagsessen war so gut wie am ersten Tag. Wieder saßen Psychologen und Bewerber bei einem »netten Gespräch« beisammen.

Die letzte Gruppenaufgabe bestand in einer fiktiven Sitzung von Schulungsleiter und Teamleitern. Es gab drei Einzelfallentscheidungen zu treffen, die aber alle später auch vom Kollegenkreis und der Geschäftsführung negativ bewertet werden konnten. Wichtig war, einen Gemeinschaftsbeschluss innerhalb der nächsten 20 Minuten zu treffen. Hier die Aufgaben:

a) Eine Kollegin sollte stellvertretende Teamleiterin werden, hat aber das AC nicht geschafft. Nur mit bestandenem AC kann man die Stelle besetzen, so die Regularien. Befördern oder nicht, war hier die Frage.
b) Eine Abteilung sprengt ihr Budget für das Jahr, benötigt aber aufgrund technischer Probleme dringend noch mehr Geld, obwohl sie eh schon am meisten bekommt. Darf sie noch mehr Geld bekommen, obwohl die anderen Abteilungen auch mehr Geld bräuchten?
c) Ein Großkunde will ein neues Training kaufen, aber unbedingt die Mitarbeiter A und B als Ausbilder dazu. A und B sind zu der Zeit eigentlich auf Bildungsurlaub, den sie schon im letzten Jahr der Firma zuliebe abgesagt haben. Sie freuen sich sehr darauf und haben sich den Urlaub auch verdient. Man merkt, dass sie mit der Zeit »ausbrennen« und dringend etwas »Bespaßung« brauchen. Bekommt der Kunde die Ausbilder allerdings nicht, so droht er abzuspringen.

Auch hier waren generell offene Kommunikation und geschickte Argumentation gefragt. Heikel war, dass die Themen durchaus realistisch für die angestrebte Stelle waren und die Assessoren so auch gleich einen Eindruck über die Meinungen und Problemlösungsstrategien der Bewerber bekamen.

In der Zeit, in der die Psychologen die Tests auswerteten, berichtete uns der Geschäftsführer von *Training & More*. Ein netter Mann.

Anschließend erklärte man uns gemeinsam die Tests und jedem im Einzelgespräch (Vorsicht, Falle: Das AC war noch nicht vorbei!) seine Stärken und Schwächen. So negativ, wie ich wegkam, hätte ich nicht gedacht, dass ich zu den letzten drei Auserwählten gehören würde. Aber auch das schien ein Teil des ACs gewesen zu sein…

Zusammenfassung

Generell geht es bei ACs um die Überprüfung folgender Merkmale bzw. Anforderungen:

- Führungsfähigkeiten
- Initiative
- Kreativität
- Planung
- Kontrolle
- Flexibilität
- Entscheidungsfähigkeit
- Verhalten in Stesssituationen
- mündliche und schriftliche Kommunikationsfähigkeit
- Abhängigkeit von anderen Personen
- interpersonelles Verhaltensrepertoire

Ferner geht es bei ACs um:

A. *Soziale Prozesse* wie

- Kooperationsfähigkeit
  z.B. Meinungen, Ideen, Vorschläge anderer aufgreifen und weiterführen
- sich nicht auf Kosten anderer durchsetzen
- anderen in Schwierigkeiten helfen
- Erfolgserlebnisse mit anderen teilen
- keine Druck- oder Machtmittel einsetzen
- Kontaktfähigkeit,
  z.B. von sich aus auf andere zugehen, ansprechen, beginnen
- Ziele, Absichten, Methoden offen für andere darlegen
- Beratung, Unterstützung, Mithilfe anbieten
- anderen Vertrauen entgegenbringen
- Sensibilität
- Integrationsvermögen
- Selbstkontrolle
- Informationsverhalten

B. *Systematisches Denken und Handeln* wie
- abstraktes und analytisches Denken
- kombinatorisches Denken
- Entscheidungsfähigkeit
- Planungs- und Kontrollfähigkeiten
- eine persönliche arbeitsorganisatorische Fähigkeit

C. *Aktivität* wie
- Arbeitsmotivation und Arbeitsantrieb
- Führungsmotivation und Führungsantrieb
- Durchsetzungsvermögen
- Selbstständigkeit/Unabhängigkeit
- Selbstvertrauen

D. *Ausdrucksvermögen* wie
- schriftliche und mündliche Kommunikationsfähigkeit
- Flexibilität
- überzeugendes Engagement

Diese ausführliche Aufstellung ist nicht nur für ACs hilfreich, sondern auch für Gruppendiskussionen und generell für Vorstellungsgespräche.

Kritik

Assessment-Center-Testverfahren sind keineswegs das Nonplusultra. Diese bei historischer Betrachtung schon nicht mehr ganz neue »Wunderwaffe« ist bei näherer Betrachtung nichts anderes als alter Wein in neuen Schläuchen. Verschiedene Einzeltestverfahren (z.B. bezüglich Planungs-, Organisations-, Delegations-, Kommunikations- und Durchsetzungsvermögen) sind jetzt unter dem neumodischen Kürzel AC zusammengefasst. Der Personalchef, der »in« sein möchte, macht keine Einzeltests, sondern gleich ein AC.

Die generellen Kritikpunkte gegen die testgesteuerte Personalauslese treffen in vollem Umfang auf ACs zu:

Auch hier haben wir es mit höchst fragwürden theoretischen Grundlagen zu tun (z.B.: Was ist »Berufseignung« oder »Persönlichkeit«?). Diese schwache Basis dient aber für Aus- und Vorhersagen von großer Tragweite:

Testerfolg gleich zukünftiger Berufserfolg; Testmisserfolg gleich null Berufseinstiegschance.

Bekanntermaßen tun wir uns schon bei der Vorhersage des Wetters schwer; aber eine komplexe Berufsprognose soll mittels AC angeblich zuverlässig möglich sein. Kommen Ihnen da nicht Zweifel?

Auch ACs basieren auf der infantilen Allmachtsfantasie von Personalauslesern, in die Zukunft ihrer Bewerber schauen zu können. Auffällig aber ist: Je wichtiger der Bewerber oder Kandidat für eine berufliche Position, desto unwahrscheinlicher, dass er sich der Zumutung eines ACs stellen muss. Gestestet werden in der Regel die Kleinen, die Berufsanfänger, diejenigen also, die sich am schlechtesten dagegen wehren können. Wer Macht hat und wer Macht erdulden muss, ist festgelegt. Der Mächtige lässt testen.

Oftmals fehlt in den ACs der Bezug zum Arbeitsalltag und zu den hier erforderlichen Qualifikationen. Es geht vielmehr um die Frage, ob der Bewerber versteht, schauspielerische Qualitäten angstfrei vorzutragen, am liebsten im Rollenspiel. So kann man z.B., wie berichtet, Hochschulabsolventen bei einem Versicherungskonzern zumuten, in einem wechselseitigen Verhörgespräch Intimes (zum Thema Seitensprung) herauszufinden. Keiner weiß vom anderen, was dessen genauer Ausforschungsauftrag ist. Den darf man zu guter Letzt auch noch erraten. Aber alles nicht so schlimm, es ist ja nur ein Spiel, ein Rollenspiel …

Personalchefs, die auf eine AC-gesteuerte Bewerberauslese setzen, sind auf dem Holzweg. Solchen Unternehmen sollten Sie auf diesem Personalwege vielleicht besser nicht folgen …

Weitere AC-Berichte finden Sie im folgenden Kapitel *Erlebnisse aus 2001 Bewerbungen*.

ERLEBNISSE AUS 2001 BEWERBUNGEN

Mit Erlebnissen und Reports von anderen Bewerbern informieren wir Sie aus erster Hand, was bei einem testgesteuerten Personalauswahlverfahren konkret auf Sie zukommen kann. Damit setzen wir eine Tradition fort, die wir Ende der 80er Jahre begonnen haben. Das ist nun der neueste Report – und weiterhin ist von Absurditäten und Abgründen bei der testgesteuerten Personalauslese und im Umgang mit Bewerbern zu berichten.

Einstellungstesterlebnisse im Vergleich

Bei vier namhaften Unternehmen habe ich mich beworben und berichte hier über die Auswahlverfahren bei Herlitz, Deutsche Bahn, Vereinte Krankenversicherung und die Berliner Bankgesellschaft AG.

1. Bewerbung um eine Ausbildung zum Dipl.-Betriebswirt/BA bei der Herlitz AG

Das Einstellungsverfahren untergliederte sich bei der Herlitz AG in zwei Teile: Zuerst wurde ein Einstellungstest durchgeführt, bei erfolgreichem Bestehen folgte ein Vorstellungsgespräch. Der Einstellungstest lief wie folgt ab: Jeder Teilnehmer (etwa 15 Jungs und Mädels) stellte sich kurz vor, nachdem sich die Testleiterin ausführlich vorgestellt hatte. Dann bekam jeder »Getestete« einen Ordner mit verschiedenen Aufgaben in die Hand, die es zu lösen galt. Positiv war jedoch, dass von vorneherein eine Zeit (ca. 2 Stunden) für die Bearbeitung des gesamten Ordners veranschlagt wurde. Dadurch konnte man sich die Zeit für die jeweiligen Aufgaben selber einteilen, erst auch einmal die Aufgaben lösen, die einem leicht fielen.

Folgende Tests traf man im »Übungsordner« an: Allgemeinwissenstest zu den Themen Staat, Politik, Geschichte, Wirtschaft, Geographie, Kunst und Sport, wobei viele Fragen ohne direkten Bezug zum angestrebten Ausbildungsberuf waren. Es folgten Zahlensymbolaufgaben, Wochentage, Sprachanalogien, gleiche Wortbedeutung, Wegeplan. Sehr umfangreich waren auch die mathematischen Tests: Neben Grundrechnen und Textaufgaben fand man auch sehr komplizierte Aufgaben vor (von Beweisen bestimmter Sachverhalte bis hin zur Differenzial- und Integralrechnung).

Nach ca. zwei Wochen wurde ich wieder ins Herlitz-Werk Berlin zu einem Vorstellungsgespräch eingeladen. Das Gespräch war nun weniger angenehm. Ich sprach mit derselben jungen Frau, die auch den Einstellungstest durchgeführt hatte. Wir kamen über die bestehenden Probleme der Herlitz AG schnell auf sehr politische Themen und persönliche Meinungen. Da ich nichts zu verlieren hatte, probierte ich hier ein wenig rum und hielt meine politische Einstellung nicht unbedingt unter dem Tisch. Dementsprechend hatte ich dann auch drei Tage später eine Absage im Briefkasten.

2. Bewerbung um eine Ausbildung zum Dipl.-Ingenieur (BA) bei der Deutschen Bahn AG

Die Deutsche Bahn AG hat ein sehr ausgeklügeltes Einstellungsverfahren, welches sich in drei Stufen gliedert. Auf seine Bewerbung hin wird man völlig unvorbereitet zu Hause angerufen, mit dem Zweck, ein Telefoninterview durchzuführen. Da ich die Woche über bei der Bundeswehr bin, gelang ihnen diese Überraschung nicht so wie intendiert. Ich vereinbarte schließlich mit der netten Dame einen Termin, an dem unser Gespräch stattfinden sollte. Die etwas schüchterne Frau (diesen Eindruck hatte ich) sprach am Telefon mit mir vor allem über meine Motivation, bei der Deutschen Bahn AG ein Studium zu beginnen und wollte wissen, warum ich mich gerade für Maschinenbau interessiere. Des Weiteren wurde bereits viel Wissen über die Organisation eines BA-Studiums allgemein abgefragt. Auch eigene Finanzierungsvorstellungen des Studiums wurden abgecheckt, als plötzlich meine Gesprächspartnerin ohne Vorwarnung anfing, auf Englisch zu sprechen. Doch auch diesen Englischtest überstand ich und nach einer halben Stunde beendeten wir unser Gespräch mit einer Einladung nach Frankfurt am Main in die Zentrale der Deutschen Bahn AG.

Hier fand nun ein sechsstündiges Assessment Center statt. Nachdem sich die Testleiter vorgestellt und uns auch ihr Unternehmen nahe gebracht hatten, mussten wir 15 Testteilnehmer uns vorstellen. Nun folgten verschiedene Einzeltests (Mathematikaufgaben, Schätzaufgaben, Zahlenreihen, Technikaufgaben, Tests zur verbalen Intelligenz und Sprachbeherrschung, eine Organisationsaufgabe mit Wegeplan entwerfen), ein Kurzvortrag (10 Minuten Vorbereitungszeit, war aber sehr angenehm, da man ihn nur vor zwei Testleitern vorzutragen hatten) und eine Gruppendiskussion. Das Highlight der Testbatterie der Deutschen Bahn AG war das gemeinsame Mittagessen in der Kantine der DB. Wir mussten natürlich alle an einem Tisch sitzen und wurden so unauffällig wie möglich von den Testleitern beobachtet. Der eine oder andere versuchte auch immer wieder, uns lockere Bemerkungen zur Deutschen Bahn zu entlocken. Als positiv erwähnen möchte ich aber noch, dass die Deutsche Bahn AG sowohl die Kosten der Zugfahrt als auch die Hotelkosten in Frankfurt übernahm, außerdem das Assessment Center mit einer wirklich fairen Testauswertung unter vier Augen mit dem Getesteten abschloss.

Ich war wieder eine Runde weiter gekommen und so verschlug es mich nach München, meinem möglichen späteren Einsatzort. Hier sollte ein letztes Vorstellungsgespräch stattfinden. Das war dann auch die Krönung. Um 13.00 Uhr hatte ich meinen Termin, es war jedoch niemand zu dieser Uhrzeit am vereinbarten Ort auffindbar. Um 13.15 Uhr schlenderte ein Herr völlig unbeteiligt an mir vorbei und fragte mich, auf wen ich denn warte. Ich nannte den Namen meines Gesprächpartners, woraufhin der Herr meinte, wir könnten uns ja in dessen Büro setzen und gemeinsam warten. Der Herr, der sich noch immer nicht vorgestellt hatte, fing nun eine scheinbar völlig belanglose Unterhaltung mit mir an, die mir nicht ganz geheuer war. Um 13.45 Uhr, also mit einer ¾ Stunde Verspätung, ließ sich mein eigentlicher Gesprächspartner blicken. Jetzt stellte sich auch meine bisherige »Plaudertasche« als Personalberater der Deutschen Bahn AG vor. Aha, dachte ich mir. Nun wurde ich in einer sehr unfreundlichen Art und Weise zu meiner Motivation und meinen Vorstellungen gefragt. Dabei ging man auch sehr konkret auf das BA-Studium Maschinenbau ein. Doch jedes Mal, wenn ich eine Antwort gab, grinsten meine beiden Gesprächspartner sich an. Am Ende des Gesprächs kochte es in mir. Hinzu kam dieser übermäßige bayerische »Nationalstolz«, der mir als Preuße leider völlig abgeht. Ich war froh, nach einer knappen Stunde da wieder raus zu sein, auf eine endgültige Antwort warte ich noch.

3. Bewerbung um eine Ausbildung zum Versicherungskaufmann bei der Vereinten Krankenversicherung AG

Bei diesem Unternehmen erlebte ich ein sehr angenehmes Testverfahren, das sich in einen ersten Einstellungstest und, bei erfolgreichem Bestehen, in ein Vorstellungsgespräch unterteilte.

Als ich mit ca. zehn Mitbewerbern den Raum betrat, staunten wir über die vielen Kekse und Getränke, die auf den Tischen standen und uns offensichtlich die Atmosphäre ein wenig angenehmer machen sollten. Auch die Tests waren nicht sonderlich schwer: als Erstes sollte man auf ein großes A2-Blatt ein Bild malen mit dem Thema: »Ich privat und ich in der Schule«, außerdem sollte jeder drei Punkte anfügen, die für ihn persönlich am wichtigsten seien. Anhand dieses Bildes stellte sich dann jeder vor. Es folgten Konzentrationstests, eine Gruppendiskussion, wir sollten Versicherungsanträge bearbeiten (hier war die Zeit sehr knapp, außerdem veränderten sich bestimmte Bedingungen immer) und wir mussten einen Aufsatz schreiben.

Für mich war sehr interessant, dass im Bewertungskomitee auch zwei aktuelle Azubis saßen. Wie der Zufall es so will, war eine der Azubis eine sehr gute Freundin von mir und so erfuhr ich ein wenig von den Kriterien, von denen sich die Auswähler leiten ließen (z.B. wurde beim Bild auf Größe und Deutlichkeit geachtet, Kleidung war ein sehr wichtiger Punkt, außerdem eine klare, zielorientierte Diskussionsweise). Die beiden Azubis hatten auch wirklich ein Mitspracherecht bei der Bewerberauswahl, sehr erstaunlich.

Nachdem ich diesen Nachmittag überstanden hatte, wurde ich wenige Wochen später zum Vorstellungsgespräch in den Allianz-Tower in Berlin-Treptow eingeladen. Auch dieses Gespräch war sehr angenehm. Es ging vor allem um Schulwissen, was ich schon über Versicherungen allgemein und die Vereinte im Speziellen wüsste. Des Weiteren wurde der Einstellungstest noch einmal angesprochen (Positiv erwähnt wurde hier mein Aufsatz, in dem man seine Berufswahl begründen sollte. Ein Grund für mich war die Berufskleidung, wie ich schrieb. Dies fanden sie sehr originell). Auch persönliche Motivation und Ehrgeiz wurden hinterfragt, das Gespräch blieb jedoch völlig frei von persönlichen politischen Meinungen und privaten Sachen. Ganz großes Kompliment! Mir tat es dann auch richtig Leid, dass ich den mir angebotenen Ausbildungsvertrag ablehnen musste.

4. Bewerbung um eine Ausbildung zum Dipl.-Betriebswirt (BA) bei der Berliner Bankgesellschaft AG

Die Berliner Bankgesellschaft AG ist ja mittlerweile fast jedem Deutschen, zumindest jedem Berliner ein Begriff. In welchem unrühmlichen Zusammenhang, braucht an dieser Stelle nicht noch einmal erwähnt zu werden. Ich habe mittlerweile die Erfahrung gemacht, dass dies sich nicht nur in der Politik wiederfindet, nein, diese Malessen zeigten sich auch im Einstellungstest.

Ich wurde also vom besagten Unternehmen zum Testverfahren eingeladen. Zum vereinbarten Termin stand ich dann auch pünktlich auf der Matte und wunderte mich das erste Mal. Die etwa 50 weiteren Testteilnehmer kamen mir alle so jung vor, die meisten waren 15- bzw. 16-Jährige. In einer entsprechenden Massenabfertigung wurden dann Tests wie Allgemeinwissen, Dezimal- und Bruchrechnung, Zahlenreihen, Dominoreihen, Grundrechnen, Schätzaufgaben, Sprachanalogien, Speedrechnen und verschiedene Konzentrationsaufgaben durchgeführt. Die Atmosphäre war unangenehm unpersönlich. Am Ende der Tests wurden die Kandidaten, die bestanden hatten, in Grüppchen aus dem Raum gerufen. Hier teilte man mir dann mit, dass meine Testergebnisse nicht besonders gut waren (was mich erstaunte, denn ich war vom Gegenteil überzeugt) und mir deshalb kein BA-Studium angeboten werden könnte. Gleichzeitig bot man mir aber eine Ausbildung zum Bankkaufmann an. Auf meine Frage hin, woran es denn gelegen hatte, wich mir mein Gegenüber lediglich aus und stammelte irgendetwas von meinem Abitur. Erst hier durchschaute ich es. Ich war gar nicht erst zum Auswahlverfahren für ein BA-Studium eingeladen worden, dies war ein Auswahlverfahren für die Lehre zum Bankkaufmann. Mit großer Wahrscheinlichkeit hat die Berliner Bankgesellschaft bereits vor dem Test nach dem Abiturschnitt sortiert. Ich fiel mit meinem Durchschnitt offensichtlich leider unter deren Anforderungen. Anstatt mir dies aber mitzuteilen, wurde ich für ein anderes Auswahlverfahren eingeladen, denn für einen Bankkaufmann war mein Abiturdurchschnitt dann doch noch sehr gut. In der Gruppe, in der ich aus dem Raum gerufen wurde, waren auch noch vier weitere Jugendliche, die ich älter als die anderen einschätzte. So war es auch. Alle vier hatten Abitur und sich für ein BA-Studium beworben. Alle wurden abgelehnt, aber man bot eine Ausbildung zum Bankkaufmann an. Komisch, oder?

Tiger im Tank

Diplom-Kauffrau / ESSO-Management

»Nachwuchskräfte mit Aufstiegspotenzial« für verschiedene Einsatzgebiete bei ESSO gesucht, so lautete die Stellenanzeige, berichtete uns eine Hochschulabsolventin. Sie war eine von 50, die aus 3000 Bewerbungen erwählt wurden, an einem zweitägigen Auswahlverfahren teilzunehmen. Hier ihr Erfahrungsbericht:

Gesucht wurden fünf bis zehn Nachwuchskräfte, und uns, den sieben Teilnehmern der letzten Runde, wurde erbaulicherweise mitgeteilt, dass nicht zwangsläufig aus jeder Gruppe einer oder gar mehrere ausgewählt würden. Die Unterbringung, immerhin für zwei Nächte, und die Abwicklung der Kostenerstattung klappte ausgezeichnet. Der erste Tag begann in gemäßigtem Tempo: ausführliche Unternehmenspräsentation durch drei Herren aus der Personal- und PR-Abteilung. Neben vielen allgemeinen Informationen, die man eigentlich auf Bewerberseite auch als Ergebnis der Vorbereitung hätte voraussetzen können (Umsatz, Tätigkeitsfelder etc.), wurde detailliert auf die Leistungen des Unternehmens eingegangen, bis hin zum genauen Jahresverdienst für die glücklichen Ausgewählten. Nun gut, das erspart einem das unangenehme Feilschen während des persönlichen Gesprächs. In ihrer Stellenanzeige (leider nicht eindeutig kommuniziert) suchte die ESSO Generalisten. Dass ich mein Fachwissen (Kostenrechnung) hätte einbringen können, wollten die Herren mir nicht garantieren.

Das nun folgende persönliche Gespräch mit jedem einzelnen Kandidaten wurde von zwei Herren geführt, der eine war aus der Personalabteilung, der andere ein Fachvertreter aus dem Marketingbereich. Dass dieser so genannte Fachvertreter nicht meiner Spezialisierung entsprach, war ohne Bedeutung, wie man mir versicherte, denn die fachliche Qualifikation spiele überhaupt keine Rolle. Neben den üblichen Themen, wie Stärken, Schwächen, Begründung des Studienwunsches, aber auch Vorbilder, ging es um sehr persönliche Fragen, wie Beziehungen zu Familie und Partner. Provozierende Fragen aus verschiedenen Themenbereichen wurden eindeutig benutzt, um eine Art Stressinterview zu simulieren. Beispiel: »Warum wollen Sie eigentlich Ihre Karriere bei einem Umweltverschmutzer anfangen?«

Nach dem Essen, bei dem wir uns offen mit den anderen Kandidaten über unsere Eindrücke austauschten, fand noch ein Papier-und-Bleistift-Test statt. Im ersten Teil (ca. eine Stunde) wurden intellektuelle Fähigkeiten durch Mathematik-, Logik- und Textanalyse-Aufgaben getestet. Aber auch die Allgemeinbildung stand zur Überprüfung an. Alles war natürlich unter einem enormen Zeitdruck zu bearbeiten, und so wurde es richtig schön stressig.

Im zweiten Teil (ca. 20 Minuten) ging es um unsere Persönlichkeit. Eine Abwandlung des 16-PF-Tests kam zum Einsatz. Beispiel: »Gehen Sie lieber zu Sport- oder Tanzveranstaltungen?« Das sollte wohl auf unsere Geschlechtsspezifität zielen.

Nach kurzer Pause wurden zunächst drei meiner Mitbewerber herausgebeten. Für sie war hier Schluss – eine sehr feinfühlige Art des K.O.-Prinzips. Uns Hinterbliebenen teilte man freudig erregt mit, am nächsten Tag weiter an einigen anderen Tests teilnehmen zu dürfen. Ein freier Nachmittag und damit Zeit, die Kopfschmerzen zu kurieren und noch einmal in das AC-Buch über das härteste Personal-Auswahlverfahren zu schauen …

Zu Beginn des folgenden Testtages wurden wir (um 9.00 Uhr) in ein größeres Konferenzzimmer geführt. An einem großen U-förmigen Tisch saßen bereits ca. zehn Unternehmensvertreter aus Personalabteilung, Fachbereichen und Vorstand. Man platzierte uns in die Mitte des Raumes. Ein externer Psychologe vom so genannten »Team für wissenschaftliche (!) Personalauswahl«, der Assessment-Center-Moderator, stellte uns die Beobachter vor, unsere Beurteiler, die eben erwähnten am großen Tisch thronenden Herren. Dann waren wir dran, uns kurz vorzustellen.

Der nicht sehr freundliche Ton und die hektische Art und Weise, in der die nun folgenden Einzeltests durchgezogen wurden, trugen nicht zur Entspannung bei. Die führerlose Gruppendiskussion mit frei wählbarem Thema (wir entschieden uns für eins mit wenigstens noch entfernt vorhandenem Bezug zum Unternehmen) verlief sehr harmonisch. Wir gaben uns alle schön kooperativ, engagiert und sachorientiert. Unmittelbar anschließend forderte man uns auf, zu einem mit dem Thema verbundenen Teilproblem (einzeln) einen Kurzvortrag zu halten (Vorbereitungszeit: eine Minute!).

Bei der dann folgenden zweiten führerlosen Gruppendiskussion – mit diesem Begriff verrät das AC unbewusst wohl seine Abstammung aus der Wehrmachtspsychologie – mussten wir uns in eine Unternehmensberatungsgesellschaft hineinversetzen, die einen Investor zu beraten hatte. Vorgegeben waren mehrere Investitionsobjekte an verschiedenen potenziellen Standorten, die sich durch unterschiedliche Kriterien auszeichneten. In unserer Diskussion ergab sich nun endlich ein größeres Meinungs- und Konfliktpotenzial, da die Fragestellung wirklich komplexer war (»interagierende Faktoren und Wirkungszusammenhänge«). Hinzu kamen noch individuelle Wertvorstellungen, aber letztendlich führte der beherzte Vorschlag eines Teilnehmers, eine Matrix zur Veranschaulichung aufzustellen, gänzlich ins Chaos. Meinen Einwand, uns zunächst über die Ziele und Werte zu verständigen, habe ich leider nicht engagiert genug vorgetragen (was mir im Nachhinein auch von den Beobachtern angekreidet wurde).

Nach der wohl verdienten Mittagspause – der Salat nur mit Öl – wurde ein klassischer Postkorb aufgetischt, zum Glück lediglich eine Kurzversion (20 Minuten), mit der ich aufgrund der Vorbereitungslektüre gut zurechtkam.

»Wie stellen Sie sich Ihre berufliche Zukunft bei der ESSO AG vor? Gehen Sie dabei auf Ihre Stärken und Schwächen ein« – lautete das Thema unseres 50-Minuten-Aufsatzes, bei dem schriftliches Ausdrucksvermögen, Zukunftsplanung und klare Zielsetzung gefragt war. Zwischendurch bat man uns einzeln zur Postkorbauswertung.

Nach ca. 1 ½ stündiger Wartezeit wurde einem Mitstreiter und mir in einem persönlichen Gespräch begründet, warum man uns leider kein Angebot machen könnte. Aufgrund meiner mangelnden Durchsetzungsfähigkeit und meines eher introvertierten Wesens empfahl man mir, mich auf eine Spezialistenlaufbahn zu konzentrieren. Die restlichen, glücklich überlebenden Kandidaten konnten im weiteren Verlauf des ACs im Rollenspiel ihr Führungspotenzial unter Beweis stellen.

Im Nachhinein fallen mir natürlich viele Gründe ein, warum ich sowieso nicht in diesem Unternehmen hätte anfangen wollen. Die verwendeten Testverfahren, der Altersdurchschnitt der Mitarbeiter und die Tatsache, dass es anscheinend keine Frauen in verantwortlicher Position gibt, lässt auf eine bestimmte Unternehmenskultur schließen; z.B. katapultierte sich eine Teilnehmerin mit ihrer ehrlichen Antwort auf die Frage nach ihrem Kinderwunsch einfach so aus dem Rennen.

Nach meinem ersten AC war ich nun um einige Erfahrungen reicher. Positiv anmerken möchte ich aber doch noch das offene und produktive Feedback.

Bei meinem nächsten AC in einer namhaften, international operierenden Unternehmensberatung hat es übrigens geklappt. Da ESSO bei denen Kunde ist, habe ich auch noch die Chance, den Herren gelegentlich noch einmal zu begegnen. Ich freue mich schon darauf …

Eine Runde am runden Tisch

Ein bekanntes Verlagshaus in Norddeutschland

Um 14.00 Uhr war Beginn. Zwei von Verlagshaus XY und ich … und ein kleiner runder Tisch. Und so ging es los:

1. »Sind Sie gut angekommen, haben Sie den Weg schnell gefunden? Ihr erstes Mal in Hamburg …«
2. Die zwei stellen sich vor.
3. Übersicht über die Struktur des Vorstellungsgespräches (Punkt 1 und 2 gehören zum Gespräch)
4. »Sie haben 5 Minuten, um sich zu präsentieren: sprechen Sie frei.«
5. »Warum interessieren Sie sich für diese Stelle?«
6. »Warum gerade beim XY-Verlag?«
7. »Wie Sie sprechen, scheint es, Sie kennen den XY-Verlag ganz gut … Stellen Sie sich vor, mein Kollege kommt aus Australien und kennt den XY-Verlag nicht: Stellen Sie ihm bitte das Unternehmen in 3 Minuten vor.«
8. »Was ist an der *Abendpost* so schön? Warum schätzen Sie diese Zeitung?«
9. »Welche anderen Produkte aus dem Hause XY kennen Sie?«
10. »Woran liegt es, dass unser Blatt XY so erfolgreich auf dem Markt ist?«
11. »Einige Entwicklungsprojekte sind gescheitert, Zeitschriften gefloppt: aus Ihrer Sicht, warum?«

Es folgte der Block mit verschiedenen biografischen Fragen (unter anderem: »Warum haben Sie sich für Ihr Studium entschieden?« »Was war Ihr größter Erfolg, Ihre schlimmste Arbeitserfahrung …?«) Auch die klassischen Fragen wurden gestellt: »Was zeichnet Sie aus als bester Bewerber?« »Warum sollten wir uns für Sie entscheiden?«

Zum Training: »Der XY-Verlag ist groß, wo genau möchten Sie hinkommen? Welches sind Ihre Schwerpunkte?«

Dann ein Block von situativen Fragen (und Aufgaben): Ich habe ein Blatt mit Aufgaben und Platz für Notizen bekommen, zwei Minuten zum Nachdenken, und dann musste ich antworten. Es ging um zwei Arbeitstage als Trainee mit vielen Problemen. »In welcher Reihenfolge und wie gehen Sie mit einem solchen Tag um?« war die Aufgabe, die ich zu lösen hatte. Später hielt ich noch ein Kurzreferat. Vorbereitung etwa 5 Minuten, dann frei sprechen ohne Unterlagen.

Spießrutenlaufen auf dem Tafelberg

Diplom-Betriebswirt (BA)

Mit meinem sehr guten Abizeugnis und 20 Einladungen auf nur 40 Bewerbungen war ich optimistisch, selbstbewusst, geradezu euphorisch und ganz sicher, bald eine Zusage für eine Ausbildung zum Diplom-Betriebswirt zu erhalten (eine Kombination von betrieblicher Ausbildung in einer Firma vor Ort, verbunden mit einer Art Fachhochschulstudium).

Heute weiß ich, dass die Suche nach einem Ausbildungsplatz alles andere als leicht oder schnell zu bewältigen ist und dass die sechs Monate der Suche zur unangenehmsten Zeit in meinem Leben zählten.

Alle Bewerber hatten ebenso super Noten wie ich, und zeitweilig gab es 500 Bewerber auf nur fünf zu besetzende Ausbildungsplätze. Was eigentlich für den Bewerbungszirkus entscheidend ist? Glück, Zufall, die persönliche Tagesform, das Gesprächsthema, die Konkurrenten, ja sogar die Sitzordnung bei den Gesprächen – ohne eine gute Vorbereitung hätte ich diese Art von modernem Spießrutenlaufen niemals durchgestanden. Ich kann nur wirklich jedem raten: Bereite dich vor! Hier einige Testaufgaben, mit denen ich konfrontiert wurde:

Bei der DEA gab es z.B. Bürotestaufgaben (Dienstplan erstellen, Aktenordner beschriften, kürzeste Wege herausfinden).

Bei der Vereins-Westbank galt es, sich für das »arbeitende oder für das bereits fertige Männchen« zu entscheiden (Persönlichkeitstest: Handlungs- oder Zielorientierung?). Mit absurden Schlussfolgerungen, Sprichwörtern, Zuordnungen, Allgemeinwissen (»Wo liegt der Tafelberg?«), umfangreichen Mathe- und Englischtests und Sinnvoll-ergänzen-Aufgaben ging es weiter.

Wer da unvorbereitet reingeht, der ist entweder ein Supermann oder völlig naiv. Der besondere »Kick« war, dass man uns nicht sagte, wie viel Zeit wir für jede Aufgabe haben würden. Es ist gut, vorher zu wissen, dass man gar nicht alle Aufgaben in der zur Verfügung gestellten Zeit bewältigen kann!

Psychotests sind offensichtlich ungeheuer wichtig, kein Wunder! Haben alle Bewerber gleich gute Noten, müssen wohl andere Kriterien her, um »die Spreu vom Weizen« zu trennen. Mir hat man übrigens sogar einen Persönlichkeitstest vorab zugeschickt, mit der Bitte, die zehn Seiten ausgefüllt zurückzuschicken. Devise: höflich, hilfsbereit, rücksichtsvoll und nett sein – aber bloß nicht alles gefallen lassen.

Beim OTTO-Versand gibt es sogar nur noch ein (Psycho-)Gespräch und überhaupt keine anderen Tests (»find ich gut« – wirklich jetzt ehrlich gemeint!). Im Laufe meines Marathons habe ich Gruppengespräche (Hauptsache beteiligen!) und Stressinterviews erlebt (Bloß sich nicht das Wort im Munde rumdrehen lassen, cool bleiben!). Alles in allem keine angenehme Sache!

Bei Gruppendiskussionen wurden Fragen zu aktuellen Tagesschauthemen (Jugendkriminalität, Umweltschutz, die ›Quotenfrau‹) gestellt, und manche Firmen haben sich von uns kostenlose Ideen für ihre eigene Präsentation in der Öffentlichkeit geholt (Beispiel: Tankstellengestaltung). Bei BP durften wir uns die Themen sogar selber ausdenken.

Zusammenfassend ist zu sagen, dass niemand bitte die seelische, körperliche sowie die finanzielle Belastung unterschätzen soll. Jede Absage raubt ein Stückchen Selbstwert und trägt dazu bei, dass man immer niedergeschlagener und kleinlauter wird. Ich kann nur diesen Tipp geben: Macht euch immer wieder auf, seid überzeugt davon, dass Ihr was könnt. Resignation ist keine Alternative, und irgendwann klappt es bestimmt – wenn man sich wirklich vorbereitet.

Ich werde jetzt Diplom-Betriebswirt und studiere innerhalb der vierjährigen Ausbildung blockweise an einer Fachhochschule.

Linda de Mol und der Supergau

Internationaler Unternehmensberater

Als Hochschulabsolventin gelang es mir, dank einer planvollen Bewerbungsstrategie und meinen ansehnlichen Unterlagen zu einer zweitägigen »Informations- und Auswahlveranstaltung« bei der (nennen wir sie mal) WP-Unternehmensberatung eingeladen zu werden. Auf Kosten der Gesellschaft wurden wir, die wir von weiter her angereist waren, bereits am Vortage in einem 250-Euro-pro-Nacht-Hotel einquartiert. Das macht zwar Eindruck, aber das Herz nicht eben leichter. Die bange Frage lautete so schon am Abend vorher: Kann ich deren Ansprüchen überhaupt gerecht werden?

Pünktlich um 10.00 Uhr am nächsten Morgen begann eine Art »Linda-de-Mol-Show« zur Auswahl von Braut und Bräutigam. Der Showmaster (Typ Sonnyboy: Kennzeichen braun gebrannt, sportlich, attraktiv, dunkler Anzug) war ein externer Personalberater. Er sorgte bei seiner Vorstellung (in englischer Sprache) zwar im Gegensatz zu der eher steifen Atmosphäre der Unternehmensberatungsgesellschaft für eine doch recht freundliche, lockere Stimmung. Was dann aber gleich in der ersten Runde (Postkorbübung und Leistungstest) verlangt wurde, gestattete keinen Zweifel. Gesucht wurde »the best and brightest«.

Zuerst stellte man das logische Denkvermögen auf die Probe, indem einfache Buchstabenfolgen ergänzt werden sollten. Zwar hatte ich das mit Zahlenreihen geübt, aber hier lag die Sache verzwickter. Wir sollten über mehrere Buchstabensequenzen im Alphabet rückwärts springen und durften dafür natürlich keine Notizen machen. Der Buchstabensalat war nicht nur für mich absolut unverdaulich!

Danach mussten nach bestimmten Handlungsanweisungen innerhalb eines Ablaufs Lücken geschlossen werden. Diese Übung zielte wohl darauf ab, die Fähigkeiten in betriebswirtschaftlichen Abläufen und der EDV zu testen. Ich fand sie nicht sehr anspruchsvoll.

Die nächste Aufgabe hatte mit sehr komplexem Zahlenmaterial zu tun. Wir sollten in extrem kurzer Zeit Tabellen analysieren, Werte abschätzen und vergleichen sowie komplexe Abläufe interpretieren. Der Gag war der Taschenrechner, den wir gestellt bekamen. Hübsch hässlich: Die Zeit hätte alleine fürs Eintippen niemals gereicht! Ehrlich gesagt, wir haben alle wie wild geraten, Kopfrechnen war bei den Zahlen nämlich auch unmöglich.

Nachträglich erklärte man uns nebenbei, dass das Benutzen des Taschenrechners negativ beurteilt worden wäre ... Übrigens: Niemand ahnte auch nur im Entferntesten, dass sogar unsere Körperhaltung, Gestik und Mimik während dieser geistig anstrengenden Arbeit mit bewertet wurden – Big Brother lässt grüßen!

Die Snackpause fiel dann leider aus, die englische Eingangsvorstellung unseres Showmasters hatte wohl zu lange gedauert. Es ging mit einem Gliederungs- und Strukturtest weiter. Unsinnig aufgebaute Konzeptvorschläge für ein Mitarbeiterfortbildungsprogramm sollten durch andere (genauso unsinnige) Strukturierungsvorschläge ersetzt werden. Wir wählten also brav von allen Übeln das kleinste aus und fragten uns, ob das als ernst zu nehmender Hinweis auf die Art unserer späteren Arbeit in einer Unternehmensberatung zu werten sei.

Ergänzt wurde diese Plackerei von einem Supergau in Sachen Chaos (einer weiteren voluminösen Postkorb-Übung). Kein Mensch auf Erden kann helfen, kein Telefon, kein Computer funktioniert, aber dennoch müssen rund 30 mehrmals verschachtelte DIN-A4-große Notizen in 60 Minuten irgendwie bearbeitet und unter die Leute gebracht werden. Wir spielten dabei den stellvertretenden Geschäftsführer, der erst seit einer Woche im Job ist, kurz vor seiner eigenen Reise steht, aber den todkranken Boss zu vertreten hat und leider noch anderen Stress bewältigen muss, da ihm Ehefrau und Freundin auf die Pelle rücken, was natürlich in der neuen Firma keiner wissen darf …

Welch eine Erholung beim anschließenden Rechtschreibtest! Aber man soll den Vormittag nicht vor seinem Ende loben. Auch ohne nennenswerten Blutzuckerspiegel durften wir zu vorgerückter Stunde halb verhungert eine Verschärfung des d2-Konzentrationstests hinlegen. (Die Hesse/Schrader-Empfehlung, bei derartigen Tests immer ein Mars, Nuts oder ein Bounty dabeizuhaben, ist doch nicht so falsch.)

Damit war der erste Tag noch nicht ganz zu Ende. Nach dem Essen, das zugegeben exzellent war (und bei dem wir uns endlich mal unbeobachtet unterhalten konnten), gab es die ersten Testergebnisse. Die Hälfte der Teilnehmer durfte abreisen. Ich auch. Auf einer Neuner-Skala hatte ich nicht bei allen Tests die 5 erreicht. Im Einzelfeedback wurde detailliert erläutert, woran es gehapert hatte. Bei mir war das Problem der Umgang mit dem komplexen Zahlenmaterial, also das Abschätzen und Raten.

Eigenartigerweise war mir diese Schwäche zuvor verborgen geblieben. Meine Lehrer in der Schule, meine Professoren an der Uni, meine Freunde zu Hause, sogar die Berufsberater hatten mir das Gegenteil bescheinigt (Mathe-Leistungskurs »sehr gut«). Vielleicht neige ich doch eher zu fundierten Ergebnissen als zu Schätzungen?

Damit hatte also die 5 ihr Wort gesprochen, und es gab keinen weiteren Bedarf. Schade, ich dachte doch tatsächlich, die meinen, was in ihren Hochglanzprospekten steht. Da sollen ja angeblich Teamfähigkeit, Gesamteindruck, Persönlichkeit und Gruppenverhalten wichtig sein. Nun, all das sollte ich einen Monat später erneut unter Begutachtung stellen dürfen!

Mit Erfolg übrigens. Ja, ich wurde noch mal eingeladen. Bei einer anderen Unternehmensberatung veranstaltete exakt dieselbe Personalberatungsfirma nahezu exakt dasselbe AC. Ich schnitt fast überall mit 7 oder 8 ab. Da es angeblich keinen Lerneffekt bei solchen Übungen gibt, muss ich wohl innerhalb eines Monats zu einer Managementintelligenzbestie mutiert sein.

»Up or out« und tschüss

Internationaler Unternehmensberater

Ich habe das Hochschulstudium abgeschlossen und möchte Unternehmensberater werden. Natürlich fühlte ich mich ungeheuer geehrt, dass ich bei einer der »Big-six«-Firmen zum Assessment-Center (AC) eingeladen wurde.

Hier der Ablauf des AC bei der A-Consulting (Experten wissen, von wem die Rede ist, auch wenn die Firma umbenannt wurde). Das AC dauerte nur einen Tag. Am Anfang waren es, zumindest an diesem Tag, 25 Bewerber. Zunächst standen die üblichen Leistungs- und Postkorb-Übungen an, die ich wohl nur überlebt habe, weil ich sie dank vorheriger Einübung in anderen ACs und dank der Testknackerbücher gut bewältigen konnte. Man bescheinigte mir den IQ, der für die »best people« eben erforderlich sei.

Im Laufe des Vormittags verschwanden einige Bewerber ganz sang- und klanglos. Man hatte sie »entfernt«, ohne dass einer von uns hätte »tschüss« sagen können. Ich gebe zu, das irritierte mich, denn das war nicht gerade der Stil, den man von einer der renommiertesten Consultingfirmen Deutschlands erwartet – oder?

Egal, ich zählte zur engeren Auswahl und freute mich auf die Firmenpräsentation am Nachmittag, denn ich hoffte, die Firma nun endlich näher kennen zu lernen. Was aber folgte, glich eher einer Gehirnwäsche als einer Präsentation. Ein äußerst arroganter Manager knallte Folien auf einen Overhead-Projektor, sprach von zwei »Ohrclips«, die jeder Mitarbeiter habe (einen für das »Home-Office«, einen für die zugehörige Kompetenzgruppe), gab bekannt, dass beides aber nicht relevant sei, weil man sich unablässig bei Kunden aufhalte und auf Fachwissen nicht viel Wert gelegt werde (warum hatte ich eigentlich studiert?). Obgleich ich beschloss, niemals mit Ohrclips durch die Gegend zu laufen und Kollegen auch mal »ungebrieft« in die Augen zu sehen, machte ich weiter mit, nicht zuletzt noch immer stolz wie Oskar, bei dem ganzen Verfahren dabei sein zu dürfen, und geködert durch das stattliche Anfangsgehalt, das die A-Consulter nun mal zahlen.

Es folgten Gruppendiskussionen: betriebswirtschaftliche Fallstudie, Unternehmensgründung, Rettungsaktion von einem sinkenden Schiff. Wir schauspielerten, was das Zeug hielt, »echt« war da keiner mehr, es ging um den guten Eindruck.

Schließlich waren es noch acht Bewerber. Wir saßen wie die Spatzen auf der Stange und warteten auf unser Abschlussgespräch mit einem der ganz großen A-Consultings. Man wusste, es würde danach gleich zur Sache gehen, also zum Anstellungsangebot.

Nun holte mich eben einer dieser Großen ab, rannte in ein ganz kleines Verhörzimmer und machte mich fürchterlich an, wie ich mir einbilden könne, dass er, einer der »best people«, mich als einen der Seinen aufnehmen werde.

Aus meiner erwartungsfrohen Miene wich alle Farbe, ich riss mich zusammen, aber jeder freundlich positive Satz von mir wurde mit Unterstellungen über meine Unfähigkeiten niedergemacht. Nach 45 Minuten waren wir beide unisono der Meinung, dass die A-Consulting nicht das Richtige für mich sei. Der große Manager führte mich grußlos zum Empfang ab – »up or out«, das Motto der Firma – und tschüss. Blamabel. Und wenn ich einmal am Hebel sitze und über das Hinzuziehen von Beratungsfirmen mit zu entscheiden habe, kommen die mir nicht ins Haus.

»Haustiere werden in Deutschland besser behandelt als Kinder«

Gehobener nichttechnischer Verwaltungsdienst / Bezirksregierung

Auf meine Bewerbung bei der Bezirksregierung hat man mir eine Informationsschrift der DGP (Deutsche Gesellschaft für Personalwesen) zugeschickt. Glücklicherweise habe ich mich nicht nur auf die Übungsaufgaben verlassen, die in dem Heftchen standen! Ich kann nur sagen, wer sich in Sicherheit wiegt und glaubt, ein Testverfahren oder ein Vorstellungsgespräch ohne gründliche Vorbereitung positiv für sich entscheiden zu können, der irrt. Das gilt im Übrigen auch für Tests bei Gemeinde-, Kreis- oder Stadtverwaltungen, die angeblich leichter ausfallen sollen.

Hier ein Überblick über die Tortur: Vortest 3 ½ Stunden (Diktat, Aufsatz, Rechenübungen). Am ersten richtigen Testtag (8.30 bis 16.00 Uhr, eine Frühstücks- und eine Mittagspause) ein Lückendiktat (Groß- und Kleinschreibung, Fremdwörter), Konzentrationsaufgaben (Postaufgabe, Zahlen herausschreiben wie beim Zwei-d/bq-Test, zwei Texte vergleichen und Fehler finden), Allgemeinwissen (je 20 Fragen zu Staat, Politik, Geschichte, Erdkunde, berühmten Persönlichkeiten, Wirtschaft, Literatur) und die anderen Aufgaben aus dem Heft der DGP.

Zeitangaben gab es nicht, so konnten wir uns wenigstens nie darüber beklagen, wir hätten eventuell zu wenig Druck ...

Zweiter (mündlicher) Testtag, Pausen wie gehabt, aber diesmal verbringt man die ganze Zeit fast nur mit Warten. Das sorgt für zusätzlichen Druck. Wir haben im Laufe des Tages nur einmal geschrieben, und zwar unseren Lebenslauf (30 Minuten Zeit). Ansonsten habe ich mich eine Stunde in einer Gruppendiskussion als Diskussionsleiter oder beim Vortragen der Zusammenfassung von drei Themen abquälen müssen: Zitat vom Herrn Bundeskanzler »Haustiere werden in Deutschland besser behandelt als Kinder«, die Rechtschreibreform und, selbst gewählt, die Benzinpreiserhöhung auf 2,50 Euro pro Liter.

Dann habe ich ein 20-minütiges Einzelgespräch mit einer Psychologin durchgehalten (Lebenslauf wiedergeben, aktuelles Tagesgeschehen, Fragen nach der eben geführten Gruppendiskussion, Verantwortung, Führungsposition und Teamfähigkeit, Wissensfragen zur Behörde, den späteren Aufgaben und der Ausbildung) und 45 Minuten ein Einzelgespräch mit einem Verwaltungsangestellten geführt. Warum, weiß ich nicht. Es gab nur einen Unterschied zum Gespräch mit der Psychologin: Ich musste anhand von kleinen Fällen Entscheidungen begründen.

Alles in allem recht ungemütlich, denn wir wurden über unsere Einstellungen und Charaktereigenschaften wie Zitronen ausgequetscht. Über die einstellende Behörde dagegen erfuhr man kein Wort.

Durch die Mangel gedreht, auf Festigkeit und Widersprüche überprüft, durch nicht beantwortbare Fragen gebeutelt und verunsichert. Und was nun? Ich weiß es noch nicht. Gerhard Schröder jedenfalls kriegt meine Stimme nicht. Der Hauptsitz der DGP ist Hannover. Vielleicht sollte Schröder sich von denen mal selbst testen lassen.

Ex und hopp

Polizei / Gehobener Dienst in NRW

Froh, bald das Abi mitsamt dem Reifeattestat hinter mir zu haben, wild auf die weite Welt von Entscheidungsbefugnissen und voller Tatendrang bewarb ich mich um einen Ausbildungsplatz im gehobenen Dienst als Polizeivollzugsbeamtin. Wer hätte ahnen können, was da auf mich zukommen würde? Na, vielen Dank auch – wer schafft so was bloß ohne Vorbereitung? Der Test dauerte insgesamt drei Tage.

Der erste Tag begann um 7.30 Uhr mit dem Vortest. Dazu gehörten ein 35-minütiger Intelligenztest mit 80 Fragen (Mathe, Dreisatz und Prozentrechnen, logisches Denken inklusive Figuren und Zahlenreihen ergänzen, Sprachverständnis und Wortanalogien).

Weiter ging es mit einem Film. Aber nichts da mit gemütlich glotzen, nein. Aufpassen wie ein Luchs, auch wenn es nur vier Minuten sind, denn hinterher muss man 40 Minuten lang über das kurze bisschen Film eine Wiedergabe und eine Stellungnahme schreiben. Schließlich kam noch ein Diktat dran.

Nach dem Mittagessen flogen von 70 Frauen die ersten 30 raus. Vortest nicht bestanden. Wir Auserwählten durften zum ersten Teil des Haupttests am Nachmittag.

Es begann mit zwei Persönlichkeitstests. Anschließend fünf (!!!) Tests zur Überprüfung des logischen Denkvermögens. Ich frage mich nur, wenn alle im Polizeidienst solche Logikexperten sind, warum es dann noch frei herumlaufende Ganoven gibt? Also Dominostein- und Figurenreihen, Syllogismen, Zahlensymbole und Flussdiagramme, und schließlich ratterten unsere Rädchen noch bei einem Gedächtnistest. Wir mussten 42 Wörter aus sechs Geschichten in 6 Minuten auswendig lernen und in 6 Minuten in der richtigen Reihenfolge wieder aufschreiben.

Um 15.30 Uhr Teil eins over und aus. Hatten wir ein Viertel der Gesamtpunktzahl erreicht? Das blieb ein Geheimnis des Computers, der über Nacht unser Schicksal errechnete. Derweil schliefen wir (oder auch nicht) in der angrenzenden Polizeikaserne.

Zweiter Tag. Gongschlag 7.30 Uhr füllten wir Formulare für die Zeit von der Wiege bis heute aus. Danach beim Doktor Zähne zählen, Lungenkapazität vorführen, in die Augen schauen, Blut und Urin einreichen und beweisen, dass das Herz gut pumpt. Erst dann durften die Geprüften und für okay Befundenen sich in der Hauptuntersuchung prüfen lassen, ob ihre Wirbelsäule gerade ist, die Zähne und die Lunge keinen Fleck haben und ob Gelenke und Füße geeignet sind.

Die diesmal um 50 Prozent dezimierte Truppe, die völlig geschlaucht am Sporttest teilnehmen konnte, hielt sich wacker, aber dennoch müssen etliche von uns den Test in drei Monaten wiederholen. Vorgaben für Frauen waren: Medizinballwurf: 5,30 m, Pendellauf 18 m: 18,3 Sekunden, Dreisprung aus dem Stand: 5,50 m und 2.000-m-Lauf in 12,3 Minuten.

Jetzt waren wir noch neun, und uns wurde der Termin für den dritten Testtag zum AC eröffnet, das etwa zwei Wochen später stattfinden sollte.

Schon aus Routine war ich auf den Start um 7.30 Uhr eingerichtet und erwartete den letzten Tag in freudiger Erregung. Jetzt kam's. Ich hätte doch besser Schauspielerin werden sollen. Es standen drei Rollenspiele und ein

Vortrag auf dem Programm. Aus einer Lostrommel zog man sein Glück (oder Unglück) zu politischen, religiösen oder gesellschaftlichen Themen, musste das Rollenspiel dann sofort ohne Vorbereitung mit einem Polizeirollenspielpartner beginnen und 5 Minuten durchhalten.

Den Vortrag durfte man 10 Minuten vorbereiten und konnte ihn mit notierten Stichworten vortragen (5 Minuten). Wichtigste Beurteilungskriterien in allen Situationen waren: Inhalt, Argumente, Einfallsreichtum, Durchsetzungsvermögen, Mimik und Gestik und Kommunikationsfähigkeit (wie auch immer ein Computer so was auswerten mag ...).

Na, was durfte nicht fehlen: das Stressinterview und die Konfrontation mit den Ergebnissen. Wer da keine Nerven wie Drahtseile hatte, mit Provokation nicht umgehen und sich nicht angemessen ausdrücken konnte, der hatte schlechte Karten.

Ich will gerechterweise sagen: Bewusst in die Pfanne hauen wollte einen da niemand, aber hart war die Testerei allemal. Mir hat der Computer einen Platz ganz oben auf der Warteliste fürs nächste Jahr zugewiesen. Er befand, dass meine Punkte nicht ausreichend seien.

Figur und Figuren

Polizei / Gehobener Dienst in Baden-Württemberg

Bei der Polizei zu arbeiten ist mein absoluter Traum. Um alles richtig zu machen, rief ich also vor meiner Bewerbung dort an, weil ich nach Tipps zur Vorbereitung fragen wollte. So erfuhr ich von Ihren Büchern.

Hier die Zusammenfassung meiner Erlebnisse (eingeladen waren elf Frauen, erschienen sind sechs).

Tipp: Unbedingt eine Nacht vorher anreisen, man muss um 7.00 Uhr an der Pforte stehen, um den Testgang anzutreten. Um 7.30 Uhr wurden wir dann auch tatsächlich abgeholt, und um 8.00 Uhr ging es los.

1. Teil:

77 Aufgaben in 35 Minuten: Zahlen- und Figurenreihen ergänzen, vier vorgegebene Wörter nach gleich-gleich oder gleich-gegensätzlich zuordnen und Textaufgaben. Die Mindestanforderung zum Bestehen waren 55 Richtige. Dann zehn Minuten Pause.

Nun folgten sechs Steckbriefe, die es in drei Minuten anzusehen galt, um anschließend Fragebögen auszufüllen. Danach zwei Tatorte in zwei Minuten ansehen, entsprechende Fragen beantworten und schließlich zunächst zwei Minuten so viele Flüssigkeiten, danach so viele Pflanzen wie möglich aufschreiben. Dabei kann da Vanillesauce und Primel stehen, das ist völlig egal, Hauptsache viele.

Ende um 9.30 Uhr und gleichzeitig auch Ende für drei von uns. 50 Prozent Durchfallquote, sodann zum …

2. Teil:
Verbringung ins Arztgebäude. In meinem Leben habe ich bisher noch nicht so viele (kasernenmäßige) Ärzte in so kurzer Zeit kennen gelernt.

1. Arzt: Messung von Gewicht (Über- oder Unter-), Größe, Hals-, Brust- und Taillenumfang (nur bei Frauen?), Begutachtung der Zähne (Plomben!)
2. Arzt: Messung des Lungenvolumens
3. und 4. Arzt: EKG
4. wieder der 1. Arzt: Seh- und Hörtest, Urinuntersuchung
5. und 6. Arzt: Gelenk- und Körperhaltungsprüfung, Allergietests
6. Arzt hat dann entschieden: tauglich oder nicht

Erneuter Verlust: Eine meiner Mitbewerberinnen war angeblich zu dünn, sie verließ den Ort des Geschehens weinend.

»Never ending story« für die Tauglichen: Wir müssen zu Hause zum Gynäkologen und zum Lungenröntgen, damit klar ist, dass wir auch wirklich top sind. Endlich zum Mittagessen – aber bitte möglichst zurückhalten, denn mit vollem Bauch hat man im

3. Teil:
Sportleistungstest genannt, weniger Energie. Ansonsten kann man sich hier mächtig gut profilieren, sofern man sich zuvor im Sportinfoheft der Polizei informiert hat. Schließlich Start zum

4. Teil:
Gang ins Verwaltungsgebäude, wo uns mitgeteilt wurde, was wir beim theoretischen Test vermasselt hatten und wie es weitergeht. Jetzt steht das Vorstellungsgespräch noch aus. Soll hart sein, habe ich gehört. Aber man kann sich ja vorbereiten. Na denn.

Eine starke Truppe

Offiziersanwärter / Bundeswehr Köln

Mächtig stolz, dass ich zugelassen war, machte ich mich mit der Bahn (übrigens bezahlt!) auf den Weg nach Köln in die Mudrakaserne. Am Tag unserer Ankunft wurden wir zunächst in unsere Zimmer eingewiesen. Ein schöner Vorgeschmack auf die Kasernierung. Für den restlichen Ablauf war jeder selbst verantwortlich, d.h., man wurde weder abgeholt noch über die Örtlichkeiten informiert.

Die Eckdaten der (maximal) dreitägigen Auswahlprüfung erläuterte man uns danach in der Einführungsveranstaltung. Man klärte uns über die Erwartungen an zukünftige Offiziere auf, erläuterte die Rücktrittserlaubnis und das Verlassen der Kaserne und stellte uns den Testablauf, die wichtigsten Personen sowie die neutralen Beobachter – was immer »neutral« heißen soll – vor.

Danach sollten wir einen »biografischen Fragebogen« ausfüllen. Ich entschied, dass es sich um meinen Lebenslauf handeln soll, und beschrieb ihn in Stichworten. Zweiter Zettel, Studienabsichten – ebenfalls in Stichworten. Bei beiden Bögen gibt es zwei Grundregeln: Man muss peinlichst auf eine gute, saubere Handschrift achten und wissen, dass im Zweifel alles gegen einen verwendet werden kann. Soll heißen: Alles, was man schreibt, wird später im Bewerbungsgespräch und beim Studienberater nochmals angesprochen. Also aufpassen, keine flachen Märchen verfassen. Das war's, der erste Tag ging zu Ende.

An Schlafen war eigentlich nicht zu denken, denn erstens war ich viel zu aufgeregt, und zweitens hatte ich Angst zu verschlafen. Wir mussten ja bekanntlich für alles selber die Verantwortung übernehmen, also auch für das pünktliche Erscheinen am nächsten Morgen. Was das hieß? Dass man auf alle Fälle einen Wecker dabei haben sollte, der 100-prozentig funktioniert, denn um 5.45 Uhr musste jeder am nächsten Morgen auf der Matte bzw. am Frühstücksbüfett stehen und innerhalb von 30 Minuten »Essen fassen«. Gar nicht so komisch mit ca. 100 verstörten Kandidaten, die morgens in einer langen Schlange warten. Ich hatte noch alberne fünf Minuten für mein Ei – hart gekocht, aber gratis.

Der zweite Tag begann folglich, milde gesagt, genervt. Erste Aufgabe, ein Aufsatz. Es standen zwei Themen zur Auswahl, »Loyalität und Treue« oder »Flexibilität und Anpassung«. Man sollte in Picobelloschrift (Maximalumfang 300 Worte) in 30 Minuten auf unliniertem Papier die Begriffe definieren, sie voneinander abgrenzen und ihre Gemeinsamkeiten festlegen.

Der Tipp für hoffnungslose Querschreiber: liniertes Papier mitnehmen, unterlegen und sich nicht erwischen lassen.

Dann ging es für jeden von uns unterschiedlich weiter, denn anders konnten die Massen an Bewerbern nicht »bedient« werden. Man schickte mich zum Onkel Doc, der sich meine Augen ansah.

Achtung, Blindgänger, die meinen, sie müssten ihre Kurzsichtigkeit wegoperieren lassen, damit sie bloß zu den Fliegern kommen: Schickt nicht hintereinander ein »schlechtes« und ein »gutes« Attest ein, denn eine Heilung innerhalb von drei Monaten ist mysteriös, der Betrug fällt auf, und aus ist das Spiel. Eine Operation bringt übrigens schon deswegen nichts, weil nach dem Sehtest ein Blendtest folgt und ein operiertes Auge diesen Test in der Regel nicht besteht.

Der Doc, übrigens ein Zivilist, maß Körpergröße, Gewicht sowie den Blutdruck vor und nach 20 Kniebeugen und nahm abschließend eine Urinprobe (oder auch noch eine Blutprobe aus der Fingerkuppe, falls jemand am Abend ein Ei gegessen hatte – Cholesteringehalt!).

Erster Akt zu Ende und ab zum Mittagessen.

Als Nächstes stand ein Logik-Wissens-Test auf dem Programm, der am Computer ausgeführt wurde und bei dem es um Wortanalogien und Wortverbindungen ging, zu denen sich übrigens das Studium von Fremdwörtern empfiehlt.

Wer sich bis hierher noch gut gefühlt hatte, wurde jetzt heftig wachgerüttelt: Bewerbungsgespräch mit zwei ranghohen Offizieren. Das ist ein Erlebnis, das man nicht so schnell vergisst. Ich rate zu parieren, mit allem Respekt, und ruhig, überlegt und freundlich zu bleiben, egal, was passiert. 50 Prozent meiner Mitstreiter konnten nach dem 20-minütigen Gespräch, bei dem nicht immer ein Psychologe dabei war, ihre Siebensachen packen.

Wichtig ist, dass man sein politisches Interesse zeigt, denn die ersten Fragen beziehen sich auf Themen wie z.B. Irak, Bundeswehr-Auslandseinsätze oder Wehrbeauftragte. Es ist unbedingt zu empfehlen, das aktuelle politische Geschehen (der letzten sechs Monate) gut »drauf zu haben«.

Dann sollte jeder Kandidat klar und deutlich zeigen, dass er Offizier werden will, weil er seinen Teil zum Friedensprozess beisteuern und das zu seinem Beruf machen wolle. Sage bitte keiner, er wolle fliegen oder so! Außerdem dürfte ja klar sein, dass man nur zum Spaß studieren möchte und nicht etwa, weil man damit mal sein Geld verdienen will!

Man muss tatsächlich verflixt aufpassen, was man so sagt, alles provoziert Rückfragen (Berufsethik – was, wieso, was verstehen Sie darunter ...).

Nun ja, wenn man das Aggressive liebt, ist das Gespräch vielleicht kein Problem, ich habe jedenfalls schon bei dieser Rumhackerei heftig schlucken müssen. Der Abschied verlief denn auch ebenso grußlos und ohne Händeschütteln wie die Begrüßung. Die Herren Offiziere erhoben sich nicht einmal andeutungsweise.

Ende zweiter Akt, ab in die Koje.

Dritter Tag, Start mit den üblichen Schachzügen am Büfett, allerdings bei schon deutlich reduzierter Belegschaft etwas entspannter. Erster Test: Matheaufgaben, 30 Minuten:

Algebra (Schmierzettel, kein Taschenrechner), Geometrie und Analysis (Ableitungen und zwei Aufgaben zur Integralrechnung) im Multiple-Choice-Verfahren, Eingabe in den PC. Beispiel: $3 \times + 4 = y$ und $-3 \times -4 = y$, sind die Geraden parallel, schneiden sie sich und bilden einen spitzen Winkel von 60 Grad, oder stehen sie senkrecht zur x-Achse?

Sogleich weiter mit einem Konzentrationstest. Dieser bestand aus 20 chinesischen Zeichen, denen je eine Zahl zuzuordnen war (von 0–9, wobei jeder Zahl zwei Zeichen zuzuordnen waren). Dann folgten senkrecht auf dem Bildschirm diese Zeichen in einer Zeile, ähnlich wie auf einer Tabelle, wo im Prinzip die Aufgabe darin bestand, beim untersten Zeichen die zugehörige Zahl zu finden und diese mit dem zweiten Zeichen und der dazugehörigen Zahl zu addieren usw. Die Kolonne setzte sich nach oben fort. Man gab das Ergebnis mit der Tastatur ein. Der Computer gab einem jedoch nur eine begrenzte Zeit, dann folgte eine völlig neue Zeichenreihe und damit eine Zuordnung der Zahlen zu den Zeichen. Ganz schön chinesisch, aber Ende gut, Studieren gut – sonst Abgang, aber nicht zum Mittagessen, so wie es die »Überlebenden« tun konnten, sondern nach Hause.

Das Mittagessen war nun zwar verdient, aber man sollte sich mit Pommes und Schnitzel nicht zu sehr den Bauch voll schlagen. Das kann dann im Sporttest ziemlich hinderlich werden, aber davon später.

Mein nächster Prüfungsteil bestand aus einem »Gruppensituationsversuch«, den ich und zwei andere arme kleine dumme Prüflinge (zweifellos kam ich mir langsam so vor!) zusammen zu bestehen hatten. In 30 Minuten mussten wir jeder einen Kurzvortrag von 10 Minuten Länge vorbereiten, der frei vorzutragen war. Man durfte seine Notizen sogar dabeihaben. Dazu standen Themen wie »Zivildienst – eine Alternative?« oder »Aufrechterhaltung einer zerbrochenen Ehe zugunsten der Kinder?« zur Wahl. Der Knalleffekt war der voll besetzte Prüfungsraum: ein Psychologe, meine bisherigen Prüfer aus dem Einstellungsgespräch und drei weitere Offiziere (und natürlich meine beiden Prüfungskameraden). Beim Vortrag sollte man tunlichst vermeiden, eine eventuell witzig gemeinte Bemerkung anzubringen. Sagen die beiden Mitbewerber dann nichts oder nicht das Richtige dazu, dann fällt die ganze Truppe durch. Schließlich mussten wir drei dann miteinander diskutieren. Thema: »Bundeswehr – Berufsarmee oder Wehrpflichtarmee?« Die Diskussion wurde mittendrin abgebrochen. Da hat man dann – vorsichtig ausgedrückt – ein absolut bescheuertes Gefühl.

Nun, lange konnte man sich damit nicht aufhalten, denn es galt ein Planspiel zu absolvieren. Eine Fahrt in die Türkei mit 20 Jugendlichen war (ohne viel Geld) zu planen. Auch hier wurde wieder mittendrin abgebrochen. Dass sie das bei allen Gruppen so machen, wussten wir ja nicht.

Der vorletzte Akt war das Zusammentreffen mit dem Studienberater. Das Gespräch findet alleine mit einem Offizier statt. Es empfiehlt sich, vorher die Bewerberbroschüre genauestens durchzulesen, denn es werden passend zu den Studienwunschfächern die Studienpläne sowie Fachausdrücke aus den Fächern abgefragt. Beispiele: Mikroökonomie und empirische Sozialforschung bei den Staats- und Sozialwissenschaften. Darüber hinaus wird natürlich bereits vorhandenes Wissen geprüft. Sollte da jemand nicht fit sein, kann er entweder überhaupt nicht studieren oder wird für ein anderes Fach vorgeschlagen. Daraufhin haben manche Kandidaten ihre Bewerbung sofort zurückgezogen. Das habe ich zwar nicht gemacht, aber vielleicht werde ich es eines Tages noch bereuen.

Schlussakt: der Sporttest. Ich kann nur sagen, sportlich, doch wirklich, im besten Sinne des Wortes, sportlich, dieser Test. Erst zweimal hintereinander mindestens 2 Meter STAND!-Weitsprung, dann zweimal 9 Meter Pendellauf, dann mindestens 18 Liegestütze in 40 Sekunden, aber die etwas professionelle Variante: auf den Boden legen, Hände auf dem Rücken gekreuzt, dann bei »Los« anfangen mit dem Liegestütz und, wenn man oben ist, eine Hand mit der anderen abschlagen, also in die Hände klatschen, dann wieder auf den Boden legen, die Hände auf dem Rücken kreuzen und wieder alles von vorne. Anschließend mindestens 18 Situps in 40 Sekunden, danach ein 12-Minuten-Lauf um das Volleyballfeld herum (über 2.000 Meter) und schließlich ab unter die Dusche. Mensch Meier, wenn da einer Jetpilot werden will, dann muss er schon zu den Allerallerbesten gehören!

Nach dem Duschakt werden die Ergebnisse verkündet. Das große Zähneklappern bleibt aus, man ist vom Sport völlig fertig. Jetzt kommt übrigens noch mal ein kolossaler Hammer:

Das Bestehen der Tests garantiert keineswegs die Einstellung. Das entscheidet sich in der Bestenauslese derer, die alle Tests bestanden haben.

Tja, pro Jahr wollen eben 7.000 bis 8.000 Schüler Offizier werden. Aber was tun, wenn nur 1.500 genommen werden? Seine Chancen kann sich da gerne jeder selbst ausrechnen.

In der Einladung wurde übrigens um angemessene Kleidung, der Bedeutung des Anlasses gemäß, gebeten. Nur sechs (von 100) Bewerbern kamen mit Schlips und Jackett.

So schwer war's nicht

Anwendungsprogrammierer bei Siemens

Mit der richtigen Vorbereitung war es für mich gar nicht so schwer, egal ob bei einer Behörde oder bei Siemens (was ja quasi das Gleiche ist ...), den Job eines Anwendungsprogrammierers zu ergattern. Hier meine Erfahrungen:

Die Aufgaben:

1. Teil: Logik-Wissens-Test, 30 Minuten Zeit
Es sind 43 Aufgaben aus dem visuellen Aufgabenbereich, Addition, Subtraktion, Spiegelung.

2. Teil: Ermitteln des Wochentages, 30 Minuten Zeit
Es sind 25 Aufgaben, vorwärts, rückwärts und jeweils springend. 10 bis 15 Minuten Pause.

3. Teil: Etwa 20 Textaufgaben, wobei die Aufgaben nicht wie gewohnt gelöst werden sollen, sondern anhand von vorgegebenen Lösungsschritten Ergebnisvorschläge auszuschließen sind.

Beispiel: 10 Drucker mit Verpackung wiegen 400 kg, eine Verpackung wiegt allein 5 kg. Wie viel wiegen 10 Drucker ohne Verpackung?
Lösungsschritte:
a) Die Verpackungen von 10 Druckern wiegen 10 × 5 kg
b) 10 Drucker wiegen ohne Verpackung weniger als 400 kg
Ergebnisvorschläge:
1. 700 kg
2. 550 kg
3. 350 kg
4. 250 kg

Lösung:
Erster Lösungsschritt ist b, dadurch entfallen Ergebnisvorschläge 1 und 2. Zweiter Lösungsschritt ist a, dadurch entfällt Lösungsvorschlag 4.
Lösungsschema (Reihenfolge der Schritte):

b	1	2	a	4

Die Anzahl der Lösungsschritte und die der Ergebnisvorschläge in den verschiedenen Aufgaben variiert dann zwischen 4 und 5.

4. Teil: Merktest
24 Vokabeln aus dem Computerbereich (Monitor, Drucker, speichern etc.), denen Fantasienamen zugeordnet sind (Tastatur = Furasi), 1 Minute Zeit. Dann in einer Liste dem Computerbegriff der ersten Spalte den »richtigen« Fantasienamen aus den Spalten 2 bis 5 zuordnen.

13-stellige Telefonnummern lernen, 2 Minuten Zeit. Die Nummern werden in einer anderen Reihenfolge wiedergegeben, man muss die entsprechende Nummer eintragen.

Lesen eines Aufsatzes, der Fakten über den Neubau eines Rechenzentrums enthält, 2 Minuten Zeit. Erinnerung ähnlich wie die im Buch vorgestellten Lebensgeschichten-Aufgaben.

5. Teil: Konzentrationstest
Dem Alphabet werden Zahlenwerte zugeordnet, die in einer Tabelle stehen (A = 0, B = 1, C = –1 etc. bis T = –9). Neben der Tabelle stehen Aufgaben, die aus fünf Buchstaben bestehen (z.B. KSAFE), denen die jeweiligen Zahlen zugeordnet werden müssen, sodass sich eine Zahl ergibt, die wiederum als Buchstabe eingetragen wird. Insgesamt sind es fünf Tabellen mit ca. 15 solcher Aufgaben. Man bekommt keine Zeit vorgegeben.

Das war's dann schon. Teilgenommen haben an dem Test auch Leute, die von der Behörde geschickt wurden, weil sie da einen DV-Job haben wollten, und auch einige, die einfach ›was über ihre DV-Fähigkeiten wissen wollten‹. Ich fand, wenn das alles ist, was ein Anwendungsprogrammierer bieten muss, dann haben wir alle zumindest schon mal einen Job sicher in der Tasche, denn so schwer war's nicht.

»Nieten« öffentlich ausgemustert

Bankkaufmann / Commerzbank in Düsseldorf

Zwei Wochen nach meiner Bewerbung als Bankkaufmann wurde ich zur so genannten Einstellungsrunde in die heiligen Hallen der Commerzbank eingeladen. Der Test würde drei bis fünf Stunden dauern, Fahrtkosten könnten »leider« nicht erstattet werden. Wahrscheinlich weil alles Geld für den Turmbau zu Frankfurt gebraucht wird. Das »leider« habe ich übrigens dahingehend verstanden, dass es der Bank wirklich Leid getan hat, sich so knauserig zeigen zu müssen.

Wir standen also alle gebügelt und gestriegelt im Flur und warteten auf den Start – Sitzgelegenheiten waren nicht ausreichend vorhanden, auch da muss gespart werden. Es war 9.30 Uhr, die Tür ging auf, eine Dame trat herein, die Show begann. Sie stellte sich uns als »Personaltrainerin« vor.

Bis 9.45 Uhr Begrüßung der Bewerber und Erläuterung des Programms. Danach bis 10.00 Uhr Vorstellung der einzelnen Bewerber und erster Schweißausbruch. Man ahnt ja schließlich doch, dass sie einen bereits da schon prüfen: Wie macht er's, wie wirkt er, wie oft verspricht er sich und und und ... Man sollte Namen, Alter, schulische Ausbildung, den Heimatort und – man höre und staune – die Hobbys vortragen.

Die nächsten 40 Minuten gingen dann mit dem ersten schriftlichen Test rum. Wie gut, dass ich vorbereitet war. Es war die »never ending story« vom heimkehrenden Jugendlichen (Hänschen klein?), die ich schon aus Ihrem Buch kannte. Um 10.40 Uhr schloss sich nahtlos der zweite schriftliche Test an. Auch hier Gott sei Dank keine Überraschungen, denn es handelte sich um den simplen IST-Test sowie um Dreisatzaufgaben, die gut im Kopf zu lösen waren. Man musste die richtige Lösung ankreuzen und hatte 30 Minuten Zeit.

Jetzt hieß es in der 10-minütigen Pause schnell Luft zu holen, denn ruckzuck begann um 11.20 Uhr eine Gesprächsrunde von 40 Minuten. Erst dachte man nichts Böses, aber nach der Aufwärmphase (»Wie kamen Sie mit den Tests zurecht?«) war schon klar, worum es geht: Gruppenverhalten! Die erste Frage der Trainerin lautete, welche Eigenschaften ein Bankkaufmann haben soll, und dann noch, welche man denn selber zu haben glaube. Die Diskussionsleiterin unterließ es übrigens nicht, an den passenden Stellen auf eventuell unpassende Kleidung oder Haltung hinzuweisen!

12.00 Uhr – endlich Happenpappen? Denkste, ein eisgekühltes Getränk, stilvoll aus der Flasche, das war's, den Rest mussten wir tatsächlich selber bezahlen. Eine Bank ist eben eine Bank, die gibt nicht so schnell mal eben

Geld für 15 Mittagessen weg! Wie sagte schon meine Oma: Von reichen Leuten kann man sparen lernen …

Nach dem Essen wurden die bisherigen Ergebnisse aller Teilnehmer öffentlich mitgeteilt und 50 Prozent »Nieten« ausgemustert. Ich wäre am liebsten freiwillig mitgegangen. Was sich da zutrug, war weniger für meine Mitstreiter als für die Bank als hochnotpeinlich zu bezeichnen.

Am Nachmittag traten wir in zwei Gruppen an, von denen eine Gruppe um 13.00 Uhr, die andere um 15.00 Uhr eingeladen wurde. Zu dritt oder viert saßen wir jetzt zwei neuen Trainern gegenüber. Alle Bewerber wurden nacheinander einzeln befragt. Der Arme, der immer der Letzte war, konnte kaum mehr was sagen, was die anderen nicht schon vor ihm berichtet hatten!

Die Fragen:

- Wie kam es zu Ihrer Berufswahl?
- Was interessiert Sie an dem Berufsbild?
- Wie haben Sie sich über das Berufsbild informiert?
- Bei wie vielen Banken haben Sie sich beworben?
- Was machen Sie, wenn wir Ihnen absagen?
- Was machen Sie in der Freizeit?

Nach diesen Gesprächen wurden wir »vor die Tür geschickt« und einzeln zur »Urteilsverkündung« wieder hereingebeten. Ehrlich, so ganz glücklich bin ich nicht, dass ich zum Kreis der »Auserwählten« gehöre …

Bewerbung als Chance

Gehobene nichttechnische Beamtenlaufbahn / Kommunalverwaltung Thüringen

Nachdem ich mein Jurastudium abgebrochen hatte, ereilte mich eine fürchterliche Botschaft: Um in meinem Traumberuf (Beamtenlaufbahn) einen Ausbildungsplatz zu bekommen, müsste ich mich in den Wettbewerb mit 300 anderen Bewerbern begeben. Na, dann gute Nacht! Ich schrieb brav 30 Bewerbungen, erhielt freundliche Absagen und begrub meinen Wunsch schon fast, als endlich die Einladung zum Test für einen Ausbildungsplatz in der Kommunalverwaltung eintraf. Wacker mischte ich mich unter die 100 anderen und kämpfte um einen der vier zu vergebenden Plätze.

Der erste Test dauerte zwei Stunden.

- An manche Fragen erinnere ich mich noch: Wie heißt der Ministerpräsident von Thüringen, wie unsere Staats- und Regierungsform, wo sind die Grundrechte festgeschrieben? Nenne fünf Grundrechte mit Paragraphen. An welchem Rad eines Fahrrades befestigst du den Dynamo, wenn beide Räder deutlich unterschiedlich groß sind und du maximales Licht erzeugen möchtest? Über wie viele Runden geht ein Boxkampf?
- Dann kamen ein Test, in dem man Zahlenreihen fortsetzen musste, und ein Rechentest mit Textaufgaben.
- Schließlich galt es, einen Rechtschreibtest zu bestehen. Dazu gab es zwei eng bedruckte Seiten, die man ganz schlecht entziffern konnte. In einer Spalte am Rand sollte man an der Stelle Verbesserungen eintragen, wo Fehler waren.
- Zum Schluss sollten wir einen Brief an einen imaginären Bewerber bei der Verwaltung verfassen.

Puh, das war 'n Stück Arbeit. Diese Hürde ist wirklich nur mit Vorbereitung zu schaffen. Ist doch auch klar – die wollten 96 Leute von uns wieder loswerden!

Das Vorstellungsgespräch sah dann so aus:

- Warum haben Sie sich bei uns beworben?
- Wieso haben Sie Ihr Studium abgebrochen?
- Nennen Sie den Verwaltungsaufbau und die Untergruppen sowie die dortigen Tätigkeiten – Antwort: fünf bis sechs Dezernate, z.B. Bauwesen, Untergruppe: Bauverwaltungsamt, Tätigkeit: Bauaktenarchiv. Tipp: Vorher Infobroschüre von der Pressestelle oder Bürgerberatung besorgen!
- Mit welchen Gesetzen werden Sie gegebenenfalls arbeiten? Antwort: Grundgesetz, Verwaltungsverfahrensgesetz, BGB; spezielle Gesetze in den jeweiligen Dezernaten, z.B. Namensrecht.
- Welche Unterrichtsstunden haben Sie? Antwort aus den Blättern für Berufskunde.
- Sie werden Teams von fünf bis sechs Leuten leiten, schildern Sie Ihre Arbeit aus dieser Sicht. Was bedeutet Teamarbeit für Sie?

Das waren zwar sehr anstrengende und happige 45 Minuten, aber nett waren die Interviewer dennoch allemal. Ich hab's geschafft, knapp. Ist aber egal. Meine Chance betrug 4 Prozent, also 1 zu 25. Toll, was?

Rosa Elefanten essen Bleistifte bei der Regierung

Gehobene Beamtenlaufbahn / Regierungspräsidium in Köln

Ich möchte hier einmal meine Erlebnisse vom Hürdenlauf zum Ausbildungsplatz für die gehobene Beamtenlaufbahn im nichttechnischen Dienst beim Regierungspräsidium Köln schildern. Wenn ich daran zurückdenke, dann suche ich noch immer nach rosa Elefanten.

8.30 Uhr Start, Dauer 8 ½ Stunden einschließlich einstündiger Mittagspause, 35 Bewerber. Die Testbatterie begann mit der Überprüfung unseres Humors, glaube ich jedenfalls, anders ist der Auftritt des Typs von der DGP – Deutsche Gesellschaft für Personalwesen nicht zu verstehen, denn der machte ständig Witze, die nur er verstand; vielleicht war es auch einfach nur nett gemeint, funktioniert hat's jedenfalls nicht.

Danach folgten Tests zu Verhältnissen (… verhält sich zu … wie … zu …), Schlussfolgerungen sinnvoller (Egon ist dümmer als Sabine) und absurder Art (rosa Elefanten gehen zur Schule, können singen und essen Bleistifte). Dann sollten Schätzungen bei Additions-, Subtraktions-, Multiplikations- und Divisionsaufgaben abgegeben werden, wobei Brüche, Dezimalbrüche und sechs- bis achtstellige Zahlen verwendet wurden. Danach interpretierten wir brav Säulen- und Tortendiagramme, kümmerten uns um Textaufgaben (Achtung, ohne Prozentrechnung läuft gar nichts!) und ackerten uns durch Zahlenmatrizen von vier senkrechten Zahlenreihen durch. Ich kann nur sagen … nein, ich sage lieber nichts. Abschließend kam ein Lückendiktat, das im Übrigen auch auf Schönschrift und Menge der Verbesserungen beurteilt wurde, weil die Urteiler nicht so viel Arbeit beim Interpretieren haben wollten.

Endlich Pause, wir waren alle völlig fertig. Der Pförtner, ein echt netter Mensch, empfahl uns, das laue Kantinenessen gegen ein Plauderstündchen im Café von nebenan zu ersetzen. Das taten wir auch und gingen frohgemut in die zweite Runde.

Merk- und Konzentrationstests waren angesagt. Wir sollten zunächst die Geschichte einer jungen Frau, deren Telefonnummer, das Alter der Nachbarn, den Standort der Straßenbahnhaltestelle und noch so allerlei Schnickschnack memorieren. Während der Geschichte wurden ein paar Skizzen gezeigt, die wir ebenfalls wiedererkennen mussten (übrigens befindet sich die Einsatzzentrale der Rettungsfahrzeuge im Haus Nr. 75).

Danach gab's den Konzentrations-Crashtest: Computerausdrucke, die oberen Zahlen zwischen 0,10 und 0,36, die unteren größer als 245!

Dann rein in Textvergleiche (Original und Abschrift) und ab in die Postaufgabe (»Wie viel kostet ein Päckchen per Eilboten von Berlin nach Oldenburg nach der Gebührenerhöhung vom 1. April?«).

Schlussakt: ein einstündiger Allgemeinwissentest zur »Entspannung«. Unser Humorspezialist von der DGP konnte sich kaum mehr einkriegen, keines seiner Augen blieb trocken. Beim Üben hatte ich eine Trefferquote von 95 Prozent (Wer war Ignaz Semmelweiß – ein Arzt). Im Test dagegen (was hat er erreicht? – Kindbettfieber besiegt) habe ich gelernt, dass ich, gemessen am Bildungsideal der DGP, wohl ein Vollidiot bin. Trotz Grundstudiums in Germanistik müssen mich alle guten Gegenwartsliteraturgeister verlassen haben. Meine Laufbahn werde ich ohne Bleistift essende Elefanten einschlagen müssen – halb so schlimm.

In Kassel hat man es nicht schwer

Verwaltungsinspektorenanwärter im gehobenen Dienst / LVA

Der Pförtner bringt uns in den Testraum – ein sympathischer Mensch übrigens, dann warten wir ein bisschen. So hat jeder Zeit, sich nervös zu machen, falls er es noch nicht ist. Nach 10 Minuten stellt sich der Tester vor. Wir beginnen mit einem Lückendiktat zum Thema »Wie arbeitet ein Radar?« und setzen die Kommas an die entsprechenden Stellen.

Schon folgt die erste Pause von 20 Minuten und ein netter Schwatz mit dem Pförtner (auch kein schlechter Beruf).

Weiter geht es mit einem Konzentrationstest von fünf Minuten (Karteikarten mit ca. 40 Namen von Behörden sortieren) und einem Mathetest. Es werden Dreisatzaufgaben in Textform, Bruchrechnungen, geometrische Aufgaben (Rechteck, Dreieck), Zinsrechnungen und Gleichungen geprüft. Nächste Pause, jedoch nur kurz, keine Zeit für erquickliches Plaudern. Abschluss 30 Minuten Allgemeinwissen (aktuelle Politik, deutsche Geschichte, geographische Lage der BRD) und eine Logikaufgabe (Text).

Für mich war das alles recht einfach, aber ich hatte mich ja auch entsprechend vorbereitet. Ich freue mich, bekommen zu haben, was ich mir vorgestellt habe (auch wenn mir jetzt der Pförtnerposten versagt bleibt).

Nur für starke Nerven

Höherer Dienst / Bundeskriminalamt Wiesbaden

Ich habe das erste juristische Staatsexamen und nahm an dem insgesamt dreiteiligen Auswahlverfahren für Anwärter im höheren Dienst des BKA teil.

Die 50 bis 60 Bewerber wurden auf drei Termine und in Gruppen zu zehn Personen aufgeteilt. Alle hatten wiederum drei Testteile zu überstehen.

Der erste sollte um 7.15 Uhr losgehen, aber meine Gruppe durfte zunächst einmal bis 9.30 Uhr warten! Aha, dachte ich, Test Nummer eins: »Wie gehst du mit dem Nervenkitzel um?« Ist doch eine sinnige Frage, wenn man zum BKA will, oder? Schließlich war es aber dann doch soweit, Teil eins begann.

Es galt, sich im Sportlichkeitstest sportiv zu zeigen, und wenn nicht, dann »Pech gehabt, ab nach Hause«. Das waren übrigens schon 50 Prozent der Truppe! Wir mussten im Achterlauf um fünf Stangen in einer bestimmten Reihenfolge rennen. Kriterien waren Schnelligkeit und fehlerlose Ausführung. Dann waren ein 100-m-Lauf und ein 6-Minuten-Dauerlauf angesagt. Schließlich machten wir schwitzend die so genannten Sitzklimmzüge. Dabei hebt man (sich) nicht vom Boden ab, sondern zieht sich zu einer Stange hoch; Handflächen nach oben. Auswertung wird einem nicht mitgeteilt, aber man merkt ja bald, ob man gehen darf.

Es war Sommer, wir waren fertig und pitschenass geschwitzt, aber ohne Gnade folgte auf der Stelle ein schriftlicher Test, der dann allerdings irgendwann mal von einer Mittagspause unterbrochen wurde:

1. Sprachlicher Kreativitätstest

Wir sollten so viele Assoziationen wie möglich zu bestimmten Wörtern (z.B. Charakter) oder möglichst viele außergewöhnliche Verwendungsmöglichkeiten zu bestimmten Gegenständen (z.B. Schere) nennen. Zu utopischen Situationen sollten wir möglichst einfallsreich viele Folgen ausdenken (z.B.: Was wäre, wenn Menschen ab morgen nicht mehr reden könnten oder wir, statt zu essen, täglich eine Tablette nehmen würden?) oder zu ganz einfachen Gebrauchsgegenständen irgendwelche Spitznamen erfinden. Vielleicht war das sogar ein versteckter Persönlichkeitstest, denn wer z.B. mit »Charakter« nur »Schwein, Drecksau, Mistkerl« o.Ä. assoziiert, gibt schon etwas von sich preis. War insgesamt nicht gut zu schaffen. Enormer Zeitdruck.

2. Konzentrationstest

Eine DIN-A3-Seite voll mit kleinen Subtraktionsaufgaben, die man auf ihre Richtigkeit zu überprüfen hatte. Richtige sollten abgehakt, falsche durchgestrichen werden, für jede Zeile gab es 30 Sekunden (!) Zeit:

Beispiel:

9 −7	7 −5	5 −4	7 −3	3 −2	0 −4	5 −1	2 −6	4 −3	3 −4	1 −1	6 −2	7 −3
2	5	1	4	1	6	4	3	1	1	0	4	5

3. Konzentrationstest

Erinnerungsaufgaben: acht Aufgaben, jeweils ein bis drei Minuten Zeit zum Auswendiglernen, wie z.B. 20 türkische Vokabeln und deren Übersetzung, zusammengesetzte Symbole, Telefonnummern und deren Anschlussteilnehmer, Stadtplanzeichnung ohne jede Beschriftung (nur als Linien und ein Text mit Zahlen und Informationen), Kinderzeichnungen, Firmenzeichen.

4. Manager-Führungstest

Umstände, die einem als Entscheidungsträger mal passieren könnten. Man sollte die Situationen anhand von fünf vorgegebenen Antwortmöglichkeiten auf einer Skala von 1 bis 10 einstufen. Fand man die Situation für sich selbst völlig untypisch, so kreuzte man die 1 an, konnte man diese Situation für sich gut nachempfinden, wählte man die 10. Die Zeit durfte bei dieser Aufgabe überschritten werden, man sollte alle Situationen bearbeiten.

5. Textlogischer Test

20 kurze Textauszüge verschiedenen Inhalts, die schwer oder leicht verständlich waren, sollten anhand von fünf dazugehörigen Aussagen, die entweder falsch, richtig oder nicht nachvollziehbar waren, bewertet werden.

6. Datenlogischer Test

Auf einem Blatt Papier waren Statistiken und Tabellen zu lesen, ein Fragebogen enthielt 45 Fragen. Die Fragen waren nur über die Auswertung der Tabellen bzw. Statistiken zu beantworten, für alles 30 Minuten Zeit. Die zugehörigen Rechenvorgänge konnten auf einem Schmierzettel erledigt werden, Taschenrechner gab es nicht, auch Raten war nicht drin, weil die Multiple-Choice-Antworten zu geringe Unterschiede auswiesen, um wirklich sinnvolle Schätzungen abgeben zu können!

Sodann wurde man »entlassen«, hatte aber keinen Schimmer, wie der Test ausgefallen war. Das ist super, denn so lernt man erneut eine aufregende Seite von Nervenkitzel kennen! Ich kann nur sagen, da haben die vom BKA sich richtig hautnahe Tests einfallen lassen, was? Wir wurden informiert, wann Teil zwei der Prüfungen in Form einer Gruppendiskussion stattfinden wird, und damit basta.

Die Armen, die den ersten Teil nicht bestanden hatten, hätten sich eigentlich den ganzen Quatsch mit der z.T. weiten Anreise ersparen können. Denn wer's im ersten Teil »nicht gebracht« hatte, der konnte in der noch folgenden Gruppendiskussion die allerbeste Figur machen, es war eben vermasselt! Das sagten sie uns natürlich netterweise erst zum Schluss!

Der Anfang der Gruppendiskussion war wie gehabt: Warten, diesmal 30 Minuten. Wir bekamen dann drei Themen zur Auswahl und mussten in der Gruppe in drei Minuten festlegen, welches Thema diskutiert werden sollte. Wir entschieden uns aber, wie sich im Nachhinein herausstellte, falsch. Warum? Ganz einfach, wir wählten ein Thema, das eigentlich ein Planspiel darstellte und eben keine richtige Entscheidung von der Gruppe verlangte, was aber für die Beurteilung einer Reihe von (Gruppen-)Eigenschaften der Bewerber für die Beobachter von erheblicher Bedeutung war. Pech.

Die zu wählenden Themen: Geiselentführung mit einer Boeing 747 in Pakistan zur Befreiung von Gefangenen. Die Politiker weigerten sich, auf die Forderungen der Entführer einzugehen, weil sie sagten, Staaten dürften sich nicht erpressen lassen. Dann die Frage, ob man die Nato noch brauche, nachdem sich der Warschauer Pakt aufgelöst hatte. Unser Nietenthema behandelte den Fall, dass fünf Personen ca. 300 km vom Mutterschiff entfernt mit ihrer Kapsel auf dem Mond abgestürzt waren. 15 Dinge funktionierten noch, aber welche sollten wir für den Rückweg zum Mutterschiff sinnvollerweise mitnehmen, wenn sich nicht alles transportieren lässt?

Im Nachgespräch ließ der Psychologe jeweils unter vier Augen die Katze aus dem Sack. Wir, und damit ich, hatten uns in der Diskussion disqualifiziert. Wir hatten uns falsch entschieden. Jetzt wurden die Ergebnisse aus Teil eins und zwei zusammengefasst und die »Überlebenden« zum dritten Teil eingeladen.

Der dritte Teil sah wie folgt aus: Jeder einzelne Bewerber stand eine Stunde vor einer Kommission von fünf bis sieben Personen. Das war das Schlimmste, was ich bisher in meinem Prüfungsleben erlebt habe, dagegen war mein mündliches Examen ein Klacks. Man musste sich zunächst Allgemeinwissen abfragen lassen. Es ging um Geschichte, Politik und aktuelles

Geschehen. Bei der Angabe von Fremdsprachen wurde die Unterhaltung teilweise in der Fremdsprache geführt. Abschließend sollte man aus dem Stegreif einen Kurzvortrag halten, z.B. über die Weimarer Republik.

Als Resümee kann ich nur sagen: Es wundert mich, dass überhaupt jemand durch den Test kommt und warum dann dieser Laden so viele Nieten hat und marode ist. Dies ist übrigens auch der O-Ton des Psychologen, der uns betreute.

Ich habe für den schriftlichen Teil mit Ihren Büchern und einer CD-ROM drei bis vier Wochen ca. ein bis zwei Stunden täglich geübt. Den schriftlichen Teil, so wurde mir mitgeteilt, habe ich tatsächlich exzellent bestanden, und meine Ergebnisse lagen über allen anderen. Na ja, das mit dem freien Reden war es halt nicht, aber nun weiß ich, wie das BKA von innen aussieht …

Nur ein schöner Rücken kann entzücken

Bundeskriminalamt Wiesbaden

Der BKA-Einstellungsberater gibt telefonisch ganz freundlich Tipps. Demnach müssen Abizeugnis (aktuellen »NC« beachten oder Bewerbung verkneifen!) oder FH-Abschluss beiliegen, die Geburtsurkunde eingereicht werden (aber bitte mit Beglaubigung), ein handgeschriebener Lebenslauf verfasst und der Führerschein sowie sämtliche anderen Qualifikationen kopiert und beigelegt werden. Dann erhält man einen Personalbogen, der zurückgeschickt werden muss.

Auf in die Testbatterie: Achtung, man kann sich einen Schlag holen, es geht in die heiße Phase! Nach dem K.O.-Prinzip kann man nach jeder der Teilphasen rausfliegen. Wiederholungschance nach einem Jahr – man muss aber wieder von vorne anfangen. Hat man's dann nicht gebracht, ist das BKA vom Karrierefahrplan zu streichen.

1. Tag

7.30 Uhr	Mit Personalausweis am Eingangstor.
7.50 Uhr	Wir werden abgeholt.
8.00 Uhr	Reisekostenformular ausfüllen.
8.10 Uhr	Ankunft des Psychologen, der noch ein paar Helfer mitbringt, nettes Plaudern über das BKA und die folgenden Tests. Wir sitzen übrigens in dem schicken Pressekonferenzzimmer, das alle aus dem Fernsehen kennen …

8.30 Uhr Austeilen von Testheften, Aufschlagen nach Anweisung.

1. Intelligenztest:

zunächst Beispielaufgaben, dann ca. 1½ Stunden

- Wortbedeutungen; z.B. das Synonym zu gut: a) bestens, b) schön, c) richtig
- Abwickeln: Aus einer Faltvorlage soll die passende Figur herausgesucht werden.
- Buchstabenreihen ergänzen; z.B. abacad a) be, b) ae, c) ea.
- Lebensläufe lernen, 3 Minuten Zeit.
- Schätzaufgaben: 3.456.345 + 3.465.345 = a) 6.845.437, b) 6.921.690, c) 7.000.000.
- Worte bilden: z.B. möglichst viele Worte, die mit A anfangen und mit E aufhören.
- In ein neues Heft die Erinnerung der Lebensläufe schreiben.

9.40 Uhr 20 Minuten Pause, Unsicherheit, ob's gereicht hat.

Weiter: *2. Konzentrationstest* mit Subtraktionsaufgaben

3. Persönlichkeitsfragebogen, der angeblich für das Auswahlverfahren keine Anwendung finden soll, sondern nur zur Hilfe für den mündlichen Teil des Auswahlgesprächs dient.

4. Rechtschreibtest: Multiple Choice

11.30 Uhr Ende Teil eins, Entlassung in die Kantine, Herumlaufen verboten.

13.00 Uhr Urteilsverkündung, öffentliche Ausmusterung, es sind von 25 noch 16 Teilnehmer übrig. Diese dürfen zum *Sporttest:* Bei jeder der vier Übungen kann man fünf Punkte erreichen, man benötigt aber nur zwölf Punkte, das sagt einem der Trainer jedoch nicht, man tappt also im Dunkeln, während man spurtet.

- Geschicklichkeit: Man umrundet ein paar Pfosten. Der Trick dabei ist, die vier Innenpfosten immer mit der rechten Schulter zu nehmen (aber ohne sie zu berühren, das gibt null Punkte) und an den vier Außenpfosten mit der linken Schulter vorbeizulaufen, sonst gibt es Salat. Wer sich verläuft, bekommt ebenfalls null Punkte!
- Sitzklimmzüge: schwierig, weil die Handflächen vom Körper wegzeigen müssen und man sich dennoch zur Stange hochstemmen muss.
- 6 Minuten Dauerlauf. Dreierlauf: Achtung, Schnelligkeit!

Ende des Sporttests, alle bestanden, puh! Austeilen einer Broschüre, die wir für den zweiten Testtag lesen sollten. Schlafen, sofern möglich.

2. Tag

Wir werden abgeholt und zu sechst vor ein Prüfungskomitee geführt. Da sitzen also ein Vorsitzender, zwei Beisitzer und ein Protokollant.

- *Gruppendiskussion*, 15 bis 20 Minuten: »Sollen Drogen legalisiert werden?«, »Ist die Frau in unserer Gesellschaft benachteiligt?« Beurteilungskriterien sind u.a. Dominanz, Schüchternheit, Strukturiertheit der Äußerungen, wie werden persönliche Erfahrungen eingebracht, kann jemand von sich abstrahieren, kann jemand eine Position vertreten, die nicht der eigenen Meinung entspricht?
- Bekanntgabe der Einzelgesprächstermine.
- *Einzelgespräche:* Man gibt den tabellarischen Lebenslauf wieder, erklärt, warum man zur Polizei bzw. gerade zum BKA will, und glänzt mit Tagespolitik. Beispielfragen:
  - Was macht der Bundestag/Bundesrat?
  - Wer wählt den Bundespräsidenten?
  - Wer sitzt in der Bundesversammlung?
  - Fünf aktuelle internationale und nationale Schlagzeilen nennen.
  - Etwas aus der Schule, über Lehrer erzählen.
    (Achtung: Persönlichkeitstest!)
  - Fragen zum BKA (Broschüre vom Vortag).
  - Zuständigkeiten des BKA?
  - Wen schützt die Sicherungsgruppe, wo sitzt sie?
  - Wer schützt Mitglieder des Bundesrats?
    (Beachten: Konkurrenz von Länder- und Bundespolizei)
  - Wie sollte ein Polizist sein?

Ergebnismitteilung nach kurzer Wartezeit, eventuelle Glückwünsche oder Verabschiedung. Der Rest der Truppe erhält einen Arzttermin bei einem Arbeitsmedizinmann, denn man muss noch die polizeiliche Tauglichkeit unter Beweis stellen.

Ich eile also glücklich von dannen, die frohe Kunde meines Erfolges zu verbreiten und ... falle fürchterlich auf die Sch... Warum? Nicht, weil ich kein sauberes Führungszeugnis hätte, nein. Ich hatte die Gemeinheiten meines Körpers unterschätzt. Meine Wirbelsäule sei um ein winziges Grad krummer als bei anderen. Pech gehabt!

Gerechtigkeit

Polizei / Gehobener Dienst in Hessen

Mein Bewerbungsverfahren bei der hessischen Polizei – ein Berufswunsch, den ich über Jahre entwickelt hatte und dann nach dem Abitur in die Tat umsetzen wollte – war eine regelrechte Odyssee und hat meinen Glauben an die Gerechtigkeit dieser Institution nachhaltig erschüttert.

Ich hatte mich beworben und wurde – wie üblich – zum schriftlichen und mündlichen Test eingeladen. Wie diese Testverfahren ablaufen, ist bekannt. Am Tag vor dem Test ereignete sich in meiner Familie ein Todesfall. Und zu allem Übel – ein Unglück kommt selten allein – erhielt ein weiteres Familienmitglied am selben Tag eine ziemlich schlechte medizinische Diagnose nebst sofortiger Einweisung ins Krankenhaus zur OP. Nun kann man mir vorhalten, dass es sicherlich ziemlich blöd von mir war, am darauf folgenden Tag trotz dieser Hiobsbotschaften in das Testauswahlverfahren zu gehen. Ich tat es eigentlich ohne große Überlegung, eher automatisch-mechanisch, und bekam natürlich auch die Quittung dafür. Mit Pauken und Trompeten durchgefallen. Aber – so wurde mir angeboten – ein halbes Jahr später würde ich eine erneute Chance kriegen, den Test noch mal machen zu dürfen.

Nachdem ich mich entsprechend stabilisiert hatte, bereitete ich mich auf diese zweite Chance gut vor und studierte die einschlägige Übungsliteratur. Wohl wissend, wie wichtig dieser Wiederholungstest für mich und mein berufliches Vorhaben war, durchlief ich die Testmühle zum zweiten Mal, und siehe da – ich war so erfolgreich, dass man mir sofort mündlich bestätigte, dass ich glänzend abgeschnitten hatte und mit einer Einstellung rechnen könne.

Während ich mich schon auf die schriftliche Zusage freute, erhielt ich zu meinem absoluten Unverständnis einen Brief, der mir mitteilte, dass ich zwar in dem Test sehr gut abgeschnitten hätte, aber in Relation zu dem ersten miserablen Testergebnis um so viel besser geworden sei, dass dies wohl kaum mit rechten Dingen zugegangen sein könne. Man wolle mich mit diesem guten Ergebnis nicht einstellen, bot mir aber eine dritte Chance an, einen so genannten Einzeltest. Ich erklärte, was aus meiner Sicht zu dem ersten schlechten Ergebnis geführt habe und dass ich mich auf den zweiten Test sehr wohl vorbereitet und dabei auch relativ ungestresst gefühlt hätte. All dies half jedoch nicht, denn, so die Argumentation des verantwortlichen Polizeipsychologen, in so kurzer Zeit zwei so unterschiedliche Ergebnisse – einfach unmöglich. Hinzu käme – wurde dann zusätzlich argumentiert –, dass ich in Stresssituationen wohl nicht ganz zuverlässig sei: wenn schon bei einem Test, wie dann später in noch viel schwierigeren Stresssituationen als Polizist?

Ich ließ mich daraufhin von einem Anwalt beraten, viele Briefe wurden geschrieben, sogar das Hessische Ministerium für Inneres war mit meinem Fall befasst, aber der Polizeipsychologe blieb stur. Nichts zu machen. Dann aber wollte auch ich nicht mehr und entschloss mich zu einem Studium und absolvierte zunächst mal meinen Bundeswehrdienst. Da passierte Folgendes: Mit zwei anderen Rekruten unternahm ich eine Dienstfahrt. Hinter einer Kurve auf einer Landstraße sahen wir einen Sportwagen, der sich überschlagen hatte und auf dem Dach lag. Wir waren offensichtlich die Ersten am Unfallort – weit und breit niemand, der hätte helfen können. Wir hielten, und es gelang mir, den schwer verletzten Fahrer aus dem Unfallwagen zu bergen, sicher zu lagern – kurzum, erste Hilfe zu leisten, und natürlich verständigten wir die Notrufzentrale, die wegen der Schwere des Unfalls einen Rettungshubschrauber schickte.

Dem Unfallfahrer konnte das Leben gerettet werden, und aufgrund unseres besonnenen Verhaltens in diesem spektakulären Fall bekamen wir etwa ein halbes Jahr später im Rahmen einer offiziellen Veranstaltung vom hessischen Ministerpräsidenten persönlich eine Lebensrettungsmedaille überreicht. Begleitet wurde das durch entsprechende freundlich-würdigende Worte für unser Verhalten. Der hessische Innenminister, oberster Dienstherr der Polizeibehörde, bei der ich mich beworben hatte und abgelehnt worden war, war bei der Auszeichnungszeremonie auch zugegen.

Wie Sie sich erinnern, war ich wegen meiner angeblichen Unfähigkeit, in Stresssituationen angemessen reagieren zu können, abgelehnt worden …

Kanzelkandidat

Pilotentest-Aufgaben

Hier nun einmal ein etwas umfangreicherer Einblick in den berühmt-berüchtigten Pilotentest mit Übungsbeispielen. Auch wenn Sie nicht Pilot werden wollen, kann man doch einiges trainieren:

Die Ausbildung zum Pilot oder – wie die Lufthansa es nennt – zum »Verkehrsflugzeugführer« gehört zu den Topzielen vieler junger Männer und einiger weniger junger Damen – ein Traumberuf. Aber vor den Erfolg haben die Götter den Schweiß gesetzt. Der Pilotentest darf sicherlich für sich in Anspruch nehmen, der schwierigste unter allen Einstellungstests in Deutschland zu sein.

Einer offenbar in Reaktion auf unsere Veröffentlichungen von der LH allen Bewerbern zugesandten Vorabinformation kann man entnehmen, dass neun Stunden harte Arbeit (zwischengeschaltete Pausen abgezogen) auf die Kanzelkandidaten zukommen, verbunden mit »hohen Anforderungen an Ihre Ausdauer, Konzentrationsfähigkeit und Ihre physische und psychische Belastbarkeit«.

Nach dem Hinweis, so schnell und so genau wie möglich zu arbeiten, erfährt man, dass es grundsätzlich von Vorteil sein soll, »wenn Sie an die Tests entspannt und mit innerer Gelassenheit herangehen«. Diese Einstellung wünscht sich die LH auch während der gesamten Testdurchführung vom Kandidaten, wenn es um Merkfähigkeit, räumliche Orientierung, Konzentrationsfähigkeit und schlussfolgerndes Denken geht.

Hier einige Testaufgabenbeispiele ohne Anspruch auf absolute Vollständigkeit und Originalreihenfolge. Trotzdem: Erdacht und erfunden ist bei diesen Aufgaben nichts. Sie sind in ähnlicher Form bei der Pilotenauswahl zum Einsatz gekommen.

Englischtest

Etwa 90 Fragen mit ausreichender Bearbeitungszeit, Teil A relativ schwierig, Teil B ungefähr auf dem Niveau der 9. Klasse. Nachfolgend einige Übungsbeispiele:

Teil A

Choose the word (a–c) which fits best to the first one:

1. succeed	a) suicide	b) surprise	c) follow
2. suit	a) dress	b) suite	c) sweet
3. gravy	a) graveyard	b) grease	c) sauce
4. grease	a) feet	b) thick	c) full
5. angry	a) angina	b) angle	c) furious
6. anxiety	a) fear	b) antidote	c) anticipation
7. defiant	a) defery	b) defunct	c) defy
8. impervious	a) impenetrable	b) impermanent	c) impertinent
9. ajar	a) closed	b) half open	c) open
10. aft	a) afore	b) rear	c) bevel

→

Teil B

Fill in the missing word or phrase:

1. I can help you, ... you wait for a moment.
   a) when b) if c) because d) before

2. Betty tells the untruth, she ....
   a) lays b) lies c) leis d) lais

3. When do I .... a letter from you.
   a) become b) get c) got d) have

4. A: »Excuse me, I'm sorry.« B: »Never ....«
   a) ever b) again c) mind d) you

5. A twin-engine DC-3 was .... over the town.
   a) going b) winging c) crossing d) sailing

6. We have to .... a visit to aunt Mary.
   a) do b) see c) enjoy d) pay

7. Try .... late.
   a) be not b) not to be c) to not be d) be not to

8. I have .... my umbrella at home.
   a) been leaving b) loosed c) left d) leaved

9. There is a nice little pub .... our house.
   a) opposite of b) opposite c) in front of d) in front

10. I enjoy ....
    a) to play cards b) card playing c) playing cards d) cardplay

Lösungen Seite 605

Konzentrationsbelastungstest

Der Konzentrationsbelastungstest zählt zu den Tests des DLR, auf die besonders hoher Wert gelegt wird. Die Zeit ist so angelegt, dass Sie den Test unter normalen Umständen nicht schaffen können. Trotzdem sollte es Ihnen mit einiger Übung möglich sein, zu den Besten zu gehören und sich so einen Platz in der Firmenqualifikation bzw. im Haupttest zu sichern.

Ihre Aufgabe besteht darin, dass Sie bestimmte Symbole aus einem Suchfeld in Zahlen umwandeln, diese addieren und dann mit einem Lösungsvorschlag vergleichen müssen. Ist Ihr errechnetes Ergebnis kleiner als die Lösungsvorschlagszahl, so müssen Sie das linke Antwortfeld markieren, sind beide identisch, so markieren Sie das mittlere, und ist Ihr Ergebnis höher, das rechte Antwortfeld. Sie merken sich das zuletzt umgewandelte Symbol und wandeln dann das nächste um. Die Ergebnisse werden wieder addiert und mit der zwischen den Symbolen stehenden Zahl verglichen. Die Addition/der Vergleich sollte natürlich so konzentriert und zügig wie möglich erfolgen.

Ein Beispiel zur Verdeutlichung:
Unten sehen Sie ein kleines Feld mit 4 Symbolen und den Zahlen 1 bis 4. Jede Zahl ist einem Symbol zugeordnet.

ξ	ψ	ζ	χ
1	2	3	4

Betrachten Sie nun das Aufgabenbeispiel:

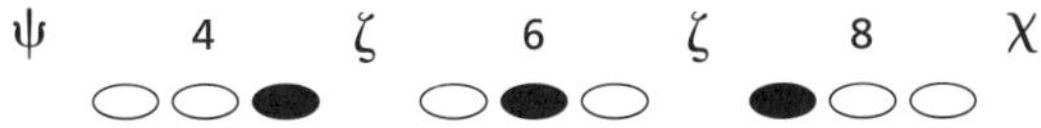

Übersetzen Sie die ersten beiden Symbole in Zahlen, so erhalten Sie die 2 und die 3. Wenn Sie diese beiden Zahlen nun addieren, so ist das Ergebnis 5. Die 5 ist größer als die zwischen den Symbolen stehende 4, daher muss das rechte Lösungsfeld (hier mit einem Kreis markiert) angekreuzt werden. Behalten Sie die Zahl des letzten Symbols (die 3) im Kopf. Bei der nächsten Aufgabe addieren Sie die gemerkte Zahl (3) mit der Zahl des neuen Symbols (ebenfalls die 3) und erhalten als Ergebnis 6. Da Ihr Ergebnis mit dem angebotenen Ergebnis identisch ist, müssen Sie das Feld in der Mitte markieren. Bei der letzten Beispielaufgabe erhalten Sie die 7. Da diese Zahl kleiner als die angebotene Zahl ist, markieren Sie das linke Lösungsfeld.

Für diesen Aufgabenblock haben Sie nur 2 Minuten Zeit.

Suchfeld

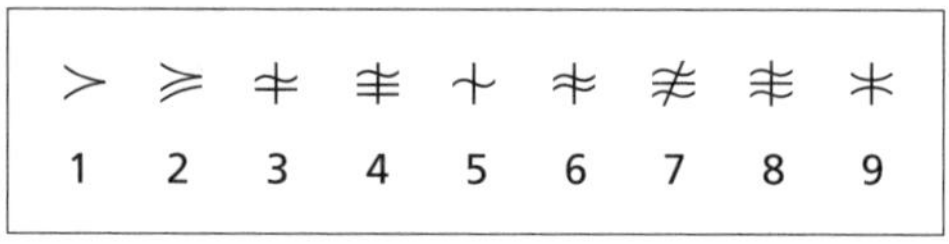

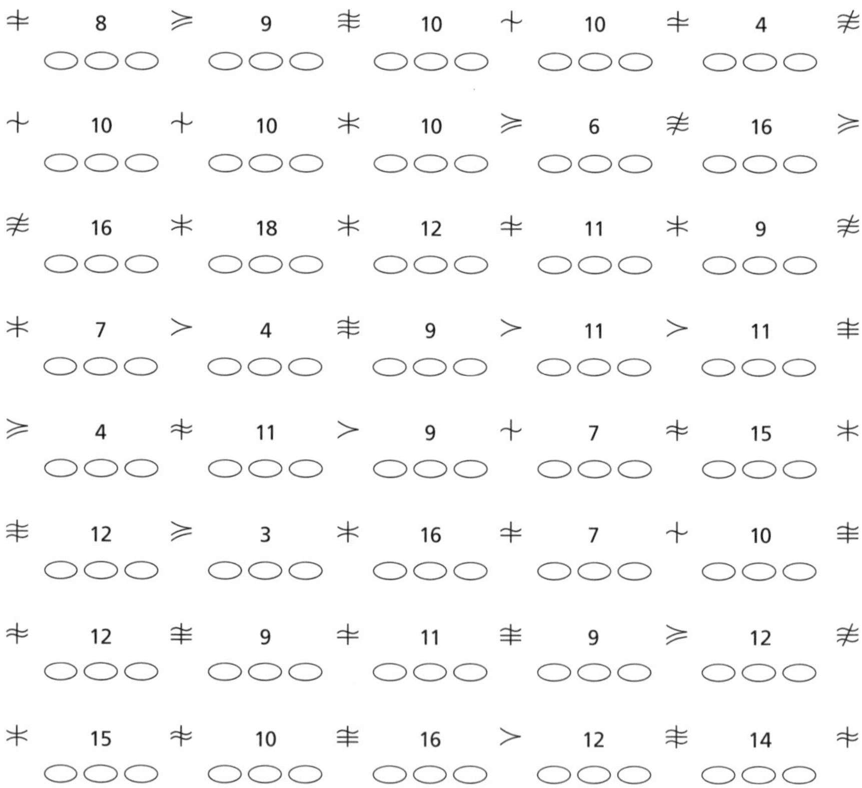

Lösungen Seite 605

Flugwissen

Fragen wie die folgenden überprüfen das fliegerische Verständnis: Gleitzahl moderner Segelflugzeuge, Zahl der Düsen einer Boeing 727, Definition ILS, Alpha Jet, Transall und warum ein Flugzeug überhaupt fliegt, woran man die Abdrift eines Flugzeugs erkennt, wie ein spezieller Motorsegler heißt und warum das Fahrwerk während des Flugs eingezogen wird. (Empfehlung: Vor dem Test unbedingt Fachbücher über die Fliegerei lesen!)

Hier einige Übungsbeispiele:

1. Warum werden die Klappen nach dem Start eingezogen?
2. Welches Instrument dient der Navigation beim Landen?
3. Nennen Sie ein großes (häufiger abgestürztes) Verkehrsflugzeug mit drei Düsen.
4. Aus welchem Material sind moderne Verkehrsflugzeuge gebaut?
5. Welche Firma hat sich besonders auf den Bau von Hubschraubern spezialisiert?
6. Wo befinden sich die Querruder?
7. Was ist ein MRCA?
8. Wie heißt der größte Flugzeugtransporter der Welt?
9. Woran erkennt der Segelflieger Thermik?
10. Was ist eine Zyklone?
11. Wodurch entsteht hauptsächlich Nebel?
12. Wie lautet die Gleitzahl moderner Segelflugzeuge (ohne Konstruktionsbeschränkungen)?
13. Wie funktioniert das Prinzip der Schubumkehr?

Lösungen Seite 606

Flugzeug-Positions-Test

Ihre Aufgabe ist es, mit einem imaginären Flugzeug aus einer bestimmten Position heraus eine Reihe von Richtungsänderungen durchzuführen. Am Ende stellt sich die Frage, welche neue Position das Flugzeug innehat. Die Ausgangsposition des Flugzeugs wird dabei durch die Stellung der Flugzeugspitze festgelegt. Es gibt vier mögliche Ausgangspositionen: oben, rechts, unten, links. Diese Veränderungen der Richtung erfolgen durch die Drehung des (imaginären) Flugzeuges um 90, 180 oder 270 Grad. Dabei kann die Drehung entweder nach rechts oder nach links erfolgen.

Beispielaufgabe:
Führen Sie ausgehend von der Basisposition  (Flugzeugspitze zeigt nach links) die durch die Gradzahlen vorgegebenen Drehungen durch. Zunächst also 180 Grad, dann 90 Grad nach links und zuletzt eine 270-Grad-Drehung nach links. Ihre Endposition ist:  (Flugzeugspitze zeigt nach rechts). Diese Aufgabe wird Ihnen wie folgt präsentiert:

 180° 90° L 270° L 

Frage: Um wie viel Grad muss das Flugzeug jetzt noch gedreht werden, damit es die oben abgebildete Position (rechts) einnimmt?

Lösung: 0 Grad (das ist in diesem Fall klar!).

Nun zur nächsten Aufgabe:

 90° R 180° 90° R 270° L 

Frage: Um wie viel Grad (0°, 90° R, 180° oder 90° L) muss das Flugzeug jetzt noch gedreht werden, damit es die rechts abgebildete Position erreicht?

Lösung: 90° L (das Flugzeug hatte zuletzt die Position , also fehlte lediglich noch eine Drehung von 90° L).

Noch einmal etwas ausführlicher: Zunächst ist es Ihre Aufgabe, ausgehend von der Position des linken Flugzeugs jeweils vier Richtungsänderungen nach Anweisung durchzuführen. Am Ende müssen Sie eine Aussage darüber machen, um wie viel Grad und in welche Richtung das gleiche Flugzeug noch zusätzlich gedreht werden müsste, um mit dem rechten Lösungsvorschlag-Flugzeug übereinzustimmen. Kreuzen Sie bitte eine der folgenden Antwortmöglichkeiten an: 0°, 90° R, 180°, 90° L.

Für die folgenden 2 Aufgabenblöcke haben Sie je 2 Minuten Zeit.

1. Block

								A 0°	B 90° R	C 180°	D 90° L
1.	↑	90° L	180°	270° R	180°	90° L	↑	☐	☐	☐	☐
2.	↑	180°	270° R	90° R	270° L	180°	←	☐	☐	☐	☐
3.	↓	180°	90° L	90° R	180°	90° R	↑	☐	☐	☐	☐
4.	←	90° R	180°	270° L	180°	90° R	↓	☐	☐	☐	☐
5.	↑	270° R	90° L	180°	270° L	90° R	↓	☐	☐	☐	☐
6.	→	270° L	180°	90° L	270° R	180°	→	☐	☐	☐	☐
7.	↑	180°	270° R	90° L	180°	90° L	↑	☐	☐	☐	☐
8.	←	90° R	270° L	180°	270° R	90° R	↓	☐	☐	☐	☐
9.	↓	270° R	180°	90° L	180°	270° R	→	☐	☐	☐	☐
10.	↓	180°	90° R	180°	90° L	270° R	→	☐	☐	☐	☐

2. Block

								A 0°	B 90° R	C 180°	D 90° L
1.	↑	90° L	180°	270° L	270° R	180°	←	☐	☐	☐	☐
2.	←	90° R	90° R	180°	270° R	90° L	↑	☐	☐	☐	☐
3.	→	90° L	270° R	180°	90° L	180°	→	☐	☐	☐	☐
4.	↓	180°	180°	180°	270° L	270° R	↓	☐	☐	☐	☐
5.	↑	90° R	270° L	180°	90° L	90° R	←	☐	☐	☐	☐
6.	→	180°	270° R	90° L	180°	90° R	→	☐	☐	☐	☐
7.	→	180°	90° L	270° L	180°	270° L	↑	☐	☐	☐	☐
8.	←	90° R	270° L	90° R	180°	180°	←	☐	☐	☐	☐
9.	↑	90° R	180°	90° R	270° L	90° R	↑	☐	☐	☐	☐
10.	↓	90° L	180°	270° R	180°	90° L	→	☐	☐	☐	☐

Lösungen Seite 606

Würfelrotation (Punkt-Positionstest – PPT)

Bei diesem Test wird Ihr dreidimensionales Vorstellungsvermögen getestet. Sie bekommen einen aufgefalteten Würfel gezeigt und sollen aus 5 möglichen Lösungswürfeln den richtigen aus der Aufgabenstellung wiedererkennen. Dabei müssen Sie beachten, dass die Augenanordnung auf den Würfeln nicht der Anordnung auf den Ihnen bekannten Spielwürfeln entspricht und auch Abwandlungen mit mehr als 6 Augen und anderer Augenanordnung möglich sind.

Beispiel:

Bitte versuchen Sie nun, den richtigen Würfel wiederzuerkennen:

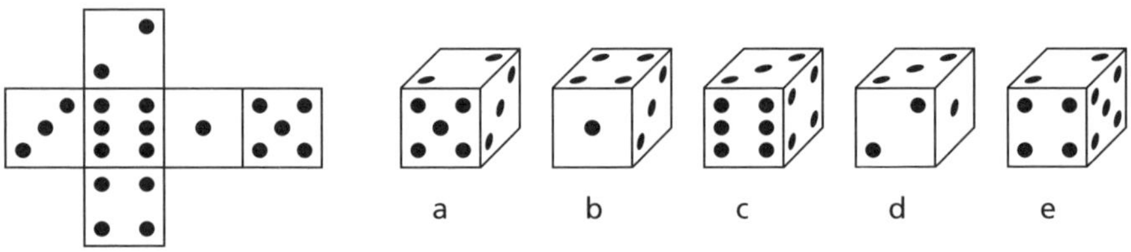

Lösung: a

Für die folgenden 10 Aufgaben haben Sie 10 Minuten Bearbeitungszeit.

1.

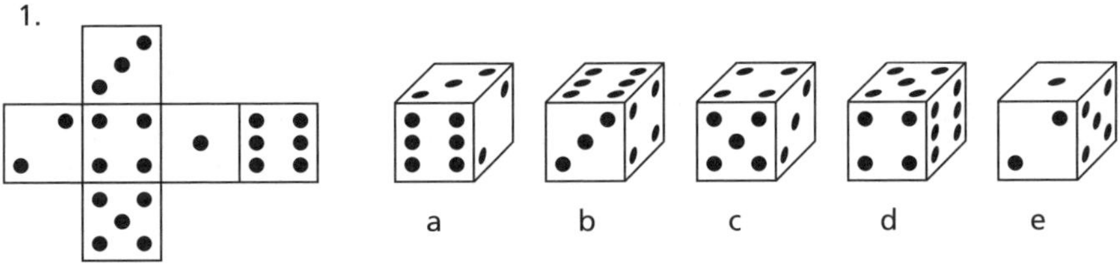

2.

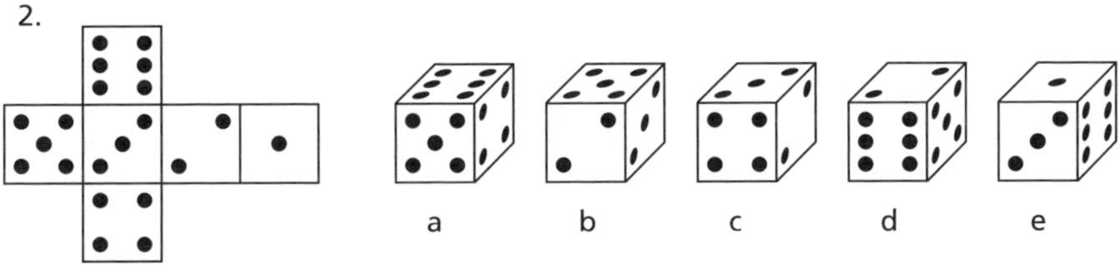

3.

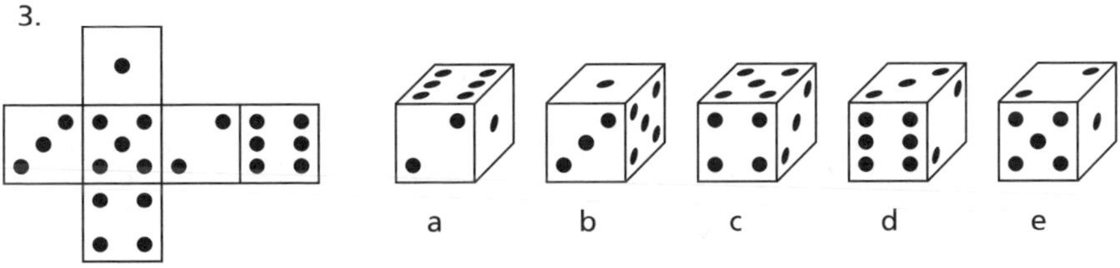

4.

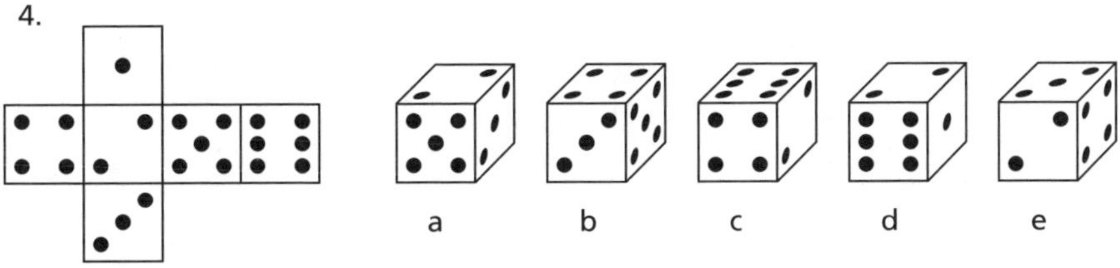

5.

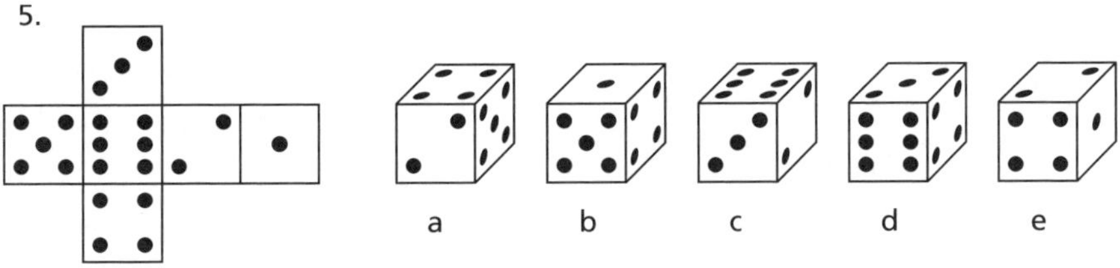

→

6.

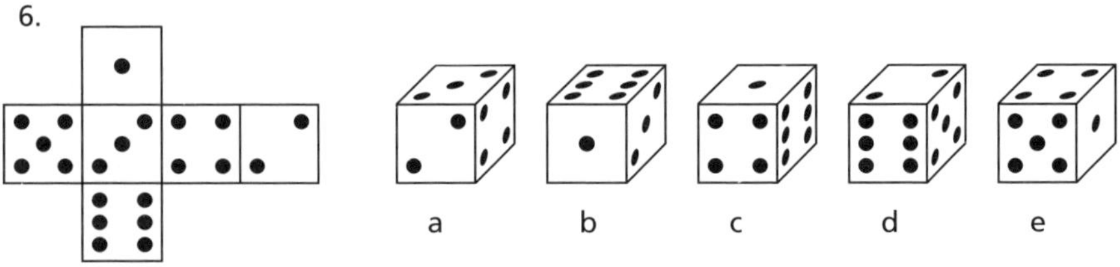

7.

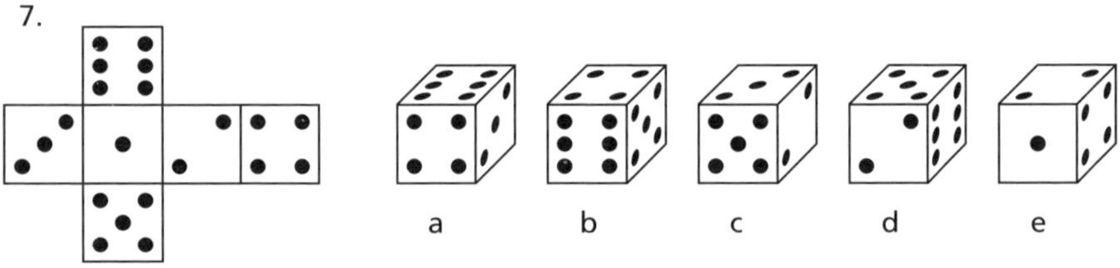

8.

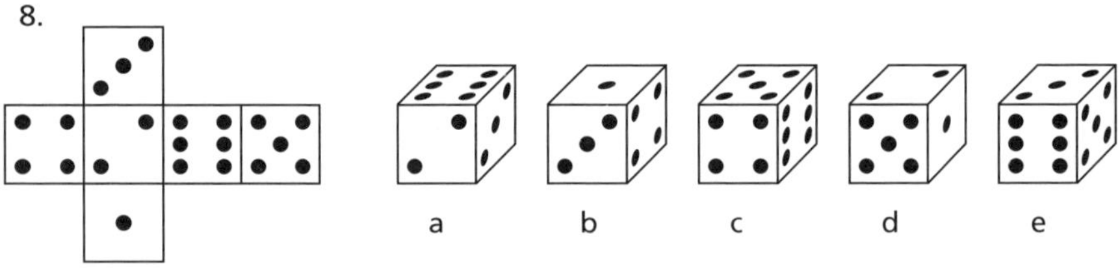

9.

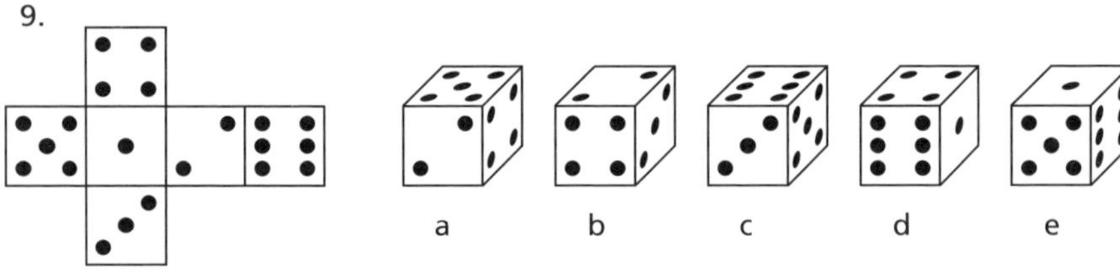

10.

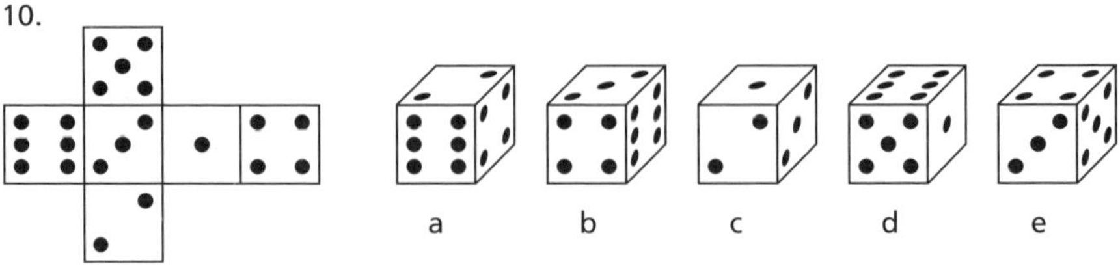

Lösungen Seite 606

Visueller Merkfähigkeitstest

Bei diesem Test werden Dias präsentiert, die vier Objekte (Gegenstände/ Sachen) kombiniert mit einer Ziffer daneben darstellen. Man hat einige Sekunden Zeit, sich die Objekt-Zahlen-Kombinationen einzuprägen. Beim nächsten Dia sind sowohl neue Objekte wie auch Zahlen einzuprägen, aber auch das Gelernte ist zu reproduzieren, indem ein auf einem früheren Dia bereits gezeigtes Objekt wiederholt wird, allerdings ohne Ziffer (dafür mit einem Buchstaben). Die eigentlich zugehörige (vorher eingeprägte) Ziffer muss jetzt auf einem Lösungsbogen notiert werden.

Hier ein Beispiel: Die Aufgabe besteht darin, sich zunächst die den Bildern zugeordneten Zahlen des 1. Bilderblocks zu merken, diesen dann abzudecken und sich anschließend die Bild-/Zahlenkombinationen des 2. Blocks einzuprägen. Der Buchstabe (hier A) ist durch die aus dem 1. Block bekannte Zahl (Uhr = 78) zu ersetzen und auf einem Extrablatt zu notieren.

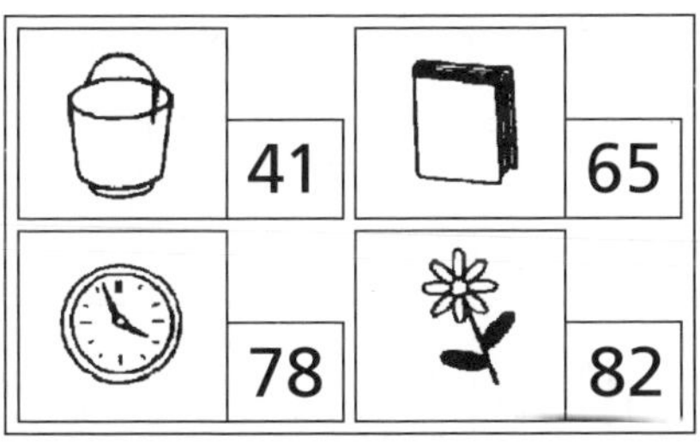

Eine Übungsmöglichkeit für diesen Test in einem Buch zu realisieren ist schwierig. Sollten Sie die hier angebotene Papiersimulation dennoch versuchen wollen, benötigen Sie dazu als Hilfsmittel mehrere weiße Blätter Schreibpapier.

Decken Sie mit Hilfe der Blätter die Bilderblöcke so ab, dass jeweils nur ein Block zu sehen ist. Sie haben für jeden Bilderblock 30 Sekunden Zeit, um sich die Objekt-Zahlen-Kombinationen einzuprägen. Ihre Aufgabe besteht darin, Buchstaben neben Objekten durch die richtige Zahl zu ersetzen. Diese schreiben Sie am besten auf ein separates Blatt.

1.

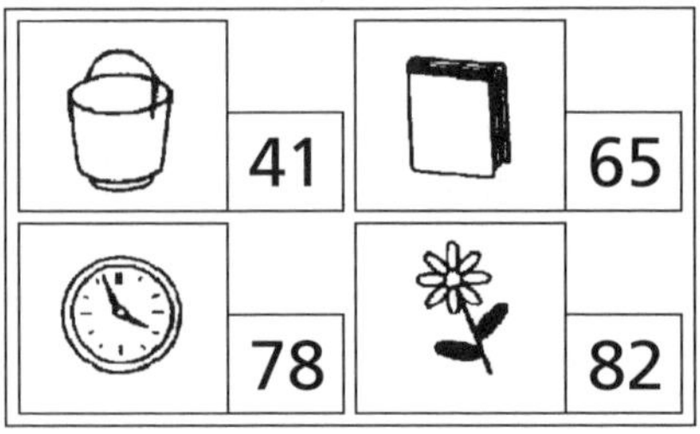
41
65
78
82

2.

46
15
92
A

3.

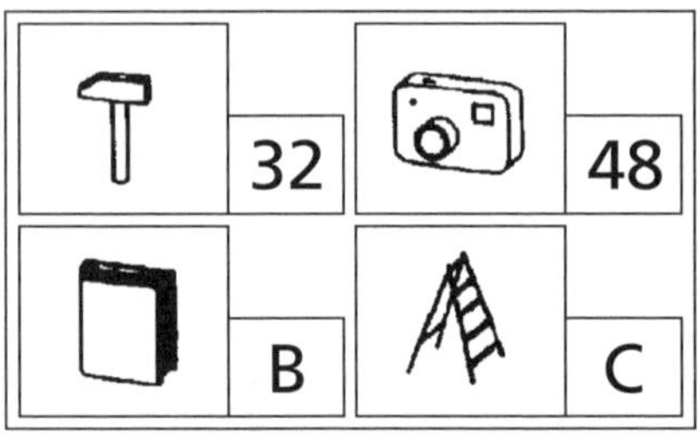
32
48
B
C

4.

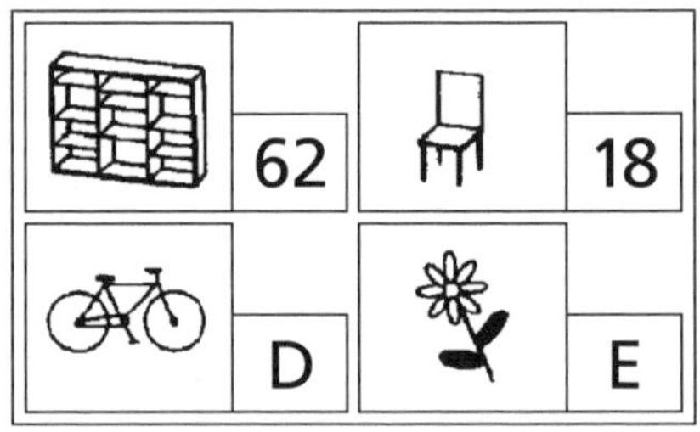
62
18
D
E

5.

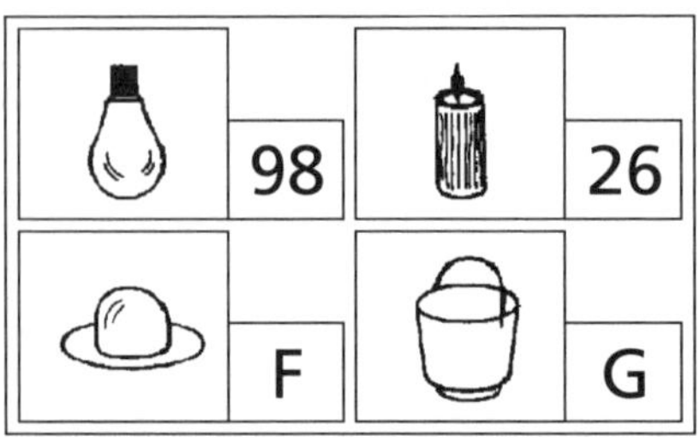
98
26
F
G

6.

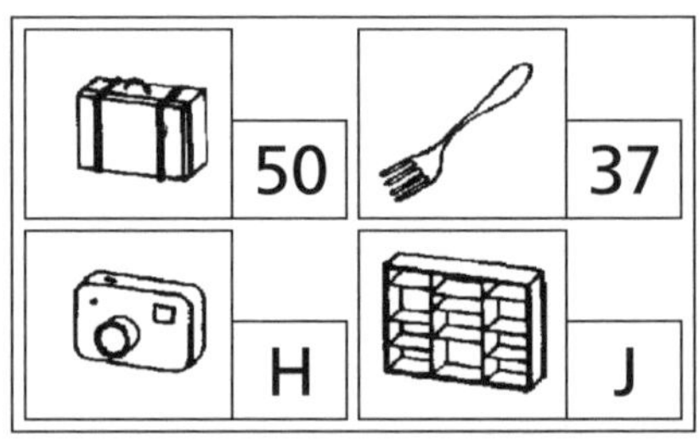
50
37
H
J

7.

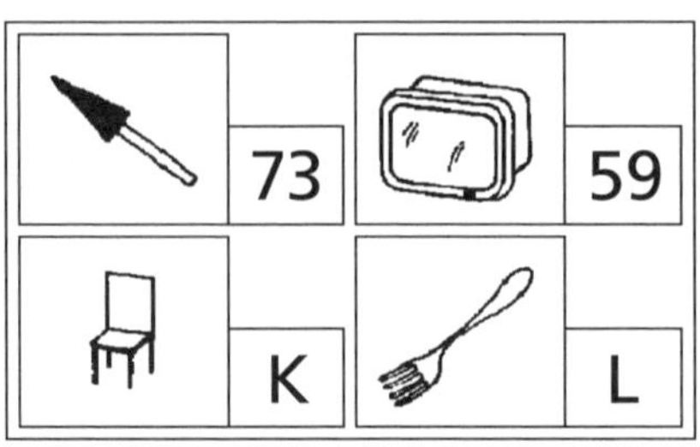
73
59
K
L

8.

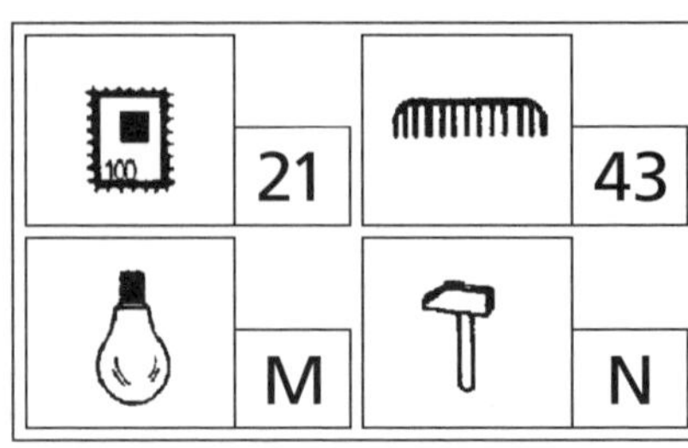
21
43
M
N

9.

10.

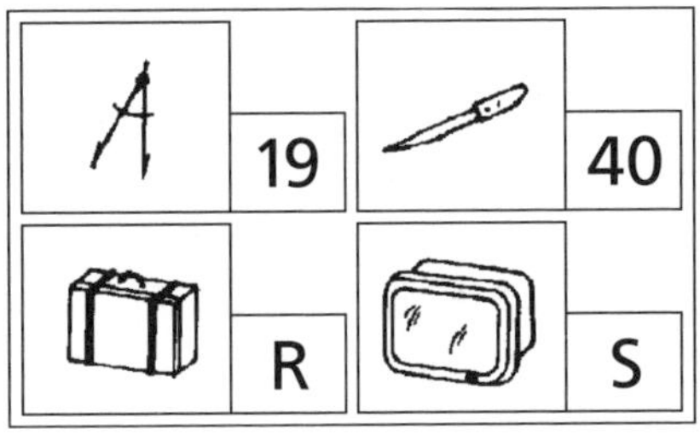

11.

12.

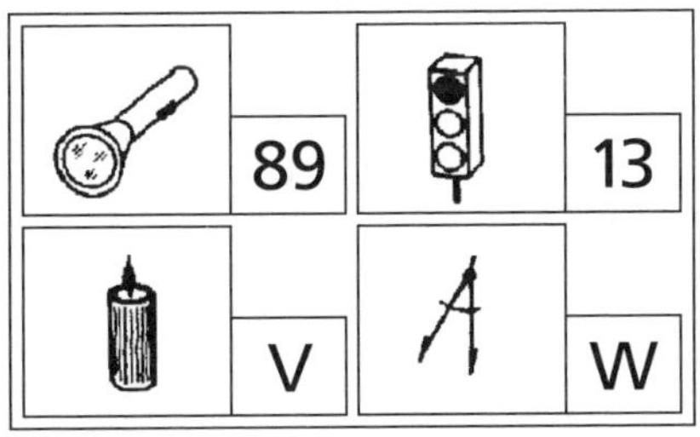

13.

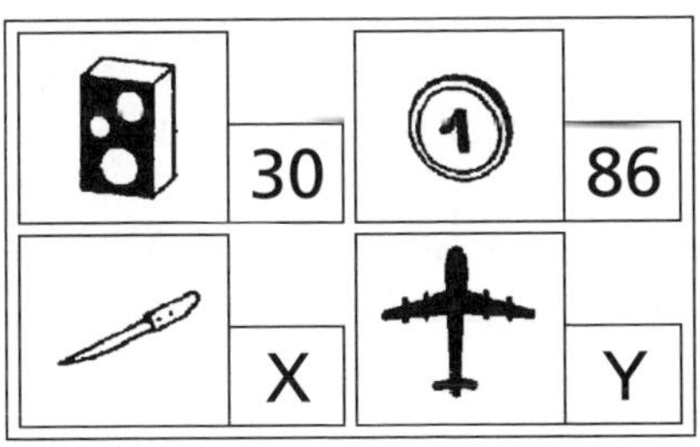

14.

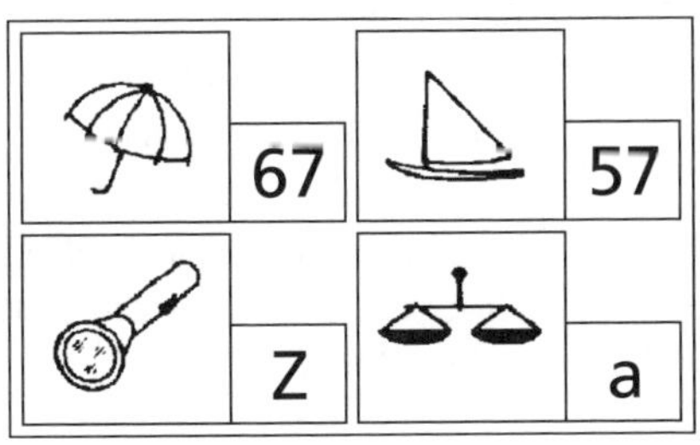

15.

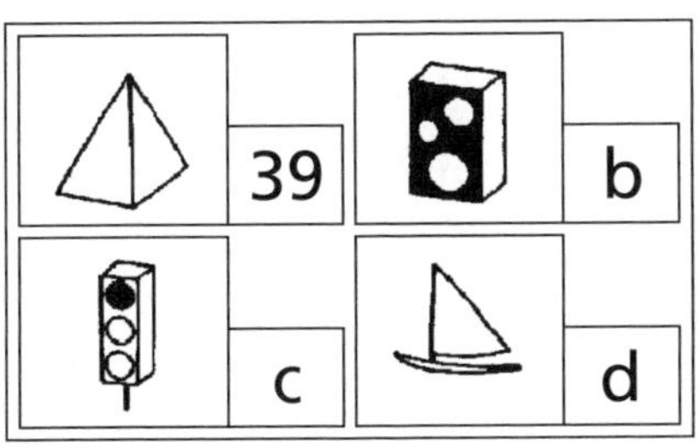

16.

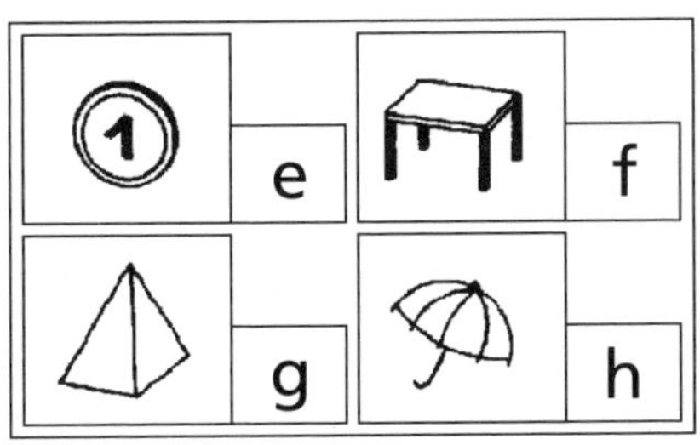

Lösungen Seite 606

Rechts- und Linksabbiegen

Hier geht es darum, Rechts- und Linkskurven auszuzählen, natürlich unter einem enormen Zeitdruck.

Das folgende Übungsbeispiel (linkes Bild L) zeigt die Linkskurven, die zu zählen sind. Beim rechten Bild (R) sollen die Rechtskurven gezählt werden. In der akustischen Anleitung wird die Anweisung gegeben, sich in die Pilotenkanzel eines Flugzeugs zu versetzen und die Strecke inklusive aller Kurven abzufliegen.

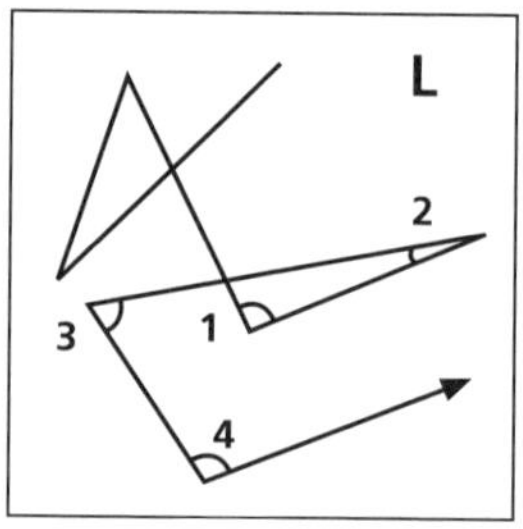

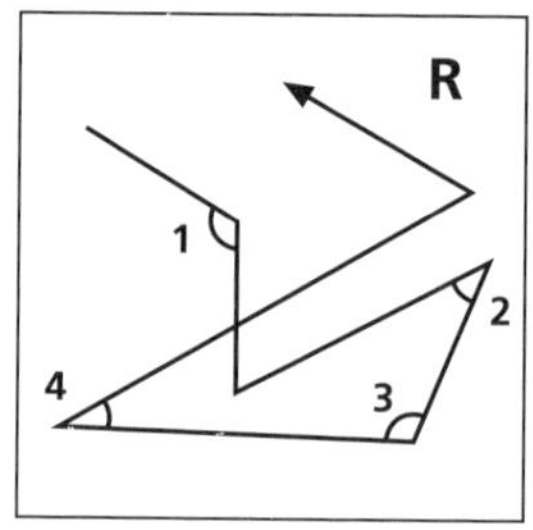

Sie können sich diesen Test folgendermaßen vereinfachen: Wenn Sie z.B. bei dem oberen Beispiel die Linkskurven zählen sollen, setzen Sie Ihren Stift links von der Startlinie an, fahren diese entlang und zählen alle Innenwinkel. Bei Rechtskurven setzen Sie entsprechend den Stift rechts an.

Bitte zählen Sie im ersten Aufgabenfeld alle Links-, im zweiten Aufgabenblock alle Rechtskurven. Für die folgenden zweimal 8 Aufgaben haben Sie je 1 ½ Minuten Zeit.

1. Block: Linkskurven

1. 2. 3. 4.

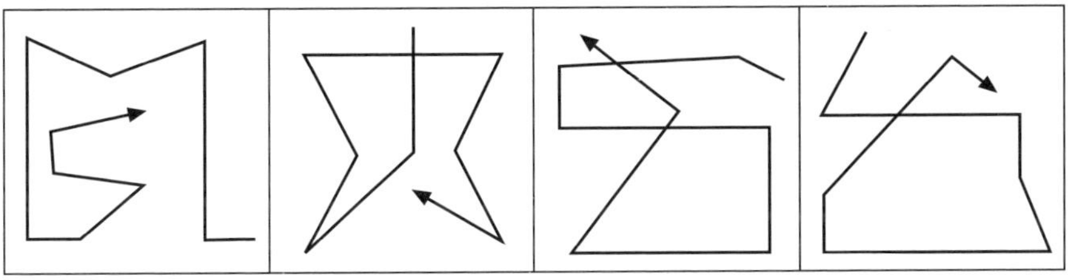

5. 6. 7. 8.

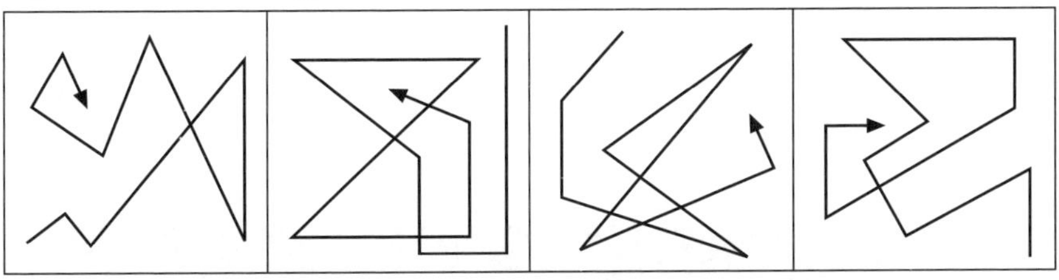

2. Block: Rechtskurven

1. 2. 3. 4.

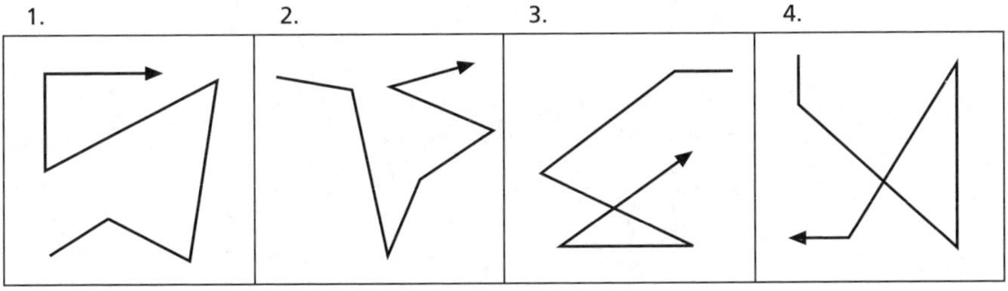

5. 6. 7. 8.

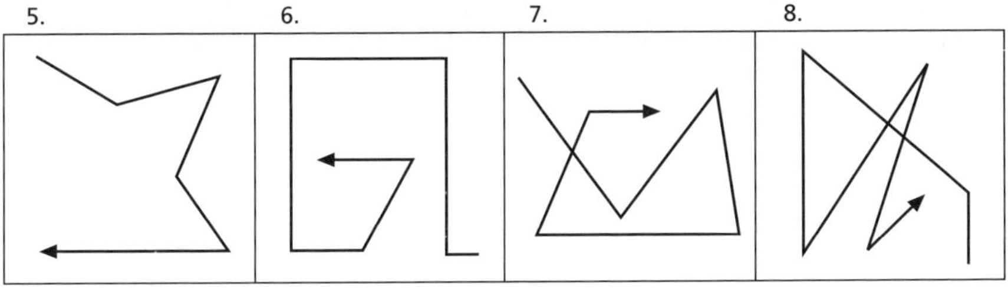

Lösungen Seite 606

Multiple-Task-Coordination-Test (MTC)

Dieser Test ist noch recht neu beim DLR und Teilnehmer berichten, dass es sich um einen der wenigen Tests handelt, bei denen sich ein direkter Bezug zum anvisierten Beruf herstellen lässt.

Um die Testaufgaben näher beschreiben zu können, schauen Sie sich bitte als Erstes die Instrumententafel an, die man Ihnen auf Ihrem PC einblenden wird.

In der Mitte sehen Sie einen künstlichen Horizont, rechts und links daneben zwei Skalen mit gleicher Beschriftung, aber unterschiedlichem Multiplikationsfaktor (rechts mal 100). Über dem Horizont sehen Sie ein Rechteck, das rot zu leuchten beginnt, wenn einer der Zeiger sich im roten Bereich befindet. Unter den Skalen befinden sich Felder mit den Buchstaben C, D und F, auf die wir später näher eingehen werden. Darunter eine Leiste mit Zahlen. Diese Zahlen bleiben jedoch nicht konstant gleich, sondern ändern sich in unregelmäßigen Zeitabständen.

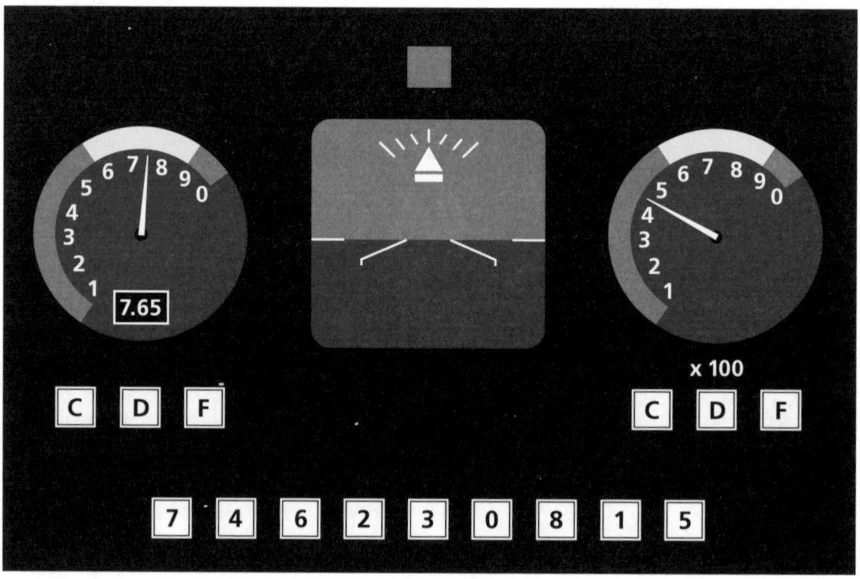

Lassen Sie uns nun Ihre Aufgaben betrachten:

1. Aufgabe:

Mit Hilfe eines Joysticks in Ihrer rechten Hand sollen Sie das im künstlichen Horizont dargestellte Flugzeug gerade halten, es also nicht steigen oder sinken lassen. Um Ihnen die Aufgabe nicht ganz so einfach zu machen, verändert sich während des Tests mehrfach die Joystickkalibrierung und die Zeit wird gestoppt, die Sie benötigen, um wieder die Kontrolle über das Flugzeug zu erlangen. Zudem gibt es natürlich auch Phasen, in denen das Flugzeug wegen Turbulenzen ordentlich wackelt …

2. Aufgabe:

Vor Testbeginn nennt man Ihnen ein Codewort, z.B. HB. Vor dem eigentlichen Teststart bekommen Sie über Ihren Kopfhörer einen Piepton in Ihr linkes bzw. rechtes Ohr. Nun werden Ihnen endlose Codewörter und Zahlenreihen eingespielt – rechts und links natürlich unterschiedliche. Hören Sie – nach dem Piepton rechts – auf Ihrem rechten Ohr das Codewort HB und die Zahl 7, so müssen Sie nachsehen, ob die 7 in der Zahlenreihe unter Ihren Instrumenten vorkommt. Ist dies der Fall, so müssen Sie diese Taste innerhalb von 2 Sekunden drücken. Ist die 7 nicht vorhanden, so müssen Sie auch nicht reagieren. Die Zahlenreihe unter Ihren Instrumenten wechselt ständig, sodass Sie immer wieder neu nachsehen müssen, ob »Ihre« aktuelle Zahl dabei ist.

3. Aufgabe:

Während Sie auf das Codewort und die Zahlen hören und dabei das Flugzeug gerade halten, müssen Sie auch auf Ihre Instrumentenskalen achten. Gerät ein Zeiger in den gelben Bereich, so müssen Sie die Taste D für »digital« unter der betroffenen Skala drücken. Danach wird Ihnen in dem betroffenen Instrument eine Digitalskala mit einem Wert eingeblendet. Stimmen Zeigerwert und Digitalanzeige überein, so müssen Sie innerhalb von 2 Sekunden die Taste C für »correct« drücken. Wenn sie nicht gleich sind, so drücken Sie im gleichen Zeitraum die Taste F für »failure«.

4. Aufgabe:

Als Hilfe für die Skalen befindet sich über dem künstlichen Horizont ein kleines Rechteck. Dieses leuchtet rot auf, sobald ein Zeiger in den roten Bereich gerät. Danach verfahren Sie wie in Punkt 3 beschrieben.

Der LH-Pilotentest enthält noch eine Reihe weiterer Aufgabentypen, die wir bereits in unseren Büchern vorgestellt haben. Aber: Nicht alle Aufgabentypen kommen immer zum Einsatz. Ebenso müssen neue Aufgabentypen einkalkuliert werden.

Auch in diesem Buch finden Sie einige weitere Piloten-Aufgabentypen, z.B.:

- Technisches Verständnis (vgl. Seite 245 ff.)
  Der LH-Test enthält etwa 80 Fragen (zu Relaisschaltungen, Schaltkreisen, Widerstände sind zu berechnen, schiefe Ebenen, Hebelkräfte, Interferenzen, Dopplereffekt, Polarisation usw.)
- Mathematischer Test (vgl. Seite 237 ff.)
  Etwa 80 Textaufgaben, die aber nach Bewerberberichten gut zu schaffen sind.
- Schätzaufgaben (vgl. Seite 233 ff.)
  Per Diaprojektion werden Rechen-Schätzaufgaben präsentiert. Die Betrachtungszeit pro Aufgabe ist unterschiedlich lang angesetzt, man hat den Eindruck, sie richtet sich schon etwas nach dem Schwierigkeitsgrad. Etwa 5 Sekunden vor dem Aufgabenwechsel warnt ein Piepton.
- Persönlichkeitstests
  Ausführliche Übungsbeispiele und Erläuterungen zu Persönlichkeitstests siehe Seite 385 ff.

Fasten seat belts. No smoking. Die Sauerstoffmaske befindet sich über Ihrem Sitz und fällt selbsttätig nach unten.

Wer sich speziell auf den Pilotentest vorbereiten möchte, kann dies mithilfe unseres Buches *Der Pilotentest* ausführlich tun.

ANHANG

Kleines Lexikon: Testtraining

Vielleicht sollten die Tests und Untersuchungen einmal
bei denen durchgeführt werden, die sie veranlassen.

Ein Getesteter

Wenn wir vor der Aufgabe stehen, über einen Mitmenschen
ein psychologisches oder charakterologisches Gutachten
auszuarbeiten, übernehmen wir eine riesige Verantwortung.
Denn angenommen, wir beurteilen diesen Menschen falsch,
dann tun wir ihm ebenso Unrecht, als wenn wir ein Attentat
auf ihn ausführten.

Hans Zulliger (Schweizer Psychologe und Pädagoge)

Bevor wir jetzt zum letzten Teil unseres Buches *Testtraining 2000plus* kommen: ein Kompliment an Ihr Durchhaltevermögen, sich mit der Materie so intensiv beschäftigt zu haben.

Bei aller notwendigen Anpassungsleistung, die jede Prüfungssituation immer mit sich bringt, bedenken Sie jedoch bitte Folgendes:

Wir sind nicht auf der Welt, um so zu sein, wie andere uns haben wollen.

Versuchen Sie, auch wenn Sie die Testsituation nicht so bewältigt haben, wie Sie es sich wünschten, sich als Gewinner zu betrachten: Sie haben nicht gekniffen, sondern sich der Situation gestellt, Sie haben Erfahrungen gesammelt, die Sie nutzen werden, und wer weiß, was Ihnen bei diesem

Arbeitgeber, dieser Arbeitsaufgabe erspart geblieben ist. Denken Sie an solch einem Tag wie Woody Allen, der in einer ähnlichen Situation nach einer Absage mal gesagt hat: »Ich möchte gar nicht in einer Firma arbeiten, die Leute wie mich einstellt.«

Hier zum Abschluss für Sie eine lexikonartige Zusammenstellung von merk-würdigen Worten, wie sie in Testverfahren Verwendung finden und deshalb für Sie von Bedeutung sein könnten.

Wozu nun das noch, werden Sie vielleicht fragen – von *abstrakt, abstrus* und *absurd* (mit und ohne Erklärung) bis *Zyklon*, *Zyklone*, *Zyklop* und *Zylinder*. Es geht um Rechtschreibkenntnisse – *Achtung, die verändern sich –*, aber auch um die Kenntnis von Fremdwörtern, Namen und Abkürzungen.

Wenn das also in den Augen von Testanwendern den sprachintelligenten Menschen ausmacht, na, dann bitte …

A

abstrakt *begrifflich, nur gedacht*
abstrus *verworren*
absurd *widersinnig*
Ährenkörner
ärgerlich
AG *Aktiengesellschaft*
aggressiv
agil *flink, geschäftig*
Akelei *Zierpflanze*
Akkord
Akkordeon
akut
AKW *Atomkraftwerk*
Alaska
Allianz *Bündnis*
Almosen *Gabe*
altruistisch *uneigennützig*
Aluminium
Anämie *Blutarmut*
analog *entsprechend, gleichartig*
Anatomie *medizinisches Fachgebiet; Form, Körperbau*
Anekdote *kurze, lustige Geschichte*
annähernd
Annonce *Anzeige*
annoncieren *eine Anzeige aufgeben, anzeigen*
anonym
anstatt
Anstoß
Anthropologie *Wissenschaft von der Entwicklung des Menschen*
Anubis *ägyptischer Gott*
Apparat
Appetit
Aquarell
Aragon Louis A. *franz. Schriftsteller (1897–1982)*
Ararat *Name eines Vulkans; Stadt in Australien*
Arbeitsmilieu
Armada *Streitmacht*
Arnika *Heilpflanze*
Arrest
Artist
Aspekt
Assuan *Stadt in Oberägypten*
Asthma *anfallsweise Atemnot*
Atheist
athletisch
Attila *Hunnenkönig*
Augenliderhärchen
Avalon *u.a. Halbinsel (Neufundland)*

B

Ballade *Gedichtform*
Balletttruppe
Bambus
Barometer
Bauxit *Aluminiumerz*
bemäkeln *meckern, kritisieren*
Bibliothek
Bizeps *Oberarmmuskel*
böswillig
Bonbonniere *(neu auch: Bonboniere)*
Bombay *Stadt in Indien*
Bovist *Pilz*
Brahms Johannes B. *Komponist (1833–1897)*
Branche
Brennnessel
brütendheiß *(neu auch: brütend heiß)*
Brokat *kostbares Seidengewebe*
Brügge *Stadt in Belgien*
Budget *Haushaltsplanung*

C

CD *Corps Diplomatique*
Charge *u.a. Dienstgrad; Nebenrolle*
Chaussee
Chemikalien
Chinin *Alkaloid der Chinarinde, als Medikament verwendet*
Chopin Frédéric C. *Komponist (1809–1849)*
Chor
Choral *Kirchengemeindegesang; relig. Lied*
Chroniken *geschichtliche Aufzeichnungen*
chronisch *langsam verlaufend, ständig*
Couvier Georges C. *franz. Anatom und Zoologe (1769–1832)*

D

Dahlie *Blütenpflanze*
debattieren
definieren
Deformation *Verformung, Verunstaltung*
deklamieren *u.a. vortragen*
Delegation *Abordnung*
Delikt *Vergehen*
Delphi *altgriechische Tempelstadt*
Delta *griech. Buchstabe; Flussmündungsgebiet*
demütigen
Depesche *veraltet für Telegramm*
Deserteur *Fahnenflüchtiger*
Despot *Tyrann*
Detail *Einzelheit*
detailliert
Determinante *u.a. Rechenausdruck in der Algebra; bestimmbarer Faktor*
Devise *Leitspruch*

Devisen *u.a. Zahlungsmittel*
dezent
Dezimalwaage
Differenz
Dilemma *Zwangslage*
Diskus *u.a. Sportgerät*
Diskussion
Distel
Disziplin
Dörrobst
Drehorgel
Dreschflegel
Druide *keltischer Priester*
Dünkel *Einbildung, Hochmut*
Duplikat
Dvořák Anton D. *Komponist (1841–1904)*

E

Edison Thomas A. E. *Erfinder (1847–1931)*
Effekt
Effizienz *Wirksamkeit*
ehrerbietig
Eidechse
elastisch
Emblem *Hoheitszeichen, Sinnbild*
Emotion
endgültig
Epilog *Nachspiel, Nachwort*
Epos *erzählende Versdichtung; Heldengedicht*
Erosion *u.a. Auswaschung*
Erpel *männl. Ente*
Escudo *portug., chil. Währungseinheit*
Etappe
eventuell
Evolution
Export
extrovertiert *nach außen gerichtet*

F

Fabel
faszinieren
fatal
Filiale
Fond *u.a. Autorücksitz*
Fonds *u.a. Geldvorrat*
fortschreitend
fortwährend
Fuge *u.a. Satzart in der Musik*
Fugger *schwäb. Kaufmannsgeschlecht (15./16. Jahrh.)*
fundiert
Funktion

G

Galopprennbahn
Gasometer *Behälter für Leuchtgas*
gediegen
Geisha *japan. Tänzerin, Sängerin, Gesellschafterin*
Gemäldegalerie
generell
genesen
genießen
Geoid *mathemat. vereinfachte Erdfigur*
Geranie *Blume*
Gesandtschaft
Gesinde *landwirtsch. Arbeitskräfte*
gewähren
Gewandtheit
Gewehr
Geweih
Gicht
Gounod Charles G. *Komponist (1818–1893)*
Gracht *schmaler Kanal*
Gradierwerk *dient zur Salzaufbereitung*
gratis
Grazie *u.a. Anmut*
Gutmütigkeit

H

Haarschere
hämisch
Hanf
Hangar *Flugzeughalle*
Heerschar
Hektik
Helium *Edelgas*
Hieroglyphen *u.a. ägypt. Bilderschrift*
Humanismus
Hydrant
Hymne
Hysterie *psychische Erkrankung*

I

ideal *u.a. vollkommen*
ideell *gedanklich, eine Idee betreffend*
Identifizierung
Idiosynkrasie *Überempfindlichkeit gegen bestimmte Stoffe*
ignorieren
illustrieren
Imitation
indirekt
Indiskretion *u.a. Mangel an Verschwiegenheit*
Indossament *Übertragung aller Rechte aus einem Wechsel*
infolgedessen
Integration
irden *u.a. aus Ton gefertigt*

J

Jaguar
Jasmin *Zierstrauch*
Junior

K

Kanallotse
Kapital
kaputt

Karies
Karikatur
Karosserie
Karussell
Kasino
Katalog
Kitsch
kolossal
Kompromiss
Kompetenz
Kompost
konfus
Konjunktur
konkurrenzfähig
Konkurs
Kontingent *u.a. Anteil zu Leistungen*
Kontrollapparat
Konvoi *Geleitzug*
korrekt
Kosmos
Kredit
Kruzifix
Krypta *unterirdische Kammer*

L

Labyrinth
Läsion
Laienvorstellung
lakonisch
Laotse *chines. Philosoph*
Laubsägeblätter
Legende *u.a. Zeichenerklärung; sagenhafte Geschichte*
Legierung
Legion *u.a. altröm. Heereseinheit*
liberal
Liberalisierung
limitiert
logisch
Louvre *Museum in Paris, ehem. Schloss*
luxuriös
Luxus
Lymphe *u.a. Gewebeflüssigkeit*

M

mästen
Mandant
mannigfaltig
Marder
Marokko
Materie
materiell
Matrix *u.a. in der Mathematik ein Schema von Zahlen*
Methode
mimosenhaft *besonders empfindlich*
Misanthrop *Menschenfeind*
Misstrauen
Mistel
Mörser
Mohawk *nordamerik. Indianerstamm*
Molekül *kleinste Einheit einer chem. Verbindung*
Monopol
Moritat *Bänkellied*
Musikkapelle
Mutation *u.a. Erbänderung*

N

nachweislich
Nähmaschine
nämlich
Nautik
Nihilismus
Nitrat *Salz der Salpetersäure*
Novelle
Nylon
Nymphe *u.a. weibl. Naturgottheit*

O

Ökosystem
Offerte
Okular *dem Auge zugewandte Linse eines opt. Instrumentes*
Opal
Opposition
orientalisch
ornamental
Osiris *Name eines ägypt. Gottes*
Osmose *chem. Vorgang*

P

Parallele
Parole
Passagier
Pazifist
pedantisch *übertrieben, genau*
Perlon
Perücke
Pestizid
Petroleum
Planck Max P. *Physiker (1858–1947)*
Platin
Ponton *Brückenschiff*
Portemonnaie *(neu: Portmonee)*
Porzellan
Potenzial
Präambel *u.a. Einleitung zu einer Verfassung*
prekär *schwierig, heikel*
Prestige *Geltung, Ansehen*
profan *u.a. alltäglich*
profund *u.a. gründlich*
Prolog *Einleitungsteil, Vorrede*
prompt *u.a. unverzüglich*
Propaganda *polit. Werbung*
Prophet
Proton *Elementarteilchen*

Q
Quast *u.a. breiter Pinsel*
Quote *u.a. Anteil*

R
Radium *chem. Element*
Rasierapparat
Ration
rational
rationell
reaktionär
Reflex
Rekrut *Soldat in Ausbildung*
Renoir *u.a. Pierre-Auguste, franz. Maler (1841–1919)*
repräsentativ
Resistenz *Widerstand*
Resolution
Resonanz
revidieren
Rhabarber
Rhododendron
Rhythmus
Rokoko
Routinier
Roxane *Gemahlin Alexanders des Großen (gest. ca. 310)*

S
Sahara
Salzbrezel
sarkastisch *höhnisch, spöttisch*
Satellit
Savanne *tropische Steppe*
schaudernd
Schifffahrt
Schlämmkreide
Schwefeldioxyd *(neu auch: ... oxid)*
Seismograph *Erdbebenmesser*
Sekret
Sekretärin
Sektor
Selektion
senil
sensibel
Sensibilität
seriös
Silo
simulieren
sinnieren
Smyrna *Stadt in der Türkei*
Spagat
Spülmaschine
Subvention
Sympathie
stimulieren
Strapaze
Struktur

T
Taifun
Tapir *südamerik. u. asiat. Unpaarhufer*
Theben *griech. Stadt*
Thorium *chem. Element*
Tigris *Fluss in Vorderasien*
todkrank
Toledo *Stadt in Spanien*
Torso
totlachen
Toulon *Stadt in Frankreich*
Toxin
Traktat *u.a. Abhandlung*
transversal *quer verlaufend*
transzendent
Trapez
Travestie *satirische Dichtungsart*
Tresor
Tresse *Borte*
Trift *u.a. Weide*
Trikot
Trophäe
trübselig
Tundra *baumlose Kältesteppe*
Tyrannei

U
unentgeltlich
ungestüm
universal
unverhohlen
unwiderstehlich
Urahnen

V
Vagabund
Vakuum
Vasall *Gefolgsmann im Mittelalter*
vehement
Ventil
verhöhnen
Viadukt
vital
vulgär *u.a. gewöhnlich*

W
Wagnis
wahrscheinlich
widerstandsfähig
wohlwissend *(neu auch: wohl wissend)*

Z
Zensor *u.a. Überprüfer der Inhalte von Druckwerken*
zerreißen
Zivilisation
Zuschauertribüne
Zyklon
Zyklone *Tiefdruckgebiet*
Zyklop *mytholog. Gestalt*
Zyklus
Zylinder

Lösungsverzeichnis

INTELLIGENZTESTS

Allgemeinwissen

Kurztest Allgemeinwissen (Seite 35)

1. Die Bundesrepublik Deutschland hat etwa 82,5 Mio. Einwohner.
2. 16 Bundesländer
3. Der Bundespräsident wird von Mitgliedern der Bundesversammlung gewählt.
4. Friedrich Schiller schrieb *Die Räuber.*
5. *Ansichten eines Clowns* schrieb Heinrich Böll.
6. 3. Oktober 1990: Tag der Deutschen Einheit.
7. 20. Juli 1944: Das missglückte Attentat auf Hitler durch Claus Schenk Graf von Stauffenberg.
8. Ein Fünftel als Prozentzahl schreibt man so: 20 %
9. Die vier Evangelien der Bibel: Matthäus, Markus, Lukas und Johannes.
10. Als Erfinder des Buchdrucks in Deutschland gilt Johannes Gutenberg.
11. Wer entdeckte das Penicillin? Alexander Fleming, 1928.
12. Die Reformation begann im 16. Jahrhundert, 1517 ausgelöst durch Martin Luther.
13. Die Französische Revolution begann im 18. Jahrhundert, am 14. Juli 1789 mit dem Sturm auf die Bastille.
14. Der erste Mensch auf dem Mond: Neil Armstrong, 20. Juli 1969, mit Apollo 11
15. Pinguine? In der Antarktis, also am Südpol, aber auch in Südwest-Afrika, Australien und auf den Falklandinseln
16. Wie gut und zutreffend haben Sie sich selbst eingeschätzt? Vergessen Sie nicht diese wichtigen Punkte!

- Schon bei etwa 50 % (also bei 7 bis 9 richtigen Antworten und damit Punkten) zeigen Sie ein stabiles, durchschnittliches Ergebnis.
- Bei 10 bis 12 Punkten haben Sie ein gutes Ergebnis erzielt. Gratulation!
- Bei 13 bis 14 ein sehr gutes. Wunderbar!
- Mehr Punkte weisen auf eine ganz exzellente Allgemeinbildung hin. Beeindruckend!

Satzergänzung (Seite 36ff.)

1. e	**2.** d	**3.** d	**4.** f	**5.** c	**6.** d	**7.** d	**8.** b	**9.** c	**10.** f
11. e	**12.** e	**13.** a	**14.** e	**15.** f	**16.** f	**17.** d	**18.** c	**19.** e	**20.** a
21. c	**22.** e	**23.** d	**24.** a	**25.** b	**26.** b	**27.** b	**28.** d	**29.** b	**30.** d
31. a	**32.** b	**33.** e	**34.** e	**35.** b	**36.** f	**37.** d	**38.** a	**39.** c	**40.** d
41. c	**42.** c	**43.** b	**44.** b	**45.** f	**46.** e	**47.** c	**48.** f	**49.** c	

Einzelne Wissensgebiete

Staat, Politik, Gesellschaft (Seite 45ff.)

1. c	**2.** b	**3.** d	**4.** d	**5.** b	**6.** c	**7.** c	**8.** c	**9.** c	**10.** b
11. c	**12.** d	**13.** b	**14.** d	**15.** c	**16.** b	**17.** a	**18.** d	**19.** a	**20.** a
21. c	**22.** a	**23.** c	**24.** c	**25.** a	**26.** b	**27.** a	**28.** b	**29.** b	**30.** d

Geschichte (Seite 50f.)

1. c	**2.** a	**3.** b	**4.** d	**5.** a	**6.** b	**7.** b	**8.** d	**9.** b	**10.** a

Wirtschaft (Seite 52f.)

1. b	**2.** b	**3.** c	**4.** a	**5.** b	**6.** b	**7.** a	**8.** c	**9.** c	**10.** c

Geographie (Seite 54f.)

1. b	**2.** d	**3.** c	**4.** b	**5.** b	**6.** c	**7.** b	**8.** c	**9.** a	**10.** c

Technik (Seite 56f.)

1. c	**2.** a	**3.** a	**4.** a	**5.** b	**6.** a	**7.** b	**8.** b	**9.** c	**10.** a

Physik (Seite 58f.)

1. b	**2.** a	**3.** a	**4.** a	**5.** d	**6.** a	**7.** d	**8.** d	**9.** d	**10.** c

Kunst (Seite 60f.)

1. b	**2.** b	**3.** c	**4.** c	**5.** c	**6.** a	**7.** c	**8.** a	**9.** b	**10.** b

Musik (Seite 62f.)

1. c	**2.** c	**3.** b	**4.** b	**5.** d	**6.** c	**7.** d	**8.** c	**9.** a	**10.** b

Literatur (Seite 64f.)

1. c	**2.** c	**3.** b	**4.** a	**5.** a	**6.** b	**7.** a	**8.** a	**9.** a	**10.** a

Sport (Seite 66 f.)

1. a	**2.** b	**3.** c	**4.** a	**5.** b	**6.** b	**7.** c	**8.** a	**9.** b	**10.** b

Biologie (Seite 68 f.)

1. a	**2.** b	**3.** d	**4.** b	**5.** b	**6.** a	**7.** b	**8.** a	**9.** c	**10.** a

Chemie (Seite 70 f.)

1. a	**2.** a	**3.** c	**4.** b	**5.** b	**6.** a	**7.** b	**8.** a	**9.** c	**10.** b

Mathematik (Seite 72 f.)

1. a	**2.** b	**3.** b	**4.** c	**5.** b	**6.** b	**7.** a	**8.** a	**9.** b	**10.** c

Bild-Symbolbedeutungen (Seite 74 f.)

1. c	**2.** d	**3.** a	**4.** a	**5.** d	**6.** b	**7.** c	**8.** d	**9.** b	**10.** c

Allgemeinwissen: Spezialtest

Persönlichkeiten (Seite 76 ff.)

1. a	**2.** c	**3.** b	**4.** a	**5.** d	**6.** c	**7.** a	**8.** c	**9.** b	**10.** c
11. a	**12.** d	**13.** c	**14.** c	**15.** c	**16.** c	**17.** c	**18.** d	**19.** a	**20.** b
21. b	**22.** c	**23.** c	**24.** b	**25.** d	**26.** d	**27.** c	**28.** a	**29.** b	**30.** d

Entdeckungen, Erfindungen, Ereignisse (Seite 81 ff.)

1. b	**2.** d	**3.** b	**4.** c	**5.** c	**6.** a	**7.** a	**8.** b	**9.** d	**10.** d
11. d	**12.** b	**13.** d	**14.** a	**15.** d	**16.** a	**17.** d	**18.** b	**19.** b	**20.** c
21. a	**22.** a	**23.** b	**24.** c	**25.** c	**26.** d	**27.** a	**28.** d	**29.** d	**30.** a

Wir haben für Sie zum weiteren Üben und Vertiefen folgende Buchempfehlungen:

- *Testtraining Allgemeinwissen*
- *Testtraining Naturwissenschaften*
- *Testtraining Rechnen und Mathematik*
- *Testtraining Technisches Verständnis*
- *Das große Testtraining der Allgemeinbildung*

Logisches Denken und Abstraktionsfähigkeit

Figurenreihen fortsetzen (Seite 88 ff.)

1. d **2.** b **3.** c **4.** e **5.** e **6.** a **7.** d **8.** a **9.** c **10.** b
11.d **12.** e

Sinnvoll ergänzen (Seite 92 ff.)

1. f **2.** b **3.** h **4.** b **5.** e **6.** c **7.** g **8.** b **9.** f **10.** i
11.c **12.** i **13.** a **14.** d **15.** d **16.** c **17.** f **18.** e **19.** g **20.** e

Zugehörigkeiten identifizieren (Seite 98 ff.)

1. Aufgabe	**1.** A	**2.** A	**3.** B	**4.** B	**5.** A
2. Aufgabe	**1.** A	**2.** B	**3.** B	**4.** A	**5.** A
3. Aufgabe	**1.** A	**2.** B	**3.** B	**4.** B	**5.** A

Buchstabengruppen (Seite 103 f.)

1. c **2.** a **3.** d **4.** e **5.** e **6.** c **7.** c **8.** e **9.** e **10.** e

Buchstabenreihen (Seite 105 f.)

1. 3 **2.** 1 **3.** 4 **4.** 2 **5.** 3

Zahlenreihen (Seite 107 f.)

A	24	(×3 −3 +3 …)
B	24	(−1 +2 ×3 −4 +5 ×6 …)
C	95	(jede Zahl ×2 +1)
D	96	(×6 −6 ×5 −5 ×4 −4 …)
E	22	(:2 +2 −2 …)
F	608	(jede Zahl ×3 −1)
G	9	(:2 +2 ×2 …)
H	1	(+8 −15 +8 …)
I	$\frac{11}{9}$	(:9 +9 :9 …)
J	$\frac{1}{3}$	(jede Zahl −2 :3)

Zahlenmatrizen (Seite 109 f.)

		senkrecht	waagerecht
A	8	senkrecht: +2	waagerecht: +2
B	9	−2	+3
C	−6	−8	−15
D	2/3	:3	:6
E	8	×2	:4
F	27	×3	×4
G	103	+13	−13
H	−1	−3 −4	−1 −2
I	0	−9	+17
J	32/3 = 10 2/3	:3 ×4	×4 :3

Dominoreihen (Seite 111 ff.)

1. b **2.** c **3.** a **4.** b **5.** d **6.** f **7.** c **8.** b **9.** f **10.** d
11. b **12.** e **13.** c **14.** e **15.** f

Zahlensymbole (Seite 116 ff.)

1. 2 **2.** 0 **3.** 3 **4.** 1 **5.** 0 **6.** 5 **7.** 1 **8.** 1 **9.** 7 **10.** 3
11. 8 **12.** 9 **13.** 2 **14.** 0 **15.** 5 **16.** 3 **17.** 4 **18.** 1 **19.** 0 **20.** 6
21. 6, 3 **22.** 9 **23.** 5 **24.** 3 **25.** 1 **26.** 6

Wochentage (Seite 121 f.)

1. So **2.** Do **3.** Do **4.** Fr **5.** Mi **6.** Do **7.** Mo **8.** Mo **9.** Do **10.** Sa

Sprachanalogien (Seite 123 ff.)

1. c **2.** e **3.** b **4.** c **5.** e **6.** f **7.** c **8.** e **9.** d **10.** d
11. b **12.** c **13.** a **14.** c **15.** d **16.** b **17.** c **18.** c **19.** b **20.** c
21. c **22.** b **23.** d **24.** b **25.** c **26.** b **27.** a **28.** d **29.** c **30.** d
31. c 2 **32.** b 3 **33.** c 1 **34.** b 1 **35.** c 2

Grafikanalogien (Seite 128 ff.)

1. d **2.** e **3.** b **4.** a **5.** e **6.** b **7.** a **8.** c **9.** e **10.** c
11. a **12.** b **13.** d **14.** e **15.** b **16.** c **17.** d **18.** e **19.** e **20.** b
21. d **22.** d **23.** c **24.** a

Sprichwörter (Seite 132 ff.)

1. d **2.** c **3.** a **4.** c **5.** c **6.** c **7.** a **8.** d **9.** c **10.** c
11. d **12.** a **13.** a **14.** d **15.** c **16.** d **17.** c **18.** d **19.** d **20.** b

Unmöglichkeiten (Seite 137 ff.)

1. e R **2.** c R **3.** d R **4.** d R **5.** c R **6.** d F **7.** e R **8.** d R **9.** d R **10.** f R
11. c R **12.** a R **13.** d R **14.** d R **15.** b R

R = Richtig F = Falsch

Schlussfolgerungen (Seite 142 ff.)

1. a **2.** d **3.** c **4.** d **5.** c

Absurde Schlussfolgerungen (Seite 145 ff.)

1. Teil

1. b **2.** b **3.** a **4.** b **5.** a

2. Teil

6. a) a b) b c) a d) b e) a f) a
7. a) b b) b c) a d) b e) a f) a g) a h) a
8. a) b b) a c) a d) b e) b f) b g) a h) b i) b

3. Teil

9. d, e R **10.** b, d R **11.** b, d, e R **12.** a R
13. b R **14.** kein R **15.** a, b, c R **16.** kein R

Text-Schlussfolgerungen (Seite 150 ff.)

1. a) stimmt nicht
b) stimmt
c) stimmt nicht
d) stimmt nicht

2. a) stimmt nicht
b) stimmt
c) stimmt nicht
d) stimmt nicht

3. a) stimmt nicht
b) stimmt nicht
c) stimmt nicht
d) stimmt nicht

4. a) stimmt nicht
b) stimmt
c) stimmt nicht
d) stimmt

5. a) stimmt nicht
b) stimmt
c) stimmt nicht
d) stimmt

Meinung oder Tatsache (Seite 153 f.)

1. b **2.** b **3.** a **4.** b **5.** b **6.** b **7.** a **8.** a **9.** a **10.** a

Flussdiagramme (Seite 155 ff.)

1. Lagerhallen

1.1. d **1.2.** a **1.3.** b

2. Kurierdienst

2.1. e **2.2.** d **2.3.** b

3. Geschirrfabrik

3.1. c **3.2.** e **3.3.** d

4. Partnervermittlung

4.1. d **4.2.** b **4.3.** a

Textanalyse (Seite 166 ff.)

1. c **2.** d **3.** c

Interpretation von Schaubildern (Seite 170 ff.)

A. Klima

1. a **2.** a **3.** a **4.** b

B. Verstädterung

1. a **2.** a **3.** a **4.** b **5.** a **6.** b

C. Wirtschaft

1. b **2.** a **3.** a **4.** b **5.** a

D. Niederschläge

1. M-Stadt, 1993
2. H-Stadt, 1994
3. M-Stadt, 1993
4. K-Stadt (66), 1991 gegenüber M-Stadt (33)
5. K-Stadt, 67,4
6. M-Stadt
7. M-Stadt
8. K-Stadt, 1993

E. Schöne Wirtschaft

a)

1. Die Exporte sinken, die Importe nehmen zu, bei wieder steigenden Exporten bleiben im Verlauf die Importe auf einem höheren Niveau.
2. Die Teilzeitarbeitsplätze sinken mit der Exportrate und steigen aber vor der Erhöhung der Exporte wieder deutlich an.
3. Das Bruttosozialprodukt und das Durchschnittseinkommen bleiben stabil, kein dritter Wert.

b)

1. s	**2.** sn	**3.** sn	**4.** sn	**5.** s	**6.** s	**7.** s	**8.** s	**9.** s	**10.** sn

s = stimmt sn = stimmt nicht

F. Test-ament

1. Ende der 70er/Anfang der 80er Jahre kreuzen sich die beiden Kurven und die Gesamtsterblichkeitsrate übersteigt die Geburtenrate.
2. die Neugeborenen-Sterblichkeitsrate
3. tödliche Verkehrsunfälle, Aids, Drogentod und die Gesamtsterblichkeitsrate internistischer Krankheiten
4. Mitte der 80er Jahre
5. keine
6. Aids
7. Drogentod
8. gegen Ende 2250
9. Drogen
10. deutlich steigend

Sprachsysteme (Seite 178 ff.)

1. c	**2.** a	**3.** d	**4.** d	**5.** d
6. a	**7.** d	**8.** d	**9.** d	**10.** siehe Seite 369

Gestaltwahrnehmung

Figuren erkennen (Seite 183 f.)

1. c	**2.** e	**3.** d	**4.** a	**5.** b	**6.** d	**7.** b	**8.** c	**9.** e	**10.** a
11.e	**12.** d	**13.** c	**14.** a	**15.** b	**16.** c	**17.** e	**18.** a	**19.** b	**20.** d

Mosaiken prüfen (Seite 185 ff.)

1. A	**2.** C	**3.** D	**4.** ohne	**5.** D	**6.** B	**7.** E	**8.** B	**9.** D	**10.** C
11. A	**12.** E	**13.** B	**14.** D	**15.** E					

Wir haben für Sie zum weiteren Üben und Vertiefen folgende Buchempfehlung:
Testtraining Technisches Verständnis

Merkfähigkeit und Kurzzeitgedächtnis

Wörter merken (Seite 189 f.)

Sie sollten schon wenigstens 10 Begriffe richtig erinnern, besser 12.
Ab 14 eine durchschnittliche,
ab 16 eine sehr ordentliche,
ab 18 eine gute Leistung,
ab 20 sehr gute Leistung.

Türkische Vokabeln (Seite 191 f.)

1. a	**2.** a	**3.** c	**4.** b	**5.** c	**6.** d	**7.** a	**8.** d	**9.** d	**10.** b
11. a	**12.** b	**13.** c	**14.** d	**15.** a	**16.** c	**17.** b	**18.** d	**19.** a	**20.** d

Einzelheiten merken (Seite 193 f.)

1. Mario
2. Gummibärchen
3. Schokoladenwarenfabrik
Schuhladen
Bierbrauerei
Spedition
Autohaus Stellmann
4. Bürobote
5. 50 Jahre
6. Parkhotel Bremen
7. Hela Roelecke
Marion Räßler
8. vier Familienmitglieder
9. Ehefrau
Tochter
Schwager
Enkeltochter
10. bis 2 Uhr nachts
11. auf die Malediven
12. 3 Wochen

Zahlen wiedererkennen (Seite 196)

73362	98964	76453	75637	97842	65432
54216	76532	**74554**	43197	64113	32345
98643	75982	53213	54321	76642	54227
98432	23455	75652	42114	**28378**	76543
85643	87654	43678	63212	63323	42578
98664	36325	45232	67432	25335	43527
98965	54323	74346	86532	**74554**	42313
93857	**78634**	**83522**	32534	53425	52532
86754	36355	35744	53426	63425	54226
87644	74346	63525	67578	**93857**	33433

Zahlenpaare merken (Seite 197 f.)

84 –	745	628	112	452	629
83 –	012	678	565	637	986
96 –	845	474	666	132	087
16 –	976	667	248	452	811
11 –	111	723	810	894	085
45 –	743	734	853	642	841
82 –	001	765	932	010	764
66 –	911	752	134	532	671
13 –	643	965	245	999	535
77 –	947	532	358	865	614
46 –	252	521	783	445	245
28 –	564	643	329	642	532

Hinweis:
Üben Sie Ihr Zahlen-Kurzzeitgedächtnis und stellen Sie sich selbst Zahlen (auch dreistellige) zusammen.

Ergebnis:
6 Zahlen = durchschnittlich
ab 8 = sehr ordentlich
ab 10 = sehr gut

Geometrische Figuren und Zahlen merken (Seite 199 f.)

Um die 4 richtig gemerkt, relativ schwach, ab 6 okay,
ab 8 sogar gut, ab 10 schon sehr gut, ab 12 ganz exzellent.

Auswendig lernen (Seite 205 ff.)

1. b **2.** d **3.** b **4.** e **5.** a **6.** c **7.** e **8.** e **9.** a **10.** c
11. d **12.** c **13.** e **14.** a **15.** b **16.** a **17.** b **18.** d **19.** c **20.** d
21. a **22.** c **23.** d **24.** b **25.** e

Erinnern und identifizieren (Seite 208 ff.)

1. Falsch: b, e, h, i, j, k, m

2. 5 **3.** Kinderärztin **4.** Modezeichner **5.** 19 Jahre
6. Wepp **7.** Gaststätte **8.** Lehrer **9.** 4 Jahre **10.** 4

11. d **12.** a **13.** b **14.** a **15.** b **16.** a **17.** c **18.** d

Fotos:

1. 11 **2.** unbekannt **3.** 19 **4.** unbekannt **5.** unbekannt
6. unbekannt **7.** 20 **8.** 13 **9.** 5 **10.** unbekannt

Wir haben für Sie zum weiteren Üben und Vertiefen folgende Buchempfehlung:
Gedächtnistraining

Verbale Intelligenz und Sprachbeherrschung

Wort- und Sprachverständnis

Wortauswahl (Seite 211 ff.)

1. e	**2.** e	**3.** e	**4.** e	**5.** c	**6.** d	**7.** d	**8.** b	**9.** e	**10.** b
11. c	**12.** d	**13.** c	**14.** d	**15.** d	**16.** c	**17.** c	**18.** a	**19.** e	**20.** e
21. a	**22.** d	**23.** d							

Gleiche Wortbedeutungen (Seite 214 ff.)

1. d	**2.** c	**3.** b	**4.** b	**5.** c	**6.** e	**7.** c	**8.** f	**9.** e	**10.** d
11. d	**12.** f	**13.** e	**14.** b	**15.** c	**16.** b	**17.** f	**18.** a	**19.** b	**20.** e
21. b	**22.** f	**23.** f	**24.** f	**25.** e	**26.** d	**27.** f	**28.** d		

Gemeinsamkeiten (Seite 218 ff.)

1. e f	**2.** b f	**3.** d e	**4.** c f	**5.** c g	**6.** e g	**7.** d e	**8.** e f	**9.** a g	**10.** a f
11. b d	**12.** f g	**13.** d g	**14.** c g	**15.** c f	**16.** c d	**17.** c g	**18.** c f		

Wörter erkennen (Seite 221)

1.	K	König	**13.**	K	Kirche
2.	W	Wasser	**14.**	L	Lautsprecher
3.	K	Kaffee	**15.**	C	Computer
4.	S	Suppe	**16.**	A	Auto
5.	P	Pilz	**17.**	S	Straßenbahn
6.	B	Ballon	**18.**	T	Tisch
7.	F	Feuerwehr	**19.**	R	Regal oder Lager
8.	R	Rettungsdienst	**20.**	B	Baum
9.	K	Kran	**21.**	F	Fahrstuhl
10.	K	Kranführer	**22.**	A	Ampel oder Lampe
11.	Z	Zug	**23.**	H	Hochhaus
12.	P	Polizei	**24.**	F	Flugzeug

Worteinfall (Seite 222)

Wir empfehlen den Duden!

Neue deutsche Rechtschreibung

Diktat (Seite 223)

Hier die richtigen Schreibweisen (die unterstrichenen Stellen waren falsch):

1. Wir wissen, daß *(dass)* seit Jahrzehnten viele hundert Millionen Euro für Überflüssiges aufgewandt werden.
2. Es ist also nichts Erstaunliches, wenn wir hören, daß *(dass)* dem menschlichen Wollen enge Grenzen gesetzt sind.
3. Die Achttausender des Himalaja wurden schon manchem Bergsteiger zum Verhängnis.
4. Dem Chemiker wurde angst und bange, als er nach einigem Überlegen merkte, etwas Neues entdeckt zu haben.
5. Der Automechaniker hatte den Wagen frühmorgens zum Reparieren abgeholt und am Abend wieder zurückgebracht.

Richtige Schreibweise (Seite 224)

1. allmählich	**10.** athletisch	**20.** Rhythmus
3. wohlweislich	**11.** Gelee	**21.** Portemonnaie, Portmonee
4. Kanone	**15.** Methode	**22.** Vagabund
6. Depesche	**16.** Filiale	**23.** Widerstand
7. Gelatine	**18.** Labyrinth	**24.** Zyklop
8. Satellit	**19.** Rhododendron	**25.** Sympathie

Orthographie (Seite 225 ff.)

1. c	**2.** e	**3.** d	**4.** d	**5.** c e	**6.** c	**7.** d	**8.** e	**9.** e	**10.** c
11. d	**12.** e	**13.** d	**14.** b	**15.** b	**16.** a c	**17.** c	**18.** c	**19.** a e	**20.** e
21. c	**22.** c	**23.** e	**24.** c	**25.** d	**26.** b d	**27.** d	**28.** b		

Zeichensetzung (Seite 228 f.)

1. Für eine verbindliche Antwort (0) wäre ich Ihnen äußerst zu Dank verpflichtet.
2. Er sattelte das Pferd (0) und ritt nach Hause.
3. Er sang (0) und sang (0) immer tiefer (,) bis es nicht mehr weiter ging.
4. Bei Vertragsabschluss (0) ist es am sichersten (,) alle Vereinbarungen schriftlich festzuhalten.
5. Im Zusammenhang mit der steigenden Kriminalität (0) nehmen die Verdächtigungen (,) insbesondere was Ausländer anbetrifft (,) beträchtlich zu.

6. Der Mannheimer Drehorgelmann (,) von Hause aus mit der Rechtschreibung auf Kriegsfuß (,) machte sein Instrument zu (,) schloss den Wagen ein (0) und fühlte den unwiderstehlichen Drang (,) ein Bier trinken zu müssen (0) oder wenigstens (0) in einem Gasthaus einzukehren.
7. »Ich darf es nicht vergessen« (,) dachte der Mann bei sich (,) bevor er endlich einschlief (,) und schon klingelte das Telefon.
8. Sie ist keine zartbesaitete Maid (,) dachte er (0) und nahm noch eine Beruhigungstablette (,) bevor er sich weiter mit ihr unterhielt.
9. Ohne es zu wollen (,) kam er des Rätsels Lösung fast schon auf die Spur (,) als er durch das Telefon abgelenkt wurde.
10. Er fuhr (,) ohne zu gucken (,) geradewegs (0) mit seinem schönen neuen Fahrrad (0) in die Hecke.
11. Für eine baldige Zusage (0) wäre ich Ihnen sehr verbunden.
12. Aus diesem Grund sind grade deshalb Pinguine geeignete Testobjekte für das Studium von Ausmaß (,) Dauer und Bedingungen der Kältegewöhnung.
13. In der Bundesregierung hält sich leider niemand (,) nicht einmal der (0) Bundeskanzler (,) für kompetent (,) um eine derartige Prognose zu wagen.
14. Seine einzige Unterstützung bestand in dem Funkgerät (,) falls dieses überhaupt funktionieren würde.
15. Am Aktienmarkt überwogen die Gewinne (,) was namentlich für die Autopapiere und Chemiewerte galt.
16. Bei Vertragsabschluss ist es am besten (,) alle gewünschten Zusätze schriftlich sich bestätigen zu lassen.
17. Die unmittelbare Nähe des Meeres (0) garantierte immer eine frische Brise (0) und versprach bei starker Hitze Kühlung.
18. In Zusammenhang mit den steigenden Produktionszahlen (0) können auch die inländischen Unternehmen (,) allen voran unsere Firma (,) größere Aufträge verbuchen.
19. Wir hoffen (,) mit diesem Buch (0) ein deutlicheres Bewusstsein für die Lage der Auszubildenden geschaffen zu haben.
20. Wir hoffen sehr (,) nun allseits (0) Unterstützung zu finden.

Rechtschreibvergleich (Seite 230)

Schreibweise laut *Duden* ab 1. August 1998:
1. Wir sahen gestern Abend eine Balletttänzerin.
2. Ich habe Ähnliches bei Ackerbau treibenden Völkern erlebt.
3. Ich will im Besonderen erwähnen, dass es das Beste ist, wenn wir auseinander gehen.

4. Er ist immer der Alte geblieben, der gerne jemandem Angst macht.
5. Egal ob bei Arm oder Reich – die blond gefärbte Blondine aß Delikatessgurken.
6. Der in der Metall verarbeitenden Industrie tätige Panter war aus Pappmaschee.
7. Die Laub tragenden Bäume waren in null Komma nichts entlaubt.
8. Der Rauhaardackel fraß am liebsten Raufasertapete.
9. Der 80-Jährige hat bereits sein Schäfchen durch das Schallloch ins Trockene gebracht.
10. Das Schlimmste ist ein schlecht gelauntes Saxofon.

Wir haben für Sie zum weiteren Üben und Vertiefen folgende Buchempfehlung:
Testtraining neue deutsche Rechtschreibung

Praktisch-technische Intelligenz

Rechenfähigkeit und Mathematisches Denken

Grundrechnen (Seite 232)

1. d **2.** a **3.** d **4.** d **5.** c **6.** b **7.** d **8.** b

Schätzaufgaben (Seite 233 f.)

1. c **2.** f **3.** c **4.** b **5.** b **6.** c **7.** d **8.** c **9.** c **10.** c
11. a **12.** f **13.** d **14.** d

Dezimal- und Bruchrechnung (Seite 235)

1. b **2.** b **3.** a **4.** e **5.** a **6.** a **7.** c **8.** d **9.** a **10.** b
11. a **12.** e **13.** d **14.** d **15.** c

Maße und Gewichte (Seite 236)

1. e **2.** d **3.** b **4.** b **5.** a **6.** b

Textaufgaben (Seite 237 ff.)

1. 15 l, 400 km	**2.** 24,75 m^2	**3.** 35	**4.** 1.187,50 Euro	**5.** 26,7 m
6. 36 m	**7.** 40 Minuten	**8.** 26 km	**9.** 43 m	**10.** 50 %
11. 2 Monate	**12.** 31,28	**13.** 32 Tage	**14.** 25.000	**15.** 120 dm^3
16. 40 Jahre	**17.** 13.000 Euro	**18.** 256.000 Euro	**19.** 60 %	**20.** 37 %
21. 50 l	**22.** 50 %	**23.** 144-mal	**24.** 5 %	**25.** 48 Euro
26. 35 Cent	**27.** 280 km	**28.** 205 kg	**29.** 26 Tage	**30.** 30
31. 70 m	**32.** 45 m	**33.** 50 Euro	**34.** 84	**35.** 78 cm
36. 19	**37.** 6 g	**38.** 75 Euro	**39.** 90 m	**40.** 6 Euro
41. 17	**42.** 24 m			

Zahlenreihen (Seite 241 f.)

a)	31		+1 +2 +3 …
b)	29		+1 +1 +2 +2 +3 +3 …
c)	11		+1 −2 +3 −4 +5 −6 …
d)	12,5		×3 +1 :2 ×3 +1 :2 …
e)	17		+0 +7 −2 +0 +6 −3 +0 +5 −4 …
f)	34		Die Summe der 1. und 2. Zahl ergibt die 3. usw.
g)	49		+3 +4 +4 +5 +5 +6 …
h)	17		:2 +3 :2 +4 :2 +5 …
i)	38		+1 +3 +5 +7 +9 +11 …
j)	68		−1 ×1 −2 ×2 −3 ×3 …
k)	13		+4 +3 :2 +4 +3 :2 …
l)	80		+7 +9 +11 +13 +15 +17 …
m)	7		+1 +2 −3 +4 +5 −6 …
n)	12		:3 −3 ×3 +3 …
o)	15		:3 −7 ×5 :3 −7 ×5 …
p)	49		:4 ×3 +2 −1 …
q)	15		:2 +5 :3 +5 :4 +5 …
r)	737		×2 +4 ×3 +5 ×4 +6 …
s)	2		+5 :2 +5 :3 +5 :4 …
t)	27		−3 :2 ×3 …
u)	10		−49 −42 −35 −28 −21 −14 …
v)	49		+2 −3 ×4 +5 −6 ×7 …
w)	64		−1 ×2 :3 −4 ×5 :6 …
x)	21	21	+7 −2 ×1 +6 −3 ×1 +5 −4 ×1 …
y)	2	12	+2 −15 +4 −12 +6 −9 +8 −6 …
z)	71	79	Quersumme addiert = Ergebnis nächste Zahl : 11 = 2, 11 + 2 = 13 / 13 = 4, 13 + 4 = 17 usw.

1. Block

A	17	+2 …
B	38	+3 −1 +3 +1 …
C	101	−5 +5 −4 +4 −3 +3 …
D	37	+3 +3 +4 +4 +5 +5 …
E	20	+1 +2 …
F	87	+5 +7 +9 +11 …
G	20	+1 +2 −3 +4 +5 −6 …
H	29	+2 −3 ×4 +5 −6 ×7 …
I	6	−3 :2 ×3 …
J	377	Summe der 1. und 2. Zahl ergibt 3.usw.

2. Block

A	3969	1. Zahl mal sich selbst = 2. Zahl – 1, mal sich selbst, – 1
B	15	:2 ×4 :2 ×3 :2 …
C	3	−2 :2 −2 :2 …
D	174	+2 ×2 +2 ×2 …
E	8	:2 +2 :2 +2 …
F	220	×2 ×2 −10 ×2 ×2 −10 …
G	60	−3 :2 ×3 −3 :2 ×2 …
H	56	:4 +4 ×4 +4 :4 +4 ×4 +4 …
I	24	−3 ×3 +3 :3 −3 ×3 +3 :3 …
J	14	+2 −10 +4 −8 +6 −6 +8 −4 …

3. Block

A	9	−5 +3 −5 +3 …
B	8	−2 +3 −4 +5 −6 +7 …
C	15	−3 ×3 −4 ×4 −5 ×5 … / 11 −3 +4 −4 +6 −5 +8 …
D	7	:4 ×2 +1 :3 ×2 +1 …
E	148	Zahl in Quadrat +2 in Quadrat +3 in Quadrat
F	549	×(−5) −5 ×(−4) −4 ×(−3) −3 …
G	14	−1 +3 −1 +4 −1 +5 …
H	8	:2 +5 :3 +5 :4 +5 …
I	420	−9 ×4 −8 ×4 −7 ×4 …
J	31	+7 −2 ×1 +6 −3 ×2 +5 −4 ×3 …

Zahlenmatrizen (Seite 243)

A	2	4	6	8		+2 +2 +2
	3	5	7	9		
	1	3	?	7	**5**	
	?	6	8	?	**4 10**	
B	48	51	17	20		+3 :3 +3
	51	54	18	21		
	54	57	?	22	**19**	
	?	60	20	23	**57**	
C	3	11	7	9		+8 −4 +2
	9	11	7	15		+2 −4 +8
	15	?	19	21	**23**	+8 −4 +2
	27	29	25	?	**33**	+2 −4 +8
D	156	148	37	39		−8 :4 +2
	64	56	14	16		
	24	16	?	6	**4**	
	1	4	1	?	**3**	
E	12	34	56			System 1234 …
	23	?	67		**45**	oder +22 waagerecht; +11 senkrecht
	34	56	78			
F	16	64	68			×4 +4
	12	48	?		**52**	
	8	32	34			
G	5	3	6			−2 +3
	2	?	1		**7**	−4 +5 −6
	8	0	9			+7 −8 +9
H	1	4	9			1^2 2^2 3^2
	16	25	?		**36**	4^2 5^2 6^2
	49	64	81			7^2 8^2 9^2
I	52	55	58			+3 +3 +3
	67	64	61			−3 −3 −3
	?	73	76		**70**	+3 +3 +3

Wir haben für Sie zum weiteren Üben und Vertiefen folgende Buchempfehlungen:
Testtraining Rechnen und Mathematik und *Testtraining Textaufgaben*

Technisches Verständnis

Technisch-physikalische Aufgaben (Seite 245 ff.)

1. d	**2.** b	**3.** b	**4.** a	**5.** d	**6.** c	**7.** d	**8.** c	**9.** b	**10.** c
11. b	**12.** a	**13.** d	**14.** d	**15.** a	**16.** d	**17.** a	**18.** b	**19.** a	**20.** c

Wir haben für Sie zum weiteren Üben und Vertiefen folgende Buchempfehlung:
Testtraining Technisches Verständnis

Räumliches Vorstellungsvermögen

Spiegelbilder (Seite 251 ff.)

1. c	**2.** e	**3.** a	**4.** d	**5.** b	**6.** f	**7.** a	**8.** e	**9.** f	**10.** c
11. f	**12.** b	**13.** d	**14.** a	**15.** e	**16.** c	**17.** d	**18.** a	**19.** f	**20.** c
21. b	**22.** e	**23.** c	**24.** d	**25.** a	**26.** e	**27.** b	**28.** f	**29.** d	**30.** b
31. c	**32.** a	**33.** f	**34.** d	**35.** b	**36.** e	**37.** d	**38.** a	**39.** c	**40.** f
41. e	**42.** c	**43.** b	**44.** d	**45.** f	**46.** d	**47.** a	**48.** c	**49.** e	**50.** b

Abwicklungen (Seite 257 ff.)

1. d	**2.** c	**3.** b	**4.** b	**5.** a	**6.** c	**7.** b	**8.** d	**9.** a	**10.** c
11. d	**12.** a	**13.** c	**14.** b	**15.** c	**16.** a	**17.** d	**18.** c	**19.** b	**20.** d

Würfel (Seite 262 ff.)

1. b	**2.** d	**3.** a	**4.** c	**5.** b	**6.** a	**7.** c	**8.** d	**9.** d	**10.** a
11. c	**12.** b	**13.** c	**14.** b	**15.** d	**16.** a	**17.** c	**18.** a	**19.** d	**20.** c
21. a	**22.** c	**23.** d	**24.** b	**25.** a	**26.** c	**27.** b	**28.** a	**29.** d	**30.** d
31. a	**32.** c								

Wir haben für Sie zum weiteren Üben und Vertiefen folgende Buchempfehlung:
Testtraining Technisches Verständnis

LEISTUNGS-KONZENTRATIONS-TESTS

Buchstaben ergänzen (Seite 266 f.)

1. Radar
2. Telefon
3. Hut (alternativ Hit)
4. Lautsprecher
5. Fernseher
6. Bischof
7. Schreibtisch
8. Handy
9. Sport
10. Bus
11. Tastatur
12. Herd
13. Schublade
14. Papier
15. Treppe
16. Raupe
17. Gedanke
18. Verlag
19. Vogel
20. Bilderrahmen
21. Kugelschreiber
22. Kirche
23. Haus (oder: Hass)
24. Vitrine
25. Maus
26. Test
27. Federhalter
28. Kabel
29. Meister
30. Schiff
31. Festplatte
32. Kalender
33. Schlüssel
34. Kasten
35. Fortbildung
36. Urlaub
37. Uhrmacher
38. Goldschmied
39. Rettungswagen
40. Hubschrauber
41. Rakete
42. Ellenbogen
43. Straße
44. Flugzeug
45. Couch
46. Video
47. Hausarzt
48. Laterne
49. Burg
50. Fisch
51. Tablett
52. Musik
53. Fernweh
54. Motorroller
55. Antenne
56. Schild
57. Drucker
58. Waschmaschine
59. Bank
60. Frisur

Zugehörigkeiten erkennen (Seite 268 f.)

X	T-Shirt	X	Computer		Regal
	Baumwolle		CD-ROM		Farbe
X	Fisch		Kassette		Dose
	Schuppen	X	Arzt	X	Pudding
	Lager		Kittel		Milch
	Radio		Flasche	X	Feld
	Fernseher		Auto		Blume
	Radar		Kühlschrank	X	Flugzeug
X	Heizung		Teppich		Flügel
	Wasser		Türklinke	X	Fenster
	Hut	X	Bär		Gardine
	Eimer		Fell		Nagel
	Sense	X	Auge		Schuhe
	Schere		Linse		Schlips
X	Messer		Bett		Bild
	Klinge		Fenster	X	Bahn
	Wasser		Trockner		Schiene
	Tisch		Eis		Karte
	Tür		Strom		Mensch
	Pullover		Decke		Flohmarkt
	Kissen		Motor		Hose
	Treppe		Arbeit		Gemüse
	Ampel	X	Buch		Obst
	Wolken		Seite		Mop
	Uhr		Frosch	X	Schloss
	Urlaub		Markt		Schlüssel

Symbole zuordnen (Seite 270 f.)

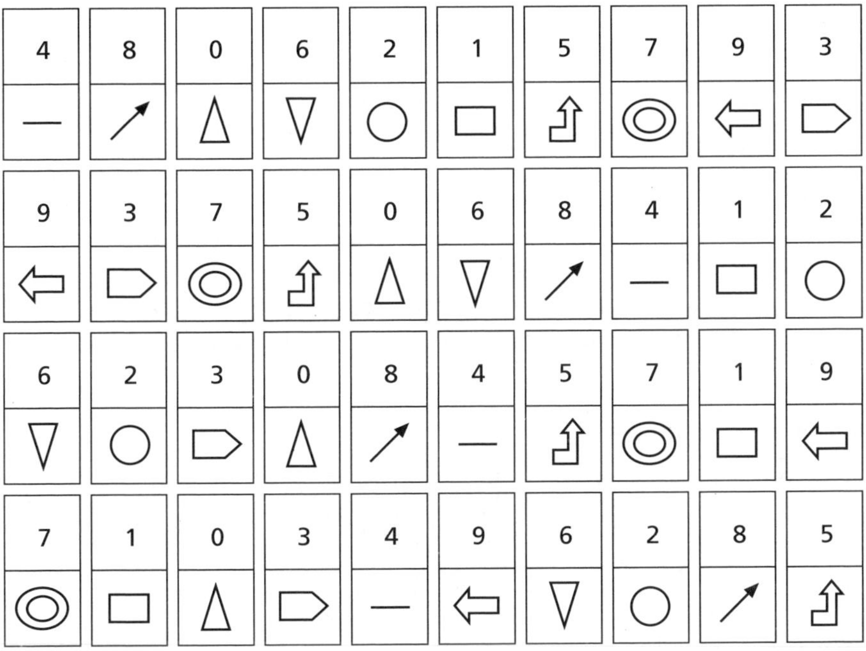

Zahlen markieren (Seite 272 f.)

1. Aufgabe

66	32	97	85	**345**	**132**	**654**	**87**	934	**6321**	74
264	74	56	**3**	**24**	**21**	98	77	64	4265	**75**
47	**876**	**654**	**87**	232	**897**	32	**54**	**234**	8776	76
76	**45**	23	67	98	**9**	**33**	**33**	562	**6**	**21**
345	**15**	**96**	476	**3**	983	74	853	74	**24**	**27**
65	35	**96**	46	**24**	653	625	9734	**63**	254	**426**
74	245	**753**	32	56	886	563	875	97	755	764
43	**54**	332	**657**	878	976	65	232	**465**	8756	**87**
785	458	**9876**	**342**	76	875	9754	**426**	74	845	65
865	**54**	**3258**	908	5	754	425	854	**54**	32	**9**

2. Aufgabe

56	62	54	5	77	83	88	54	2	9	12
55	60	66	72	78	83	89	5	10	15	20
20	37	40	64	45	33	39	46	55	62	66
44	50	55	78	84	132	137	143	150	6	12
56	34	56	42	48	87	34	65	71	56	62
78	84	43	67	43	324	30	334	340	345	632
561	647	653	687	695	701	864	870	887	892	900
67	765	534	540	755	770	785	790	796	800	806
6453	6559	6564	6670	6673	6679	6680	6758	6764	6453	6754
7777	7778	7784	8534	8550	8566	4099	4104	4111	4117	4212

Rechenarten einfügen (Seite 274 f.)

a) 2 + 4 + 10 = 16
b) 25 – 6 + 1 = 20
c) 7 + 7 – 10 = 4
d) 19 – 7 + 2 = 14
e) 20 + 30 + 7 = 57
f) 17 – 9 – 2 = 6
g) 13 + 1 – 5 = 9
h) 6 + 4 – 3 = 7
i) 4 + 3 + 3 = 10
j) 9 – 7 + 11 = 13
k) 6 + 6 – 2 = 10
l) 11 – 7 – 3 = 1
m) 17 – 5 – 3 = 9
n) 13 – 7 + 3 = 9
o) 4 + 8 – 5 = 7
p) 13 + 4 + 5 = 22
q) 9 + 3 + 3 = 15
r) 17 + 17 – 20 = 14
s) 12 + 3 – 7 = 8
t) 8 + 4 + 2 = 14

Ergebnisse erreichen (Seite 276 ff.)

Hier schauen und rechnen Sie bitte selbst nach.
Pro Aufgabenblock:
Unter 4 Aufgaben: unbefriedigend, ab 4 ok,
gut ab 5, über 7 sehr gutes Ergebnis.

Der Zwei-d/bq-Test (Seite 279 ff.)

1. 7 **2.** 13 **3.** 6 **4.** 7 **5.** 11 **6.** 8 **7.** 11 **8.** 13 **9.** 7 **10.** 13
11. 6 **12.** 7 **13.** 11 **14.** 8 **15.** 11 **16.** 7 **17.** 13 **18.** 6 **19.** 6 **20.** 11
21. 8 **22.** 11 **23.** 13 **24.** 7 **25.** 13 **26.** 6 **27.** 7 **28.** 11 **29.** 8 **30.** 11

Rechen-Konzentrations-Leistungs-Test (Seite 282 f.)

1. Durchgang

A 2	**B** 2	**C** 5	**D** 7	**E** 5	**F** 1	**G** 3	**H** 2	**I** 16	**J** 7
K 2	**L** 1	**M** 6	**N** 1	**O** 6	**P** 1	**Q** 0	**R** 12	**S** 21	**T** 2
U 1	**V** 6	**W** 6	**X** 2	**Y** 5	**Z** 4				

2. Durchgang

A 2	**B** 24	**C** 5	**D** 13	**E** 5	**F** 1	**G** 9	**H** 24	**I** 16	**J** 7
K 12	**L** 1	**M** 6	**N** 21	**O** 30	**P** 1	**Q** 22	**R** 12	**S** 21	**T** 16
U 1	**V** 6	**W** 6	**X** 22	**Y** 5	**Z** 4				

Summa summarum (Seite 284 f.)

A	22	44	=	66	a	a richtig (r)
	19	47	=	65	b	b falsch (f)
	43	91				c falsch (f)
	c	d				d richtig (r)

B ar bf cr df **C** ar bf cf dr **D** af br cr dr **E** ar br cr dr **F** af br cf dr
G ar bf cf dr **H** af br cr df **I** af br cr df **J** ar bf cf dr

Kettenaufgaben (Seite 286)

A 10 **B** 37 **C** 24 **D** 109 **E** 10

Zahlen suchen (Seite 287 ff.)

1. d **2.** bc **3.** bc **4.** cg **5.** afg **6.** ae **7.** c **8.** de **9.** g **10.** dg
11. bc **12.** cg **13.** afg **14.** ae **15.** c **16.** de **17.** g **18.** dg **19.** e **20.** a

Zahlen-/Buchstaben-Tabelle (Seite 290 f.)

1K = 4	1H = 9	5X = 4	C5 = 5	A7 = 1	O2 = 8
1V = 2	3K = 6	9Z = 6	X9 = 4	W8 = 8	N12 = 7
2M = 0	L5 = 3	Z19 = 7	B5 = 1	4H = 7	L1 = 2
12Z = 1	19H = 9	5L = 3	J7 = 2	C1 = 8	I18 = 1
8R = 9	M20 = 4	13S = 8	2N = 5	4Q = 5	P20 = 6
6G = 4	3F = 9	3R = 9	14Y = 4	2T = 5	L17 = 3
18C = 3	4D = 6	3X = 8	5Y = 4	1Q = 4	V13 = 4
13J = 9	4B = 6	5R = 3	9S = 9	G8 = 9	B2 = 4
5J = 4	3W = 7	4L = 5	7Q = 2	13K = 4	Z11 = 8
5T = 1	8R = 9	17X = 3	9D = 9	1Y = 4	I4 = 4

Buchstaben / Zahlen (Seite 292)

	A	U	G	K	L	T	Z	C	F	J	B	E	P	T	B	V	X	Y	M	T
	3	X	5	X	6	2	X	4	X	0	8	X	7	2	8	X	X	9	X	2
1.	L	K	C	M	P	D	P	N	J	O	B	M	F	D	T	R	Z	A	L	N
	6	X	4	X	7	X	7	X	0	X	8	X	X	X	2	X	X	3	6	X
2.	H	Z	R	D	V	J	O	P	S	E	J	L	B	C	M	H	O	U	R	W
	8	X	X	X	X	0	X	7	X	X	0	6	8	4	X	8	X	X	X	X
3.	J	O	P	T	Z	E	R	W	A	D	C	X	Y	B	G	I	K	O	P	D
	0	X	7	2	X	X	X	X	3	X	4	X	9	8	5	1	X	X	7	X
4.	L	K	H	G	F	D	S	A	Q	W	E	R	T	Z	U	I	O	P	K	B
	6	X	8	5	X	X	X	3	X	X	X	X	2	X	X	1	X	7	X	8

Buchstaben einkreisen (Seite 293)

1.	u g k l o b u s o j e c d e k p d e g k a q r n m g d b f n m	1
2.	a b k n x y h j f a b c l b v c x g h l n l f l m x a x e r z	1
3.	t h k l u i r s e f j a b i p k o m b c g h i j r d c d s z z	2
4.	k l m g f d e r s j o l b c a b x c x v x s x y b k u b u m u	1
5.	h i j g d r t u c f c d e t n k l p q d r d t d u d b d e c m	2
6.	s f j t z h u j i k o l z h k g g b f v d c s x a y j m h n g	0
7.	y d x y h t g b d v c h i j k l o i u z t r e d s t z u i o p	3
8.	l h k l u i r s e c d a b h r k o m b c g h i j r d c d s z z	2
9.	a b m g f d e r s j o l b c a b x c x v x s x y b k u b u m u	0
10.	d m o g d r t u c f c d e t n k l p q d r d t d u d b d e c m	1

Zahlen verbinden (Seite 294)

Wenn Sie in 30 Sekunden etwa 15 Zahlen verbinden, ist das ganz ordentlich. Wenn Sie mehr schaffen, umso besser. Weniger als 10 sollten Sie sich besser nicht leisten.
Ergo: Ein bisschen Übung ...

Beobachten (Seite 295 ff.)

1. b	**2.** a	**3.** b	**4.** c	**5.** a	**6.** c	**7.** c	**8.** a	**9.** b	**10.** c
11. a	**12.** a	**13.** c	**14.** b	**15.** b	**16.** a	**17.** b	**18.** c	**19.** a	**20.** c
21. b	**22.** a	**23.** c	**24.** c	**25.** c	**26.** b	**27.** b	**28.** a	**29.** b	**30.** a
31. c	**32.** a	**33.** b	**34.** a	**35.** b	**36.** b	**37.** a	**38.** a	**39.** c	**40.** b
41. a	**42.** c	**43.** b	**44.** a	**45.** c	**46.** b	**47.** a	**48.** c	**49.** b	**50.** c
51. b	**52.** a	**53.** a	**54.** c	**55.** c	**56.** b	**57.** a	**58.** c	**59.** b	**60.** c
61. b	**62.** a	**63.** c	**64.** c	**65.** a	**66.** b	**67.** c	**68.** b	**69.** a	**70.** c
71. c	**72.** b	**73.** a	**74.** c	**75.** b	**76.** b	**77.** a	**78.** b	**79.** a	**80.** c

Adressen-Überprüfung (Seite 301 ff.)

Franz Bekkenbauers	67430	Bayerndorf 1, Ballplatz 175 A	T: 1234567	0
Jeremias Gotthilf	56340	Schleusendorf 2, Käferring 4	T: 036 6745	1
Egon Groschenbügel	32450	Narrenheim 15, Budikerring 12 c	T: 98678	2
Schlosserei Skiele	23500	Berndow 7, Monumentenstr. 3	T: 035 2788	0
Wäscherei Weiß	77000	Miendorf 4, Döllersweg 25 d	T: 080 67 56	1
Anita G. Pranglie	89500	Karlshorst 3, Wegschneiderstr. 2	T: 8645	1
Sabine K. Horney	34200	Magdeburg 23, Heinzenhuber Weg 5	T: 9067	0
Bäckerei Schnelle	35620	Gießen 45, Hahnkampweg 286 f	T: 023 56 71	2
Gernot F. Browney	65000	Sydow, Am Marktplatz 33	T: 034 56 99 00	2
Sonja S. Müllers	90560	Müllershausen, Waldstr. 5	T: 90 1568 67	1
Petra Schnellenbach	76500	Meinheim 45, Friedsaalstr. 5	T: 389 89 0	1
Fa. K.B. Vautenloh	34000	Sülze 2, Heißenstr. 163	T: 876 54 96 23	0
Fa. Max Kühlenbrot	12300	Bachelach, Heilsbrunnen 34	T: 457 23 13	0
Franz Mainzbergs	77670	Nymphenburg 4, Herrmanstr. 1 b	T: 12 32 14	0
Fa. Heinz Brinkmann	56390	Jellingsdorf 23, Hamstr. 34	T: 56 37 28	4
Manfred H.C. Börner	75610	Hexenfurth 2, Bahnhofstr. 34	T: 081 891	0
Gustav Gründermann	10000	Berlin 41, Calvinstr. 29	T: 0301 25 67 7	0
Dr. Gernot H. Binder	10000	Berlin 44, Robert-Lück-Weg 54	T: 231 56	1
Prof. Dr. H. Siebel	10020	Berlin 894, Kellerweg 361	T: 123 334 34	2
Hannemann AG Neuß	54020	Neuß 2, Am Hamelbruch 23	T: 4334 562 34	2

Fa. S. Kulperts	89000	Bellen 3, Kruppstr. 144	T: 023 45 76 12	2
Prof. Hennigsstein	98980	Nenn 1, Innerer Weg 21 c	T: 675 65 76 59	0
Harald Landsert	88100	Bremenau 56, Weißstr. 59	T: 012 45 76 65	0
Dr. Heinz P. Knall	67000	Brenner 1, Kniеßstr. 651 h	T: 03 76 98 89	0
Kaiser & Sohn	66650	Hahnendorf 4, Bachgasse 44	T: 112 563 76	1
Dr. Alt & Partner	81210	Keulenbach 3, Am Feldrand 23	T: 98 98 1	2
Postspar e.V.	27560	Oldenburg 12, Feldsweg 114 d	T: 089 38 4	1
Tierschutz-Verein	76200	Bad Gastein 4, Heinzelstr. 6	T: 076 23 1	0
Lampenschirm GmbH	55780	St. Gallen 32, Am Stoppeln 5	T: 097 14 8	0
Fa. Kohl & Partner	76500	Bad Luisenau 2, Hertzstr. 30	T: 935 36 9	4
Fa. S. Lottenow	24700	Wienbad 4, Maienberger Str. 40	T: 789 894	0
Hans Dieter Böhm AG	34760	Biel 13, Herrmannzeile 147	T: 078 60 201	3
Prof. Maria Docht	22200	Bernstein 4, Waidmannsheil 13	T: 67 67 8	1
Selmer & Co GmbH	20001	Hamburg 13, Weserstrand 6	T: 083 34 45 1	2
Fa. Franzenhuber OHG	22000	Weiler 1, Calvinstr. 35	T: 038 56 23 89	0
Hannes K. Beckerow	56700	Bad Lippenau, Mandelzeile 5	T: 34 67 270	0
Christian H. Welle	88800	Brahmstedt, Manichowskistr. 27 b	T: 89675	4
Dr. Petra Pannowitz	75000	Heidelberg 22, An der Lahn 3 a	T: 067 674	1
Fa. Rudi C. Walle	35610	Harschburg 1, Brausestr. 34 c	T: 068 142	0
Fa. Dieter Schnee	12460	Keilendorf 5, Berliner Str. 145	T: 619 7	0
Ärzte-Vereinigung	34900	Busenhausen 4, Fordstr. 29 a	T: 56 23 912	0
Wirtschaftsdienste	78000	Werl 2, Robert-Glück-Str. 2	T: 023 1578	0
Eusebia Hügel	34560	Senkendorf 3, Reuterallee 17	T: 089 7868	2
Ede Labbadia	35620	Deppendorf 89, Lausstr. 67	T: 0456 78 671	1
Gunhilde Schlecht	69000	Kellendorf 1, Löwenring 6	T: 089 561 896	0

Tabellen-Konzentrations-Test (Seite 304)

1. a ist bester (2,7), e ist schlechtester Azubi (4,4).
2. Ausbilder A, B und E (mit Beurteilung 3)
3. Da jeder Ausbilder jede Note einmal vergibt, gibt es keine solche Tendenz.
4. Die Antwort zu 3 trifft hier mit anderen Vorzeichen ebenfalls zu.
5. Der Notendurchschnitt ist bei allen (s. 3) gleich (3,5).

Sortieren (Seite 305 ff.)

1. 0218	**2.** 106	**3.** 2522	**4.** 302	**5.** 2921
6. 179	**7.** 2219	**8.** 0224	**9.** 2514	**10.** 1915
11. 1627	**12.** 2228	**13.** 1219	**14.** 2530	**15.** 0520
16. 304	**17.** 2525	**18.** 1714	**19.** 191	**20.** 0312
21. 2515	**22.** 1227	**23.** 2926	**24.** 1816	**25.** 2813
26. 1721	**27.** 1915	**28.** 2122	**29.** 2418	**30.** 0224
31. 255	**32.** 002	**33.** 223	**34.** 246	**35.** 029
36. 297	**37.** 0910			

Post, Porto und Tarife (Seite 308 ff.)

1. 3,00	**2.** 7,90	**3.** 5,00	**4.** 5,10	**5.** 7,50
6. 7,50	**7.** 6,10	**8.** 6,80	**9.** 22,60	**10.** 5,00
11. 19,60	**12.** 5,00	**13.** 22,20	**14.** 19,20	**15.** 7,10
16. 22,90	**17.** 20,90			

Wegeplan (Seite 311)

Beste Lösung:

von	nach	Wegezeit	Gesprächszeit
Zentrale	A	7 Min.	3 Min.
A	B	4 Min.	3 Min.
B	C	4 Min.	3 Min.
Telefon	D		3 Min.
E			3 Min.
F			3 Min.
C	Zentrale	5 Min.	
		20 Min.	18 Min.

Bitte beachten Sie, dass Sie kein funktionierendes Telefon in der Zentrale haben und vergessen Sie nicht, den Rückweg in die Zentrale zu berechnen.

Gesamtzeit: 38 Min.

Schätzaufgaben (Seite 312)

1. a **2.** c **3.** b **4.** b **5.** b **6.** b **7.** d **8.** a

Wir haben für Sie zum weiteren Üben und Vertiefen folgende Buchempfehlung:
Testtraining Konzentrationsvermögen

EINFALLSGESCHWINDIGKEITS- UND KREATIVITÄTSTESTS

Zu diesem Typ von Testaufgaben können wir Ihnen keine Lösungen vorgeben. Sie erarbeiten diese selbst und hier geht es ja auch weniger um »falsche Lösungen« als darum, in einer vorgegebenen Zeitspanne durch gute Einfälle zu zeigen, dass man geistig wirklich höchst mobil ist.

Grundsätzlich gilt: Je mehr Einfälle, Begriffe oder Aufgaben Sie »richtig« gefunden, entwickelt bzw. bearbeitet haben, desto besser ist Ihr Ergebnis. Üben Sie auch diese Tests regelmäßig. Sie werden sehen, wie schnell Sie Fortschritte machen, also mehr in gleicher Zeit erstellen, schaffen können.

Zu den unterschiedlichen Aufgaben finden Sie etwas im Kapitel *Bearbeitungshinweise:*

- Eigenschaften benennen (Seite 381)
- Erklärungsmöglichkeiten ausdenken (Seite 382)
- Firmenlogos erstellen (Seite 382)
- Figuren erstellen (Seite 382)
- Zahlenmuster aufstellen (Seite 383)
- Gleichungen aufstellen (Seite 383)

Wir haben für Sie zum weiteren Üben und Vertiefen folgende Buchempfehlung:
Testtraining Kreativität

PERSÖNLICHKEITSTESTS

Auswertung des Tests

»66 Persönlichkeitsentscheidungen« (Seite 409 ff.)

Dazu die folgende Aufstellung (Angabe der Persönlichkeitsmerkmale sowie der Punktzahlen für die a/b/c-Ankreuzungen):

Item	Persönlichkeits-merkmal	Punkte a	b	c
1	Kontakt	2	1	0
2	Leistung	0	1	2
3	Kontakt	2	1	0
4	Leistung	2	1	0
5	Durchsetzung	2	1	0
6	Vertrauen	2	1	0
7	Veränderung	2	1	0
8	Veränderung	2	1	0
9	Vertrauen	2	1	0
10	Durchsetzung	0	1	2
11	Leistung	2	1	0
12	Kontakt	2	1	0
13	Ausgeglichenheit	2	1	0
14	Kontakt	2	1	0
15	Leistung	0	1	2
16	Durchsetzung	0	1	2
17	Vertrauen	2	1	0
18	Veränderung	2	1	0
19	Vertrauen	0	1	2
20	Vertrauen	2	1	0
21	Durchsetzung	0	1	2
22	Durchsetzung	2	1	0
23	Leistung	0	1	2
24	Ausgeglichenheit	2	1	0
25	Ausgeglichenheit	0	1	2
26	Vertrauen	2	1	0
27	Veränderung	2	1	0
28	Vertrauen	2	1	0
29	Veränderung	2	1	0
30	Durchsetzung	0	1	2
31	Vertrauen	0	1	2
32	Leistung	2	1	0
33	Kontakt	0	1	2

Item	Persönlichkeits-merkmal	Punkte a	b	c
34	Kontakt	0	1	2
35	Ausgeglichenheit	2	1	0
36	Ausgeglichenheit	0	1	2
37	Ausgeglichenheit	0	1	2
38	Kontakt	0	1	2
39	Kontakt	2	1	0
40	Leistung	2	1	0
41	Kontakt	2	1	0
42	Durchsetzung	0	1	2
43	Vertrauen	2	1	0
44	Leistung	0	1	2
45	Durchsetzung	2	1	0
46	Veränderung	2	1	0
47	Vertrauen	2	1	0
48	Durchsetzung	2	1	0
49	Veränderung	2	1	0
50	Veränderung	2	1	0
51	Leistung	0	1	2
52	Veränderung	2	1	0
53	Ausgeglichenheit	2	1	0
54	Kontakt	2	1	0
55	Ausgeglichenheit	0	1	2
56	Veränderung	0	1	2
57	Durchsetzung	0	1	2
58	Ausgeglichenheit	2	1	0
59	Leistung	0	1	2
60	Ausgeglichenheit	2	1	0
61	Ausgeglichenheit	0	1	2
62	Kontakt	2	1	0
63	Leistung	2	1	0
64	Durchsetzung	2	1	0
65	Vertrauen	2	1	0
66	Veränderung	0	1	2

Addieren Sie bitte die Punktwerte für Ihre Ankreuzungen
pro Persönlichkeitsmerkmal:

A Kontakt			B Leistung			C Durchsetzung		
Item	1	____	Item	2	____	Item	5	____
	3	____		4	____		10	____
	12	____		11	____		16	____
	14	____		15	____		21	____
	33	____		23	____		22	____
	34	____		32	____		30	____
	38	____		40	____		42	____
	39	____		44	____		45	____
	41	____		51	____		48	____
	54	____		59	____		57	____
Summe:		____	Summe:		____	Summe:		____

D Vertrauen			E Ausgeglichenheit			F Veränderung		
Item	6	____	Item	13	____	Item	7	____
	9	____		24	____		8	____
	17	____		25	____		18	____
	19	____		35	____		27	____
	20	____		36	____		29	____
	26	____		37	____		46	____
	28	____		53	____		49	____
	31	____		55	____		50	____
	43	____		58	____		52	____
	47	____		60	____		56	____
Summe:		____	Summe:		____	Summe:		____

Tragen Sie jetzt bitte Ihre Punktwerte hier ein:

A	Kontaktfähigkeit	____
B	Leistungsbereitschaft	____
C	Durchsetzungsvermögen	____
D	Vertrauensbereitschaft	____
E	Ausgeglichenheit	____
F	Veränderungsbereitschaft	____

Sie müssen pro Persönlichkeitsmerkmal jeweils einen Punktwert zwischen 0 und 20 erreicht haben. Tragen Sie jetzt bitte Ihre Punktwerte für die Themenbereiche A–F auf der nachstehenden Tabelle ein und verbinden Sie die Punkte durch eine Linie:

Profil

	0	1	2	3	4	5	6	7	8	9	10	11	12	13	14	15	16	17	18	19	20	
A Kontaktfähigkeit																						Kontaktunfähigkeit
B Leistungsbereitschaft																						Leistungsvermeidung
C Durchsetzungsbereitschaft																						Unterordnungsbereitschaft
D Vertrauensbereitschaft																						Misstrauensbereitschaft
E Ausgeglichenheit																						Unausgeglichenheit
F Veränderungsbereitschaft																						Sicherheitsdenken

Wie sieht Ihre »Persönlichkeits-Linie« aus? Ein Blitz mit extremen Zacken (nahe an 0 oder 20), eine Diagonale wie im Firmenzeichen der Deutschen Bank, eine Senkrechte in der Mitte (10) oder mehr rechts bzw. links davon?

Die Form Ihrer Linie – man kann auch von einem (Persönlichkeits-)Profil sprechen – hat eine Bedeutung. Wie bzw. was hier aus dem Verlauf der Linie herausgelesen wird, wollen wir Ihnen jetzt demonstrieren:

Es wäre denkbar, dass Sie z.B. beim Persönlichkeitsmerkmal A »Kontakt« 20 Punkte haben, was zum Ausdruck bringen würde: Sie sind – vorsichtig formuliert – ein sehr kontaktscheuer, ein Kontakt vermeidender Mensch.

Das andere Extrem wäre ein Punktwert von 0, der für eine extrem hohe Kontaktbereitschaft spräche. Beide Extremwerte sind sicherlich selten. Verdeutlichen Sie sich, dass der Persönlichkeitsbereich »Kontaktfähigkeit« aus zwei gegenüberliegenden Positionen auf einer Achse bzw. Skala besteht (vereinfacht: vergleichbar der Ost-West-Achse auf einem Kompass). Es geht um die extremen Pole »heiß« und »kalt« und alles, was an Abstufungen dazwischen denkbar ist.

Wie kommt der Punktwert auf der Skala »Kontaktfähigkeit« zustande? Für eine Ankreuzung, die für Kontaktfähigkeit spricht, haben Sie 0 Punkte erhalten, für eine Antwort in Richtung Kontaktvermeidung 2 Punkte, für eine mittlere Position (»teilsteils«) 1 Punkt. 10 Items zum Thema »Kontakt« ergeben den von Ihnen oben addierten Gesamtpunktwert.

Diese Vorgehens-, Aufbau- und Auswertungsweise trifft für alle aus gegensätzlichen Positionen aufgebauten Persönlichkeitsmerkmale zu:

A Kontakt: Kontaktfähigkeit – Kontaktunfähigkeit
B Leistung: Leistungsbereitschaft – Leistungsvermeidung/-unwilligkeit
C Durchsetzung: Durchsetzungsvermögen – Unterordnungsbereitschaft
D Vertrauen: Vertrauensbereitschaft – Misstrauensbereitschaft
E Ausgeglichenheit: Ausgeglichenheit – Unausgeglichenheit
F Veränderung: Veränderungsbereitschaft – Sicherheitsdenken

Sie merken schon, dass die auf den ersten Blick relativ wertfreien Themen- bzw. Persönlichkeitsmerkmale zunehmend mehr Inhalt bekommen und ein Charakterbild ermöglichen, wenn auch im Sinne einer etwas groben »Schwarzweißmalerei«.

Klingt der Themenbereich A »Kontakt« noch recht harmlos, gilt das für die beiden Pole »kontaktfähig« gegenüber »kontaktunfähig« nicht mehr. »Kontaktfähig« bedeutet im Extrem (Punktwert: 0 oder 1) eine hochgradige, übertriebene Kontaktsucht oder -gier, »Kontaktunfähigkeit« (20 oder 19 Punkte) eine Kontaktstörung, für die die Charakterisierung »kontaktscheu« noch eine Untertreibung darstellen würde.

Die mittleren Werte 7–13 (in der genauen Mitte 10 bzw. 9 und 11) zeigen eine unauffällige neutrale Position auf der Skala zwischen »heiß« und »kalt« (kontaktbesessen – kontaktgestört). Hätten Sie bei den Entscheidungsfragen zum Themenbereich »Kontakt« immer die ausgewogene Mitte (b = teils-teils etc.) angekreuzt, wäre die Punktzahl 10 das Ergebnis.

Die Punktwerte 12 und 13 geben ebenso wie 8 und 7 eine Tendenz an – im Sinne einer Ausprägung in Richtung weniger oder stärker kontaktorientiert.

6 und 5, auf der anderen Seite 14 und 15 zeigen deutlicher, in welche Richtung Ihre Persönlichkeit in Sachen Kontaktverhalten »ausschlägt«.

4 und 3 als Punktwerte einerseits bzw. 16 und 17 andererseits sind in diesem Persönlichkeitstest sehr deutliche Hinweise auf die Art Ihres Kontaktverhaltens (bis hin zum extremen Rand: 2 bzw. 18).

Schauen wir uns jetzt einmal inhaltlich an, wie sich ein extrem kontaktbetonter Mensch in diesem Test beschreibt: Er arbeitet bevorzugt als Manager im Hotel, Lehrer oder Kellner (Items 1, 34, 38), grundsätzlich jedenfalls eher mit Menschen als mit Zahlen (3) und kennt somit keine Einsamkeitsgefühle (12); er unterhält sich lieber mit anderen als zu lesen (14, 33); klar, dass dieser Mensch und Testankreuzer sich mehr für die Personalabteilung als für den Maschinenpark interessiert (39) und viel lieber telefoniert als Briefe schreibt (41).

Wer sich als dermaßen kontaktorientiert beschreibt, sammelt 0 Punkte und riskiert damit (auch bei 1 Punkt) die eben erwähnte Charakterisierung als »hochgradig kontaktsüchtig«.

Nun das andere Extrem: Der Kontakt vermeidende Mensch arbeitet bevorzugt als Förster, Koch oder Chemiker (34, 38, 1), in jedem Fall lieber mit Zahlen als mit Menschen (3); in einem Unternehmen möchte er eher für den Maschinenpark als für das Personal verantwortlich sein (39); es macht ihm keinen Spaß, mit Leuten zu reden (33), er ist lieber mit einem guten Buch (14) allein für sich (60), kennt Einsamkeitsgefühle (12), und in schwierigen Situationen schreibt er lieber, als zu telefonieren (41).

Klar – wer alle diese Items so ankreuzt (20 Punkte), stellt sich als völlig kontaktuninteressiert, im Psycho-Klartext gesprochen: als extrem kontaktgestört dar (gilt auch für das Ergebnis 19 Punkte).

Überblick

Das Persönlichkeitsmerkmal A »Kontakt« bedeutet
Kontaktfähigkeit – Kontaktunfähigkeit
in den extremen Punktwerten:
Kontaktbesessenheit gegenüber schwerer Kontaktstörung (wie beschrieben)

Das Persönlichkeitsmerkmal B »Leistung« bedeutet
Leistungsbereitschaft – Leistungsvermeidung
in den extremen Punktwerten:
absolute Leistungsorientierung gegenüber Leistungsverweigerung

- übermotiviert sein
- mehr wollen als können

- Drückebergerei
- Faulheit

Das Persönlichkeitsmerkmal C »Durchsetzung« bedeutet
Durchsetzungsvermögen – Unterordnungsbereitschaft
in den extremen Punktwerten:
starkes Dominanzstreben gegenüber ausgeprägter Gefügigkeit

- Selbstbehauptung, Selbstbewusstsein
- Egoismus, Unnachgiebigkeit

- Anpassungsbereitschaft
- Unterwürfigkeit, Kriecherei

Das Persönlichkeitsmerkmal D »Vertrauen« bedeutet
Vertrauensbereitschaft – Misstrauensbereitschaft
in den extremen Punktwerten:
Vertrauensseligkeit gegenüber misstrauischem Argwohn

- Vertrauensduselei
- dümmliche Naivität

- kritische Skepsis
- Nörgelsucht

Das Persönlichkeitsmerkmal E »Ausgeglichenheit« bedeutet
Ausgeglichenheit – Unausgeglichenheit
in den extremen Punktwerten:
extreme Dickfelligkeit gegenüber psychischer Gestörtheit

- kühle Robustheit
- seelische Unberührbarkeit

- extreme Stimmungsschwankungen
- »hysterische« Charakterzüge

Das Persönlichkeitsmerkmal F »Veränderung« bedeutet
Veränderungsbereitschaft – Sicherheitsdenken
in den extremen Punktwerten:
hohe Risikobereitschaft gegenüber starrem Konservatismus

- Radikalismus
- revolutionäre Tendenzen

- keine Flexibilität
- absolute Starrheit

Hier eine Kurzinterpretation im Überblick:

A Kontakt

0–1 Punkt:
Was ist mit Ihnen los? Sie stürzen sich ja auf alles, was sich bewegt, so kontaktbesessen sind Sie. Stimmt das wirklich? Können Sie nicht mal fünf Minuten für sich alleine sein?

2–4 Punkte:
Sie sind sehr, sehr kontaktfreudig. Das macht Sie vielen Leuten sympathisch, manche reagieren aber auch mit deutlicher Zurückhaltung darauf. Bei denen kommen Sie trotz aller Bemühungen nicht besonders gut an.

5–7 Punkte:
Sie sind ein wirklich aufgeschlossener und überzeugend kontaktfreudiger, sympathischer Mensch. Das spürt man, und so kommt man Ihnen gerne näher.

8–9 Punkte:
Sie sind kontaktfreudig, aber in Grenzen.

10 Punkte:
Bei Ihnen herrscht eine ausgewogene Balance. Sie mögen die Kontaktaufnahme mit anderen, wenn Ihnen der Sinn danach steht. Aber Sie sind auch gerne für sich.

11–12 Punkte:
Sie sind im Kontakt mit Ihren Mitmenschen ein wenig zurückhaltend. Warum auch nicht?

13–15 Punkte:
Sie sind eher abwartend, was das Anknüpfen von Kontakten betrifft. Vielleicht sind Sie nur einfach wählerisch und suchen sich Ihre Mitmenschen besonders gut aus. Oder haben Sie gewisse Hemmungen, auf andere zuzugehen?

16–18 Punkte:
Sie sind deutlich kontaktscheu. Dadurch wirken Sie vielleicht eher kühl bzw. reserviert. Woher kommt Ihre Angst vor Menschen?

19–20 Punkte:
Was ist mit Ihnen los? Sind Sie eine im eigenen Haus gefangene Schnecke? Lehnen Sie wirklich alle Kontakte so rigoros ab und möchten Sie nur für sich bleiben?

B Leistung

0–1 Punkt:
Sie sind ohne Rast und Ruhe, wie ein Löwe auf der Jagd, und wollen stets Größtes leisten. Gelingt Ihnen das wirklich oder übernehmen Sie sich damit nicht ein wenig? Zählt bei Ihnen wirklich nur Leistung?

2–4 Punkte:
Sie sind ausgesprochen stark leistungsorientiert. Ruhepausen sind nichts für Sie und Ihre Schaffenskraft. Ziele, die Sie sich vornehmen, verwirklichen Sie in der Regel – koste es, was es wolle.

5–7 Punkte:
Sie leisten etwas und fühlen sich dabei wohl. Leistung macht Ihnen einfach Spaß. Sie scheuen keine Aufgabe.

8–9 Punkte:
Leistung ist für Sie kein Fremdwort. Man kann sich diesbezüglich auf Sie verlassen.

10 Punkte:
Sie zeigen eine ausgewogene Leistungsbalance. »Nicht zu viel und nicht zu wenig« könnte Ihr Motto sein.

11–12 Punkte:
Bevor Sie drauflosarbeiten, überlegen Sie zunächst, wie Sie sich die anstehende Aufgabe erleichtern könnten.

13–15 Punkte:
Sie stehen Leistungsanforderungen kritisch gegenüber. Bevor Sie sich anstrengen, wollen Sie erst mal wissen, wofür und ob sich die Mühe denn auch wirklich lohnt.

16–18 Punkte:
Die Arbeit wurde für Sie nicht unbedingt erfunden. Wenn es nicht sein muss, kommen Sie bestens ohne aus. Leistungsvermeidung ist das Stichwort.

19–20 Punkte:
Sie stellen sich als ausgesprochen faul dar. Stimmt das denn so, sind Sie wirklich ein Leistungsverweigerer und rechter Tunichtgut? Gibt es wirklich rein gar nichts, was Sie anspornen kann?

C Durchsetzung

0–1 Punkt:
So manch einer hält Sie für einen unnachgiebigen Egoisten, der sich absolut um jeden Preis durchsetzen muss. Sehen Sie sich auch so machtbesessen?

2–4 Punkte:
Sie scheinen ausgesprochen willensstark zu sein. Deshalb bestimmen Sie gerne und fast immer, wo es langgeht. Sie sind ein »Leader«-Typ.

5–7 Punkte:
Sie wissen, was Sie wollen und wie Sie es bekommen. Sie lassen sich die Butter nicht vom Brot nehmen.

8–9 Punkte:
Wenn Sie etwas Wichtiges für sich wollen, schaffen Sie es meistens auch. Sie wissen recht gut, wie Sie Ihre Vorhaben durchsetzen können.

10 Punkte:
Sie können sich einfügen oder führen – je nach Situation. Dabei haben Sie ein ausgewogenes Verhältnis zu Befehl und Gehorsam.

11–12 Punkte:
Sie sind gerne bereit sich anzupassen, wenn es Sinn macht. Damit haben Sie keine Probleme und machen keine.

13–15 Punkte:
Anpassungs- und Einordnungsbereitschaft gehört zu Ihren starken Seiten. Dabei kommt Ihr Durchsetzungsvermögen logischerweise zu kurz. Schade.

16–18 Punkte:
Sie sind wirklich extrem anpassungswillig, häufig auf Kosten Ihrer eigenen Person. Ist Ihnen das bewusst?

19–20 Punkte:
Diese unterwürfige Anpassungsbereitschaft kann bis zur (A …-)Kriecherei gehen. Haben Sie sich verrechnet?

D Vertrauen

0–1 Punkt:
Sie sind das ideale Opfer für jeden Trickbetrüger und fallen wegen Ihrer hochgradigen Vertrauensseligkeit wirklich auf alles rein.

2–4 Punkte:
Ein unerschütterliches Vertrauenspotenzial zeichnet Sie aus, und mit Ihrem Glauben an das Gute können Sie Berge versetzen.

5–7 Punkte:
Ihr Vertrauen hilft Ihnen und anderen. Das gibt und macht Mut.

8–9 Punkte:
In der Beziehung zu anderen Menschen sind Sie von einer positiven, vertrauensbereiten Grundstimmung getragen.

10 Punkte:
Vertrauen und Misstrauen halten sich bei Ihnen die Waage.

11–12 Punkte:
Kein blindes Vertrauen, sondern eine gesunde Portion Skepsis beschreibt Ihre Grundhaltung.

13–15 Punkte:
Eine deutlich kritische Skepsis zeichnet Sie aus. Sicherlich haben Sie Ihre Erfahrungen gemacht.

16–18 Punkte:
»Vertrauen ist gut, Kontrolle ist besser«, lautet Ihre Devise. Diese Art von ständigem Misstrauen steigert nicht gerade Ihre Beliebtheit bei anderen.

19–20 Punkte:
Sind Sie wirklich ein so misstrauischer, argwöhnischer und nörgelnder Typ? Kaum zu glauben!

E Ausgeglichenheit

0–1 Punkt:
Sie sind wirklich »cool wie die Tagesschau«, nichts berührt Sie. Oder ist das alles nur »Mache«?

2–4 Punkte:
Sie haben ein dickes Fell und lassen sich überhaupt nicht aufregen. So kommt es, dass Sie mit einer ausgeprägten seelischen Robustheit durchs Leben gehen.

5–7 Punkte:
Gelassenheit ist eine Ihrer wichtigsten Charaktereigenschaften. Sie behalten die Nerven, wenn andere ihre verlieren.

8–9 Punkte:
Eine gewisse innere Ruhe nennen Sie Ihr Eigen. Es gibt viele Menschen, die Sie deshalb bewundern.

10 Punkte:
Zwischen Aufregung und Ruhe halten Sie die Balance.

11–12 Punkte:
Sie können mitfühlen, ohne den Boden unter den Füßen zu verlieren.

13–15 Punkte:
Sie geraten schon mal aus dem Gleichgewicht – auch bei kleineren Anlässen.

16–18 Punkte:
Sie wissen, was Stimmungsschwankungen bedeuten – Ihre Umwelt auch. Wünschen Sie sich nicht manchmal etwas mehr seelische Stabilität?

19–20 Punkte:
Wie ein Grashalm im Wind schwanken Sie von Krise zu Krise. Sind Sie wirklich ein solches Sensibelchen?

F Veränderung

0–1 Punkt:
Sie geben sich wirklich total revolutionär. Sind Sie wirklich so radikal oder möchten Sie nur so erscheinen?

2–4 Punkte:
Sie nehmen jedes Risiko auf sich und zeigen einen extremen Mut zur Veränderung. Alles Bestehende wird kritisch hinterfragt.

5–7 Punkte:
Neuem stehen Sie stets aufgeschlossen und interessiert gegenüber.

8–9 Punkte:
Auf Veränderungen reagieren Sie mit Gelassenheit.
Sie kommen schon klar.

10 Punkte:
Zwischen Verändern und Bewahren halten Sie die Balance.

11–12 Punkte:
Sie sind kein großer Freund von Veränderungen. Warum auch nicht?

13–15 Punkte:
Sie lieben das Bestehende und beklagen den Wandel. Aber immerhin kommen Sie mit der Realität noch klar.

16–18 Punkte:
Sie sind erzkonservativ. Haben Sie schon einmal an eine politische Karriere gedacht? Zu großes Risiko? Klar.

19–20 Punkte:
Sie wollen nun wirklich alles beim Alten belassen und klammern sich an bestehende Verhältnisse, die möglicherweise längst passé sind.
Stimmt das?

Lügenfallen

Bisher haben Sie sich mit den 60 Items beschäftigt, die als Auswertungsgrundlage dem Ziel dienten, Licht in Ihre Persönlichkeitsmerkmale »Kontakt«, »Leistung« usw. zu bringen.

Vielleicht ist Ihnen aufgefallen, dass die letzten Items des Fragebogens (61–66) bisher noch nicht in die Auswertung einbezogen wurden. Dies wollen wir jetzt nachholen. Dabei handelt es sich um so genannte »Lügenfragen«. Damit bezeichnen die Persönlichkeitstester Items, die der Überprüfung Ihrer Glaubwürdigkeit dienen. Fangen wir an:

Da gibt es das Item 35 (aus der Persönlichkeitsdimension »Ausgeglichenheit«):

Bei mir läuft manches schief.
a) oft (2 Punkte)
b) manchmal (1 Punkt)
c) selten (0 Punkte)

Für welche Ankreuzung hatten Sie sich entschieden?
Bitte vergleichen Sie jetzt dazu Ihre Ankreuzung bei Item 61:

Mir geht im Leben manches daneben.
a) selten (0 Punkte)
b) manchmal (1 Punkt)
c) oft (2 Punkte)

Im Wesentlichen sind beide Aussagen gleich und Sie sollten deshalb bei den Ankreuzungen keine große Abweichung in der Punktzahl haben. Das bedeutet: Wer in Item 35 2 Punkte hat, sollte auch in Item 61 2 Punkte (wenigstens aber 1 Punkt) haben. Eine etwaige Differenz notieren Sie sich bitte auf einem gesonderten Blatt.

Bitte vergleichen Sie nun Ihre Ankreuzungen bei den folgenden 5 Item-Paaren und ermitteln Sie die etwaige Differenz in den Punktwerten:

Vergleichen Sie Item 12 (»Kontakt«) →

Ich fühle mich öfters einsam.
a) stimmt (2 Punkte)
b) teils-teils (1 Punkt)
c) stimmt nicht (0 Punkte)

mit Item 62:

Oftmals leide ich unter einem Gefühl des Alleinseins.
a) stimmt (2 Punkte)
b) teils-teils (1 Punkt)
c) stimmt nicht (0 Punkte)

Vergleichen Sie Item 4 (»Leistung«) →

Karriere ist nicht alles im Leben.
a) stimmt (2 Punkte)
b) teils-teils (1 Punkt)
c) stimmt nicht (0 Punkte)

mit Item 63:

Der berufliche Aufstieg ist nicht das Wichtigste im Leben.
a) stimmt (2 Punkte)
b) teils-teils (1 Punkt)
c) stimmt nicht (0 Punkte)

Vergleichen Sie Item 5 (»Durchsetzung«) →

Ich vermeide es, mich mit Leuten herumzustreiten.
a) ja (2 Punkte)
b) manchmal (1 Punkt)
c) nein (0 Punkte)

mit Item 64:

Ich streite nicht gern mit anderen Menschen.
a) stimmt (2 Punkte)
b) teils-teils (1 Punkt)
c) stimmt nicht (0 Punkte)

Vergleichen Sie Item 26 (»Vertrauen«)	→	*mit Item 65:*
Es passiert mir häufiger, dass ich die Arbeit anderer kritisiere.		Öfter kann ich an den Leistungen anderer kein gutes Haar lassen.
a) stimmt (2 Punkte)		a) stimmt (2 Punkte)
b) teils-teils (1 Punkt)		b) teils-teils (1 Punkt)
c) stimmt nicht (0 Punkte)		c) stimmt nicht (0 Punkte)

Vergleichen Sie Item 7 (»Veränderung«)	→	*mit Item 66:*
In unserer Wirtschaftsordnung sollte im Prinzip alles so bleiben, wie es ist.		Am System der sozialen Marktwirtschaft gibt es viel zu reformieren.
a) stimmt (2 Punkte)		a) stimmt (0 Punkte)
b) teils-teils (1 Punkt)		b) teils-teils (1 Punkt)
c) stimmt nicht (0 Punkte)		c) stimmt nicht (2 Punkte)

Sie haben jetzt bei den sechs Item-Paaren eine maximale Differenz von 12 Punkten ausrechnen können bzw. – wenn Sie immer gleich geantwortet haben – 0 Punkte. Tragen Sie Ihren Punktwert auf der nachstehenden Skala (der so genannten »Lügenskala«) ein:

Übereinstimmung	0	1	2	3	[4]	5	[6]	7	8	9	10	11	12	Abweichung
	__	__	__	__	__	__	__	__	__	__	__	__	__	

Sollte Ihr Abweichungswert bis zu 4 betragen, würde man Ihnen in der Testinterpretation noch eine relativ hohe »Wahrheitstendenz in Ihrem Antwortverhalten« bescheinigen.

Bei mehr als 6 Punkten ist die »Ehrlichkeit« beim Bearbeiten des Tests infrage zu stellen, sodass eine Interpretation eigentlich fragwürdig ist.

ERLEBNISSE AUS 2001 BEWERBUNGEN

Pilotentest-Aufgaben

Englischtest (Seite 541 f.)

Teil A

1. c **2.** a **3.** c **4.** b **5.** c **6.** a **7.** c **8.** a **9.** b **10.** b

Teil B

1. b **2.** b **3.** b **4.** c **5.** b **6.** d **7.** b **8.** c **9.** b **10.** c

Konzentrationsbelastungstest (Seite 543 f.)

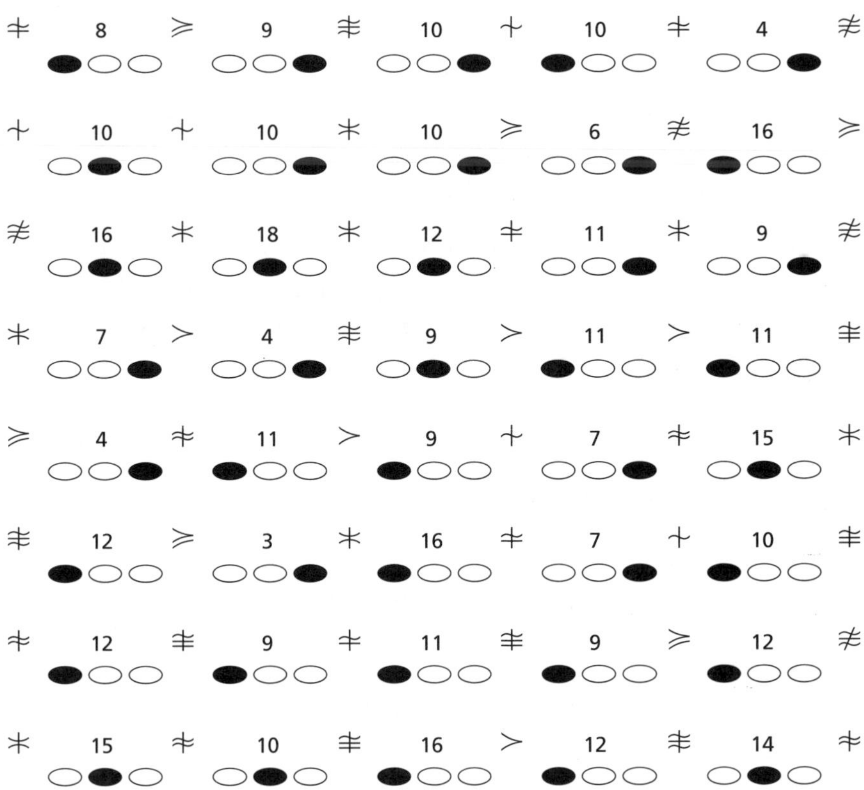

Flugwissen (Seite 545)

1. Reisegeschwindigkeit
2. ILS (Instr.-Lande-System)
3. DC 10
4. Duraluminium
5. Sikorsky
6. außen hinten an den Tragflügeln
7. Nachfolgemodell des Starfighters (Multi-Role Combat Aircraft)
8. C5A Galaxy
9. Temperaturanstieg
10. Tiefdruckgebiet (nicht mit Zyklop zu verwechseln!)
11. geringe Temperatur/Abkühlung
12. 1 : 58
13. über Klappen

Flugzeug-Positions-Test (Seite 546 f.)

1. Block

1. D **2.** C **3.** B **4.** A **5.** A **6.** B **7.** D **8.** D **9.** C **10.** A

2. Block

1. A **2.** D **3.** D **4.** C **5.** D **6.** B **7.** C **8.** B **9.** C **10.** C

Würfelrotation (Seite 548 ff.)

1. a **2.** c **3.** b **4.** e **5.** e **6.** d **7.** a **8.** e **9.** c **10.** a

Visueller Merkfähigkeitstest (Seite 551 ff.)

A 78	**B** 65	**C** 15	**D** 46	**E** 82	**F** 92	**G** 41	**H** 48	**J** 62	**K** 18
L 37	**M** 98	**N** 32	**P** 21	**Q** 73	**R** 50	**S** 59	**T** 43	**U** 34	**V** 26
W 19	**X** 40	**Y** 77	**Z** 89	**a** 95	**b** 30	**c** 13	**d** 57	**e** 86	**f** 54
g 39	**h** 67								

Rechts- und Linksabbiegen (Seite 554 f.)

1. Block: Linkskurven

1. 5 **2.** 2 **3.** 4 **4.** 2 **5.** 2 **6.** 4 **7.** 5 **8.** 2

2. Block: Rechtskurven

1. 3 **2.** 3 **3.** 2 **4.** 1 **5.** 2 **6.** 1 **7.** 4 **8.** 1

Weiteres Übungsmaterial finden Sie in unserem Buch *Der Pilotentest.*

Reale Testsimulation in Echtzeit: Hesse/Schrader-Testtraining auf CD-ROM

berufsstrategie

Jürgen Hesse
Hans Christian Schrader
Testtraining plus
Das interaktive Übungsprogramm
Eignungs- und Einstellungstests
erfolgreich bestehen
• 77 verschiedene Testtypen
• 5000 verschiedene Aufgaben
CD-ROM in Box
€ 29,95
Verlags-Nr. E10207 ISBN 978-3-86668-395-2

Testtraining plus ist die ideale Ergänzung zum *Testtraining 2000plus* – mit deutlich mehr Aufgaben, vielen Zusatzfunktionen und automatischer Auswertung. Im *Übungsmodus* kann man unbegrenzt und ohne Zeitdruck arbeiten, der *Testmodus* simuliert die realen Auswahlverfahren von Unternehmen. Das gezielte Üben von Schwachstellen ist ebenso möglich wie ein spezielles Training von Auswahltests für bestimmte Berufsgruppen.

- 77 verschiedene Testtypen
- 5000 Aufgaben
- Testprogramme für alle wichtigen Berufsgruppen
- Testarten: Intelligenz- und Wissenstests; Kreativitäts-, Konzentrations- und Merkfähigkeitstests; Mathematik- und Logiktests; Training des technischen Verständnisses; Persönlichkeitstests und Übungen für Assessment-Center.

STARK